新專利法與審查實務

顏吉承 著

自 序

去年，筆者參加了一場國家舉辦的考試，這一場可能是今生最後一次，但絕對是考得最差的一次。考完試的那幾天，心情壞透了，老婆硬拉著我走了一趟文昌廟，抽了支中下籤。過了快兩個月，放榜了，意外地沒名落孫山，我們再走了一趟文昌廟，這次又抽了支中下籤。神奇的是，雖然這兩支籤號碼不同，但解籤書上都提到一文人排除萬難完成著作而有好果報的故事，冥冥之中文昌帝君似乎指點了一條明路。

這幾年有比較多的機會與年輕朋友分享筆者從事專利實務工作的心得，過程中有很多愉快的經驗，在年輕朋友的鼓勵聲中方才萌生念頭開始蒐集資料，嗣後又有兩支籤詩的指點，這本書的出版，算是還願吧！

自1988年，筆者開始擔任專利審查工作，從約聘專利審查委員、助理審查官、審查官、技術審查官到高級專利審查官，轉眼已25年。早年，眼中只有產業利用性、新穎性、進步性，隨著職務的調整，逐漸關注到所有專利實體要件，再到整部專利法。由於工作內容一直只是專利審查及專利侵權技術分析，對於專利法制的理論，仍停留在浮面的瞭解，因此，本書只平鋪直敘專利法的內容、立法理由、施行細則、官方的專利審查基準及筆者自己的讀書心得，少有註腳引經據典夸論專利理論。

本書著重在專利實務，主要對象設定在一般申請人、學校的莘莘學子、有志從事專利工作的專利工程師及準備參加專利師考試的考生。為提升讀者的學習效率，本書每一章節皆以主要的專利法條文引導主題，再以表格形式重點提示該章節之學習綱要，本文部分提綱挈領不談旁枝末節，文中穿插287幅圖表圖解重要概念。這些精心的設計是因應年輕朋友的讀書習慣，試圖透過視覺記憶，幫助讀者快樂學習，希望大家喜歡這樣的設計。

顏吉承　謹序

2013年9月

Contents

Contents

緒　論

我國專利法自民國38年1月1日施行迄今，迭經多次修正，現行專利法為102年6月11日修正公布，並於102年6月13日施行（修正第32條、第41條、第97條、第116條及第159條，其餘條文為100年12月21日修正公布，102年1月1日施行）。102年1月1日施行之專利法為全案修正，通過條文共計159條（修正108條，增訂36條，刪除15條）。整部專利法設總則、發明專利、新型專利、設計專利及附則共五章，其中第二章發明專利設「專利要件」、「申請」、「審查及再審查」、「專利權」、「強制授權」、「納費」及「損害賠償及訴訟」共七節。除專利法之外，專利法規另有專利法施行細則等子法，其中專利法施行細則共90條，設「總則」、「發明專利之申請及審查」、「新型專利之申請及審查」、「設計專利之申請及審查」、「專利權」及「附則」共六章。

102年1月1日及102年6月13日施行之專利法修正要點如下列：

一、明確界定「創作」之定位

「創作」一詞為發明、新型及設計之上位概念，為避免「創作」係新型或設計之誤解及解決舊法對於「創作」一詞有廣、狹範圍不一之情況，爰將發明、新型與設計併列為創作之類型。（專§1）

二、變更新式樣專利名稱為「設計專利」

為符合產業界及國際間對於設計保護之通常概念及明確表徵設計保護之標的，爰參考國際立法例，將舊法「新式樣」一詞修正為「設計」。（專§2及121）

三、增訂發明、新型及設計之「實施」的定義

按「實施」包括「製造、為販賣之要約、販賣、使用或為上述目的而進口」等行為，應屬「使用」之上位概念，為解決舊法對於「使用」與「實施」之用詞不一，所產生解釋上之困擾，爰增訂「實施」之定義，並修正相關條文「實施」與「使用」之用語。（專§22、58、87、122及136）

四、修正優惠期之適用範圍並增訂其事由

新增得主張優惠期之事由包括依己意「於刊物發表者」；擴大優惠期制度之適用範圍，將優惠期制度適用之範圍由舊法僅及於新穎性，修正為包含新穎性及進步性（發明或新型專利）或創作性（設計專利）。（專§22及122）

五、將申請專利範圍及摘要獨立於說明書之外

以往說明書包含申請專利範圍及摘要，配合國際立法趨勢，修正為申請專利範圍及摘要獨立於說明書之外，三者並列，皆為申請專利之文件。（專§23及25）

六、增訂說明書、申請專利範圍及圖式以外文本提出之相關配套規定

明定以外文本提出申請者，其外文本不得修正，並配套引進誤譯訂正制度；授權主管機關訂定辦法規定受理之外文種類及其應載明之事項。（專§25、44、67、106、110、125、133、139及145）

七、導入非因故意之復權

為鼓勵創新、保護研發成果，增訂申請人或專利權人非因故意而未於申請時主張優先權、視為未主張優先權或未依時限繳納專利證書費、專利年費，致生失權之效果者，准其申請回復之機制，包括回復之專利權效力不及於原專利權消滅後至回復專利權之公告前以善意實施或已完成必須之準備者。（專§29、52、59及70）

八、放寬發明專利申請案分割時點之限制

採行發明專利核准後分割制度，增訂申請人於初審核准審定書送達後30日內得提出分割申請之規定。（專§34）

九、完備審查中之修正制度

「補充、修正」之用語改為「修正」；刪除申請人主動提出修正之時間限制；為免延宕審查時程，增訂「最後通知」制度，限制申請專利範圍之修正僅得就特定事項為之。（專§43）

十、修正有關醫藥品或農藥品之專利權期間延長相關規定

放寬申請醫藥品或農藥品之專利權期間延長之規定，只要因取得許可證而有無法實施專利權之期間，皆可申請，不再有二年之限制；增訂專利權屆滿時尚未審定者，其專利權期間視為已延長；得申請延長專利權期間之範圍僅及於許可證所載之有效成分及用途所限定之範圍。（專§53、54及56）

十一、增修專利權效力不及之事項

增訂「非出於商業目的之未公開行為」、「專利權人依第70條第2項規定回復專利權效力並經公告前，以善意實施或已完成必須之準備者」、「以取得藥事法所定藥物查驗登記許可或國外藥物上市許可為目的，而從事之研究、試驗及其必要行為」，均為專利權效力不及之事項；復按權利耗盡究採國際耗盡或國內耗盡原則，本屬立法政策，無從由法院依事實認定，本次修正明確採行國際耗盡原則。（專§59及60）

十二、明確界定專屬授權相關規定

明定專利之授權得為專屬授權或非專屬授權，並明定專屬授權及非專屬授權之再授權規定。（專§62及63）

十三、修正舉發制度

廢除依職權審查制度；修正得提起舉發之事由，並明定舉發事由依核准審定時之規定，惟屬本質事項之事由，即使核准審定時並非舉發事由，仍得舉發；就程序部分，增訂得就部分請求項提起舉發、舉發之審查得依職權審酌、合併審查、合併審定及舉發審定前得撤回等規定。（專§71、73、75、78至82）

十四、修正強制授權事由、程序及同時核定補償金之規定

將「特許實施」名稱修正為「強制授權」，並修正相關規定，包括申請事由、要件及程序，包括處分強制授權時應同時核定補償金。（專§87至89）

十五、增訂有關公共衛生議題之規定

為協助開發中國家及低度開發國家取得所需專利醫藥品以解決其國內公

共衛生危機，配合世界貿易組織（WTO），強制授權於我國內生產所需之醫藥品，並明定適用本機制之強制授權的申請範圍。（專§90及91）

十六、修正專利侵權相關規定

依據民事救濟請求權之性質，明定專利權人得主張損害賠償請求權及排除、防止侵害請求權，而損害賠償之請求以侵權行為人主觀上有故意或過失為必要。增訂得以合理權利金作為損害賠償之計算方式，適度免除舉證責任之負擔，並明定以其作為賠償損害之底限。另為釐清專利標示之用意，刪除未附加標示者不得請求損害賠償之規定。（現行專利法回復舊法懲罰性賠償金制度，最高3倍。）（專§96至98）

十七、新型專利制度整體配套規劃修正

一案兩請：就同一人於同日以相同創作分別申請發明及新型專利者，增訂於發明核准審定前應通知擇一之規定，選擇發明者，新型專利自始不存在（現行專利法修正為「新型專利權，自發明專利公告之日消滅」），選擇新型者，不予發明專利。（現行專利法新增規定：一案兩請新型及發明，新型專利權與發明專利的補償金請求權，僅能擇一主張。）修正限制：新型形式審查包括修正明顯超出申請時所揭露之範圍者不予專利。行使權利之義務：新型專利權人行使權利應盡之注意義務（現行專利法另規定，未提示新型專利技術報告者，不得進行警告）。更正之審查：新型專利之更正申請採行形式審查，但與舉發案合併審查時，採實體審查並合併審定。（專§32、41、112、116至118）

十八、設計專利制度整體配套規劃修正

開放設計專利關於部分設計、電腦圖像（Icons）、使用者圖形介面（GUI）及成組物品之申請；新增衍生設計制度，並廢止聯合新式樣制度。（專§121、127及129）

專利法之核心在於專利之申請、審查、授予專利權及專利權之實施、保護。申請人提起專利之申請，經專利專責機關程序審查、形式審查或實體審查，無不予專利之理由者，專利專責機關應授予專利權；有不予專利之理由者，專利專責機關應予否准之審定。申請人對於不予專利之審定不服者，得

向經濟部提起訴願；經濟部維持原處分，申請人仍不服者，得向智慧財產法院提起行政訴訟；再不服者，得向最高行政法院提起上訴。

經專利專責機關授予專利權，申請人得積極實施或處分專利權或消極行使專利權排除他人侵害。任何人包括利害關係人認為該專利權有應撤銷專利權之事由者，得向專利專責機關提起舉發。當事人（舉發人及被舉發人）對於專利專責機關之撤銷或不撤銷該專利權之審定結果不服者，得向經濟部提起訴願；經濟部維持原處分，當事人仍不服者，得向智慧財產法院提起行政訴訟；再不服者，得向最高行政法院提起上訴。對於他人侵害專利權之行為，專利權人得提起民事訴訟，被告得抗辯該專利權無效。

法規是由文字所構成，文字有抽象性與多義性的問題，當法規之文義不明確或不具體時，必須透過解釋瞭解其真義。法規的解釋方法：

1. 文義解釋，係以法條字面上的一般語意概念為範圍的解釋方法。
2. 體系解釋，係以法條在法律體系上之地位，依其章、節、條、款之關聯性或相關法條之法意，闡明規範意旨的解釋方法。
3. 歷史解釋，參考立法增、修、刪之歷史背景資料，據以判斷法條意旨的解釋方法。
4. 目的解釋，探求法律制定時所作的價值判斷，以其所欲實踐之目的為準的解釋方法。

本書以九章分別就智慧財產權之「基本概念」及專利法規所規定之「創作人與申請人之權利」、「審查制度」、「專利之申請」、「發明專利之實體要件」、「優先權及優惠期」、「專利之授予、撤銷及救濟」、「專利權及其實施、訴訟」及「設計專利之實體要件」整理敘述。

102年1月1日施行之專利法增訂了很多新制度，對於不合時宜之規定也做了適度的鬆綁，新、舊法規的過渡適用定於第五章附則，擇其要者列於圖0-1及圖0-2：

適用舊法

申請中之聯合新式樣案件

- 申請中之聯合新式樣案件且未改為衍生設計者，續行審查(§157)

專利權已消滅

- 因未繳費致專利權自始不存在或已當然消滅者，不適用復權規定(§155)

圖0-1　適用93年7月1日施行之專利法規之過渡措施

適用新法

尚未審定之案件

- 申請案、更正案、舉發案(§149)

放寬期間（申請中或期間中之案件從優適用）

- 主張國內優先權（先申請案尚未公告或核駁審定、處分尚未確定者，申請中之案件得據以主張優先權）(§150.I)
- 分割期間（未逾核准審定後30日者，申請中之案件得申請分割）(§150.II)
- 生物材料寄存期間（申請中之案件，3個月放寬為4個月）(§152)
- 主張國際優先權（期間中之案件，得主張復權）及補正優先權證明文件期間（期間中之案件，4個月放寬為優先權日後16個月或10個月）(§153)
- 延長專利權期間（申請中之案件，刪除2年限制）(§154)

新制度（適用於新法施行後之新申請案）

- 以刊物發表主張優惠期(§151)
- 部分設計(§151)
- 電腦圖像及圖形化使用者介面設計(§151)
- 衍生設計(§151)
- 成組設計(§151)

轉換機制

- 新式樣改請部分設計（申請中之案件，3個月內可改請）(§156)
- 聯合新式樣改請衍生設計（申請中之案件，3個月內可改請）(§157)

圖0-2　適用102年1月1日施行之專利法規之過渡措施

第一章　基本概念

基本概念	
大綱	主題
1.1 智慧財產權之定義	·何謂智慧財產權 ·建立WIPO公約之定義 ·TRIPs之定義 ·保護工業財產權巴黎公約之定義 ·智慧財產權體系 ·主要智慧財產權之比較
1.2 智慧財產權之特徵	·無形性 ·專有性；排他性 ·地域性；屬地性 ·時間性
1.3 歷史沿革	·國際上專利法制的發展 ·我國專利法制的發展
1.4 巴黎公約	·沿革 ·適用的體系範圍 ·內容及主要規範 ·特性 ·重要原則及制度 ·重點條款
1.5 與貿易有關之智慧財產權協定	·適用範圍及內容 ·重要原則 ·工業設計部分 ·專利部分 ·重點條款
1.6 國際專利分類	·國際專利分類史特拉斯堡協定
1.7 國際工業設計分類	·國際工業設計分類羅卡諾協定
1.8 專利法之目的	·基本權（自然權）論 ·產業政策論
1.9 專利種類及其異同	·定義及法定不予專利之標的 ·專利三要件 ·優先權 ·分割申請 ·生物材料之寄存 ·專利權 ·審查制度 ·優惠期 ·改請申請 ·特殊申請 ·強制授權

在臺灣，專利有三種：發明、新型、設計。專利權之取得，係採審查主義。為取得專利權，申請人必須先向專利專責機關（即經濟部智慧財產局，專利主管機關為經濟部）提出申請，發明及設計專利必須通過程序審查及實體審查，新型專利必須通過程序審查及形式審查，符合特定要件始能獲得專利權。

就專利而言，法的位階從高至低為：法律（專利法、行政程序法及行政訴訟法）→專利法施行細則→審查基準。專利法或施行細則各條文中之順序以條、項、款、號稱之，例如專利法第22條第1項第1款：「申請前已見於刊物者。」專利法第24條第3款：「妨害公共秩序或善良風俗者。」專利法的位階高於專利法施行細則，專利法施行細則高於審查基準。審查基準為專利主管機關為規範內部審查作業而依職權所頒訂，非直接對外發生效力之一般、抽象規定，屬於行政規則（參照行政程序法第159條第1項），僅能拘束行政官員。專利審查基準係專利主管機關就專利申請、審查有關之細節性、技術性事項，本於職權發布之行政規則，提供相關法令、有權解釋之資料或專利審查實務上之見解，作為所屬專利審查人員執行職務之依據，係屬裁量性行政規則，基於平等原則之行政自我拘束次原則，專利審查人員自應遵循；違反者，人民得主張該審定行政處分為違法，且此一程序違法顯影響上訴人（即專利權人）獲得專利權之實體法上權利，程序違法將致實體違法結果，……（最高行政法院95年度判字第01834號判決參照）。基於行政自我拘束原則，審查基準僅拘束專利審查機關（最高行政法院96年度判字第1552號判決參照），惟於未牴觸法律，亦未對人民自由權利增加法律所無之限制時，仍得作為法院審判之參考。換句話說，在不違反專利法及其施行細則之前提下，法院仍會支持審查基準，若無具體明確理由，申請人仍必須遵守審查基準之規定。

我國專利法規定內容，包括專利之種類、定義、專利權之歸屬、專利要件、申請程序、審查及再審查、專利權、強制授權、納費、損害賠償及訴訟等，既屬實體法，亦屬程序法。依「先程序後實體」之原則，專利申請案合於程序要件者，始得進入形式審查、早期公開、實體審查之申請或實體審查。

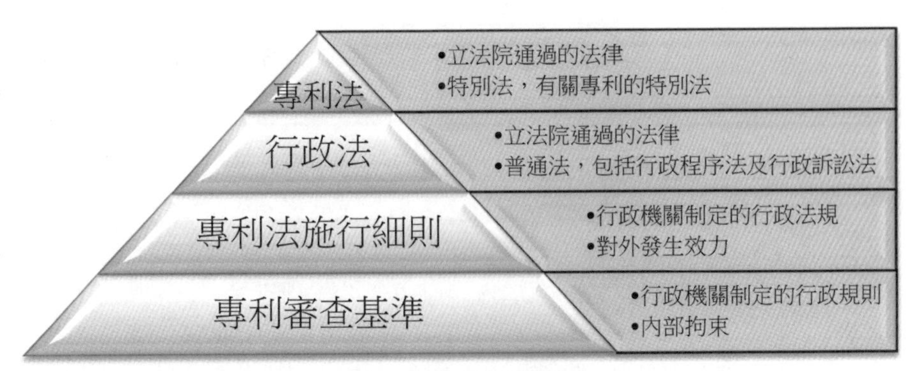

圖1-1　專利法律體系

程序審查，係檢視各種申請文件是否符合專利法及專利法施行細則之規定。三種專利均須完成程序審查，經受理後取得申請日。申請案受理後，發明案採早期公開及請求實體審查制；新型案採形式審查制；設計採實體審查制。發明之實體審查須經申請並繳費，始進入實體審查程序；設計之實體審查無須申請審查即直接進入實體審查程序。在我國，實體審查係採二審制，包括初審及再審查二階段。

由於專利法的規定大多抽象而籠統，為讓所有行政官員及專利申請人有可資遵循之共同標準，經濟部智慧財產局針對前述之「程序審查」、「形式審查」及「實體審查」制定了一套「專利審查基準」。專利審查基準分為五篇：第一篇為程序審查及專利權管理；第二篇為發明專利實體審查基準；第三篇為設計專利實體審查基準；第四篇為新型專利形式審查基準及第五篇舉發審查基準。本書內容概依專利法、專利法施行細則及審查基準予以介紹說明。

發明或設計經初審或再審查實體審查程序審定准予專利者，或新型經形式審查處分准予專利者（專利專責機關准駁發明或設計專利之文書為「審定書」；專利專責機關准駁新型專利之文書為「處分書」），申請人必須依法繳納專利證書費及第一年專利年費，始能獲頒專利證書，並於該申請案公告之日取得專利權。若未合法繳納前述費用，則該申請案之內容不予公告，且申請人自始未取得專利權。發明或設計經初審或再審查實體審查程序審定不准予專利者，或新型經形式審查處分不准予專利者，或專利權經舉發審定而有不服者，申請人、舉發人或被舉發人（即專利權人）可提起訴願、行政訴訟等行政救濟程序。

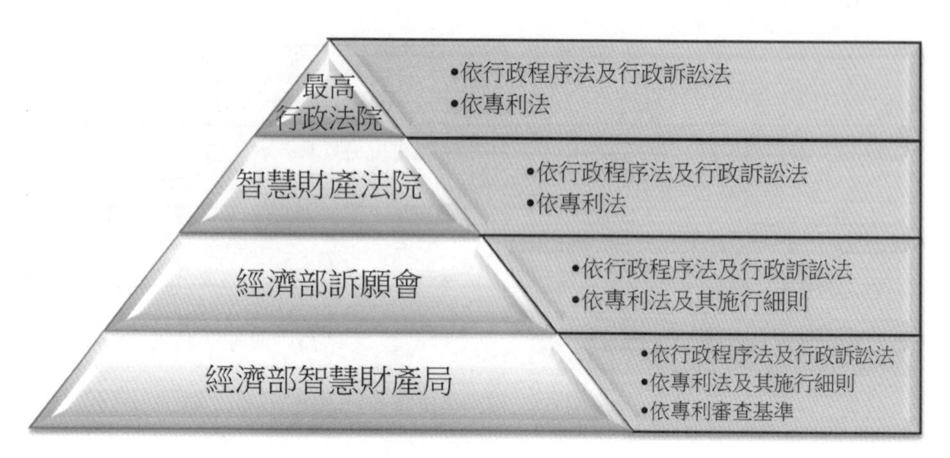

圖1-2　專利審查及行政救濟程序

取得專利權，專利權人（或任何人）必須依法繳納專利年費，維持其專利權。醫藥品、農藥品或其製造方法專利，符合一定條件者，發明專利權人得於其專利權期間屆滿前六個月前申請延長其專利權期間。專利權人就其在專利權存續期間行使或處分專利權，包括讓與、繼承、授權、質權設定、信託等，均應向專利專責機關登記，始能產生對抗第三人之效力。任何人（不包括專利權人）或利害關係人認為專利權或延長專利權期間有應撤銷之事由，得備具相關證明文件，向專利專責機關提起舉發。

發明或設計專利申請階段有初審、再審查之申請，除此之外，尚有修正之申請、外文本誤譯訂正之申請、分割申請案之申請（包括核准審定後之分割申請）、改請其他專利之申請；核准專利後之申請有更正之申請、外文本誤譯訂正之申請、舉發、延長專利權期間之申請、延長專利權期間之舉發。專利法提及之申請、審查及有關制度整理如表1-1：

表1-1　專利申請及審查制度一覽表

專利申請及審查制度		發明	新型	設計	衍生設計
審查類型	程序審查	*	*	*	*
	形式審查		*		
	實體審查	*		*	*

專利申請及審查制度		發明	新型	設計	衍生設計
審體審查二階段制	初審查	*		*	*
	再審查	*		*	*
發明專利特有的制度	申請實體審查	*			
	早期公開	*			
	生物材料寄存	*			
申請人可主張的專利制度	優惠期	*	*	*	*
	國際優先權	*	*	*	*
	國內優先權	*	*		
	優先審查	*			
取得專利前的申請類型	中文本之補正（非申請）	*	*	*	*
	修正	*	*	*	*
	誤譯訂正（屬修正）	*	*	*	*
	申請分割（核准審定前）	*	*	*	*
	同種專利改請			*	*
	他種專利改請	*	*	*	*
取得專利後的申請類型	更正	*	*	*	*
	誤譯訂正（屬更正）	*	*	*	*
	申請分割（核准審定後）	*			
	舉發	*	*	*	*
	延長專利權期間	*			
	延長專利權期間之舉發	*			
打＊者為適用於該種專利；空白者為不適用於該種專利					

1.1　智慧財產權之定義

TRIPs第1條（會員義務之性質及範圍）
1.……
2.本協定所稱「智慧財產」係指第二篇第一節至第七節所保護之各類智慧財產。
3.……

智慧財產權之定義綱要		
何謂智慧財產權	智慧財產權之性質	法律保護的權利、法律保護的財產利益
	智慧財產權之意義	法律創設之權利、人類精神活動之成果、具有財產價值
國際公約定義之智慧財產權	建立WIPO公約之定義	著作權、著作之鄰接權、發明、發現、工業設計、商標、服務標章、商業名稱、產地標示、防止不當競爭、積體電路電路布局、植物新品種
	TRIPs涵蓋的種類	
	巴黎公約涵蓋的種類	
智慧財產權體系	工業財產權	
	著作權	

一、何謂智慧財產權

智慧財產權，係人類精神（或心智、智慧）活動成果之權益，由法律所創設而能產生財產價值之權利。申言之，智慧財產權係國家為鼓勵社會大眾「智慧」活動的成果，以法律給予創作人「權利」保護，讓權利人可以排除他人實施、獨占市場，據以將智慧轉成私有「財產」之制度。在農工商業時代，有形的資產如：土地、礦產、動物、植物或廠房等係企業財富的象徵；知識經濟時代，無形的財產權如：專利、商標或著作權等，已躍升為企業財富及競爭力的象徵。

社會的進步有賴知識之自由使用，但知識之自由使用亦可能造成社會進步之絆腳石。智慧財產權法制係保護知識之價值，並防止濫用他人所創造之知識。專利之價值在於技術之實施；商標之價值在於透過廣告所傳達並標記之商品或服務等；而著作權之價值在於創作之重製。

人類心智創作成果中得依智慧財產權法制予以保護者，例如專利、商標及著作權等，只要符合保護要件，該知識得授予智慧財產權，禁止他人使用，並得移轉、授權、設定質權或信託。

二、國際公約定義的智慧財產權

依「建立世界智慧財產權組織公約」（Convention Establishing the World Intellectual Property Organization，簡稱WIPO公約）[1]，智慧財產權包括：

1. 文學、藝術及科學作品（著作權）
2. 表演藝術者之表演、錄音製品及廣播（著作權鄰接權）
3. 人類一切活動領域之發明（發明專利權）
4. 科學發現（在某些條件下得為發明專利權）
5. 工業設計（設計專利權）
6. 商標、服務標章、商業名稱及產地標示（商標權）
7. 防止不當競爭（公平交易法）
8. 其他權利（如植物新品種、積體電路電路布局）

依TRIPs（與貿易有關之智慧財產權協定Agreement on Trade-related Aspects of Intellectual Property Rights，為WTO世界貿易組織所管理）[2]規定，智慧財產權涵蓋的範圍更廣，包括著作權及著作鄰接權、商標、產地標示、工業設計、發明專利（新型不在協定範圍內）、積體電路電路布局、營業秘密及公平競爭行為等。現階段，智慧財產權所涵蓋的範圍包括非創意且不具財產價值之資料庫，故智慧財產權所保護者已為「投資」，而超越「知識」之範圍。

依「保護工業財產權巴黎公約」（Paris Convention for the Protection of Industrial Property）[3]，「工業」一詞之含義甚廣，包括工商業、農業及礦

---

[1] 1967年依「建立世界智慧財產權組織公約」成立世界智慧財產權組織，總部位於瑞士日內瓦，主管若干重要的國際條約、協定等，包括國際專利分類史特拉斯堡協定、專利合作條約等。

[2] 關稅貿易總協定（General Agreement on Tariffs and Trade，簡稱GATT，現稱為「世界貿易組織」（WTO）貿易諮商委員會於1993年12月15日通過「烏拉圭回合多邊貿易談判」議定書，其中包括「與貿易有關之智慧財產權」協定（Trade Related Aspects of Intellectual Property Rights，簡稱TRIPs）。我國自2002年1月1日起成為WTO會員，有遵守TRIPs之義務。

[3] 1883年英、美等21國於巴黎召開國際會議，3月20日11國簽署「保護工業財產權巴黎公約」；時至今日，巴黎公約的成員國已高達172國。我國並非巴黎公約同盟國，但為WTO會員，而有遵守巴黎公約第1條至第12條及第19條之義務。

業。保護範圍包括：專利、新型、設計、商標、服務標章、商號名稱、產地標示或原產地名稱及防止不當競爭。

工業財產權係保護、維持工商業經濟活動，包括創作程度低的商標、商業名稱等，以及創作程度高的發明、新型、工業設計等，但不包括文化層面之著作權。依巴黎公約之劃分，除了設計及著作權所保護之應用美術外，工業財產權與著作權幾乎不會產生重疊，但自從電腦程式納入著作權保護範圍後，著作權已涵蓋科技內容，故以往將智慧財產權劃分為工業財產權及著作權，已無法描述現實狀況。

現階段「財產」一詞亦較傳統「擁有權利」之意涵為廣，例如：維護正當競爭秩序之權利的「營業秘密」及「不公平競爭」，皆被認為係屬智慧財產權，雖然二者皆為經濟法制之一環，但並無表徵得為客觀評估之財產客體。

表1-2 智慧財產權體系表

<table>
<tr><th colspan="4">智慧（知識、無體）財產權體系</th></tr>
<tr><td rowspan="14">工業財產權（廣義）</td><td rowspan="6">產業創造活動成果之權益</td><td rowspan="6">專有權</td><td>1發明專利權</td></tr>
<tr><td>2新型專利權</td></tr>
<tr><td>3植物品種及種苗法</td></tr>
<tr><td>4積體電路電路布局法</td></tr>
<tr><td>5營業秘密法</td></tr>
<tr><td>6科學上發現</td></tr>
<tr><td></td><td></td><td>設計專利權</td></tr>
<tr><td rowspan="7">公平維護產業秩序、公平交易法</td><td rowspan="7">表徵權</td><td>他人姓名</td></tr>
<tr><td>商號商標</td></tr>
<tr><td>公司名稱</td></tr>
<tr><td>商品容器</td></tr>
<tr><td>包裝外觀</td></tr>
<tr><td>服務表徵</td></tr>
<tr><td>著名標章</td></tr>
</table>

智慧（知識、無體）財產權體系			
	維護產業秩序識別標誌	標章權	商品商標
			證明標章
			團體標章
			團體商標
著作權／著作鄰接權／出版權／製版權／著作權仲介團體			

表1-3　主要的智慧財產權比較表

	專利權	商標權	著作權	營業秘密
保護目的	鼓勵、保護與利用發明、創作，以促進國家產業發展	保障商標權、證明標章權、團體標章權、團體商標權及消費者利益，維護市場公平競爭，促進工商企業正常發展	保障著作人著作權益，調和社會公共利益，促進國家文化發展	保障營業秘密，維護產業倫理與競爭秩序，調和社會公共利益
價值性	提升各種產業之科技水準	消費者得以識別企業產品 企業團體表彰形象 企業團體對消費者提供品質保證	促進國家社會文化發展	企業得以提升競爭力
標的內容	產業上之技術包括物或方法 產業上之技藝包括物品之外觀設計及圖像設計	任何具有識別性之標識，得以文字、圖形、記號、顏色、立體形狀、動態、全像圖、聲音等，或其聯合式所組成	文學、科學、藝術或其他學術範圍之創作	方法、技術、製程、配方、程式、設計或其他可用於生產、銷售或經營之資訊
權利要件	產業利用性、新穎性、進步性（創作性）	識別性	首創性	秘密性、價值性，並採取合理之保密措施

	專利權	商標權	著作權	營業秘密
權利態樣或利用方式	專利權人專有製造、販賣之要約、販賣、使用或進口之權	商標權人就註冊之商標，於指定之商品或服務取得商標權	依各著作之種類，著作權人享有重製、改作、編輯、出租、散布、公開口述、公開播送、公開上映、公開演出、公開傳輸、公開展示等權利	營業秘密所有人自行使用，並阻止他以「不正當」方式取得、使用或洩露
權利取得	經主管機關審定核准，繳納證書費及第一年專利年費後公告取得專利權	經主管機關核准，繳納註冊費後公告取得商標權	毋須登記，著作完成時享有著作權	具備成立要件即可主張營業秘密，惟事後請求救濟時須證明
保護年限	發明二十年 新型十年 設計十二年 均自申請日起算	自註冊之日起算十年，但可連續延展專用期間，每次十年	自然人之著作為終生加五十年，法人及攝影、視聽、錄音及表演之著作為公開發表後五十年	直至喪失秘密性，不再具備成立要件為止

1.2 智慧財產權之特徵

第52條（發明專利權之授予及期間）

申請專利之發明，經核准審定者，申請人應於審定書送達後三個月內，繳納證書費及第一年專利年費後，始予公告；屆期未繳費者，不予公告。

申請專利之發明，自公告之日起給予發明專利權，並發證書。

發明專利權期限，自申請日起算二十年屆滿。

申請人非因故意，未於第一項或前條第四項所定期限繳費者，得於繳費期限屆滿後六個月內，繳納證書費及二倍之第一年專利年費後，由專利專責機關公告之。

第58條（發明專利權之實施及解釋）
發明專利權人，除本法另有規定外，專有排除他人未經其同意而實施該發明之權。 物之發明之實施，指製造、為販賣之要約、販賣、使用或為上述目的而進口該物之行為。 方法發明之實施，指下列各款行為： 一、使用該方法。 二、使用、為販賣之要約、販賣或為上述目的而進口該方法直接製成之物。 發明專利權範圍，以申請專利範圍為準，於解釋申請專利範圍時，並得審酌說明書及圖式。 摘要不得用於解釋申請專利範圍。
第114條（新型專利權之授予及期間）
新型專利權期限，自申請日起算十年屆滿。
第135條（設計專利權之授予及期間）
設計專利權期限，自申請日起算十二年屆滿；衍生設計專利權期限與原設計專利權期限同時屆滿。
第136條（設計專利權之實施及解釋）
設計專利權人，除本法另有規定外，專有排除他人未經其同意而實施該設計或近似該設計之權。 設計專利權範圍，以圖式為準，並得審酌說明書。
巴黎公約第4條之2（發明專利－專利之獨立性）
1. 同盟國國民就同一發明於各同盟國家內申請之專利，與於其他國家取得之專利，應各自獨立，不論後者是否為同盟國。 2. 前揭規定，係指其最廣義而言，凡於優先權期間內申請之專利案，均具有獨立性，包括無效及消滅等，甚至與未主張優先權之專利案亦具有獨立性。 3. 本規定應適用於其生效時所存在之一切專利。 4. 新國家加入本公約時，本規定應同等適用於新國家加入前後存在之專利。 5. 因主張優先權而取得專利權者，於同盟國內，得享有之專利權期間應與未主張優先權之專利權期間同。
TRIPs第26條（工業設計權保護內容）
1. 工業設計所有權人有權禁止未經其同意之第三人，基於商業目的而製造、販賣，或進口附有其設計或近似設計之物品。 2. 會員得規定工業設計保護之少數例外規定，但以於考量第三人之合法權益下其並未不合理地牴觸該受保護工業設計之一般使用，且並未不合理侵害權利人之合法權益者為限。 3. 權利保護期限至少應為10年。

TRIPs第28條（專利權保護內容）
1. 專利權人享有下列專屬權： (a) 物品專利權人得禁止未經其同意之第三人製造、使用、要約販賣、販賣或為上述目的而進口其專利物品。 (b) 方法專利權人得禁止未經其同意之第三人使用其方法，並得禁止使用、要約販賣、販賣或為上述目的而進口其方法直接製成之物品。 2. 專利權人得讓與、繼承及授權實施其專利。
TRIPs第33條（專利權保護期間）
專利權期間自申請日起，至少20年。

智慧財產權之特徵綱要	
無形性	權利本身不具形體，主張權利時始顯現權利之存在
專有性；排他性	排他權，僅為排除他人未經同意實施專利權的權利，並不意謂實施自己的專利權一定不會侵害他人專利權
地域性；屬地性	屬地主義，亦稱專利獨立原則，專利權利僅在國境內有效
時間性	專利權利依法律規定之期間屆滿而消滅

智慧財產權所保護之客體係人類精神活動之成果，不具特定之形體，故其取得、持有、性質、範圍及侵權行為之處理等均與一般有體財產權不同，以專利權為例說明其共同特徵如下。

一、無形性

WIPO稱智慧財產權為「intellectual property」；日本稱為「知的財產權」。早期德國稱智慧財產權為「無體財產權」，日本沿襲之；此說認為智慧財產權係以權利為標的之準物權，權利本身不具形體，主張權利時始顯現權利之存在。參照圖1-3說明如下：紙本歌譜具有物理實體；僅能顯現在螢幕上之電子形式歌譜不具實體。無論紙本歌譜或附在碟片上電子形式之歌曲（甚至在網路上傳輸），均得作為交易標的；然而，紙張或碟片僅為著作權之載體，販賣載體並不等於販賣所載之著作權，著作權人得將一本歌譜賣給A，將一張碟片賣給B，嗣後再將著作權讓與C，A及B使用該著作物均無侵害C的著作權之虞，因為A及B所使用者為合法之著作物。由於智慧財產權本身之無形性，得重複授權（如C將著作權分別授權給D壓製碟片及授權給E

印刷歌本），但也容易被侵害（如歌譜被影印或重製於碟片後販賣）。專利亦具無形性，侵害專利權不須占有實體物，故同一專利可能遭多人侵權。

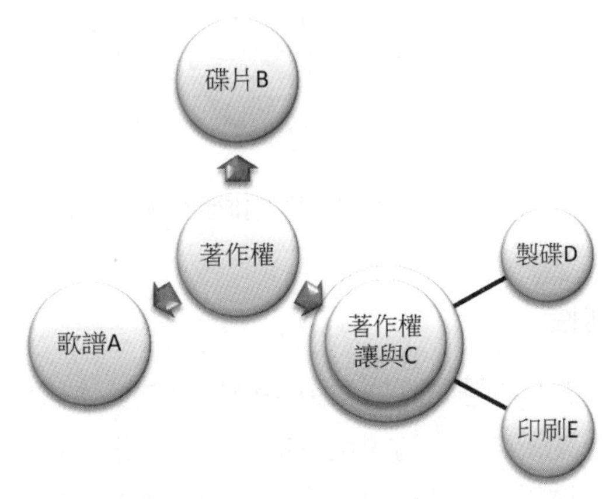

圖1-3　智慧財產權之無形性示例

二、專有性：排他性

專利權係一種排他權，專有排除他人實施（或稱利用）之權，包括五種權能（即實施行為之態樣）：製造、為販賣之要約、販賣、使用及進口，未經權利人同意，他人不得實施（專58.I～III）。智慧財產權之排他性強，而與民法一物一權之概念不同，他人實施與專利相同（包括實質相同，設計專利稱近似）之技術（設計專利稱技藝）即為侵權，不須有任何占有實體物之行為。

專利權之性質為專有排他效力（排他權），而非獨占之效力（獨占權），故取得專利權並不意謂實施自己的專利不會侵害他人之專利權利。由於技術之創新通常係基於已知技術而為創作，若在他人專利的基礎上再發明或再創作，如物之發明與製造該物之方法發明、原發明與其再發明，方法發明須取得物之發明專利權人之同意始得實施，再發明須取得原發明專利權人之同意始得實施，否則即屬侵權。又如發明專利與設計專利所保護的客體為同一者，實施自己專利權仍須取得對方專利權人之同意始得實施。

商標權則無前述限制，有商標權則有使用該商標之權利。此外，專利權之實施尚有其他法令之限制，例如醫藥品專利之實施須取得衛生主管機關之許可始得上市販賣。

圖1-4　智慧財產權之排他性示例

三、地域性；屬地性

專利法為國內法，智慧財產權係由各國政府依其本國法令所授予者，故僅在本國管轄之境內有效，此為國家主權之一種象徵。依巴黎公約第4條之2第1項規定：「同盟國國民就同一發明於各同盟國內申請之專利案，與於其他國家取得之專利權，應各自獨立，不論後者是否為同盟國。」專利權有地域性，稱屬地主義，亦稱專利獨立原則。除歐體商標及設計外，目前世界上尚無「一權多效力」之智慧財產權；業界所稱「世界專利」係依專利合作條約（PCT），所稱「歐洲專利」係依歐洲專利公約（EPC），透過指定國家之程序，由各國認可後始產生多國效力。商標權或著作權亦必須依國際公約達到域外之效力。

智慧財產權之授予及權利效力有地域性。惟對於專利要件之審查，絕大部分國家係採絕對新穎性，於專利申請案之申請日前，在任何地域以任何語言或任何形式公開之文件均得作為新穎性審查之先前技術（設計專利稱先前技藝），據以審查該專利申請案，先前技術並無地域之限制；進步性或創作性等專利要件之審查亦同。

四、時間性

一般有體財產權，其權利效力係隨其所依附之財產的消滅而消滅。智慧財產權不具形體，原則上，係依法律之規定於法定期間屆滿而消滅（專52,114,135），以避免專利權人長期壟斷知識；專利權期間屆滿後，任何人均得自由利用。

商標之價值在於商譽之累積，非人類心智之創作成果，故法律規定商標權期間屆滿後得申請延展，且不限次數。

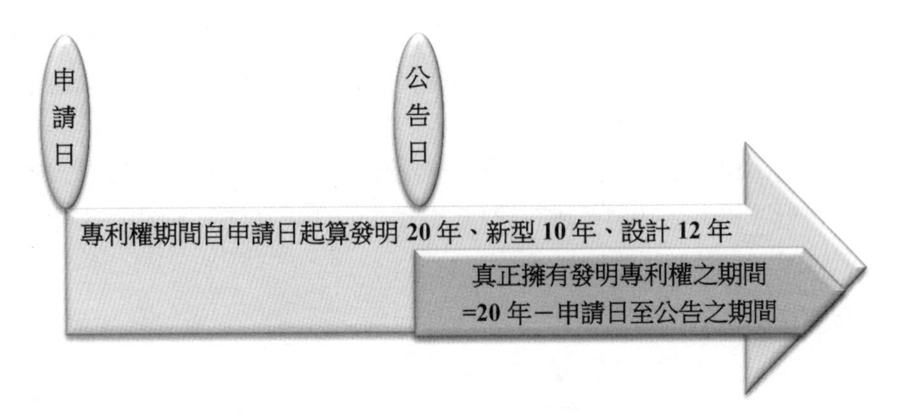

圖1-5　專利權期間之計算

【考古題】

◎甲為跨國公司，欲就其甫研發出來之技術進行全球布局，乃於優先權期間內，分別向數個國家提出專利申請，包括美國、歐洲、日本以及我國。當其陸續得到美國、日本之專利時，在我國之專利申請案卻被核駁。甲極為不滿，認為相同的發明，在先進國家都可以申請到專利，何以我國專利主管機關卻不准其專利。請依與貿易有關之智慧財產權協定（TRIPS）和巴黎公約的規範，說明我國之作法是否符合國際規範？（100年專利師考試「專利法規」）

1.3　歷史沿革

一、國際上專利法制的發展

1. 第十三世紀英王頒發詔書，授予新技術或引進技術者壟斷權。
2. 第十五世紀地中海沿岸貿易發達，1474年威尼斯制定第1部專利法，授予十年壟斷權。
3. 第十七世紀英國紡織工業蓬勃，英國於1624年制定壟斷法，除明定壟斷之效力外，對於專利權內容如實施權、使用權等，以及專利期間均加以規範，為公認第1部具有現代意義之專利法。
4. 法國於1791年制定、俄國於1812年制定、西班牙於1826年制定、德國於1877年制定

5. 「保護工業財產權巴黎公約」於1883年生效，為第1部工業財產權國際條約，至今仍然有效。由於WTO/TRIPs將巴黎公約含括在內，故我國雖然並非巴黎公約締約國，仍受其實質內容之拘束。
6. 光緒年間（1898年）始頒布「振興工藝給獎章程」，1912年頒布「獎勵工藝品暫行章程」，1944年頒布第1部現代化的「專利法」，因第二次世界大戰，該法至1949年始施行。

二、我國專利法制的發展

元年	6月13日，訂定「獎勵工藝品暫行章程」，全文凡13條，12月12日公布施行。
12年	3月19日，修正「獎勵工藝品暫行章程」為「工業品獎勵章程」，全文增為19條，其中將專利分為三年及五年兩種，並增訂施行細則21條，3月30日公布施行。
17年	2月22日，北京政府將專利與獎勵分別施行，審查與特許亦分部辦理，並公布「工藝品發明審查鑑定條例」，全文凡12條，附施行細則19條；並公布「工藝品褒狀條例」，全文凡9條，附施行細則10條，均由農工部執行；並另公布「專賣特許條例」，全文20條，附施行細則19條，將專利仍改為專賣，分為五年、十年及十五年三種，由實業部執行。6月，先行成立註冊局，同時受理商標與專利案件。迨工商部設立後；頒行「獎勵工業品暫行條例」，全文凡21條。
18年	7月，國民政府公布「特種工業獎勵法」。
19年	2月，工商部公布「特種工業獎勵法審查暫行標準」4月28日，廢止「獎勵工業品暫行條例」。
21年	9月30日，國民政府公布「獎勵工業技術暫行條例」，全文凡29條；同日並公布「獎勵工業技術暫行條例施行細則」，全文計27條。
28年	4月6日，國民政府修正公布「獎勵工業技術暫行條例」，將創作之新型及新式樣亦予以專利。規定發明專利為十年，新型專利為五年，新式樣專利為三年。
30年	2月6日，國民政府再度修正「獎勵工業技術暫行條例」，全文共24條，並修正「獎勵工業技術暫行條例施行細則」，計31條。
31年	8月，經濟部擬訂「專利法」草案。
33年	5月29日，國民政府依據我國歷年公布之「獎勵工藝品暫行條例」、「特種工業獎勵法」及「工業提倡獎勵辦法」等法規，並參酌英、美、德、日等國專利制度，以及國內學術團體及專家之意見，在重慶公布我國第1部「專利法」，全文分4章8節，共133條。

35年	10月，經濟部訓令商標局籌備兼辦專利案件。
36年	9月24日，行政院公布「專利法施行細則」，全文共51條。
38年	1月1日，專利法及實施細則同日施行。
39年	專利案件自35年經濟部訓令商標局兼辦後，38年政府遷臺，商標局未能即時遷出，專利業務因而中斷，至39年4月24日經濟部始訓令中央標準局兼辦。
42年	7月18日，經濟部公布「專利代理人規則」，全文凡12條。8月間中央標準局成立專利室，辦理專利業務。
44年	10月26日，經濟部修正公布「專利代理人規則」，全文仍為12條。
47年	行政院8月16日修正公布專利法施行細則第48條條文。
48年	立法院1月9日三讀通過專利法第14條、第59條第5款、第75條、第76條、第77條、第80條、第105條、第124條條文修正案。1月22日公布。
49年	5月1日，經濟部訂定「經濟部委託及交付臺灣省政府主管廳處部份業務暫行辦法」公布施行，全文計15條。該辦法第6條規定專利事項中關於新型及新式樣部分，委託臺灣省政府建設廳依專利法及專利法施行細則辦理，經濟部中央標準局只辦理發明專利一項。5月3日，立法院三讀通過專利法第32條、第95條、第96條第2款、第118條條文修正案。5月12日，總統令修正公布。
62年	8月22日經濟部修正公布「專利法施行細則」第8條條文。
68年	4月3日立法院修正專利法第1條至第4條、第6條、第10條、第31條、第32條、第37條、第38條、第43條、第61條、第67條至第71條、第75條、第76條、第78條、第89條至第92條、第94條、第96條、第99條、第101條、第105條至第108條、第110條、第114條、第118條、第124條至第127條、第129條、第132條及第133條；並刪除第77條、第80條及第131條條文並於4月16日公布。 修正中央標準局組織條例，專利室擴大編制為專利處。修正專利法重點包括： 一、將專利權適用範圍由工業擴大為產業。 二、改採絕對新穎性。 三、動植物及微生物新品種不予專利。 四、增加進步性為專利要件之一。
70年	10月2日經濟部令修正發布專利法施行細則，此次乃全盤修正。10月2日經濟部令發布專利規費收費準則。
73年	4月24日經濟部令發布修正專利規費收費準則第3條、第4條。

75年	12月12日立法院修正專利法第4條、第12條至第14條、第42條、第56條、第59條至第61條、第65條、第67條、第69條、第75條、第76條、第82條、第88條至第92條、第100條、第104條至第108條、第110條、第112條、第115條、第116、第122條、第124至第127條及第129條；並增訂第43條之1、第85條之1、第88條之1及第88條之2條文。並於12月24日總統公布。修正專利法重點為開放化學品、醫藥品及其用途准予專利。 4月18日經濟部令修正發布專利法施行細則第32條、第33條。
76年	7月10日經濟部令發布修正專利法施行細則第4條、第5條、第6條、第9條、第10條、第12條、第13條、第14條、第16條、第19條、第29條、第30條、第32條、第33條、第47條、第52條、第54條、第55條、第56條暨增訂第10條之1、第37條之1、第56條之1，並刪除第20條、第45條、第46條條文。
79年	6月29日經濟部令發布修正專利規費收費準則第3條、第4條及第5條。
83年	1月23日總統令修正公布專利法全文。10月3日經濟部令修正專利法施行細則。 7月8日修正專利規費收費準則。
86年	5月7日中華民國加入世界貿易組織系列法案，總統令修正公布第21條、第51條、第56條、第57條、第78條至第80條、第82條、第88條、第91條、第105條、第109條、第117條、第122條、第139條。
90年	10月24日總統令修正公布第13條、第16條、第17條、第18條之1、第20條、第20條之1、第23條、第24條、第25條、第25條之1、第26條、第27條、第28條、第33條、第36條、第36條之1、第36條之2、第36條之3、第36條之4、第36條之5、第37條、第38條、第43條、第44條、第44條之1、第45條、第52條、第53條、第59條、第62條、第63條、第70條、第72條、第73條、第75條、第76條、第83條、第98條、第98條之1、第102條之1、第105條之1、第106條、第107條、第107條之1、第112條、第113條、第115條、第116條、第117條之1、第118條、第118條之1、第119條、第120條、第121條、第122條之1、第131條、第131條之1、第132條、第135條、第136條、第136條之1、第136條之2、第136條之3、第137條、第139條之1。
91年	11月6日經濟部令修正發布專利法施行細則。
92年	2月6日總統令修正公布全文138條；除第11、138條自公布日施行；其餘修正條文經民國93年6月8日行政院令定自93年7月1日施行。修正重點：廢除異議制度、審定公告中之依職權審查制度、分割專利權制度、非專利物之標示及侵害新型、新式樣專利權之刑罰，修正核發專利權之時間點，增訂「為販賣之要約」為專利權權能。
99年	8月25日總統令修正公布第27條、第28條；自9月12日施行。

100年	12月21日總統令修正公布全文159條（修正108條，增訂36條，刪除15條）；102年1月1日施行。修正重點： 1. 明確界定創作之定位 2. 變更新式樣專利名稱為「設計專利」 3. 增訂發明、新型及設計之「實施」之定義 4. 修正優惠期之適用範圍並增訂其事由 5. 將申請專利範圍及摘要獨立於說明書之外 6. 增訂說明書、申請專利範圍及圖式以外文本提出之相關配套規定 7. 導入復權規範 8. 放寬分割時點之限制 9. 完備審查中之修正制度 10. 修正有關醫藥品或農藥品之專利權期間延長相關規定 11. 增修專利權效力不及之事項 12. 明確界定專屬授權相關規定 13. 修正舉發制度 14. 修正強制授權事由、程序及同時核定補償金之規定 15. 增訂有關公共衛生議題之規定 16. 修正專利侵權相關規定 17. 新型專利制度整體配套規劃修正 18. 設計專利制度整體配套規劃修正
102年	6月11日總統令修正公布專利法第32條、第41條、第97條、第116條及第159條條文；6月13日施行。

1.4　巴黎公約

巴黎公約第2條（國民待遇原則）
(1) 就工業財產之保護而言，任一同盟國國民，於其他同盟國家內，應享有各該國法律賦予（或將來可能賦予）其本國國民之權益，而所有此等權益，概不妨礙公約所特別規定之權利。因此，其如遵守加諸該本國國民之條件及程序，而權利受侵害時，應享有與該本國國民同樣的保護與法律救濟。 (2) 受理保護其工業財產請求之國家，對同盟之其他各國國民所得享有之任何工業財產權利，不得附加設立「住所」或「營業所」的條件。 (3) 關於司法及行政手續、管轄權，以及送達地址之指定或代理人之委任，本同盟每一國家之法律規定，其可能為工業財產法律所必要者，悉予特別保留。

巴黎公約第3條（準國民待遇）
非同盟國家之國民，在任一同盟國之領域內，設有住所或設有實際且有效之工商營業所者，應與同盟國家之國民享受同等待遇。

巴黎公約第4條A（優先權制度）
(1) 任何人於任一同盟國家，已依法申請專利、或申請新型或設計、或商標註冊者，其本人或其權益繼受人，於法定期間內向另一同盟國家申請時，得享有優先權。 (2) 倘依任一同盟國之國內法，或依同盟國家間所締結之雙邊或多邊條約提出之申請案，係符合「合法國內申請程序」者，應承認其有優先權。 (3)「合法的國內申請程序」，係指足以確定在有關國家內所為申請之日期者，而不論該項申請嗣後之結果。

巴黎公約第4條B（優先權效果）
因此，在前揭期間內，於其他同盟國家內提出之後申請案，不因其間之任何行為，例如另一申請案、發明之公開或經營、設計物品之出售、或標章之使用等，而歸於無效，且此行為不得衍生第三者之權利或任何個人特有之權利。又依同盟國家之國內法，據以主張優先權之先申請案的申請日前，第三者已獲得的權利，將予以保留。

巴黎公約第4條C（優先權期間）
(1) 前揭優先權期間，對於專利及新型應為十二個月，對於設計及商標為六個月。 (2) 此項期間應自首次申請案之申請日起算，申請當天不計入。 (3) 在申請保護其工業財產之國家內，倘有關期間之最後一日為國定假日，或為主管機關不受理申請之日時，此一期間應延長至次一工作日。 (4) 在同一同盟國家所提之後申請案，與前揭第(2)款之先申請案技術相同，倘後申請案提出時，先申請案已撤回、拋棄、或駁回且未予公開經公眾審查，亦未衍生任何權利，且尚未為主張優先權之依據者，則後申請案應視為首次申請案，其申請日應據為優先權期間之起算點。其較先之申請案不得為主張優先之依據。

巴黎公約第4條D（主張優先權之形式要件）
(1) 任何人欲援引一先申請案主張優先權者，應備具聲明，指出該案之申請日及其受理之國家。檢具該聲明之期限由各國自行訂定。 (2) 前揭事項，應揭示於主管機關發行之刊物中，尤其應於專利及其說明書中載明。 (3) 同盟國家對主張優先者，得令其提出先申請案之申請書（說明書及圖樣等）謄本一份。該謄本經受理先申請案之主管機關證明與原件相符者，無須任何驗證，亦毋需繳付何費用，僅須於後申請案提出後三個月內提出。同盟國得規定謄本須附有該同一主管機關所出具之說明其申請日期的證明及其譯本。 (4) 在提出申請案時，對主張優先權之聲明不得要求其他程序。同盟國家應決定未履行本條所定程序而產生之後果，但無論如何，此項後果不得甚於優先權之喪失。 (5) 此後，同盟國家仍得要求另提證明文件。據先申請案主張優先權者，申請人必須說明其先申請案之申請文號，此項申請文號應依照前揭第(2)款之規定予以公布。

巴黎公約第4條E（設計之優先權期間）
(1) 設計申請案所據以主張之優先權之先申案為新型申請案時，其優先權期間，應與設計之優先權期間相同。 (2) 新型申請案可據發明專利之申請案主張優先權。反之亦然。
巴黎公約第4條F（複數優先權）
(1) 同盟國家，不得以下列事由拒予優先權或駁回專利之申請：申請人主張複數優先權，即使此等優先權係在若干不同國家內所獲得者，或主張一項或數項優先權之後申請案中，含有一種或數種技術係未包含於先申請案者。惟前揭事由，均須後申請案符合國所定之單一性。 (2) 未包含於優先權之一項或數項技術內容，於後申請案提出時，原則上，應產生一優先權利。
巴黎公約第4條H（主張優先權之基礎範圍）
倘據以主張優先權之若干發明項目已揭示於全部之申請文件中，則不得以其未列於先申請案之申請專利範圍為由，否准優先權的主張。
巴黎公約第4條I（發明人證書之優先權）
(1) 在申請人得選擇申請專利或發明人證書之國家內所提出發明人證書之申請案，亦得享有本條規定之優先權，其要件暨效果均與專利申請案同。 (2) 在申請人得選擇申請專利或發明人證書之國家內，發明人證書之申請人依本條有關申請專利之規定，應享有發明專利，新型或發明人證書申請案主張優先權的權利。
巴黎公約第4條之2（發明專利－專利之獨立性）
(1) 同盟國國民就同一發明於各同盟國家內申請之專利案，與於其他國家取得之專利權，應各自獨立，不論後者是否同盟國家。 (2) 前揭規定，係指其最廣義而言，凡於優先權期間內申請之專利案，均具有獨立性，包括無效及消滅等，甚至與未主張優先權之專利案亦具有獨立性。 (3) 本規定應適用於其生效時所存在之一切專利。 (4) 新國家加入本公約時，本規定應同等適用於新國家加入前後存在之專利。 (5) 因主張優先權而取得專利權者，於同盟國內，得享有之專利權期間應與未主張優先權之專利權期間同。

巴黎公約綱要	
特性	一般條約、開放條約、立法條約、同盟條約
適用的體系範圍	專利、新型、設計、商標、服務標章、商號名稱、產地標示或原產地名稱及防止不當競爭

巴黎公約綱要		
重要原則與制度	國民待遇原則	國民待遇：同盟國國民於其他同盟國內享有各國法律賦予其本國國民之權益（§2）
		準國民待遇：非同盟國國民於任一同盟國境內有住所或工商業處所者，亦得享有前揭同盟國國民之待遇（§3）
	專利獨立原則（亦稱專利屬地主義）	於各同盟國內申請同一專利案，應各自獨立，包括無效及消滅，且不論是否為同盟國（§4-2(1)）
	優先權制度	於一定期間內就相同之專利、商標再向其他同盟國申請時，可以主張第一次申請日為優先權，而以該優先權日為專利要件之判斷基準日（§4）
內容及主要規範	同盟國間的權利義務及巴黎同盟的組織單位及行政規範	
	工業財產權的相關規範	
	個人的權利義務關係	
	個人權利義務關係的實體規範（屬共同規則）	

由於國際間技術交流、經濟合作日益密切，有關工業財產權的國際公約、區域性條約紛紛訂立，各國保護工業財產權制度、法律規定逐漸趨向整合，以建立一套全球共通的遊戲規則。

「保護工業財產權巴黎公約」（Paris Convention for the Protection of Industrial Property）一般簡稱「巴黎公約」，於1883年3月20日於巴黎簽署，係工業財產權國際公約中締結最早、同盟國最廣泛的一個綜合性公約，其對其他許多國際性和區域性專利權公約的影響很大，絕大多數的專利權公約都要求參加該公約的國家必須是巴黎公約的同盟國。就此意義而言，巴黎公約堪稱工業財產權領域的基本公約，為其他許多公約的「母公約」。它的基本原則與最低要求制約了其他許多公約，更影響各國專利法律之制定。

雖然我國並非「保護工業財產權巴黎公約」同盟國，但為世界貿易組織（World Trade Organization，簡稱WTO）會員（2012年8月共有157個會員），依「與貿易有關之智慧財產權協定」第2條第1項，有遵守巴黎公約第1條至第12條及第19條規定之義務。

一、沿革

巴黎公約於1883年3月20日由11個國家於巴黎簽訂，締結本公約的目的在於希望本公約成為統一的工業財產權法，但因各國利益及立法制度不同，故各簽署同盟國無法逕適用本公約之規範。然而，本公約仍為各同盟國制定專利相關法制時所應遵守的最低要求，進而達到協調各國法制的結果。

巴黎公約係首部保護工業財產權之國際公約，自1883年訂定，並在次年批准後，於1884年7月7日正式生效。本公約歷經多次修正，1967年7月14日於斯德哥爾摩修訂本公約。無論就其施行之時期，抑或參與之國家數，均係「世界智慧財產權組織」（World Intellectual Property Organization，簡稱WIPO）所掌管之公約中最具世界代表性者，許多重要的原則均於本公約中確立。嗣因產業環境的改變，隨著世界貿易組織的設立暨「與貿易有關之智慧財產權協定」的訂定，使本公約不復具領導地位。

為合於現今局勢，WIPO亦研擬了「專利法條約」（Patent Law Treaty）及「商標法條約」（Trademark Law Treaty），二條約及前揭TRIPs協定均仍遵守本公約所確立之原則。

二、特性

本公約具有下列特性：

1. 一般條約：一般國家皆可以參加。但本公約第1條所稱之國家為country，不是state。
2. 開放條約：未締約參加之國家得陸續簽約加入。
3. 立法條約：多國間在國際法上共同遵守的規定。
4. 同盟條約：在國際法上具備法人格，可以成立管理組織，具備財政基礎。依本公約成立世界智慧財產權組織。

三、適用的體系範圍

「工業」一詞係依「保護工業財產權巴黎公約」，其規定之含義甚廣，包括工商業、農業及礦業。保護範圍包括：專利、新型、設計、商標、服務標章、商號名稱、產地標示或原產地名稱及防止不當競爭。前述工業財產權體系規定於本公約第1條(2)，隨時代進步、科技發展及貿易活動複雜化，更完整的工業財產權體系日後逐步建立。

四、重要原則及制度

除後述的「共同規則」（common rule）外，本公約創立了若干重要的基本原則及制度，簡介如下：

1. 國民待遇原則：國民待遇原則規定於本公約第2條，指任一同盟國（country of Union）國民於其他同盟國家內所應享有該國法律賦予其本國國民之權益，其他同盟國國民亦得享有，包括各國法律對其本國國民現在以及將來在工業財產權之保護上所給予的利益、保護及法律救濟途徑。各同盟國的法制不得以互惠原則為適用國民待遇原則的先決條件，因依本公約的立法原意，本公約所明定的義務原本就已涵蓋互惠原則。本公約第3條另定有準國民待遇，即非同盟國家之國民，在任一同盟國之領域內，設有住所或設有實際且有效之工商營業所者，應與同盟國家之國民享受同等待遇。
2. 獨立原則：亦稱屬地主義，指於各同盟國內申請相同創作之專利案應各自獨立，包括無效及消滅等，而且不論後者是否為同盟國。智慧財產權法制為國內法，其權利係由各國政府依其本國法所授予，故僅在本國境內有效，而有地域之限制。依獨立原則，各同盟國專利申請案各自獨立，任一同盟國授予專利權，其他同盟國沒有義務照辦；對於相同創作之專利，任一同盟國不得以其在其他同盟國業已核駁、撤銷或終止為理由，而予以核駁、撤銷或終止。專利獨立原則規定於本公約第4條之2(1)，商標獨立原則規定於本公約第6條(1)，其他工業財產權亦有獨立原則之適用。
3. 優先權制度：國際優先權制度首先揭櫫於本公約第4條，指同盟國國民或準國民在同盟國第1次申請專利（含新型）、商標及工業設計後，於一定期間內（稱為優先權期間：發明、新型為十二個月；工業設計、商標為六個月。）就相同之專利、商標再向其他同盟國申請時，享有優先之權利，可以主張第一次申請日為後申請案之優先權日，而以該優先權日為專利要件之判斷基準日。換句話說，同一申請人之後申請案，將比其他人在前述期間內就相同發明、新型、工業設計或商標所提出的申請案優先（「優先權」一詞即由此而來），而且由於後申請案是以首次申請案為根據，因此將不受此期間內可能發生的任何事件影響，例如發明的公告、公開或含有工業設計或商標產品的銷售。此規定的優點之一是當申請人尋求多國保護時，不必在同一日向各國提出申請，得在十二個月或六個月期間內決定希望獲得保護的國家，並仔細考慮為取得保護所必須採取的措施。優先權制度規定於本公約第4條，涵蓋一般優先權、複數優先權及部分優先權。一般稱此優先權為巴黎公約優先權或國際優先權，以資與國內優先權、展覽會優先權等區別。

五、內容及主要規範[4]

本公約之條款從第1條至第30條及後續插入之條文（例如第4條包含「之2」至「之4」）共計36條，涵蓋發明、新型、設計及商標等智慧財產權。綜觀本公約內容可分為四大部分：

(一) 國際公法的規定，規範各同盟國間的權利義務，並確立巴黎同盟的組織單位及行政規範

屬於此部分的條文包括：第6條之3第(4)款、第12至第24條、第26條至第30條。

(二) 工業財產權的相關規範，要求或允許各同盟國於其領域予以立法

本公約保護的對象為專利、新型、設計、商標、服務標章、產品標示、原產地名稱及不正競爭之防止等，屬於此部分的條文列示如下：

1. 優先權：第4條第D項第(1)、(3)、(4)、(5)款規定各同盟國必須或得就優先權制定相關規範。
2. 分割申請：第4條第G項第(2)款規定有關專利之分割申請。
3. 專利權利濫用之禁止：第5條第A項第(2)款規定各同盟國得立法禁止因專利之排他權所衍生之權利濫用。
4. 未繳年費以致失權之權利回復：第5條之2第(2)款規定各同盟國得立法賦予因未付年費以致失權之人回復權利的機會。
5. 著名標章之保護：第6條之2第(2)款規定各同盟國得規範著名標章所有權人得向未經其同意之善意使用者主張權利，但應於特定期間內為之。
6. 商標權人對其代理商之權利主張期限：第6條之7第(3)款規定各同盟國得

---

4 陳文吟譯，巴黎公約解讀，經濟部智慧財產局，89年4月，頁2~6

規範商標專利權人向其代理商主張特定權利的期限。

7. 不公平競爭之禁止：第10條之2第1項規定各同盟國必須有效確保交易的安定性，禁止不公平競爭。
8. 仿冒商標及虛偽標示之禁止：第10條之3規定各同盟國必須制定必要措施，有效制止涉及下列事項的不法行為：商標、商號、商品來源的虛偽標示，製造商或廠商的虛偽標示及不公平競爭。
9. 優惠期的保護：第11條規定各同盟國必須制定暫時性的保護，保護參加同盟國所舉辦之國際性展覽會的發明、新型、設計及商標等。
10. 確保本公約之適用：第25條規定各同盟國在不違背其本國憲法的前提下，必須制定必要措施，以確保本公約的適用，任何一國加入本公約時必須確定其本國法得以執行本公約的規定。

(三) 有關個人的權利義務關係，各同盟國必須以其本國法規範始生效力

屬於此部分的重要條文列示如下：

1. 國民待遇原則：本公約第2條規定任一同盟國依其現行或未來將執行的有關工業財產權法律所賦予或將賦予其本國國民的權益，其他同盟國國民亦得享有；不得以互惠原則為適用國民待遇原則的先決條件。
2. 準國民待遇原則：本公約第3條規定任一同盟國依其現行或未來將執行的有關工業財產權法律所賦予或將賦予其本國國民的權益，非同盟國國民於任一同盟國境內有住所或工商業處所者，亦得享有；不得以互惠原則為適用準國民待遇原則的先決條件。

(四) 有關個人權利義務關係的實體規範，不僅及於國內法的適用，且直接就相關議題加以規範

本公約第（四）部分係規範保護工業財產權中相當重要的「共同規則」（common rule），無論各同盟國係直接適用（不待國內立法即自動生效）或經由其國內立法後適用，該等共同規則均應為各同盟國所遵守、適用。自動生效，指同盟國簽訂公約後，任何人得逕依該公約規定要求同盟國的行政及司法機關適用其本國法。

按各同盟國於簽訂本公約後，本公約所定之條款是否自動生效，端視各同盟國之憲法而定。憲法中有直接適用國際公約中具自動生效條款之國家，如美國、法國、荷蘭等；相對地，雖然國際公約對於簽署國具有拘束力，但

在國內法尚未立法的情況下，本公約對其人民尚不生效力之國家，如英國、瑞典、挪威等，同盟國必須依本公約第25條將本公約條款制定於其本國法，使其本國法有對應於本公約條款之規定，有關「自動生效」之規定始發生效力。

本公約明定有關專利的共同規則：

1. 工業財產權的定義（第1條）。
2. 優先權的制定（第4條）。
3. 專利獨立原則（第4條之2）。
4. 專利發明人享有姓名表示權（第4條之3）。
5. 專利否准及消滅之限制（第4條之4）。
6. 使用專利商標等之義務（第5條，例外規定於第5條第A項第(2)款）。
7. 年費之補繳期（第5條之2第(1)款）。
8. 專利侵害責任的免除，經過他國領域之交通工具（第5條之3）。
9. 製法專利權人的權利（第5條之4）。

前述共同規則固然重要，惟其所涉及的範圍有限，本公約給予各同盟國相當的自主空間，依各國立法訂定工業財產權法制。以專利為例，各同盟國得自行制定下列事項：

1. 可專利性的標準；
2. 專利權之授予是否應審查可專利性；
3. 專利權應授予先申請人或先發明人；
4. 專利權之範疇應涵蓋物或方法，或物及方法；及
5. 應保護之工業所涵蓋的範圍及保護條件等。

對於部分已明定之工業財產權保護事項，本公約明定允許同盟國於其本國法中作更周延的規範，例如各同盟國得允許國民待遇原則適用於本公約第2條、第3條以外的人。同盟國擴大保護本公約所定之權利範圍時，必須以不損及本公約所定之其他權益為前提，例如同盟國允許部分國家享有較本公約所定之優先權期間更長的期間時，則會損及其他國民之權益。

六、重點條款

為加入WTO，我國數次修改專利法以順應TRIPs協定，其中許多重要原則之制定亦須遵守巴黎公約，TRIPs本協定第2條就規定，加入WTO會員應

遵守巴黎公約（1967年）第1條至第12條及第19條之規定。該等條款涵蓋範圍廣泛，包含組織單位、行政規範或其他智慧財產權，爰僅就主要條款列示如下：

表1-4 巴黎公約重點條款綱要

第1條	同盟的設立；工業財產權的範圍
第2條	國民待遇原則
第3條	準國民待遇
第4條A－I	優先權制度
第4條G	發明專利－分割申請
第4條之2	發明專利－專利之獨立性
第4條之3	發明專利－姓名表示權
第4條之4	發明專利－可專利性之限制
第5條A	發明及新型專利－失權及強制授權
第5條B	設計專利－失權
第5條D	專利權之標示
第5條之2	年費之補繳期及逾期之復權
第5條之3	發明專利－經過國境之交通工具
第5條之4	發明專利－製法專利權
第5條之5	應保護設計
第11條	國際展覽會之暫時性保護
第12條	國家之智慧財產權行政機關
第19條	同盟國間之協定

1.5 與貿易有關之智慧財產權協定

TRIPs第3條（國民待遇）

1. 除巴黎公約（1967年）、伯恩公約（1971年）、羅馬公約及積體電路智慧財產權條約所定之例外規定外，就智慧財產權保護而言，每一會員給予其他會員國民之待遇不得低於其給予本國國民之待遇；對表演人、錄音物製作人及廣播機構而言，本項義務僅及於依本協定規定之權利。任何會員於援引伯恩公約第6條及羅馬公約第16條第1項(b)款規定時，均應依各該條規定通知與貿易有關之智慧財產權理事會。

……

TRIPs第4條（最惠國待遇）

關於智慧財產保護而言，一會員給予任一其他國家國民之任何利益、優惠、特權或豁免權，應立即且無條件給予所有其他會員國民，但其利益、優惠、特權或豁免權有下列情形之一者，免除本義務：

……

TRIPs第25條（工業設計保護要件）

1. 對獨創之工業設計具新穎性或原創性者，會員應規定予以保護。會員得規定工業設計與已知設計或已知設計特徵之結合無顯著差異時，為不具新穎性或原創性。會員得規定此種保護之範圍，不及於基於技術或功能性之需求所為之設計。
2. 會員應保證保護紡織品設計之要件，特別是有關費用、審查或公告，不會不合理損害尋求取得此項保護之機會。會員得以工業設計法或著作權法履行此項義務。

TRIPs第26條（工業設計權保護內容）

1. 工業設計所有權人有權禁止未經其同意之第三人，基於商業目的而製造、販賣，或進口附有其設計或近似設計之物品。
2. 會員得規定工業設計保護之少數例外規定，但以於考量第三人之合法權益下其並未不合理地牴觸該受保護工業設計之一般使用，且並未不合理侵害權利人之合法權益者為限。
3. 權利保護期限至少應為十年。

TRIPs第27條（專利保護要件）

1. 於受本條第2項及第3項規定拘束之前提下，凡屬各類技術領域內之物品或方法發明，具備新穎性、進步性及實用性者，應給予專利保護。依據第65條第4項，第70條第8項，及本條第3項，應予專利之保護，且權利範圍不得因發明地、技術領域、或產品是否為進口或在本地製造，而有差異。
2. 會員得基於保護公共秩序或道德之必要，而禁止某類發明之商業利用而不給予專利，其公共秩序或道德包括保護人類、動物、植物生命或健康或避免對環境的嚴重破壞。但僅因該發明之使用為境內法所禁止者，不適用之。
3. 會員不予專利保護之客體亦得包括：
   (a) 對人類或動物之診斷、治療及手術方法；
   (b) 微生物以外之植物與動物，及除「非生物」及微生物方法外之動物、植物的主要生物育成方法。會員應規定以專利法、或單獨立法或前二者組合之方式給予植物品種保護。本款於世界貿易組織協定生效四年後予以檢討。

TRIPs第28條（專利權保護內容）

1. 專利權人享有下列專屬權：
   (a) 物品專利權人得禁止未經其同意之第三人製造、使用、要約販賣、販賣或為上述目的而進口其專利物品。

(b) 方法專利權人得禁止未經其同意之第三人使用其方法，並得禁止使用、要約販賣、販賣或為上述目的而進口其方法直接製成之物品。 2. 專利權人得讓與、繼承及授權實施其專利。
TRIPs第29條（專利申請人應遵守之條件）
1. 會員應規定專利申請人須以明確及充分之方式揭露其發明，達於熟習該項技術者可據以實施之程度，會員並得要求申請人在申請日或優先權日（若有主張優先權者），表明其所知悉實施其專利之最有效方式。 2. 會員得要求申請人提供就同一發明在外國提出申請及獲得專利之情形。
TRIPs第30條（專利權之限制）
會員得規定專利所授予專屬權之少數例外規定，但以於考量第三人之合法權益下其並未不合理牴觸專利權之一般使用，且並未不合理侵害專利權人之合法權益者為限。
TRIPs第31條（專利權之強制授權）
會員之法律允許不經專利權人之授權而為專利客體之其他實施，包括政府實施或經政府特許之第三人實施之情形，應符合下列規定： ……
TRIPs第32條（專利權之撤銷或失權）
對於撤銷或失權之決定，應提供司法審查。
TRIPs第33條（專利權保護期間）
專利權期間自申請日起，至少二十年。
TRIPs第34條（製法專利之舉證責任）
1. 第28條第1項(b)款之專利權受侵害之民事訴訟中，若該專利為製法專利時，司法機關應有權要求被告舉證其係以不同製法取得與專利方法所製得相同之物品。會員應規定有下列情事之一者，非經專利權人同意下製造之同一物品，在無反證時，視為係以該專利方法製造。 (a) 專利方法所製成的產品為新的； (b) 被告物品有相當的可能係以專利方法製成，且原告已盡力仍無法證明被告確實使用之方法。 2. 會員得規定第1項所示之舉證責任僅在符合第(a)款時始由被告負擔，或僅在符合第(b)款時始由被告負擔。 3. 在提出反證之過程，應考量被告之製造及營業秘密之合法權益。

與貿易有關之智慧財產權協定綱要		
適用範圍及內容	著作權及相關權利、商標、產地標示、工業設計、專利、積體電路電路布局、營業秘密及公平競爭行為	
重要原則	國民待遇原則（§3）	其他會員國民之待遇不得低於本國國民之待遇
	最惠國待遇原則（§4）	一會員給予任一其他會員國國民之任何利益、優惠、特權或豁免權，應立即且無條件給予所有其他會員國民
工業設計部分	工業設計保護要件（§25）	新穎性及/或原創性，可排除以技術或功能為考慮之設計
		不得不當限制紡織品設計之保護
	工業設計保護內容（§26）	禁止第三人製造、販賣或進口包含工業設計或近似工業設計之產品
		權利保護期限至少十年
專利部分	專利保護要件（§27）	任何技術上之發明，包括物或方法
		新穎性（new）、進步性（inventive step）及產業利用性
	專利保護內容（§28）	物之專利權，禁止第三人製造、為販賣之要約、販賣、使用或進口該專利之物。
		方法專利權，禁止第三人使用該專利方法，或使用、為販賣之要約、販賣或進口以該專利方法直接製成之物。
	專利申請人應遵守之條件（§29）	專利申請人應以明確且充分之方式揭露其發明，並應說明實施該發明最佳方式，使該發明所屬技術領域中具有通常知識者可據以實現
	專利權人之限制（§30）	容許於例外情形有限度限制專利權之效力，且不得妨礙專利之正常利用
	專利權之強制授權（§31）	在一定條件下，容許以國內法准許他人不經專利權人之授權而實施其專利權
	專利權之撤銷或失權（§32）	應讓專利權人有司法審理之機會
	專利權保護期間（§33）	專利權之保護必須從申請日起算至少二十年

與貿易有關之智慧財產權協定綱要		
	方法專利之舉證責任（§34）	被控侵權物與製造方法專利所製成之物相同，且該物為全新者，或有相當可能係依該專利方法所製成之物者，得要求被告提出反證證明其製造方法與專利方法不同

由於巴黎公約並未詳細規範專利權應保護的內容，為減少國際貿易之扭曲與障礙，有效、適當保護智慧財產權，並確保執行智慧財產權之措施及程序不為合法貿易之障礙，關稅貿易總協定（General Agreement on Tariffs and Trade，簡稱GATT，現稱為「世界貿易組織」WTO）貿易諮商委員會於1993年12月15日通過「烏拉圭回合多邊貿易談判」議定書，其中包括「與貿易有關之智慧財產權」協定（Trade Related Aspects of Intellectual Property Rights，簡稱TRIPs）。

一、適用範圍及內容

「與貿易有關之智慧財產權」協定適用的範圍包括：著作權及相關權利、商標、產地標示、工業設計、專利、積體電路電路布局、營業秘密之保護及反競爭行為之防制。

本協定內容共七篇：第1篇基本原則；第2篇智慧財產權有效性、範圍及使用標準，包括著作權及相關權利、商標、產地標示、工業設計、專利、積體電路電路布局、營業秘密及契約授權有關之公平競爭行為；第3篇智慧財產權之執行，包括一般義務、民事、行政程序及救濟、暫時性措施、與邊界措施有關之特別規定及刑事程序；第4篇智慧財產權之取得、維持及相關當事人之間的程序；第5篇爭端解決與防止；第6篇過渡措施；第7篇機構安排、最終條款。

工業設計部分計二條，包括第25條工業設計保護要件及第26條工業設計權保護內容。專利部分計八條，包括第27條專利保護要件、第28條專利權保護內容、第29條專利申請人應遵守之條件、第30條專利權之限制、第31條專利權之強制授權、第32條專利權之撤銷及失權、第33條專利權保護期間、第34條製法專利之舉證責任等。

二、重要原則

(一) 國民待遇原則（TRIPs第3條）

除巴黎公約、伯恩公約、羅馬公約及積體電路智慧財產權條約所定之例外規定外，就智慧財產權保護而言，每一會員給予其他會員國民之待遇不得低於其給予本國國民之待遇。

(二) 最惠國待遇原則（TRIPs第4條）

關於智慧財產保護而言，一會員給予任一其他會員國民之任何利益、優惠、特權或豁免權，應立即且無條件給予所有其他會員國民，但定有免除適用最惠國待遇原則之義務的規定。

三、工業設計部分

工業設計部分計二條，包括第25條及第26條：

(一) 工業設計保護要件（TRIPs 第25條）

工業設計，指物品外觀上所為之創造行為，使其富有視覺美感者。本協定第25條及第26條係規定工業設計之保護，有關專利之保護定於第27條至第34條，因此，本協定並未限定工業設計之保護應以專利為之；巴黎公約也明定工業設計之保護，但並未限定保護之方式。事實上，各國保護工業設計之方式並不一致，可以分為專利權導向及著作權導向，臺灣、日本、韓國、中國等東方國家及美國係專利權導向之保護，歐洲國家係著作權導向之保護。事實上，若一設計符合二種以上智慧財產權保護之標的，亦可以尋求專利、商標及著作權等之多重保護。

工業設計應具備的保護要件包括新穎性及/或原創性。本協定固然規定應保護獨立創作並具有新穎性或原創性之工業設計，但也容許同盟國對於本質上屬於技術或功能的設計不予保護，蓋因工業設計係保護透過視覺訴求之外觀創作，完全訴諸於技術或功能性需求所為之設計並非工業設計保護之標的。

對於紡織品設計，本協定規定各同盟國得以工業設計法或著作權法予以保護，但不得附加不合理條件不當限制之。此特別規定之目的在於提供紡織品設計迅速之保護，按紡織品之實施、創作及使用周期短，申請之案件數多，但真正付諸商業實施者少，為避免審查程序過於繁瑣、限制太多、收費太高，故特別予以明定。

(二)工業設計權保護內容（TRIPs 第26條）

工業設計的權利內容：權利人有權禁止第三人以營業為目的未經其同意製造、販賣或進口包含工業設計或近似工業設計之產品。工業設計保護的標的是物品之外觀創作，權利人排除他人實施之技藝範圍包括相同設計及近似設計。近似設計，指設計所產生的視覺印象會使普通消費者將該設計誤認為另一設計，即產生混淆、誤認之視覺印象者，應認定為近似設計。

為保障第三人之合法權益，本協定容許同盟國可以適當限制工業設計權，但僅得於例外之情形有限度為之，不得逾越必要之限度，包括權利人之合法權益受到不合理之侵害，及不合理牴觸工業設計之正常利用。

工業設計的保護期限至少十年，但本協定並未規定起算之時點；本協定規定（發明）專利權期限應從申請日起算。

四、專利部分

專利部分計八條，包括第27條至第34條。

(一)專利保護要件（TRIPs 第27條）

任何技術上之發明，包括物或方法，若具備新穎性（new）、進步性（inventive step）及產業利用性，均可申請專利；不得因發明地域或技術領域之不同，或因產品為進口或本國製造之不同，於專利權之取得或專利權利內容為差別待遇。

為維護公共秩序或道德，得不予專利；但不得僅因國內法禁止該發明之利用，而不予專利。對於人類或動物之診斷、治療或外科手術方法，得不予專利；對於動物、植物本身，得不予專利。但微生物本身，仍可准予專利；生產動物或植物係以非「主要生物學方法」或微生物學方法者，仍可准予專利。

對於植物新品種，應以專利或其他制度，或多種制度併用，予以保護。

(二)專利權保護內容（TRIPs 第28條）

物之專利權，專利權人得禁止第三人未經其同意而製造、為販賣之要約、販賣、使用或為前述目的而進口該專利之物。方法專利權，專利權人得禁止第三人未經其同意而使用該專利方法，或使用、為販賣之要約、販賣或為前述目的而進口以該專利方法直接製成之物。

對於專利權之讓與、繼承及授權，另有明文規定。

(三) 專利申請人應遵守之條件（TRIPs 第29條）

專利申請人應以明確且充分之方式揭露其發明，並應說明實施該發明之最佳方式，使該發明所屬技術領域中具有通常知識者可據以實現。專利申請人應提供其於外國申請該發明或獲得該發明專利之資料。

(四) 專利權之限制（TRIPs 第30條）

本協定容許各同盟國限制專利權之效力，但僅得於例外情形有限度為之，且不得妨礙專利之正常利用。

(五) 專利權之強制授權（TRIPs 第31條）

本協定容許各同盟國，在一定條件下，以國內法准許他人不經專利權人之授權而實施其專利權。所稱一定條件，指他人曾盡力以合理商業條件協議授權而無法於合理期間內達成協議，或國家遭受緊急事故、其他緊急情況或為公共利益之使用。

前述強制授權之範圍及期間應依該強制授權之目的而定，且強制授權應為一般授權，不得為專屬授權。取得強制授權之人應支付足夠報酬，且移轉該強制授權須在特定條件下，始得為之。

(六) 專利權之撤銷或失權（TRIPs 第32條）

對於專利權之撤銷或失權，本協定規定應讓專利權人有司法審理之機會。

(七) 專利權保護期間（TRIPs 第33條）

本協定特別規定專利權之保護必須從申請日起算至少二十年。

(八) 製法專利之舉證責任（TRIPs 第34條）

對於製法專利之侵權訴訟，若被控侵權物與以該製法專利所製成之物相同，且該物為全新之物，或有相當可能性足認該物係依該專利方法所製成者，本協定規定司法機關得要求被告提出反證證明其所用之製造方法與該專利方法不同。若被告無法提出有力之反證，得推定被告實施該專利方法。

對於被告所提出之反證，應保障其於製造上及營業上秘密之合法權益。

五、重點條款

表1-5 TRIPs重點條款綱要

TRIPs前言	第27條 專利保護要件
第1條 會員義務之性質及範圍	第28條 專利權保護內容
第2條 智慧財產權公約	第29條 專利申請人應遵守之條件
第3條 國民待遇	第30條 專利權之限制
第4條 最惠國待遇	第31條 專利權之強制授權
第5條 取得或維持保護之多邊協定	第32條 專利權之撤銷或失權
第6條 權利耗盡	第33條 專利權保護期間
第7條 宗旨	第34條 製法專利之舉證責任
第8條 公共利益原則及防止權利濫用原則	第41條 一般義務
第25條 工業設計保護要件	第45條 損害賠償
第26條 工業設計權保護內容	第46條 其他救濟

1.6 國際專利分類

我國採用的國際專利分類係依「國際專利分類史特拉斯堡協定」（Strasbourg Agreement Concerning the International Patent Classification，慣稱IPC分類協定），該協定係於1971年3月24日在法國史特拉斯堡簽訂，其目的在統一各國專利資料文獻的分類，以便管理、檢索。加入該協定的門檻是必須加入巴黎公約。國際上，我國並非獨立的國家，不被允許加入巴黎公約，故亦非「國際專利分類史特拉斯堡協定」之締約國。我國為WTO會員，有遵守巴黎公約第1條至第12條及第19條之義務，且因採用該國際專利分類有利於分類檢索，亦便於在國際上與他國進行專利資料管理、檢索之合作，目前我國係使用2012年啟用的IPC分類第2012.01版。

國際專利分類分為五個階層，慣稱為IPC五階分類。五個階層分別為部（section）、主類（class）、次類（subclass）、主目（group）及次目（subgroup）。部的類號以英文大寫字母A~H表示，共計八部，分別為：

表1-6　國際專利第一階分類

國際專利分類		
部類號	部類名	分部
A部	生活必需品	農業；食品；菸草；個人或家用物品；保健；娛樂
B部	作業、運輸	分離；混合；成型；印刷；交通運輸；微型結構技術；超微技術
C部	化學、冶金	化學；冶金
D部	紡織、造紙	紡織或未列入其他類的柔性材料；造紙
E部	固定建築物	建築；鑽進；採礦
F部	機械工程、照明、供熱、武器、爆破	發動機或泵；一般工程；照明；供熱；武器；爆破
G部	物理	儀器；核子學
H部	電學	

以國際專利分類「A01B 1/00」為例，其為手動工具，「A」為部，「01」為主類，「B」為次類，「1」為主目，「00」為次目，主目與次目之間以「/」間隔，次類與主目之間為空間記號。部、主類及次類構成的分類號「A01B」慣稱為三階分類。

1.7　國際工業設計分類

第129條（一設計一申請及成組設計）
申請設計專利，應就每一設計提出申請。 二個以上之物品，屬於同一類別，且習慣上以成組物品販賣或使用者，得以一設計提出申請。 申請設計專利，應指定所施予之物品。

設計專利與發明專利一樣，可以應用到不同的工業領域。無論是以設計專利、設計寄存或設計權保護，在申請時通常都要註明該設計所應用之工業產品類別，受理申請的權責機關亦得依不同領域將其歸類。

設計，指對物品之全部或部分之形狀、花紋、色彩或其結合，透過視覺訴求之創作（專§121.I）。申請設計專利，應指定所施予之物品（專§129.

III）。設計專利權人，除本法另有規定外，專有排除他人未經其同意而實施該設計或近似該設計之權（專§136.I）。所稱之近似，包括物品之近似及外觀之近似，故工業設計的分類不僅關係到設計專利保護的領域，對於社會大眾而言，亦有關設計資料的歸納整理及檢索運用。

我國自民國91年1月1日起，設計專利所採用的分類係依「國際工業設計分類羅卡諾協定」（Locarno Agreement Establishing an International Classification for Industrial Designs，羅卡諾協定），該協定係於1968年於瑞士簽訂，嗣後於1971年生效。參加此協定的國家必須是巴黎公約的成員國；但沒有參加協定的國家也有權使用依協定制定的國際分類法，只是無權派代表參加修訂該分類法的專家委員會。我國自2011年1月1日起實施國際工業設計分類第9版。

國際工業設計分類不是按照設計本身的形式或樣式分類，而是依據工業設計應用的產品領域予以分類，本協定共計32類（class）及226次類（subclass），其分類表係按照英語或法語字母順序排列，標明每種物品所屬的「類」和「次類」，總計7703種物品，目前已修訂至第9版。32類分別為：

01類　食品
02類　服裝及服飾用品
03類　旅行用品、箱子陽傘及個人用品
04類　刷子
05類　紡織品、人造或天然材料片材類
06類　家具
07類　家用物品
08類　工具及金屬器具
09類　用於商品傳輸或裝卸的包裝及容器
10類　鐘、錶及其他計量儀器、檢查及信號儀器
11類　裝飾品
12類　傳輸或起重工具
13類　發電、配電及輸電設備
14類　錄音、通訊或信息再現設備
15類　機械

16類　照相、電影攝影及光學儀器

17類　樂器

18類　印刷及辦公機械

19類　文具用品、辦公設備、藝術家用品及教學材料

20類　銷售及廣告設備、標誌

21類　遊戲、玩具、帳篷及體育用品

22類　武器、煙火、狩獵用品、捕魚及殺傷有害動物的器具

23類　液體分配設備、衛生、供暖、通風及空調設備、固體燃料

24類　醫療及實驗室設備

25類　建築構件及施工元件

26類　照明設備

27類　煙草及吸煙用具

28類　藥品、化妝品、梳妝用品及器具

29類　防火災、防事故救援裝置及設備

30類　動物的管理與馴養設備

31類　食品或飲料製作機械與設備

32類　圖形符號及標誌、表面圖案、紋飾

國際工業設計分類為三階分類，以「LOC (9) Cl. 09-07, 99；24-04」為例：「LOC」為羅卡諾的簡稱；「(9)」為阿拉伯數字註明之版本，必須載於（）之中；「Cl.」為Class的縮寫；「09」為第1階分類號碼，表示第09類（class）；「07」為第2階分類號碼，表示第07次類（subclass），第1階分類與第2階分類之間以破折號「-」區隔；而以「，」區隔第2階分類號碼；並以「；」區隔第1階分類號碼。第3階為英文序號及物品名稱，例如「A0063噴霧容器」，係屬LOC (9) Cl. 09-07之下的第3階分類。

【相關法條】

專利法：121、136。

TRIPs：26。

1.8 專利法之目的

第1條（目的）
為鼓勵、保護、利用發明、新型及設計之創作，以促進產業發展，特制定本法。
TRIPs第7條（宗旨）
智慧財產權之保護及執行必須有助於技術發明之提昇、技術之移轉與散播及技術知識之創造者與使用者之相互利益，並有益於社會及經濟福祉，及權利與義務之平衡。

專利權在智慧財產權體系中，屬於工業財產權的一種，為人類有關產業技術或技藝的精神（或稱心智、智慧）創作成果。專利法所稱的專利權，係指國家依法律規定，授予創作人在特定期間內，就特定範圍內之技術或技藝，享有排除他人未經其同意而實施其創作的權利。專利法第1條開宗明義規定：「為鼓勵、保護、利用發明、新型及設計之創作，以促進產業發展，特制定本法。」已明確開示專利的立法宗旨及目的。國家與創作人之間有如存在一種契約關係，國家授予創作人利益（發明、新型或設計專利權），以換取創作人公開其創作（專利核准公告之專利公報），供社會公眾利用。就專利法制之研究而言，解釋專利法條文時，專利法第1條所定之目的可以作為「目的解釋」之基礎。

專利制度係政府授予申請人於特定期間內「保護」專有排他之專利權，以「鼓勵」申請人創作，並將其公開使社會大眾能「利用」該創作，進而「促進產業發展」之制度。專利權人在專利權期間內得壟斷其所創作之技術或技藝，藉由實施、授權、讓與或設定質權等手段取得經濟利益；而公眾能在申請人所公開之創作的基礎上再為創作，或經由專利權讓與、授權機制，利用該專利技術或技藝。

十九世紀各工業先進國家相繼實施專利制度，已歷經百年經驗，為強化專利制度、促進工業發展升級，學者專家與主張自由貿易的經濟學家展開一場長達約二十年的論戰。過程中產生眾多有關專利制度的重要理論，迄今仍支持著專利制度的運作。專利法制之目的涉及專利制度發展理論，國際上大致上有五說，概分為二類：

一、基本權（自然權）論

基本權論係立足於個人的正義觀，認為發明人理所當然應取得專有權，此論係十八、十九世紀最有力的學說。主要分為二說：

(一) 所有權說：此說係源自十七、十八世紀自然權利學說，又稱基本財產權論、自然法論或所有權論，指在自然法之下，人人皆可擁有自己所創造的發明所有權，即專利權。此說認為新穎的構思乃自然法之下的權利，原本就屬於萌發該構思的人所有，社會應承認該新穎構思為一種財產權，並負有保護之責。此說重要的演進過程：1791年法國國民議會決議廢止各種歧視及特權（包括專利權），於制定專利法時即援引此論說，主張專利權係當然歸於發明人之私有權；1878年「保護工業財產權巴黎公約」國際會議也採此說，曾議決：「發明人和產業上的創造人對其作品所擁有的權利為財產權，制定法律並非創造發明人所有的權利，僅係予以規範。」由於不經審查就有專利權，故以此說解釋專利要件甚為困難，現階段甚少國家採用此說。

(二) 報酬說：又稱基本受益權論、報酬論，指發明人可以獨占發明專利的實施權，從受發明利益的社會取得報酬。此說係源自中世紀的英國專賣法，主張發明人之發明對社會有貢獻，在專有權保障之下，應給予發明人相當時間的獨占專有權利，透過市場機能報酬之，而發明人可獲得報酬的多寡決定於發明價值的高低，得以伸張分配之正義，而為合理有效之制度。

二、產業政策論

此論為當今專利法理論之通說，認為專利制度乃基於國家產業政策所制定。雖然此論尚可分為三說，惟實際上是三者一體，宜將三說論點合而為一。

(一) 獎勵發明說：又稱獎勵發明論或刺激論，此說係從獎勵出發，認為經濟利益才是從事發明、實施發明的誘因，故必須獎勵從事發明及實施發明的行為，使發明人或資本家能預期回收成本並獲得利潤，始足以刺激發明、促進技術及經濟發展，專利權就是鼓勵發明的獎勵品。

(二) 代償公開說：又稱補償秘密公開論或代價論，此說係從公開出發，認為發明人為確保本身利益，必定對其發明採取保密態度，專利制度係促使發明人公開其發明，讓社會也獲益的手段。

(三) 促進發明說：又稱防止不正當競爭論或維持競爭秩序論，此說係從促進技術進步出發，認為專利制度禁止未獲專利權人同意之模仿行為，強制競爭者必須開發替代發明或改良發明，才能對抗專利權人，以確保產業競爭秩序，達到技術內容高度化、豐富化的目的。

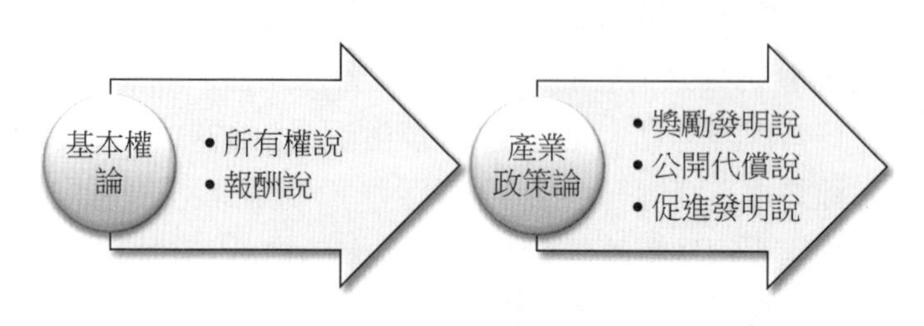

圖1-6　專利制度發展理論

1.9　專利種類及其異同

第2條（專利種類）
本法所稱專利，分為下列三種： 一、發明專利。 二、新型專利。 三、設計專利。
第21條（發明之定義）
發明，指利用自然法則之技術思想之創作。
第104條（新型之定義）
新型，指利用自然法則之技術思想，對物品之形狀、構造或組合之創作。
第121條（設計之定義）
設計，指對物品之全部或部分之形狀、花紋、色彩或其結合，透過視覺訴求之創作。 　應用於物品之電腦圖像及圖形化使用者介面，亦得依本法申請設計專利。
巴黎公約第1條（同盟的設立；工業財產權的範圍）
… (2) 工業財產保護範圍：專利、新型、設計、商標、服務標章、商號名稱、產地標示或原產地名稱，以及制止不正當之競爭。 … (4)「專利」應包括各同盟國法律所承認之各種工業專利，例如輸入專利、改良專利、追加專利及證明等。

巴黎公約第4條A（優先權制度）
(1) 任何人於任一同盟國家，已依法申請專利、或申請新型或設計、或商標註冊者，其本人或其權益繼受人，於法定期間內向另一同盟國家申請時，得享有優先權。 (2) 倘依任一同盟國之國內法，或依同盟國家間所締結之雙邊或多邊條約提出之申請案，係符合「合法國內申請程序」者，應承認其有優先權。 (3)「合法的國內申請程序」，係指足以確定在有關國家內所為申請之日期者，而不論該項申請嗣後之結果。
巴黎公約第4條C（優先權期間）
(1) 前揭優先權期間，對於專利及新型應為十二個月，對於設計及商標為六個月。 …
巴黎公約第11條（國際展覽會之暫時性保護）
(1) 各同盟國家應依其國內法之規定，對於任一同盟國領域內政府舉行或承認之國際展覽會中所展出商品之專利發明、新型、設計及商標賦予暫時性保護。 (2) 前揭暫時性保護，不應延長第四條所規定之期間。倘申請人於稍後提出優先權之主張，則任一國之主管機關得規定優先權期間係自商品參展之日起算。 (3) 各國得令申請人檢具必要之證明文件，以證明所展出之商品及參展日期。
TRIPs第1條（會員義務之性質及範圍）
1. 會員應實施本協定之規定。會員得提供較本協定規定更廣泛之保護，但不得牴觸本協定。會員得於其本身法律體制及程序之內，決定履行本協定之適當方式。 2. 本協定所稱「智慧財產」係指第二篇第一節至第七節所保護之各類智慧財產。 …
TRIPs第25條（工業設計保護要件）
1. 對獨創之工業設計具新穎性或原創性者，會員應規定予以保護。會員得規定工業設計與已知設計或已知設計特徵之結合無顯著差異時，為不具新穎性或原創性。會員得規定此種保護之範圍，不及於基於技術或功能性之需求所為之設計。 …
TRIPs第26條（工業設計權保護內容）
1. 工業設計所有權人有權禁止未經其同意之第三人，基於商業目的而製造、販賣，或進口附有其設計或近似設計之物品。 … 3. 權利保護期限至少應為十年。

TRIPs第27條（專利保護要件）
1. 於受本條第2項及第3項規定拘束之前提下，凡屬各類技術領域內之物品或方法發明，具備新穎性、進步性及實用性者，應給予專利保護。依據第65條第4項，第70條第8項，及本條第3項，應予專利之保護，且權利範圍不得因發明地、技術領域、或產品是否為進口或在本地製造，而有差異。 2. 會員得基於保護公共秩序或道德之必要，而禁止某類發明之商業利用而不給予專利，其公共秩序或道德包括保護人類、動物、植物生命或健康或避免對環境的嚴重破壞。但僅因該發明之使用為境內法所禁止者，不適用之。 3. 會員不予專利保護之客體亦得包括： (a) 對人類或動物之診斷、治療及手術方法； (b) 微生物以外之植物與動物，及除「非生物」及微生物方法外之動物、植物的主要生物育成方法。會員應規定以專利法、或單獨立法或前二者組合之方式給予植物品種保護。本款於世界貿易組織協定生效四年後予以檢討。
TRIPs第28條（專利權保護內容）
1. 專利權人享有下列專屬權： (a) 物品專利權人得禁止未經其同意之第三人製造、使用、要約販賣、販賣或為上述目的而進口其專利物品。 (b) 方法專利權人得禁止未經其同意之第三人使用其方法，並得禁止使用、要約販賣、販賣或為上述目的而進口其方法直接製成之物品。 2. 專利權人得讓與、繼承及授權實施其專利。
TRIPs第33條（專利權保護期間）
專利權期間自申請日起，至少二十年。

專利法所稱專利分為下列三種：發明專利、新型專利、設計專利（專§2）。我國專利法（patent law）係採三合一的立法模式，將人類精神創造的技術成果（發明及新型）及視覺成果（設計）三種專利合併於一部專利法予以保護。一般稱專利者，主要係指發明專利（invention patent）；因國家而異，有些國家尚包括新型專利（utility model）及/或設計專利（design patent）。

發明與新型的差異主要為：定義、審查制度、專利權的範疇、專利權期間、延長專利權期間及強制授權等。發明、新型二者與設計的差異主要為：定義、審查制度、專利三要件、優惠期、優先權、改請申請、特殊申請、專利權的範疇、專利權期間、延長專利權期間及強制授權等。以表列示如下：

表1-7　專利制度之異同比較

<table>
<tr><th colspan="4">發明、新型及設計專利之差異</th></tr>
<tr><th></th><th>發明</th><th>新型</th><th>設計</th></tr>
<tr><td>定義</td><td>利用自然法則之技術思想之創作</td><td>利用自然法則之技術思想，對物品之形狀、構造或組合之創作</td><td>對物品之全部或部分之形狀、花紋、色彩或其結合，透過視覺訴求之創作</td></tr>
<tr><td rowspan="4">法定不予專利之標的</td><td colspan="3">妨害公共秩序或善良風俗</td></tr>
<tr><td>動、植物</td><td></td><td>純功能性之物品造形</td></tr>
<tr><td>生產動、植物之主要生物學方法</td><td></td><td>純藝術創作</td></tr>
<tr><td>人類或動物之診斷、治療或外科手術方法</td><td></td><td>積體電路電路布局及電子電路布局</td></tr>
<tr><td>範疇</td><td>物或方法</td><td colspan="2">物品</td></tr>
<tr><td>審查制度</td><td>早期公開、請求實體審查</td><td>形式審查</td><td>全面實體審查</td></tr>
<tr><td>專利三要件</td><td colspan="2">產業利用性
新穎性（相同或實質相同）
進步性</td><td>產業利用性
新穎性（相同或近似）
創作性</td></tr>
<tr><td>優惠期</td><td colspan="2">實驗、刊物發表、展覽會及非本意之公開</td><td>刊物發表、展覽會及非本意之公開</td></tr>
<tr><td rowspan="2">優先權</td><td colspan="2">國際優先權及國內優先權</td><td>國際優先權</td></tr>
<tr><td colspan="2">期間十二個月</td><td>期間六個月</td></tr>
<tr><td rowspan="2">改請申請</td><td colspan="3">他種專利改請</td></tr>
<tr><td colspan="2"></td><td>同種專利改請</td></tr>
<tr><td>分割申請</td><td>再審查審定前
(含初審核准審定後)</td><td>處分前</td><td>再審查審定前</td></tr>
<tr><td>特殊申請</td><td colspan="2"></td><td>衍生設計</td></tr>
<tr><td>生物材料寄存</td><td>適用</td><td colspan="2">不適用</td></tr>
<tr><td>強制授權</td><td colspan="2">適用</td><td></td></tr>
</table>

<table>
<tr><th colspan="4">發明、新型及設計專利之差異</th></tr>
<tr><td rowspan="5">專利權</td><td colspan="3">物之製造、為販賣之要約、販賣、使用及進口</td></tr>
<tr><td>方法之使用；
製法專利所製成之物的為販賣之要約、販賣、使用及進口</td><td colspan="2"></td></tr>
<tr><td colspan="2">以申請專利範圍為準</td><td>以圖式為準</td></tr>
<tr><td>專利權期間二十年</td><td>專利權期間十年</td><td>專利權期間十二年
（衍生專利同時屆滿）</td></tr>
<tr><td>得延長專利權期間</td><td colspan="2"></td></tr>
</table>

一、定義及法定不予專利之標的

依專利法第21條，發明，指利用自然法則之技術思想之創作；發明專利保護物（包含物質、物品等）及方法（用途視為方法）創作。依專利法第104條，新型，指利用自然法則之技術思想，對物品之形狀、構造或組合之創作；新型專利僅保護物品創作，不保護方法創作。依專利法第121條，（第1項）對物品之全部或部分之形狀、花紋、色彩或其結合，透過視覺訴求之創作，（第2項）應用於物品之電腦圖像及圖形化使用者介面，亦得依本法申請設計專利；設計專利僅保護物品創作，該創作係施予物品外觀訴諸視覺之設計，包括應用於物品之電腦圖像及圖形化使用者介面。

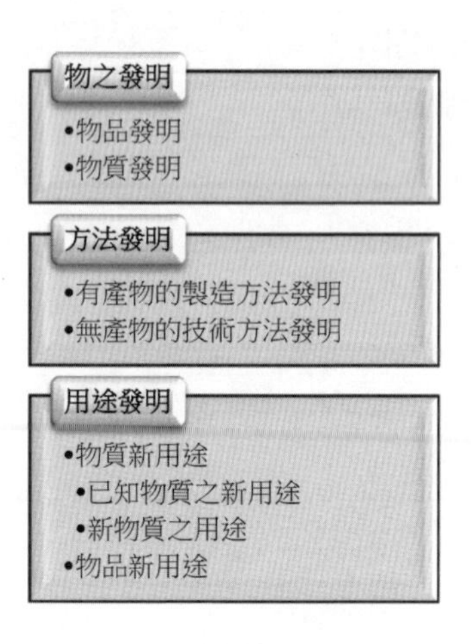

圖1-7　發明的範疇

發明專利的客體，係利用自然法則解決人類生產、生活中特定技術問題的具體手段構思，而為利用自然規律、自然力而生一定效果的技術手段。技術手段，係由若干技術特徵組成。物之技術手段所屬的技術特徵可以是組件、零件、材料、器具、設備或裝置的形狀、結構、成分、尺寸等，及前述技術特徵之間的連結關係、作用關係或相互關係。方法（包括用途）之技術手段所屬的技術特徵可以是工藝、步驟或過程，包括所涉及之時間、溫度、壓力或所利用之設備、工具等，及前述技術特徵之間的相互關係。科學發現及科學理論是人類對自然界中客觀存在的物質、現象或變化過程的認識，而為其規律的總結描述，並非其之利用或創作，故並非專利法保護的對象（換句話說，發明專利保護應用科技而不保護純科學）。經濟活動及行政管理等之計畫、規則或方法等，涉及人類社會活動的規則，未利用自然規律或自然力，亦非專利法保護的對象。

新型專利的客體，係利用自然法則之技術思想具體表現於物品上之形狀、構造或組合，其必須是占據一定空間的實體物。新型與發明專利均保護技術思想之具體手段，二者主要的差異在於範疇。發明保護之客體範疇為物及方法，物涵蓋物品及物質，方法涵蓋用途；新型保護之客體範疇為物品。物品，指經過工業方法製造，占據一定空間者；包括單一物品及物品之組合。新型所稱之「形狀」，指物品外觀之空間輪廓或形態，例如「雨傘握把之形狀」。新型所稱之「構造」，指物品內部或其整體之構成，具體的表現為各組成元件間的安排、配置及相互關係，而各組成元件並非以其本身原有的機能獨立運作，例如「雨傘傘骨構造」。新型所稱之「組合」，指複數個具有獨立機能之物品所組成可以達成特定目的之裝置、設備或器具等，例如「雨傘」。

設計專利的客體，係具體表現或應用於物品外觀之形狀、花紋、色彩（包括應用於物品之電腦圖像及圖形化使用者介面）透過視覺訴求的造形設計。設計屬視覺性訴求的美感創作成果，其性質上與發明或新型屬技術思想的技術創作成果不同。設計係可供產業上利用之物品的外觀設計，故設計的實質內容應為「設計」結合「物品」所構成之視覺性創作。設計所稱之「形狀」，指物體外觀三度空間之輪廓或樣子，而為物品與空間交界之周邊領域。設計所稱之「花紋」，指點、線、面或色彩所表現之裝飾構成。設計所稱之「色彩」，指物品外觀二種以上色彩所呈現之色彩計畫或著色效果。學理上，色彩指色料所反射之色光投射在眼睛中所產生的視覺感受，其並非設計保護之內容。

對於專利保護之客體，我國專利法採行「定義」及「排除」之混合型規定。三種專利之定義不同，其法定不予專利之標的（即使符合定義，屬於排除之標的者仍不准專利）亦有不同，三種專利共通的法定不予專利之標的為「妨害公共秩序或善良風俗者」。此外，發明專利不保護：(1)動、植物及生產動、植物之主要生物學方法（不包括微生物學之生產方法）。(2)人類或動物之診斷、治療或外科手術方法。設計專利不保護：(1)純功能性之物品造形。(2)純藝術創作。(3)積體電路電路布局及電子電路布局。

二、審查制度

申請案受理後，發明案採早期公開及請求實體審查制（專§37、38、46）；新型案採形式審查制（專§112）；設計案採實體審查制（專§134）。在我國，實體審查係採二審制，即實體審查分初審及再審查二階段（專§48）。發明案須經申請實體審查並繳費，始進入實體審查程序，由專利審查人員審究申請專利之發明是否有違反專利法第46條中所定之實體要件，無不符合之情事者，始准予專利。因發明案採早期公開、請求實體審查制，故有配套的補償金請求權（又稱暫時保護）及優先審查制度之適用。設計案，無須申請即直接進入實體審查程序，由專利審查人員審究申請專利之設計是否有違反專利法第134條中所定之實體要件，無不符合之情事者，始准予專利。至於新型案，經申請即直接進入形式審查程序，係審查新型專利說明書、申請專利範圍及圖式之記載是否符合專利法第112條之形式要件及施行細則所規定之程序要件，而不審究申請專利之新型是否符合專利法第119條第1項第1款中所定之實體要件。因新型案採形式審查制，故有配套的新型專利技術報告制度，新型專利權人行使新型專利權時，應提示新型專利技術報告進行警告；如未提示新型專利技術報告，不得進行警告（專§116）。

三、專利三要件

專利三要件，包括產業利用性、新穎性及進步性（設計為創作性）。

依專利法第22條（新型準用），發明或新型必須於申請前在國內、外未見於刊物、未公開實施且不為公眾所知悉，即無相同（包括實質相同）之先前技術，始具新穎性。依專利法第122條，設計必須於申請前在國內、外未見於刊物、未公開實施且不為公眾所知悉，即無相同或近似之先前技藝，始具新穎性。

申請專利之發明或新型運用申請前之先前技術，而為其所屬技術領域中具有通常知識者所能輕易完成者，不具進步性，不得取得專利。設計專利類似發明、新型的進步性要件稱為創作性，申請專利之設計運用申請前之先前技藝，而為其所屬技藝領域中具有通常知識者易於思及者，不具創作性，不得取得專利。外國設計保護法立法例也有非顯而易知性（美國）或創作容易性（日本、中國）規定，我國設計專利的創作性要件較趨向於非顯而易知性的概念。

四、優惠期

以往優惠期制度（又稱喪失新穎性、進步性或創作性之例外，或稱無害揭露），僅適用於新穎性，102年1月1日施行之專利法已修正優惠期制度適用於新穎性、進步性及創作性。

專利申請案於申請前已揭露於先前技術或先前技藝，但該先前技術或先前技藝係屬下列情事之一，且於事實發生後六個月（優惠期）內申請專利者，未喪失新穎性、進步性及創作性：1.因實驗而公開；或2.因於刊物發表（指對於申請人已完成之創作，出於己意於刊物發表其技術內容者，商業性發表或學術性發表皆得主張本情事，不論其發表的目的；係102年1月1日施行之專利法所增定，新申請案始適用，參專§151）；或3.因陳列於政府主辦或認可之展覽會；或4.非出於申請人本意而洩漏。

保護工業財產權巴黎公約第11條規定展覽會優惠期（或優先權），我國專利法擴大優惠期制度之適用，將以上四種情事適用於發明、新型，但設計僅適用後三種情事。

五、優先權

專利法第28條規定國際優先權制度，其第1項：「申請人就相同發明在與中華民國相互承認優先權之國家或世界貿易組織會員第一次依法申請專利，並於第一次申請專利之日後十二個月內，向中華民國申請專利者，得主張優先權。」第142條第2項：「第二十八條第一項所定期間，於設計專利申請案為六個月。」設計申請手續較發明、新型簡便，故巴黎公約第4條C(1)規定，申請設計專利得主張優先權之期間為六個月。申請專利之設計範圍係以具體表現在圖式上的形狀、花紋、色彩所呈現的「整體」視覺效果為準，僅就各構成部分之創作內容，認定其優先權並不合理，且一設計申請案中不得包含二個以上之設計，故部分優先權及複數優先權並不適用於設計。

專利法第30條規定國內優先權制度，其第1項：「申請人基於其在中華民國先申請之發明或新型專利案再提出專利之申請者，得就先申請案申請時說明書、申請專利範圍或圖式所載之發明或新型，主張優先權。但有下列情事之一，不得主張之：……。」設計具有生命周期短暫及崇尚流行等特性，故無國內優先權制度之適用。

六、改請申請

專利法第108條第1項：「申請發明或設計專利後改請新型專利者，或申請新型專利後改請發明專利者，以原申請案之申請日為改請案之申請日。」第131條第1項：「申請設計專利後改請衍生設計專利者，或申請衍生設計專利後改請設計專利者，以原申請案之申請日為改請案之申請日。」第132條第1項：「申請發明或新型專利後改請設計專利者，以原申請案之申請日為改請案之申請日。」原設計與衍生設計之間可申請同種專利之間的改請。發明、新型與設計之間可申請他種專利之間的改請，即發明與新型之間的改請，發明或新型改請為設計，設計改請為新型（但設計不得改請為發明）。因發明與新型之間並無同種專利之特殊申請案，故無同種專利改請之制度。

七、分割申請

專利法第34條第1項：「申請專利之發明，實質上為二個以上之發明時，經專利專責機關通知，或據申請人申請，得為分割之申請。」第107條第1項：「申請專利之新型，實質上為二個以上之新型時，經專利專責機關通知，或據申請人申請，得為分割之申請。」第130條第1項：「申請專利之設計，實質上為二個以上之設計時，經專利專責機關通知，或據申請人申請，得為分割之申請。」發明、新型及設計專利之分割申請所生之法律效果定於第34條第3項：「分割後之申請案，仍以原申請案之申請日為申請日；

如有優先權者，仍得主張優先權。」

發明及設計之分割申請應於原申請案再審查審定前為之（新型之分割申請應於原申請案處分前為之），但專利法第34條第2項第2款另規定發明專利得於初審核准審定書送達後三十日內為之，容許申請人將記載於說明書但未記載於申請專利範圍之技術內容分割，以避免日後主張權利時有貢獻原則之適用（申請人揭露於說明書或圖式但未載於申請專利範圍中之技術手段，應視為貢獻給社會大眾）。核准專利後之分割申請制度係102年1月1日施行之專利法所新增，由於新型之技術及設計之技藝較簡單，不適用之。前述「分割申請應於原申請案再審查審定前為之」係指初審或再審查案件繫屬專利專責機關之期間始得分割，無論嗣後為核准審定或不准審定。

八、特殊申請

專利法第127條第1項：「同一人有二個以上近似之設計，得申請設計專利及其衍生設計專利。」第135條後段：「衍生設計專利權期限與原設計專利權期限同時屆滿。」第137條：「衍生設計專利權得單獨主張，且及於近似之範圍。」發明、新型並無類似之制度。

九、生物材料寄存

專利法第27條第1項：「申請生物材料或利用生物材料之發明專利，申請人最遲應於申請日將該生物材料寄存於專利專責機關指定之國內寄存機構。但該生物材料為所屬技術領域中具有通常知識者易於獲得時，不須寄存。」寄存生物材料之目的係為使該發明所屬技術領域中具有通常知識者能瞭解其內容並可據以實現，而申請生物材料或利用生物材料之發明標的並非物品，故新型及設計專利不適用。

十、強制授權

依專利法第87條規定，為因應國家緊急危難或其他重大緊急情況、增進公益之非營利實施、發明或新型專利權之實施會侵害他人之發明或新型專利權、專利權人有限制競爭或不公平競爭之情事者；依第90條規定，為協助無製藥能力或製藥能力不足之國家取得治療傳染病所需醫藥品者；專利專責機關得依緊急命令、主管機關之通知或申請人之申請，強制授權他人實施該發明或新型專利權。因設計非技術思想之創作，其與公共利益之關係較不密切，故設計專利不準用前述強制授權之規定。

十一、專利權

(一) 內容範圍

專利權的內容範圍，依專利法第58條第1項，指製造、為販賣之要約、販賣、使用及進口等實施態樣。

對於物之專利權，專有排除他人未經其同意而a.製造；b.為販賣之要約；c.販賣；d.使用；為上述目的而e.進口該物之權。

對於方法專利權，專有排除他人未經其同意而a.使用該方法；及b.使用；c.為販賣之要約；d.販賣；為上述目的而e.進口該方法直接製成之物。

(二) 技術範圍

專利法第58條第4項規定：「發明專利權範圍，以申請專利範圍為準，於解釋申請專利範圍時，並得審酌說明書及圖式。」第120條規定新型準用前述規定。第136條第2項規定：「設計專利權範圍，以圖式為準，並得審酌說明書。」設計專利的客體，係表現於物品外觀的設計創作，難以用文字明確界定，因此其專利權範圍係以具體表現在圖式上的形狀、花紋、色彩或圖像為準，必要時得審酌說明書中所載之物品用途及設計說明。

依專利法第58條第2項及第3項，發明專利權人專有排他之物及方法專利權；依第120條準用專利法第58條第2項，新型專利權人專有排他之物品專利權；依第142條第1項準用專利法第58條第2項，設計專利權人專有排他之物品專利權。比較三者之規定，發明兼有物及方法專利權，新型、設計僅有物品專利權。

依專利法第129條第3項「申請設計專利，應指定所施予之物品」，設計專利僅限於所指定的物品別，包括相同或近似之物品，才擁有專有排他權。現實生活中仿冒者往往會迴避專利權，甚少完全依原樣仿造，設計專利的保護範圍不僅涵蓋相同之設計，亦涵蓋近似之設計，第136條第1項規定設計專利權人專有排除他人實施該設計或近似該設計之權。此規定符合TRIPs第26條第1款的規定。

(三) 時間範圍

專利法第52條第3項規定：發明專利權期限，自申請日起算二十年屆滿。第114條規定：新型專利權期限，自申請日起算十年屆滿。第135條規定：設計專利權期限，自申請日起算十二年屆滿；衍生設計專利權期限與原設計專利權期限同時屆滿。發明及新型係以技術創作為保護對象，其在產業上的價值會隨時代的進步及技術水準的提升益趨降低。由於前述特性，專利權期限係自申請日起算，而不從公告日起算，以免假以時日專利技術已為一般常識，卻仍獨占、壟斷技術，有違立法宗旨。設計專利並不具該特性，若從平衡設計人的個人利益與公共利益的立場，設計專利的起算點和期限可變動的空間更大，例如歐盟設計及有些西歐國家的設計權期限長達二十五年。

專利法第53條第1項規定發明專利權期間可延長：「醫藥品、農藥品或其製造方法發明專利權之實施，依其他法律規定，應取得許可證者，其於專利案公告後取得時，專利權人得以第一次許可證申請延長專利權期間，並以一次為限，且該許可證僅得據以申請延長專利權期間一次。」醫藥品及農藥品專利主要係物質發明，故新型及設計不適用。

表1-8　專利申請、審查之異同比較

專利申請、審查之異同		發明	新型	設計	衍生設計
申請專利之標的	物品	*含物質	*	*	*
	方法（含用途）	*			
審查類型	形式審查		*		
	實體審查	*		*	*
審體審查二階段制	初審查	*		*	*
	再審查	*		*	*
發明專利特有的制度	申請實體審查	*			
	早期公開	*			
	生物材料寄存	*			
申請人可主張的專利制度	優惠期	*4款	*4款	*僅3款	*僅3款
	國內優先權	*	*		
	優先審查	*			

專利申請、審查之異同		發明	新型	設計	衍生設計
取得專利前的申請類型	申請分割（核准審定前）	*	*	*	*
	同種改請			*	*
	他種改請	*	*	*	*
取得專利後的申請類型	申請分割（初審核准後）	*			
	延長專利權	*			
	強制授權	*	*		
打＊者為適用於該種專利；空白者為不適用於該種專利					

【相關法條】

專利法：22、24、28、29、30、34、37、38、40、41、46、48、52、53、58、87、90、105、107、108、112、114、115、116、120、122、124、127、130、131、132、134、135、136、137

【考古題】

◎試比較說明發明專利與新型專利在保護要件上之差異。（89年專利審查官二等特考「專利法規」）

◎甲眼鏡製造公司，為改進現有眼鏡框之製造技術，特別延請乙擔任研發部門主管，主持「具磁鐵的眼鏡框」之研發工作，並順利完成可以申請專利之「具磁鐵的眼鏡框製造方法」。試問：此種「具磁鐵的眼鏡框製造方法」，除申請發明專利以外，可否申請新型專利？又請詳加比較發明與新型兩者之專利要件有何不同？（95年高考三級「智慧財產法規」）

◎試比較說明發明專利、新型專利與新式樣專利三者所保護之對象有何不同。（89年專利審查官三等特考「專利法規」）

◎甲完成一物品發明，同時符合發明專利與新型專利之保護要件，甲不知申請何者對其較為有利，乃請教當專利師的友人乙。如果你是乙，該如何給甲一些建議？請以這兩種保護在權利內容和權利行使上之差異為基礎說明之。（98年專利師考試「專利法規」）

◎試依現行專利法令規定，說明發明專利與新型專利之區別？（第四梯次專利師訓練補考「專利法規」）

◎專利法第2條規定，專利分為發明專利、新型專利、新式樣專利等三種。試就我國現行專利法規定，分析比較發明專利與新型專利之差異性。（99年第一梯次智慧財產人員能力認證試題「專利法規」）

◎請說明發明專利與新型專利之保護客體及申請取得權利方式有何差異？（100年智慧財產人員能力認證試題「專利法規」）

第二章　創作人與申請人之權利

大綱	小節	主題
2.1 創作人之權利	2.1.1 何謂創作	‧創作之意義
	2.1.2 誰是創作人	‧創作人是有創造性貢獻之人
	2.1.3 創作人之權利	‧專利申請權、專利權及姓名表示權
2.2 申請權人及申請權	2.2.1 專利申請權	‧何謂專利申請權 ‧專利申請權為財產權 ‧意定讓與及法定讓與 ‧專利申請權之處分 ‧專利申請權之爭執
	2.2.2 僱傭關係之創作	‧何謂職務創作 ‧職務創作專利申請權之歸屬 ‧受雇人之權利 ‧何謂非職務創作 ‧非職務創作專利申請權之歸屬 ‧雇用人之權利
	2.2.3 委聘關係之創作	‧何謂委聘關係之創作 ‧委聘關係創作專利申請權的歸屬 ‧聘用人之權利
	2.2.4 專利法相關規定	‧公務員及大學教師之創作的專利權利 ‧僱傭契約之條件 ‧繼受專利申請權之名義變更 ‧爭執專利申請權之名義變更
2.3 共同創作及共有專利申請權	2.3.1 共同創作及合作關係	‧何謂共同創作 ‧合作關係下專利申請權之歸屬 ‧公同共有、分別共有、準共有 ‧共有專利申請權為準共有 ‧人格權並無共有關係
	2.3.2 共有專利申請權之申請及救濟	‧共有專利申請權於申請程序之規定 ‧違反共有專利申請權申請程序之救濟
	2.3.3 共有專利申請權之處分	‧處分共有專利申請權的限制 ‧拋棄共有專利申請權的法律效果

大綱	小節	主題
2.4冒充申請	2.4.1 冒充申請	· 何謂冒充申請 · 冒充申請之種類
	2.4.2 冒充申請之救濟	· 舉發程序 · 真正專利申請人復權之申請及時效 · 民事訴訟及其他

發明及設計專利權之取得，必須通過專利要件之實體審查，狹義的專利要件稱「可專利性」（patentability），包含產業利用性、新穎性及進步性（設計為創作性）等專利三要件。發明及設計廣義的專利要件分別規定於專利法第46條及第134條；新型廣義的專利要件可參考專利法第119條。

除前述專利三要件外，廣義的專利要件尚包括：發明（或新型、設計）定義、法定不予專利之標的、記載要件（含說明書之可據以實現要件及申請專利範圍之明確性、支持要件等）、擬制喪失新穎性、先申請原則（含禁止重複授予專利）、單一性（適用於發明或新型，設計稱為一設計一申請）、（修正、更正、改請、分割申請之內容）不得超出申請時說明書、申請專利範圍或圖式（以下簡稱說明書等申請文件）所揭露之範圍及（補正、誤譯訂正之內容）不得超出申請時外文本所揭露之範圍。

前述要件僅為取得專利的客體要件，亦即申請專利之發明（或新型、設計）必須符合的條件；相對於「客體要件」，申請人必須符合的要件稱「主體要件」。主體要件，為申請專利之人的資格要件，即什麼人有資格取得專利權；可以區分為二種：1.申請人是否有權利能力？包括外國人是否可取得專利權？2.申請人是否有專利申請權？即申請人是否為真正的創作人？是否合法取得專利申請權？

前述第1.種主體要件，實務上係於程序審查階段處理；第2.種主體要件，在程序審查階段並不會被發覺，且非實體審查得為核駁的依據，通常係在授予專利權後由適格的專利申請權人提起舉發，故列於專利法第71、119及141條得提起舉發之事由作為救濟。

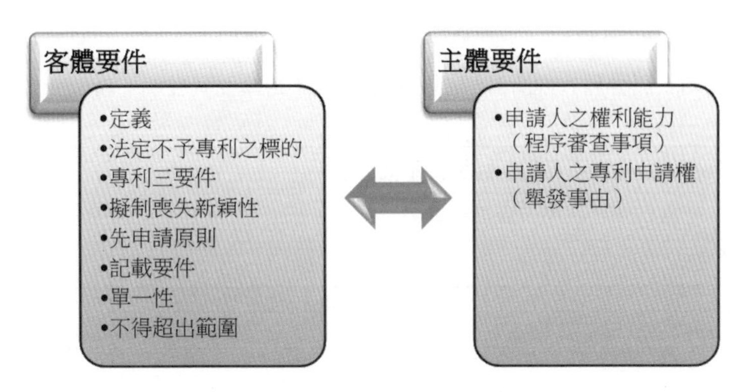

圖2-1　專利要件之種類

本章將從創作產生後如何認定誰是創作人出發，內容包括：創作人之適格要件及其權利；經由讓與或繼承，專利申請權移轉所生申請人之適格要件及其權利；創作人並非當然取得專利申請權，因僱傭或委聘研發所生之專利申請權及其歸屬；除單獨創作外，因共同創作所生共同創作人之適格要件及其權利；專利申請權被冒用時，專利申請權人之救濟等。

2.1　創作人之權利

第5條（專利申請權）
專利申請權，指得依本法申請專利之權利。 專利申請權人，除本法另有規定或契約另有約定外，指發明人、新型創作人、設計人或其受讓人或繼承人。
第7條（職務發明及委聘發明）
受雇人於職務上所完成之發明、新型或設計，其專利申請權及專利權屬於雇用人，雇用人應支付受雇人適當之報酬。但契約另有約定者，從其約定。 前項所稱職務上之發明、新型或設計，指受雇人於僱傭關係中之工作所完成之發明、新型或設計。 一方出資聘請他人從事研究開發者，其專利申請權及專利權之歸屬依雙方契約約定；契約未約定者，屬於發明人、新型創作人或設計人。但出資人得實施其發明、新型或設計。 依第一項、前項之規定，專利申請權及專利權歸屬於雇用人或出資人者，發明人、新型創作人或設計人享有姓名表示權。

第9條（僱傭契約之限制）
前條雇用人與受雇人間所訂契約，使受雇人不得享受其發明、新型或設計之權益者，無效。
巴黎公約第4條之3（發明專利－姓名表示權）
發明人應享有姓名被揭示於專利證書之權利。

創作人之權利綱要		
何謂創作	為完成創作成果所進行的精神創意活動，包括構思、詳述及具體化作業，已達可預測結果之程度者	
	專利係保護實現創作構思之具體化技術或技藝	
誰是創作人	何謂創作人	必須是自然人，完成該精神創作之人必須是對於創作成果之實質性特點有創造性貢獻
	檢測方法	創作內容為何、實質性特點為何、誰完成實質性特點
創作人權利	財產權（得處分）	專利申請權（§5.II）
		專利權（§58）
	人格權（不得處分）	姓名表示權（§7.IV）

2.1.1 何謂創作

發明、新型或設計為人類有關產業技術（或技藝）的精神創作成果。專利法所稱之創作，指為完成創意成果所進行的精神創意活動，包括a.構思；b.詳述及c.具體化作業，且已達可預測結果之程度者。發明、新型或設計專利並不保護創作構思或創作概念本身，而係保護實現創作構思之具體化技術或技藝，例如減少收藏空間之摺疊椅構思，發明或新型專利不保護「摺疊」構思本身，而係保護可達成摺疊功能之具體結構的技術手段；設計專利係保護可達成摺疊功能之具體結構的外觀技藝。

2.1.2 誰是創作人

創作人，指完成該精神創作之人，其必須是對創作成果之實質性特點有創造性貢獻之自然人。創作的完成是技術（或技藝）構思的創造過程，可以分為二個階段「構思」及「構思的實現」，二者均可以作為誰是創作人的判斷依據；其中，技術構思尚包括技術課題及解決該課題的技術手段；而構思的實現，係指創作成果的具體實施方案，而非指將創作成果製成產品。

決定創作人的檢測方法：(1)經詳述及具體化之創作內容為何？即申請專利範圍中所載之技術手段（包括具體實施方案）為何？(2)該技術手段的實質性特點為何？(3)該實質性特點係由誰完成？經檢測，創作人可以是對於創作構思有貢獻之人、對於關鍵技術疑難有指導作用之人或對於關鍵技術有創造性貢獻之人。但不包含僅提供資金、設備或管理作業之人，亦不包括僅負責組織工作或從事輔助工作之人。換句話說，只是提出主題、一般性建議、一般性指導之人，或組織管理、數據管理、實驗操作、後勤協助之人等，均非創作人。

以二段式請求項（吉普森式請求項）為例，請求項中所載之技術手段整體為詳述及具體化之創作內容，其特徵部分為整體技術手段之實質性特點（即新穎特徵），雖然請求項整體始為創作內容，但特徵部分以外之前言部分係既有技術，故應審究特徵部分（有時可以包括前言部分與特徵部分之結合）之詳述或具體化係由何人所完成，該完成之人即為創作人。前述檢測方法係以單一請求項為例，實際情況亦可能是複數個請求項所組成之申請專利範圍，或說明書所載之發明構思為何人所創作的問題。

2.1.3　創作人之權利

創作人之權利包括專利申請權、專利權及姓名表示權。

一、專利申請權及專利權

依專利法第5條，專利申請權，指得依本法申請專利之權利。除專利法另有規定或契約另有約定外，專利申請權通常歸屬於發明人、新型創作人、設計人或其受讓人或繼承人。申請專利之標的為創作人之精神勞動成果，專利申請權理當為創作人所擁有；惟專利申請權屬於財產法上的權利，尚須考量其他事項，有關專利申請權之歸屬的詳細內容，見2.2「專利申請權人及申請權」。

專利申請權及專利權為無體財產權，屬財產法上的權利。依專利法第6條，得讓與或繼承，並得依民法處分之；但因專利申請案日後可能無法取得專利權而生權利擔保之作用，專利申請權不得為質權之標的。取得專利權後，得以專利權為標的設定質權；然而，除契約另有約定外，質權人不得實施該專利權。

二、姓名表示權

發明、新型及設計為創作人精神勞動的成果，為鼓勵創作，自當承認創作人之貢獻，依專利法第7條第4項：「依第一項、前項之規定，專利申請權及專利權歸屬於雇用人或出資人者，發明人、新型創作人或設計人享有姓名表示權。」

姓名表示權，指將創作人之姓名記載於專利證書上之權利。創作人之姓名表示權，不待申請亦不待公開即擁有，因創作人之權利係保障、鼓勵事實上從事創作活動之人，只有自然人始能享有，法人欠缺心智活動能力，本質上無法為創作人，而且創作為事實行為而非法律行為，故無民法上行為能力之要求，亦無代理之問題。

姓名表示權為人格權之一部分，不得被他人剝奪，但可自願拋棄此權利。財產權，是擁有財產價值的權利，得與權利人分離而為讓與、繼承或設質。人格權，是以人的價值、尊嚴為內容的權利，專屬於權利人，不得與權利人分離而為讓與、繼承或設質。前述專利法第7條第4項之規定為強制性規定，無論是僱傭關係、委聘關係下之創作或其他情況，均適用該規定，亦即創作人均享有姓名表示權，故專利法第9條規定：「前條雇用人與受雇人間所訂契約，使受雇人不得享受其發明、新型或設計之權益者，無效。」創作人姓名表示權受侵害者，依專利法第96條第5項：「發明人之姓名表示權受侵害時，得請求表示發明人之姓名或為其他回復名譽之必要處分。」

巴黎公約第4條之3明定：發明人應享有姓名被揭示於專利證書之權利。至於如何實現，則為各同盟國之立法權限。

【相關法條】

專利法：6、8、10、96。

【考古題】

◎請仔細閱讀案情後，解答下列問題，注意作答應有推理與結論兩部分。

【案情】

某A公司委託某一學校之某甲教授研究某一計畫，某甲將其構想告訴其指導之研究生某乙，並指示某乙將其具體化並進行實驗，某乙經相當時日的實驗，發現某甲之構想無法達到某A公司之要求，經某甲同意採行某甲認為不可能的構想竟完成某A公司的要求。後某A公司經某甲同意以某甲為發明人在臺灣與歐美先進國家申請發明專利，先後取得臺灣、德國與美國等國發明專利。取得專利後某A公司將其在臺灣之專利授權某一國內B公司實施，同時控告某一知名國際公司C侵害其專利，消息見報後A公司一舉成名營業大增，某乙發現發明人竟然不是他，某乙認為他是發明人應擁有該專利權，以及其人格權被侵害。

【問題】

1. 請問誰是系爭專利之發明人？誰是系爭專利之專利權人？
2. 請問某乙應如何主張才能回復其為發明人之地位或取回專利權？
3. 如某乙順利取回專利權時，某乙對該某B國內公司如何主張？
4. 如法院判定某乙是發明人，但專利權還是屬於某A公司時，某乙可否主張該某A公司以及C知名國際公司侵害其姓名表示權？
5. 某A公司（若擁有專利權但發明人是某乙）可否主張其業務上之信譽因該某C知名國際公司侵權而致減損，另請求賠償相當金額？（96年專利審查官三等特考「專利法規」）

◎甲公司出資委請乙公司代為開發某項技術，乙公司將該研發工作交給內部員工丙進行，如果甲乙丙之間均未就權利之歸屬有所約定，丙研發完成後，誰可取得專利申請權？誰可取得姓名表示權？請分析說明之。（89年專利審查官二等特考「專利法規」）

2.2 申請權人及申請權

第5條（專利申請權）
專利申請權，指得依本法申請專利之權利。 專利申請權人，除本法另有規定或契約另有約定外，指發明人、新型創作人、設計人或其受讓人或繼承人。
第6條（專利申請權及專利權之處分）
專利申請權及專利權，均得讓與或繼承。 專利申請權，不得為質權之標的。 以專利權為標的設定質權者，除契約另有約定外，質權人不得實施該專利權。
第7條（職務發明及委聘發明）
受雇人於職務上所完成之發明、新型或設計，其專利申請權及專利權屬於雇用人，雇用人應支付受雇人適當之報酬。但契約另有約定者，從其約定。 前項所稱職務上之發明、新型或設計，指受雇人於僱傭關係中之工作所完成之發明、新型或設計。 一方出資聘請他人從事研究開發者，其專利申請權及專利權之歸屬依雙方契約約定；契約未約定者，屬於發明人、新型創作人或設計人。但出資人得實施其發明、新型或設計。 依第一項、前項之規定，專利申請權及專利權歸屬於雇用人或出資人者，發明人、新型創作人或設計人享有姓名表示權。
第8條（非職務發明）
受雇人於非職務上所完成之發明、新型或設計，其專利申請權及專利權屬於受雇人。但其發明、新型或設計係利用雇用人資源或經驗者，雇用人得於支付合理報酬後，於該事業實施其發明、新型或設計。 受雇人完成非職務上之發明、新型或設計，應即以書面通知雇用人，如有必要並應告知創作之過程。 雇用人於前項書面通知到達後六個月內，未向受雇人為反對之表示者，不得主張該發明、新型或設計為職務上發明、新型或設計。
第9條（僱傭契約之限制）
前條雇用人與受雇人間所訂契約，使受雇人不得享受其發明、新型或設計之權益者，無效。
第10條（權利歸屬之爭執）
雇用人或受雇人對第七條及第八條所定權利之歸屬有爭執而達成協議者，得附具證明文件，向專利專責機關申請變更權利人名義。專利專責機關認有必要時，得通知當事人附具依其他法令取得之調解、仲裁或判決文件。

第14條（繼受專利申請權之登記對抗）
繼受專利申請權者，如在申請時非以繼受人名義申請專利，或未在申請後向專利專責機關申請變更名義者，不得以之對抗第三人。 為前項之變更申請者，不論受讓或繼承，均應附具證明文件。

<table>
<tr><th colspan="3">申請權人及申請權綱要</th></tr>
<tr><td rowspan="2">專利申請權</td><td colspan="2">申請專利之權利（§5.I）</td></tr>
<tr><td colspan="2">屬財產權，得讓與、繼承（§6.I）</td></tr>
<tr><td>專利申請權人</td><td colspan="2">創作人、受讓人、繼承人（§5.II）、雇用人（§7.I）、受聘人（§7.III）、受雇人（§8.I）</td></tr>
<tr><td rowspan="6">專利申請權之歸屬</td><td colspan="2">專利申請權原則上歸屬創作人，除非法律另有規定</td></tr>
<tr><td colspan="2">讓與契約（意定讓與，優先適用）</td></tr>
<tr><td rowspan="2">僱傭關係
（法定讓與）</td><td>職務創作（屬雇用人）（§7.I）</td></tr>
<tr><td>非職務創作（屬受雇人）（§8.I）</td></tr>
<tr><td rowspan="2">委聘關係
（法定讓與）</td><td>契約約定（優先適用）（§7.III前段）</td></tr>
<tr><td>契約未約定（屬創作人）（§7.III後段）</td></tr>
<tr><td rowspan="4">專利法相關規定</td><td>公務員及大學教師的專利權利</td><td>契約無約定，職務創作類推適用受雇人規定；並適用科技基本法第6條</td></tr>
<tr><td>僱傭契約之限制</td><td>契約使受雇人不得享有其專利權利者無效</td></tr>
<tr><td rowspan="2">專利申請權之名義變更</td><td>繼受專利申請權者，採登記對抗主義</td></tr>
<tr><td>爭執專利申請權而達成協議者，應變更名義</td></tr>
</table>

發明、新型、設計為人類精神創作成果，創作完成即生專利申請權及姓名表示權。專利申請權，為申請專利之權利，原則上，專利申請權應為創作人所有，但專利法另有規定者，例如專利法第7條、第8條，專利申請權人仍得為其他人（專5）。簡言之，專利申請權人得為：創作人、受讓人、繼承人、雇用人、受雇人或受聘人。

2.2.1　專利申請權

專利申請權，指得依專利法申請專利之權利（專§5）。申請專利，申請人必須有專利申請權，始得為之，若不具備申請權，則違反專利法之規定。發明完成後，有專利申請權之人得具名向專利專責機關申請專利；取得專利權後，申請人即成為專利權人，該專利權所生之經濟利益悉歸專利權人。

發明、新型、設計為人類精神創作成果，只有自然人堪為創作人，故原則上專利申請權應為創作人所有，創作人得自行申請或將專利申請權讓與他人申請。然而，創作的產生常常必須獲得企業、研發機構、大學院校所提供之資金及各種物質條件的支持始能完成，或是透過合作或委託而完成創作。為保障投資者之利益，多數國家規定執行所屬單位之工作任務或利用該單位之資源而完成之創作，其專利申請權及專利權應歸屬該單位；而因合作或委託而完成之創作，權利之歸屬應依契約決定。

專利法第5條第2項：「專利申請權人，除本法另有規定或契約另有約定外，指發明人、新型創作人、設計人或其受讓人或繼承人。」前述「本法另有規定」為「法定讓與」，於受雇人完成職務上之創作時，雇用人依法取得專利申請權；前述「契約另有約定」為「意定讓與」，係由當事人透過契約之約定而讓與。專利申請權及專利權屬私權，基於私法自治原則，其權利歸屬可由當事人自行約定，若當事人已有約定，自應予以尊重，故應以「意定讓與」為優先；專利法第7條、第8條之規定只適用於當事人未約定之情況。專利專責機關審查申請人有無申請權，僅就書面進行形式上之審查，信賴申請人所填寫之創作人名稱及受讓、繼承之證明文件，專利專責機關不判斷亦無法判斷是否冒用、造假或竊取他人研發成果。由於專利申請權之歸屬為私權之爭執，非專利專責機關管轄（行政法院88年判字第4110號、91年判字第25號），且屬事實認定，若利害關係人有疑義或認為侵害其權益，應循司法救濟程序解決。

依專利法第6條：「專利申請權及專利權，均得讓與或繼承。專利申請權，不得為質權之標的。以專利權為標的設定質權者，除契約另有約定外，質權人不得實施該專利權。」讓與，指權利主體之變更，其原因可能為買賣、贈與或互易等法律行為。繼承，指專利申請權人或專利權人死亡，其繼承人得依民法規定繼承該專利申請權或專利權。質權，指為擔保債權，由債權人占有債務人或第三人移交之動產，將來債權人得就其出售價金受清償之權。專利申請權及專利權為私權且為財產權，另基於專利申請權未來取得專利權後之財產利益，二者均可為讓與及繼承之標的；此外，專利權尚得為質權標的，而因專利申請案日後可能無法取得專利權而生權利擔保之作用，專利申請權不得為質權標的。

基於前述說明，專利申請權及專利權歸屬之爭執，首先應確定誰是創作人，再確定當事人之間的關係究屬契約、僱傭或委聘關係：屬契約關係者，依契約之約定；屬委聘關係者，若無契約約定，專利權利歸屬受聘人；屬僱傭關係者，尚須進一步確定究為「職務創作」或為「非職務創作」，前者之專利申請權及專利權歸屬雇用人，後者之專利申請權及專利權歸屬創作人。

表2-1　專利權利之歸屬

專利權利之歸屬		
僱傭關係之創作	職務創作	專利申請權及專利權歸屬於雇用人，但雇用人應支付相當報酬
		契約另有約定者，從其約定
		姓名表示權歸屬於受雇人
	非職務創作	專利申請權、專利權及姓名表示權歸屬於受雇人
		受雇人有通知及告知之義務
		利用受雇人之資源或經驗完成者，雇用人得於該事業實施之，但須支付受雇人合理報酬
委聘關係之創作		專利申請權及專利權之歸屬依約定，未約定者歸屬於受聘人，但出資人得實施
		姓名表示權歸屬於受聘人

2.2.2　僱傭關係之創作

僱傭關係，依民法第482條：「稱僱傭者，謂當事人約定，一方於一定或不定之期限內為他方服勞務，他方給付報酬之契約。」一般受雇於民間企業、以時薪計算的部分工時工作者，或短期雇用的臨時工作者與雇用人之間均屬於僱傭關係。依最高法院45年台上1619號判例，認定部分時間或臨時工作者均屬僱傭關係下之受雇人。

專利法第7條規定僱傭關係下職務創作的權利歸屬，第8條規定僱傭關係下非職務創作的權利歸屬，第9條規定僱傭關係下僱傭契約之限制，第10條為雇用人與受雇人因權利爭執而達成協議者，申請變更權利人名義應踐行之程序。

一、職務創作

職務創作，指受雇人於僱傭關係中依契約之約定或雇用人（包括自然人及法人等）之指示所擔任之工作，且於該工作中所完成之創作。受雇人於職務上所完成之發明、新型或設計，其專利申請權及專利權原則上屬於雇用人；雇用人應支付受雇人適當之報酬；但契約另有約定，則優先從其約定（專§7.I）。由於創作人受雇於企業，企業提供良好的設備環境，也支付薪資作為研發工作之對價，創作的產出原本是受雇人的本職工作，況且重要的創作通常需要團隊合作才能成功，開發風險與市場風險均由雇用人負擔，對於雇用人之權益必須予以保障，故依專利法規定，職務創作的專利申請權及專利權應歸屬於企業或雇用人，以取得其財產價值。惟考量專利權所產生的經濟利益龐大，可能遠超出雇用人所支付之薪資對價，故雇用人應支付受雇人適當之報酬。

雇用人或受雇人對於申請專利之創作是否屬職務創作有爭執，包括當事人之間是否屬於僱傭關係？受雇人之職務是否包括創作？是否屬於僱傭關係存續中所完成之創作？均可能為爭執之重點，只要其中之一不被認定，則不符合專利法所定之「職務創作」。

二、非職務創作

非職務創作，僱傭關係存續中受雇人所完成之創作非屬其職務者。受雇人在工作之餘所完成之創作，或受雇人之職務不包括創作者，即使該創作係於僱傭關係存續中所完成者，仍應認定為「非職務創作」。雖然非職務創作之專利申請權及專利權歸屬於受雇人；但受雇人係利用雇用人之資源或經驗者，雇用人得支付合理報酬，於其事業內實施該創作（專§8.I）。因此，即使未經受雇人同意，雇用人逕行實施受雇人之專利權，或支付之報酬未達合理之程度，依前述規定，雇用人尚無侵權責任，受雇人僅得請求支付合理報酬。至於報酬是否達合理之程度，若有爭執，應循司法途徑解決。前述雇用人得於其事業內實施該創作，係依法律規定之授權實施，性質上屬於法定的非專屬授權，受雇人仍得實施或授權他人實施其創作。

受雇人完成非職務創作，有義務以書面通知雇用人，如有必要並應告知創作之過程（專§8.II）；雇用人於書面通知到達後六個月內未表示反對者，嗣後不得再主張該創作為職務創作，發生失權之效果（專§8.III）。前述告知義務之規定，目的在於使雇用人有機會判斷受雇人之創作是否屬於職務創作，有助於雇用人主張其權益，並避免雙方之糾紛。

2.2.3　委聘關係之創作

委聘關係之創作，指出資人委請受聘人從事研發工作，而由受聘人所完成之創作。委聘關係並非前述之僱傭關係，經常發生於中小企業與政府所成立之財團法人或民間開發設計公司之間，出資人通常只出資金，而由受聘人負責技術、設備及相關人員。基於私法自治原則，委聘關係所生之專利申請權及專利權的歸屬由雙方自行約定，契約未約定者，法定專利申請權及專利權歸屬於受聘人，但出資人可無償實施（專§7.III）。前述出資人得無償實施該創作，係依法律規定之授權實施，性質上屬於法定的非專屬授權，受聘人仍得實施或授權他人實施其創作。

2.2.4　專利法相關規定

一、公務員及大學教師之創作的專利權利

對於政府與公務員之間或大學院校與其教師之間的關係，專利法並未明文規定，其均與前述之僱傭關係不同，尤其公務員、教師之工作條件及保障等另有公務員服務法、教師法之規範，並不適用勞基法，故政府與公務員、學校與教師之間是否為專利法上的僱傭關係不無疑問。雖然公務員、教師不適用勞基法，但公務員係接受政府、大學院校之指示從事工作，仰賴政府、大學院校提供場地、設備或資金，而與民間僱傭關係相當，因此，當公務員、大學教師之工作範圍包括研究，原則上，其研究成果所生專利申請權及專利權應依契約約定，若無約定，公務員、大學教師之職務創作類推適用受雇人之規定。

另依科技基本法第6條，「政府補助、委託、出資或公立研究機關（構）依法編列科學技術研究發展預算所進行之科學技術研究發展，……。其所獲得之智慧財產權及成果，得將全部或一部歸屬於執行研究發展之單位

所有或授權使用，不受國有財產法之限制。」國家出資研發，原本應歸屬於國家的智慧財產權，得依前述規定歸屬於研究機構。另依政府「科學技術研究發展成果歸屬及運用辦法」（修正日期民國101年6月11日）第10條第1項第1款，執行研究發展之單位為公、私立學校、公立研究機關（構）者，應將研發成果收入之20%繳交資助機關，例如國科會、經濟部、農委會等。

國科會預算下的研究計畫，其產出的專利申請權及專利權歸屬於各執行研究的單位，故實際進行研究、創作的教師所產出之專利申請權及專利權歸屬於執行研究的學校，惟當專利權有授權收入時，各校規定會因專利之策略、資源及獎勵措施有所不同，例如分配比例為國科會20%、學校25%、創作人55%。

二、僱傭契約之限制

依專利法第9條：「前條雇用人與受雇人間所訂契約，使受雇人不得享受其發明、新型或設計之權益者，無效。」所稱之權益，包括專利申請權、專利權及姓名表示權。所稱之無效，指僱傭契約中關於專利權利歸屬之約定無效，並不是指整個僱傭契約無效。

專利申請權與專利權均為私權，基於契約自由原則，原本可由雇用人與受雇人自行約定權利之歸屬，但雇用人通常擁有較優勢之地位，時而要求受雇人簽訂不平等之僱傭契約，使受雇人之非職務創作的專利權利仍歸屬於雇用人，故第9條針對非職務創作予以特別規定，雇用人與受雇人間訂定契約使受雇人不得享有其專利權利者無效，受雇人得援引專利法第7條主張法定之專利權利。

三、繼受專利申請權之名義變更

依專利法第14條第1項：「繼受專利申請權者，如在申請時非以繼受人名義申請專利，或未在申請後向專利專責機關申請變更名義者，不得以之對抗第三人。」係採行登記對抗主義，易言之，繼受專利申請權，專利申請權人名義之變更登記為對抗第三人之要件，發生繼受之事實時，必須向專利專責機關登記專利申請權之轉移，否則不得以繼受之事實對抗第三人。繼受，指繼承或受讓等所生專利申請權之移轉，例如讓與、繼承或公司間併購。發生繼受之事實時，當事人間即生專利申請權之主體轉移的效力，是否辦理名義變更，並不影響當事人之間已發生繼受之效力；但若未向專利專責機關辦理變更申請權人名義，他人無從知悉，不得以繼受之事實對抗第三人。

依專利法施行細則第8條，辦理繼受專利申請權變更名義，應具備讓與登記申請書並附具證明文件，因受讓而變更名義者，為受讓契約或讓與證明文件；因公司併購而承受者，為併購之證明文件；因繼承而變更名義者，為其死亡及繼承證明文件。讓與契約書，契約書必須有讓與人及受讓人之意思表示，並由雙方簽署；併購之證明文件，應為主管機關出具或相關併購契約書；其他讓與證明文件，應為讓與人出具或法院判決確定之判決書等。專利申請權之讓與，禁止同一人代表雙方當事人，例如，專利申請權讓與登記之讓與人或受讓人一方為母公司另一方為本國公司，而雙方公司代表人為同一人時，雙方當事人之一方，應另定代表公司之人。專利申請權之繼承，繼承人如為多人，僅由其中一人或數人繼承時，另應檢附遺囑或全體繼承人共同簽署之遺產分割協議書或法院出具之拋棄繼承證明文件。

在中國，係將我國的「專利申請權」區分為「申請專利的權利」及「專利申請權」，「專利申請權」為財產權（包含我國專利法第41條第1項之「補償金請求權」），「申請專利的權利」並非財產權。在中國，採行登記生效主義，讓與專利申請權必須登記後始生效；而依我國專利法之規定，無論是否向行政機關登記，讓與行為在當事人簽訂契約之時對於當事人即生效力，登記僅係對抗第三人之要件。由於「申請專利的權利」並非財產權，不生權利讓與的問題，當然亦無登記的問題。

四、爭執專利申請權之名義變更

專利權利之歸屬往往涉及契約內容及私權之爭議，行政機關無權認定，應由雙方依相關法令如民事訴訟法、仲裁法等，取得訴訟法上之調解、和解、判決或仲裁決定，以求解決。

專利權利之爭執經解決而確定權利之歸屬，有必要變更權利人名義時，包括專利申請權人或專利權人之變更，應依專利法第10條申請辦理變更權利人名義，惟應注意者本條僅限於「雇用人或受雇人對第七條及第八條所定權利之歸屬……」，並未包含其他態樣，例如共有及冒充申請等。為查證當事人間之權利歸屬是否已告確定，必要時，專利專責機關得通知當事人附具依其他法令取得之調解、仲裁或判決文件。

【相關法條】

施行細則：8。

民法：482。

科技基本法：6。

遺產及贈與稅法：42。

【考古題】

◎張三任職於大華化學股份有限公司研發部門，主要從事廚房清潔劑新產品的研發。張三個人對皮膚保養品很感興趣，常利用下班時間留在實驗室研究皮膚保養品。某日，張三終於研發出一項新穎且效果相當好的保養品。張三擬申請專利，此時，專利申請權暨專利權究竟屬張三或大華化學股份有限公司所有？就該保養品之申准專利，張三與大華化學股份有限公司各有何權利義務？請說明之。（97年專利師考試「專利法規」）

◎甲任職於乙公司從事產品之開發工作，日前由於經濟不景氣遭資遣，甲懷恨在心，乃將其職務上之研發成果以自己名義申請並取得專利，試問乙公司是否還有可能就該研發成果取得專利權？若有，該如何處理？如果甲並未申請專利，而是擅自將該研發成果公開，乙公司又該如何處理？（98年專利師考試「專利法規」）

◎甲、乙共同出資聘請丙、丁研究開發完成發明A，試問誰對發明A擁有專利申請權？何謂專利申請權？前述專利申請權人申請專利時有何須注意事項？（98年專利師考試「專利審查基準」）

◎甲任職於乙公司從事研發工作，於研發時程進行到一半時，甲即離職，不久甲加入丙公司亦擔任研發工作。嗣後乙公司發現丙公司申請取得一專利，其技術內容有一半是乙公司原先之研發成果。經查是甲離職後將其於乙公司未完成之研發帶至丙公司繼續進行並完成。甲對此坦承不諱，惟辯稱乙公司並未與其有競業禁止之約定，是以其所為並不違法。而丙公司則表示事先並不知情，並於得知上情後立即將甲解職，以維持公司聲譽。試問乙公司對甲與丙可分別為如何之主張，以維護其權益？（93年檢事官考試「智慧財產權法」）

◎某甲科技公司自行開發國內首部掃瞄器並成功地進入國際市場，掃瞄器的高利潤引起乙投資家對此產業的興趣，遂以高薪聘請某甲公司實際負責開發該掃瞄器的丙、丁，共同創立戊公司，不到一年時間推出相同功能與規格的掃瞄器與之競爭。某甲公司立即對乙、丙及丁提出侵害其營業秘密，以及主張擁有製造生產該掃瞄器之技術所有權，對戊公司提起侵害其所有權之訴。戊公司反告甲公司之掃瞄器侵害其專利權，接到法院通知時甲公司相當錯愕，經查始發現丙、丁在同意乙投資家共同創業，但未正式離開甲公司時，即以乙、丙、丁三人為發明人，申請專利，其後將專利權讓與戊公司。請問乙、丙或丁有無侵害甲公司之營業秘密？請問戊公司有無侵害甲公司主張的掃瞄器技術所有權？請問甲公司對戊公司之侵害專利權之訴有何抗辯？甲公司應如何主張該專利權無效？甲公司可否主張該專利權為其所有？（96年檢事官考試「智慧財產權法」）

◎請說明依專利法規定，專利申請權是否可為質權之標的，理由為何？（92年專利審查官三等特考「專利法規」）

◎A公司為研發、製造及銷售保健食品、生物性保養品、婦潔保養品及環保生物製劑系列產品之生技公司，研發出多項產品，包括利用益生菌酵解破壁螺旋藻等等。而B自93年11月5日起至95年3月31日止任職於A公司，擔任公司研發工程師，兩造並未約定智慧財產權之歸屬。B於94年6月13日，以專利發明人及申請人之身分，向專利專責機關申請「微藻類植物雜菌抑制異味消除及有益成分酵素釋放之微生物製程」發明專利（下稱本案），本案於95年12月16日公開。

閱讀上述案情後，試請解答下列問題。

1. 假設本案尚未被申請實體審查，而您是A公司代理人，該如何主張權益？
2. 假設本案經申請實體審查並經公告在案，A公司又該如何主張權益？（第三梯次專利師訓練補考「專利法規」）

◎雕刻大師甲之銅雕作品「一柱擎天」，由於極具特色，且有高藝術價值，為乙美術館所購入收藏，並置於美術館入口前戶外長期展示。丙建商於附近推出建案，名為「美術館特區」，未取得甲或乙美術館同意：拍攝「一柱擎天」之照片作為報紙平面廣告，以原尺寸但水泥材質複製「一柱擎天」置於「美術館特區」中庭，製作小型「一柱擎天」作為贈品送給購屋者作為屋內擺飾，以「一柱擎天」外型申請新式樣專利，以「一柱擎天」外型申請立體商標註冊。雕刻大師甲與乙美術館對於建商之行為憤怒不已，請問就丙上述五行為，甲和乙美術館依法可以有如何之主張？（100年升等考「智慧財產法規」）

◎某甲受雇於乙公司擔任研發部總經理，甲於任職之初與乙簽訂工作契約中，約定甲於任職期間所有發明之權益應歸乙所有，甲於乙公司任職期間，利用公餘時間發明A技術並取得專利權，但甲完成該發明時並未通知乙。今乙公司主張該A技術專利權屬於該公司所有，請分析乙公司之主張是否有理？（100年警察人員考試「智慧財產權法」）

◎資工所畢業之甲、乙受雇於A生醫公司，於資訊部門負責公司網頁維護事宜。甲積極追求任職於研發部門之丙，適逢丙被指派之生物晶片研發工作遭遇瓶頸時，甲為示好主動在午休或下班時間協助丙，兩人通力合作下產生「用於快速純化萃取生物分子之生物晶片」之研究成果。乙於下班後在家中研究及完成「快速讀取生物晶片之資訊處理系統」。設「用於快速純化萃取生物分子之生物晶片」及「快速讀取生物晶片之資訊處理系統」有申請專利保護之可能，請依我國專利法規定，附理由回答下列問題：

1. 誰有權就「用於快速純化萃取生物分子之生物晶片」提出專利申請？甲、丙就此發明於法律上有何權利？
2. 誰有權就「快速讀取生物晶片之資訊處理系統」提出專利申請？為釐清本發明之歸屬，我國專利法規定乙及A生醫公司應採取哪些步驟或作法？（101年智慧財產人員能力認證試題「專利法規」）

◎甲將其個人發明（包括專利申請權）讓與予與其無任何關係之乙，乙立即申請專利，並在專利申請書上發明人欄?上自己的名字。一年後案經審查獲准專利，註冊公告時甲始發現發明人竟是乙，找乙要求更改為甲，乙置之不理，請問甲有什麼救濟方式？（101年專利審查官二等特考「專利法規」）

◎甲擔任A科技研發公司之執行董事，於任職期間以「充電電池之全接觸式極耳構造」、「鋰電池及夾片式的鋰電池極耳收納裝置」向經濟部智慧財產局申請新型專利，經經濟部智慧財產局分別核准公告上述二項專利，請從專利法相關規定分析，上述二項專利權應歸屬甲或A公司所有。（101年高考三級「智慧財產權法規」）

◎甲原任職於乙公司，在職期間完成職務上產品的研發，然而由於甲個性孤僻，在公司內受到其他同事排擠，甲乃憤而離職，並將甫完成的研發成果帶出，且以自己名義申請取得專利。請問依據專利法，乙公司應如何處理以確保自己之權益？（101年警察人員考試「智慧財產權法」）

◎依我國專利法規定，專利申請權歸屬何者？又發明人依法享有姓名表示權，惟發明人自己是否得聲明放棄姓名表示權，即請求不予公開？（100年度專利師職前訓練）

2.3　共同創作及共有專利申請權

第12條（共有專利申請權之申請）
專利申請權為共有者，應由全體共有人提出申請。 二人以上共同為專利申請以外之專利相關程序時，除撤回或拋棄申請案、申請分割、改請或本法另有規定者，應共同連署外，其餘程序各人皆可單獨為之。但約定有代表者，從其約定。 前二項應共同連署之情形，應指定其中一人為應受送達人。未指定應受送達人者，專利專責機關應以第一順序申請人為應受送達人，並應將送達事項通知其他人。
第13條（共有專利申請權之處分）
專利申請權為共有時，非經共有人全體之同意，不得讓與或拋棄。 專利申請權共有人非經其他共有人之同意，不得以其應有部分讓與他人。 專利申請權共有人拋棄其應有部分時，該部分歸屬其他共有人。
第35條（專利申請權人之復權）
發明專利權經專利申請權人或專利申請權共有人，於該專利案公告後二年內，依第七十一條第一項第三款規定提起舉發，並於舉發撤銷確定後二個月內就相同發明申請專利者，以該經撤銷確定之發明專利權之申請日為其申請日。 依前項規定申請之案件，不再公告。

共同創作及共有專利申請權綱要		
何謂共同創作	為完成技術構思的創作成果，多人共同參與活動，包括構思、詳述、具體化作業	
共有專利申請權	共同創作	
	合作關係下之創作	
共有的概念	公同共有	共有一物，不區分各人應有比例，共同享有所有權
	分別共有	按應有部分對於一物享有所有權，一般稱為持分
	準共有	視情況準用分別共有或公同共有之法律規定
	人格權不生共有	

共同創作及共有專利申請權綱要		
共有專利申請權之申請及救濟	申請之限制	全體共有人提出申請（§12.I）
	違反申請限制之救濟	違反§12.I為舉發事由； 共有專利申請權人復權之申請及時效（§35）
共有專利申請權之處分	處分共有專利申請權的限制	非經共有人全體之同意，不得讓與或拋棄專利申請權（§13.I），且不得讓與應有部分（但得拋棄）（§13.II）
	拋棄共有專利申請權的法律效果	經拋棄之應有部分歸其他共有人（§13.III）

2.3.1 共同創作及合作關係

一、共同創作

創作，指為完成創作成果所進行的精神創意活動，包括構思、詳述及具體化作業。為完成技術構思的創作成果，多人共同參與活動，例如甲提出整體技術構思，乙詳細闡述該構思，丙依闡述內容予以具體實現而完成之，則為共同創作，涉及專利申請權之共有。至於姓名表示權，在法律上並無共有的概念，姓名表示權仍歸屬各人所有，每一位創作人均擁有姓名表示權。數人各自完成構思、詳述及具體化作業全部內容而有相同創作，係屬單獨創作，專利申請權及姓名表示權歸屬各人所有。至於單獨創作之專利權的歸屬，基於我國採行先申請主義，複數個相同的單獨創作係屬專利法第31條及第32條應處理的問題。

二、合作關係下之創作

專利法第12條及第13條係分別規定共有專利申請權之申請及讓與、拋棄，二條款所涉及的共有關係不限於自然人創意之合作的共同創作，若因合作關係而生專利申請權之共有，亦屬之。

財產法上，共同創作之專利申請權為共同創作人所共有；然而，專利申請權之共有通常是因合作關係而生，並非完全係因共同創作而生；有爭執時，仍應回歸民法、專利法認定之。對於專利申請權之共有，有專利申請權歸屬之爭執時，仍須回歸到誰是創作人的認定，有合作關係但未訂定契約約定專利申請權之歸屬者，若當事人之一方為創作人而他方並非創作人，則非屬共同創作，其專利權利均應歸屬創作人，不生專利申請權共有的問題。

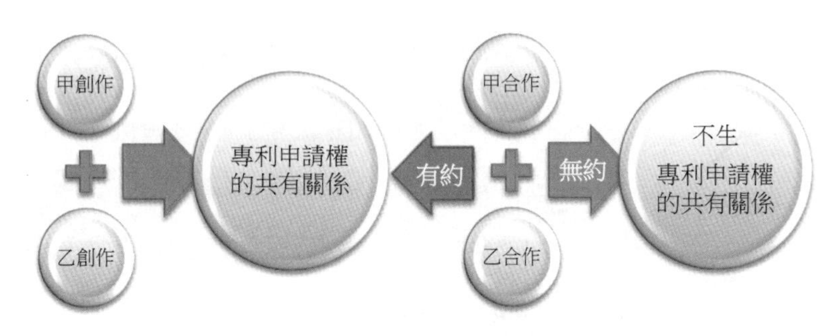

圖2-2　共同創作與專利申請權的共有關係

三、共有的概念

關於共有，依民法之規定，有「分別共有」、「公同共有」及「準共有」三種。分別共有，依民法第817條第1項，指共有人按應有部分對於一物享有所有權，即一般所稱之持分（共有人依權利之比例享有共有物所有權，而非將共有物的實體部分分割於數人，見最高法院57年台上2387判決）。公同共有，指數人基於法律規定或契約約定成立一公同關係，基於該公同關係而共有一物，不區分應有比例，共同享有所有權（民法第827條第1項）；公同共有大多因繼承而生。公同共有物之所有權屬於全體共有人，各公同共有人之權利及於公同共有物之全部（民法第827條第2項）。公同共有物之處分，及其他權利之行使，除依公同關係所由規定之法律或契約另有規定外，應得公同共有人全體之同意（民法第828條第2項）。公同共有的特徵，在於共有關係存續期間中，各共有人之間不確定所有權之比例，只有在解除共有關係，並分割共有的所有權時始確定該比例。

所有權以外的財產，例如債權、專利權、商標權或著作權等，得為數人共有，稱準共有。專利申請權得由數人共有，依民法第831條，其共有關係應視情況準用前述分別共有或公同共有之法律規定。一般情況，專利申請權為分別共有，專利申請權共有人之應有部分係抽象存在於專利權全部，若無約定，二個創作人各持分1/2，三個創作人各持分1/3；繼承專利申請權，該申請權為公同共有，繼承人共同享有申請權，不區分應有比例。

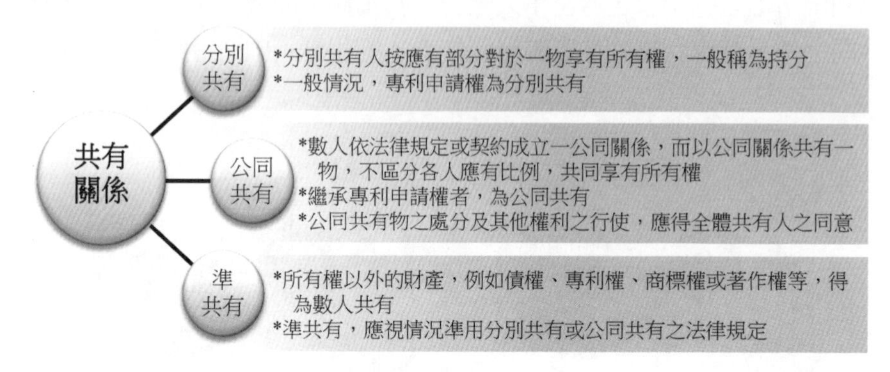

圖2-3　共有關係之種類

前述係說明專利申請權之共有；至於人格權部分，並無共有可言，各個發明人均享有獨立之創作人格權，並得獨立行使。

專利法制所定專利申請權於財產權部分之共有關係為準共有，視情況適用分別共有或公同共有之規定，但對於共有專利申請權之申請及讓與，則有特別規定，見專利法第12條及第13條。

2.3.2　共有專利申請權之申請及救濟

依專利法第12條規定，共有專利申請權，必須全體共有人提出申請，只要有一人反對，專利申請權即有不合，即使授予專利權，嗣後仍得為舉發之事由。除申請專利以外之程序，影響共同申請人利益之重大事項，例如撤回、拋棄、分割及改請等申請行為，均須取得共有人之共同連署，至於其他事項，各共有人均可單獨為之。

違反專利法第12條第1項，指專利申請案並非由專利申請權共有人全體提出申請者，其與由非專利申請權人提出之專利申請案，性質上同屬申請人不適格之情形，依專利法第71條、第119條或第141條三法條之第1項第3款，共有人未列入專利申請人者，該共有人屬利害關係人，得以該款舉發事由提起舉發；經專利專責機關審定舉發成立撤銷專利權確定後，該專利權自始不存在。

專利專責機關審定舉發成立，僅有撤銷該專利權之效果，為顧及專利申請權共有人之權益，專利法第35條爰特別規定：專利申請權共有人欲取得專利權，須符合二要件：(1)為專利申請權共有人提起舉發，須於原專利案公告後二年內為之，(2)為專利申請權共有人申請專利，須於舉發撤銷確定後二個月內提出專利申請，始能取得專利權。二要件有關期間之規定係避免法律關係處於不確定狀態，若超出前述二年或二個月之期間，則僅能舉發成立撤銷原專利權，專利申請權共有人仍不能主張專利法第35條取得專利權。

另依專利法施行細則第30條，專利申請權共有人依本法第35條規定申請專利者，應備具申請書，並檢附舉發撤銷確定證明文件，向專利專責機關提出專利之申請；該申請案得援用原專利申請人所提申請案之申請日，以避免因該前案之存在而喪失新穎性等專利要件。此外，因該專利所揭露之技術已公告在案，並無再為公告之必要，且為避免使第三人誤認同一專利取得二次專利權，爰於專利法第35條第2項規定不再公告說明書、申請專利範圍及圖式等，惟屬於專利法第84條所定之應公告事項，如專利權之核准、變更等，仍應刊載專利公報。

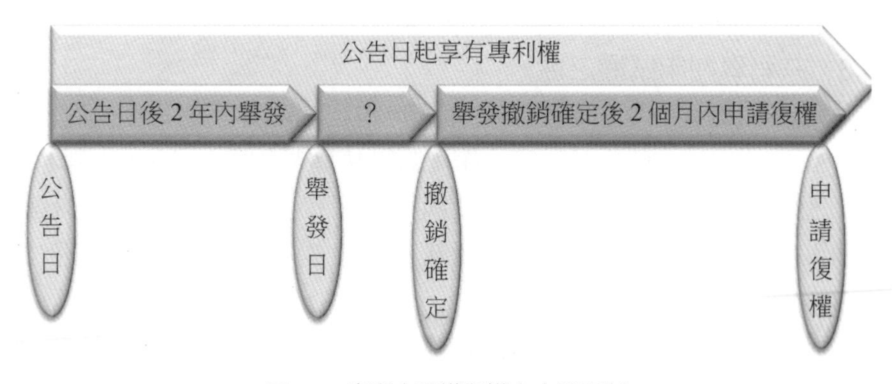

圖2-4　專利申請權復權之申請限制

- 專利法12
- 申請專利應由共有人全體提出申請
- 撤回、拋棄、分割、改請應由共有人全體共同連署

- 專利法13
- 讓與或拋棄應取得共有人全體之同意
- 以應有部分讓與，應取得共有人全體之同意
- 共有人拋棄其應有部分，該部分歸屬其他共有人

- 專利法64
- 共有人自己可以實施
- 讓與、授權、信託、設質應取得共有人全體之同意

- 專利法65
- 以應有部分讓與、信託、設質，應取得共有人全體之同意
- 共有人拋棄其應有部分，該部分歸屬其他共有人

圖2-5　共有專利申請權或專利權之申請及處分

此外，專利申請權之讓與及拋棄（專§13），專利權之讓與、授權、信託、設定質權及拋棄（專§64、65），專利法亦規定必須取得共有人全體之同意，見2.3.3「共有專利申請權之處分」及8.4.2「處分及繼承」。

2.3.3　共有專利申請權之處分

民法第819條：「（第1項）共有人，得自由處分其應有部分。（第2項）共有物之處分、變更及設定負擔，應得共有人全體之同意。」第1項係規定「應有部分」之處分；第2項係規定「共有物」本身之處分等。相對於民法第819條，專利法第13條第1項係規定共有之「專利申請權」本身之處分；第2項係規定「應有部分」之處分。

對於共有之專利申請權，專利法第13條第1項規定讓與或拋棄共有之「專利申請權」本身，因涉及專利權之全部，當然須經共有人全體之同意，與民法第819條第2項並無不同。惟若專利申請權為分別共有時，若依民法第819條第1項，各共有人自由處分其應有部分，取得專利權後將導致專利權各共有人之間的法律關係複雜難解，故專利法第13條第2項特別規定：專利申請權為共有時，各共有人非經其他共有人之同意，不得以其「應有部分」讓與他人。換句話說，係將專利申請權以公同共有視之，如同民法第828條第2項，須得全體共有人之同意。至於專利申請權之拋棄，並不影響其他共有人之權益，則應回歸民法第819條第1項得自由處分之規定，不待共有人全體之同意；但拋棄之法律效果，應依專利法第13條第3項規定，共有人所拋棄之應有部分係歸屬於其他共有人。

專利法第13條所稱「共有人全體之同意」，並非全體共有人之同意必須為明示，更不必限於一定之形式，如有明確之事實，足以證明其他共有人已經為明示或默示之同意者，亦屬之（最高法院19年上字第981號判例參照）；且不限行為時為之，若於事前預示或事後追認者，均不能認為無效（最高法院19年上字第2014號判例參照）；另，全體同意之方式，歷年判例有若干變通辦法，例如全體同意依多數決為之（最高法院19年上字第2208號判例參照），或全體推定得由其中一人或數人代表處分者（最高法院40年台上字第998號判例參照），皆無不可。

【相關法條】

專利法：31、64、65、71、84、119、141。

施行細則：30。

民法：817、819、827、828、831。

【考古題】

◎甲大學和乙公司進行產學合作，約定乙出資金，甲出研究人力，共同開發檢測癌症之試劑，並約定未來研發成果之智慧財產權由雙方平均共有。開發完成後，甲乙共同提出專利申請並順利取得專利。試問在甲乙雙方未特別約定且未徵得甲大學同意之情形下，乙公司是否可以自行製造試劑？乙公司是否可以於製造完成試劑後，授權丙公司銷售？（100年專利師考試「專利法規」）

2.4　冒充申請

第10條（權利歸屬之爭執）

雇用人或受雇人對第七條及第八條所定權利之歸屬有爭執而達成協議者，得附具證明文件，向專利專責機關申請變更權利人名義。專利專責機關認有必要時，得通知當事人附具依其他法令取得之調解、仲裁或判決文件。

第35條（專利申請權人之復權）

發明專利權經專利申請權人或專利申請權共有人，於該專利案公告後二年內，依第七十一條第一項第三款規定提起舉發，並於舉發撤銷確定後二個月內就相同發明申請專利者，以該經撤銷確定之發明專利權之申請日為其申請日。

依前項規定申請之案件，不再公告。

<table>
<tr><th colspan="3">冒充申請綱要</th></tr>
<tr><td rowspan="2">冒充申請</td><td rowspan="2">專利申請人為非專利申請權人</td><td>專利申請權遭竊占</td></tr>
<tr><td>專利申請權有爭執</td></tr>
<tr><td rowspan="4">冒充申請之救濟</td><td rowspan="2">舉發程序（§71.I.(3)）</td><td>限於利害關係人</td></tr>
<tr><td>專利申請權人復權之申請及時效（§35）</td></tr>
<tr><td>民事訴訟程序（民訴§247）</td><td>專利申請權人得提起確認訴訟</td></tr>
<tr><td>調解、仲裁程序（§10）</td><td>專利申請權人得依相關法律提調解、仲裁</td></tr>
</table>

2.4.1 冒充申請

冒充申請，指專利申請案之申請人為非專利申請權人。冒充申請可區分二種：(1)專利申請權遭竊占；(2)專利申請權有爭執，例如因僱傭或委聘關係所生之爭執。

2.4.2 冒充申請之救濟

專利法第46條所定之發明實體要件、第134條所定之設計實體要件或第112條所定之新型形式要件不包含專利主體之適格要件，但第71條、第119條或第141條所定得舉發撤銷發明、新型或設計專利權之事由包含專利主體之適格要件，係因專利申請權之歸屬並非行政機關所能調查者，即使利害關係人依專利法提起舉發，爭執專利申請權之歸屬，依最高行政法院89年判字第1752號判決：「專利專責機關，對申請專利權之人是否為專利申請權人有認定之職權，然其職權唯於該具體案件有權為之。於專利申請權人誰屬發生私權爭執時，並無確定職權，自無從予裁斷。」準此，冒充申請的救濟途徑有二種：(1)依專利法提起舉發；或(2)提起民事訴訟、調解或仲裁。對於專利申請權之爭執，僅能提起民事訴訟、調解或仲裁，裁斷真正的專利申請權人；惟若為具體案件，依證據即足以認定真正的專利申請權人，例如當事人對於事實無爭執僅對相關專利法條款之適用有疑義者，得向專利專責機關提起舉發，由專利專責機關認定之。

一、舉發程序

依專利法第71條、第119條或第141條三法條之第1項第3款，專利權人為非專利申請權人者，利害關係人得以該款舉發事由提起舉發；經專利專責機關審定舉發成立撤銷專利權確定者，該專利權自始不存在。所謂利害關係人，就是真正有專利申請權之人。

二、真正專利申請權人復權之申請及時效

專利專責機關審定舉發成立，僅有撤銷該專利權之效果，為顧及真正專利申請權人之權益，專利法第35條爰特別規定：真正專利申請權人欲取得專利權，須符合二要件：(1)為真正專利申請權人提起舉發，須於原專利案公告後二年內為之，(2)為真正專利申請權人申請專利，須於舉發撤銷確定後二個月內提出專利申請，始能取得專利權。二要件有關期間之規定係避免法律關係處於不確定狀態，若超出前述二年或二個月之期間，則僅能舉發成立撤銷非專利申請權人之專利，真正專利申請權人仍不能主張專利法第35條取得專利權。

另依專利法施行細則第30條，真正專利申請權人依本法第35條規定申請專利者，應備具申請書，並檢附舉發撤銷確定證明文件，向專利專責機關提出專利之申請；該申請案得援用原專利申請人所提申請案之申請日，以避免因該前案之存在而喪失新穎性等專利要件。此外，因該專利所揭露之技術已公告在案，並無再為公告之必要，且為避免使第三人誤認同一專利取得二次專利權，爰於專利法第35條第2項規定不再公告說明書、申請專利範圍及圖式等，惟屬於專利法第84條所定之應公告事項，如專利權之核准、變更等，仍應刊載專利公報。

三、民事訴訟及其他

循民事訴訟程序請求返還專利申請權，應提起確認訴訟，請求法院確認專利申請權之歸屬。依民事訴訟法第247條，確認訴訟之提起，非原告有受確認判決之法律上利益不得提起，且以原告不能提起他訴訟者為限。由於專利係精神活動之成果，由誰創作、何時完成等均甚難證明，實務案例顯示原告勝訴者寡。

除民事訴訟外，尚可採仲裁或調解等方式，見專利法第10條規定：雇用

人或受雇人對專利申請權之歸屬有爭執而達成協議者，得附具證明文件，向專利專責機關申請變更權利人名義。專利專責機關認有必要時，得通知當事人附具依其他法令取得之調解、仲裁或判決文件。

【相關法條】

專利法：46、71、84、112、119、134、141。

施行細則：30。

民事訴訟法：247。

【考古題】

甲研發完成某技術尚未申請專利即被乙盜取，乙以之申請專利並經審查確定。試問根據專利法之規定，甲應該如何做，才能就該技術取得專利權之保護？（89年專利審查官二等特考「專利法規」）

第三章　審查制度

大綱	小節	主題
3.1 審查的種類	3.1.1 程序審查	‧程序審查內容
	3.1.2 形式審查	‧形式審查內容
	3.1.3 實體審查	‧實體審查內容 ‧實體審查之種類
3.2 期公開及申請審查	3.2.1 早期公開	‧早期公開及其審查 ‧早期公開之效果 ‧提早公開
	3.2.2 申請實體審查	‧實體審查之申請、期間、公告、通知等 ‧實體審查之進行
3.3 補償金請求權		‧何謂補償金請求權 ‧請求補償金之要件、範圍及時效等
3.4 優先審查		‧優先審查之條件
3.5 新型審查制度	3.5.1 形式審查	‧何謂形式審查 ‧形式審查之優點 ‧形式審查與實體審查之差異
	3.5.2 形式審查事項	‧形式審查內容
	3.5.3 新型之更正審查	‧更正之形式審查 ‧更正之實體審查
3.6 新型之定義及實體審查	3.6.1 新型定義與發明之區別	‧新型之範疇 ‧新型標的之限制
	3.6.2 新型定義之審查	‧形式審查 ‧實體審查
	3.6.3 其他實體要件之審查	‧解釋原則 ‧新穎性之審查 ‧進步性之審查
3.7 新型專利技術報告		‧新型專利技術報告制度之目的 ‧新型專利技術報告之申請 ‧新型專利技術報告之製作 ‧新型專利技術報告之性質 ‧新型專利技術報告之運用

發明專利權之授予，國際上絕大部分國家採審查主義；新型專利權之授予，國際上有採實體審查制及形式審查制二種；設計專利權之授予，國際上有專利權導向及著作權導向二種制度，前者採實體審查制，後者採註冊制，甚至有如著作權，設計完成之日起即自動取得權利。

在我國，依「先程序後實體」之原則，專利申請案均須經程序審查，合於程序要件者，始得進入新型形式審查、設計實體審查或發明早期公開請求審查程序。為取得專利權，申請人必須先向專利專責機關提出申請，發明及設計專利必須通過程序審查及實體審查，新型專利必須通過程序審查及形式審查，符合一定要件，始能獲得專利權。雖然發明與設計專利均採實體審查制，但二者仍有不同，詳見後述。

現行國際上發明或新型之技術型專利的審查制度有多種：1.全面審查制；2.早期公開、請求審查制；3.檢索與審查分離制；4.形式審查制。前三種適用於發明專利，最後一種適用於新型專利。

本章首先介紹授予專利必須通過審查的種類，其次介紹發明所採行的早期公開、請求審查制有關規定及其效果，包括擴大先申請地位及補償金請求權之暫時保護制度，最後介紹新型專利之定義、形式審查制及相關配套之技術報告制度。

3.1 審查的種類

第25條（發明專利之申請文件）
申請發明專利，由專利申請權人備具申請書、說明書、申請專利範圍、摘要及必要之圖式，向專利專責機關申請之。 申請發明專利，以申請書、說明書、申請專利範圍及必要之圖式齊備之日為申請日。 說明書、申請專利範圍及必要之圖式未於申請時提出中文本，而以外文本提出，且於專利專責機關指定期間內補正中文本者，以外文本提出之日為申請日。 未於前項指定期間內補正中文本者，其申請案不予受理。但在處分前補正者，以補正之日為申請日，外文本視為未提出。

第46條（發明專利實體審查項目）
發明專利申請案違反第二十一條至第二十四條、第二十六條、第三十一條、第三十二條第一項、第三項、第三十三條、第三十四條第四項、第四十三條第二項、第四十四條第二項、第三項或第一百零八條第三項規定者，應為不予專利之審定。

專利專責機關為前項審定前，應通知申請人限期申復；屆期未申復者，逕為不予專利之審定。

第106條（新型專利之申請文件）

申請新型專利，由專利申請權人備具申請書、說明書、申請專利範圍、摘要及圖式，向專利專責機關申請之。

申請新型專利，以申請書、說明書、申請專利範圍及圖式齊備之日為申請日。

說明書、申請專利範圍及圖式未於申請時提出中文本，而以外文本提出，且於專利專責機關指定期間內補正中文本者，以外文本提出之日為申請日。

未於前項指定期間內補正中文本者，其申請案不予受理。但在處分前補正者，以補正之日為申請日，外文本視為未提出。

第112條（形式審查）

新型專利申請案，經形式審查認有下列各款情事之一，應為不予專利之處分：

一、新型非屬物品形狀、構造或組合者。

二、違反第一百零五條規定者。

三、違反第一百二十條準用第二十六條第四項規定之揭露方式者。

四、違反第一百二十條準用第三十三條規定者。

五、說明書、申請專利範圍或圖式未揭露必要事項，或其揭露明顯不清楚者。

六、修正，明顯超出申請時說明書、申請專利範圍或圖式所揭露之範圍者。

第125條（設計專利之申請文件）

申請設計專利，由專利申請權人備具申請書、說明書及圖式，向專利專責機關申請之。

申請設計專利，以申請書、說明書及圖式齊備之日為申請日。

說明書及圖式未於申請時提出中文本，而以外文本提出，且於專利專責機關指定期間內補正中文本者，以外文本提出之日為申請日。

未於前項指定期間內補正中文本者，其申請案不予受理。但在處分前補正者，以補正之日為申請日，外文本視為未提出。

第134條（設計專利實體審查項目）

設計專利申請案違反第一百二十一條至第一百二十四條、第一百二十六條、第一百二十七條、第一百二十八條第一項至第三項、第一百二十九條第一項、第二項、第一百三十一條第三項、第一百三十二條第三項、第一百三十三條第二項、第一百四十二條第一項準用第三十四條第四項、第一百四十二條第一項準用第四十三條第二項、第一百四十二條第一項準用第四十四條第三項規定者，應為不予專利之審定。

TRIPs第41條（一般義務）

…

3. 就案件實體內容所作之決定應儘可能以書面為之，並載明理由，而且至少應使涉案當事人均能迅速取得該書面；前揭決定，僅能依據已予當事人答辯機會之證據為之。

…

<table>
<tr><th colspan="3">專利審查種類綱要</th></tr>
<tr><td>程序審查</td><td colspan="2">所有申請文件是否合於法規</td></tr>
<tr><td>形式審查</td><td>專利說明書、申請專利範圍及圖式之記載是否合於形式要件</td><td>形式要件：定義、法定不予專利之標的、揭露方式、揭露內容、明顯之單一性、修正明顯超出原揭露範圍等</td></tr>
<tr><td rowspan="4">實體審查</td><td rowspan="2">絕對要件（依申請文件即可審查者）</td><td>申請專利之發明或設計的本質及專利說明書、申請專利範圍及圖式之記載是否合於記載形式及實體要件</td></tr>
<tr><td>絕對要件：定義、產業利用性、法定不予專利之標的、記載要件、補正、修正、更正、誤譯訂正、改請、分割等</td></tr>
<tr><td rowspan="2">相對要件（尚須經檢索先前技術始可比對、審查者）</td><td>申請專利之發明或設計相對於申請日之前已公開之先前技術（或先前技藝）是否有准予專利之價值，亦即是否符合實體要件</td></tr>
<tr><td>相對要件：新穎性、擬制喪失新穎性、先申請原則、一案兩請、進步性或創作性、單一性或一設計一申請等</td></tr>
</table>

依專利法第25條、第46條、第106條、第112條、第125條、第134條及專利專責機關發布之專利審查基準（以下簡稱「審查基準」），專利審查分為：程序審查、形式審查及實體審查三種。

3.1.1 程序審查

程序審查，適用於所有專利申請案，係檢視各種申請文件是否合於專利法及專利法施行細則之規定，尤其是申請案之申請書、說明書、申請專利範圍及必要之圖式（設計為說明書及圖式）等文件是否齊備。發明、新型、設計三種專利均須完成程序審查，始能取得申請日，並進入後續的新型形式審查、設計實體審查或發明早期公開、請求審查程序。

3.1.2　形式審查

形式審查，適用於新型專利申請案，係審查新型專利說明書、申請專利範圍及圖式之記載，是否符合專利法及專利法施行細則所規定之形式要件，包括定義、法定不予專利之標的、揭露方式、揭露內容及單一性等，修正說明書者不得為明顯超出申請時說明書、申請專利範圍或圖式所揭露之範圍，以決定是否准予新型專利，但無須經檢索、審查申請專利之新型實體方面的相對要件，包括新穎性、擬制喪失新穎性、先申請原則及進步性等。

形式審查可快速提供保護，專利申請及維護費用較低，且專利期間較短，適合中小企業從事小成本、小規模之研發，以掌握商機。就產業政策而言，新型技術影響產業發展的重要性不如發明，行政機關得迅速完成審查程序，節省審查資源，故我國於92年專利法修正時採行形式審查制，僅審查新型標的是否適格及專利說明書、申請專利範圍及圖式揭露之形式。但應說明者，並非新型專利權之確定不須具備新穎性、進步性等相對要件，而是將實體要件留待行使專利權時，再藉由新型專利技術報告或司法審理程序予以確認。

3.1.3　實體審查

實體審查，適用於發明專利及設計專利申請案，係審查申請專利之發明（或設計）的本質及相對於申請日之前已公開之先前技術（或先前技藝）是否有准予專利之價值，亦即是否符合專利法所規定之實體要件及專利法施行細則，包括發明（或設計）之定義、新穎性、進步性（或創作性）、先申請原則、記載要件及發明單一性（或一設計一申請）等要件，以決定是否應准予發明或設計專利。我國專利之實體審查係採二審制，即分初審及再審查二階段。發明之實體審查須經申請並繳費始進入實體審查程序，為早期公開、請求審查制；設計之實體審查無須申請審查即直接進入實體審查程序，為全面審查制。

國際上，現行實體審查制有三種：

一、全面審查制

全面審查，如現行設計專利之審查，經程序審查合於程序要件者，無須繳費、申請實體審查，即直接進入實體審查程序。90年專利法修正前，我國三種專利均採全面審查制。

全面審查制係基於申請人申請專利之目的均為獲得專利權，故必須逐案全面進行實體審查。全面審查制之優點：每一件專利申請案均經過嚴謹的實體審查，准予專利後衍生之爭端較少，有利於後續程序之進行。全面審查制之缺點：隨專利申請案大量成長，審查人力難以負荷，國家虛擲大量資源，仍無法有效提升效率解決申請案排隊待審之現象；且由於大量申請案排隊待審，無形中阻礙技術傳播，延後技術公開之時效，不利於社會大眾之利用。

全面審查制

- 經程序審查合於程序要件者，無須申請實體審查、繳費，直接進入實體審查程序
- 優點：爭端較少，有利後端程序之進行
- 缺點：國家虛擲大量資源，無法有效提升效率，延後技術公開之時效，不利於社會大眾利用

早期公開、請求審查制

- 經程序審查合於程序要件及無不予公開之情事者，即予公開，經申請人提出實體審查之申請並繳費，始進入實體審查程序
- 目的：適合各種產業型態，例如僅為防禦目的之申請
- 優點：得減少政府行政資源浪費，提早公開申請專利之技術，有利於社會大眾利用

檢索審查分離制

- 檢索與審查分離制，係先就申請專利之技術進行先前技術檢索，並將檢索報告檢送申請人，申請人決定申請實體審查後，始進入實體審查程序
- 優點：可減少申請人負擔，亦可減少行政機關之負擔及資源浪費
- 缺點：行政機關必須具備強大的軟、硬體檢索設備，且檢索人員的素質、能力為必備的重點

形式審查制

- 審查說明書、申請專利範圍及圖式之記載是否符合形式要件
- 優點：快速提供保護，專利申請及維護費用較低，且專利期間較短
- 缺點：申請人必須承擔較重的責任

圖3-1　審查制度

二、早期公開、請求審查制

早期公開、請求審查制，為早期公開及申請實體審查二制之組合，如同現行發明專利之審查，經程序審查合於程序要件且無不予公開之情事者，即予公開，經申請人繳費並提出實體審查之申請，始進入實體審查程序。我國專利制度採全面審查制甚久，90年專利法修正後，始將發明專利之審查改採早期公開、請求審查制。

隨著時代的進步，企業界益發瞭解智慧財產權的重要性，導致專利申請案大量成長。為因應申請案排隊待審的現象，企業界的專利政策也愈來愈靈活，申請專利並非全然為取得專利權，一旦認定申請專利之發明難以商品化或欠缺市場價值，可能轉而以防禦為目的阻礙競爭對手取得專利，避免日後專利糾紛之困擾。為區分申請人申請專利之目的，並減少政府行政資源之浪費，早期公開、請求審查制之施行容許申請人於合理期間內從容考量取得專利之必要性，而且提早公開申請專利之發明，有利於社會大眾利用，亦符合國家產業政策。基於前述之優點，荷蘭政府率先採行早期公開、請求審查制，嗣後各國政府紛紛採行，此制目前已為國際所廣泛採用。

三、檢索與審查分離制

檢索與審查分離制，係先就申請專利之技術進行先前技術檢索，並將檢索報告檢送申請人；申請人取得報告後可以自行評估申請專利之發明是否符合新穎性、進步性，以決定是否申請實體審查；申請人申請實體審查後，始進入實體審查程序。檢索與審查分離制之優點：可減少申請人之負擔，亦可減少行政機關之負擔及資源浪費。檢索與審查分離制之缺點：行政機關必須具備強大的軟、硬體檢索設備，且檢索人員的素質、能力均為必備的重點。檢索與審查分離制為歐洲專利局所採行，專利合作條約（Patent Cooperation Treaty, PCT）採行類似制度。

【相關法條】

專利法：37、38、39。

【考古題】

◎取得專利申請日應具備那些文件？若以外文本先行提出申請者，又有何特別規定？（97年專利師考試「專利審查基準」）

◎何謂發明專利程序審查？其與專利實體要件之審查有何不同？試舉例詳加

說明之。（99年專利審查官三等特考「專利法規」）

◎甲公司認為其發明「竹製百葉簾葉片」之特殊製造方法，可利用該方法製造之百葉簾葉片，能耐得住各式氣溫、氣候變化之接觸，藉以克服日照、雨淋、高、低溫度差及風襲等各種自然氣候問題。因此，甲公司以「竹製百葉簾葉片之製造方法」向經濟部智慧財產局申請發明專利。試問：依專利法規定，經濟部智慧財產局審查本件申請案時，應審查哪些發明專利要件？倘若該申請案經審查後，經濟部智慧財產局認為其欠缺專利要件，而加以核駁其專利申請時，甲有何行政救濟管道？（94年檢事官考試「智慧財產權法」）

3.2　早期公開及申請審查

第37條（早期公開）
專利專責機關接到發明專利申請文件後，經審查認為無不合規定程式，且無應不予公開之情事者，自申請日後經過十八個月，應將該申請案公開之。 專利專責機關得因申請人之申請，提早公開其申請案。 發明專利申請案有下列情事之一，不予公開： 一、自申請日後十五個月內撤回者。 二、涉及國防機密或其他國家安全之機密者。 三、妨害公共秩序或善良風俗者。 第一項、前項期間之計算，如主張優先權者，以優先權日為準；主張二項以上優先權時，以最早之優先權日為準。
第38條（申請實體審查）
發明專利申請日後三年內，任何人均得向專利專責機關申請實體審查。 依第三十四條第一項規定申請分割，或依第一百零八條第一項規定改請為發明專利，逾前項期間者，得於申請分割或改請後三十日內，向專利專責機關申請實體審查。 依前二項規定所為審查之申請，不得撤回。 未於第一項或第二項規定之期間內申請實體審查者，該發明專利申請案，視為撤回。
第39條（實體審查之申請）
申請前條之審查者，應檢附申請書。 專利專責機關應將申請審查之事實，刊載於專利公報。 申請審查由發明專利申請人以外之人提起者，專利專責機關應將該項事實通知發明專利申請人。

第40條（優先審查）

發明專利申請案公開後，如有非專利申請人為商業上之實施者，專利專責機關得依申請優先審查之。

為前項申請者，應檢附有關證明文件。

早期公開及申請審查綱要		
早期公開（§37）	適用對象	發明專利
	公開時點	自申請日（或優先權日）後經過十八個月
	不予公開之情事	不符合規定之程式
		自申請日後十五個月內撤回
		涉及國防機密或國家安全之機密
		妨害公序良俗
	公開之效果	作為先前技術，包括擴大先申請地位（§23）
		暫時保護（補償金請求權）（§41）
	配套制度	暫時保護（§41）
		提早公開（§37.II）
申請實體審查（§38）	申請時點	申請日後三年內
		申請分割或改請之日後三十日內
	限制	不得撤回實體審查之申請
	申請之效果	啟動審查行為
	配套制度	有非專利申請人為商業上之實施者，得申請優先審查（§40）

3.2.1　早期公開

申請人申請發明案後，經過商品化及市場調查，通常需時數月經年。一旦發現該創作之商品化不可行或不具市場價值，申請人往往會放棄取得專利權之初衷，以避免後續專利證書費及專利年費之繳納。但為防止日後的侵權糾紛，在以往全面審查制的時代，申請人只有聽任專利專責機關繼續其審查程序，甚至為達到公開之目的，在被核駁的情況下，仍然必須繼續尋求行政救濟。有鑑於此，荷蘭率先施行早期公開、請求審查制度。我國亦於90年專利法修正時採行該制度，惟新型技術層次較低且設計具有生命周期短暫、追隨流行及易遭模仿等特性，爰於92年專利法修正時新型專利改採形式審查制度，而設計專利仍採行全面審查制度。

早期公開、請求審查制度之優點如下。

1. 對於申請人：鼓勵申請人儘快提出申請，日後再評估該申請標的的技術可行性及市場價值，申請人得於法定期間內再抉擇是否要為取得專利權提出實體審查之申請。
2. 對於社會大眾：無論專利之准駁，行政機關必須在法定期間內公開專利申請案，使公眾能儘快得知、利用申請專利之技術內容。
3. 對於行政機關：針對所請求之專利案進行審查，較諸全面實體審查制度，得節約龐大的人力、物力等行政資源，亦能解決申請案件積壓的問題，符合行政經濟原則。
4. 對於產業界：早期公開搭配請求審查制度可以避免企業活動不安定、重複研發、重複投資及重複申請的浪費，進而促進產業進步。

一、早期公開及其審查

早期公開，指申請發明專利後，經審查無不合規定程式且無不予公開之情事者，自申請日（或優先權日）後經過十八個月應將該申請案公開，使公眾能儘快得知申請內容的制度。若專利申請人欲取得專利權，必須於申請日後三年內提出實體審查之申請。

由於早期公開制的部分目的係為使公眾能儘快得知、利用申請專利之技術內容，但基於其他更基本、更重要的政策目的，在不影響資訊之迅速公開及利用的情況下，公開申請案之前，仍須審查申請案有無不合規定程式或有無不予公開之情事。前者僅為一般之程序審查事項，後者所稱「不予公開」之情事係規定於專利法第37條第3項：(1)自申請日後十五個月內撤回者；(2)涉及國防機密或其他國家安全之機密者；及(3)妨害公共秩序或善良風俗者。

前述第(2)款及第(3)款係基於國家政策目的，不予公開該申請案，自不待言。就第(1)款而言，申請案一經撤回即應視為自始未申請，自不應公開，但因行政作業時程之需求，自申請日後十五個月之後已無法及時抽回預備進行早期公開之申請案，故第(1)款規定「十五個月」。此外，若於公開前申請案已核准公告，則不生公開或撤回公開之問題。

依專利法施行細則第31條，應公開之事項如下：1.申請案號。2.公開編號。3.公開日。4.國際專利分類。5.申請日。6.發明名稱。7.發明人姓名。8.申請人姓名或名稱、住居所或營業所。9.委任代理人者，其姓名。10.摘要。11.最能代表該發明技術特徵之圖式及其符號說明。12.主張國際優先權者，各第1次申請專利之國家、申請案號及申請日。13.主張國內優先權者，各申請案號及申請日。14.有無申請實體審查。

二、早期公開之效果

早期公開之效果：a.作為先前技術，包括擴大先申請地位，申請案的公開可作為他案擬制喪失新穎性等專利要件審查的先前技術；及b.暫時保護（補償金請求權），對於公開日至公告日之間他人的商業實施，得向其請求補償金。

依專利法第23條前段：「申請專利之發明，與申請在先而在其申請後始公開或公告之發明或新型專利申請案所附說明書、申請專利範圍或圖式載明之內容相同者，不得取得發明專利。」發明申請案公開後具有作為先前技術的效果，不限於擬制喪失新穎性的審查。依專利法第41條第1項：「發明專利申請人對於申請案公開後，曾經以書面通知發明專利申請內容，而於通知後公告前就該發明仍繼續為商業上實施之人，得於發明專利申請案公告後，請求適當之補償金。」發明申請案公開後，申請人得以書面通知在市場上為商業實施之人，作為取得專利權後請求補償金之準備。

此外，專利法施行細則第39條規定：「發明專利申請案公開後至審定前，任何人認該發明應不予專利時，得向專利專責機關陳述意見，並得附具理由及相關證明文件。」由於發明申請案之公開而能為公眾所知悉，對於公開之發明，任何人認有不予專利事由，得向專利專責機關提供參考資料，以增進審查之正確性及效率。然而，前述資料之提供僅屬參考性質，專利專責機關並無回覆之義務。

三、提早公開

為使專利申請人迅速獲得公開後補償金請求權之暫時保護，並使社會大眾得儘快知悉已被申請之技術內容，以避免重複申請、重複投資、重複研發，專利法第37條第2項規定專利專責機關得依申請人之申請將該申請案提早公開。至於延後公開之申請，因與早期公開之立法政策不符，自當不准。

3.2.2 申請實體審查

早期公開必須配合實體審查之申請，專利專責機關才會進行審體審查，申請人才能取得專利權，也才能達成鼓勵、保護、利用創作的政策目的。請求審查制之採行，允許申請人有三年時間考量是否請求實體審查，若無取得專利權之需求，則無須申請實體審查。

一、實體審查之申請、期間、公告及通知等

申請實體審查，自發明專利申請日（主張優先權日者，亦自申請日起算）後三年內，任何人均得向專利專責機關申請實體審查。專利法第38條第1項明定申請實體審查之人得為任何人，不限於專利申請人，俾利第三人可早日獲知審查結果，以考量是否實施該發明。惟應注意者，基於審查經濟之考量，並避免申請人或第三人誤認該申請案已進入實體審查程序，專利法規定不得撤回實體審查之申請；若申請人不欲行政機關繼續進行審查，唯有撤回申請案。

為減輕行政機關之負擔，專利規費收費辦法第3條規定，於第1次審查意見通知送達前，撤回申請案、主張國內優先權視為撤回之先申請案及改請，於初審階段，得申請退還實體審查申請費；於再審查階段，得申請退還再審查申請費。

依專利法第38條第1項及第2項，實體審查之申請期間限於自發明專利申請日後三年內；超過三年者，仍可在申請分割或改請為發明專利後三十日內。臺北高等行政法院95年訴字第3636號判決：前述期間為不變期間。查法律規定訴訟關係人應為某種特定行為之一定時期，不許伸長、縮短或因期間屆滿即生失權效果者，均屬「不變」期間；雖上開條文未冠以「不變」字樣，然依其規定期間之性質有上述不變期間之特性者，仍不失為不變期間。

申請案未申請實體審查者，該申請案三年後視為撤回；但因早期公開而生之先前技術的效果仍有效；然而，因未經實體審查而未核准公告，故不生補償金請求權的效果。

此外，為避免他人重複申請實體審查，一旦有實體審查之申請者，專利

專責機關應將申請審查之事實刊載於專利公報。為使申請人知有他人提出實體審查而知所準備，由發明專利申請人以外之人申請審查者，專利專責機關應將該項事實通知發明專利申請人。

二、實體審查之進行

實體審查，指請求專利專責機關就發明申請案進行審查，判斷該案是否合於專利法第46條所定發明專利權之產業利用性、新穎性及進步性等專利要件，與全面審查制所進行的實體審查並無不同。

【相關法條】

專利法：23、28、29、34、41、46、108。

施行細則：31、32、33、39。

專利規費收費辦法：3。

【考古題】

◎請說明何謂早期公開？並請說明該制度之作用何在，以及其對於專利申請人與其他人之影響如何？（98年專利師考試「專利法規」）

◎我國將於民國91年10月26日起實施的新專利法與國外立法例相同，採取早期公開、遲延審查的制度，請問何謂早期公開、遲延審查制度，我國立法規定如何？試說明之。（91年檢事官考試「智慧財產權法」）

◎請就我國92年2月新修正專利法之內容說明，發明專利審查制度有何變革？（92年專利審查官三等特考「專利法規」）

◎請以我國專利法及專利法施行細則為基礎，說明「申請日」、「優先權日」、「公開」及「公告」之概念。（第五梯次專利師訓練補考「專利法規」）

3.3 補償金請求權

第41條（補償金請求權－暫時保護）[102年6月13日施行]
發明專利申請人對於申請案公開後，曾經以書面通知發明專利申請內容，而於通知後公告前就該發明仍繼續為商業上實施之人，得於發明專利申請案公告後，請求適當之補償金。 對於明知發明專利申請案已經公開，於公告前就該發明仍繼續為商業上實施之人，亦得為前項之請求。 前二項規定之請求權，不影響其他權利之行使。但依本法第三十二條分別申請發明專利及新型專利，並已取得新型專利權者，僅得在請求補償金或行使新型專利權間擇一主張之。 第一項、第二項之補償金請求權，自公告之日起，二年間不行使而消滅。

補償金請求權綱要		
補償金請求權制度之目的	公開專利內容即解除秘密狀態，但申請人尚未取得專利權，無從依法主張權利，為保護專利申請人之權益而設之暫時保護制度	
請求支付補償金之條件（§41）	請求人	發明專利權人
	被請求人	商業實施相同發明之人
	請求要件	曾書面警告或被請求人明知
		書面警告至專利核准公告之期間繼續實施之行為
	請求權之發生	核准公告專利權後
	補償金額	填補公開至公告期間遭受之損害
	消滅時效	自核准專利公告之日起算二年
	保護範圍	限於公開之申請專利範圍且屬核准公告之專利權範圍

補償金請求權，指早期公開後至核准專利公告前之期間內第三人以專利申請人所公開之內容而為商業實施，專利申請人於取得專利權後得向該第三人請求適當之補償金。雖然早期公開制度係基於公益目的而設，惟申請案一旦公開，其專利內容即解除秘密狀態，而為社會大眾所能得知，進而可被第三人利用而為商業實施，因早期公開後至核准專利公告前之期間內申請人尚未取得專利權，無從依法主張權利，為保護專利申請人之權益，提升專利申請人公開申請專利之發明的意願，早期公開制之施行有搭配暫時保護措施之必要，爰於專利法第41條賦予專利申請人於取得專利權後得向該第三人請求

適當之補償金，以填補其損失。

補償金請求權為施行早期公開制度之配套，係因早期公開而生之效果，以提供發明專利申請案公開後至核准專利公告前之期間內的暫時保護措施。此措施係基於利益平衡之考量，給予申請人補償金之請求權，而非賠償金，因於前述期間內專利申請人尚未取得權利，並無侵權可言。但若第三人的商業實施不是源自該發明專利申請案之公開而係該發明申請日之前已存在的自有發明，而有專利法第59條第1項第3款先使用權之適用，或該商業實施行為不屬於專利法第58條第1項所定之排他權利或第2項、第3項所定之實施態樣，而無侵權之可能者，則無支付補償金之必要。從這個角度觀之，暫時保護措施似可理解為專利權利之保護期間往前延伸。

就補償金請求權之當事人、請求要件、補償金額及消滅時效等事項，分述如下：

1. 請求人，為確定取得權利之發明專利權人。
2. 被請求人，為發明專利申請案核准專利公告前就相同發明為商業實施之人。
3. 請求要件：a.請求人曾以書面警告被請求人有相同發明專利申請案已公開，或被請求人明知前述之公開（被請求人明知他人有相同發明專利申請案已公開者，書面警告則非請求要件，但請求人須舉證被請求人為明知）；且b.被請求人於收到專利申請人書面通知後，於該專利申請案核准專利公告前，就相同發明仍繼續為商業實施。
4. 請求權之發生，在專利申請案未公開前被請求人無從知悉專利申請之事實，不生補償金請求權，發明專利申請案未取得專利權，亦不生補償金請求權，故專利申請人須待專利核准公告後，始得請求補償。
5. 補償金額，專利申請人得請求相當於獲准發明專利權後實施該發明通常可獲得或授權他人實施通常可獲得之收益作為補償金。補償金僅係填補專利權人於申請案公開後至公告前遭受之損害，並不影響其他權利之行使，例如，於發明早期公開後，同一人持續侵權，專利權人取得專利權後，得提起專利侵權訴訟，請求公開至公告期間之補償及公告後之損害賠償。對於適用專利法第32條之發明專利權及新型專利權，若以前者主張補償金，並以後者主張損害賠償金，係以相同創作之二專利權分別主張權利，將造成重複，102年6月13日施行之專利法明定「僅得在請求補償金或行使新型專利權間擇一主張之」。

6. 消滅時效，由於公開期間尚未取得專利權，其保護程度較弱，補償金請求權之消滅時效為自核准專利公告之日起算二年。102年6月13日施行之專利法第41條第4項明定前述消滅時效適用第1項及第2項，102年1月1日施行之專利法第41條第4項漏列第1項。
7. 保護範圍，補償金請求權之保護範圍限於公開之申請專利範圍，且屬核准公告之專利權範圍者，若第三人之商業實施不屬於公開之申請專利範圍，或未落入核准專利公告之專利權範圍，則不得請求補償。

【相關法條】

專利法：32、37、40、58、59。

3.4 優先審查

第40條（優先審查）
發明專利申請案公開後，如有非專利申請人為商業上之實施者，專利專責機關得依申請優先審查之。 為前項申請者，應檢附有關證明文件。

優先審查綱要		
優先審查制度之目的	早日確定當事人於已公開之專利申請案上的權利義務關係	
申請優先審查之條件（§40）	申請人	發明專利申請人或為商業實施之人
	時間點	申請案公開及申請實體審查公告之後
	申請程式	檢附證明文件證明商業實施事實之存在

發明專利申請案公開後，若他人為商業實施，申請人或該商業實施之人得檢附相關文件證明有商業實施之情事，向專利專責機關提出優先審查。優先審查，指專利專責機關得依專利申請人或商業實施之人之申請提前審查，不必依申請之先後順序。優先審查制度為施行補償金請求權制度之配套；目的在於早日確定當事人於已公開之專利申請案上的權利義務關係。新型專利及設計專利不採行早期公開制，故不適用優先審查制。

就申請人、申請條件、申請期間及申請程式等事項，分述如下：

1. 申請優先審查之人，必須是發明專利申請案之申請人或為商業實施之人。

2. 申請優先審查之條件及期間，優先審查為施行補償金請求權制度之配套，在專利申請案未公開前被請求人無從知悉專利申請之事實，不生補償金請求權，發明專利申請案未進入審查程序，亦不生補償金請求權，故申請優先審查之期間應在申請案公開及申請實體審查公告二個時間點之後。
3. 申請程式，由於優先審查之申請，限於他人就已公開、尚未審定之發明專利申請案有商業實施之情事，故應檢附相關證明文件，證明前開情事。證明文件得為廣告目錄、其他商業實施事實之書面資料或專利申請人通知商業實施之人的書面通知（細§33.III）。

【相關法條】

專利法：38、41。

施行細則：33。

3.5　新型審查制度

第112條（形式審查）
新型專利申請案，經形式審查認有下列各款情事之一，應為不予專利之處分： 一、新型非屬物品形狀、構造或組合者。 二、違反第一百零五條規定者。 三、違反第一百二十條準用第二十六條第四項規定之揭露方式者。 四、違反第一百二十條準用第三十三條規定者。 五、說明書、申請專利範圍或圖式未揭露必要事項，或其揭露明顯不清楚者。 六、修正，明顯超出申請時說明書、申請專利範圍或圖式所揭露之範圍者。
第113條（新型專利公告內容）
申請專利之新型，經形式審查認無不予專利之情事者，應予專利，並應將申請專利範圍及圖式公告之。
第118條（新型之更正）
專利專責機關對於更正案之審查，除依第一百二十條準用第七十七條第一項規定外，應為形式審查，並作成處分書送達申請人。 更正，經形式審查認有下列各款情事之一，應為不予更正之處分： 一、有第一百十二條第一款至第五款規定之情事者。 二、明顯超出公告時之申請專利範圍或圖式所揭露之範圍者。

新型審查制度綱要		
新型形式審查事項（§112）	新型非屬物品之形狀、構造或組合者	非屬物品者，非屬新型專利保護之範疇
		請求項中所載之技術特徵無一屬形狀、構造或組合者，不符合新型之定義
	新型有妨害公共秩序或善良風俗者	
	專利說明書等申請文件之揭露方式	限於說明書、申請專利範圍、摘要及圖式的撰寫格式
	單一性	無須檢索先前技術，僅判斷各獨立項之間形式上是否具相同或相對應的技術特徵
	說明書等申請文件未揭露必要事項或其揭露明顯不清楚者	各獨立項是否記載必要之構件及連結關係
		說明書及圖式是否記載必要之構件及連結關係
		申請專利範圍中所敘述之形狀、構造或組合和說明書及圖式中之記載是否明顯矛盾
	修正內容明顯超出範圍	增加說明書等申請文件未明示或隱含之技術特徵
新型之更正審查	形式審查（§118.II）	前述形式審查事項（不含修正）
		明顯超出公告時之申請專利範圍或圖式所揭露之範圍者
	實體審查（§77.I）	更正事項限於申請專利範圍之減縮、請求項之刪除、誤記或誤譯之訂正、不明瞭記載之釋明
		更正內容不得超出申請時說明書、申請專利範圍或圖式所揭露之範圍
		誤譯訂正不得超出申請時外文本所揭露之範圍
		更正內容不得實質擴大或變更公告時之申請專利範圍

3.5.1 形式審查

形式審查，適用於新型專利申請案，係審查新型專利說明書等申請文件之記載是否符合專利法及專利法施行細則所規定之形式要件，以決定是否應准予新型專利，尚不包括須經先前技術檢索始能進行審究之新穎性、進步性等實體要件。

按知識經濟時代，資訊發展一日千里，各種技術、產品生命周期更為短期化，創作人均祈盼將其創作迅速投入市場，為因應知識經濟時代發展之腳步，必須改進審查期間冗長、延宕權利授予之全面審查制。由於新型專利技術層次較低，為儘快提供保護，早期賦予權利，於92年專利法修正時，捨棄實體要件之審查，改採形式審查制。

新型專利之形式審查制與發明專利早期公開、請求審查制之差異在於：

1. 適合中小企業之小成本、小規模之研發：形式要件較寬鬆、審查期間較短、專利申請及維護費用較低、專利權期間較短。
2. 申請人、爭訟法院之負擔較重：新型專利權之確定並非不須具備新穎性、進步性等實體要件，專利法制是將審查事項區分為形式要件及實體要件，於授予專利前僅審查形式要件，以縮短審查時間，實體要件留待專利權人行使專利權時再藉由新型專利技術報告或司法審理程序予以確認。由於新型專利未經實體審查，其品質難免低落，即使取得專利權，可能只是一件隨時會被撤銷的專利權。因此，雖然形式審查制可以減輕專利專責機關的審查負擔，卻加重申請人、專利師撰寫說明書等申請文件的負擔，也加重受理專利侵權訴訟之法院的負擔。
3. 當事人之程序保障不同：a.無再審查制度。b.並非由專業的審查人員進行形式審查。c.無面詢、補送模型或樣品、勘驗之程序。d.形式審查之結果僅為處分書，而非經實體審查之審定書。

3.5.2　形式審查事項

雖然新型僅審查形式要件，專利專責機關處分不准予新型專利之前，仍應讓申請人有陳述意見之機會（專§120準用46.II）。新型形式審查事項如下：

一、新型非屬物品之形狀、構造或組合者

新型專利保護之標的僅限於專利法第104條所載「物品之形狀、構造或組合」的創作，非屬物品之申請標的非屬新型專利保護之範疇，請求項中所載之技術特徵無一屬形狀、構造或組合者，例如僅為材質或方法者，應不准予專利。詳細內容見3.6.1「新型定義與發明之區別」。

二、新型妨害公共秩序或善良風俗者

妨害公序良俗，為法定不予新型專利之標的，從說明書之記載內容即可判斷，為形式審查項目之一。詳細內容見5.4.3「妨害公共秩序或善良風俗」。

三、專利說明書等申請文件之揭露方式

申請新型專利，專利申請權人應備具申請書、說明書、申請專利範圍、摘要及圖式，說明書應記載新型名稱、技術領域、先前技術、新型內容、圖式簡單說明、實施方式及符號說明，且應符合專利法施行細則所規定之撰寫格式，亦即說明書之揭露方式應符合專利法第120條準用第26條第4項，及施行細則第45條準用第17條至第23條，關於說明書、申請專利範圍、摘要與圖式的撰寫格式規定，但並不涉及專利法第26條第1項、第2項所定之實體要件。相關內容見5.1「說明書及圖式等之記載」。

四、單一性

單一性，指二個以上創作必須屬於一個廣義創作概念，始能合併於一申請案申請之。單一性的實體審查分為二個階段：階段1，無須經先前技術檢索，僅就說明書所載的內容判斷是否明顯不屬於一個廣義創作概念，例如除草劑及割草機即為明顯不符合單一性之例。階段2，必須經先前技術檢索，審究各個申請專利之新型是否包含一個或多個相同或相對應之特別技術特徵，而於技術上相互關聯，據以判斷是否符合單一性規定。新型單一性的形式審查僅涉及階段1。

依專利法施行細則第45條準用第27條：「（第1項）本法第33條第2項所稱屬於一個廣義發明概念者，指二個以上之發明或新型，於技術上相互關聯。（第2項）前項技術上相互關聯之發明，應包含一個或多個相同或對應之特別技術特徵（special technical feature）。（第3項）前項所稱特別技術特徵，指申請專利之發明整體對於先前技術有所貢獻之技術特徵。（第4項）二個以上之發明於技術上有無相互關聯之判斷，不因其於不同之請求項記載或於單一請求項中以擇一形式記載而有差異。」單一性實體審查的階段2須經先前技術檢索，始能審查新型申請案與先前技術是否有一個或多個相同或對應之特別技術特徵，此階段2係專利法第33條所定單一性實體審查所要求

的程度，新型單一性的形式審查僅尚無須進行階段2之審查。

單一性之形式審查，僅須判斷獨立項與獨立項之間於技術特徵上是否明顯相互關聯，只要各獨立項之間在形式上具有相同或相對應的技術特徵，原則上判斷為具有單一性，而不論究其是否有別於先前技術。相關內容可參照5.5「發明單一性」。

五、說明書等申請文件未揭露必要事項或其揭露明顯不清楚者

專利法第120條準用之第26條第1項係規定說明書應明確且充分使該新型所屬技術領域中具有通常知識者能瞭解其內容，並可據以實現；準用之第26條第2項係規定申請專利範圍應界定申請專利之新型，各請求項應以明確、簡潔之方式記載，且必須為說明書所支持。惟前述二項規定均屬實體要件，新型之形式要件僅審查各獨立項之揭露內容中易於判斷的明顯瑕疵，包括：說明書、申請專利範圍及圖式中所載之內容是否明確、充分揭露必要之構件及其連結關係，及三者之記載是否明顯矛盾以致說明書及圖式在形式上無法支持獨立項。因此，新型專利說明書之記載是否符合形式要件，僅審查：

1. 各獨立項是否記載必要之構件及其連結關係。
2. 說明書及圖式中是否記載前述構件及連結關係。
3. 申請專利範圍中所敘述之形狀、構造或組合和說明書及圖式中之記載是否明顯矛盾。

六、修正內容明顯超出申請時說明書等申請文件所揭露之範圍者

說明書等申請文件有錯誤、遺漏或表達未臻完善者，應允許或通知申請人修正，使說明書符合記載要件、申請專利範圍符合明確、簡潔及支持要件。但為平衡申請人及社會公眾之利益，修正說明書等申請文件仍應有限制，故專利法第120條準用第43條第2項規定修正申請之實體要件「不得超出申請時說明書、申請專利範圍或圖式所揭露之範圍」，第44條第3項規定誤譯訂正申請之實體要件「不得超出申請時外文本（說明書、申請專利範圍或圖式）所揭露之範圍」。

新型專利採形式審查，依102年1月1日施行之專利法新增之規定，當修正內容超出申請時說明書等申請文件所揭露之範圍，且達到「明顯」之程度者，例如增加說明書等申請文件未明示或隱含之技術特徵，始不予專利。至

於違反第43條第2項或第44條第3項所定之實體要件者，則為舉發事由。相關內容參照5.11.2「修正」。

3.5.3 新型之更正審查

依專利法第118條第1項：「專利專責機關對於更正案之審查，除依第120條準用第77條第1項規定外，應為形式審查，……。」新型之更正案有形式審查及實體審查二種。更正之形式審查係102年1月1日施行之專利法第118條第2項所新增，包括前述形式審查事項（不含有關修正之第6款）及明顯超出公告時之申請專利範圍或圖式所揭露之範圍。

一、形式審查

新型申請案經形式審查即可核准專利權，原則上其更正案（單純的更正案，不包括與舉發案合併審查之更正申請）經形式審查即足，故專利法第118條第2項規定新型專利更正案有下列形式要件之一者，應為不予更正之處分：(1)有違反第112條第1款至第5款所定之形式審查事項者。(2)明顯超出公告時之申請專利範圍或圖式所揭露之範圍者。

前述第(1)款所規定之五款即為核准處分前之形式審查事項，差別在於更正審查之對象為更正本，而非取得申請日之說明書等申請文件或其修正本、訂正本。

依前述專利法第(2)款規定，形式審查事項不包括「說明書」所揭露之範圍，係立法者有意限制容許更正的範圍。對照專利法第120條準用第67條第2項更正之實體審查包括說明書所揭露之範圍，則形式審查的門檻比實體審查的門檻高，亦即形式審查不准更正的內容於舉發階段重提更正申請者，專利專責機關有准予更正之可能，而有頭重腳輕之疑慮。因此，專利專責機關發布之新型專利形式審查基準指出：若更正之申請專利範圍所增加之技術特徵係源自於公告時之說明書，得認定未明顯超出公告時之申請專利範圍或圖式所揭露之範圍。前述基準顯然不符合專利法規定，而有超越母法之虞。

雖然新型之更正的形式審查事項不包括「說明書」所揭露之範圍，惟依立法原意，應著重在「明顯超出」一詞，若更正內容對照公告時之申請專利範圍或圖式，形式上（僅限定明示，不包括隱含及說明書所支持的範圍）即超出其所揭露之範圍，而達到「明顯」之程度，例如變更、增加請求項標的或範疇，或合併請求項（不包括刪除請求項），或變更、增加、減少申請專利範圍中未記載之技術特徵，不論說明書實質上是否足以支持該更正內容，均不准更正。新型專利更正案之形式審查原則：申請專利範圍的更正僅比對公告時之申請專利範圍；圖式的更正僅比對公告時之圖式；說明書的更正回歸專利法所定「申請專利範圍或圖式所揭露之範圍」，說明書與申請專利範圍之記載是否明顯矛盾。說明書之更正內容未見於公告本之申請專利範圍或圖式者，應認定為明顯超出。

新型專利更正案無論是否核准，均應作成處分書送達申請人。雖然新型專利之更正僅須經形式審查，惟專利權人仍應注意更正內容是否違反專利法第120條準用第67條所定「不得超出申請時說明書、申請專利範圍或圖式所揭露之範圍」、「以外文本提出者，其誤譯之訂正，不得超出申請時外文本所揭露之範圍」及「不得實質擴大或變更公告時之申請專利範圍」等實體要件，違反者，將構成舉發事由。

二、實體審查

新型單純的更正案經形式審查即足，已如前述。惟若專利權人提出更正之申請係因應舉發案以為防禦，或舉發時已有更正案繫屬專利專責機關，為避免延宕時程、平衡二造當事人之攻擊防禦方法及利於紛爭一次解決，依專利法第120條準用第77條第1項前段，更正案未作成處分前，應將更正案與舉發案合併審查及合併審定，就更正之申請進行實體審查。若有數件舉發案繫屬專利專責機關，因更正申請係對抗舉發攻擊之防禦方法，專利權人應於更正申請書載明合併於一件或多件舉發案，以確定後續舉發審查之爭點範圍。此外，為使審查集中，依準用之專利法第77條第2項，同一舉發案審查期間，有二件以上更正申請者，申請在先之更正視為撤回；但因應各舉發案所申請之更正，則無該項規定之適用。

專利專責機關依專利法第78條第1項就多件舉發案發動合併審查者，雖然合併審查係屬程序之合併，並未整合為一件舉發案，但因已合併成同一舉發審理程序，專利權人仍應將各舉發案伴隨之各更正內容整併為相同。為避免不同之更正內容造成合併審查之審查基礎不一致之情形，即使被舉發人不整併更正內容，專利專責機關得準用前述第77條第2項規定，將申請在先之更正視為撤回，僅審查最後提出之更正。

經合併審查，專利專責機關認為得准予更正者，因舉發標的可能變動，依準用之專利法第77條第1項，應將更正之說明書、申請專利範圍或圖式副本送達舉發人，以供其陳述意見。

【相關法條】

專利法：26、33、43、44、46、67、77、78、104、105、106、109、112、118、119。

施行細則：17、18、19、20、21、22、23、27。

【考古題】

◎我國專利法於今年（民國92年）2月6日總統令修正公布，有關新型專利申請案之審查改採形式審查，其主法目的及相關修正內容為何？請說明之。（92年檢事官考試「智慧財產權法」）

◎現行專利法規定，新型專利申請案之審查原則，與發明專利審查原則不同，亦即新型原則上不進行實體審查，但僅進行形式審查，如不能符合形式審查之要件，則可能遭受不予專利之處分。試舉例說明形式審查之審查事項。（99年專利師考試「專利法規」）

◎試說明新型專利形式審查時，其說明書及圖式是否揭露必要事項或其揭露是否明顯不清楚之判斷順序？（第三梯次專利師訓練補考「專利實務」）

◎試針對下列新型專利申請案例一及二進行形式審查，並說明其申請專利範圍之揭露方式有那些錯誤有待修正。

【案例一】新型名稱：打卡機左右定位檢知組改良結構

申請專利範圍

1. 一種打卡機左右定位檢知組改良結構，包括有左右兩組對稱的定位檢知組、定位基座、一光耦合器、一罩蓋、一電路板、一固定軸、一定位桿及一遮光板。
2. 根據申請專利範圍第1項所述的打卡機左右定位檢知組改良結構，其中，所述的罩蓋周壁的底端向下延伸一固定柱。罩蓋通過該固定柱固定在定位基座預設的連接孔上。
3. 根據申請專利範圍第1項所述的定位基座，其中，所述的定位基座上端兩側面分別成型有彈性凸舌和定位桿上配合固定軸預設有安裝孔。
4. 根據申請專利範圍第1項所述的打卡機左右定位檢知組改良結構，其中，定位桿和定位基座之間連接有一定位彈簧；

5. 根據申請專利範圍第1、2和4項所述的打卡機左右定位檢知組改良結構，其中，該定位桿具有一延伸臂部，該臂部與定位基座相連接。
6. 根據申請專利範圍第5項所述的打卡機左右定位檢知組改良結構，其中，該定位基座設有一定位孔，該定位孔係供與該臂部連接固定之用。
7. 根據申請專利範圍第5或6項所述的打卡機左右定位檢知組改良結構，其中，該定位基座設有一定位孔，該定位孔係供與該臂部連接固定之用。

【案例二】新型名稱：瓦斯鋼瓶連接頭

申請專利範圍

1. 一種瓦斯鋼瓶連接頭，主要針對瓦斯鋼瓶連接頭的轉盤的材質的改良，轉盤的材質以塑膠材質所構成。
2. 依據請求項2所述之瓦斯鋼瓶連接頭，其中，該轉盤與連接頭之組立方式為熔接或螺旋鎖緊。（第一梯次專利師訓練「專利實務」）

◎請就下列態樣分別論述，專利專責機關目前實務上對申請人於新型形式審查階段，所提新型專利說明書修正本是否受理？並請說明理由。

(A)甲新型專利案申請日為97年2月3日，申請人嗣後於97年3月31日補送說明書修正本至專利專責機關。

(B)乙新型專利案申請日為97年8月15日，申請人嗣後於97年12月31日補送說明書修正本至專利專責機關。

(C)丙新型專利案申請人依專利專責機關通知函修正，惟該修正後之說明書已超出申請時原說明書或圖式所揭露的範圍。

(D)丁新型專利案申請人依專利專責機關通知函修正，惟該修正後之說明書已超出專利專責機關通知函所指定的範圍。（第五梯次專利師訓練「專利實務」）

◎某公司研發一種「污水處理方法」，向智慧局申請新型專利。假設您是智慧局審查本案之審查人員，依現行專利法規定，試問：1.新型專利之形式審查要件為何？2.本案可否予以專利，其理由何在？（99年第二梯次智慧財產人員能力認證試題「專利法規」）

3.6 新型之定義及實體審查

第104條（新型之定義）
新型，指利用自然法則之技術思想，對物品之形狀、構造或組合之創作。
第105條（不予新型專利之標的）
新型有妨害公共秩序或善良風俗者，不予新型專利。

新型之定義綱要		
新型定義之要件	1.自然法則、2.技術性、3.物品之形狀、構造或組合（§104）	
保護標的之範疇	物品	具有特定形狀且佔據一定空間
保護之技術特徵	形狀	物品外觀之空間輪廓或形態
	構造	物品內部或其整體之構成，為各組成元件間的安排、配置及相互關係，且各組成元件並非以其本身原有的機能獨立運作
	組合	為達到某一特定目的，將原具有單獨使用機能之多數獨立物品予以結合裝設者，包含裝置、設備及器具等
新型定義之審查	形式審查	是否屬於物品範疇；技術特徵是否有一結構特徵
	實體審查	三要件：1.自然法則、2.技術性、3.物品之形狀、構造或組合
其他實體要件之審查	解釋原則	應就請求項中所載之全部技術特徵為之
	新穎性	單一先前技術必須揭露全部技術特徵
	進步性	1. 非結構特徵會改變或影響結構特徵者，則先前技術必須揭露所有技術特徵，始能認定不具進步性 2. 非結構特徵不會改變或影響結構特徵者，應將非結構特徵視為習知技術之運用

3.6.1 新型定義與發明之區別

新型專利與發明專利皆係保護技術創作成果，二者最大的差異在於定義。專利法第104條定義新型：「新型，指利用自然法則之技術思想，對物品之形狀、構造或組合之創作。」其要件有三：利用自然法則、具技術性且必須是物品之形狀、構造或組合。前二要件與發明專利並無二致，二專利之差異在於第3項要件「物品之形狀、構造或組合」。

申請專利之新型必須是利用自然法則之技術思想，具體表現於物品之形狀、構造或組合的創作。新型專利僅保護「物品」範疇，而不保護「方法」範疇。新型專利不保護各種方法、用途、動物、植物、微生物、其他生物材料及不具特定形狀、構造的化學物質或醫藥品，亦不保護訴諸視覺美感之形狀、花紋、色彩或其結合等創作。

專利法第104條中所載「物品之形狀、構造或組合」為新型專利之標的，申請專利之新型係表現於物品之形狀、構造或組合，但並非界定申請專利之新型的技術特徵僅限於形狀、構造或組合。換句話說，新型專利之標的必須是表現於實體物品之形狀、構造或組合，界定其範圍的技術特徵得為結構特徵（例如形狀、構造或組合）以外的非結構特徵（例如材質或方法），簡言之，請求項中只要有一結構特徵就符合「物品之形狀、構造或組合」的規定，全部為非結構特徵者，則不符合「物品之形狀、構造或組合」的規定。詳細說明如下：

1. 物品，指具有特定形狀且占據一定空間者；例如扳手、螺絲起子、溫度計、杯子，102年1月1日施行之審查基準新增不動產，如道路、建築物。
2. 形狀，指物品外觀之空間輪廓或形態；例如以扳手之特殊牙形作為技術特徵的「虎牙形扳手」，或以起子末端所具備之特殊外形為技術特徵的「十字形螺絲起子」。新型僅保護具有特定形狀之物品；例如申請專利之新型「溫度計」，包含不具特定形狀之感熱物質水銀，但由於溫度計具有特定形狀之外殼，故符合形狀之規定；再如，申請專利之新型「冰杯」，由於冰杯在特定溫度與壓力下仍具有特定形狀，故符合形狀之規定。
3. 構造，指物品內部或其整體之構成，大多表現為各組成元件間的安排、配置及相互關係，且各組成元件並非以其本身原有的機能獨立運作；例如「具有可摺傘骨之雨傘構造」、「……之層狀結構」（鍍膜層、滲碳層、氧化層等）、「……電路構造」。至於物質之分子結構或組成物之微觀組成，則不符合構造之規定。
4. 組合（專利法修正前稱「裝置」），指為達到某一特定目的，將原具有單獨使用機能之多數獨立物品予以結合裝設者，包含裝置、設備及器具等；例如「具有殺菌燈的逆滲透供水裝置」。

3.6.2 新型定義之審查

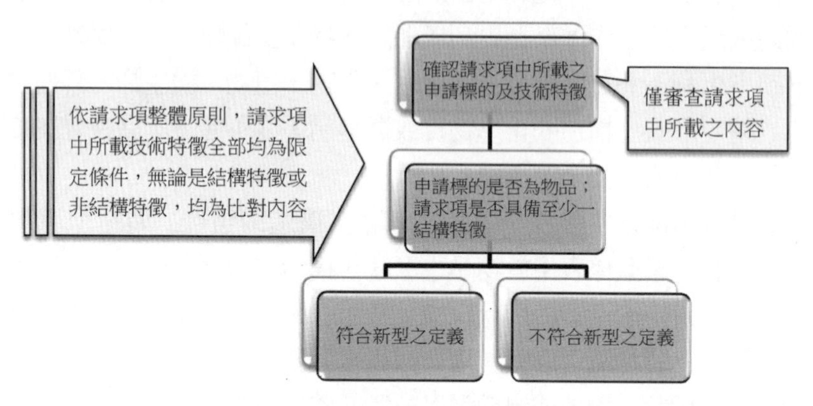

圖3-2　新型定義形式審查之判斷步驟

申請專利之新型是否符合新型定義，固然包括「自然法則」、「技術性」、「物品之形狀、構造或組合」等要件，但形式審查時僅審查「物品之形狀、構造或組合」要件。具體而言，係依據申請專利範圍中所載之申請標的名稱及技術特徵判斷之，新型請求項之標的名稱必須屬於物品範疇，且所載之技術特徵至少必須有一結構特徵，始符合「物品之形狀、構造或組合」要件；只要其中之一不符合規定，即認定不符合「物品之形狀、構造或組合」要件。

依專利法第119條第1項，違反新型定義者，得為舉發事由。依專利法第104條，有關新型定義之要件包括「自然法則」、「技術性」、「物品之形狀、構造或組合」，三要件皆得為舉發程序中實體審查對象，而不限於業經形式審查的要件「物品之形狀、構造或組合」。專利侵權訴訟程序中的專利無效抗辯，有關新型定義之爭執亦得包括前述三要件。

3.6.3 其他實體要件之審查

雖然新型專利有別於發明專利，係保護具體表現於物品之形狀、構造或組合之創作，新型專利實體要件之審查仍應就請求項中所載之全部技術特徵為之，而與發明專利並無不同。

新型請求項之新穎性審查，單一先前技術必須揭露請求項中所載之全部技術特徵，包括結構特徵（例如形狀、構造或組合）及非結構特徵（例如材質、方法），始能認定不具新穎性，亦與發明專利並無不同。然而，舉發審查基準指出：新型請求項之進步性審查與發明專利不同，應視請求項中所載之非結構特徵是否會改變或影響結構特徵而定。若非結構特徵會改變或影響結構特徵，則先前技術必須揭露該非結構特徵及所有結構特徵，始能認定不具進步性；但若非結構特徵不會改變或影響結構特徵，則應將該非結構特徵視為習知技術之運用，只要先前技術揭露所有結構特徵，即可認定不具進步性。

前述見解與發明專利審查基準顯有不同，而且亦逾越專利法第120條準用第58條第4項：「發明專利權範圍，以申請專利範圍為準，於解釋申請專利範圍時，並得審酌說明書及圖式。」按前述「新型專利實體要件之審查仍應就請求項中所載之全部技術特徵為之」就是依第58條第4項規定，故申請專利範圍中所載之技術特徵皆為專利權範圍的限定條件，每一個技術特徵皆不得忽略，若將其中任一技術特徵視為習知技術之運用，無異是將該技術特徵排除於限定條件之外，而有不當擴大申請人請求行政機關授予專利權之申請專利範圍之虞。再者，若該申請專利範圍取得專利權，於民事訴訟專利侵害判斷程序及專利有效性抗辯程序，應如何認定其專利權範圍？亦即發明專利民事訴訟程序中所服膺之請求項整體原則及全要件原則等是否適用於新型專利？因此，業界另有一說，認為若新型請求項之認定及其實體審查方式與發明請求項不同，不僅逾越母法，且實務上窒礙難行，會造成司法審判無法操作的窘境。

以請求項「一種插頭插腳之絕緣構造，包含插頭本體及兩插腳，該兩插腳併排連結於該插頭本體之一端，該兩插腳鄰近於該插頭本體處係以熱熔膠加硬化劑於室溫下披覆，具有耐磨功效；該插頭本體係PP材質製成。」為例，依舉發基準之規定，說明新型之定義及進步性的審查方式如下。

有關新型定義之審查，因前述請求項中所載之標的為「插頭插腳之絕緣構造」，而為表現於物品之構造，且技術特徵包含插頭本體及兩插腳之結構特徵，故符合新型定義。

有關新型進步性審查，因前述請求項中所載之插頭本體係以非結構特徵PP材質予以界定，且該材質不會改變或影響結構特徵，故應將該非結構特徵視為習知技術；因前述請求項中所載之披覆方法使插腳表面形成披覆層，故該披覆方法係屬會改變或影響結構特徵的非結構特徵。因此，若先前技術已揭露該插頭本體、兩插腳及該披覆方法，即使未揭露PP材質，仍可證明前述請求項不具進步性；相對地，若先前技術已揭露該插頭本體、兩插腳及PP材質，但未揭露該披覆方法，則不能證明前述請求項不具進步性。

前述新型進步性審查方式與發明進步性審查方式之差異在於：1.須先就請求項中所載之內容區分結構特徵及非結構特徵；2.再認定那些非結構特徵會改變或影響結構特徵、那些非結構特徵不會改變或影響結構特徵；3.對於不會改變或影響結構特徵之非結構特徵，不予審查，逕自認定為習知技術。

細述前述差異，實務上會遭遇若干問題：

1. 如何區分結構特徵及非結構特徵？例如「鍍鉻層」、「含鉻之不鏽鋼」及「以鉻防鏽的處理方法」；「鍍鉻層」為層狀結構，「含鉻之不鏽鋼」為材質，「以鉻防鏽的處理方法」為方法。層狀結構屬結構特徵，材質或方法屬非結構特徵，似無疑義；惟若請求項記載「以鉻防鏽的處理方法」，說明書記載兩實施例「鍍鉻層」及「含鉻之不鏽鋼」，請求項中所載之方法隱含層狀結構及材質，則如何認定請求項中所載之方法係屬結構特徵或非結構特徵？又如「滲碳層」及「以滲碳方法處理……」；「滲碳層」為層狀結構，「以滲碳方法處理……」為方法。層狀結構屬結構特徵，材質或方法屬非結構特徵，似無疑義；惟「以滲碳方法處理……」之後即形成「滲碳層」，亦即前者隱含後者之結構特徵，則如何認定請求項中所載之「以滲碳方法處理……」係屬結構特徵或非結構特徵？
2. 如何認定會或不會改變、影響？如前例，請求項中所載之「以鉻防鏽的處理方法」隱含層狀結構及材質，其究竟是會改變、影響結構特徵或不會改變、影響結構特徵？其次，若請求項記載「電鍍金屬件表面」方法，在金屬外表面會形成電鍍層，依前述進步性審查原則，「電鍍金屬件表面」為非結構特徵，且不會改變、影響金屬件結構，應認定「電鍍金屬件表面」為習知技術；但若認定該方法隱含電鍍層結構特徵，則應作為審查對象，尚不得將「電鍍金屬件表面」認定為習知技術。再者，若請求項記載「於金屬件表面滲碳」方法，在金屬內表面會形成滲碳層（審查基準認定滲碳層為層狀結構），依前述進步性審查原則，「於金屬件表面滲碳」為非結構特徵，且從外觀無法觀察該滲碳層結構，故該滲碳方法究竟是否會改變、影響金屬件結構似有爭執，因為材質不屬於結構特徵，是否會改變、影響金屬件結構似不宜考量材質內部的微觀結構。

3. 逕自認定為習知技術是否妥當？專利權範圍，以申請專利範圍為準，且審查基準亦規定新型專利實體要件之審查仍應就請求項中所載之全部技術特徵為之，將某些技術特徵逕自認定為習知技術，等同於忽略該等技術特徵，有違專利法第58條第4項所定的請求項整體原則，亦與專利侵權訴訟中的全要件原則不一致。此外，進步性審查須考量申請專利之新型整體技術包括問題、技術手段及功效，若將某些技術特徵逕自認定為習知技術，而該技術特徵恰為解決問題、達成新型目的之新穎特徵，則進步性如何審查，是否須考量說明書中所載之問題、功效？或是一以貫之，將前述技術特徵所解決之問題、功效一併忽略？若然，則如何認定或撰寫不具進步性的理由？

中國專利審查指南2001年版第四部分第六章第4-51頁指出：「在進行實用新型創造性審查時，如果技術方案中的非形狀、構造技術特徵導致該產品的形狀、構造或者其結合產生變化，則只考慮該技術特徵所導致的產品形狀、構造或者其結合的變化，而不考慮該非形狀、構造技術特徵本身。技術方案中的那些不導致產品的形狀、構造或者其結合產生變化的技術特徵視為不存在。」中國於2001年的規定與我國前述基準的見解基本上相同，但中國於2006年及2010年的專利審查指南已拋棄前述見解，指出：「……在實用新型專利新穎性的審查中，應當考慮其技術方案中的所有技術特徵，包括材料特徵和方法特徵……在實用新型專利創造性的審查中，應當考慮其技術方案中的所有技術特徵，包括材料特徵和方法特徵……」，見2010年版專利審查指南第四部分第六章第4-53頁。

【相關法條】

專利法：58、119。

【考古題】

◎何謂新型專利之標的？並就「利用垃圾製造肥料之方法」、「溫度計」，以及「電路構造」，申述其是否符合新型專利之標的？（99年專利審查官三等特考「專利法規」）

3.7 新型專利技術報告

第115條（新型專利技術報告）

申請專利之新型經公告後，任何人得向專利專責機關申請新型專利技術報告。

專利專責機關應將申請新型專利技術報告之事實，刊載於專利公報。

專利專責機關應指定專利審查人員作成新型專利技術報告，並由專利審查人員具名。

專利專責機關對於第一項之申請，應就第一百二十條準用第二十二條第一項第一款、第二項、第一百二十條準用第二十三條、第一百二十條準用第三十一條規定之情事，作成新型專利技術報告。

依第一項規定申請新型專利技術報告，如敘明有非專利權人為商業上之實施，並檢附有關證明文件者，專利專責機關應於六個月內完成新型專利技術報告。

新型專利技術報告之申請，於新型專利權當然消滅後，仍得為之。

依第一項所為之申請，不得撤回。

第116條（行使新型專利權前之警告）[102年6月13日施行]

新型專利權人行使新型專利權時，如未提示新型專利技術報告，不得進行警告。

第117條（新型專利權遭撤銷後之責任）

新型專利權人之專利權遭撤銷時，就其於撤銷前，因行使專利權所致他人之損害，應負賠償責任。但其係基於新型專利技術報告之內容，且已盡相當之注意者，不在此限。

<table>
<tr><th colspan="3">新型專利技術報告綱要</th></tr>
<tr><td>新型專利技術報告制度之目的</td><td colspan="2">為防止專利權人濫用權利及不當行使其不確定的新型專利權利</td></tr>
<tr><td rowspan="5">新型專利技術報告之申請（§115.I）</td><td>申請人</td><td>任何人均得申請並提供先前技術</td></tr>
<tr><td>時間點</td><td>專利權當然消滅後，仍得為之</td></tr>
<tr><td>優先辦理</td><td>有非專利權人為商業實施</td></tr>
<tr><td colspan="2">將申請之事實刊載公報</td></tr>
<tr><td colspan="2">不得撤回申請</td></tr>
<tr><td rowspan="3">新型專利技術報告之製作（§115.IV）</td><td>檢索範圍</td><td>申請前已見於刊物之先前技術</td></tr>
<tr><td>評價範圍</td><td>新穎性、進步性、擬制喪失新穎性、先申請原則</td></tr>
<tr><td>評價</td><td>七個代碼：1至6、不賦予代碼</td></tr>
</table>

<table>
<tr><th colspan="3">新型專利技術報告綱要</th></tr>
<tr><td rowspan="2">新型專利技術報告之性質</td><td colspan="2">新型專利技術報告制度具公眾審查之性質</td></tr>
<tr><td>非屬行政處分</td><td>屬無拘束力之文件，不得提起行政救濟，其評價結果僅作為權利行使或技術利用之參酌</td></tr>
<tr><td>新型專利技術報告之運用</td><td>行使新型專利權時，如未提示新型專利技術報告，不得進行警告（§116）</td><td>並非限制專利權人提起專利侵權訴訟之權利，行使新型專利權係基於新型專利技術報告內容且已盡相當之注意，不須負賠償責任（§117）</td></tr>
</table>

新型專利技術報告，係專利專責機關依專利權人或其他人之申請，檢索先前技術，並判斷申請專利之新型是否合於實體上的相對要件所為之審查結果。

一、新型專利技術報告制度之目的

新型專利採形式審查，未經檢索先前技術據以審查實體要件，致新型專利權的權利內容相當不確定。為敦促專利權人審慎行使權利，專利法規定專利權人行使權利時，應提示新型專利技術報告（但非限制專利權人提起專利侵權訴訟之權利），作為權利有效性之客觀判斷資料，以進行警告。

為防止專利權人濫用權利及不當行使其不確定的新型專利權，對第三人之技術利用及研發帶來危害，致有訂定新型專利技術報告制度之必要，爰於專利法第116條規定，新型專利權人於行使權利前，應提示由專利專責機關所作成之新型專利技術報告進行警告，如未提示新型專利技術報告，不得進行警告。若專利權人未基於新型專利技術報告之內容，或未盡相當之注意者，依第117條規定，一旦專利權遭撤銷，因行使專利權所致他人之損害，新型專利權人應負賠償責任。換句話說，新型專利權人應證明其行使權利係基於新型專利技術報告之內容，「且」已盡相當之注意，否則應負賠償之責。

二、新型專利技術報告之申請

專利法第115條第1項所定「任何人得向專利專責機關申請新型專利技術報告」，並未要求申請技術報告之人必須如同舉發之申請，主張系爭新型專利違反什麼專利要件，實務上只要提出申請，專利專責機關就會依第4項，審究新穎性、進步性、擬制喪失新穎性、先申請原則等相對要件，並作成新型專利技術報告，不受申請人指定或不指定條款之拘束。

為確定權利內容，以利新型專利權之行使或抗辯，任何人均得向專利專責機關提出申請並提供相關之先前技術（限於刊物），而有公眾審查之性質，以釐清新型專利是否合於專利要件。依專利法施行細則第42條，申請新型專利技術報告，應備具申請書。專利專責機關受理後，應指定專利審查人員作成新型專利技術報告，而非由形式審查人員所作成。一旦有新型專利技術報告之申請，應將申請之事實，刊載於專利公報，使利害關係人適時知悉，以免重複申請。為顧及利害關係人之利益，不得撤回新型專利技術報告之申請。此外，新型專利權消滅後，該權利之損害賠償請求權、不當得利請求權等仍有可能發生或存在，且專利權人行使權利仍有必要提示新型專利技術報告，故新型專利技術報告之申請於新型專利權當然消滅後，仍得為之，不限利害關係人，任何人均可申請，而與舉發之申請不同。惟新型專利權經撤銷確定者，則不受理技術報告之申請。

三、新型專利技術報告之製作

一旦有新型專利技術報告之申請，專利專責機關應指定專利審查人員進行先前技術檢索，並就相關之先前技術評價該新型專利是否合於專利法第115條第4項所定新穎性、進步性、擬制喪失新穎性、先申請原則等專利要件作成新型專利技術報告。惟應注意者，專利專責機關自行檢索先前技術據以作成新型專利技術報告所引用之文獻僅限於申請前已公開之刊物，包括國內、外專利案及其他刊物，尚不包括申請前已公開實施及已為公眾所知悉之事由。

專利權人更正專利說明書、申請專利範圍或圖式，在不影響新型專利技術報告處理期限的原則下，會優先進行更正案之形式審查，嗣後再製作新型專利技術報告，其記載事項見專利法施行細則第44條。新型專利技術報告之製作係依申請而為，即使有多人申請，除非比對之先前技術有更動（發現其他有未經檢索之公開或公告之專利資料，或發現未經斟酌之公開資料）或說明書等申請文件業經更正，否則不會變更第1次新型專利技術報告的內容及結果。申請新型專利技術報告時，若敘明有非專利權人為商業實施並檢附有關證明文件者，專利專責機關應於六個月內完成新型專利技術報告。依專利法施行細則第43條，證明文件包括專利權人對為商業上實施之非專利權人之書面通知、廣告目錄或其他商業上實施事實之書面資料。

新型專利技術報告係以代碼表示有關專利要件之評價，但因說明書記載不明瞭等，導致難以進行引用文獻之調查時，則不賦予代碼。各代碼之意義如下：

代碼1：本請求項的創作，參照所列引用文獻的記載，不具新穎性。

代碼2：本請求項的創作，參照所列引用文獻的記載，不具進步性。

代碼3：本請求項的創作，與申請在先而在其申請後始公開或公告之發明或新型專利申請案所附說明書、申請專利範圍或圖式載明之內容相同。

代碼4：本請求項的創作，與申請日前提出申請的發明或新型申請案之創作相同。

代碼5：本請求項的創作，與同日申請的發明或新型申請案之創作相同。

代碼6：無法發現足以否定其新穎性等要件之先前技術文獻。

不賦予代碼：包括說明書或申請專利範圍記載不明瞭等，認為難以有效的調查與比對之情況。

四、新型專利技術報告之性質

新型專利技術報告制度具有公眾審查之性質，然而，新型專利技術報告本身並非行政處分，性質上係屬無拘束力之文件，其評價結果僅作為權利行使或技術利用之參酌。依制度設計的原意，即使評價結果不佳，該專利權仍屬有效，該報告不具法律效果，對於專利權人並無不利，故新型專利技術報告非屬行政處分，不服其評價結果，自不得提起行政爭訟。臺北高等行政法院95年訴字第2863號判決：「經查，本件被告依原告之申請對其第○○○號新型專利所為新型專利技術報告，其所載比對結果為代碼2（無進步性），僅係提供原告（即本件新型專利技術報告申請人）有關該第○○○號新型專利權是否合於專利要件之客觀判斷資訊，以供其行使權利之參酌，於原告專利法上之權利或法律上利益，尚不直接發生影響。故該新型專利技術報告，既未對原告直接發生法律上之效果，揆諸首揭說明，非屬行政處分，原告自不得對之提起訴願及提起撤銷訴訟，訴願決定不予受理，並無不合，原告復提起本件撤銷訴訟，自屬於法不合，應予駁回。」

五、新型專利技術報告之運用

新型專利權人往往誤以為無新型專利技術報告的客觀判斷資料據以支持其權利之有效性，仍得以僅經形式審查之新型專利直接主張權利，或誤以為只須取得新型專利技術報告，即得任意行使專利權，而不須負擔相當之注意義務。前述二種錯誤之見解不僅對第三人之技術研發與利用形成障礙，亦嚴重影響交易安全。

鑑於新型專利技術報告之製作，僅檢索有限範圍之先前技術，尚無法排除新型專利已見於外國文獻或先前技術之可能性，且專利權人對其新型技術來源較專利專責機關更為熟悉，故專利法規定權利人行使權利應基於新型專利技術報告之內容外，並規定其負擔相當之注意義務。

按新型專利權之取得，未經實體審查即已授予權利，為防止權利人不當行使權利或濫用權利，致他人遭受損害，專利法規定新型專利權人行使權利時應負擔相當之注意義務，此為新型專利技術報告制度設計之核心。專利法第116條：「新型專利權人行使新型專利權時，如未提示新型專利技術報告，不得進行警告。」核其意旨，並非限制人民訴訟權利，僅係防止權利之濫用，即使新型專利權人未進行警告，並非不得提起民事訴訟，法院亦非當然不受理。

新型專利權人行使權利後，若該新型專利遭撤銷，係因新型專利權人未盡相當之注意，可推定其行使權利有過失，對他人所受之損害，應負賠償責任。若新型專利權人已盡相當之注意，例如已審慎徵詢相關專業人士（律師、專業人士、專利師、專利代理人）之意見，「且」依新型專利技術報告內容而對其權利有相當之確信後，始行使權利，尚不得以其未進行警告，逕行課以責任，推定新型專利權人有過失。為使舉證責任之分配更加明確，第117條但書明定應由新型專利權人負舉證責任，係屬新型專利權人免責之規定。

【相關法條】

專利法：118、119。

施行細則：42、43、44。

【考古題】

◎請詳細說明，新型專利權人之專利權遭撤銷時，其法律責任為何？又其立法理由為何？（92年專利審查官二等特考「專利法規」）

◎依專利法第104條，新型專利權人行使專利權時應提示新型專利技術報告進行警告，理由為何？再者，新型專利技術報告的審查事項為何？技術報告之法律效果又為何？請一併說明之。（97年檢事官考試「智慧財產權法」）

◎試請回答以下各小題：

1. 新型專利技術報告之性質。
2. 新型專利權人行使權利與新型專利技術報告之關係。（第二梯次專利師訓練補考「專利法規」）

◎某專利事務所資深專利工程師甲，日前看到一篇臺北高等行政法院裁定書，略以：A公司前於民國（下同）93年11月8日以「防過敏原之織布」向專利專責機關申請新型專利，並經專利專責機關予以公告後發給新型專利證書。嗣A公司於94年6月8日向專利專責機關申請新型專利技術報告，經專利專責機關於94年11月30日函送新型專利技術報告及引用之專利案文獻各1份予A公司。A公司不服該新型專利技術報告所載之比對結果「代碼2（不具進步性）」，於94年12月23日以申復書向專利專責機關陳情。專利專責機關於95年1月12日函覆A公司有關陳情等事項。A公司對該新型專利技術報告及上揭之回覆函均不服，提起訴願，經遭決定不受理，向臺北高等行政法院提起行政訴訟，亦遭裁定駁回。然，甲專利工程師對此裁定仍無法理解，乃請教所裡專利師：

1. 何謂新型專利技術報告？其性質為何？
2. 新型專利技術報告與權利之行使關係為何？

（第五梯次專利師訓練「專利法規」）

◎張三以A技術申請新型專利獲准，隨後張三申請新型專利技術報告，智慧財產局於99年12月6日完成新型專利技術報告，以B、C、D等先前技術比對結果，「無法發現足以否定其專利要件之先前技術文獻」。李四認為A技術之功效僅為先前已獲准專利之E、F專利之相加，無新功效產生，不符申請新型專利要件，提出舉發。智慧財產局於100年10月21日以E、F之先前技術為依據，作成舉發成立之處分。張三主張智慧財產局之新型專利技術報告未發現A技術欠缺專利要件，舉發案不應作出與技術報告相反之審定，舉發成立之處分違法。請問張三之主張是否有理由？（101年專利審查官三等特考「專利法規」）

第四章　專利之申請

大綱	小節	主題
4.1 申請及審查流程		· 審查 · 再審查 · 訴願 · 行政訴訟
4.2 專利申請文件	4.2.1 必要文件及申請日	· 法定之必要文件 · 申請日
	4.2.2 申請書	· 創作人之資格 · 申請人之有關規定 · 細則所定之事項
	4.2.3 說明書	· 細則所定之事項
	4.2.4 申請專利範圍	· 細則所定之事項
	4.2.5 摘要	· 細則所定之事項
	4.2.6 圖式	· 細則所定之事項
	4.2.7 說明書等申請文件為外文本	· 語文種類 · 專利以外文本申請實施辦法
	4.2.8 說明書等申請文件之補正中文本	· 程序審查流程
	4.2.9 說明書等申請文件之缺漏	· 說明書之缺漏 · 圖式之缺漏
4.3 專利規費	4.3.1 規費標準	· 重要申請之規費標準表
	4.3.2 申請費	· 逐項收費整理表 · 變更事項之規費 · 退費規定
	4.3.3 專利年費	· 專利規費收費辦法 · 繳納、減免、補繳、退還及調整

大綱	小節	主題
4.4 外國人申請案及代理人	4.4.1 外國人申請案	· 外國人之類別 · 外國人申請專利之處理
	4.4.2 代理人	· 代理之概念 · 必須委任代理的態樣 · 專利師及專利代理人 · 代理權限 · 相關規定
4.5 其他事項	4.5.1 期間之計算及回復原狀	· 期間之計算 · 回復原狀
	4.5.2 文件送達	· 送達之種類 · 有關送達之規定
	4.5.3 第三人陳述意見	· 審查流程

完成創作，創作人並不能因此就自動取得專利權。專利法係採審查主義，創作人要保護自己的創作，必須將其創作製作成紙本或電子形式之文件，並向專利專責機關提出申請，經審查人員進行程序審查、實體審查或形式審查後，符合專利法所定要件者，始能取得專利。若不符所定要件，經專利專責機關核駁不予專利，申請人不服者，得向經濟部訴願會提起訴願，仍不服者，得向智慧財產法院提起行政訴訟，並得向最高行政法院提起上訴，尋求行政救濟。

對於專利之申請，專利法及其施行細則有相關規定，本章將就程序審查上申請人應為之行為及應注意之事項，包括申請及審查流程、申請文件之格式內容、應繳納之規費、申請日之取得、外國人申請案及代理人等分別予以介紹。

4.1 申請及審查流程

第16條（審查人員之迴避）
專利審查人員有下列情事之一，應自行迴避： 一、本人或其配偶，為該專利案申請人、專利權人、舉發人、代理人、代理人之合夥人或與代理人有僱傭關係者。

二、現為該專利案申請人、專利權人、舉發人或代理人之四親等內血親，或三親等內姻親。
三、本人或其配偶，就該專利案與申請人、專利權人、舉發人有共同權利人、共同義務人或償還義務人之關係者。
四、現為或曾為該專利案申請人、專利權人、舉發人之法定代理人或家長家屬者。
五、現為或曾為該專利案申請人、專利權人、舉發人之訴訟代理人或輔佐人者。
六、現為或曾為該專利案之證人、鑑定人、異議人或舉發人者。

專利審查人員有應迴避而不迴避之情事者，專利專責機關得依職權或依申請撤銷其所為之處分後，另為適當之處分。

第36條（審查人員之指定）

專利專責機關對於發明專利申請案之實體審查，應指定專利審查人員審查之。

第42條（審查行為）

專利專責機關於審查發明專利時，得依申請或依職權通知申請人限期為下列各款之行為：
一、至專利專責機關面詢。
二、為必要之實驗、補送模型或樣品。

前項第二款之實驗、補送模型或樣品，專利專責機關認有必要時，得至現場或指定地點勘驗。

第43條（發明申請文件之修正）

專利專責機關於審查發明專利時，除本法另有規定外，得依申請或依職權通知申請人限期修正說明書、申請專利範圍或圖式。

…

第45條（審定書）

發明專利申請案經審查後，應作成審定書送達申請人。

經審查不予專利者，審定書應備具理由。

審定書應由專利審查人員具名。再審查、更正、舉發、專利權期間延長及專利權期間延長舉發之審定書，亦同。

第46條（發明專利實體審查項目）

發明專利申請案違反第二十一條至第二十四條、第二十六條、第三十一條、第三十二條第一項、第三項、第三十三條、第三十四條第四項、第四十三條第二項、第四十四條第二項、第三項或第一百零八條第三項規定者，應為不予專利之審定。

專利專責機關為前項審定前，應通知申請人限期申復；屆期未申復者，逕為不予專利之審定。

第47條（發明專利核准公告及公開）

申請專利之發明經審查認無不予專利之情事者，應予專利，並應將申請專利範圍及圖式公告之。

經公告之專利案，任何人均得申請閱覽、抄錄、攝影或影印其審定書、說明書、申請專利範圍、摘要、圖式及全部檔案資料。但專利專責機關依法應予保密者，不在此限。

第48條（再審查之申請及行政救濟）

發明專利申請人對於不予專利之審定有不服者，得於審定書送達後二個月內備具理由書，申請再審查。但因申請程序不合法或申請人不適格而不受理或駁回者，得逕依法提起行政救濟。

第50條（再審查人員之指定及審定）

再審查時，專利專責機關應指定未曾審查原案之專利審查人員審查，並作成審定書送達申請人。

TRIPs第41條（一般義務）

1. 會員應確保本篇所定之執行程序於其國內法律有所規定，以便對本協定所定之侵害智慧財產權行為，採行有效之行動，包括迅速救濟措施以防止侵害行為及對進一步之侵害行為產生遏阻之救濟措施。前述程序執行應避免對合法貿易造成障礙，並應提供防護措施以防止其濫用。
2. 有關智慧財產權之執行程序應公平且合理。其程序不應無謂的繁瑣或過於耗費，或予以不合理之時限或任意的遲延。
3. 就案件實體內容所作之決定應儘可能以書面為之，並載明理由，而且至少應使涉案當事人均能迅速取得該書面；前揭決定，僅能依據已予當事人答辯機會之證據為之。
4. 當事人應有權請求司法機關就其案件最終行政決定為審查，並至少在合於會員有關案件重要性的管轄規定條件下，請求司法機關就初級司法實體判決之法律見解予以審查。但會員並無義務就已宣判無罪之刑事案件提供再審查之機會。
5. 會員瞭解，本篇所規定之執行，並不強制要求會員於其現有之司法執行系統之外，另行建立一套有關智慧財產權之執行程序；亦不影響會員執行其一般國內法律之能力。本篇對會員而言，並不構成執行智慧財產權與執行其他國內法之人力及資源分配之義務。

申請、審查及行政救濟流程請參閱圖4-1至圖4-3：

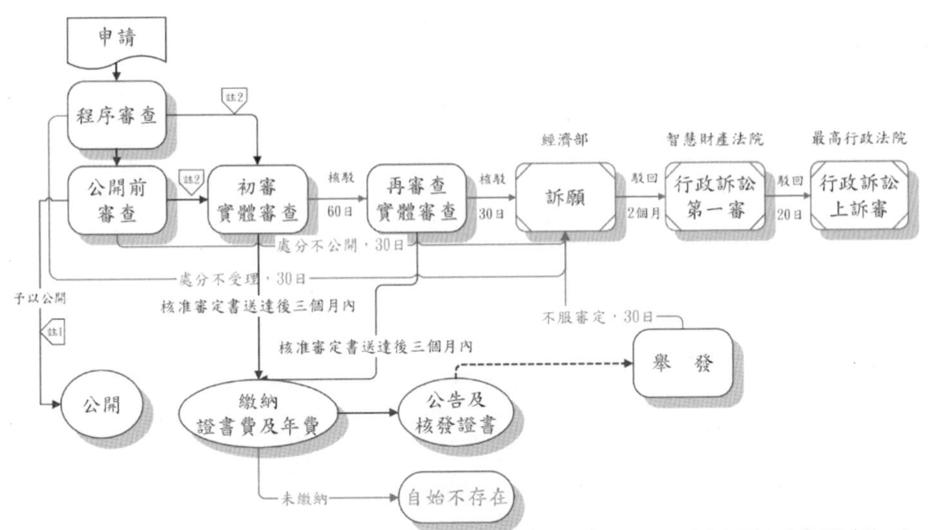

1. 發明專利申請案，經審查認無不合規定程式且無應不予公開之情事者，自申請日（有主張優先權者，自最早優先權之次日）起十八個月後公開之。
2. 發明專利申請案，自申請日起三年內，任何人均得申請實體審查，始進入實體審查。

圖4-1　發明專利案審查及行政救濟流程圖

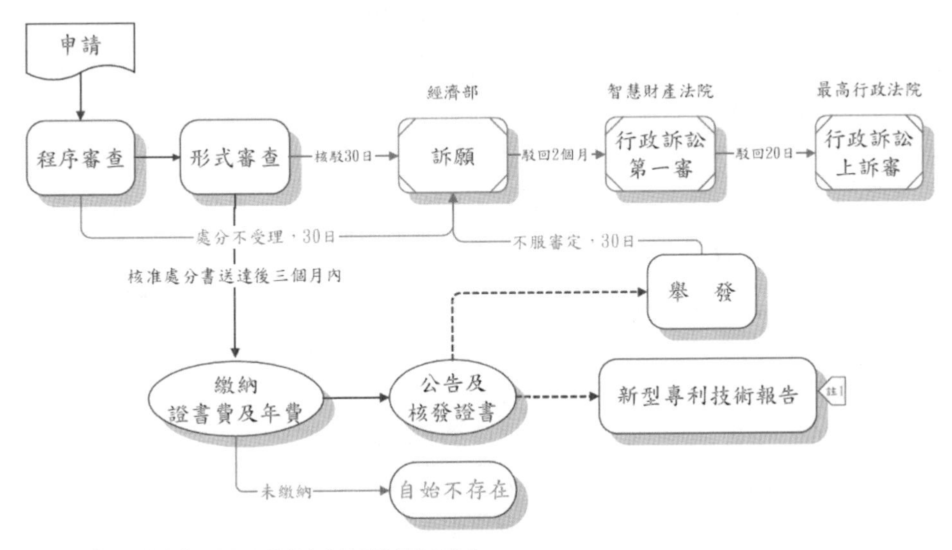

1. 新型專利經公告後，任何人均得申請新型專利技術報告。

圖4-2　新型專利案審查及行政救濟流程圖

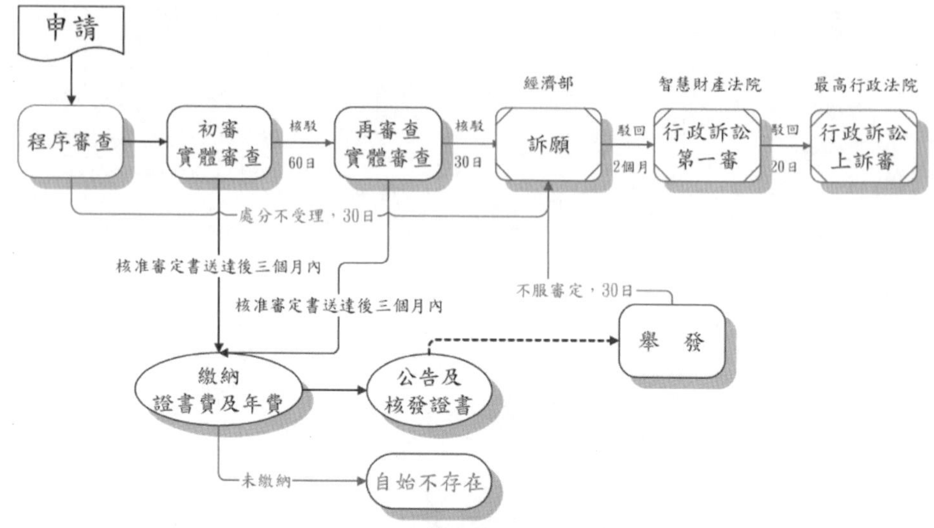

圖4-3　設計專利案審查及行政救濟流程圖

（來源：經濟部智慧局網站）

基於先程序後實體之原則，申請人向專利專責機關提出申請後，合於程序要件者，申請案始得進入實體審查或形式審查。實體審查適用於發明專利及設計專利，發明採早期公開、請求審查制；設計採全面審查制。我國的實體審查係採二審制，即分初審及再審查二階段；形式審查適用於新型專利。依專利法第149條第1項，102年1月1日專利法施行前，尚未審定之專利申請案，除本法另有規定外，適用施行後之規定；例如優惠期之事由擴及進步性、同一人同一日就相同技術分別申請發明及新型、修正說明書等申請文件或新型之修正不得明顯超出等事項，於本法施行後尚未審定之申請案，符合各該規定之要件者，均適用102年1月1日施行之專利法。所稱「本法另有規定」，指施行前專利權已自始不存在或消滅者。

專利專責機關應指定專利審查人員進行實體審查（專§36）；審查人員之資格，以法律定之（專利審查官資格條例）。審查人員經指定後，有應迴避之情事者，應自行迴避；有應迴避而不迴避之情事者，專利專責機關得依職權或依他人之申請撤銷該審查人員所為之處分（專§16）。在專利審查過程中，審查人員得依職權通知申請人修正說明書等申請文件（專§43.I），或通知申請人面詢、提出必要之實驗、補送模型或樣品、實施勘驗等行為（專§42）。經實體審查後，認無不予專利之情事者，應予專利，並應將申請專利範圍及圖式公告，將全部檔案資料公開閱覽（專§47）。申請案違反專利法所定要件者，應為不予專利之審定；審定前，應通知申請人限期申復，不再僅限於再審查階段始進行通知（專§46）。經實體審查後，審查人員應具名作成審定書送達申請人或其代理人；不予專利者，應備具理由（專§45）。

再審查，係同一行政機關進行二級審查之第二審程序。對於不予專利之審定有不服者，申請人得於審定書送達後二個月內備具理由書，申請再審查（專§48）。再審查時，專利專責機關應指定未曾審查原案之專利審查人員審查，並作成審定書（專§50）。在再審查過程中，審查人員得為之行為與初審階段同（專§42）。新型專利係採形式審查，並無再審查程序，對於不准專利之處分不服者，應尋求行政救濟程序。

對於再審查不予專利之審定不服者，申請人得於行政處分送達後三十日之不變期間內提起訴願（訴願§14.I），尋求行政救濟程序。訴願之管轄、受理是原處分機關之上級機關，但訴願書須經由原行政處分機關向訴願管轄機關提起訴願（訴願§58.II）。若訴願決定維持原處分，訴願人不服訴願決定者，得於訴願決定書送達後二個月之不變期間內，向智慧財產法院提起行政訴訟（行訴§106.I）；不服該法院之判決者，得於判決書送達後二十日之不變期間內向最高行政法院上訴（行訴§241）。

撤回實體審查或新型專利技術報告等各項申請，該撤回之申請到達專利專責機關即發生效力，嗣後變更其撤回之意思，不受理其變更。惟若變更該撤回之申請書同時到達專利專責機關者，不在此限。

【相關法條】

專利法：149。

訴願法：14、58。

行政訴訟法：106、241。

【考古題】

◎我國專利有三種：發明專利、新型專利及新式樣專利。如果有申請人向您請教發明專利及新型專利審查流程，請您以專利師專業的立場，從提出申請至最後的行政救濟流程，加以解說之。（第二梯次專利師訓練「專利法規」）

4.2 專利申請文件

第25條（發明專利之申請文件）
申請發明專利，由專利申請權人備具申請書、說明書、申請專利範圍、摘要及必要之圖式，向專利專責機關申請之。 申請發明專利，以申請書、說明書、申請專利範圍及必要之圖式齊備之日為申請日。 說明書、申請專利範圍及必要之圖式未於申請時提出中文本，而以外文本提出，且於專利專責機關指定期間內補正中文本者，以外文本提出之日為申請日。 未於前項指定期間內補正中文本者，其申請案不予受理。但在處分前補正者，以補正之日為申請日，外文本視為未提出。
第106條（新型專利之申請文件）
申請新型專利，由專利申請權人備具申請書、說明書、申請專利範圍、摘要及圖式，向專利專責機關申請之。 申請新型專利，以申請書、說明書、申請專利範圍及圖式齊備之日為申請日。 說明書、申請專利範圍及圖式未於申請時提出中文本，而以外文本提出，且於專利專責機關指定期間內補正中文本者，以外文本提出之日為申請日。 未於前項指定期間內補正中文本者，其申請案不予受理。但在處分前補正者，以補正之日為申請日，外文本視為未提出。
第125條（設計專利之申請文件）
申請設計專利，由專利申請權人備具申請書、說明書及圖式，向專利專責機關申請之。 申請設計專利，以申請書、說明書及圖式齊備之日為申請日。 說明書及圖式未於申請時提出中文本，而以外文本提出，且於專利專責機關指定期間內補正中文本者，以外文本提出之日為申請日。 未於前項指定期間內補正中文本者，其申請案不予受理。但在處分前補正者，以補正之日為申請日，外文本視為未提出。
第147條（外文種類之授權規定）
依第二十五條第三項、第一百零八條第三項及第一百二十七條第三項規定提出之外文本，其外文種類之限定及其他應載明事項之辦法，由主管機關定之。
巴黎公約第2條（國民待遇原則）
(1) 就工業財產之保護而言，任一同盟國國民，於其他同盟國家內，應享有各該國法律賦予（或將來可能賦予）其本國國民之權益，而所有此等權益，概不妨礙公約所特別規定之權利。因此，其如遵守加諸該本國國民之條件及程序，而權利受侵害時，應享有與該本國國民同樣的保護與法律救濟。

(2) 受理保護其工業財產請求之國家，對同盟之其他各國國民所得享有之任何工業財產權利，不得附加設立「住所」或「營業所」的條件。 (3) 關於司法及行政手續、管轄權，以及送達地址之指定或代理人之委任，本同盟每一國家之法律規定，其可能為工業財產法律所必要者，悉予特別保留。
巴黎公約第3條（準國民待遇）
非同盟國家之國民，在任一同盟國之領域內，設有住所或設有實際且有效之工商營業所者，應與同盟國家之國民享受同等待遇。
TRIPs第3條（國民待遇）
1. 除巴黎公約（1967年）、伯恩公約（1971年）、羅馬公約及積體電路智慧財產權條約所定之例外規定外，就智慧財產權保護而言，每一會員給予其他會員國民之待遇不得低於其給予本國國民之待遇；對表演人、錄音物製作人及廣播機構而言，本項義務僅及於依本協定規定之權利。任何會員於援引伯恩公約第6條及羅馬公約第16條第1項(b)款規定時，均應依各該條規定通知與貿易有關之智慧財產權理事會。 2. 會員就其司法及行政程序，包括送達地點之指定及會員境內代理人之委任，為確保法令之遵守，而該等法令未與本協定各條規定牴觸，且其施行未對貿易構成隱藏性之限制者，得援用第1項例外規定。

專利申請文件綱要		
申請文件	申請書、說明書、申請專利範圍、圖式、摘要、證明文件或其他文件	
必要文件	發明	申請書、說明書、申請專利範圍，必要時，另加圖式（§25.I）
	新型	申請書、說明書、申請專利範圍及圖式（§106.I)
	設計	申請書、說明書及圖式（§125.I)
申請日之認定	必要文件齊備之日為申請日，（尚得以外文本說明書、申請專利範圍及圖式取得申請日，但應於指定期間內補正中文本）（§25、106、125）	
申請日之作用	1.申請之先後；2.專利要件判斷基準日；3.優先權期間；4.優惠期；5.發明專利早期公開日；6.發明專利實體審查申請日；7.專利權期限	
申請書	創作人	必須是自然人
	申請人	自然人或法人、學校、公營造物均可 另有行為能力及外國人之特別規定
說明書	發明及新型	發明名稱、技術領域、先前技術、發明內容、圖式簡單說明、實施方式、符號說明（細§17.I）
	設計	設計名稱、物品用途、設計說明（細§52.I）
	主張專利權範圍得參酌之（§58.IV、136.II）	

專利申請文件綱要	
申請專利範圍	僅發明及新型須備具（§25.I、106.I）
	主張發明及新型專利權範圍之主要依據（§58.IV）
摘要	僅發明及新型須備具（§25.I、106.I）
	不得作為解釋專利權範圍之依據（§58.V）
圖式	設計，應註明「不主張設計之部分」（細§53.III.(1)）
	主張設計專利權範圍之主要依據（§136.II）

4.2.1 必要文件及申請日

我國專利制度係採先申請主義，專利申請文件的重要性在於確定申請日及書面記載內容二者在法律上的意義，申請日之確定攸關專利之取得，說明書、申請專利範圍及圖式之記載內容攸關專利之保護範圍。由於專利申請案件量大、內容繁複，為便於審查、閱覽及長期保存，專利之申請係以書面為原則（細§2.I），但得以電子方式為之（專§19）。

圖4-4　申請文件及必要文件

申請日，指專利專責機關收到符合法定程式之專利申請文件的日期。申請日在專利法上有極重要之意義，攸關申請案是否符合專利要件，而與申請人權益有關，是非常重要的程序審查事項。申請人向智慧財產局提出發明、新型之申請應備具：1.申請書；2.說明書；3.申請專利範圍；4.必要之圖式（新型為必要圖式）；5.摘要及6.其他文件。前四項申請文件齊備之日為申請日，故為必要文件（依現行專利法規定，申請專利範圍、必要之圖式及摘要均獨立於說明書之外）。設計之申請應備具：1.申請書；2.說明書；3.圖式；4.其他文件。前三項申請文件齊備之日為申請日，故為必要文件（依現行專利法規定，圖式獨立於說明書之外）。除前述之必要文件外，尚須確定專利申請人，始得賦予申請日，若申請人身分不明確，亦不能取得申請日。

一、申請文件之構成

1. 申請書，為申請人向專利專責機關請求授予專利權之意思表示。申請書之格式及應記載之事項，專利專責機關訂有制式之格式，見細則第16條第1項（新型準用；設計為第49條第1項）。
2. 說明書，即專利說明書，專利專責機關訂有制式之格式。發明（或新型）專利說明書係記載申請專利之發明名稱（或新型名稱）、技術領域、先前技術、發明內容（或新型內容）、圖式簡單說明、實施方式及符號說明，見細則第17條第1項（新型準用）。設計專利說明書係記載申請專利之設計的設計名稱、物品用途及設計說明，見細則第50條第1項。
3. 申請專利範圍，申請專利範圍係記載申請專利之發明標的（或新型標的），亦即係記載申請人請求保護之技術範圍，見細則第18條至第20條（新型準用）。設計專利無須記載申請專利範圍，請求保護之技藝範圍主要係揭露於圖式。
4. 摘要，應敘明所揭露發明內容（或新型內容）之概要；不得用於決定揭露是否充分及是否符合專利要件（§專26，新型準用）。摘要之目的，僅供揭露技術資訊之用，有利於公眾在特定技術領域內快速檢索，故應簡要記載發明（或新型）所欲解決之問題、解決問題之技術手段及主要用途，見細則第21條第1項（新型準用）。說明書、申請專利範圍及摘要中之技術用語及符號應前後一致，見細則第22條第1項（新型準用）。設計專利無須記載摘要。設計名稱、物品用途及設計說明之用語應一致，見細則第52條第1項。
5. 必要之圖式，係輔助說明申請專利之發明（或新型）的技術內容，專利專責機關訂有制式之格式，見細則第23條（新型準用）。因發明之圖式並非必要，故稱「必要之圖式」；新型、設計之圖式為必要，故僅稱「圖式」。設計專利權範圍，以圖式為準，請求保護之技藝範圍應揭露於圖式，見細則第53條。

6. 優先權證明文件或其他文件：申請時應提出之證明文件，例如細則第17條第5項所定之生物材料證明文件、專利法第29條第2項所定之優先權證明文件等；其他文件，例如代理人委託書等。創作人為有權提出專利申請之人，惟依專利法第5條規定，具專利申請權者，不以創作人為限；專利申請案如係由創作人以外之人提出申請者，例如申請權人為雇用人、受讓人或繼承人時，因申請人提出專利申請，申請書已表彰其具有申請權，故無須附具申請權證明文件。

專利法施行細則第22條及第35條規定說明書等申請文件若干共通事項，如圖4-5：

技術用語及符號應一致（細22.I）

- 說明書、申請專利範圍及摘要中之技術用語及符號應一致

以打字或印刷為之（細22.II）

- 說明書、申請專利範圍及摘要，應以打字或印刷為之
- 未打字或印刷者，將通知限期補正，屆期未補正者，不予受理

增訂明顯錯誤得依職權訂正（細35）

- 說明書、申請專利範圍或圖式之文字或符號有明顯錯誤者，審查人員得依職權訂正，並通知申請人
- 對於微小之瑕疵，如說明書或申請專利範圍之明顯錯別字、錯誤的標點符號，圖式上錯誤之圖式標號或不必要之說明文字等，得依職權訂正，快速審理，無待申請人同意

圖4-5　專利申請文件之共通事項

表4-1　新、舊發明說明書等申請文件之比較

發明說明書等申請文件			
修法前架構		現行架構	
說明書	發明名稱	摘要	
	摘要	說明書	發明名稱
	發明說明		技術領域
	發明所屬技術領域		先前技術

發明說明書等申請文件	
先前技術	發明內容
發明內容	發明所欲解決之問題
發明所欲解決之問題	解決問題之技術手段
解決問題之技術手段	對照先前技術之功效
對照先前技術之功效	圖式簡單說明
實施方式	實施方式
實施例	實施例
圖式簡單說明	符號說明
主要元件符號說明	生物材料寄存
申請專利範圍	申請專利範圍
必要之圖式	必要之圖式

二、申請日之作用及認定

申請日攸關申請案是否符合專利要件，而與申請人權益有關，其作用分述如下：

(一) 定申請之先、後順序：作為專利法第31條（新型準用；設計為第128條）所定先申請原則及第32條之認定標準。

(二) 定專利要件判斷基準日：作為專利法第22條及第23條（新型準用，設計為第122條及第123條）等有關可專利性中之相對要件的判斷基準日。

(三) 計算優先權期間：國際優先權期間，發明、新型均為十二個月，設計為六個月，即在外國第一個申請案之申請日之次日起算至我國申請案之申請日不得超過十二個月或六個月，見專利法第28條（新型準用；依第142條第1項，設計準用，且第2項規定優先權期間為6個月）及細則第25條、第41條及第56條。國內優先權期間，發明、新型均為十二個月，即我國先申請案之申請日之次日起算至後申請案之申請日不超過十二個月，見專利法第30條（新型準用）及細則第25條及第41條。設計不適用國內優先權制度。

(四) 計算優惠期：優惠期期間，為最早之事實發生日後六個月，見專利法第22條、第122條及細則第16條第4項、第49條第5項。

(五) 定發明專利早期公開日：發明專利早期公開係自申請日後（有主張優先權者，以優先權日之次日起算）經過十八個月公開，見專利法第37條。

(六) 定發明專利申請實體審查日：申請發明專利實體審查係自申請日後三年內始得申請實體審查，見專利法第38條。

(七) 定專利權期限：發明專利權期限自申請日當日起算二十年屆滿，見專利法第52條；新型專利權期限自申請日當日起算十年屆滿，見專利法第114條；設計專利權期限自申請日當日起算十二年屆滿；衍生設計專利權期限與原設計專利權期限同時屆滿，見專利法第135條。

申請日之認定，除前述之必要文件外，尚須確定專利申請人，若申請人身分不明確，亦不能取得申請日。專利之申請及其他程序，以書面提出者，應以書件到達專利專責機關為準。如係郵寄者，不論是否以掛號方式郵寄，均以郵寄地郵戳所載日期為準。郵戳所載日期不清晰者，除由當事人舉證外，以到達專利專責機關之日為準（細§5）。郵寄方式，指經「中華郵政股份有限公司」將文件寄達；民間快遞所送之文件，以到達專利專責機關之日為準。

4.2.2 申請書

申請書，係申請人向專利專責機關請求授予專利權的書面文件，主要內容如下圖。

發明（新型）專利（細16；細45準用）

- 發明（新型）名稱
- 發明人(新型創作人)姓名、國籍
- 申請人姓名或名稱、國籍、住居所或營業所；有代表人者，並應載明代表人姓名
- 委任專利代理人者，其姓名、事務所
- 聲明事項（優惠期、國際優先權、國內優先權)）

設計專利（細49）

- 設計名稱
- 申請人、代表人、代理人、設計人同上
- 聲明事項（優惠期、國際優先權)）

圖4-6　申請書應記載事項

一、創作人之資格

創作是事實行為，唯有自然人始有實際進行創作之可能，故創作人不得為法人。創作人為複數者，應於申請書上記載全部創作人。申請追加創作人者，應檢附申請書，及全部創作人（包括追加者）所簽署同意追加之證明文件。申請刪除創作人者，應檢附申請書，及被刪除之創作人所簽署聲明其確非創作人之證明文件。因誤繕，申請更正創作人者，應檢附申請書敘明誤繕原因（例如代理人不慎錯誤鍵入他案之創作人資料），並檢送相關證明文件（例如申請人原始委託資料、申請權證明文件、僱傭契約等）。

請求不公開創作人姓名者，應檢附創作人所簽署之書面聲明，並於申請書載明該創作人姓名，再加註不公開姓名；該書面聲明至遲應於專利專責機關完成公開或公告準備作業前為之。請求不公開創作人姓名，經審核符合規定者，限制閱覽案卷內可資識別該創作人之資料，並於公開、公告申請案時，依其請求不揭示該創作人姓名。公開、公告準備作業業經完成者，不得撤回不公開創作人姓名之請求，或請求重新公開、公告其姓名。

二、申請人之資格

創作是事實行為，完成創作即擁有專利申請權。除自然人外，在法律上具有獨立人格的法人亦得為專利申請人。除自然人及法人外，公立學校或公營造物等具有獨立預算之組織亦得為專利申請人。非法人團體、合夥或獨資商號，因不具有權利能力，應以代表人、合夥人、出資之自然人為申請人。

申請人為政府機關時，得以權責機關為管理機關，該權責機關首長為代表人。申請人為限制行為能力人者（滿7歲未滿20歲之未成年人），須經其法定代理人同意。申請人為無行為能力者（未滿7歲之未成年人），應加列其法定代理人為申請人；未委任專利代理人者，申請書上應由其法定代理人簽章。

專利法規定相關申請案的申請人必須相同者：1.主張國內優先權之後申請案與先申請案。2.分割申請案與原申請案。3.改請申請案與原申請案。4.衍生設計申請案與原設計申請案。當前述相關申請案的申請人不同時，專利專責機關應通知申請人依下列方式補正：

1. 辦理先申請案（原申請案）申請權讓與登記，使先申請案（原申請案）之申請人與後申請案（分割案、改請案、衍生設計案）之申請人一致。

2. 分割案之申請人檢送原申請案申請人所簽署之申請權讓與證明文件者，則容許分割案與原申請案之申請人不一致。

102年1月1日施行之專利法刪除申請權證明文件之規定，例如優先權基礎案申請人與國內案申請人不同者，無須檢送優先權讓與證明文件。申請人主動檢附申請權證明文件存卷作為歷程紀錄，當該紀錄與申請書之記載不符時，專利專責機關會通知申請人確認，但仍續行程序。

三、申請人之認定

專利申請書未載明申請人者，得以補正之日為申請日。有關申請人之認定見表4-2：

表4-2　申請人變動之處理原則

申請態樣	處理原則
申請時載明「申請人容後補呈」，嗣後補正申請人為A	以補正之日為申請日；逾期未補正者，申請案不受理
發明人為甲，申請時載明「申請人為A」，嗣後主張「申請人為B」	提出A讓與B之證明文件，辦理申請權讓與登記→ 維持原申請日 提出甲讓與B之證明文件，請求更正申請人→ 以確立B為申請人之日為申請日
發明人為甲，申請時載明「申請人為A」，嗣後主張「申請人為A及B」	提出A讓與A及B之證明文件，辦理申請權讓與登記→ 維持原申請日 提出甲讓與A及B之證明文件，請求更正申請人→ 以確立A及B為申請人之日為申請日
發明人為甲，申請時載明「申請人為A及B」，嗣後主張「申請人為A」	提出A及B讓與A之證明文件，辦理申請權讓與登記→ 維持原申請日 提出甲讓與A之證明文件，請求更正申請人→ 維持原申請日

四、申請人之簽章

申請專利或辦理有關專利事項，應由申請人於申請書簽章；有委任代理人者，得僅由代理人簽章。送達代收人僅有代申請人收受文件之權限，申請書上仍應由申請人簽章。

申請書上只要有申請人或代理人之簽章，即可認該申請行為係為申請人之意思表示，原則上無須審核簽章是否一致；對於法定申請人必須相同的相關申請案，亦無須審核簽章是否一致。惟對申請人權益有重大影響者，須審核簽章之一致性。簽章之審核係以該案第一次提出之申請書上之簽章為準；申請書上僅有代理人簽章者，以委任書上之申請人簽章為準。須審核簽章之事項：

1. 專利申請權讓與登記。
2. 專利權讓與登記。
3. 專利權信託登記。
4. 提早公開發明申請案。
5. 撤回或拋棄專利申請案。
6. 閱覽、抄錄或複製限由當事人閱卷之案卷（限制範圍以專利閱卷作業要點規定為準）。

簽章不一致者，其處理方式：1.補正與卷存簽章一致之簽章；2.申請變更簽章；3.切結申請書或證明文件上之簽章確為其親自簽署或有權之人所簽署。

4.2.3　說明書

發明專利說明書應記載：發明名稱、技術領域、先前技術、發明內容、圖式簡單說明、實施方式、符號說明。新型專利說明書亦同。其他事項，請參照5.1「說明書及圖式等之記載」。

申請生物材料或利用生物材料之發明專利，其生物材料已寄存者，應於說明書載明寄存機構、寄存日期及寄存號碼。申請前已於國外寄存機構寄存者，並應載明國外寄存機構、寄存日期及寄存號碼，見細則第17條第5項。發明專利包含1個或多個核苷酸或胺基酸序列者，說明書應包含依專利專責機關訂定之格式單獨記載之序列表，並得檢送相符之電子資料，見細則第17條第6項。

申請生物材料或利用生物材料之發明專利，其申請人與生物材料之寄存者不一致時，應檢附寄存者已同意申請人於說明書或申請專利範圍引述所寄存之生物材料之證明文件，且同意該生物材料之寄存符合該申請案相關之寄存規定。

不以載明於申請書為必要

- 生物材料寄存資訊，不以載明於申請書為必要
- 若於申請書中聲明須寄存生物材料，但未檢送寄存證明文件，應於法定期間內補送寄存證明文件
- 若未聲明，申請人應自行於法定期間內檢送證明文件
- 新法施行前已提出之生物材料發明專利申請案，申請時未聲明其為生物材料申請案，申請人如依新法規定，於申請日起4個月或最早之優先權日起16個月內補正寄存證明文件，並於說明書載明其國內外寄存相關資料者，縱於申請時未聲明其為生物材料申請案，仍屬符合現行法第27條規定

應於說明書載明寄存資訊

- 生物材料已寄存者，應於說明書之生物材料寄存欄位中載明寄存機構、寄存日期及寄存號碼，申請前已於國外寄存機構寄存者，並應載明國外寄存機構、寄存日期及寄存號碼
- 說明書未載明前述寄存資訊，但有檢送寄存證明文件者，應於通知之期限內將寄存資訊載入說明書之生物材料寄存欄位

圖4-7　生物材料寄存聲明事項

寄存證明文件

- 寄存證明文件檢送期限為申請日後4個月內（主張優先權者，為最早之優先權日後16個月內）
- 現行法施行前提出申請，現行法施行時尚未審定，且未逾申請日起4個月內或優先權日起16個月內，適用現行法之規定（專152）
- 申請人與生物材料之寄存者不一致時，推定其已獲得寄存者之授權
- 專27所稱「生物材料寄存證明文件」，指寄存證明與存活證明合一之證明文件

過渡規定

- 102年1月1日前提出有關生物材料之發明案，申請人於申請實體審查時，應檢送寄存機構出具之存活證明；如發明專利申請人以外之人申請實體審查時，應通知發明專利申請人於3個月內檢送存活證明（修正施行前專38條IV），屆期未檢送者，逕行發交審查
- 102年1月1日後提出有關生物材料之發明案，若申請人於現行法施行前已完成生物材料寄存，而於現行法施行後檢送舊式寄存證明書（其中不包括存活證明），將指定期間通知補送存活證明，屆期仍未檢送者，視為未寄存

圖4-8　生物材料寄存證明文件

設計專利說明書，應記載設計名稱、物品用途及設計說明。但物品用途或設計說明已於設計名稱或圖式表達清楚者，得不記載，見細則第50條第2項。

4.2.4　申請專利範圍

細則第18條規定申請專利範圍之記載格式，第19條規定申請專利範圍之記載內容及手段/步驟功能用語請求項之記載，第20條規定二段式請求項之記載。其他事項，請參照5.1「說明書及圖式等之記載」。

新型專利準用細則第18條至第20條規定。設計專利無須撰寫申請專利範圍。

4.2.5　摘要

摘要之目的，僅供揭露技術資訊之用，有利於公眾在特定技術領域內快速檢索。依細則第21條第1項，摘要，應簡要敘明發明所揭露之內容，並以所欲解決之問題、解決問題之技術手段及主要用途為限；其字數，以不超過250字為原則；有化學式者，應揭示最能顯示發明特徵之化學式。

新型專利準用前述細則第21條有關摘要之規定。設計專利無須撰寫摘要。

4.2.6　圖式

依細則第23條，發明之圖式，應參照工程製圖方法以墨線繪製清晰，於各圖縮小至2/3時，仍得清晰分辨圖式中各項細節（包括代號、電路圖上之標記、流程圖等，不限於元件）；圖式應註明圖號及符號，並依圖號順序排列，除必要註記外，不得記載其他說明文字。

新型專利準用前述細則第23條有關圖式之規定。

依細則第53條，設計之圖式，應備具足夠之視圖，以充分揭露所主張設計之外觀；設計為立體者，應包含立體圖；設計為連續平面者，應包含單元圖。圖式應參照工程製圖方法，以墨線圖、電腦繪圖或以照片呈現，於各圖縮小至2/3時，仍得清晰分辨圖式中各項細節。圖式之表現方式有三種：墨線圖、電腦繪圖及照片。主張色彩者，圖式應呈現其色彩。圖式中「主張設計之部分」與「不主張設計之部分」，應以可明確區隔之表示方式呈現之。

4.2.7　說明書等申請文件為外文本

依專利法第25條，申請專利，原則上應提出說明書等申請文件之中文本，以必要文件齊備之日為申請日；惟若申請人先提出外文本，且於專利專責機關指定期間內補正中文本者，得以外文本提出之日為申請日。申請人未於指定期間內補正中文本，因申請文件不齊備，不受理該申請，但在處分前補正者，以補正之日為申請日。前述情況係將該申請案視為新申請案，而與外文本無關，故原先所提出之外文本視為未提出。

前述外文本種類之限定及其他應載明事項，依專利法第145條，係授權由主管機關訂定辦法。依智慧財產局於101年6月22日發布102年1月1日施行之「專利以外文本申請實施辦法」第2條規定，說明書等申請文件得以外文提出申請的種類包括阿拉伯、英、法、德、日、韓、葡、俄、西班牙文共9種，係比照PCT（專利合作條約）公開時之10種語文。

簡體字本取得申請日及其補正之規定，係依據「大陸地區人民申請專利及商標註冊作業要點」第4點第2項規定：「申請專利之說明書、圖式或圖說以簡體字本提出，且於智慧財產專責機關指定期間內補正正體中文本者，以簡體字本提出之日為申請日；未於指定期間內補正者，申請案不予受理。但在處分前補正者，以補正之日為申請日。」

依「專利以外文本申請實施辦法」，外文本之處理原則說明如圖4-9。

外文本之語文種類（外文辦法2）

- 非屬阿拉伯、英、法、德、日、韓、葡、俄、西班牙文者，應通知限期補正，並以補正之日為外文本提出之日
- 簡體字依據「大陸地區人民申請專利及商標註冊作業要點」辦理

二以上外文本（外文辦法3）

- 先後提出二以上外文本，原則上以最先提出之外文本為準；惟經申請人聲明者，應以聲明之外文本提出之日為申請日
- 若申請人同日提出二以上外文本者，應限期擇一外文本，屆期未擇一者，不受理其申請案

外文本應備文件（外文辦法4、5）

- 發明專利之外文本應備具說明書、至少1項之請求項及必要之圖式
- 新型專利之外文本應備具說明書、至少1項之請求項及圖式
- 設計專利之外文本應載明其設計名稱及圖式
- 如欠缺取得申請日之必要文件之一者，以補正之日為外文本提出日
- 不得直接以優先權證明文件及外國專利公報替代外文本

外文本之格式

- 不論外文本是否依專利法施行細則規定之標題、格式、順序，只要補正之中文本符合細則之規定，並說明其內容未超出申請時外文本所揭露之範圍即可

圖4-9　外文本處理原則

4.2.8　說明書等申請文件之補正中文本

申請時未提出中文本說明書、申請專利範圍及必要之圖式，而以外文本提出者，應於專利專責機關指定期間內補正中文本，符合補正之規定者，得以外文本提出之日為申請日（專§25）。

先後補正二以上之中文本

- 先後補正二以上中文本，並聲明以後者為準時：
  - 於指定期間內補正第二份中文本者，以外文本提出之日為申請日
  - 於指定期間屆滿後補正第二份中文本者，以補正之日為申請日

欠缺必要文件之補正

- 申請人在指定期間內補正中文本，程序審查時，從形式上即發現欠缺說明書、申請專利範圍、圖式等必要文件，或說明書頁碼不連續、圖式簡單說明與圖式數目不符時，因中文本不齊備，應通知申請人在不超出申請時外文本所揭露之範圍內限期補正：
  - 經補正者，以外文本提出之日為申請日。
  - 對於中文本說明書頁碼不連續、圖式簡單說明與圖式數目不符之情形，申請人得申復係依外文本據實翻譯，該缺漏之部分與申請專利之實質技術內容無關而無須補正。
  - 屆期未補正亦未申復者，不受理該申請案。
  - 但在處分前補正者，以補正之日為申請日。

圖4-10　補正中文本之處理原則

補正之中文本的翻譯應正確完整，不得超出申請時外文本所揭露之範圍，程序審查流程如圖4-11：

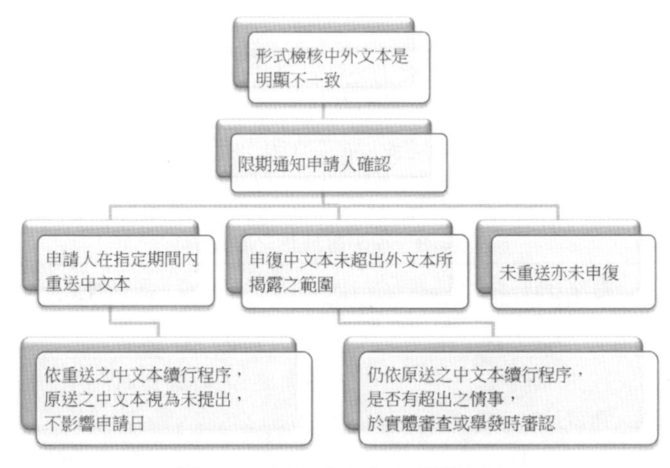

圖4-11　補正中文本之處理流程

4.2.9 說明書等申請文件之缺漏

專利法施行細則第24條、第40條及第55條分別規定發明、新型及設計專利說明書有部分缺漏或圖式有缺漏（包括全部及部分），其申請日之認定原則。說明書有缺漏之情形，實務上常見之態樣：頁碼不連續、段落編號不連續或說明書所指之化學式空白或不完整、圖式簡單說明中之記載與圖式數目不相符（如附有八個圖式，但只有五個圖式之說明）。圖式缺漏之情形，實務上常見之態樣：圖式簡單說明與圖式數目不相符（如只附五個圖式，但有八個圖式之說明）、說明書有圖式之記載，但未檢送圖式。

專利申請案之說明書有部分缺漏或圖式有缺漏，經補正，若該缺漏內容屬於「原申請專利之標的」，且已見於主張優先權之先申請案者，得以原提出申請之日為申請日。

依專利法施行細則第24條（第40條適用於新型，第55條適用於設計，內容雷同），發明或新型專利申請案之說明書有部分缺漏或圖式有缺漏（設計為說明書或圖式有部分缺漏，理由：設計之圖式為認定專利權範圍之核心文件，完全欠缺圖式，則無適用「以原提出申請之日為申請日」之餘地）之情事，經補正，以補正之日為申請日。但有下列情形之一者，仍以原提出申請之日為申請日：1.補正之說明書或圖式已見於主張優先權之先申請案。2.補正之發明或設計說明書或圖式（新型為說明書或部分圖式，理由：新型專利必須備具圖式，完全無圖式者，無法取得申請日），申請人於專利專責機關確認申請日之處分書送達後三十日內撤回。說明書或圖式以外文本提出者，亦同。

說明書有部分缺漏或圖式有缺漏，若其他部分已符合本法明確且充分揭露，且符合取得申請日之要件，經申請人申復無須補正者，專利專責機關仍應就現有資料續行程序，並不影響其原已取得之申請日。

表4-3 說明書缺漏之處理

處理方式	法律效果
補正	以補正之日為申請日
補正內容已見於優先權基礎案 （不能增加新申請標的）	以原提出申請之日為申請日
申復不影響技術內容之揭露	以原提出申請之日為申請日

處理方式	法律效果
未補正亦未申復	申請案不受理
補正後撤回全部補正文件	以原提出申請之日為申請日

鑑於新型案不得完全無圖式；發明案之圖式並非必要；設計案之圖式為揭露設計內容及認定專利權範圍之核心文件，三專利圖式缺漏之處理方式應有區別。依專利法，發明案未揭露圖式仍可取得申請日，新型案及設計案必須有圖式始能取得申請日。雖然新型案不得完全無圖式，即使缺漏全部圖式，但所缺漏之相關內容屬於原申請專利之標的，符合說明書應充分揭露之本質性要件，且已見於主張優先權之先申請案者，仍得以原提出申請之日為申請日。

表4-4　圖式缺漏之處理

處理方式	法律效果
補正	以補正之日為申請日
補正內容見於優先權基礎案（不能增加新申請標的）、	以原提出申請之日為申請日，但設計不得缺漏全部圖式
申復不影響技術內容之揭露	以原提出申請之日為申請日，但新型、設計不得缺漏全部圖式
未補正亦未申復	申請案不受理
補正後撤回全部補正文件	以原提出申請之日為申請日，但新型、設計不得撤回全部圖式

申請人於申請時不慎缺漏部分說明書或圖式時，若申請專利之內容已見於主張優先權之先申請案，尚有補救機會，惟並非給予申請人改變或增加新申請專利標的之機會，因此，細則第24條、第40條及第55條僅適用於「補正」之情形。申請人主張前述細則，應以申請案之說明書有部分缺漏或圖式全部或部分有缺漏為前提，若說明書及圖式完整無缺漏，不得僅以補正內容已揭露於所主張優先權之先申請案為由，加入新的申請專利之標的，例如申請人主張之優先權基礎案包括A發明及B發明，但向我國提出之申請案僅載明A發明，且其說明書及圖式已完整揭露A發明之技術內容，而無缺漏，

則不得以已揭露於所主張優先權之先申請案為由，將B發明加入說明書或圖式。

另應注意者，前述細則不包括申請專利範圍及摘要之補正，申請專利範圍之缺漏，例如申請專利範圍頁碼或項號不連續，不適用。在程序審查階段，申請專利範圍有缺漏者，固然會通知修正，但不適用前述細則，應依專利法有關修正之實體要件審查，尚不致於影響申請日；屆期未修正或未申復者，仍續行程序。

【相關法條】

專利法：5、19、22、23、26、27、28、29、30、31、32、37、38、52、114、122、123、128、135、145。

施行細則：2、3、5、16、17、18、19、20、21、22、23、24、25、29、40、41、45、49、50、52、53、55、56。

巴黎公約：2、3。

TRIPs：3。

專利以外文本申請實施辦法：2、3、4、5。

大陸地區人民申請專利及商標註冊作業要點：4。

【考古題】

◎某甲於95年12月5日檢附申請書、外文說明書一式2份及優先權證明等文件，以「用於金屬或熔渣物內測量之量測探管」向專利專責機關申請發明專利，同時主張優先權（受理國家為德國，申請日為2005年12月15日，申請案號為……），案經專利專責機關編為第……號申請案審查。嗣專利專責機關認為本案欠缺中文說明書、申請權證明書及中、外文圖式（必要圖式完全欠缺）委任書等書件，函請某甲於96年4月5日前補正所欠缺之書件。某甲以掛號郵寄方式補正外文圖式（必要圖式），郵戳日期為96年3月7日，專利專責機關於96年3月8日收到。96年3月20日某甲親自到專利專責機關補正其餘上開文件。

(一) 根據以上事實，本案之申請日為何？理由為何？

(二) 本案優先權主張是否應予受理？理由為何？

(三) 專利申請日及優先權日在專利法具有相當重要之意義及作用，請依我國專利法規定，試申述之。（第七梯次專利師訓練「專利實務」）

◎依專利法規定，專利程序審查時，其審查之主要內容及事項範圍為何？申請要件欠缺時之法律效果為何？其申請程序不合法或申請人不適格之救濟程序與經實體審查作成審定者有無不同？試分述之。（100年智慧財產人員能力認證試題「專利法規」）

4.3 專利規費

第92條（專利規費）
關於發明專利之各項申請，申請人於申請時，應繳納申請費。 核准專利者，發明專利權人應繳納證書費及專利年費；請准延長、延展專利權期間者，在延長、延展期間內，仍應繳納專利年費。
第93條（年費之繳納）
發明專利年費自公告之日起算，第一年年費，應依第五十二條第一項規定繳納；第二年以後年費，應於屆期前繳納之。 前項專利年費，得一次繳納數年；遇有年費調整時，毋庸補繳其差額。
第94條（年費之補繳）
發明專利第二年以後之專利年費，未於應繳納專利年費之期間內繳費者，得於期滿後六個月內補繳之。但其專利年費之繳納，除原應繳納之專利年費外，應以比率方式加繳專利年費。 前項以比率方式加繳專利年費，指依逾越應繳納專利年費之期間，按月加繳，每逾一個月加繳百分之二十，最高加繳至依規定之專利年費加倍之數額；其逾繳期間在一日以上一個月以內者，以一個月論。
第95條（年費之減免）
發明專利權人為自然人、學校或中小企業者，得向專利專責機關申請減免專利年費。

專利規費包括三大類：申請費、證書費及專利年費；其中申請費為大宗，包括專利案之申請及提早公開、實體審查、再審查、修正、分割、改請、更正、舉發、延長專利權期間及新型專利技術報告等涉及申請制度之類型，尚包括面詢、補提舉發證據理由等之申請。

4.3.1 規費標準

依發明、新型、設計專利之差異，專利主管機關規定不同的規費標準，詳見「專利規費收費辦法」，主要的專利規費收費標準見下表：

表4-5 專利規費標準一覽表

<table>
<tr><th>專利規費標準摘要</th><th>發明</th><th>新型</th><th>設計</th></tr>
<tr><td>申請</td><td>3,500
－800（申請書及摘要英譯）
－600（電子申請）</td><td>3,000
－600
（電子申請）</td><td>3,000
－600
（電子申請）</td></tr>
<tr><td>申請提早公開</td><td>1,000</td><td></td><td></td></tr>
<tr><td>申請實體審查*</td><td>7,000（<50頁&<10項）
+500（50頁+每50頁）
+800（10項+每1項）</td><td></td><td></td></tr>
<tr><td>再審*</td><td>7,000（<50頁&<10項）
+500（50頁+每50頁）
+800（10項+每1項）</td><td></td><td>3,500</td></tr>
<tr><td>誤譯訂正</td><td colspan="3">2,000</td></tr>
<tr><td>改請</td><td>3,500</td><td>3,000</td><td>3,000</td></tr>
<tr><td>分割</td><td>3,500</td><td>3,000</td><td>3,000</td></tr>
<tr><td>面詢</td><td colspan="3">1,000</td></tr>
<tr><td>勘驗</td><td colspan="3">5,000</td></tr>
<tr><td>舉發</td><td>10,000（延長專利&主體要件）
5,000+800（每1項）</td><td>9,000（主體要件）
5,000+800（每1項）</td><td>8,000</td></tr>
<tr><td>補提理由、證據</td><td colspan="3">2,000</td></tr>
<tr><td>延長專利</td><td>9,000</td><td></td><td></td></tr>
<tr><td>更正</td><td>2,000（更正）&
（更正+誤譯訂正）</td><td>1,000（形式審查）
2,000（實體審查）&
（更正+誤譯訂正）</td><td>2,000（更正）
&（更正+誤譯
訂正）</td></tr>
<tr><td>變更</td><td colspan="3">300</td></tr>
<tr><td>回復優先權主張</td><td colspan="3">2,000</td></tr>
<tr><td>證書費</td><td colspan="3">1,000（補發600）</td></tr>
<tr><td>證明書</td><td colspan="3">1,000</td></tr>
<tr><td>技術報告</td><td></td><td>5,000（<10項）+600
（10項+每1項）</td><td></td></tr>
<tr><td>1~3專利年費</td><td>2,500</td><td>2,500</td><td>800</td></tr>
<tr><td>4~6專利年費</td><td>5,000</td><td>4,000</td><td>2,000</td></tr>
<tr><td>7~9專利年費</td><td>8,000</td><td>8,000</td><td>3,000</td></tr>
<tr><td>10~專利年費</td><td>16,000</td><td></td><td>3,000</td></tr>
<tr><td>延長專利</td><td>5,000</td><td></td><td></td></tr>
<tr><td>加速審查</td><td>4,000（商業實施）&（高速
公路加速審查作業方案）</td><td></td><td></td></tr>
<tr><td>強制授權</td><td>100,000</td><td>100,000</td><td></td></tr>
</table>

*實體審查申請費及再審查申請費，於修正請求項時，其計算方式：
1. 於申請案發給第1次審查意見通知前，以修正後之請求項數計算之。
2. 於申請案已發給第1次審查意見通知後，其新增之請求項數與審查意見通知前已提出之請求項數合計超過10項者，每項加收新臺幣800元。

4.3.2 申請費

專利規費收費辦法第2條第2項規定：「前項第3款之實體審查申請費及第7款之再審查申請費，於修正請求項時，其計算方式依下列各款規定為之：1.於申請案發給第一次審查意見通知前，以修正後之請求項數計算之。2.於申請案已發給第一次審查意見通知後，其新增之請求項數與審查意見通知前已提出之請求項數合計超過10項者，每項加收新臺幣800元。」

申請費採逐項收費方式者，整理如表4-6：

表4-6　逐項收費整理表

項目		逐項收費	收費方式
發明實體審查及再審查		是	基本費7,000元（10項） 超項費每項800元
新型專利技術報告		是	基本費5,000元（10項） 超項費每項600元
舉發	發明	是 （專利申請人不適格或違反互惠原則之舉發事由採全案收費）	1. 部分舉發事由採全案收費每件10,000元 2. 逐項收費：基本費5,000元；依舉發聲明之項數收費，每項加收800元
	新型	是 （專利申請人不適格或違反互惠原則之舉發事由採全案收費）	1. 部分舉發事由採全案收費每件9,000元 2. 逐項收費：基本費5,000元；依舉發聲明之項數收費，每項加收800元
	設計	否	全案收費每件8,000元

依專利法第118條第1項，新型更正案採形式審查，但更正案與舉發案併案審查者採實體審查。新型更正案為形式審查者，規費1,000元；新型更正

案為實體審查者，規費2,000元。原先為形式審查，嗣後為實體審查者，應補繳申請費差額1,000元；原先為實體審查，嗣後為形式審查者，應退還申請費差額1,000元。

對於申請變更事項之規費，變更下列事項，每件繳納規費300元，同時申請變更二項以上者，得僅繳納規費300元：

1. 變更申請人姓名或名稱（未變更主體，而以更名、誤繕或翻譯錯誤等原因，申請變更其中文及英文姓名、名稱或中譯名）。
2. 變更申請人簽章。
3. 變更發明人（新型創作人、設計人）姓名（未變更主體，含中文及英文姓名或名稱、中譯名）。
4. 變更發明人（已變更主體，含追加、刪除及更正）。
5. 變更代理人。
6. 變更專利權授權、質權或信託登記之其他事項。

對於申請變更代理人之規費，凡新增申請書原先未記載之代理人，皆須繳納變更規費，但屬下列事項者，無涉代理人之變更，不須繳納：

1. 申請人於申請同時或申請後初次委任代理人。
2. 受讓人於辦理讓與登記同時或受讓後初次委任代理人（因申請人已變更為受讓人，就受讓人而言，無涉代理人變更）。
3. 受託人辦理信託登記同時或信託後初次委任代理人（因申請人已變更為受託人，就受託人而言，無涉代理人變更）。
4. 單一專利事項之特別委任（因該代理人係僅就當次受任事件具有代理權，無涉代理人變更），但如申請新增特別委任之代理人時，仍應繳納變更規費。
5. 解任代理人（包括申請人解任及代理人自行解任，係委任契約之終止，無涉代理人變更）。
6. 委任關係因代理人死亡、破產或喪失行為能力之法定事由而消滅（無涉代理人變更）。

對於規費之退還，依專利規費收費辦法第3條，發明申請案於發給第一次審查意見通知前，有下列情事之一者，得申請退還實體審查申請費或再審查申請費，但已完成聯合面詢者，不適用：

1. 撤回申請案。

2. 因主張國內優先權，被視回撤回之先申請案。
3. 改請。

得申請退還規費之事項：

1. 發明專利申請案刪除請求項數，退還超出基本項數部分之實體審查申請費或再審查申請費。
2. 溢繳或誤繳。
3. 自始不受理（逾越法定期間、不具申請資格……）。

不退還規費之事項：

1. 撤回所申請之事項。
2. 通知補正而屆期不補正，致不受理者。

4.3.3　專利年費

專利法第93至95條規定專利年費之繳納、補繳及減免。

一、專利年費之繳納

繳納通知

•繳納通知屬便民服務性質，旨在提醒專利權人按時繳納年費，並非法定通知之義務，專利權人為維持專利權，應自行依法按時繳納

年費之繳納

•專利年費之繳納，除專利權人自行繳納外，任何人均得代為繳納
•專利權年費係以"年"為計費單位，專利權期間不滿一年者，應繳納之年費仍以一年計

衍生設計

•衍生設計之專利權係單獨核發專利證書，得單獨主張權利，於專利權期間，應依規定繳納專利年費

圖4-12　專利年費之繳納

二、專利年費之減免

對於經濟弱勢者，為鼓勵、保護創作，專利法設有專利年費減免之優待。專利權人為自然人、學校或中小企業者，得向專利專責機關申請減免專

利年費，包括第1年之專利年費，有關減免條件、年限、金額及其他應遵行事項定於經濟部發布之「專利年費減免辦法」，依據前揭減免辦法目前可減免第1至6年之專利年費，其中第1至3年減免新臺幣800元，第4至6年減免1,200元。

三、專利年費之補繳

第2年以後之專利年費

- 第2年以後之專利年費，未於應繳納期間內繳費者，得於期滿後6個月內補繳之
  - 逾期1日以上1個月以內，加繳20%
  - 逾期1個月至2個月以內，加繳40%
  - 逾期2個月至3個月以內，加繳60%
  - 逾期3個月至4個月以內，加繳80%
  - 逾期4個月至6個月以內，加繳100%

符合減收專利年費資格

- 符合減收專利年費資格者，應加繳之金額係以減收後之專利年費金額以比率方式加繳

專利權消滅

- 補繳期限屆滿時仍未補繳，專利權自原繳費期限屆滿後消滅

圖4-13　專利年費之補繳

現行法規定未於應繳納期間內繳納專利年費，於補繳期係按逾期月數比例補繳，每逾1個月加繳20%，最高加繳至專利年費加倍之數額。具體數額見表：

表4-7　專利年費之加繳

專利年費按逾期月數比例加繳						
原定年費	第1個月	第2個月	第3個月	第4個月	第5個月	第6個月
5,000元	6,000元	7,000元	8,000元	9,000元	10,000元	10,000元

專利法於102年1月1日施行前於年費補繳期內，須加倍繳交專利年費；施行後於年費補繳期間內補繳專利年費者，方得適用按月加繳20%之規定；

但施行前已加倍繳費者不予退還差額。

四、專利年費之退還及調整

對於年費之退還及調整，依專利規費收費辦法第10條：「（第5項）專利權有拋棄或被撤銷之情事者，已預繳之專利年費，得申請退還。（第6項）第1項年費之金額，於繳納時如有調整，應依調整後所定之數額繳納。（第7項）依本法規定計算專利權期間不滿1年者，其應繳年費，仍以1年計算。」

【相關法條】

專利法：118。

專利規費收費辦法：2、3、10。

4.4　外國人申請案及代理人

第4條（互惠原則）
外國人所屬之國家與中華民國如未共同參加保護專利之國際條約，或無相互保護專利之條約、協定或由團體、機構互訂經主管機關核准保護專利之協議，或對中華民國國民申請專利，不予受理者，其專利申請，得不予受理。
第11條（專利之代理）
申請人申請專利及辦理有關專利事項，得委任代理人辦理之。 在中華民國境內，無住所或營業所者，申請專利及辦理專利有關事項，應委任代理人辦理之。 代理人，除法令另有規定外，以專利師為限。 專利師之資格及管理，另以法律定之。
巴黎公約第2條（國民待遇原則）
(1) 就工業財產之保護而言，任一同盟國國民，於其他同盟國家內，應享有各該國法律賦予（或將來可能賦予）其本國國民之權益，而所有此等權益，概不妨礙公約所特別規定之權利。因此，其如遵守加諸該本國國民之條件及程序，而權利受侵害時，應享有與該本國國民同樣的保護與法律救濟。 (2) 受理保護其工業財產請求之國家，對同盟之其他各國國民所得享有之任何工業財產權利，不得附加設立「住所」或「營業所」的條件。 (3) 關於司法及行政手續、管轄權，以及送達地址之指定或代理人之委任，本同盟每一國家之法律規定，其可能為工業財產法律所必要者，悉予特別保留。

巴黎公約第3條（準國民待遇）
非同盟國家之國民，在任一同盟國之領域內，設有住所或設有實際且有效之工商營業所者，應與同盟國家之國民享受同等待遇。

TRIPs第2條（智慧財產權公約）
1. 就本協定第二、三、四篇而言，會員應遵守巴黎公約（1967年）第1條至第12條及第19條之規定。 2. 本協定第一篇至第四篇之規定，並不免除會員依巴黎公約、伯恩公約、羅馬公約及積體電路智慧財產權條約應盡之既存義務。

TRIPs第3條（國民待遇）
1. 除巴黎公約（1967年）、伯恩公約（1971年）、羅馬公約及積體電路智慧財產權條約所定之例外規定外，就智慧財產權保護而言，每一會員給予其他會員國民之待遇不得低於其給予本國國民之待遇；對表演人、錄音物製作人及廣播機構而言，本項義務僅及於依本協定規定之權利。任何會員於援引伯恩公約第6條及羅馬公約第16條第1項(b)款規定時，均應依各該條規定通知與貿易有關之智慧財產權理事會。 2. 會員就其司法及行政程序，包括送達地點之指定及會員境內代理人之委任，為確保法令之遵守，而該等法令未與本協定各條規定牴觸，且其施行未對貿易構成隱藏性之限制者，得援用第1項例外規定。

外國人申請案及代理人綱要		
外國人申請案之種類	居住台灣	在我國有住所或營業所者
	國民待遇	在我國無住所或營業所，但為WTO會員或延伸會員之國民
	準國民待遇	在我國無住所或營業所，且非WTO會員或延伸會員之國民，但在WTO會員或延伸會員境內有住所或營業所者，包括無國籍之人
	中國國民	必要時，大陸地區申請人應檢附身分證明或法人證明文件
	互惠原則	不符合前述4類，但符合專利法第4條所定互惠原則之條件者
代理人	何謂代理	係代理人於代理權限內，以本人（專利申請人或專利權人）名義所為之意思表示，直接對本人發生效力
	得為專利代理之人	律師、會計師、專利師及專利代理人（§11.III）
	須委任代理人者	在中華民國境內無住所或營業所之外國人（§11.II） 大陸地區人民

外國人申請案及代理人綱要		
		在我國境內營業所作為申請人地址，則無須委任代理人
	須特別委任之申請事項	撤回或拋棄申請案、專利權，選任或解任代理人，須受特別委任（細§10）
	複代理人	代理人經本人特別委任，得委任他人為複代理人（細§10）

4.4.1　外國人申請案

外國人申請專利，原則上予以受理，但有下列情況之一者，得不予受理：1.外國申請人所屬之國家與我國未共同參加保護專利之國際條約；2.外國申請人所屬之國家與我國無相互保護專利之條約、協定；3.外國申請人所屬團體、機構未與我國團體、機構互訂經主管機關核准保護專利之協議；4.外國申請人所屬之國家不受理我國國民申請之專利（專§4）。

我國於2002年加入世界貿易組織（WTO）後，WTO會員所簽訂之TRIPs即為前述專利法第4條中所載「共同參加保護專利之國際條約」，故依TRIPs第3條有關國民待遇之規定，凡WTO會員或延伸會員（如英屬曼群島、荷屬安地列斯群島）之國民到我國申請專利，均應給予該外國國民與我國國民相同之待遇。外國人申請專利可分成五類：1.在我國有住所或營業所者；2.在我國無住所或營業所，但為WTO會員或延伸會員之國民者；3.在我國無住所或營業所，且非WTO會員或延伸會員之國民，但在WTO會員或延伸會員國境內有住所或營業所者，包括無國籍之人；4.中國大陸之國民；5.不符合前述四類，但符合專利法第4條所定互惠原則之條件者。

對於外國人申請專利之處理：

第1類，依國際慣例，在我國有住所或營業所者，得將該外國人視為我國國民，應受理其申請。

第2類，我國於2002年加入世界貿易組織（WTO）後，WTO會員所簽訂之TRIPs為保護專利之國際條約，而依巴黎公約第2條及TRIPs第3條國民待遇原則，凡WTO會員或延伸會員之國民到我國申請專利，均應給予該外國國民與我國國民相同之待遇，受理其申請。

第3類，依巴黎公約第3條準國民待遇原則，凡於WTO會員或延伸會員國境內有住所或營業所之人，到我國申請專利，均應給予該外國國民與我國國民相同之待遇，受理其申請。屬本類者，可包括無國籍之人。

第4類，中國亦屬WTO會員，中國人民（含港澳地區）向我國申請專利，另應依「大陸地區人民申請專利及商標註冊作業要點」，其第5點第1項：「智慧財產專責機關認有必要時，得通知大陸地區申請人檢附身分證明或法人證明文件。」第3項：「大陸地區申請人檢附之相關證明文件，智慧財產專責機關認有必要時，得通知應經行政院指定之機構或委託之民間團體驗證。」前述文件為影本者，應由申請人或代理人釋明與原本或正本相同，檢附公證本或認證本者，具證明之效力。

第5類，除專利法第4條所定下列四種情況外，基於互惠原則，受理其申請：(1)國申請人所屬之國家與我國共同參加保護專利之國際條約。(2)外國申請人所屬之國家與我國有相互保護專利之條約、協定。(3)外國申請人所屬團體、機構與我國團體、機構互訂經主管機關核准保護專利之協議。(4)外國申請人所屬之國家受理我國國民申請之專利。

圖4-14　得為專利申請人之外國人

外國公司之分公司為專利申請人者，應區分為在臺設立分公司或在外國設立分公司，各有不同處理方式：

在台設立分公司

- 分公司為總公司管轄之分支機構，兩者人格單一不可分割，應以總公司為申請人
- 經認許之外國公司在台分公司提出專利申請時，應以外國總公司名義為申請人，惟得以其在台分公司之負責人為代表人

在外國設立分公司

- 外國公司在總公司設立地以外之其他國家設立之分公司，若依設立地之國內法規定，該外國分公司具有獨立之法人格者，得作為專利申請人

圖4-15　申請人為外國分公司之相關規定

4.4.2　代理人

申請人申請專利或辦理有關專利事項，得自行辦理或委任代理人辦理。申請專利，指發明、新型或設計專利申請案之提起；辦理專利有關事項，泛指本法所定申請專利以外之事項，包括專利權讓與、授權實施等項。代理人，依專利師法規定，得從事專利代理者，包括專利師及專利代理人。

代理，是屬於民法上之私權關係，依民法第103條規定，「代理」係代理人於代理權限內，以本人（專利申請人或專利權人）名義所為之意思表示，直接對本人發生效力。然而，代理行為所生之法律效果對於申請人權益會產生重大影響者，為確認代理人有代本人為該等行為之權限，應特別委任，故專利法施行細則第10條規定：代理人就受委任之權限內有為一切行為之權。但選任或解任代理人（代理人經本人特別委任，得委任他人為複代理人）、撤回專利申請案、撤回分割案、撤回改請案、撤回再審查申請、撤回更正申請、撤回舉發案或拋棄專利權，非受特別委任，不得為之。

申請專利，是請求行政機關為准或駁之一定意思表示，申請人與專利專責機關之間形成行政上之法律關係，專利代理應有行政程序法有關代理規定之適用。參照行政程序法第24條第2項規定，專利代理人不得超過3人；專利代理人人數雖然超過一人，各代理人仍有單獨之代理權，不必共同為代理行為，亦即任何一個代理人所為之代理行為，都單獨對本人發生效力，縱然申請人與各代理人間有必須共同代理之約定，依行政程序法，其各代理人仍得單獨代理（細§9.IV）；專利代理人經本人同意得委任他人為複代理人。申請人變更代理人之權限或更換代理人時，應以書面向專利專責機關為之，始

對專利專責機關發生效力。在未完成變更登記前，所有文件，仍然對原代理人送達。代理人之送達處所變更時，應向專利專責機關申請變更。

由於專利審查過程中，審查人員常常必須與申請人聯繫，進行面詢或送達相關文書或補提資料，如果透過在境內有住所之代理人辦理，可以快速解決問題，不會發生須越洋通知或送達等難以解決之情形，因此，在中華民國境內無住所或營業所之外國人，申請專利或辦理專利有關事項，必須委任代理人辦理。經認許之外國公司係以分公司型態在我國境內營業，其提出專利申請時，應以該外國公司名義為申請人，但得以其在我國境內之負責人為代表人提出申請。外國申請人以其在我國境內住所或營業所作為申請人地址者，視為本國人，無須委任代理人。

大陸地區人民依「大陸地區人民申請專利及商標註冊作業要點」第3點規定「（第1項）大陸地區申請人在臺灣地區無住所或營業所者，申請專利、註冊商標及辦理有關事項，應委任在臺灣地區有住所之代理人辦理。（第2項）前項申請專利及辦理有關專利事項之代理人，以專利師、律師及專利代理人為限。」

辦理專利業務是極具專業性之工作，除涉及各學科專業知識外，更需兼備專利相關法律及專業訓練，專利申請的准、駁與保護，對人民的權益及產業競爭影響極大，為提升申請專利案件之水準，代理人，除法令另有規定外（律師及會計師得為專利代理行為），以專利師為限。在專利師法未完成立法前，依專利代理人管理規則領有專利代理人證書從事專利代理業務之人，其雖不具專利師資格，但亦得從事專利代理業務。

專利申請書本應由申請人簽名或蓋章，惟代理人經合法授權後，在代理權限內，其所為之行為效力及於本人，故申請書得僅由代理人簽名或蓋章，申請人毋庸簽名或蓋章，代理權限範圍內之相關往來文件，亦得僅由代理人簽名或蓋章。

委任代理人者，必須檢附委任書，載明代理之權限及送達處所（細§9.I）；但為簡政便民起見，如委任書之委任事項並未限定個案委任，且未定有委任期限，可認定代理人之委任不以一案為限，嗣後同一申請人如另有專利案件委任同一代理人辦理時，得毋庸另行簽署委任書，僅須檢送該委任書影本，並於影本上註明該委任書正本所存之申請案號。但個案中有代理權限不明或有爭議者，必要時，專利專責機關得通知申請人重行簽署委任書。

代理人資格

- 律師、專利師、專利代理人、會計師

必須特別委任之事項（專施10）

- 選任或解任代理人
- 撤回專利申請案、撤回分割案、撤回改請案、撤回再審查申請、撤回更正申請、撤回舉發案
- 拋棄專利權
- 特別委任事項得於委任書上一併載明，不須單獨提出
- 若原委任書上未載明，嗣後辦理須特別委任之事項（例如撤回）時，應提出載有特別委任權限之委任書

代理人人數（專施8.II）

- 每一專利案號，專利申請書上記載之代理人不得逾3人（複代理人亦計算在內）
- 特別委任辦理單一事項者，如申請讓與登記、閱卷、面詢、新型專利技術報告、繳納年費等，不須與原已委任之代理人合併計算，但特別委任之代理人亦不得逾3人
- 代理人超過3人時，通知限期補正，屆期未補正者，申請人在我國境內有住所或營業所者，視為未委任；申請人在我國境內無住所或營業所者，專利申請案不予受理

變更代理人地址

- 填寫代理人地址與專利專責機關登記之地址不同時，以專利專責機關登記之地址為準
- 變更代理人地址以通案方式辦理，無須指明特定專利案號，經准予變更者，其效力及於所有受任之專利案件

圖4-16　代理人之相關規定

【相關法條】

專利法：30。

施行細則：8、9、10。

民法：103。

行政程序法：24。

大陸地區人民申請專利及商標註冊作業要點：3、5。

4.5 其他事項

第20條（期間之計算）
本法有關期間之計算，其始日不計算在內。 第五十二條第三項、第一百十四條及第一百三十五條規定之專利權期限，自申請日當日起算。
第17條（回復原狀）
申請人為有關專利之申請及其他程序，遲誤法定或指定之期間者，除本法另有規定外，應不受理。但遲誤指定期間在處分前補正者，仍應受理。 申請人因天災或不可歸責於己之事由，遲誤法定期間者，於其原因消滅後三十日內，得以書面敘明理由，向專利專責機關申請回復原狀。但遲誤法定期間已逾一年者，不得申請回復原狀。 申請回復原狀，應同時補行期間內應為之行為。 前二項規定，於遲誤第二十九條第四項、第五十二條第四項、第七十條第二項、第一百二十條準用第二十九條第四項、第一百二十條準用第五十二條第四項、第一百二十條準用第七十條第二項、第一百四十二條第一項準用第二十九條第四項、第一百四十二條第一項準用第五十二條第四項、第一百四十二條第一項準用第七十條第二項規定之期間者，不適用之。

4.5.1 期間之計算及回復原狀

依專利法第20條，有關期間之計算，原則上，其起始日不計算在內；但第52條第3項、第114條及第135條所定之專利權期限，自申請日當日起算。

依專利法施行細則第25條，（第1項）本法第28條第1項所定之十二個月，自在與中華民國相互承認優先權之國家或世界貿易組織會員第一次申請日之次日起算至本法第25條第2項規定之申請日止。（第2項）本法第30條第1項第1款所定之十二個月，自先申請案申請日之次日起算至本法第25條第2項規定之申請日止。專利法施行細則第41條針對新型，第56條針對設計，亦有相關規定。另依第6條，依本法及本細則指定之期間，申請人得於指定期間屆滿前，敘明理由向專利專責機關申請延展。

依行政程序法第48條第4款：期間之末日為星期日、國定假日或其他休息日者，以該日之次日為期間之末日；期間之末日為星期六者，以其次星期一上午為期間末日。

圖4-17　期間為末日之計算

專利法所定回復原狀有二種，遲誤法定期間之回復原狀及非因故意之回復原狀，其細部規定見圖4-18：

遲誤法定期間之回復原狀

- 申請人因天災或不可歸責於己之事由延誤法定期間者
- 得於原因消滅後30日內，向專利專責機關申請回復原狀；但遲誤法定期間已逾1年者，不得申請
- 依專利法施行細則第12條規定，以書面敘明延誤期間之原因、消滅之事由及年、月、日，並檢附相關證明文件

非因故意之回復原狀

- 申請人或專利權人如非因故意未主張或視為未主張國際優先權、遲誤繳納證書費及第1年專利年費之期間及第2年以後專利年費之補繳期間者
- 可於法定期間內(優先權為16個月或10個月、第1年年費為9個月、第2年年費為18個月)申請回復權利
- 於法定期間內申請回復權利，又遲誤該申請回復權利之法定期間不得申請回復原狀

圖4-18　回復原狀之相關規定

表4-8　專利法所定復權之相關規定對照表

回復原狀之機制	國際優先權*	證書費及第一年年費	第二年以後年費
	申請時未主張優先權或視爲未主張優先權	未繳納證書費或第一年專利年費	未繳納第二年以後專利年費
因天災或不可歸責之事由及期間	優先權日後十六個月（或十個月）	核准審定書送達後三個月的繳費期間	各繳費期間
			六個月補繳期間

<table>
<tr><th rowspan="2">回復原狀之機制</th><th>國際優先權*</th><th>證書費及第一年年費</th><th>第二年以後年費</th></tr>
<tr><th>申請時未主張優先權或視爲未主張優先權</th><th>未繳納證書費或第一年專利年費</th><th>未繳納第二年以後專利年費</th></tr>
<tr><td>（應為之行為）</td><td colspan="3">補行應為之行為</td></tr>
<tr><td rowspan="2">非因故意</td><td>優先權日後十六個月（或十個月）</td><td>三個月繳費期間屆滿後六個月內</td><td>六個月補繳期間屆滿後一年內</td></tr>
<tr><td colspan="3">遲誤上述所列期間，不得再以天災或不可歸責之事由主張回復原狀</td></tr>
<tr><td>（應為之行為）</td><td>申請回復之申請費及補行應為之行為</td><td>證書費、2倍第一年專利年費及補行應為之行為</td><td>3倍專利年費</td></tr>
</table>

*國內優先權不適用非因故意之機制

4.5.2 文件送達

依行政程序法，公文書的送達有四種：自行送達、付郵送達、公示送達及囑託送達。專利法第18條規定公示送達之方式及效果：「審定書或其他文件無從送達者，應於專利公報公告之，並於刊登公報後滿三十日，視為已送達。」第12條第3項規定對於專利申請權共有人之送達：「前二項應共同連署之情形，應指定其中一人為應受送達人。未指定應受送達人者，專利專責機關應以第一順序申請人為應受送達人，並應將送達事項通知其他人。」

專利法施行細則第5條明確規範專利申請文件提出日期之認定方式：「（第1項）專利之申請及其他程序，以書面提出者，應以書件到達專利專責機關之日為準；如係郵寄者，以郵寄地郵戳所載日期為準。（第2項）郵戳所載日期不清晰者，除由當事人舉證外，以到達專利專責機關之日為準。」

以郵寄方式寄出之文件皆有郵戳日期，不限於掛號郵寄。其他有關送達之規定見圖4-19：

共同申請人

- 共同申請人未指定應受送達人者，且通知限期指定而未指定者，將以第一順序之申請人為應受送達人，並將送達事項以副本通知其他人
- 送達之效力以送達第一順位之申請人為準
- 申請權利異動登記事項，以提出申請之人為應受送達人，並以副本通知相對人

代理人

- 代理人有二人以上者，應對所有代理人送達，倘各代理人收受文書之時間不同，依單獨代理之原則，以最先收到者發生送達效力
- 通知准予變更代理人，以變更後之代理人為應受送達人，並副本通知變更前之代理人
- 代理人死亡時，若有其他代理人，則向其他代理人送達

向代理人送達

- 申請人在國內無住所或營業所者，應委任代理人，不得指定送達代收人
- 指定送達代收人在前，委任代理人在後，逕向代理人送達
- 有委任代理人，同時或之後又指定送達代收人者，應通知申請人限期確認文件送達對象，屆期未回復者，則向代理人送達

其他事項

- 同一應受送達人載有二以上地址，應通知申請人限期擇一地址作為應受送達地址，屆期未擇一，以第一順位之地址作為應受送達地址
- 應受送達人為代理人時，以代理人於專利專責機關登記之地址為準，若代理人之地址已異動，應主動辦理代理人地址變更，以確保日後文書送達
- 為合法送達，申請人、代理人或送達代收人之應受送達地址不得為郵政信箱

圖4-19　文件送達之相關規定

4.5.3　第三人陳述意見

發明專利申請案採早期公開制度，為增進審查之正確性及效率，專利法施行細則第39條規定：「發明專利申請案公開後至審定前，任何人認該發明應不予專利時，得向專利專責機關陳述意見，並得附具理由及相關證明文件。」該陳述意見僅屬參考性質，專利專責機關並無回復之義務。

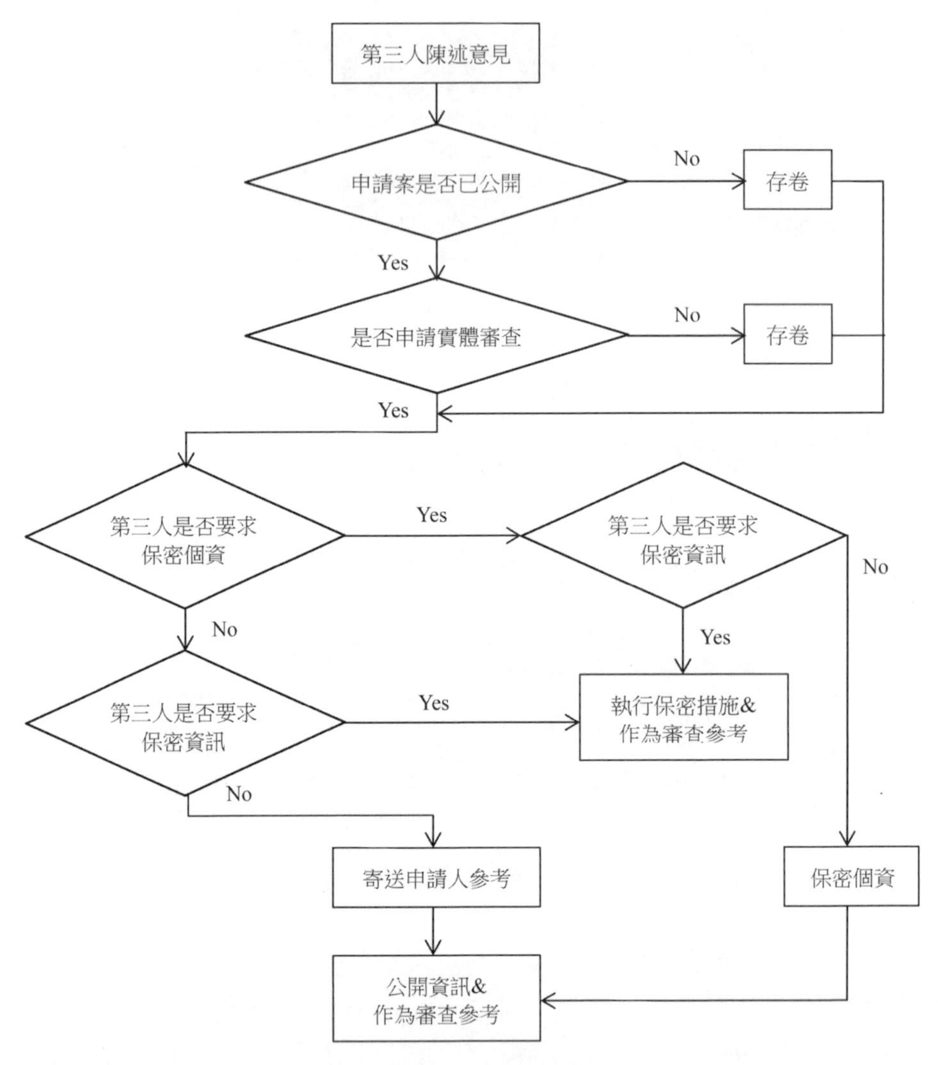

圖4-20　第三人陳述意見之審查流程

【相關法條】

專利法：12、18、28、30、53、114、135。

施行細則：5、6、25、39、41、56。

行政程序法：48。

第五章　發明專利之實體要件

<table>
<tr><th>大綱</th><th>小節</th><th>主題</th></tr>
<tr><td rowspan="4">5.1 說明書及圖式等之記載</td><td>5.1.1 說明書</td><td rowspan="4">・發明名稱
・技術領域
・先前技術
・發明內容
・圖式簡單說明
・實施方式
・符號說明
・申請專利範圍
・圖式
・摘要</td></tr>
<tr><td>5.1.2 申請專利範圍</td></tr>
<tr><td>5.1.3 摘要</td></tr>
<tr><td>5.1.4 圖式</td></tr>
<tr><td rowspan="2">5.2 記載要件</td><td>5.2.1 說明書</td><td>・明確
・充分
・可據以實現</td></tr>
<tr><td>5.2.2 申請專利範圍</td><td>・明確
・簡潔
・支持</td></tr>
<tr><td rowspan="2">5.3 發明之定義</td><td>5.3.1 定義</td><td rowspan="2">・技術思想及技術性
・自然法則、發現、技術思想</td></tr>
<tr><td>5.3.2 非屬發明之類型</td></tr>
<tr><td rowspan="3">5.4 不予發明專利之標的</td><td>5.4.1 動植物及其生產方法</td><td rowspan="3">・動物、植物及其生產方法
・診斷、治療、外科手術
・公序良俗之意義</td></tr>
<tr><td>5.4.2 診斷、治療或外科手術</td></tr>
<tr><td>5.4.3 妨害公序良俗</td></tr>
<tr><td rowspan="2">5.5 發明單一性</td><td>5.5.1 何謂發明單一性</td><td rowspan="2">・何謂發明單一性
・特別技術特徵</td></tr>
<tr><td>5.5.2 特別技術特徵</td></tr>
<tr><td>5.6 產業利用性</td><td></td><td>・產業利用性之意義
・產業利用性與可據以實現</td></tr>
</table>

大綱	小節	主題
5.7 新穎性	5.7.1 新穎性之審查	· 新穎性概念 · 先前技術 · 審查原則 · 判斷基準
	5.7.2 先前技術	· 已見於刊物 · 已公開實施 · 已為公眾所知悉
	5.7.3 特定請求項及選擇發明	· 製法界定物之請求項 · 用途界定物之請求項 · 用途請求項 · 選擇發明
5.8 擬制喪失新穎性		· 擬制喪失新穎性概念 · 比對對象 · 審查原則及判斷基準 · 擬制喪失新穎性之限制
5.9 先申請原則	5.9.1 先申請原則之審查	· 先申請原則概念 · 審查原則及判斷基準 · 先申請原則與擬制喪失新穎性
	5.9.2 法定之處理程序	· 同日申請之處理
	5.9.3 一案兩請之處理	· 發明申請案與新型專利相同時之處理
5.10 進步性	5.10.1 輕易完成之意義	· 進步性概念 · 何謂輕易完成
	5.10.2 具有通常知識者	· 具有通常知識者 · 一般知識 · 通常技能
	5.10.3 進步性之審查	· 審查原則 · 判斷基準 · 美國顯而易知性的審查準則

大綱	小節	主題
5.11 修正、補正、訂正、更正、訂正之更正	5.11.1 中文本之補正	·補正之實體要件及法律效果
	5.11.2 修正	·修正期間 ·最後通知制度 ·修正之實體要件 ·修正之法律效果
	5.11.3 誤譯訂正	·誤譯訂正之目的及效果 ·實體要件 ·比對時機及審查順序 ·誤譯訂正與細則§24之競合 ·誤譯訂正與修正之異同
	5.11.4 更正	·更正期間 ·得更正之事項 ·更正之實體要件 ·更正之處理 ·更正之法律效果
	5.11.5 誤譯訂正之更正	·誤譯訂正之更正實體要件
5.12 改請申請	5.12.1 他種專利之改請	·實體要件 ·程序要件 ·法律效果
	5.12.2 同種專利之改請	
5.13 分割申請		·申請期間 ·實體要件 ·程序要件 ·法律效果

申請專利之發明經審查認無不予專利之情事者，應予專利（專§47.I）。發明專利的審查必須通過程序審查及實體審查，程序審查事項大部分規定於專利法施行細則，實體審查事項規定於專利法。本章將說明發明專利實體審查方面應具備之要件，絕大部分內容為新型專利準用，不另贅述準用條款及其內容；有關優先權及優惠期等程序事項詳見第6章。

專利法第58條第4項：「發明專利權範圍，以說明書所載之申請專利範圍為準，於解釋申請專利範圍時，並得審酌說明書及圖式。」專利審查的對象為申請專利之發明（claimed invention），其係以記載於申請專利範圍中之技術特徵所構成的申請標的（subject matter）作為技術手段，結合說明書中所載該發明所欲解決的問題及所達成的功效，三者共同構成之技術內容。申請專利範圍所記載之技術手段為審查該發明是否符合專利要件時應審究之對象，但審酌進步性時，尚應考量說明書中所載的問題及功效。申請專利之發明，係手段、問題及功效所構成的整體技術構思，請求項僅為其具體表現，有時候，亦將請求項中所載之內容稱為申請專利之發明。

專利法第46條規定專利專責機關審酌申請專利之發明是否准予發明專利之實體要件包括：第21條（發明之定義）、第22條（專利三要件或稱可專利性，包括產業利用性、新穎性、進步性）、第23條（擬制喪失新穎性）、第24條（不予發明專利之標的）、第26條（記載要件，或稱可據以實現要件、明確及支持要件、記載形式）、第31條（先申請原則）、第32條第1項、第3項（一案兩請之處理）、第33條（發明單一性）、第34條第4項（分割申請，不得超出原申請案申請時說明書、申請專利範圍或圖式所揭露之範圍）、第43條第2項（修正說明書等申請文件，不得超出申請時說明書、申請專利範圍或圖式所揭露之範圍）、第44條第2、3項（說明書等申請文件中文本之補正及外文本之誤譯訂正，不得超出申請時外文本所揭露之範圍）及第108條第3項（改請申請，不得超出原申請案申請時說明書、申請專利範圍或圖式所揭露之範圍）之規定。

前述實體要件均屬申請專利之發明的客體要件，可以分為若干群組：1.涉及發明本質之事項；2.屬對照先前技術始能確定之相對要件；3.涉及說明書、申請專利範圍或圖式之記載事項；4.涉及說明書、申請專利範圍或圖式之變更事項；5.基於行政經濟及管理之考量。

發明專利實體要件（專§46）				
類型	要件群組	條文	客體要件	申請種類
客體要件	涉及發明本質之事項	21	發明之定義	專利申請
		22.I主文	產業利用性	
		24	不予發明專利之標的	

發明專利實體要件（專§46）				
	屬對照先前技術始能確定之相對要件	22.I後段	新穎性	
		22.II	進步性	
		23	擬制喪失新穎性	
		31	先申請原則	
		32.I,III	一案兩請之處理	
	涉及說明書、申請專利範圍或圖式之記載事項	26.I	可據以實現	
		26.II	明確、支持	
		26.IV	記載形式	
	涉及說明書、申請專利範圍或圖式之變更事項	34.IV	不得超出原申請案申請時說明書、申請專利範圍或圖式所揭露之範圍	分割
		43.II	不得超出申請時說明書、申請專利範圍或圖式所揭露之範圍	修正
		44.II	不得超出申請時外文本所揭露之範圍	中文本之補正
		44.III	不得超出申請時外文本所揭露之範圍	誤譯訂正
		108.III	不得超出原申請案申請時說明書、申請專利範圍或圖式所揭露之範圍	改請
		67.II	不得超出申請時說明書、申請專利範圍或圖式所揭露之範圍	更正
		67.IV	不得實質擴大或變更公告時之申請專利範圍	
		67.III	不得超出申請時外文本所揭露之範圍	誤譯訂正之更正
	基於行政經濟及管理之考量	33	發明單一性	專利申請

雖然實體要件規定於專利法，惟法律位階之條文為原則性、抽象性之規定，為使專利法條文之規定具體化，專利專責機關發布一系列的專利審查基準，其中第二篇為發明專利實體審查基準。本章僅扼要說明專利法位階之規

定及重要內容，俾使讀者對於發明的實體要件能有總括性、架構性的瞭解，尚不涉及各實體要件之詳細、具體內容。

專利權係一種智慧財產權，國家為鼓勵社會大眾「智慧」活動的成果，以法律授予創作人「權利」保護，讓權利人可以排除他人實施、獨占市場，據以將智慧轉成私有「財產」之制度。然而，國家應將專利權授予什麼樣的創作？授予什麼樣的人？及其應負擔什麼義務？在在涉及一個古老的法理「先占」。依我國民法第802條：「以所有之意思，占有無主之動產者，除法令另有規定外，取得其所有權。」先占，是一種以所有（全然管理其物）的意思，先於他人占有無主的動產，而取得其所有權的事實行為。雖然先占之法理係規範動產所有權之歸屬，筆者借用其法理貫穿專利法所規範之實體要件及優先權，簡要說明該等要件所涉及之法律概念，以供讀者更有系統地理解本章內容。

1. 新穎性

專利法制之目的在於鼓勵、保護發明、新型及設計創作，藉由創作之公開，供社會大眾利用，以促進產業發展。追溯專利法制發展的歷程，人類史上最早的專利法理係採行先發明主義之設計，藉保護最先發明之創作鼓勵發明人積極研發，而非現行專利法制普遍採行的先申請主義。

相對於先申請主義，先發明主義符合民法上先占之法理，也比較符合一般人先占先贏的觀念。就先發明主義而言，只要發明人完成創作（完成之意義，以「可據以實現」為斷，見後述），因前所未見而先占該創作之技術範圍，無論發明人是否向行政機關提出申請請求授予專利權。至於先申請主義，係以申請先後決定專利權之歸屬，完成創作之後尚須先提出專利申請，始有取得專利之可能，創作未完成，即使取得專利權，仍為無效專利，故先占始為取得專利權之先決要素。

基於先占之法理，法律理應保護前所未見之創作，將專利權授予取得先占地位之人。嗣後他人申請相同創作，無論取得先占地位之人已申請專利或未申請專利，無論取得先占地位之創作是專利權或不是專利權，只要已公開，該創作即進入公共領域，任何人皆不得納為私有，從而無須將專利權授予相同創作，故專利法定有新穎性[1]，以完成創作之先後決定誰取得其技術

---

1 專利法第22條第1項：「可供產業上利用之發明，無下列情事之一，得依本法申請取得發明專利：一、申請前已見於刊物者。二、申請前已公開實施者。三、申請前已為公眾所知悉者。」

範圍之先占地位。

2. 可據以實現要件

政府係藉授予申請人專有排他之專利權，作為申請人公開創作之報償，使社會大眾能利用所公開之創作。為確保政府授予專利權之創作內容能為社會大眾所利用，取得申請日的申請文件，包括說明書、申請專利範圍及圖式，其揭露內容及程度必須足以使具有通常知識者能合理確定申請人已「完成」該創作而先占該創作之技術範圍，進而使社會大眾能利用該創作，始符合專利法制之目的，故專利法定有可據以實現要件[2]。就物之創作而言，說明書所揭露之內容必須達到可據以製造及使用的程度；就方法發明而言，說明書所揭露之內容必須達到可據以使用的程度，始得謂已「完成」該創作。

為取得專利權，說明書所揭露之內容必須已完成申請專利之創作；取得先占地位之人，亦必須完成創作始得先占其所涵蓋之技術範圍。以專利要件之審查為例，先前技術作為引證文件，其揭露之程度必須已完成該先前技術之創作，足使具有通常知識者可據以實現其創作內容，始能取得先占之地位，而為適格之引證文件，據以核駁申請案違反新穎性、進步性等專利要件之證據。

3. 支持要件

為達到界定申請專利之創作、公示專利權保護範圍之目的，使社會大眾知所迴避，申請人必須記載申請專利範圍。依前述說明，說明書本身固然應揭露申請人所完成之創作，惟專利權範圍並非記載於說明書，而係以申請專利範圍為準，故專利法定有支持要件[3]，申請專利範圍中所載之內容不得超出申請人先占之技術範圍，亦即申請專利範圍中所載之內容應以說明書為基礎，不得超出說明書所揭露之範圍。

申言之，說明書之作用，係揭露申請人已完成之創作，以取得先占該技術範圍之地位；申請專利範圍之作用，係界定申請人請求授予專利權之

---

[2] 專利法第26條第1項：「說明書應明確且充分揭露，使該發明所屬技術領域中具有通常知識者，能瞭解其內容，並可據以實現。」

[3] 專利法第26條第2項：「申請專利範圍應界定申請專利之發明；其得包括一項以上之請求項，各請求項應以明確、簡潔之方式記載，且必須為說明書所支持。」

範圍。申請專利範圍可以請求說明書所揭露之全部內容，或僅請求其部分內容，或具有通常知識者由說明書所揭露之內容可合理預測或延伸之內容。換句話說，申請專利範圍必須限於說明書所先占之技術範圍，否則無法為說明書所支持，且可能侵犯他人先占之技術範圍，或無法符合可據以實現要件。若申請專利範圍超出說明書所揭露之技術範圍，而不符合支持要件，即使申請專利範圍中超出之部分未見於任何先前技術，而誤准其專利權，仍為無效專利，因為申請人並未取得該申請專利範圍先占之地位。簡言之，專利法制係「大發明大保護，小發明小保護，沒發明不保護」，先占範圍的大小決定保護範圍的大小，未曾先占任何範圍，不宜給予任何保護，以維私權與公益之衡平。

4. 先申請原則

基於先占之法理及鼓勵創作的角度，先發明主義始符合法理與一般人的觀念。但發明的先後順序難以認定，故全球專利制度均採先申請主義，以申請日之先後決定誰能取得專利權。我國專利法定有先申請原則[4]，對於相同創作之專利申請案，僅將專利權授予最先申請者，且不得將專利權重複授予嗣後申請之相同創作。

先申請主義，係以申請先後決定專利權之歸屬，完成創作取得先占地位之後尚須先提出專利申請，始有取得專利之可能。當某甲申請專利之前，某乙已取得先占地位，但未申請專利亦未公開散布，雖然甲仍然可以取得專利權，但乙仍有先使用權，甲之專利權效力不及於乙之實施行為。就專利法制之角度，政府係藉授予專利權作為申請人公開創作之報償，延續前述之例，雖然乙取得先占地位，但乙不願意申請專利進而公開其創作供社會大眾利用，故政府不必提供保護，只能賦予先使用權以為衡平。

5. 擬制喪失新穎性

一如前述，申請人係藉說明書揭露其已完成之創作，以取得先占之地位，但請求授予專利權之範圍必須記載於申請專利範圍，當申請專利範圍僅請求說明書所揭露之部分內容，無論申請人有意或無意將未請求之部分貢獻

---

4 專利法第31條第1項：「相同發明有二以上之專利申請案時，僅得就其最先申請者准予發明專利。但後申請者所主張之優先權日早於先申請者之申請日者，不在此限。」

給社會大眾，就該未請求之部分而言，申請人仍已取得先占之地位，不宜將該部分之專利權授予他人，故專利法定有擬制新穎性[5]。擬制喪失新穎性，日本稱為「擴大先申請地位」，只要是已揭露於先申請案之說明書等申請文件，後申請案皆不得以該揭露內容取得專利權，以維先占之法理。

6. 變更說明書等申請文件之實體要件

依前述說明，取得申請日的申請文件應揭露申請人所完成之創作，以彰顯先占之技術範圍，嗣後說明書、申請專利範圍或圖式之修正[6]、更正[7]、分割[8]及改請[9]等皆不得超出該先占之範圍，故專利法定有「……不得超出申請時說明書、申請專利範圍或圖式所揭露之範圍」，將說明書等申請文件所先占之技術範圍視為最大範圍，嗣後之變動，只能在該範圍內為之。

以外文本取得申請日，對於該外文本之中文補正[10]、誤譯訂正[11]及取得專利權後誤譯訂正[12]之更正，專利法皆定有「不得超出申請時外文本所揭露之範圍」之要件，仍係遵循先占之法理，將說明書等申請文件於申請日所先占之技術範圍視為最大範圍，無論取得申請日之申請文件係中文本或外文本。

---

5 專利法第23條：「申請專利之發明，與申請在先而在其申請後始公開或公告之發明或新型專利申請案所附說明書、申請專利範圍或圖式載明之內容相同者，不得取得發明專利。但其申請人與申請在先之發明或新型專利申請案之申請人相同者，不在此限。」

6 專利法第43條第2項：「修正，除誤譯訂正外，不得超出申請時說明書、申請專利範圍或圖式所揭露之範圍。」

7 專利法第67條第2項：「更正，除誤譯訂正外，不得超出申請時說明書、申請專利範圍或圖式所揭露之範圍。」

8 專利法第33條第4項：「分割後之申請案，不得超出原申請案申請時說明書、申請專利範圍或圖式所揭露之範圍。」

9 專利法第108條第3項：「改請後之申請案，不得超出原申請案申請時說明書、申請專利範圍或圖式所揭露之範圍。」

10 專利法第44條第2項：「依第二十五條第三項規定補正之中文本，不得超出申請時外文本所揭露之範圍。」

11 專利法第44條第3項：「前項之中文本，其誤譯訂正，不得超出申請時外文本所揭露之範圍。」

12 專利法第67條第3項：「依第二十五條第三項規定，說明書、申請專利範圍及圖式以外文本提出者，其誤譯之訂正，不得超出申請時外文本所揭露之範圍。」

7. 優先權

為使專利權之保護更為周延，專利法定有國際[13]及國內優先權制度[14]，將先占法理之適用擴及國內外，只要是完成創作取得先占之地位，且業已在國外或國內申請專利者，就相同創作，同一申請人嗣後再申請另一專利案，申請人得主張第一次專利申請案（先占該技術範圍）之申請日作為後申請案之優先權日，而為其專利要件之判斷基準日。專利法規定適用之先申請案必須是第一次申請案，除防止不當延長優先權期間外，仍有先占法理之考量，因為即使是同一申請人的先後申請案，第一次申請案始能取得先占之地位，第二次以後之申請案均非屬「先占」，而無保護之必要。

5.1 說明書及圖式等之記載

第25條（發明專利之申請文件）

申請發明專利，由專利申請權人備具申請書、說明書、申請專利範圍、摘要及必要之圖式，向專利專責機關申請之。

申請發明專利，以申請書、說明書、申請專利範圍及必要之圖式齊備之日為申請日。

說明書、申請專利範圍及必要之圖式未於申請時提出中文本，而以外文本提出，且於專利專責機關指定期間內補正中文本者，以外文本提出之日為申請日。

未於前項指定期間內補正中文本者，其申請案不予受理。但在處分前補正者，以補正之日為申請日，外文本視為未提出。

第26條（發明說明書之形式要件及實體要件）

說明書應明確且充分揭露，使該發明所屬技術領域中具有通常知識者，能瞭解其內容，並可據以實現。

申請專利範圍應界定申請專利之發明；其得包括一項以上之請求項，各請求項應以明確、簡潔之方式記載，且必須為說明書所支持。

摘要應敘明所揭露發明內容之概要；其不得用於決定揭露是否充分，及申請專利之發明是否符合專利要件。

[13] 專利法第28條第1項：「申請人就相同發明在與中華民國相互承認優先權之國家或世界貿易組織會員第一次依法申請專利，並於第一次申請專利之日後十二個月內，向中華民國申請專利者，得主張優先權。

[14] 專利法第30條第1項：「申請人基於其在中華民國先申請之發明或新型專利案再提出專利之申請者，得就先申請案申請時說明書、申請專利範圍或圖式所載之發明或新型，主張優先權。但…」

說明書、申請專利範圍、摘要及圖式之揭露方式，於本法施行細則定之。

第58條（發明專利權之實施及解釋）

發明專利權人，除本法另有規定外，專有排除他人未經其同意而實施該發明之權。

物之發明之實施，指製造、為販賣之要約、販賣、使用或為上述目的而進口該物之行為。

方法發明之實施，指下列各款行為：

一、使用該方法。

二、使用、為販賣之要約、販賣或為上述目的而進口該方法直接製成之物。

發明專利權範圍，以申請專利範圍為準，於解釋申請專利範圍時，並得審酌說明書及圖式。

摘要不得用於解釋申請專利範圍。

說明書及圖式等之記載綱要		
審查對象	申請標的	記載於申請專利範圍中之技術特徵所構成的技術手段。
		申請案是否符合專利要件之審查對象。
	申請專利之發明	技術手段+欲解決的問題+所達成的功效=申請專利之發明
		審查進步性時，應考量申請標的+問題+功效
說明書作為技術文獻	絕對要件	明確、充分、可據以實現申請專利之創作。（§26.I、126.I）
申請專利範圍作為法律文件	絕對要件	明確、簡潔、支持申請專利之創作。（§26.II）
說明書	內容	1.發明名稱；2.技術領域；3.先前技術；4.發明內容；5.圖式簡單說明；6.實施方式；7.符號說明。（細§17.I）
	作用	解釋發明、新型申請專利範圍時，得審酌說明書及圖式。（§58.IV）
申請專利範圍	範疇	物、方法（含用途）
	記載方式	結構（或化學名稱、分子式或結構式描述物）或步驟（描述方法）→功能、特性、參數→製法
		總括方式：上位概念及擇一形式
	類型	獨立項
		附屬項（單項附屬項、多項附屬項）（詳述式、附加式）
		引用記載形式之請求項（不同範疇、協作構件、置換部分技術特徵、引用部分技術特徵、組合及次組合）

說明書及圖式等之記載綱要		
	作用	界定請求授予專利權之範圍。
	解釋原則	最寬廣合理解釋之原則：應給予載於請求項中之用語最廣泛、合理且與說明書一致之解釋。
		辭彙編纂者原則：說明書中有明確揭露之定義或說明時，應以該定義或說明為準。
	解釋主體	以具有通常知識者為主體：請求項中之記載有疑義時，應一併考量說明書、圖式及申請時之通常知識。
	解釋方法	文義解釋、體系解釋、歷史解釋、目的解釋。
	基本理論	周邊限定主義、中心限定主義、折衷主義。
組合式請求項	前言	前言內容界定結構；前言內容記載目的或用途之一般性界定。
	連接詞	開放式、封閉式、半開放式、其他。
	主體	元件、連接關係、功能及操作關係。
二段式請求項	結構	前言部分、特徵部分。
	解釋方法	特徵部分應與前言部分所述之技術特徵結合。
以特性界定物之請求項	特性：物理或化學特性、參數	
以製法界定物之請求項	以製造方法作為技術特徵所界定之物之請求項。 請求項中應記載該製法之製備步驟及參數條件等重要技術特徵，例如起始物、用量、反應條件（溫度、壓力、時間等）。	
	本質	製法界定物之請求項係以製法賦予特性之物之請求項。 本質在於該製法所賦予之特性。
	種類	1.請求項之唯一技術特徵為製法， 2.請求項中某一技術特徵為製法。
	前提	以製造方法以外的技術特徵無法充分界定請求項時，始得以製法界定物。
	可專利性	申請專利之標的為物，所載之製法僅為技術特徵，故其是否具備專利要件決定於該物，而非該製法。
	侵權訴訟	仍依一般請求項，應遵守全要件原則，全部技術特徵之文義被讀取或適用均等論始落入專利權範圍，包括該製法。

<table>
<tr><th colspan="3">說明書及圖式等之記載綱要</th></tr>
<tr><td rowspan="5">以功能界定物或方法請求項（含手段或步驟功能用語請求項）</td><td colspan="2">無法以結構、特性或步驟界定技術特徵，或以功能界定較為清楚，且依說明書中明確且充分揭露的實驗或操作，能驗證該功能者。</td></tr>
<tr><td>細則§19.IV規定</td><td>「複數」技術特徵組合之發明，物得以手段功能用語、方法得以步驟功能用語描述其技術特徵。解釋請求項時，應包含說明書中所敘述對應於該功能之結構、材料或動作及其均等範圍。</td></tr>
<tr><td>手段請求項之判斷</td><td>1.使用特定用語或非結構用語。
2.用語中必須記載特定功能。
3.不得記載足以達成該特定功能之完整結構、材料或動作。</td></tr>
<tr><td>明確性</td><td>1.說明書必須記載與請求項中所載之功能的對應關係。
2.說明書必須記載對應該功能之結構、材料或動作。
3.無法判斷是否為手段功能用語請求項，或欠缺前述之對應關係或對應之結構、材料或動作者，應認定請求項不明確。</td></tr>
<tr><td>解釋申請專利範圍</td><td>請求項中所載之特定功能僅能涵蓋說明書之實施方式中對應於該功能之結構、材料或動作，及具有通常知識者不會產生疑義之均等範圍（均等物或均等方法）。</td></tr>
<tr><td>以用途界定物之請求項</td><td colspan="2">應考量該用途是否隱含申請專利之物具有適用該用途之某種特定結構及/或組成；若未隱含其他技術特徵，而為目的或使用方式之描述，不生限定作用。</td></tr>
<tr><td rowspan="8">用途請求項</td><td colspan="2">將物的未知特性用於特定用途之發明，得請求該用途。</td></tr>
<tr><td rowspan="2">本質</td><td>用途請求項，為發現物之未知特性，而利用該特性於特定用途。</td></tr>
<tr><td>無論是已知物或新穎物，其特性為該物所固有，故用途請求項的本質不在物本身，而在於物之特性的應用。</td></tr>
<tr><td>用途限定</td><td>請求項之前言中之用途標的具限定作用。</td></tr>
<tr><td>區分</td><td>由請求項之記載文字區分用途請求項或物之請求項。
用途請求項之標的得為用途、應用或使用。</td></tr>
<tr><td rowspan="2">限制</td><td>不得為人類或動物之診斷、治療或外科手術方法。</td></tr>
<tr><td>瑞士型請求項（限於物質用於醫藥用途），係一種製備藥物之方法，非屬人類或動物之診斷、治療或外科手術方法。</td></tr>
</table>

說明書及圖式等之記載綱要		
摘要	內容	簡要敘明發明容，限於所欲解決之問題、解決問題之技術手段及主要用途。（細§21.I）
	限制	不得作為判斷專利要件、解釋申請專利範圍之依據（§26.III、58.V）
圖式	表現方式	應參照工程製圖方法以墨線繪製清晰。
	附記內容	圖式應註明圖號及符號。
	作用	設計專利權範圍以圖式為準。（§136.II）
		解釋發明、新型申請專利範圍時，得審酌說明書及圖式。（§58.IV）

專利制度旨在鼓勵、保護、利用發明、新型及設計之創作，以促進產業發展（專§1）。發明經由申請、審查程序，授予申請人專有排他之專利權，以鼓勵、保護其發明。另一方面，在授予專利權時，亦確認該發明專利之保護範圍，使公眾能經由說明書之揭露得知該發明內容，進而利用該發明開創新的發明，促進產業之發展。為達成前述立法目的，端賴說明書應明確且充分揭露申請專利之發明，使該發明所屬技術領域中具有通常知識者（以下簡稱「具有通常知識者」）能瞭解該發明之內容，並可據以實現（專§26.I），以作為公眾利用之技術文獻；且申請專利範圍應明確界定申請專利之發明的技術範圍，且必須為說明書所支持（專§26.II），以作為保護專利權之法律文件。因此，摘要及申請專利之必要文件說明書、申請專利範圍及必要之圖式等均必須符合專利法及其施行細則所定之形式要件及實體要件（專§26）。

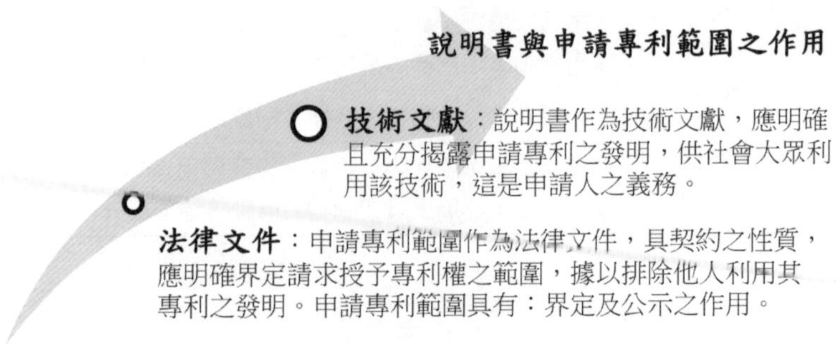

說明書與申請專利範圍之作用

技術文獻：說明書作為技術文獻，應明確且充分揭露申請專利之發明，供社會大眾利用該技術，這是申請人之義務。

法律文件：申請專利範圍作為法律文件，具契約之性質，應明確界定請求授予專利權之範圍，據以排除他人利用其專利之發明。申請專利範圍具有：界定及公示之作用。

圖5-1　說明書與申請專利範圍之作用

說明書、申請專利範圍、圖式及摘要（現行法定為四件獨立文件，舊法係將說明書、申請專利範圍及摘要合併為一文件）之記載應依專利法、專利法施行細則及規定之格式記載之，其記載形式屬於新型形式審查及發明實體審查之內容。說明書、申請專利範圍及摘要技術用語及符號應一致；且應以打字或印刷為之（細§22）。

5.1.1　說明書

發明專利說明書包括七個部分：1.發明名稱；2.技術領域；3.先前技術；4.發明內容；5.圖式簡單說明；6.實施方式；7.符號說明（細§17.I）。說明書應於各段落前，以置於中括號內之連續四位數之阿拉伯數字編號依序排列，以明確識別每一段落（細§17.III）；例如【0001】、【0002】、【0003】……。此外，申請生物材料或利用生物材料之發明專利，其生物材料已寄存者，應於說明書載明寄存機構、寄存日期及寄存號碼（細§17.V）。發明專利包含一個或多個核苷酸或胺基酸序列者，說明書應包含依專利專責機關訂定之格式單獨記載之序列表，並得檢送相符之電子資料（細§17.VI）。說明書應依發明名稱、技術領域、先前技術、發明內容、圖式簡單說明、實施方式、符號說明之順序及方式撰寫，並附加標題；但發明之性質以其他方式表達較為清楚者，得以其他方式表達（細§17.II）。

1. 發明名稱，應簡明表示申請專利之發明內容，不得冠以無關之文字。發明名稱之記載非關申請專利範圍，不得作為解釋申請專利範圍之基礎。記載發明名稱之目的在於簡明表示創作內容，而非判斷申請專利範圍，其應記載申請標的，並完整反映其範疇（category），例如物或方法。發明名稱不得包含非技術用語及模糊籠統之用語，或僅記載「物」、「方法」或「裝置」等。
2. 技術領域，應為申請專利之發明所屬或直接應用的具體技術領域，並非上一階的領域或發明本身。
3. 先前技術，應記載申請人所知之先前技術，並客觀指出其中所存在的問題或缺失，並得檢送該先前技術之相關資料。
4. 發明內容，包括發明所欲解決之問題、解決問題之技術手段及對照先前技術之功效；應以綜合形式記載該三部分內容及三者之間的對應關係。
5. 圖式簡單說明，發明有圖式者，應以簡明之文字依圖式之圖號順序說明圖式。

6. 實施方式（embodiments），應記載至少一個實施發明之方式，必要時，得以實施例（working examples）說明之；有圖式者，應參照圖式。
7. 符號說明，發明有圖式者，應以簡明之文字依圖號或符號順序列出圖式之主要符號，並加以說明。發明無圖式者，其「圖式簡單說明」及「符號說明」二項欄位可填寫「無」。
8. 若生物材料已寄存者，應於說明書載明寄存機構、寄存日期及寄存號碼。申請前已於國外寄存機構寄存者，並應載明國外寄存機構、寄存日期及寄存號碼。
9. 發明專利包含一個或多個核苷酸或胺基酸序列者，說明書應包含依專利專責機關訂定之格式單獨記載之序列表，並得檢送相符之電子資料。（屬於說明書之一部分，但得為一獨立部分）。

5.1.2 申請專利範圍

申請專利範圍中得包括一項以上之請求項，分項記載申請專利之發明（專§26.II）；請求項為決定是否符合專利要件、提起舉發或主張專利權等的基本單位。

一、請求項之範疇

請求項得區分為二種範疇：物之請求項及方法請求項。物之請求項，申請標的包括物質、組成物、物品、設備、裝置及系統等。方法請求項，申請標的包括製造方法及處理方法（例如殺蟲方法、消毒方法或檢測方法等）。

原則上，請求項所載之技術特徵（features）應以結構（適於物之請求項）或步驟（適於方法請求項）表現，作為限定條件（limitation）；如以純物質為申請標的時，應以化學名稱或分子式、結構式界定其申請專利範圍；若無法以化學名稱、分子式或結構式界定時，得以物理或化學性質界定；若仍無法以物理或化學性質界定時，得以製造方法界定。請求項中應記載申請標的之技術特徵，界定申請人請求授予專利權之範圍，使具有通常知識者足以認定該申請標的與先前技術之區別。

發明專利分為物之發明及方法發明二種，以「應用」、「使用」或「用途」為標的名稱之用途發明，指物的新用途，視同方法發明。用途發明，可以表現為物之請求項、方法請求項及用途請求項，用途請求項視同方法請求項，詳見後述。

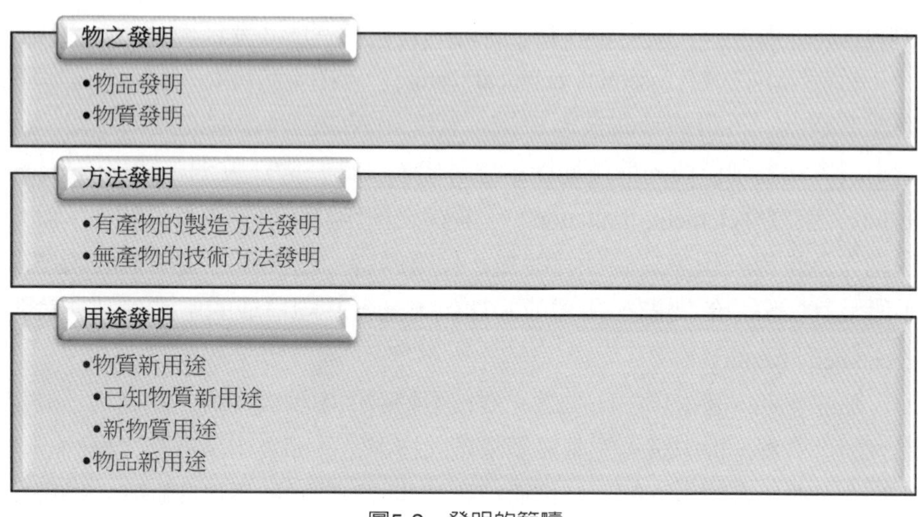

圖5-2　發明的範疇

形式上為用途的請求項，如「物質X作為殺蟲劑之應用」，應視為相當於方法請求項「利用物質X殺蟲的方法」，其申請標的並非殺蟲劑；而「物質X於製備治療疾病Y之醫藥組成物的應用」，應視為「用物質X製備治療疾病Y之醫藥組成物的方法」，其申請標的並非醫藥組成物。

二、請求項之類型

依性質之差異，請求項記載形式分為獨立項及附屬項。獨立項及附屬項僅在記載形式上有差異，對於申請專利範圍實質內容的認定並無影響，每一項請求項皆可各自界定其範圍。

(一) 獨立項

獨立項（independent claim），指一請求項本身已完整描述發明技術而能獨立存在之請求項。申請專利範圍中之請求項項數應配合申請內容，不適於以一項獨立項表示者（例如申請專利之創作包含物及方法），得記載一項以上的獨立項（專§26.II、細§18.I）。

獨立項應敘明申請專利之標的名稱及申請人「主觀」所認定之發明之必

要技術特徵，以呈現申請專利之創作的整體技術手段（細§18.II）。前者，指定標的名稱，應反映該標的之技術領域及範疇；後者，應敘明該發明解決問題不可或缺的必要技術特徵（依最少特徵原則），具體記載申請專利之發明的整體技術手段，即申請專利之標的的實質內容係必要技術特徵所構成。

必要技術特徵（essential technical feature），指申請專利之創作為解決問題「客觀上」不可或缺的技術特徵；其總和構成創作整體的技術手段，而為申請專利之創作與先前技術比對之基礎。技術特徵（歐洲專利稱technical feature；美國稱element, limitation），於物之創作為結構特徵及其關係；於方法創作為步驟、順序及條件等特徵。技術內容，為技術特徵所構成的技術手段及其所解決的問題、所達成的功效，三者共同構成的申請專利之發明（claimed invention）。

應注意者，請求項中所載之必要技術特徵係申請人主觀之認定，不一定為客觀之事實，但申請人記載於請求項之技術特徵即為申請專利之標的的限定條件，即使客觀事實顯示該技術特徵並非解決問題所不可或缺者，仍符合前述細則之規定。再者，因請求項記載係申請人的責任，嗣後申請人（即專利權人）不得主張其中某些技術特徵非屬必要，而應予以忽略，據以擴大其專利權範圍。

(二)附屬項

附屬項（dependent claim），係引用排序在前之另一請求項，其內容包含所引用之請求項中所有技術特徵，並另外增加技術特徵，進一步限定被依附之請求項。被依附之請求項可以是獨立項，也可以是附屬項，或引用記載形式之請求項。

附屬項應敘明所依附之請求項項號、標的名稱及所依附請求項以外之技術特徵，其依附之項號並應以阿拉伯數字為之。為瞭解相關請求項之依附關係，附屬項無論是直接或間接依附，均必須以最適當的方式群集在一起，排列在所依附之獨立項之後，另一獨立項之前。

解釋附屬項時，應包含所依附請求項之所有技術特徵，故其界定之範圍必然落在被依附之請求項的範圍內。當被依附之請求項（無論是獨立項或附屬項）具相對要件（新穎性或進步性等），其附屬項即具相對要件；惟若附屬項為多項附屬項，有可能不適用前述邏輯關係，例如，請求項1及2為獨立項，請求項3依附於請求項1或2，當請求項1不具進步性、請求項2具進步性，請求項3依附於請求項1之部分不具進步性，即使請求項3依附於請求項2之部分具進步性，仍應認定請求項3不具進步性。此外，被依附之請求項與其附屬項專利要件之判斷基準日不同，或是絕對要件的爭執，亦不適用前述邏輯關係，亦即可能附屬項不符合要件，而被依附項符合要件。例如，獨立項所界定之發明並無不明確，而其附屬項因用語或依附關係不明確，以致附屬項不明確。又如，獨立項以技術特徵為A，而附屬項之附加技術特徵為B，經還原，附屬項之技術特徵為A+B。若獨立項之申請日為7月1日、優先權日為1月1日，附屬項無優先權日，先前技術甲之技術特徵為A+B，公開日為3月1日，對照先前技術甲，應認定獨立項符合專利要件，而附屬項不具新穎性。

為了避免重複記載同一事項，附屬項採用引用記載方式，明確區分附屬項與被依附項所屬之技術特徵，易於認定其申請專利範圍，例如下列之請求項2及3。

1. 一種製造化合物A之方法，……其反應壓力為1-2atm，反應溫度為50-100℃。
2. 如申請專利範圍第1項之方法，其中反應溫度為80℃。（單項附屬項）
3. 如申請專利範圍第1或2項之方法，其中反應壓力為1.5atm。（多項附屬項）

附屬項之記載應包含依附部分及限定部分：

a. 依附部分：敘明被依附之請求項的項號及申請標的名稱；

b .限定部分：敘明附加的技術特徵。

附屬項之附加技術特徵分為下列二種態樣，判斷上，得以附加技術特徵是否附加功能予以認定其所屬態樣，未外加功能者屬詳述式，外加功能者屬附加式：

a. 下位概念之詳述式：將被依附之請求項全部技術特徵包含在內，並針對被依附之請求項中部分技術特徵作下位概念限定。
b. 進一步限定之附加式：將被依附之請求項全部技術特徵包含在內，並增加被依附項原本未包含的技術特徵，作進一步限定。

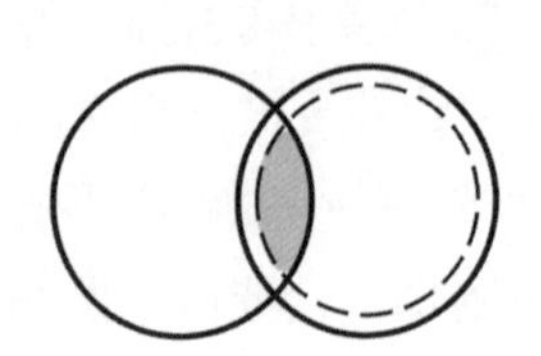

實線圖為被依附項技術特徵範圍
虛線圓為詳述式技術特徵範圍
灰色梭形區域為附屬項界定範圍

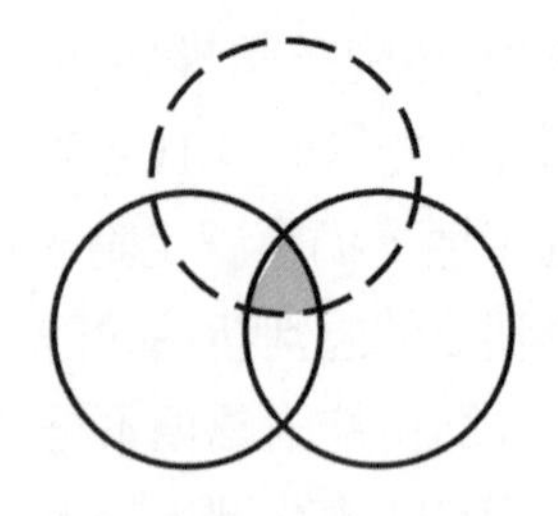

實線圖為被依附項技術特徵範圍
虛線圓為附加式技術特徵範圍
灰色三角區域為附屬項界定範圍

圖5-3　附屬項界定之範圍

(三)引用記載形式之請求項

為避免重複記載相同內容，使請求項之記載明確、簡潔，得以引用排序在前之另一請求項的方式記載獨立項。引用記載形式之請求項雖然具有附屬項之記載形式，但因範疇不同、標的名稱不同或未包含所引用之請求項中所有技術特徵，則實質上應解釋為獨立項，不因其記載形式而有判斷上之差異，亦即回歸以實質內容之認定方式。引用記載形式之請求項與其他獨立項分屬不同創作，各獨立項之間應符合單一性規定。對於引用記載形式之獨立項，雖然專利法及其施行細則並未特別予以規定，由於其與附屬項同屬引用記載形式，理論上應準用施行細則中有關附屬項記載形式之規定，但實務上仍將其視為獨立項，而不適用附屬項之記載形式，例如專利法施行細則第18條第5項所定：「多項附屬項間不得直接或間接依附」，引用記載形式之請求項，並無此限制。

引用記載形式之請求項例示如下：

a. 引用另一不同範疇之請求項，例如下列請求項2：

1. 一種化合物A，……。
2. 一種如請求項1之化合物A的製造方法，……。

b. 引用另一請求項中之協同部分（co-operating part），例如下列請求項2：

1. 一種具有特定形態之公螺牙之螺栓，……。
2. 一種配合請求項1之螺栓而具有該特定形態之母螺牙之螺帽，……。

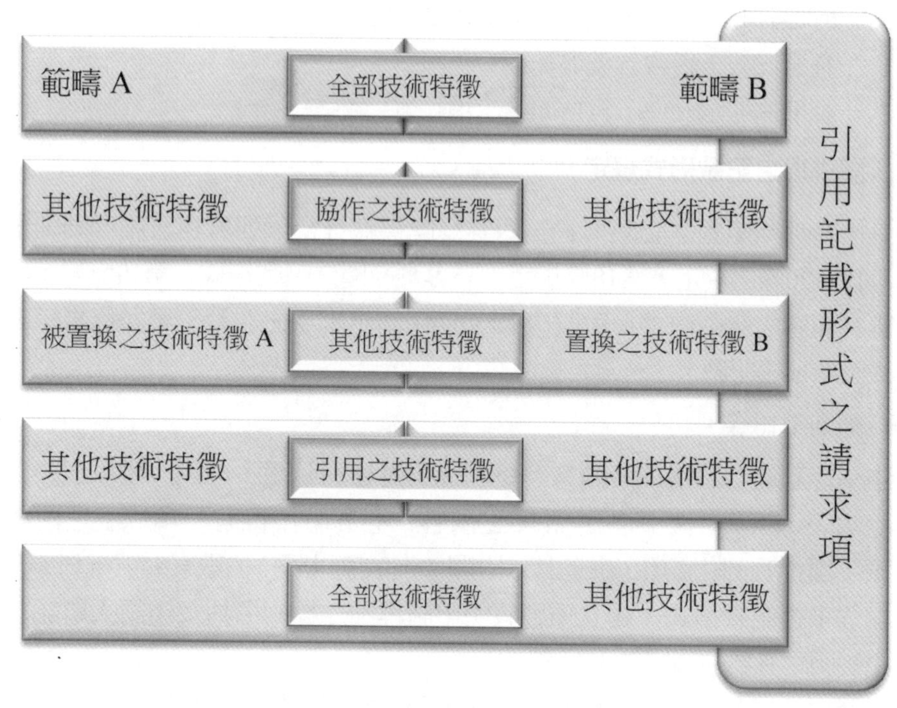

圖5-4　引用記載形式之請求項的種類

c. 替換另一請求項中之部分技術特徵，例如下列請求項2：

1. 一種輸送裝置，具有齒輪驅動機構……。
2. 一種如請求項1之輸送裝置，具有皮帶驅動機構以替代齒輪驅動機構。

d. 引用另一請求項中之部分技術特徵，例如下列請求項2或2'：

1. 一種影像監視系統，具有紅外線感應器……。
2. 一種如請求項1之紅外線感應器，包含紅外線發射元件，距離量測元件……。

1'. 一種……，……培養菌……。

2'. 一種製造乙醇之方法，包含將澱粉醣與請求項1中之培養菌接觸，係在下列之條件……。

e. 引用另一請求項中之全部技術特徵，而二項之標的名稱不同但屬同一範疇者，又稱次組合（sub-combination）之引用，例如下列請求項3或2'：

1. 一種具有特定形態之公螺牙之螺栓，……。
2. 一種配合請求項1之螺栓而具有該特定形態之母螺牙之螺帽，……。

3. 一種如請求項1項所述螺栓及請求項2所述螺帽所組成之鎖緊裝置。

1'. 一種背光板，包含一玻璃基板……。

2'. 一種液晶顯示元件，包含如請求項1之背光板。

三、請求項之記載形式規定

申請專利範圍之記載形式、內容及解釋應符合下列專利法施行細則第18、19、20條之規定，第18條規定申請專利範圍之記載格式，第19條規定申請專利範圍之記載內容及手段/步驟功能用語請求項之記載，第20條規定二段式請求項之記載。

(一) 細則第18條：

1. 申請專利範圍之構成及內容：發明之申請專利範圍，得以一項以上之獨立項表示；其項數應配合發明之內容；必要時，得有一項以上之附屬項。獨立項、附屬項，應以其依附關係，依序以阿拉伯數字編號排列。
2. 獨立項之記載格式：獨立項應敘明申請專利之標的名稱及申請人所認定之發明之必要技術特徵。
3. 附屬項之記載格式及解釋方法：附屬項應敘明所依附之項號，並敘明標的名稱及所依附請求項外之技術特徵，其依附之項號並應以阿拉伯數字為之；於解釋附屬項時，應包含所依附請求項之所有技術特徵。
4. 多項附屬項之意義及其限制：依附於二項以上之附屬項為多項附屬項，應以選擇式（「或」的意思）為之。
5. 附屬項之依附關係及其限制：附屬項僅得依附在前之獨立項或附屬項。但多項附屬項間不得直接或間接依附。
6. 單句原則之限制：獨立項或附屬項之文字敘述，應以單句為之。

(二) 細則第19條：

1. 請求項內容之限制：請求項之技術特徵直接引述說明書之行數、圖式或圖式之元件符號者，稱「綜合性請求項」（omnibus claim），其可能導致請求項不明確，故規定「除絕對必要外，不得以說明書之頁數、行數或圖式、圖式中之符號予以界定」。「除絕對必要外」之條件，並非完全禁止。若發明涉及之特定形狀僅能以圖形界定而無法以文字表示時，或化學產物發明之技術特徵僅能以曲線圖或示意圖界定時，請求項得記載

「如圖……所示」等類似用語。

2. 符號之記載及其解釋：請求項之技術特徵得引用圖式中對應之符號，該符號應附加於相應之技術特徵後，並置於括號內；符號不得作為解釋請求項之限制。
3. 公式及插圖之記載：請求項得記載化學式或數學式，不得附有插圖（請求項中得有表格（table）、圖形（graph））。表格通常可列於請求項中，SPLT草案即規定請求項中不得包含圖式，但可包含表格及圖形。若說明書內文無法記載化學式、數學式或表等技術內容，得加註如式一、表一等編號說明，記載於說明書之最後部分；若無法記載於說明書，得依圖式之相關規定記載於圖式中，惟應註明如圖一、圖二等圖號。
4. 手段或步驟功能用語請求項：複數技術特徵組合之發明，其請求項之技術特徵，得以手段功能用語或步驟功能用語表示。於解釋請求項時，應包含說明書中所敘述對應於該功能之結構、材料或動作及其均等範圍。

(三)細則第20條：

1. 二段式請求項之記載格式：獨立項之撰寫，以二段式為之者，前言部分應包含申請專利之標的名稱及與先前技術共有之必要技術特徵；特徵部分應以「其特徵在於」、「其改良在於」或其他類似用語，敘明有別於先前技術之必要技術特徵。所稱「與先前技術共有之必要技術特徵」，係指記載於前言部分之技術特徵應為申請人主觀認定已見於先前技術者，並非申請人創作重點之所在的新穎特徵。
2. 二段式請求項之解釋方法：解釋獨立項時，特徵部分應與前言部分所述之技術特徵結合；而非限於特徵部分中所載之新穎特徵。

獨立項（專施18.I）
- 應敘明申請專利之標的名稱及申請人所認定之發明的必要技術特徵。

附屬項（專施18.II）
- 應敘明所依附之項號，並敘明標的名稱及所依附請求項外之技術特徵。
- 其依附之項號應以阿拉伯數字為之。
- 解釋附屬項時，應包含所依附之請求項所有技術特徵。

請求項之技術特徵（專施19.I/II）
- 除絕對必要外，不得以說明書之頁數、行數或圖式、圖式中之符號作為技術特徵予以界定。
- 得引用圖式中對應之符號，該符號應附加於對應之技術特徵之後，並置於括號內；該符號不得作為解釋請求項之限制。
- 請求項得記載化學式、數學式、表格或圖形，但不得附有插圖。

圖5-5　請求項之記載形式

四、申請專利範圍之解釋

申請專利範圍之撰寫，是以有限的文字、用語界定申請人所認定的創作內容。申請專利範圍係界定發明專利權範圍之基礎，申請專利範圍中之請求項係主張專利權及審查申請案是否具備專利要件的基本單元。申請標的應以請求項中所載之所有技術特徵予以界定。附屬項或引用記載形式之請求項的技術內容應包含被依附或被引用之請求項中被依附或被引用之技術特徵。

(一) 基本概念

1. 法律依據

申請發明專利，係以申請專利範圍明確界定專利權範圍，作為排除他人未經其同意實施其專利權之法律文件。專利法第58條第4項規定：「發明專利權之範圍，以申請專利範圍為準，於解釋申請專利範圍時，並得審酌說明書及圖式。」雖然申請專利之發明是具體的技術構思，申請專利範圍仍得就申請專利之發明作總括性的界定，不必限制在具體的實施方式或實施例，且由於文字、用語本身的抽象性及多義性、申請人運用文字、用語的主觀性及申請人自己作為詞彙編纂者（lexicographer）等因素，以有限的文字、用語難以明確、完整描述發明內涵，故透過專利說明書或圖式等內、外部證據確認申請專利範圍中所載之技術的實質內容，實有其必要。

2. 目的

解釋申請專利範圍是探求申請專利當時申請人對於申請專利範圍中所賦予的客觀意義（以具有通常知識者為判斷主體），而非申請人自己的主觀意義。依專利法第58條第4項規定，解釋申請專利範圍應以申請專利範圍為基礎，說明書及圖式等為輔助資料。實務操作上，解釋申請專利範圍是以申請專利範圍之文字、用語為核心，在不違背該文字、用語之本意的前提下，參考說明書及圖式、申請歷史檔案等內、外部證據，確認申請專利範圍所合理界定的範圍。內部證據及外部證據均只是作為解釋申請專利範圍的輔助資料，不得作為界定申請專利範圍的依據而增、刪申請專利範圍中所載之技術特徵。惟此原則之運用不宜僵化，而將專利權範圍僅限於申請專利範圍中所載之文字、用語，反而應靈活運用內、外部證據，確認申請專利範圍所合理界定的範圍。

3. 專利法第58條第4項之意義

說明書之作用，係揭露申請人已完成之創作，以取得先占該技術範圍之地位；申請專利範圍之作用，係界定申請人請求授予專利權之範圍。基於先占及「大發明大保護，小發明小保護，沒發明不保護」之法理，先占範圍的大小決定保護範圍的大小，未曾先占任何範圍，不宜給予任何保護。申請專利範圍可以請求說明書所揭露之全部內容，或僅請求其部分內容，或具有通常知識者由說明書所揭露之內容可合理預測或延伸之內容，但申請專利範圍不得超出說明書所揭露之內容。

依專利法第58條第4項規定，申請專利範圍的解釋應以「申請專利範圍」為準，但必須從「說明書及圖式」所載之內容理解申請專利之發明，據以確定專利權範圍，無論申請專利範圍是否明確；而非單從「申請專利範圍」理解申請專利之發明，決定其內容是否明確。換句話說，「以申請專利範圍為準」並非指專利權範圍之確定完全取決於申請專利範圍（此為極端的周邊限定主義），無論申請專利範圍是否明確；亦非指只要申請專利範圍本身並無不明確，則無審酌說明書或圖式之必要。因為即使申請專利範圍本身明確，對照說明書所載申請專利之發明仍可能產生不明確或不被說明書所支持，而超出說明書所揭露之內容。

前述見解與中國最高人民法院的見解不謀而合，該法院於2009年12月28日以法釋〔2009〕21號公告「最高人民法院關於審理侵犯專利權糾紛案件應用法律若干問題的解釋」[15]第2條：「人民法院應當根據權利要求的記載，結合本領域普通技術人員閱讀說明書及附圖後對權利要求的理解，確定專利法第五十九條第一款規定的權利要求的內容。」該規定準確地指出解釋申請專利範圍的正確意義。

4. 解釋原則

申請專利範圍之解釋應以請求項中所載之文字為基礎，並得審酌說明書、圖式及申請時之通常知識。解釋申請專利範圍，原則上應給予載於請求項中之用語最廣泛、合理且與說明書一致之解釋（最寬廣合理解釋之原則）。對於請求項中之用語，若說明書中另有明確揭露之定義或說明時，應以該定義或說明為準（申請人得為辭彙編纂者原則）；對於請求項中之記載有疑義而需要解釋時，則應一併考量說明書、圖式及申請時之通常知識（以具有通常知識者為判斷主體）。

審查過程中，係在請求項為說明書所支持的前提下，賦予請求項具有通常知識者所認知最寬廣合理的解釋。由於申請人在申請專利的過程中可以修正請求項，賦予請求項最寬廣合理的解釋可以減少取得專利權後該專利權範圍被不當擴大解釋。在最寬廣合理的解釋原則之下，請求項用語應賦予其字面意義（plain meaning），除非此意義與說明書不一致。字面意義，指具有通常知識者於完成發明時所賦予該用語的通常習慣意義（ordinary and customary meaning）。請求項用語的通常習慣意義得依請求項本身、說明書、圖式及先前技術等佐證說明之；惟最寬廣合理的解釋僅具有推定之效果，申請人主張該用語於說明書中已有不同的定義者，可推翻之。

應注意者，申請專利範圍的解釋有二種，行政機關於申請案之審查程序中所採用的解釋，及司法機關於侵害專利權之民事訴訟程序中所採用的解釋，二者並不完全相同，前者係以「最寬廣合理的解釋」為原則，後者係以「客觀合理的解釋」為原則。本節僅就「最寬廣合理的解釋」原則予以說明。

[15] 中國最高人民法院於2009年12月21日審判委員會第1480次會議通過「最高人民法院關於審理侵犯專利權糾紛案件應用法律若干問題的解釋」，自2010年1月1日起施行。

(二)解釋方法

申請專利範圍就像契約，是由文字所構成，契約均有文字抽象性與多義性的問題，解釋申請專利範圍得借用契約或法規的解釋方法：

1. 文義解釋，係以法條字面上的一般語意概念為範圍的解釋方法。就申請專利範圍而言，是直接從申請專利範圍中所載之文字的字面意義予以解釋。
2. 體系解釋，係以法條在法律體系上之地位，依其章節條款之關聯性或相關法條之法意，闡明其規範意旨的解釋方法。申請專利範圍是由複數個請求項所構成；每個請求項所載之技術特徵構成一技術手段；該技術手段再加上說明書中所載之問題及功效，構成申請專利之創作的整體技術內容。前述之問題、手段、功效，及技術特徵、技術手段、技術內容，構成申請專利之創作的體系，解釋申請專利範圍時，可審酌申請專利範圍、說明書及圖式中所載之問題、手段、功效等，闡明申請專利範圍所界定之實質內容。
3. 歷史解釋，參考立法過程之歷史背景資料，據以判斷法條意旨的解釋方法。就申請專利範圍而言，是運用申請歷史檔案，包括專利之申請、維護或訴訟過程中申請人的修正、申復及答辯內容，探求申請人在申請日當時對於申請專利範圍所賦予的客觀意義予以解釋。
4. 目的解釋，探求法律制定時所作的價值判斷，以其所欲實踐之目的為準的解釋方法。就申請專利範圍而言，是運用內部證據中說明書及圖式內容，由所欲解決之問題或達成之功效等解釋申請專利範圍的真正意義。

圖5-6 專利權範圍解釋方法

圖5-7 專利權範圍解釋理論

專利法第58條第4項所定「申請專利範圍為準」、「並得審酌說明書及圖式」，前者可對應文義解釋，後者可對應目的解釋。雖然專利法未明定，實務上，專利申請、維護過程中的申請歷史檔案亦可以作為解釋之基礎，即為歷史解釋。此外，依技術特徵、各請求項之異同及複數個請求項所構成之申請專利範圍，亦可以作為解釋之基礎，即為體系解釋。

(三)基本理論

國際上，有關取得專利權後申請專利範圍的解釋，分為三派：周邊限定主義、中心限定主義及折衷主義。

1. 周邊限定主義，指專利權範圍完全取決於申請專利範圍中之文字，申請專利範圍中以文字所載之技術特徵，即為專利權人所主張之專利權範圍的周邊界限，侵權行為必須完全實施申請專利範圍中所載之每一個技術特徵，始落入專利權範圍，專利權人不得藉任何方式擴張專利權範圍。周邊限定主義偏重文義解釋，以從前的美國、英國為代表。
2. 中心限定主義，指專利權保護範圍係以申請專利範圍中所載之技術構思為中心向外作一定範圍的技術延伸。中心限定主義偏重目的解釋，以從前的德國、荷蘭、日本為代表。
3. 折衷主義，排除前述二種極端的觀點，主張專利權範圍係由申請專利範圍之實質內容所決定，而非完全取決於申請專利範圍中之文字。當今世界大多採折衷主義，我國亦屬之，靈活運用文義解釋及目的解釋，而不偏向任何一種解釋。折衷主義首次揭示於1973年歐洲專利公約第69條第1

項（及其議定書）：「歐洲專利或歐洲專利申請案的保護範圍由申請專利範圍之內容予以確定，得以說明書及圖式解釋申請專利範圍。」

(四)組合式請求項

組合式請求項（combination type claim）之典型結構為：前言（Preamble）+連接詞（Transition）+主體（Body）。

1. 前言

請求項中之前言應記載申請標的名稱，並反映技術領域及範疇；若為組合式請求項，尚須列舉或界定被請求之主要技術特徵。前言內容之長、短端視請求項之撰寫形式而定，二段式請求項之前言相對較長，但對於大部分請求項，前言只要針對申請之組合賦予一般性界定（general definition），並配合記載於主體中之技術特徵，彼此應一致而無矛盾，並構成一個整體。

原則上，前言並無限定作用；惟若為理解整個請求項內容，前言對請求項之技術特徵予以限定，或前言賦予請求項「生命、意義及活力」（life, meaning and vitality）而為不可或缺者（申言之，即包括必要技術特徵），則前言應作為解釋申請專利範圍的一部分。

前言是否具限定請求項之作用，應依個別案情之事實決定：a.前言內容界定結構，前言中限定申請專利之創作的結構特徵必須作為請求項之限定條件。b.前言內容記載目的或用途（purpose, intended use）之一般性界定，若請求項之主體中已完整記載申請專利之創作的所有限定條件，而前言僅記載創作目的或所主張之用途而非明確的限定條件者，則前言不被認為具限定作用。

美國聯邦法院定義了前言中之記載具有限定效果的指引，即前述「生命、意義、活力」之判斷基準：

(1) 吉普森式請求項之前言。

(2) 主體中所載之技術特徵的前置基礎記載於前言。

(3) 理解主體中所載之技術特徵必須藉助前言。

(4) 說明書強調前言之限定的重要性。

(5) 申請過程中以前言迴避先前技術的核駁。

2. 連接詞

請求項中所載之創作為元件、成分或步驟之組合者，這種組合式請求項需要一個連接詞介於前言與主體之間。連接詞有開放式、封閉式、半開放式及其他四種表達方式：

(1) 開放式

開放式（open-ended）連接詞，如「包含」或「包括」（comprising、containing、including）、「其特徵在」（characterized by，characterized in that）等，係表示元件、成分或步驟之組合中所列舉者為主要元件、成分或步驟，但不排除外加其他未記載的元件、成分或步驟。

(2) 封閉式

封閉式（closed-ended）連接詞，如「由…組成」或「由…構成」（consisting of）等，係表示元件、成分或步驟之組合中僅限於請求項中所載之元件、成分或步驟，除通常與其結合之雜質外，不得外加未記載之元件、成分或步驟。

(3) 半開放式

半開放式連接詞介於開放式與封閉式之間，如「基本上（或主要、實質上）」由…組成（consisting essentially of）等，係表示元件、成分或步驟之組合中不排除請求項中未記載，但說明書中有記載實質上不會影響申請標的之基本特性及新穎特性的元件、成分或步驟。

(4) 其他

若以其他連接詞撰寫請求項，則須參照說明書上、下文意，依個案予以認定。「構成」（composed of）、「具有」（having）、「係」（being）等連接詞究竟屬於開放式、封閉式或半開放式連接詞，應參照說明書上、下文意，依個案予以認定。

3. 主體

主體，係記載構成申請標的之元件、成分或步驟等技術特徵及其連接關係等。請求項所涵蓋的範圍主要係由主體中所載之技術特徵所界定，其記載內容通常包含後述事項：

(1) 元件：組合發明之構成元件或其細部零件（parts）的詳細描述，包括元件、元件之構成及細節特徵等。

(2) 連接關係：元件與元件之間在結構、物理或功能上的相互關係（correlation）、連接關係（connection）或如何共同作動的描述，包括功能及操作等。請求項中未記載各元件相互關係或連接關係之請求項僅為元件之集合（aggregation），難謂申請標的為一組合物。

(3) 功能及操作關係：主體是記載構成申請專利之標的的技術特徵，不允許目的或功效之陳述。惟對於各技術特徵在可操作的組合（例如機器）中所發揮的功能，得以用語或子句等描述特定元件可以作什麼、如何作動或協同另一元件等，例如「……拔除毛髮之螺旋彈簧……」、「……馬達與該螺旋彈簧連結並驅動其旋轉……」，其所涵蓋的範圍應以具有通常知識者所能想像的結構特徵為限。

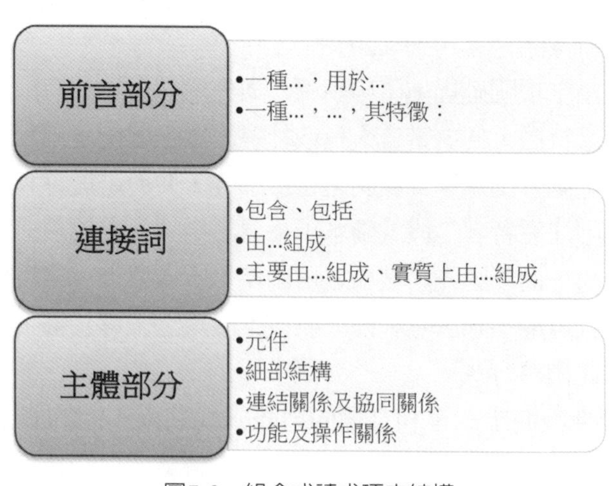

圖5-8　組合式請求項之結構

(五) 二段式請求項

為使公眾更明確瞭解獨立項，並明確、簡潔區分申請專利之標的與先前技術共有之必要技術特徵及有別於先前技術之必要技術特徵，獨立項得以二段式請求項（two-part form）（或稱吉普森式請求項Jepson type claim，歐洲式請求項European type claims）之形式撰寫：

1. 前言部分：應包含申請專利之標的及與先前技術共有之必要技術特徵。
2. 特徵部分：應以「其特徵在於」或其他類似用語，如「其改良在於」、「其改良為」、「其特徵為」、「其改良包含」（characterized by；characterized in that；wherein the improvement comprises；the improvement comprising）等連接詞引領後續有別於先前技術之必要技術特徵。

二段式請求項適用於改良發明，將新的技術特徵或經改良的技術特徵加到已知的組合，其前言部分中通常得相當寬廣地描述最接近申請標的之單一先前技術的已知技術特徵，適當時，甚至可以不必記載已知技術特徵之結合或連結關係。在連接詞之後的主體部分，應描述新技術特徵及其彼此間之結合或連結關係，以及新技術特徵與前言部分中之已知技術特徵間之結合或連結關係。以手錶之發明為例，前言部分所載之必要技術特徵，僅須記載與申請標的密切相關的共有部分，其改良特徵在於日期顯示窗，前言部分僅須記載「一種具有日期顯示窗的手錶……」，無須提及手錶其他已知的共有特徵，如指針、動力來源等。然而，解釋二段式請求項，特徵部分應與前言部分所述之技術特徵結合。（細§20）

吉普森式請求項明確描述了申請標的與先前技術之共有部分，又主張了申請標的的新穎特徵，便於審查人員或社會大眾瞭解申請專利之創作的實質內容，並清楚地劃分出專利權範圍之特徵部分，便於維護專利或侵權訴訟階段之攻防。惟應注意者，二段式請求項隱含了申請人自認前言中所載之技術特徵為先前技術，而為該先前技術之再創作，不僅有被追索授權金或損害賠償金之風險，且可能不利於專利權人嗣後維護及主張專利權，居於申請的立場，盡量少用此撰寫方式。

特徵部分應敘明申請專利之標的與該先前技術不同的必要技術特徵，包括所附加的新技術特徵、經修飾的已知技術特徵或已知技術特徵之間新的連接關係或交互作用。前言中可以不描述所載之已知技術特徵之間的連接關係，只須在特徵部分中描述所載之新技術特徵之間的連接關係，並描述其與前言中所載之已知技術特徵之間的連接關係，以表達其間的交互作用即足。對於同一技術特徵，不得於前言部分及特徵部分重複記載，僅得就前言部分已記載之技術特徵作進一步限定，並記載其與前言部分中之技術特徵之間的關係。

(六)特性界定物之請求項

對於物之發明，例如化學物質之發明，一般係以化學名稱或分子式、結構式予以界定，若無法以化學名稱或分子式、結構式等結構特徵界定請求項時，得以其物理或化學特性等（如熔點、分子量、光譜、PH值等）予以界定。請求項以特性界定發明時，該特性必須是該發明所屬技術領域中常用且明確的特性（如直接量測之鋼的彈性係數、電的傳導係數等）；若該特性必須使用新的參數時，則該參數必須能使其所界定之物與先前技術有區別，且應於說明書中記載該參數的量測方法。

(七)製法界定物之請求項

製法界定物之請求項，指以製造方法作為技術特徵界定物之請求項，包括以製造方法界定該物，及以製造方法界定該物之構成元件。例如「一種依請求項1之方法製得之模製內層鞋底。」、「一種電阻器，包含：a.陶瓷內芯；b.經由分解烴類氣體使碳沉積於內芯上形成碳被覆層；c.導電金屬帶……。」

對於物之發明，若以製造方法以外的技術特徵無法充分界定申請專利之發明時，始得以製法界定物之發明。以製法界定物之請求項，應記載該製法之製備步驟及參數條件等重要技術特徵，例如起始物、用量、反應條件（如溫度、壓力、時間等）。

以製法界定物之請求項，其申請專利之發明應為請求項中所載之製法所賦予特性之物本身，亦即以製法界定物之請求項，其是否具備專利要件並非由製法決定，而係由該物本身決定。若請求項所載之物與先前技術中所揭露之物相同或屬能輕易完成者，即使先前技術所揭露之物係以不同方法所製得，該請求項仍不得予以專利。例如請求項中所載之發明為方法P（步驟P1、P2、……及Pn）所製得之蛋白質，若以不同的方法Q所製得的蛋白質Z與所請求的蛋白質名稱相同且具有由方法P所得之相同特性，且蛋白質Z為先前技術時，則無論申請時方法P是否已經能為公眾得知，所請求的蛋白質喪失新穎性。

以製法界定物之請求項，該製造方法是否構成解釋申請專利範圍之技術特徵（限定專利權範圍之條件），有二種解釋方法。

1. 製造方法非限定條件

原則上，製法界定物之請求項的專利權範圍，應限於申請專利範圍中所載之製造方法所賦予特性的終產物本身，而非該製造方法。因製法界定物之請求項的申請標的為物，享有絕對的保護，解釋請求項時，只論究標的是否相同，不論限定標的之製造方法是否相同，故請求項應不受其製造方法之限定。然而，解釋請求項時，必須審酌說明書中所載該製法所賦予之特性，包括功能或性質等，亦即將請求項中所載之製造方法轉換為該功能或性質等，否則唯一的技術特徵為製造方法時，將無任何限定條件。

美國聯邦巡迴上訴法院1991年判決製法界定物之請求項的可專利性判斷，該物應不受製造方法特徵之限定，其判斷方式與侵權判斷之原則一致；並指出只要是與請求項所述之物本身相同，則以任何方法製得之物皆侵害該請求項[16]。

2. 製造方法爲限定條件

由於製法界定物之請求項就是在無法以結構、組成或物化性質等特徵界定物的情況下所採取的權宜措施，除製造方法外，別無其他足資比對之特徵，前述「製造方法非限定條件」之理論實務上難以運作，故將製造方法納入比對內容，可能是不得不然之作法。

美國聯邦巡迴上訴法院於1992年判決，在侵權訴訟程序中，必須考量製法界定物之請求項中所包含之方法特徵，請求項中所載之製造方法應為其專利權範圍之限定條件，否則違背專利法制中基本的全要件原則[17]。但美國聯邦巡迴上訴法院合議庭也指出製法界定物之請求項可專利性的行政審查，判決指出：「雖然製法界定物之請求項係以製造方法予以界定，但可專利性仍取決於該物本身。」而點出行政機關之可專利性審查與司法機關之專利侵權審理採不同標準之可能性。

3. 可專利性與侵權訴訟採不同標準

2009年美國聯邦巡迴上訴法院全院聯席大法庭判決：「判斷專利侵權，製法界定物之請求項中所載之製造方法必須作為限定條件。」並引用Warner-Jenkinson案最高法院的判決，重申泛見的全要件原則：請求項中包含的每一個技術特徵就專利權範圍之界定皆為重要。美國聯邦巡迴上訴法院進一步闡述，在訴訟程序中考量製法界定物之請求項之解釋的合理性，不可忽略請求項的公示功能（public notice function）[18]。因此，判決製法界定物之請求項之可專利性與侵權訴訟應採不同標準。

2009年美國聯邦巡迴上訴法院清楚說明製法界定物之請求項的解釋標

[16] Scripps Clinc & Research Foundation v. Genentech, Inc., 927 F.2d 1565, 1583 (Fed. Cir 1991).
[17] Atlantic Thermoplastic v. Faytex Corporation, 970 F.2d 834, 846 (Fed. Cir. 1992).
[18] Abbott Labs. v. Sandoz, 566 F.3d 1282 (Fed. Cir. 2009) (en banc).

準、考量及適用時點，判決：「決定製法界定物之請求項的專利有效性問題，焦點在物，而不是製造方法。如果先前技術所揭露之物與請求項中該製造方法所界定之物相同，即使先前技術使用不同的製造方法，也可以使該專利不具新穎性而無效。但是決定製法界定物之請求項的專利侵權問題，焦點在製造方法，『判斷專利侵權，製法界定物之請求項中所載之製造方法必須作為限定條件』，因此，若（被控侵權物）使用的製造方法不同，就不會侵害製法界定物之專利……」、「……解釋方式的差異影響重大。對於製法界定物之請求項而言，當引證前案可使專利不具新穎性，假設該前案為被控侵權物，則不一定會侵害該專利權；因為引證前案所揭露之物與專利物相同，即使製造方法不同，仍然會使製法界定物之請求項不具新穎性，惟若製造方法不同，被控侵權物就不會侵害該專利權。同理，會構成專利侵權之物，若作為引證前案，不一定會使專利不具新穎性；因為專利侵權物雖然符合請求項所有限定條件，但是可能不具有製造方法所賦予而足可與先前技術區別的技術特徵。」[19]

(八) 功能界定物或方法之請求項

物之請求項通常應以結構或特性界定申請專利之創作，方法請求項通常應以步驟界定申請專利之創作，惟若某些技術特徵無法以結構、特性或步驟界定，或者以功能界定較為清楚，而且依說明書中明確且充分揭露的實驗或操作，能直接確實驗證該功能時，得以功能界定請求項。請求項中記載功能特徵，不限於手段請求項（means claim，以means/step plus function用語記載技術特徵之請求項）或功能子句（functional clause，即whereby等引領之子句），亦得以其他功能語言記載技術特徵。

對於功能請求項，國際上除美國有特殊規定外，一般皆採最寬廣之解釋範圍。專利審查基準指出：「請求項中包含功能界定之技術特徵，解釋上應包含所有能夠實現該功能之實施方式。」亦即功能請求項享有最寬廣之解釋範圍，但另規定：「純功能或純用途的請求項會導致請求項不明確」。

請求項中物之技術特徵以手段功能用語表示，或方法之技術特徵以步驟功能用語表示時，其必須為複數技術特徵組合之發明。手段功能用語

[19] Amgen Inc. v. F. Hoffmann-La Roche Ltd. 2009 U.S. App. LEXIS 20409 (Fed. Cir. Sept. 15, 2009).

係用於描述物之請求項中的技術特徵，其用語為「……手段（或裝置）用以……」，而說明書中應記載對應請求項中所載之功能的結構或材料；步驟功能用語係用於描述方法請求項中之技術特徵，其用語為「……步驟用以……」，而說明書中應記載對應請求項中所載之功能的動作。

1. 手段請求項（means claim）之認定

請求項之記載符合下列三項條件者，即認定其為手段功能用語或步驟功能用語：

(1) 使用片語「手段（或裝置）用以（means for）……」或「步驟用以（step for）……」或非結構用語（non-structural term，其並非描述結構，只是一個取代該片語之用語，藉以連結功能語言，例如device for或apparatus for；讀者得以「未隱含任何結構意義」之用語理解之），而無任何結構意義。

(2) 片語中必須記載特定功能。

(3) 片語中不得記載足以達成該特定功能之完整結構、材料或動作。

2. 手段請求項明確性之認定

經檢視請求項中所載之技術特徵，符合前述三要件者，應認定其為手段請求項。接著，應決定其所請求之功能，並檢視說明書是否充分描述了實現該功能特徵之對應結構、材料或動作。判斷請求項之記載是否明確：1.從具有通常知識者的觀點衡量說明書之文字內容，是否可認知到說明書已揭露對應之結構、材料或動作。2.說明書之文字內容必須將該對應結構、材料或動作清楚連結或關連到請求項中所載之功能特徵。若違反其中之一，則違反請求項之明確要件。若說明書僅是聲明已知的技術或方法均適用，尚不足以支持說明書應充分揭露手段功能用語請求項的要求。

有關手段請求項之審查，下列情事應認定該請求項違反明確要件：

(1) 無法確定請求項中所載之技術特徵是否手段功能用語。

(2) 請求項中所載之技術特徵為手段功能用語，但說明書的文字內容未揭露或未充分揭露實現請求項中所載之功能特徵的對應結構、材料或動作。

(3) 請求項中所載之技術特徵為手段功能用語，但請求項中所載之功能特徵與說明書所揭露的對應結構、材料或動作之間沒有清楚的連結或關連。

3. 手段請求項之解釋

依專利法施行細則第19條第4項，請求項中所載之技術特徵被認定為手段功能用語者，該技術特徵應被解釋為包含說明書中所載的對應結構、材料或動作及其均等物。

解釋手段請求項之步驟或重點[20]：

(1) 僅手段功能用語所描述之技術特徵始適用：就請求項中所載之功能特徵，認定屬於手段功能用語之技術特徵，僅該種技術特徵適用手段請求項之解釋方法，其他種類的技術特徵不適用。

(2) 確認對應之結構、材料或動作：從說明書所描述實現請求項中所載之功能特徵的連結或關連關係，及該功能特徵所對應之結構、材料或動作，確認該功能特徵所涵蓋的結構、材料或動作。說明書中所載之結構、材料或動作，未涉及該功能特徵或對於該功能特徵非屬必要者，均非手段請求項所涵蓋的範圍，不得作為限定條件。

(3) 均等範圍的判斷：請求項中所載之功能特徵不僅涵蓋說明書中所載之對應結構、材料或動作，亦涵蓋其均等範圍。均等範圍，除不得為說明書已明確排除於均等範圍之外的技術特徵外，其判斷標準：

  a. 對比之結構、材料或動作雖然有差異，但係以實質相同之方式，實現請求項中所載之相同功能，且達成說明書中所載對應該功能實質相同之結果。

  b. 對比之結構、材料或動作雖然有差異，但具有通常知識者認為依申請時之通常知識係可簡易置換，而具可置換性者。

  c. 對比之結構、材料或動作雖然有差異，但其並非實質上的差異。

就前述(3)三項判斷方式觀之，專利法施行細則第19條第4項中所載之「均等範圍」與專利侵權訴訟中之「均等論」並無太大不同。惟「均等範圍」必須限於請求項中所載之相同功能，及說明書中所載之結構、材料或動作於申請時之均等範圍[21]；「均等論」不限於前述相同功能及結構、材料或

[20] Golight Inc. v. Wal-Mart Stores Inc., 355 F.3d 1327, 1333-34, 69 USPQ2d 1481, 1486 (Fed. Cir. 2004)

[21] Valmont Indus., Inc. v. Reinke Mfg. Co., 983 F.2d 1039, 25 U.S.P.Q.2d (BNA) 1455 (Fed. Cir. 1993)

動作等，亦不限於申請時之均等範圍，而是以侵害專利之時點為準[22]。

解釋手段請求項時，應包含說明書中所敘述對應於該功能之結構、材料或動作及其均等範圍，而該均等範圍應以該發明所屬技術領域中具有通常知識者不會產生疑義之範圍為限。例如，請求項中某一技術特徵的功能敘述為「……手段，用以轉換多個影像成為一特定之數位格式」，說明書中對應該功能的構造是資料擷取器或電腦錄影處理器，只能將類比資料轉換成數位格式，雖然「以程式完成之數位對數位轉換」之技術內容也能達成該功能，但因說明書並未記載該技術內容，解釋請求項時，請求項之範圍不包含「以程式完成數位對數位轉換」之技術內容。

4. 手段請求項專利要件之審查

前述(2)及(3)，均係從請求項中所載之「相同」功能特徵出發，解釋手段請求項所涵蓋的範圍，包括說明書中所載之結構、材料或動作，亦包括其均等範圍。因此，若先前技術落入該範圍，則應認定該手段請求項不具新穎性，讀者切勿被「均等範圍」所惑，誤以為係不具進步性。

若先前技術所揭露之技術特徵與申請案之說明書中所揭露之結構、材料或動作不相同亦不均等，仍必須進行進步性審查，決定申請案請求項中所載之功能特徵對照於先前技術是否為具有通常知識者所能輕易完成。若先前技術所揭露之技術特徵能實現申請案之請求項中所界定之功能，即使該技術特徵與說明書中所描述之結構、材料或動作不相同亦不均等，仍可以認定該請求項喪失進步性。

由於「均等」之確切範圍不可能清楚明白，若請求項中除功能特徵以外的其餘部分已被先前技術揭露，在美國，適於以新穎性或進步性予以核駁，這種方式已適用於製法界定物之請求項的情況，因為審查人員無法決定所請求之產物與先前技術是否完全相同[23]。

(九)用途界定物之請求項（product-by-use claim）

用途發明，發現物的未知特性而利用該特性於特定用途之發明。請求保護用途發明的請求項，包括以「物」、「方法」及「用途」三種標的名稱，

[22] Al-Site Corp. v. VSI Int'l, Inc., 174 F.3d 1308, 50 U.S.P.Q.2d (BNA) 1161, 1167 (Fed. Cir. 1999); Ishida Co. v. Taylor, 221 F.3d 1310, 55 U.S.P.Q.2d (BNA) 1449, 1453 (Fed. Cir. 2000)

[23] In re Brown, 450 F.2d 531, 173 USPQ 685 (CCPA 1972)

分別稱為「物之請求項」、「方法請求項」及「用途請求項」。

用途請求項（use claim），以用途use為標的，被視為方法請求項，只有這種請求項才是真正的用途請求項。用途界定物之請求項（product-by-use claim），以物為標的，以用途為技術特徵。用途界定方法請求項，以方法為標的，以用途為技術特徵。

用途界定物之請求項，記載內容係以物為標的，而以用途為技術特徵。解釋用途界定物之請求項時，應參酌說明書所揭露之內容及申請時之通常知識，考量請求項中的用途特徵是否影響物之標的，亦即該用途是否隱含該標的物具有適合用於該用途之某種特定形狀、結構及／或組成。例如，請求項記載「一種用於熔化鋼鐵之鑄模」，該「用於熔化鋼鐵」之用途隱含具有高熔點之特性，對於申請標的「鑄模」具有限定作用，具有低熔點的一般塑膠製冰盒，雖然亦屬一種鑄模，但不致於落入前述請求項之範圍。再如，請求項記載「用於起重機之吊鉤」，該「用於起重機」之用途隱含具有特定尺寸及強度之結構，對於申請標的「吊鉤」具有限定作用。又如，請求項記載「用於鋼琴弦之鐵合金」，該「用於鋼琴弦」之用途隱含具有高張力之特性的層狀微結構（lamellar microstructure），對於申請標的「鐵合金」具有限定作用。

若用途之限定並未影響標的物本身，僅係該物之目的或使用方式（purpose or intended use）之描述，對於該標的物是否符合新穎性、進步性等專利要件之判斷不生作用，例如下列三種情況：

a. 化合物：「用於催化劑之化合物X」對照「用於染料的化合物X」，雖然化合物X的用途改變，但決定其本質特性的化學結構式並未改變。

b. 組合物：「用於清潔之組合物A＋B」對照「用於殺蟲之組合物A＋B」，雖然組合物A＋B的用途改變，但決定其本質特性的組成並未改變。

c. 物品：「用於自行車之U型鎖」，對照「用於機車之U型鎖」，雖然U型鎖的用途改變，但其本身結構並未改變。

(十)用途請求項（use claim）

發現物的未知特性而利用該特性於特定用途之發明，得以用途請求項予以保護。無論是已知物或新穎物，其特性是該物所固有，故用途請求項的本質不在物本身，而在於物之特性的應用。因此，用途發明是一種使用物之方法，屬於方法發明；用途請求項是以用途為標的，限定其應用、使用方式，屬於方法請求項。申請已知物之新用途，原則上不得以用途界定物之請求項申請專利，僅得以「用途」、「應用」或「使用」為標的申請用途請求項。

用途發明，係因發現物之未知特性後，根據使用目的將該物使用於前所未知之特定用途，而認定其係符合專利要件的發明，故用途發明的概念通常僅適用於經由物的構造或名稱難以理解該物如何被使用的技術領域，例如化學物質之用途的技術領域。關於機器、設備及裝置等物品發明，通常該物品具有固定用途，故不適用用途發明的概念。

用途請求項屬於方法範疇，其標的名稱可為「用途」、「應用」或「使用」。請求項之前言中有關用途之敘述為發明之技術特徵之一，於解釋申請專利範圍及判斷申請專利之發明是否符合專利要件時，均應考量。應注意者，審查時須由請求項之記載文字區分屬於用途請求項或物之請求項。例如，請求項記載為「一種化合物A作為殺蟲之用途」，為用途請求項，視同「使用化合物A殺蟲之方法」，而不認定為「作為殺蟲劑之化合物A」（申請標的為物）；「一種化合物A之用途，其係用於殺蟲」，為用途請求項，視同「一種殺蟲方法，其係使用化合物A」（申請標的為殺蟲方法），而不認定為「使用化合物A製備殺蟲劑之方法」（申請標的為製備方法）。同理，「一種電晶體作為放大電路之用途」，為用途請求項，視同「使用電晶體放大電路之方法」，而不認定為「使用電晶體之放大電路」（申請標的為物），亦非「使用電晶體建構電路之方法」（申請標的為製造方法）。

依專利法第24條，人類或動物之診斷、治療或外科手術方法不予發明專利，用途請求項為方法請求項，故用途請求項之標的不得為人類或動物之診斷、治療或外科手術方法，物之醫藥用途以「用於治療疾病」、「用於診斷疾病」界定者，則屬於法定不予專利之標的。例如，「一種化合物A在治療疾病X之用途（或使用、應用）」，視同「一種使用（或應用）化合物A治療疾病X之方法」，不得予以專利。惟因醫藥組成物之製備方法依法得為申請標的，故得將將用途請求項之記載方式撰寫成製備藥物之用途的瑞士型請求項「一種化合物A在製備治療疾病X之藥物的用途」或「一種化合物A之用途，其係用於製備治療疾病X之藥物」，而為製備藥物之方法，非屬人類或動物之診斷、治療或外科手術方法。

上述請求項之記載方式將「化合物」或「組成物」用於醫藥用途的申請，改為用於製備藥物之用途的申請，其係避免涉及人類或動物之診斷、治療或外科手術方法之特殊記載方式，故該等特殊記載方式僅限於醫藥用途。至於物之非醫藥用途，例如非以外科手術所為之美容方法或衛生保健方法，並不涉及上述法定不予專利之方法，無須以瑞士型請求項之方式記載，得以一般用途請求項或其他方式記載，例如「一種化合物A做為美白之用途」或「一種化合物A之用途，其係用於美白」。

醫療器材、裝置或設備（例如手術儀器）等物品並非「化合物」或「組成物」，其無法做為「製備藥物」之用途。因此，不得以瑞士型請求項之記載方式申請新穎醫藥用途。

5.1.3　摘要

摘要之目的在於提供公眾快速及適當之專利技術概要；摘要之撰寫方式，應有助於公眾在特定技術領域內快速檢索之目的。依專利法第58條第4項，發明專利權範圍以申請專利範圍為準，於解釋申請專利範圍時，並得審酌說明書及圖式；第5項規定摘要不得用於解釋申請專利範圍。另依專利法第26條第3項及其他相關法條，摘要不得用於決定申請專利之發明是否可據以實現或是否符合專利要件。

依專利法施行細則第21條，（第1項）摘要，應簡要敘明發明所揭露之內容，並以所欲解決之問題、解決問題之技術手段及主要用途為限；其字數，以不超過250字為原則；有化學式者，應揭示最能顯示發明特徵之化學式。（第2項）摘要，不得記載商業性宣傳用語。（第3項）適要不符合前2項規定者，專利專責機關得通知申請人限期修正，或依職權修正後通知申請人。

5.1.4　圖式

依專利法第58條第4項，發明專利權範圍以申請專利範圍為準，於解釋申請專利範圍時，並得審酌說明書及圖式。因此，解釋申請專利範圍得審酌圖式。

依專利法施行細則第23條，（第1項）發明之圖式，應參照工程製圖方法以墨線繪製清晰，於各圖縮小至2/3時，仍得清晰分辨圖式中各項細節（包括代號、電路圖上之標記、流程圖等，不限於元件）。（第2項）圖式應註明圖號及符號，並依圖號順序排列，除必要註記外，不得記載其他說明文字。

原則上，圖式中之元件符號應與說明書、申請專利範圍中所載者一致，亦即圖式有的符號，說明書、申請專利範圍中必須有該符號；反之亦然。專利審查基準之規定較為寬鬆，圖式中之符號可以多於說明書、申請專利範圍：「說明書中未註記的符號通常不得出現於圖式，……。惟應注意者，說明書或申請專利範圍中所註記之符號，均必須出現於圖式。」

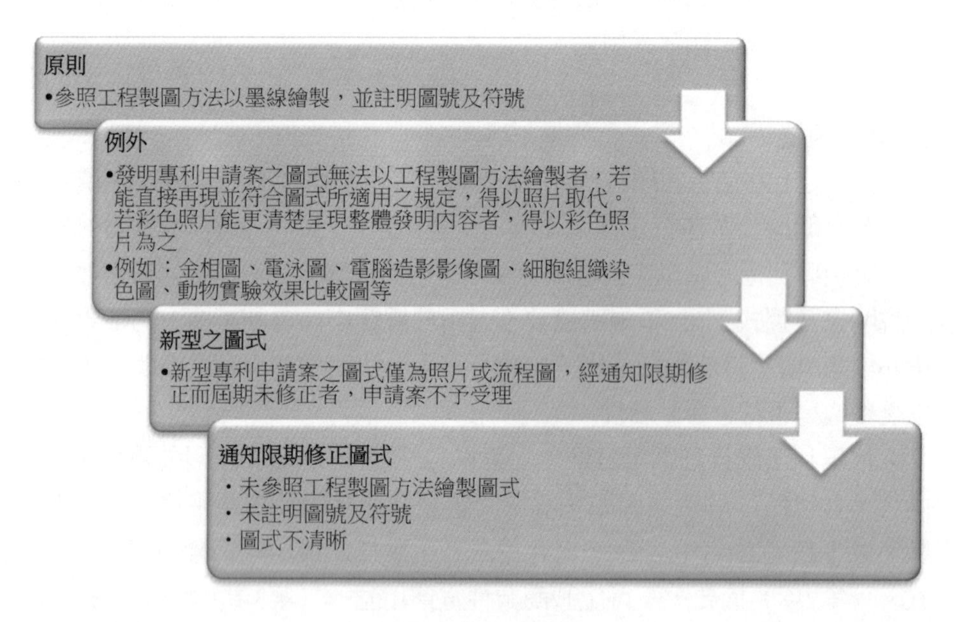

圖5-9　圖式之揭露

【相關法條】

專利法：1、24、136。

施行細則：17、18、19、20、21、22、23。

【考古題】

◎請詳細說明，申請發明專利時所提出之說明書，就「發明之技術內容、特點」應如何記載？（92年專利審查官二等特考「專利法規」）

◎甲醫師為改善下肢骨折接受鋼釘固定手術時，隔著骨骼找到鋼釘兩端小孔之困難，開發出一種附照明定位裝置之髓腔導針，可供進行固定式髓腔內鋼釘固定法。於髓腔導針上設置一近紅外光波範圍之光源，該光源所發出的光線有部分會通過鋼釘上之固定孔穿透覆蓋組織，為人眼或儀器所偵測。甲醫師為其發明申請專利，其申請專利範圍如下：

1. 一種附照明裝置的髓腔導針，包括：
   一可發出可見光或紅外光之光源；
   一撓性導針，其一端固著該光源；
   一電源供應器；及
   一電源線，其係連接該光源及該電源供應器，以使該電源供應器之電力可經由該電源線傳導至該光源。
2. 如請求項1所述之撓性導針，……。
3. 如請求項1及2所述之撓性導針，……。
4. 如請求項1至3之任一項所述之撓性導針，……。
5. 一種固定式髓腔內鋼釘固定法，於進行下肢骨折手術時，利用如請求項1至4之任一項所述之髓腔導針快速找到鋼釘兩端之小孔者。

   試問甲醫師所擬之申請專利範圍有何缺失？依據何規定而有缺失？寫出你認為正確的申請專利範圍修正版。（98年專利師考試「專利審查基準」）

◎請說明發明專利之申請專利範圍有哪些範疇（category）？並各舉二例說明之。（第三梯次專利師訓練「專利實務」）

◎請分別解釋何謂二段式記載請求項及馬庫西（Markush）形式請求項，其適用情況為何？並各舉一例說明之。（第六梯次專利師訓練「專利實務」）

5.2 記載要件

第26條（發明說明書之形式要件及實體要件）
說明書應明確且充分揭露，使該發明所屬技術領域中具有通常知識者，能瞭解其內容，並可據以實現。 申請專利範圍應界定申請專利之發明；其得包括一項以上之請求項，各請求項應以明確、簡潔之方式記載，且必須為說明書所支持。 摘要應敘明所揭露發明內容之概要；其不得用於決定揭露是否充分，及申請專利之發明是否符合專利要件。 說明書、申請專利範圍、摘要及圖式之揭露方式，於本法施行細則定之。
第27條（生物材料發明）
申請生物材料或利用生物材料之發明專利，申請人最遲應於申請日將該生物材料寄存於專利專責機關指定之國內寄存機構。但該生物材料為所屬技術領域中具有通常知識者易於獲得時，不須寄存。 申請人應於申請日後四個月內檢送寄存證明文件，並載明寄存機構、寄存日期及寄存號碼；屆期未檢送者，視為未寄存。 前項期間，如依第二十八條規定主張優先權者，為最早之優先權日後十六個月內。 申請前如已於專利專責機關認可之國外寄存機構寄存，並於第二項或前項規定之期間內，檢送寄存於專利專責機關指定之國內寄存機構之證明文件及國外寄存機構出具之證明文件者，不受第一項最遲應於申請日在國內寄存之限制。 申請人在與中華民國有相互承認寄存效力之外國所指定其國內之寄存機構寄存，並於第二項或第三項規定之期間內，檢送該寄存機構出具之證明文件者，不受應在國內寄存之限制。 第一項生物材料寄存之受理要件、種類、型式、數量、收費費率及其他寄存執行之辦法，由主管機關定之。
TRIPs第29條（專利申請人應遵守之條件）
1. 會員應規定專利申請人須以明確及充分之方式揭露其發明，達於熟習該項技術者可據以實施之程度，會員並得要求申請人在申請日或優先權日（若有主張優先權者），表明其所知悉實施其專利之最有效方式。 2. 會員得要求申請人提供就同一發明在外國提出申請及獲得專利之情形。

記載要件綱要	
具有通常知識者	該發明（或新型、設計）所屬技術（或技藝）領域中具有通常知識者，指在該發明所屬技術（或技藝）領域中，於申請時具有一般知識及普通技能之人（細§14.I、49.I）

<table>
<tr><th colspan="3">記載要件綱要</th></tr>
<tr><td rowspan="6">說明書（§26.I、126.I）</td><td rowspan="3">可據以實現</td><td>具有通常知識者在說明書、申請專利範圍及圖式三者整體之基礎上，參酌申請時之通常知識，無須過度實驗，即能製造及/或使用申請專利之發明。</td></tr>
<tr><td>判斷重點：具有通常知識者認知到發明人已完成（已先占）申請專利之發明。</td></tr>
<tr><td>不符合可據以實現要件者：1.未記載任何技術手段；2.技術手段不明確或不充分；3.技術手段不能解決問題；4.技術手段無法再現或僅能隨機再現所載之結果；5.無法證實所載之技術手段可解決問題。</td></tr>
<tr><td rowspan="2">明確</td><td>申請專利之發明應明確，包括問題、技術手段及功效，及三者之間的對應關係。</td></tr>
<tr><td>記載用語應明確。</td></tr>
<tr><td>充分</td><td>判斷重點：具有通常知識者足以認知到發明人已完成（製造及/或使用）申請專利之發明。
內容：瞭解申請專利之發明、判斷是否具備專利要件、實施所需的內容及具有通常知識者無法得知之內容。</td></tr>
<tr><td rowspan="6">申請專利範圍（§26.II）</td><td colspan="2">申請專利範圍中所載之申請專利之發明應「明確」「簡潔」之方式記載，且必須為說明書所「支持」，而達到界定申請專利之發明（申請標的之定義功能）、公示專利權保護範圍（專利權範圍之公示功能）的程度。</td></tr>
<tr><td colspan="2">判斷重點：記載之程度應讓具有通常知識者能明瞭申請專利之發明及請求保護之範圍，並能分辨其與先前技術之區別。</td></tr>
<tr><td>明確</td><td>1.標的名稱及範疇；2.技術特徵；3.技術關係；4.依附關係；5.用語</td></tr>
<tr><td>簡潔</td><td>應簡明扼要，記載內容不繁瑣、不重複、請求項之項數應合理。</td></tr>
<tr><td rowspan="2">支持</td><td>申請專利之標的必須是申請人在申請當日已完成（或已認知）並記載於說明書中之發明。</td></tr>
<tr><td>判斷標準：每一請求項必須是從說明書直接得到或總括得到者。但具有通常知識者可合理預測或延伸之範圍或僅作顯而易知之修飾即能獲致者，仍應認定符合支持要件。
支持態樣：文字形式的支持；文字實質內容的支持。</td></tr>
</table>

專利制度係授予、保護申請人專有排他之專利權，以鼓勵其公開發明，使公眾能利用該發明之制度。說明書的作用係公開發明之技術文獻；申請專利範圍的作用係界定請求保護範圍及公示專利權範圍之法律文件，具有

定義功能及公示功能。

專利專責機關公布之專利審查基準將「記載要件」定位為上位概念，包括專利法第26條第1項及第2項所定實體上的「揭露要件」及第4項所定之「記載形式」。實務上，「揭露要件」為下位概念，包括第1項說明書之「可據以實現要件」及第2項申請專利範圍之「明確、簡潔及支持要件」。

5.2.1 說明書

為確保政府授予專利權之創作內容能為社會大眾所利用，取得申請日的申請文件，包括說明書、申請專利範圍及圖式，其揭露內容及程度必須足以使具有通常知識者能合理確定申請人已「完成」該創作而先占該創作之技術範圍，進而使社會大眾能利用該創作，始符合專利法制之目的，故專利法定有可據以實現要件。

專利法第26條第1項：「說明書應明確且充分揭露，使該發明所屬技術領域中具有通常知識者，能瞭解其內容，並可據以實現。」雖然未明確規定揭露及可據以實現之對象，惟發明專利權以申請專利範圍為準，專利審查的對象當為申請專利之發明（claimed invention），揭露及可據以實現之對象即為申請專利範圍中所載之發明（即申請專利之發明，以申請專利範圍中所載之技術手段，解決說明書中所載之問題並達到所載之功效）。因此，專利法施行細則教示申請人說明書記載之內容，最好應包括發明名稱、技術領域、先前技術、發明內容、圖式簡單說明、實施方式及符號說明等，至於其內容，應達到明確且充分揭露申請專利之發明之程度，使該發明所屬技術領域中具有通常知識者能瞭解該發明的內容，並可據以實現（簡稱可據以實現要件，專§26.I），且必須達到足以支持申請專利範圍中所載申請專利之發明之程度（簡稱支持要件，專§26.II）。說明書之記載是否已明確且充分揭露，須在說明書、申請專利範圍及圖式三者整體之基礎上，參酌申請時之通常知識予以審究。

專利法第26條及第22條所稱「該發明所屬技術領域中具有通常知識者」（a person skilled in the art / a person having ordinary skill in the art），依施行細則第14條：「（第1項）……所稱所屬技術領域中具有通常知識者，指具有申請時該發明所屬技術領域之一般知識及普通技能之人。（第2項）前項所稱申請時，於依本法第28條第1項或第30條第1項規定主張優先權者，指該優先權日。」該發明所屬技術領域中具有通常知識者，簡稱「具有通常知識者」，係一虛擬之人，具有申請時該發明所屬技術領域之一般知識（general knowledge）及普通技能（ordinary skill）之人，能理解、利用申請時之先前技術。一般知識，指該發明所屬技術領域中已知的知識，包括習知或普遍使用的資訊以及教科書或工具書內所載之資訊，或從經驗法則所瞭解的事項。普通技能，指執行例行工作、實驗的普通能力。申請時，指申請日，主張優先權者，為優先權日。申請時之一般知識及普通技能，簡稱「申請時之通常知識」。

說明書應「明確」且「充分」揭露，指說明書之記載必須使該發明所屬技術領域中具有通常知識者能瞭解申請專利之發明的內容，而以其是否可據以實現為判斷的標準，若達到可據以實現之程度，即謂說明書明確且充分揭露申請專利之發明。

前述所稱「實現」，指製造及使用該申請專利之物，或使用該申請專利之方法。於物之發明，說明書應包括申請專利之物之發明本身，及製造、使用該物之方法的說明；於方法發明，專利說明書應包括使用該方法的說明。說明書之作用為說明申請專利之發明，說明書之記載是否符合「可據以實現」要件，判斷之重點在於：記載之程度應讓該發明所屬技術領域中具有通常知識者明瞭申請專利之發明，且認知到發明人已完成申請專利之發明（已先占申請專利之發明，had possession of the claimed invention）。

簡言之，「可據以實現」要件，指申請人應以明確的用語足夠的內容，於說明書中明確記載申請專利之發明，使該發明所屬技術領域中具有通常知識者，在說明書、申請專利範圍及圖式三者整體之基礎上，參酌申請時之通常知識，無須過度實驗，即能瞭解其內容，據以製造及/或使用申請專利之發明，解決問題，並且產生預期的功效。

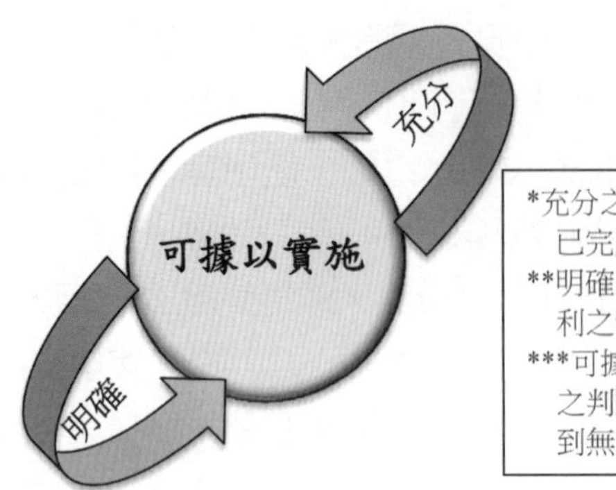

圖5-10 明確、充分、可據以實施之指標

一、明確

明確，包括申請專利之發明應明確及記載用語應明確：

(一) 申請專利之發明應明確

申請專利之發明應明確，指應記載所欲解決之問題、解決問題之技術手段及以該技術手段解決問題而產生之功效，且問題、技術手段及功效之間應有相對應的關係，使該發明所屬技術領域中具有通常知識者能瞭解申請專利之發明。

1. 申請專利之發明（claimed invention）的內容，除申請專利範圍中所載解決問題之技術手段外，尚包含所欲解決之問題（即發明目的）及以該技術手段解決問題所產生之功效。
2. 申請專利之發明的核心為技術手段，即記載於申請專利範圍中請求保護的申請標的（subject matter），但因專利權範圍以申請專利範圍為準，有時候亦稱請求項中所載之申請標的為申請專利之發明。實務上，亦有主張申請專利範圍中所載之內容即為申請專利之發明者，即申請專利之發明限於申請專利範圍，不包括說明書中所載之問題及功效。惟筆者以為，行政機關准駁之對象為申請專利之發明，若其僅限於申請專利範圍，則專利要件之審查均應以申請專利範圍為限，例如新穎性僅比對請求項中所載之技術特徵，不必比對說明書中所載之對應問題及功效，然而，事實上，進步性審查，除比對請求項中所載之技術特徵外，尚須考量說明書中所載之對應問題及功效，故筆者主張申請專利之發明的實質內容應包括手段、問題及功效，而以申請標的為表徵。

3. 說明書應簡要記載前述問題、技術手段及功效三者，並應記載三者之間的對應關係，使具有通常知識者能瞭解申請專利之發明的實質內容。
4. 說明書應詳細記載較佳實施方式或實施例如何解決問題並達成功效，有圖式者，應參照圖式說明發明的技術內容，使具有通常知識者可據以實現申請專利之發明。
5. 說明書各部分內容應相互對應，不宜有矛盾或不一致的情況。

(二)記載用語應明確

記載之用語應明確，係指應使用發明所屬技術領域中之技術用語，用語應清楚、易懂，以界定其真正涵義，不得模糊不清或模稜兩可，且說明書、申請專利範圍、圖式及摘要中之技術用語或符號應一致（細§21.I）。

1. 說明書應用中文記載，包括字、詞、句、文。對於具有通常知識者所熟知之特殊技術名詞，仍得使用中文以外之技術用語。
2. 技術用語之譯名經國家教育研究院編譯者，應以該譯名為原則；未經該院編譯或專利專責機關認有必要時，得通知申請人附註外文原名（細§3.I）。
3. 說明書中之用語必須清楚、易懂、不矛盾，原則上應使用發明所屬技術領域中已知或通用的技術用語。對於新創的或非屬該技術領域之人所知悉的技術用語，申請人得自行明確的予以定義，惟該定義必須無其他等同之意義，該用語始得被認可（稱辭彙編纂者原則）。
4. 說明書內容涉及計量單位時，應採用國家法定計量單位；對於數學式、化學式或化學方程式，必須使用一般所使用的符號及表示方式。
5. 說明書、申請專利範圍、圖式及摘要中之用語、符號或中文譯名應使用該發明所屬技術領域中所通用者，且應前後一致（細§22.I）。

二、充分

可據以實現要件之目的，在於將所授予專利之發明傳達給社會公眾，故說明書之揭露內容必須以對應到申請專利範圍中所載之技術特徵的方式，說明如何製造或使用申請專利之發明。說明書之記載應充分，指說明書必須包含足夠資訊，使具有通常知識者參酌申請前之通常知識，即能製造及使用申請專利之物之發明，或使用申請專利之方法發明，而認知到發明人已完成申請專利之發明。例如申請專利之化合物發明，申請專利範圍及說明書必須記載該化合物本身，且說明書尚須記載如何製造該化合物及如何使用該化合物（該化合物之用途）。

要達成充分揭露之實體要件，記載形式上宜包含專利法施行細則第17條中所載之事項，內容包括：

1. 瞭解申請專利之發明所需的內容：除「發明名稱外，應記載發明所屬之「技術領域」及「先前技術」等，有圖式者，尚應包括「圖式簡單說明」及「符號說明」，據以描述申請專利之發明之背景及/或所應用之科學原理等。引述先前技術文獻時，應考量該文獻所載之內容是否會影響可據以實現之判斷，若該發明所屬技術領域中具有通常知識者未參考該文獻之內容，即無法瞭解申請專利之發明並據以實現，則應於說明書中詳細記載文獻之內容，不得僅引述文獻之名稱。
2. 判斷申請專利之發明是否具備專利要件所需的內容：說明書中所載之「發明內容」應包括「所欲解決之問題」、解決問題之「技術手段」及對照先前技術之「功效」，據以描述申請專利之發明本身，尤其是該發明之必要技術特徵及對照先前技術具有貢獻之新穎特徵；尚得包括發明具有無法預期之功效、解決了長期存在的問題、克服了技術偏見或獲得商業上的成功等具有進步性的二次要因，說明書中必須記載該內容及申請專利之發明與該內容之間的關係或區別。
3. 實施申請專利之發明所需的內容：應備具至少一個「實施方式」（embodiments），必要時得以「實施例」（working examples）說明，據以描述如何製造及/或如何使用該發明的技術內容。
4. 具有通常知識者從先前技術無法直接且無歧異得知有關申請專利之發明的其他內容者，均應於說明書中記載。

三、可據以實現

可據以實現之審查標準：說明書之記載內容應使具有通常知識者在說明書、申請專利範圍及圖式三者整體之基礎上，參酌申請時之通常知識，無須過度實驗，而能明瞭申請專利之發明及其如何解決問題並產生預期功效，據以製造或使用該發明。

(一)過度實驗

具有通常知識者需要大量嘗試錯誤或複雜實驗，始能得知實現該發明之方式或方法，而超過具有通常知識者合理預期之程度者，這種說明書之記載不符合可據以實現要件。判斷必要的實驗是否「過度」，必須考量很多要素，這些要素包含但不限於下列：

1. 申請專利範圍的廣度。
2. 申請專利之發明的本質。
3. 具有通常知識者之一般知識及普通技能。
4. 發明在所屬技術領域中之可預測程度。
5. 說明書所提供指引的數量（amount of direction），包括先前技術中所述及者。
6. 基於揭露內容而製造及使用申請專利之發明所需實驗的數量。
7. 先前技術現狀。
8. 實施例的存在。

(二)生物材料寄存及記載

由於文字記載難以載明生命體的具體特徵，或即使有記載亦無法獲得生物材料本身，故僅以文字或圖式記載生物技術領域之發明，絕對無法符合記載要件。因此，對於微生物等生物材料之發明，專利法第27條特別規定：申請人最遲應於申請日將所申請之生物材料寄存於指定之國內寄存機構（現行為食品工業發展研究所），除非該生物材料為具有通常知識者易於獲得者。此外，申請人尚應於申請日後四個月（主張優先權者，為最早之優先權日後十六個月）內檢送寄存證明文件（寄存收件收據及存活證明），並載明寄存機構、寄存日期及寄存號碼；屆期未檢送寄存證明文件者，視為未寄存。惟尚得於申請前寄存於與中華民國有相互承認寄存效力之外國所指定其國內之寄存機構，但應於規定之期限內檢送該國外寄存機構出具之證明文件。

為符合國際實務，現行專利法第27條係採寄存證明與存活證明合一制度，未來申請人寄存生物材料後，寄存機構將於完成存活試驗後始核發寄存證明文件，不另出具獨立之存活證明。按寄存證明文件非屬取得申請日之要件，得於提出申請後再行補正，並未強制申請人於申請時應於申請書上載明寄存資料之必要，僅須於檢送寄存證明文件時，載明寄存機構、寄存日期及寄存號碼等事項即可。然而，前述寄存機構不必一定是國內機構，申請人在與中華民國有相互承認寄存效力之外國所指定該外國之寄存機構寄存，並依規定期限檢送該外國寄存機構出具之證明文件者，不必於國內重複寄存，以減輕申請人負擔。此外，申請前已於專利專責機關認可之國外寄存機構寄存者，不必受申請時寄存之限制，僅須於法定期間內檢附國內寄存機構及國外寄存機構分別出具之證明文件已足。

寄存生物材料之目的係為使該發明所屬技術領域中具有通常知識者能瞭解其內容並據以實現，而非取得申請日之必要行為，若應寄存而未寄存，適用專利法第26條第1項之規定不予專利，故第27條並非獨立的專利要件，102年1月1日專利法第46條已刪除之。若因寄存機構之技術問題未能於法定期間內完成存活試驗，以致未能出具寄存證明文件者，係不可歸責當事人之事由，得補寄存，以符合法定可據以實現要件。

有關生物技術領域之發明，固然允許以生物材料寄存之方式為之，但說明書之記載及生物材料寄存之綜合仍須符合可據以實現要件。有關申請生物材料或利用生物材料之發明專利，除寄存生物材料外，於申請程式上，尚應於說明書載明寄存機構、寄存日期及寄存號碼。申請前已於國外寄存機構寄存者，並應載明國外寄存機構、寄存日期及寄存號碼（細§17.IV）。發明專利包含一個或多個核苷酸或胺基酸序列者，說明書應包含依專利專責機關訂定之格式單獨記載之序列表，並得檢送相符之電子資料（細§17.V）。

依專利法第152條，專利法於102年1月1日施行前，未於申請日起三個月內檢送寄存證明文件，視為未寄存之發明專利申請案，於修正施行後尚未審定者，適用第27條第2項之規定，應於申請日後四個月內檢送寄存證明文件；其有主張優先權，自最早之優先權日起仍在十六個月內者，適用第27條第3項之規定。

(三)不符合「可據以實現」要件範例

說明書之記載，應包括申請專利之物的製造及使用，或申請專利之方法的使用。說明書未記載解決問題之技術手段，或記載不明確或不充分，應認定不符合可據以實現要件，例示如下：

1. 說明書僅記載目的或構想，或僅表示願望或結果，而未記載任何技術手段。例如，申請專利之發明為一種釣竿，其可釣起500公斤重之魚，但說明書中並未記載任何與釣竿有關之材質及結構，無法瞭解該釣竿如何達成釣起500公斤重之魚。

2. 說明書中所載之技術手段不明確或不充分，致無法瞭解其具體結構或步驟者。例如僅以功能或其他抽象方法記載其實施方式，致無法瞭解其材料、裝置或步驟者。例如，申請專利之發明為一種太陽眼鏡，其可阻擋太陽光中99%之紫外線，而說明書僅記載可使用抗紫外線之鏡片以阻擋紫外線，但未記載該鏡片之材料、組成或結構，無法瞭解如何達成阻擋太陽光中99%之紫外線。
3. 說明書中所載之技術手段不能解決問題。例如，申請專利之發明為一種無線傳輸裝置，其可於水平距離1公里之間進行訊號的發射與接收，而說明書中僅記載該無線傳輸裝置為藍芽裝置，但依通常知識，目前藍芽裝置之傳輸距離最遠為100公尺。
4. 說明書中所載之技術手段無法再現或僅能隨機再現所載之結果者。例如，申請專利之發明為一種新穎大腸桿菌Z之製造方法，其特徵在於將大腸桿菌暴露於X射線，但由說明書中之實施例發現，暴露於X射線而突變為新穎大腸桿菌Z之機率極低。
5. 說明書載有具體的技術手段，未記載實驗資料，致無法證實所載之技術手段可解決問題。例如，申請專利之發明為一種治療心臟病之醫藥組成物，但說明書未提供任何實施例證實該醫藥組成物對心臟病具有療效。

審查時，若認為說明書違反可據以實現要件，應提供明確且充足的理由，具體指出說明書中缺陷，或以公開文獻支持其理由，通知申請人申復或修正。原則上，該文獻應限於申請時已公開的通常知識，惟若說明書的記載內容違反具有通常知識者所認知的技術事實時，亦得引用申請後公開之專利或非專利文獻或實驗資料等。

針對審查人員所認為說明書中無法據以實現的部分，雖然申請人於申復時可利用具說服力之資料（如實驗資料或公開文獻等），說明其屬於申請時之通常知識，但不得將屬於增加新事項（new matter）之資料修正加入說明書（專§43.II）。

5.2.2　申請專利範圍

專利權人係藉申請專利範圍界定其專利權範圍，作為排除他人未經其同意實施其專利權之法律文件。為達到界定申請專利之創作、公示專利權保護範圍之作用，使社會大眾知所迴避，申請人必須記載申請專利範圍。依前述說明，說明書本身固然應揭露申請人所完成之創作，惟專利權範圍並非記載於說明書，而係以申請專利範圍為準，故專利法定有支持要件，申請專利範圍中所載之內容不得超出申請人先占之技術範圍，亦即申請專利範圍中所載之內容應以說明書為基礎，不得超出說明書所揭露之範圍。

為達成法律文件之目的，申請專利範圍中所載之內容應「明確」記載申請專利之發明，且應以「簡潔」之方式記載，並為說明書所「支持」，而達到申請時界定申請專利之發明（定義功能Definitional Function）、取得專利權後對外公示專利權保護範圍（公示功能Public Notice Function）的程度。專利法第26條第2項所定：「申請專利範圍應界定申請專利之發明；其得包括一項以上之請求項，各請求項應以明確、簡潔之方式記載，且必須為說明書所支持。」指申請專利範圍之記載包括標的、範疇、技術特徵、技術關係、依附關係及用語等均須簡潔、明確，請求項中所載之發明應以說明書為基礎，而能為說明書所支持。

申請專利範圍之作用為界定專利權範圍並告知社會大眾，申請專利範圍之記載是否符合實體要件，判斷之重點在於：記載之程度應讓該發明所屬技術領域中具有通常知識者能明瞭申請專利之發明本身及其範圍，並能分辨其與先前技術之區別。

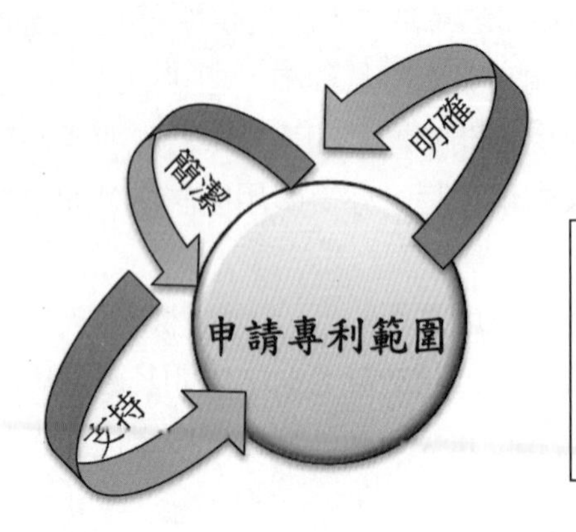

*明確之指標：足以明瞭申請專利之發明，且足以區隔先前技術。
**簡潔之指標：不得繁瑣冗長，以致無法確定請求項之邊界。
***支持之指標：請求項未超出說明書所揭露之範圍。

圖5-11　明確、簡潔、支持之指標

一、明確

申請專利範圍應明確，指每一請求項之記載應明確，且申請專利範圍整體之記載亦應明確，使具有通常知識者由申請專利範圍之記載內容即可明確瞭解請求項單獨之意義及請求項之間的關係，而對其界定之範圍不會產生疑義。申請專利範圍之記載是否明確，應從下列五個面向探究，記載不清楚、不一致或混淆者，皆屬不明確。

1. 標的名稱及範疇：獨立項應敘明申請專利之標的名稱及申請人所認定之發明之必要技術特徵（細§18.II）。獨立項前言部分應敘明申請專利之標的名稱，反映發明之範疇及技術領域。不明確之例：「一種方法或裝置，包含……」、「一種化學物質X的消炎功效」、「如請求項1之人工心臟，或請求項2之製造人工心臟的方法」。
2. 技術特徵：請求項之主體部分應敘明必要技術特徵（其係申請人主觀認定的限定條件，並非申請專利之標的客觀上不可或缺的限定條件），請求項中所載之技術特徵所界定之發明本身之技術意義應明確，且該發明與說明書所載之發明應一致。不明確之技術特徵如下：
   (1) 無法瞭解技術特徵之技術意義：例如，請求項記載為「一種包含成分Y之黏著組成物，其黏度為a至b，係依據X實驗室之量測方法所測得者」，惟說明書中未揭露X實驗室之量測方法及其測得黏度之技術意義，且其非屬申請時之通常知識。
   (2) 界定發明之事項與技術無關：例如，請求項記載為「一種傳送特定電腦程式的資訊傳送媒介」，由於資訊的傳送為傳送媒介固有的功能，請求項記載之事項未敘明該資訊傳送媒介與該電腦程式之間的任何技術意義。
3. 技術關係：技術關係，指二個或二個以上技術特徵之技術意義間的關係；並非單指元件與元件之間的連結關係或順序關係。同一用語所描述之技術特徵應具有相同之技術意義，技術特徵之間的技術關係不得矛盾。不明確之技術關係如下：
   (1) 界定發明之技術特徵不正確：例如，組成物某一成分的上限值與其他成分的下限值之總和超過100%，如請求項「一種組成物X，其由40至60重量百分比的A、30至50重量百分比的B及20至30重量百分比的C組成」；或如，組成物某一成分的下限值與其他成分的上限值之總和低於100%，如請求項「一種組成物X，其由10至30重量百分比的A、20至60重量百分比的B及5至40重量百分比的C組成」。

(2) 界定發明之技術特徵不一致：例如，請求項「一種製造終產物D之方法，包含從起始物A製造中間產物B的第一步驟，及從中間產物C製造該終產物D的第二步驟」，由於第一步驟製造的中間產物B與第二步驟的起始物C不同，就該發明所屬技術領域中具有通常知識者而言，無法瞭解第一步驟與第二步驟之間的關係。

(3) 以擇一形式界定發明之不明確：例如，請求項「一種化合物X，……其取代基Y係選自由胺基、鹵素、氮基、氯及烷基所組成之群組」，其中「鹵素」為「氯」之上位概念，導致請求項不明確（在美國，本例並無不明確）。

4. 依附關係：附屬項與獨立項之間或附屬項與附屬項之間的依附關係應明確。例如，附屬項僅得依附排序在前之獨立項或附屬項，多項附屬項之記載應以選擇式為之等（以累積式為之，則為不明確）。

5. 用語：請求項中所載之用語應使技術特徵本身之意義或關係清楚，使具有通常知識者審酌說明書及請求項本身之記載，即能明瞭申請標的之內容及請求項所界定之範圍。

請求項中以功能、性質或製法界定物之技術特徵，若該發明所屬技術領域中具有通常知識者就該功能、性質或製法，參酌申請時的通常知識，能想像一具體物時，由於能瞭解請求項中所載作為判斷新穎性、進步性等專利要件及界定發明技術範圍之技術特徵，應認定請求項為明確。相對的，該發明所屬技術領域中具有通常知識者就該功能、性質或製法，參酌申請時的通常知識，仍無法想像一具體物時，若請求項中不以功能、性質或製法界定物之技術特徵，就無法適當界定申請專利之發明，且若能瞭解該功能、性質或製法所界定之物與已知物之間的關係或差異時，仍應認定請求項為明確。

二、簡潔

每一請求項之記載應簡明扼要，用字遣詞不繁瑣，記載內容不重複，除技術特徵外，毋須記載與發明目的無關之不必要事項，例如欲解決之問題、技術原理等，且不記載商業宣傳用語。用字遣詞太繁瑣或冗長重複記載同一事項或不重要的細節，以致無法確定申請標的之邊界及範圍者，違反簡潔要件。

請求項之項數應合理，得將合理數量之較佳實施例記載為附屬項。為減少項數及不必要的重複記載，應儘可能採用附屬項或引用記載形式之請求項，且應儘可能以擇一形式記載其選項。

申請案不得有二項以上實質相同且屬同一範疇之請求項，或內容相當接近而為數量不合理之重複且多重（repetitious and multiplied）申請之請求項，否則即屬違反簡潔要件。實務上，專利專責機關甚少以違反簡潔要件作為核駁理由，除非已達到不當加重審查負擔之程度。

三、支持

專利法第26條第2項所定：「申請專利範圍應界定申請專利之發明……必須為說明書所支持。」稱為支持要件，係規定請求項中所載之發明應以說明書為基礎，不超出說明書所揭露之範圍。

支持要件之目的，在於申請專利之發明必須是申請人在申請當日已完成（已先占）並記載於說明書中之發明，若請求項之範圍超出說明書揭露之內容，將使超出部分之發明具有獨占且排他性的權利，剝奪公眾自由使用的利益，進而阻礙產業發展。

支持要件，為每一請求項所載發明必須是具有通常知識者從說明書所揭露的內容（通常為實施方式或實施例）直接得到或總括得到（例如以上位概念、擇一形式或功能技術特徵總括）的技術手段。惟具有通常知識者基於說明書所揭露的內容，利用例行之實驗或分析方法，即可由說明書揭露的內容合理預測或延伸至請求項之範圍者（較適用化學領域），或僅作顯而易知之修飾即能獲致者（較適用電子、機械領域），應認定請求項為說明書所支持。

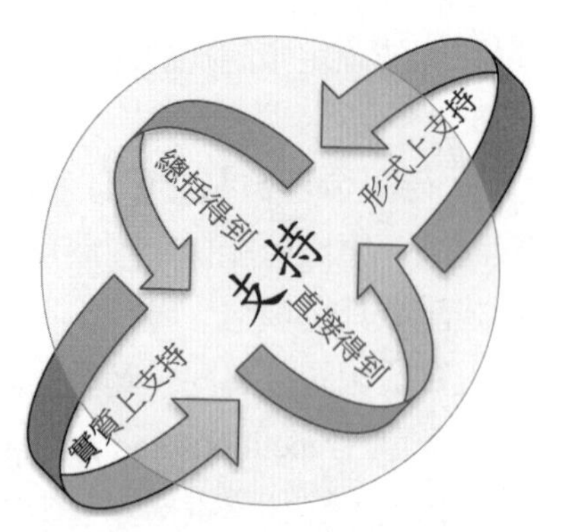

圖5-12　支持要件之意義

申請專利範圍中每一請求項不僅在文字形式上應為說明書所支持，而且在實質內容上應為說明書所支持。具體而言，即使請求項與說明書中所載之技術特徵一致，文字用語之形式上獲得說明書之支持，仍須檢視請求項及說明書，包含實施方式等，從自然法則之技術觀點，理解說明書之實質內容是否可支持請求項。

請求項得以總括（generalization）方式界定申請專利之發明，但應為說明書所支持。通常請求項總括的方式有下列二種：

1. 以上位概念總括，例如以「C1～C4烷基」總括甲基、乙基、丙基及丁基；以「固定手段」總括螺釘、螺栓及釘等。
2. 以擇一形式總括，擇一形式，指一請求項記載一群發明，而該發明群中之每一發明係由請求項所載之各個選項分別予以界定，以「或」、「及」並列數個選項的具體特徵，例如「特徵A、B、C或D」、「由A、B、C及D組成的物質群中選擇的一種物質」等。以擇一形式總括時，應符合下列事項：
   a. 並列的選項應具有類似的本質（nature，共同的性質、活性或結構）。
   b. 上位概念特徵不得與下位概念特徵並列。
   c. 發明單一性。
   d. 總括的概念明確，例如「A、B、C或類似物（或物質、設備、方法）」，若該類似物的定義不明確，則不得與具體的A、B、C並列。

說明書是否符合支持要件，應依下列具體要求判斷之，違反任一具體要求應認定不符合支持要件：

1. 請求項中每個技術特徵是否均記載於說明書，或說明書中每個技術特徵是否均記載於請求項，而未超出說明書所揭露的範圍。例如，請求項「一種改良之燃油組成物」，並未記載任何催化劑，而說明書僅揭露一種必須添加催化劑始能獲得該燃油之方法，則該請求項無法為說明書所支持。
2. 請求項中所載申請專利之發明與說明書內容是否相呼應。例如，請求項「一種以冷休克處理植物種子的方法」，說明書揭露該方法適用於一種特定種子，而未揭露適用於其他種子，具有通常知識者尚難確定以該方法處理其他種子能得到相同的效果，則應認定請求項無法為說明書所支持。又如，請求項「一種處理合成樹脂成型物性質的方法」，說明書僅揭露熱可塑性樹脂的實施例，以例行之實驗或分析方法，不足以將說明書記載之內容延伸到熱硬化性樹脂之範圍，則該請求項無法為說明書所支持。
3. 請求項的技術特徵是否記載在一個或一個以上之實施方式或實施例。例如，請求項記載使用無機酸之技術手段，而說明書僅記載使用有機酸之實施例，就該發明而言，有機酸與無機酸之性質尚有不同，無法延伸至無機酸之範圍。

四、支持與可據以實現要件之關係

依專利法，第26條第1項可據以實現要件與第2項支持要件分屬不同且獨立之專利要件。請求項所載之範圍過廣而無法為說明書所支持，通常其說明書之記載亦不夠明確或充分，亦即依說明書所揭露之內容僅能實現申請專利範圍之部分而無法實現全部範圍，而不符合可據以實現要件。

發明專利審查基準就前述二要件分別於不同小節予以規範，所舉實例因而分列，並無同時違反二項要件之實例，致有誤解該二要件係擇一違反。事實上，多數情況係同時違反二要件，少有單獨違反者，若請求項中申請專利之發明對應於說明書中有部分範圍之發明無法據以實現，則不僅說明書不符可據以實現要件，違反專利法第26條第1項之規定，請求項亦不符支持要件，違反專利法第26條第2項之規定，正如一體之二面。

說明書必須揭露足夠資訊，使具有通常知識者據以實現申請專利之發明，當請求項涵蓋範圍寬廣，說明書必須記載一定數量的實施方式或實施例，以延伸至請求項之全部範圍。當具有通常知識者參酌申請時的通常知識即可實現該發明，則有限數量（甚至僅需一個）之實施方式或實施例，亦足以支持寬廣的請求項。若以說明書記載之實施方式或實施例，無法實現全部範圍者，其範圍通常過於寬廣，例如請求項為「一種油電混合動力車，其特徵在於移動時之能源效率為A～B%」，而說明書中僅揭露一可達成A～B%能源效率之電力傳輸控制手段，惟申請時油電混合動力車領域之一般能源效率為X%，遠低於A%，具有通常知識者參酌申請時的通常知識仍無法理解有其他技術手段可達成能源效率A～B%者，則應認定該請求項無法為說明書所支持，且該說明書之記載不符可據以實現要件。

請求項之合理範圍應與其對於先前技術之技術貢獻度相當，既不會過廣以至於超出發明之技術內容，也不會過窄以致於剝奪申請人揭露發明之回報。因此，即使認為請求項涵蓋的範圍過於寬廣而無法實現全部範圍，若無充足的理由，仍應接受該請求項。

【相關法條】

專利法：22、28、30、43、152。

施行細則：3、14、17、18、21、22。

【考古題】

◎發明必須具備專利法第22條第1項前段產業利用性、第22條第1項後段新穎性、第22條第4項進步性及第23條擬制新穎性（或稱為擬制已知技術）的專利要件，始得取得專利。依專利法第25條規定，申請發明專利應備具申請書、說明書及必要圖式。同法第26條第2項規定，發明說明應明確且充分揭露，使該發明所屬技術領域中具有通常知識者，能瞭解其內容，並可據以實現。請說明產業利用性要件與第26條第2項後段「並可據以實現」要件之關係。（96年專利審查官三等特考「專利法規」）

◎專利法第26條第2項規定「使該發明所屬技術領域中具有通常知識者，能瞭解其內容，並可據以實現。」此所謂該發明所屬技術領域中具有通常知識者係指何人？何謂通常知識?試舉例說明之。（99年專利審查官三等特考「專利法規」）

◎依專利法規定，是否准予發明專利，應審酌專利要件是否具備。專利法第22條第1項前段規定，發明專利須具備產業利用性，另依同法第26條第2項規定申請專利之發明之記載，必須使該發明所屬技術領域中具有通常知識者能瞭解其內容，並可據以實現。試問：產業利用性要件與充分揭露而可據以實現要件有無差異？試舉例說明之。（99年專利師考試「專利法規」）

◎現行專利法對於專利審查是否給予專利之舉證責任如何規定？又專利法第44條規定，發明專利申請案違反第21條至第24條、第26條、第30條第1項、第2項、第31條、第32條或第49條第4項規定者，應為不予專利之審定。申請案是否違反前開第44條規定之舉證責任如何分配？（96年專利審查官三等特考「專利法規」）

◎專利法第26條第2項「發明說明應明確且充分揭露，使該發明所屬技術領域中具有通常知識者，能瞭解其內容，並可據以實現」，專利審查基準中「違反充分揭露而可據以實現之要件的審查」詳細敘明欠缺技術手段之記載，或記載不明確或不充分，而無法據以實施的5種情況，請試論述其中4種情況？（第二梯次專利師訓練「專利實務」）

◎請依專利法第26條第3項規定，論述關於申請專利範圍記載之基本原則要求？（第二梯次專利師訓練補考「專利實務」）

◎下列請求項中劃底線之敘述部分是否會造成申請專利範圍不明確？請分別說明其理由。

1. 一種自行車座墊立管，其包括插束段及座墊立管兩部分，二者均呈非圓管形態，以利相互插置結合。
2. 一種殺蟲劑組成物，係由成分A、B組成，其中A之含量為30重量%以上。
3. 一種化合物A之製法，……，其反應條件為……pH值大約為6至9。
4. 一種置香座，其係包含一座體與一支撐架桿，該座體具相當重量，並具較大之底面積，……。
5. 一種可防止熄滅之檀香座，……其特徵在於……可分別設置有各種幾何造形之鰭板，……。（第七梯次專利師訓練補考「專利實務」）

◎請分別說明我國專利法第26條第2項有關發明說明之記載要點及第26條第3項有關申請專利範圍之記載要點，並說明兩者之間的關係。（99年第一梯次智慧財產人員能力認證試題「專利審查基準及實務」）

◎試問，下列請求項之記載是否明確？並請說明其理由。

1. 「一種組成物X，其由40至60重量百分比的A、30至50重量百分比的B及

20至30重量百分比的C所組成。」

2.「一種組成物Y，其由10至30重量百分比的A、20至60重量百分比的B及5至40重量百分比的C所組成。」

3.「一種拖鞋，係由鞋底、鞋面及釘扣等構件所組成，其中………（敘明各構件之連結關係）。」

4.「一種拖鞋，包含鞋底、鞋面及釘扣等構件，其中………（敘明各構件之連結關係）。」（101年專利師考試「專利審查基準」）

5.3 發明之定義

第21條（發明之定義）
發明，指利用自然法則之技術思想之創作。
第24條（不予發明專利之標的）
下列各款，不予發明專利： 一、動、植物及生產動、植物之主要生物學方法。但微生物學之生產方法，不在此限。 二、人類或動物之診斷、治療或外科手術方法。 三、妨害公共秩序或善良風俗者。
TRIPs第27條（專利保護要件）
1. 於受本條第2項及第3項規定拘束之前提下，凡屬各類技術領域內之物品或方法發明，具備新穎性、進步性及實用性者，應給予專利保護。依據第65條第4項，第70條第8項，及本條第3項，應予專利之保護，且權利範圍不得因發明地、技術領域、或產品是否為進口或在本地製造，而有差異。 2. 會員得基於保護公共秩序或道德之必要，而禁止某類發明之商業利用而不給予專利，其公共秩序或道德包括保護人類、動物、植物生命或健康或避免對環境的嚴重破壞。但僅因該發明之使用為境內法所禁止者，不適用之。 3. 會員不予專利保護之客體亦得包括： (a) 對人類或動物疾病之診斷、治療及手術方法； (b) 微生物以外之植物與動物，及除「非生物」及微生物方法外之動物、植物的主要生物育成方法。會員應規定以專利法、或單獨立法或前二者組合之方式給予植物品種保護。本款於世界貿易組織協定生效四年後予以檢討。

發明之定義綱要	
專利保護之客體	發明或新型專利保護應用科學之產物，而不保護純科學理論。 發明或新型專利不保護構想，而係保護實現構想之具體技術手段。

<table>
<tr><th colspan="3">發明之定義綱要</th></tr>
<tr><td rowspan="7">發明之定義</td><td colspan="2">指利用自然法則之技術思想之創作。（§21）</td></tr>
<tr><td colspan="2">技術思想即技術性，指解決問題的手段必須是涉及技術領域（能解決技術領域中特定問題的新發明及新思想）。</td></tr>
<tr><td rowspan="5">非屬發明之類型</td><td>1. 自然法則本身</td></tr>
<tr><td>2. 單純之發現</td></tr>
<tr><td>3. 違反自然法則者</td></tr>
<tr><td>4. 非利用自然法則者（含數學方法、遊戲或運動之規則或方法等人為之規則、方法或計畫，或其他必須藉助人類推理力、記憶力等心智活動始能執行之規則、方法或計畫）</td></tr>
<tr><td>5. 非技術思想者（含技能、單純之資訊揭示、單純之美術創作）</td></tr>
</table>

對於專利保護之客體，我國專利法採行「定義」及「排除」之混合型立法，以第21條定義發明：「發明，指利用自然法則之技術思想之創作。」另以第24條列舉不准專利之標的，從符合定義之客體中排除：「1.動、植物及生產動、植物之主要生物學方法。但微生物學之生產方法，不在此限。2.人類或動物之診斷、治療或外科手術方法。3.妨害公共秩序或善良風俗者。」

5.3.1　定義

專利並不保護構想，而係保護實現構想之具體技術手段。發明專利之定義：「發明，指利用自然法則之技術思想之創作。」該定義係源於日本特許法（即專利法）第2條：利用自然法則之技術思想之高度創作。

構成專利法所稱之發明，必須符合「自然法則」及「技術思想」。自然法則，自然界中固有之規律。技術思想，係源自歐洲專利公約的「技術性」（technical character）。對於「技術性」之解釋，依專利審查基準，申請專利之發明解決問題的手段必須是涉及技術領域的技術手段，始符合發明之定義。技術性，很難從正面定義之，歐洲專利公約、日本及我國均從非屬發明之類型予以規定，非屬發明之類型包括：1.自然法則本身；2.單純之發現；3.違反自然法則者；4.非利用自然法則者（數學方法、遊戲或運動之規則或方法等人為之規則、方法或計畫，或其他必須藉助人類推理力、記憶力等心智活動始能執行之規則、方法或計畫）；5.非技術思想者（技能、單純之資訊揭示、單純之美術創作）。

世界智慧財產權組織（WIPO）係以概括式定義發明：「能解決技術領域中特定問題的新發明及新思想。」能實際解決問題之技術方案必須是利用自然法則之技術，不論是新發明或改良他人之發明，均得取得專利，但無須達到已經能實施的階段，亦無須達到商品化的階段。因此，說明書中所載之實驗數據或實施例僅係發明技術的具體性或相當之準確性的說明而已。

美國專利法第101條係以列舉式定義發明：新而有用之製法、機械、製造品、物質的組成或其他改良品。本條規定是否能涵蓋商業方法專利及生物技術（如基因）專利，迭有爭議。

5.3.2 非屬發明之類型

一、自然法則本身

發明專利必須是利用自然法則之技術思想之創作，以產生功效，解決問題，達成所預期的發明目的。若自然法則未付諸實際利用，例如能量不滅定律或萬有引力定律等自然界固有的規律，其本身不具有技術性，不屬於發明之類型。

二、單純之發現

發現，主要指自然界中固有的物、現象及法則等之科學發現。專利法定義之發明必須是人類心智所為具有技術性之創作，發現自然界中已知物之特性，發現行為本身並無技術性，不符合發明之定義。但發現物之特性，而利用該特性於特定用途者，具有技術性，符合發明之定義。

對於以自然形態存在之物，例如野生植物或天然礦物，即使該物先前並非已知，單純發現該物的行為並非利用自然法則之技術思想之創作，不得准予專利。但將發現加以利用，得准予專利。例如，首次從自然界中分離所得之物，其結構、形態或其他物化性質與已知者不同，且能被明確界定者，則該物本身及分離方法均符合發明之定義。又如，發現自然界中存在之某基因或微生物，經由特殊分離步驟獲得該基因或微生物時，則該基因或微生物本身及該分離步驟均符合發明之定義。

發明與發現的本質雖然不同，但關係密切，例如化學物質之用途發明即以其特殊性質為基礎，發現特殊性質並加以利用，即得以該性質為基礎申請用途發明，例如發現威而剛治療性功能之新用途，則屬於用途發明。美國於2001年公布實用性審查基準，內容涵蓋基因專利之實用性問題。EPC 52(4)特別就醫藥品之第一次醫藥用途授予物之專利。

三、違反自然法則者

界定申請專利範圍之事項違反自然法則（例如能量守恆定律），則該發明（例如永動機）不符合發明之定義。由於自然界中無法實施這種類型之發明，就發明之本質而言，其無法被製造或使用，故亦屬非可供產業利用之發明。

四、非利用自然法則者

申請專利之發明係利用自然法則以外之規律者，例如數學方法、遊戲或運動之規則或方法等人為之規則、方法或計畫，或其他必須藉助人類推理力、記憶力等心智活動始能執行之規則、方法或計畫，該發明本身不具有技術性，不符合發明之定義。

申請專利之發明僅一部分非利用自然法則，不得謂其不符合發明之定義。例如，單純的電腦程式雖然不符合發明之定義，但若電腦程式相關之發明整體對於先前技術的貢獻具有技術性時，不得僅因其涉及電腦程式即認定不符合發明之定義。

五、非技術思想者

非屬技術思想者：

a. 技能：例如下沉球投法，雖然得以手指之特殊持球及投球方法為特徵，但因每一個人手指、手臂或身軀之差異及投球力道之運用，每一位投手的下沉球路均不同，而屬於個人之技能，而非技術。

b. 單純之資訊揭示：包括資訊之揭示本身（如視聽訊號、語言、手語等）、記錄於載體（如紙張、磁片、光碟等）上之資訊（如文字、音樂、資料等）、揭示資訊之方法或裝置（如記錄器）。

c. 單純之美術創作：繪畫、雕刻等物品係屬美術創作，其特徵在於主題、布局、造形或色彩規劃等之美感效果，屬性上與技術思想無關，故不符合發明之定義。惟若美術創作係利用技術構造或其他技術手段產生具有美感效果之特徵時，雖然該美感效果不符合發明之定義，但產生該美感效果之手段具有技術性，符合發明之定義。例如，紡織品之新穎編織結構所產生外觀上的美感效果不符合發明之定義，但以該結構編織而成之物品符合發明之定義。

【考古題】

◎發明係指利用自然法則之技術思想之高度創作，何謂「利用自然法則」？試說明之。（89年專利審查官三等特考「專利法規」）

◎試問下列3個案例是否符合發明之定義？理由為何？

案例1：

〔發明名稱〕

銅之鍍鐵方法

〔申請專利範圍〕

一種銅之鍍鐵方法，其特徵在於將銅片浸漬在含有鐵離子之水溶液中，銅片上形成鐵之電鍍層而成。

案例2：

〔發明名稱〕

網路擷取資料的儲存方法

〔申請專利範圍〕

一種網路擷取資料的儲存方法，包含下列步驟：

透過網路接收所擷取之資料；

顯示該被擷取之資料；

一資料儲存判斷裝置針對該資料判斷是否有預定之關鍵字，有關鍵字時，針對一輸入裝置執行儲存指令；及

該輸入裝置依據該儲存指令將該資料儲存於一記憶裝置。

案例3：

〔發明名稱〕

漢字檢索編碼方法

〔申請專利範圍〕

一種利用注音或字形、筆劃檢索漢字之編碼方法。

（99年專利師考試「專利審查基準」）

◎申請專利之發明是否符合發明之定義，應考量申請專利之發明整體對於先前技術的貢獻是否具有技術性。請列舉5種非屬發明之類型，每種類型請舉一實例說明。（第七梯次專利師訓練補考「專利實務」）

5.4　不予發明專利之標的

第24條（不予發明專利之標的）
下列各款，不予發明專利： 一、動、植物及生產動、植物之主要生物學方法。但微生物學之生產方法，不在此限。 二、人類或動物之診斷、治療或外科手術方法。 三、妨害公共秩序或善良風俗者。
巴黎公約第4條之4（發明專利－可專利性之限制）
物品專利或製法專利，不得因其物品或其製成之物品係國內法所限制販售為由，不予專利或撤銷專利。
TRIPs第27條（專利保護要件）
… 2. 會員得基於保護公共秩序或道德之必要，而禁止某類發明之商業利用而不給予專利，其公共秩序或道德包括保護人類、動物、植物生命或健康或避免對環境的嚴重破壞。但僅因該發明之使用為境內法所禁止者，不適用之。 3. 會員不予專利保護之客體亦得包括： (a) 對人類或動物疾病之診斷、治療及手術方法； (b) 微生物以外之植物與動物，及除「非生物」及微生物方法外之動物、植物的主要生物育成方法。會員應規定以專利法、或單獨立法或前二者組合之方式給予植物品種保護。本款於世界貿易組織協定生效四年後予以檢討。

不予發明專利之標的綱要	
動物、植物	包括轉殖基因之動物、植物。微生物不屬動物或植物。 動物，不包括人類（包括複製人等），但人類仍非准予專利之客體。
生產動、植物之方法	排除主要生物學方法，不排除非生物學方法及微生物學方法。 主要生物學方法，人為技術不具有關鍵性作用之生物學方法。
人類或動物之診斷、治療或外科手術方法	限於人體或動物體，基於倫理道德之考量，直接以有生命的人體或動物體為實施對象（本節所稱之動物不包含人類），以診斷、治療或外科手術處理人體或動物體之方法。
	刪除「疾病」，無論診斷、治療或外科手術之對象是否有關疾病，均排除之。

不予發明專利之標的綱要		
	限於方法發明，不包含物之發明。	
	診斷或治療方法	必定與疾病有關，必須包括以下三項條件始屬不予發明專利之標的：1.以有生命的人體或動物體為對象；2.有關疾病；3.以疾病診斷、治療或預防為直接目的。
	外科手術方法	利用器械對有生命之人體或動物體實施創傷性或介入性之處理，包括非以診斷、治療為目的之美容、整形（如割雙眼皮、抽脂塑身、豐胸）方法。
妨害公序良俗	基於維護倫理道德，為排除社會混亂、失序、犯罪及其他違法行為。	
	有妨害	發明的商業利用會妨害公序良俗者：施行恐怖活動、有關毒品、自殺、人類之複製、改變人類生殖系之物或方法。
	不妨害	發明的商業利用不會妨害公序良俗者：各種棋具、牌具，或開鎖、開保險箱之方法，或以醫療為目的而使用各種鎮定劑、興奮劑之方法等。 不以專利技術有被濫用之可能即認定有違公序良俗。

基於政策之考量，專利法定有不予發明專利之標的，慣稱為「法定不予專利之標的」或「可專利性之例外」。有技術性之發明，即使符合發明之定義，仍不得屬於法定不予專利之標的，始為專利法保護之客體。

與貿易有關之智慧財產權協定（TRIPs）第27條：「各類技術領域內之物品或方法發明，具備新穎性、進步性及產業利用性者，均給予專利保護。」稱為技術不歧視原則。102年1月1日施行之專利法修正草案公聽過程中，因業界的反對，我國專利法第24條所定不予發明專利之標的仍納入動、植物發明及生產動、植物之主要生物學方法發明。

5.4.1 動、植物及生產動、植物之主要生物學方法

本款包括物之發明（動物或植物）及方法發明（以主要生物學方法）；依一般觀念，微生物不屬動物或植物，故本款排除微生物及微生物學方法。

動、植物本身或品種不得准予專利，其理由在於從傳統技術觀點認為動、植物係自然界之產物，且欠缺複製性。惟動、植物品種是否包含轉殖基因動、植物，迭有爭議。EPC（歐洲專利公約）為解決生物技術發明之可專

利性（例如哈佛鼠案），認為若非以整個品種申請專利，轉殖基因之動、植物不違反EPC第52條規定。所稱之動物，不包括人類（包括複製人等）。102年1月1日施行之專利法原本欲納入保護之植物專利，其範疇包括物、方法及用途；保護之標的包括：植物、直接加工物、基因、質體、植物細胞、組織培養物、主要非生物學之育成方法及以專利方法直接製得之物及其用途等。

與植物專利權有關之植物品種權僅保護植物新品種；保護之標的包括：單一特定植物品種及其從屬品種（含實質衍生品種），且包括該品種之繁殖材料、收穫材料及直接加工物。依植物品種及種苗法，植物新品種可以申請品種權。由於專利權與植物品種權之權利要件及保護範圍並不相同，且植物品種及種苗法涵蓋範圍僅限於主管機關公告的132項植物種類，品種權亦僅能取得某一特定品種的權利，而無法擴及該特定品種上位概念之植物，植物專利權所能提供的保護範圍較大，更能保障發明人的權利，故以品種權及專利權雙軌保護已為多數主要國家所採的制度，惟因業界的反對，我國現行專利法仍未納入保護。

（外國）植物專利權與品種權之比較		
構成要件	專利權	植物品種權
保護標的	物、方法、用途	植物品種
保護範疇	植物、直接加工物、基因、質體、植物細胞、組織培養物、非主要生物學之育成方法、專利方法直接製得之物、用途	單一特定植物品種及其繁殖材料、收穫材料、直接加工物、從屬品種（含實質衍生品種）
保護要件	新穎性、進步性、產業利用性、說明書揭露（充分明確、可據以實現）	新穎性、可區別性、一致性、穩定性、性狀描述（基本說明）+品種命名
審查方式	書面審查	性狀檢定（書面審查或實體審查）
權利範圍	以申請專利範圍為準	法律主動賦予之固定權利範圍
權利效力	物品專利：製造、為販賣之要約、販賣、使用、進口 方法專利：（方法）使用；	生產或繁殖、以繁殖為目的而調製、銷售之要約、銷售或以其他方式行銷、輸出入、為前述目的而持有

（外國）植物專利權與品種權之比較		
	（由該專利方法直接製得之物）使用、為販賣之要約、販賣、進口	
保護期限	自申請日起算20年	木本或多年生藤本植物：25年； 其他植物：20年。 均自核定公告日起算
權利限制	研究免責、農民免責、強制授權	研究免責、農民免責、強制授權

生產動、植物之主要生物學方法，指人為技術不具有關鍵性作用之生物學方法，生產動、植物之方法若完全由自然現象如雜交或選擇所構成，則為主要生物學方法。例如，有性繁殖，大多取決於隨機因素，人為技術之介入通常不具關鍵性影響，該方法所要達到之目的或效果再現性不佳，不符合可據以實現要件；且亦可能為具有通常知識者所能輕易完成，而不符合進步性要件。因此，就審查實務而言，無須以專利法第24條第1項予以特別排除。

5.4.2 人類或動物之診斷、治療或外科手術方法

人類或動物之診斷、治療或外科手術方法，係指直接以有生命的人體或動物體為實施對象（本節所稱之動物不包含人類），以診斷、治療或外科手術處理人體或動物體之方法。

醫療方法（診斷、治療或外科手術）被排除於專利法保護範圍之外，係因倫理道德的考量（歐洲法、日本法屬之），特別是避免醫師實施醫療方法卻有專利侵權之虞的威脅（美國法屬之），顧及社會大眾醫療上的權益以及人類之尊嚴，使醫生在診斷、治療或外科手術過程中有選擇各種方法及條件的自由，法定人類或動物之診斷、治療或外科手術方法屬於不予發明專利之標的。應予注意者，人類或動物之診斷、治療或外科手術方法中所使用之器具、儀器、裝置、設備或藥物（包含物質或組成物）等醫療物之發明仍屬專利法保護之標的，故撰寫申請專利範圍時應避開有關醫療方法之請求項。

就本款所定「人類」或「動物」之治療或外科手術方法而言，只要請求項中包含至少一個技術特徵為實施於有生命之人體或動物體之步驟，該請求項即不予專利；至於診斷方法，則必須就請求項之整個步驟過程予以判斷。

102年1月1日施行之專利法已刪除「疾病」，外科手術不限於與疾病有

關者，例如割雙眼皮、抽脂塑身等美容手術方法應適用本款，而不為專利所保護。但診斷或治療方法必定與疾病有關，必須包括以下三項條件，始屬不予發明專利之標的：1.以有生命的人體或動物體為對象；2.有關疾病；3.以疾病診斷、治療或預防為直接目的。

一、診斷方法

診斷方法，必須包括三個步驟過程，缺一不可：1.檢測有生命之人體或動物體（即測定實際值）；2.評估症狀（即比較測定值與標準值之差異）；3.決定病因或病灶狀態（推定前述差異所導致的診斷結果）。為實施診斷而採用之預備處理方法，例如測量心電圖時之電極配置方法，並未包括前述完整的三個判斷步驟，故非屬不予發明專利之診斷方法。

依專利法規定，診斷方法必須包括三項條件，始屬不予發明專利之標的：1.以有生命的人體或動物為對象（排除針對屍體或已脫離人體或動物之組織、體液或排泄物等方法）；2.有關疾病之診斷（排除測量身高、體重或測定膚質等方法）；3.以獲得疾病診斷結果為直接目的（排除X光照射、血壓量測等僅屬診斷之中間結果無法直接獲知疾病之診斷結果的方法）。

在判斷一項與疾病診斷有關之方法發明時，不僅應考量該發明形式上是否包含以上1.、2.及3.三項條件，尚應審究該發明實質上是否包含該三項條件。例如從有生命之人體測得某生理參數之方法發明，雖然其形式上並非以獲得疾病診斷結果為直接目的，但若依據先前技術中的醫學知識，就該參數即能直接得知疾病之診斷結果者，則該發明不得稱為僅獲得中間結果，仍屬法定不予發明專利之診斷方法。

二、治療方法

治療方法，指使有生命之人體或動物體恢復或獲得健康為目的之治療疾病或消除病因的方法，包括以治療為目的及具有治療性質的其他方法（例如預防、免疫、消除病因、舒解疼痛、不適、功能喪失），但不包括保健及美容方法。預防疾病之方法，例如蛀牙或感冒之預防方法，仍屬不予發明專利之治療方法；預防疾病之方法包括為維持健康狀態而採用的處理方法，例如按摩、指壓方法。

在人體或動物體之外製造人造器官、假牙或義肢等之方法，及其量測方法；不介入人體、動物體或未產生創傷的美容方法；處理已死亡之人體或動物之方法；非以外科手術方法處理動物而改變其生長特性之方法，均非法定不予發明專利之治療方法。

三、外科手術方法

外科手術，指利用器械對有生命之人體或動物體實施創傷性或介入性之處理，以維持人或動物生命或健康的方法，包括為外科手術而採用的預備性處理方法，例如皮膚消毒、麻醉等，亦包括非以診斷、治療為目的之美容、整形（如割雙眼皮、抽脂塑身、豐胸）方法（專利法修正前係以不符合產業利用性為由不予專利）。

外科手術方法不予專利，國際上採目的論或本質論二種不同規範方式。目的論，例如大陸及我國93年專利法所採行，限於以疾病之治療為目的始不予專利，排除之範圍較窄；本質論，例如我國現行法、EPC及TRIPS所採行，不限於以疾病為目的者，排除範圍較寬。屬於特殊態樣之方法，注射方法屬於外科手術方法；但採血非屬外科手術方法。

若申請專利之發明係將化合物或組成物用於人類或動物之診斷、治療或外科手術之目的，由於以用途（或使用、應用）為申請標的之用途發明，視同方法發明，因此請求項撰寫為「物質A在治療疾病X之用途」，則視同「使用物質A治療疾病X之方法」，屬於人體或動物疾病之治療方法，應不予專利，若改以下列方式撰寫，例如「化合物A在製備治療疾病X之藥物的用途」或「醫藥組成物B之用途，其係用於製備治療疾病X之藥物」（此種撰寫型式之醫藥用途請求項稱為瑞士型請求項，Swiss-type claim，歐洲於2011年1月29日起不接受瑞士型請求項），其申請專利範圍視同一種製備藥物之方法，非屬人類或動物之診斷、治療或外科手術方法。

5.4.3 妨害公共秩序或善良風俗

基於維護倫理道德，將妨害公共秩序或善良風俗之發明列入法定不予專利之標的。若於說明書、申請專利範圍或圖式中所記載之發明的商業利用會妨害公共秩序或善良風俗，包括嚴重危害公共健康者（見WIPO專利法常設委員會於2009年3月召開第13屆會議，討論專利適格之標的；TRIPS 27.II顯示公序良俗之意義涵蓋保護人類、動物或植物之健康；專利法修正前稱「衛生」），則應認定該發明屬於法定不予專利之標的，例如郵件炸彈及其製造方法、吸食毒品之用具及方法、服用農藥自殺之方法、複製人及其複製方法（包括胚胎分裂技術）、改變人類生殖系之遺傳特性的方法等。

發明的商業利用不會妨害公共秩序或善良風俗者，即使該發明被濫用而有妨害之虞，仍非屬法定不予專利之標的，例如各種棋具、牌具，或開鎖、開保險箱之方法，或以醫療為目的而使用各種鎮定劑、興奮劑之方法等。各國對於妨害公序良俗之發明皆有不准予專利之規定，美國早期有吃角子老虎專利之爭議，近期則有幹細胞、複製人技術之爭議。惟專利之核准與商業利用不宜混為一談，不得以專利技術有被濫用之可能即認為有違公序良俗。

雖然專利法的目的在於鼓勵、保護、利用發明，以促進產業發展，但亦應尊重、保護人性尊嚴及生命權，並維持社會秩序。生物相關發明會妨害公共秩序或善良風俗者，仍應不予發明專利，例如複製人及其複製方法（包括胚胎分裂技術）、改變人類生殖系之遺傳特性的方法及其產物、由人體及動物的生殖細胞或全能性細胞所製造之嵌合體及製造嵌合體之方法。此外，若申請標的涉及人體形成及發育的各個階段的物或方法，包括生殖細胞、受精卵、桑葚胚、囊胚、胚胎、胎兒等及製造人體形成及發育的各個階段的方法，亦違反公序良俗，應不准專利。

人類胚胎幹細胞相關之發明，若有發展成人類個體的潛能者，違反公序良俗，應不准專利，例如人類全能性細胞及培養或增殖人類全能性細胞的方法。至於由人類全能性細胞進一步分裂而成之人類多能性胚胎幹細胞，若無發展成人類的潛能，其相關發明應無違反公序良俗。

【考古題】

◎基因轉殖動物（Transgenic Animal）是否給予專利，世界各國在法律規定及審查實務上不完全相同。哈佛大學的腫瘤鼠（Oncomouse）先後取得美國的動物（Transgenic nonhuman mammals）及方法（Method for providing a cell culture from a transgenic non-human mammal）專利。但歐洲及加拿大的看法不同，請回答以下問題：

1. 我國專利法第24條有關動、植物專利的相關規定如何？並請簡要說明。
2. 哈佛腫瘤鼠能否在我國取得類似專利？請說明理由。
3. 世界貿易組織（WTO）與貿易有關智慧財產權協定（TRIPs）對動、植物及生物學方法專利是否有相關規定？其立法意旨為何？

4. 動、植物給予專利，其利弊如何？請條列說明之。（96年專利審查官二等特考「專利法規」）

◎下列各申請標的是否違反我國專利法第24條第3款有關「妨害公共秩序、善良風俗或衛生者」之規定？並請分別敘明其理由。

1.「一種化妝品組合物，其係以人類胎盤為原料所製得。」

2.「一種裝配於汽車上之點菸器，包含元件A、B、C，可供於車上點菸之用。」

3.「一種製備轉殖基因動物的方法，其係以所有動物細胞為原料，依下列步驟製得：………。」

4.「一種在酵母菌中具有4.7±0.2Kb之凝集基因，其係編碼具有凝集活性之多胜　，該多胜　之胺基酸序列係如序列1所示。」

5.「一種人類多能性胚胎幹細胞，其係………。」（99年度專利師職前訓練）

◎甲發明豬的新品種「人豬」，將人類的DNA打到豬胚胎，豬隻長大後，其內臟可供人體器官移植之用，且能避免人體產生排斥作用。又乙發明H藥，用以治療器官移植時之排斥反應。甲、乙分別就其發明向智慧財產局申請發明專利，智慧財產局應如何處理甲、乙之專利申請案？（101年專利審查官三等特考「專利法規」）

◎A係美國人，A於西元2011年研發完成一項針對阿茲海默氏症的基因治療（gene therapy）方法，A除依法向美國專利商標局申請專利外，亦擬向我國申請專利。A得否就該基因治療方法於我國取得專利？我國有關治療方法的規範是否符合與貿易有關之智慧財產權協定（TRIPs協定）？（101年專利師考試「專利法規」）

5.5　發明單一性

第33條（發明單一性）
申請發明專利，應就每一發明提出申請。 二個以上發明，屬於一個廣義發明概念者，得於一申請案中提出申請。

5.5.1　何謂發明單一性

發明單一性，指申請發明專利應以每一發明提出一申請案為原則；但二個以上發明，屬於一個廣義發明概念者，亦得於一申請案中提出申請。

發明單一性之規定，一方面係基於行政經濟上之原因，防止申請人只支付一筆費用而獲得多項專利權之保護；另一方面係基於行政管理之考量，方便分類、檢索及審查。專利法制以「一發明一申請」為原則，日本學說上稱「申請之單一性」，指一申請案僅能申請一發明；但二個以上之發明屬於一個廣義發明概念而符合發明單一性者，亦得於一申請案中提出申請。

5.5.2　特別技術特徵

依專利法施行細則第27條：屬於一個廣義發明概念，指二個以上之發明，於技術上相互關聯。技術上相互關聯，指請求項中所載申請專利之發明應包含一個或多個相同或相對應的特別技術特徵（special technical features），該技術特徵使該發明具有新穎性、進步性等專利要件，而對於先前技術有所貢獻。技術上有無相互關聯之判斷，不因其以不同請求項記載或於單一請求項中以擇一形式記載而有差異。

特別技術特徵，指申請專利之發明整體對於先前技術有所貢獻之技術特徵；係發明單一性審查中為判斷是否符合法定「屬於一個廣義發明概念」所創設之概念。

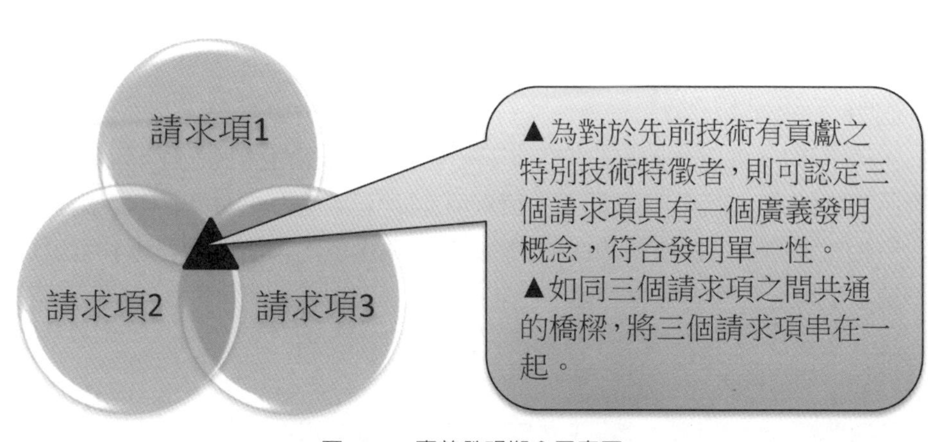

圖5-13　廣義發明概念示意圖

*請求項1至3有共通的技術特徵

圖5-14 符合發明單一性之請求項

*請求項1至3無共通的技術特徵

圖5-15 不符合發明單一性之請求項

例1：每一項請求項具有相同之「特別技術特徵」。例如：

請求項1.一種燈絲A，………。

請求項2.一種以燈絲A製成之燈泡B。

請求項3.一種探照燈，裝有以燈絲A製成之燈泡B及旋轉裝置C。

〔說明〕

若請求項1燈絲A對照先前技術符合專利要件，由於請求項1、2、3均有燈絲A，則燈絲A為該三項請求項中相同之特別技術特徵，該三項請求項得於一申請案中提出申請。取得專利者，每一請求項均得各別主張專利權。

例2：每一項請求項具有相對應之「特別技術特徵」。例如：

請求項1.一種插頭，其特徵為D。

請求項2.一種插座，其特徵與D相對應。

〔說明〕

請求項1、2的插頭與插座必須搭配使用，於技術上相互關聯，若特徵D對照先前技術，使請求項1插頭及請求項2插座符合專利要件，因該二請求項具有相對應的特定技術特徵D，得於一申請案中提出申請。取得專利者，每一請求項均得各別主張專利權。

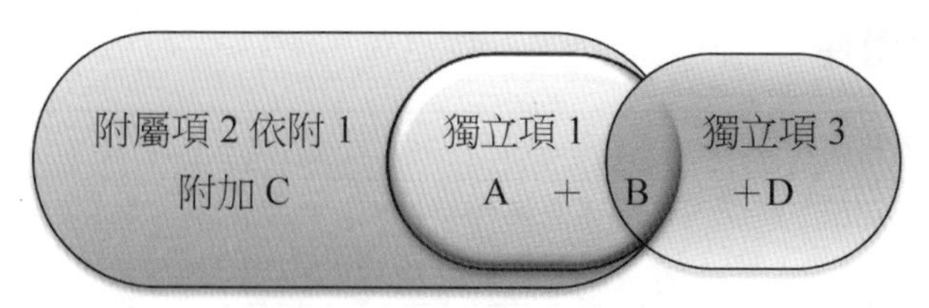

*附屬項2與獨立項1不生單一性問題，因有共通技術特徵A＋B

**當B非屬特別技術特徵，獨立項1與3之間不具單一性時，附屬項2亦不具單一性

圖5-16　附屬項之單一性審查

【相關法條】

施行細則：27。

【考古題】

◎申請案有兩項以上之請求項，判斷其是否符合發明單一性的標準在於請求項所載之發明的實質內容是否屬於一個廣義發明概念。試問：兩項以上獨立項所載之發明屬於一個廣義發明概念之態樣為何？獨立項與其附屬項之間通常有無存在發明單一性的問題？（99年專利審查官二等特考「專利法規」）

◎何謂「發明單一性」？試問如下申請專利範圍中三個請求項之發明是否具有發明單一性？理由為何？

〔申請專利範圍〕

1. 一種如下式所示的第四級銨化合物

$$\left[ClCH_2-CH(OH)-CH_2-\overset{\displaystyle CH_3Cl^{\ominus}}{\underset{\displaystyle CH}{\overset{|}{\underset{|}{N^{\oplus}}}}}-CH_2-CH_2-CH_2-NH-CO \right]$$

2. 一種阻止微生物增殖之方法，其係對從細菌及真菌中選出之微生物，適用有效量的請求項1所述之第四級銨化合物。

3. 一種防止纖維間結合低下之方法，其係在纖維原料泥漿中添加殺菌劑者。（98年專利師考試「專利審查基準」）

◎何謂發明之「申請單一性」？又違反申請單一性原則，我國實務上應如何審查？如經審定准予專利時，得否對之提起舉發？請詳加說明之。（99年第一梯次智慧財產人員能力認證試題「專利法規」）

5.6 產業利用性

第22條（發明專利三要件）
可供產業上利用之發明，無下列情事之一，得依本法申請取得發明專利： …
TRIPs第27條（專利保護要件）
1. 於受本條第2項及第3項規定拘束之前提下，凡屬各類技術領域內之物品或方法發明，具備新穎性、進步性及實用性者，應給予專利保護。依據第65條第4項，第70條第8項，及本條第3項，應予專利之保護，且權利範圍不得因發明地、技術領域、或產品是否為進口或在本地製造，而有差異。 …

專利法第46條所定專利審查之實體要件係有關申請專利之發明是否得授予專利權之客體要件（廣義的專利要件），其中最重要者為專利三要件（狹義的專利要件）包括：產業利用性、新穎性（包括擬制喪失新穎性）及進步性。

專利係保護實用技術而非科學原理，基礎科學屬於發現範疇不得准予專利，應用科學始為發明保護對象。近年來，由於商業方法及生物技術專利申請案的出現，產業利用性日益受重視。

專利法第22條第1項本文所定之「產業利用性」，指申請專利之發明必須具有實用價值，不得為純理論之科學研究成果，亦即物之發明必須能被製造（有被製造出來之可能，而非已被製造出來）及能被使用（有被使用之可能，而非已被使用），方法發明必須能被使用。典型之例為永動機（不須補充能源可以一直運轉的機器），分別就二種情況說明「產業利用性」、「發明定義」及「可據以實現要件」之區別：1.說明書記載永動之發明目的，請求項之記載包含永動之功能，因該功能顯然違反能量不滅定律，應認定該永動機本質上無法被製造出來，而不具產業利用性。2.若請求項僅記載具有特定結構之永動機，永動之功能及發明目的係記載於說明書，而未記載於請求項者，雖然請求項中所載之結構可以被製造出來，但其技術內容尚包括說明書所載之永動功能及目的，因該功能及目的違反能量不滅定律，故應認定請求項中所載之永動機不符合發明定義，且說明書中所載具永動功能之機器無法被製造出來，而不符合可據以實現要件。至於專利法所指之產業，一般共識咸認應包含廣義的產業，例如工業、農業、林業、漁業、牧業、礦業、水產業等，甚至包含運輸業、通訊業等。

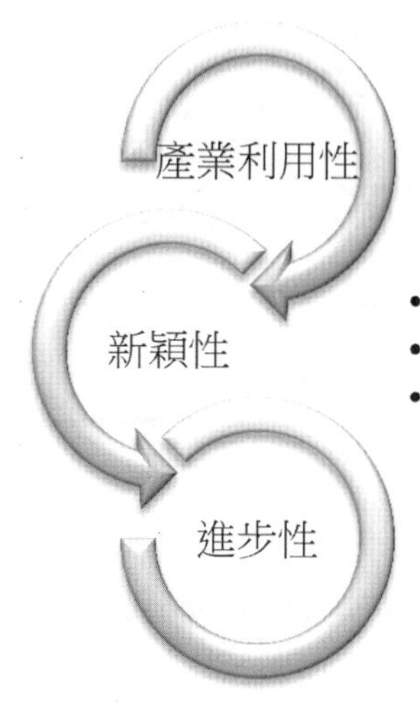

- 專利法第22條本文
- 申請專利之發明必須具有實用價值，不得為純理論之科學研究成果
- 物之發明本質上必須能被製造及能被使用，方法發明必須能被使用。

- 專利法第22條第1項
- 申請專利之發明不屬於先前技術之一部分
- 專利法第23條擬制喪失新穎性及第31條先申請原則二要件與新穎性之判斷基準雷同

- 專利法第22條第2項
- 申請專利之發明係具有通常知識者依申請前之先前技術並參酌通常知識所能輕易完成者

圖5-17　專利三要件

此外，學理上可行，但實際產業上顯然不可行之發明，亦不具產業利用性。例如，以吸收紫外線之塑膠膜包覆地球表面之方法，該塑膠膜顯然無法被製造出來，亦不具產業利用性。

產業利用性，亦稱實用性，即發明必須有其用途。例如基因序列之發明或醫藥發明，若未說明其用途，即如何使用該發明，則僅屬於基礎研究之成果，亦不具產業利用性。在美國，產業利用性被稱為實用性，必須是具體、實在而可信，例如利用化合物診斷疾病，但未指明具體的疾病者；利用蛋白質作為基因探針，但未指明具體的蛋白質者；利用電腦執行功能，但未指明具體的功能者，均不具產業利用性。

產業利用性係對於申請專利之發明本質上之規定，僅依申請專利之內容即可判斷，不須進行檢索、比對先前技術。產業利用性與新穎性、進步性在判斷次序上並無必然的先後關係，惟不具產業利用性之申請案即不符合專利要件，無須再檢索先前技術，故實體審查實務上第一步即先審查產業利用性及記載要件等。

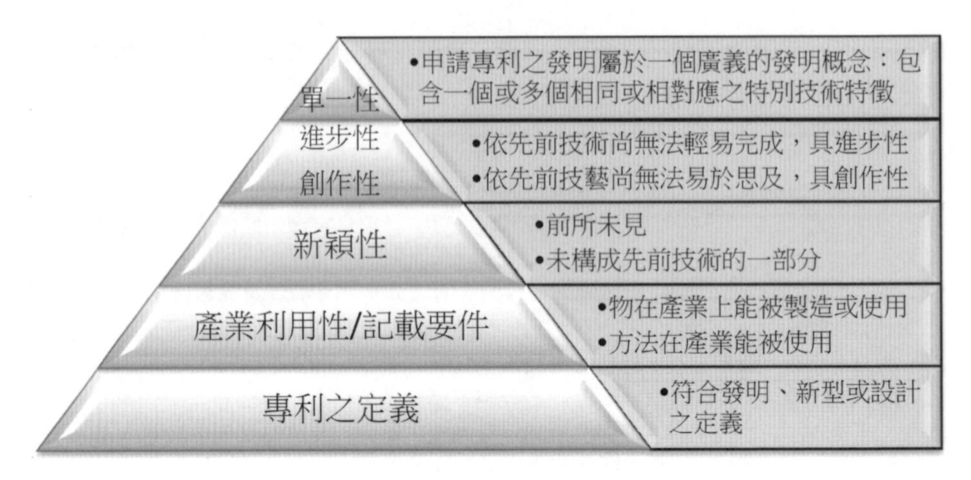

圖5-18　專利要件的審查順序

產業利用性與可據以實現要件二者均係判斷是否能實現申請專利之發明，即物之發明是否能被製造及被使用，方法發明是否能被使用。產業利用性與可據以實現要件之差異在於產業利用性係判斷申請專利之發明本身（本質上）是否能被實現，而可據以實現要件係判斷說明書中有關申請專利之發明的記載內容（記載形式上）是否能被實現，二者在判斷順序或層次上有先後、高低之差異。若申請專利之發明本質上不能被製造或使用，則當然亦不符可據以實現要件。若申請專利之發明本質上能被製造或使用，尚應審究說明書在記載形式上是否明確且充分揭露申請專利之發明，揭露內容必須達到該發明所屬技術領域中具有通常知識者可據以實現之程度，始得准予專利。申請專利之發明本質上能被製造或使用，只是形式上未明確或未充分揭露申請專利之發明者，應屬可據以實現要件所規範之範圍。例如一種化學物質X，說明書僅記載該物X及其可治療心臟病之用途，而符合產業利用性，但由於未記載如何製備該物質，仍未完成該發明，故不符合可據以實現要件。

【相關法條】

專利法：21、26。

【考古題】

◎依專利法第22條第1項規定：「凡可供產業上利用之發明，………」，請說明其判斷標準為何？又請舉例說明「非可供產業上利用之發明」之類型為何？（92年專利審查官二等特考「專利法規」）

◎請說明專利法第22條所定產業利用性、新穎性及進步性三要件之內涵。（第一梯次專利師訓練補考「專利法規」）

◎請論述產業利用性與充分揭露而可據以實現要件之差異，並以「未完成之發明」說明之。（第一梯次專利師訓練補考「專利實務」）

5.7　新穎性

第22條（發明專利三要件）
可供產業上利用之發明，無下列情事之一，得依本法申請取得發明專利： 一、申請前已見於刊物者。 二、申請前已公開實施者。 三、申請前已為公眾所知悉者。 …
TRIPs第27條（專利保護要件）
1.於受本條第2項及第3項規定拘束之前提下，凡屬各類技術領域內之物品或方法發明，具備新穎性、進步性及實用性者，應給予專利保護。依據第65條第4項，第70條第8項，及本條第3項，應予專利之保護，且權利範圍不得因發明地、技術領域、或產品是否為進口或在本地製造，而有差異。 …

新穎性綱要		
新穎性	請求項中所載之申請專利之發明是前所未見者，即不屬於先前技術（即「既有技術狀態」state of art）的一部分者。	
先前技術	範圍	涵蓋申請前所有能為公眾得知之資訊，不限於世界上任何地方、任何語言或任何形式。 能為公眾得知，即先前技術處於公眾有可能接觸並能獲知其實質內容的狀態，不以公眾實際上已真正得知為必要。
	態樣	專利法所定之態樣：1.申請前已見於刊物；2.申請前已公開實施；3.申請前已為公眾所知悉。
		刊物，向公眾公開散布之文書或載有資訊之其他儲存媒體（含網路）。
	前提	先前技術作為引證文件，必須達到可據以實現之程度。
	指標	技術是否處於秘密狀態，若處於秘密狀態，不應被認定為先前技術。

新穎性綱要		
審查原則	單獨比對原則、逐項審查原則	
判斷基準	完全相同、實質相同（能直接且無歧異得知）、上下位概念、直接置換（限於擬制喪失新穎性）	
特殊請求項	製法界定物	專利要件並非由製造方法決定，而係由所界定之物本身決定。
	用途界定物	用途是否具限定作用，取決於該用途特徵是否隱含特定結構或組成；物之用途僅係描述目的或使用方式者，不生限定作用。
	用途	將物之特性應用於前所未知之特定用途，即具新穎性。
	選擇發明	選擇發明之新穎性，須考量先前技術的整體內容是否已特別揭露所選出的個別成分、次群組或次範圍；未被揭露者，具新穎性。

專利制度係授予申請人專有排他之專利權，以鼓勵其公開創作，使公眾能利用該專利之制度。申請專利前已公開散布而能為公眾得知之先前技術已進入公有領域，任何人均得自由利用，並無授予專利之必要。若申請專利之發明與先前技術相同，授予其專利權，有損公共利益。

5.7.1 新穎性之審查

專利法第22條第1項所定之「新穎性」，指請求項中所載之申請專利之發明是前所未見者，即不屬於先前技術（即「既有技術狀態」state of art，指全部先前技術之集合）的一部分者。審查上，單一請求項已揭露於單一先前技術者，即不具新穎性。

一、先前技術之意義

先前技術（prior art，專利審查基準並未刻意區分先前技術與既有技術狀態state of art之差異），涵蓋申請前所有能為公眾得知（available to the public）之資訊，不限於世界上任何地方、任何語言或任何形式，包括書面、電子、網際網路、口語、展示或實施等形式。我國專利法第22條第1項係採行絕對新穎性主義，以全世界為範圍，明定構成先前技術之具體態樣：1.申請前已見於刊物；2.申請前已公開實施；或3.申請前已為公眾所知悉。

申請專利之發明屬於前述三種態樣之一者，應認定為不具新穎性，無法取得專利。申請前，指申請案申請日之前，不包含申請日；主張優先權者，指優先權日之前（細§13.I），不包含優先權日。

表5-1　絕對新穎性與相對新穎性

國家	見於刊物	公開實施	公眾知悉
美國	國內、外	國內（過去採相對新穎性）	
臺灣	國內、外（絕對新穎性）		
日本	國內、外（絕對新穎性）		
中國	國內、外（絕對新穎性）		
歐洲專利公約	國內、外（絕對新穎性）		

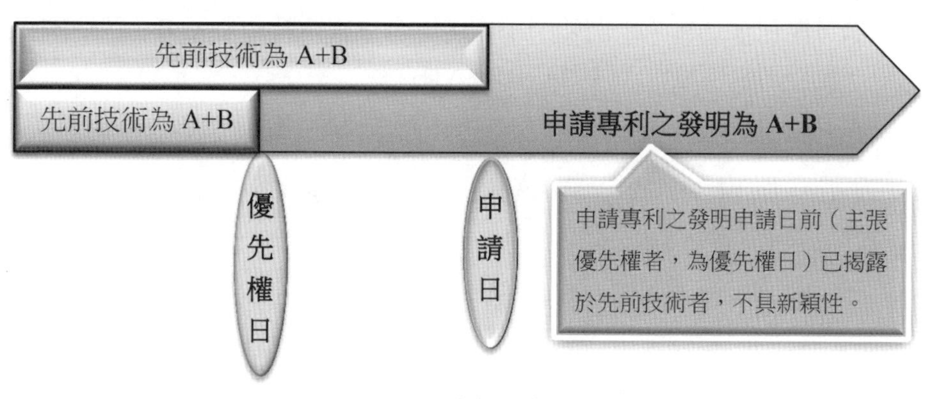

圖5-19　新穎性審查

能為公眾得知，指先前技術處於公眾有可能接觸並能獲知其實質內容的狀態，不以公眾實際上已真正得知為必要。能為公眾得知，即專利實務上公開散布之概念（例如前述之「公開」實施），包括但不限於專利法第37條發明專利制度之早期公開。能為公眾得知判斷之關鍵在於該先前技術是否處於秘密狀態，若處於秘密狀態，該技術並非能為公眾得知，不應被認定為先前技術；反之，若非處於秘密狀態，例如無保密義務之人業已知悉者，則應認定能為公眾得知。換句話說，負有保密義務之人所知悉應保密之技術不屬於先前技術；惟若違反保密義務而洩露，致該技術能為公眾得知，則該技術構成先前技術。

二、審查原則

專利審查基準規定新穎性之審查原則包括單獨比對原則及逐項審查原則。

(一) 單獨比對原則

審查新穎性時，應就每一請求項中所載之發明與單一先前技術進行比對，即單一發明與單一先前技術單獨比對，不得就該發明與多份引證文件中之全部或部分技術內容的組合，或一份引證文件中之部分技術內容的組合，或引證文件中之技術內容與其他公開形式（已公開實施或已為公眾所知悉）之先前技術內容的組合進行比對。對於先前技術中所明確記載另一先前已公開之參考文件或先前技術，或明確放棄之事項，應將其視為先前技術的一部分；為解釋先前技術中之用語所使用之字典、教科書或工具書等，亦同。一請求項可能包含二發明，例如請求項中所載之技術特徵為A+B（包括B1或B2），則該請求項包含二發明A+B1及A+B2。

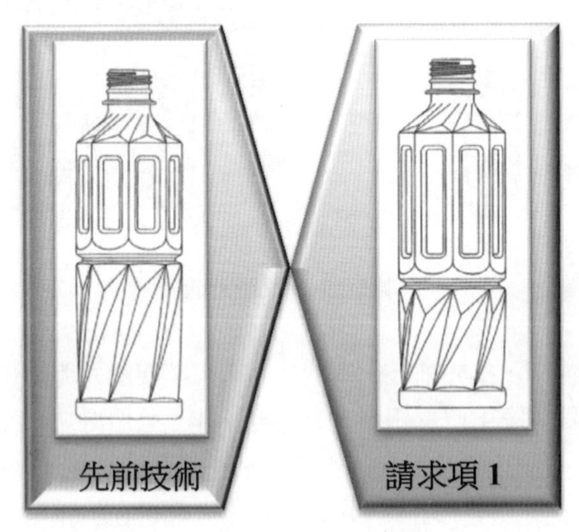

圖5-20　單獨比對－新穎性

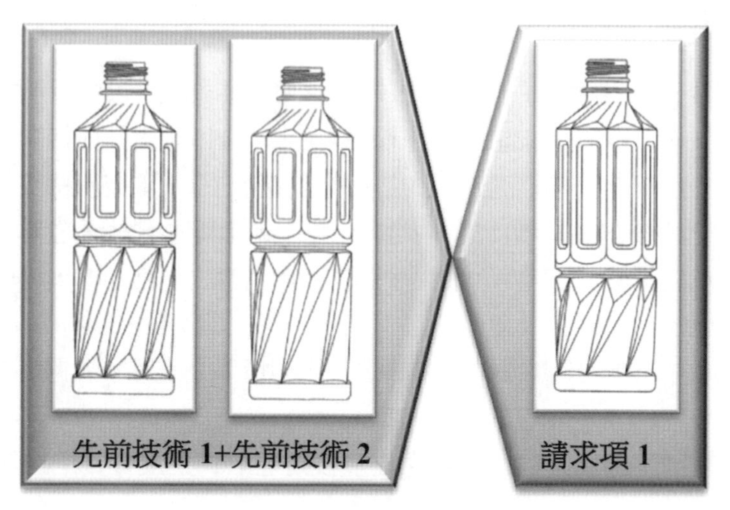

圖5-21　組合式比對－進步性

(二) 逐項審查原則

新穎性之審查應以每一請求項中所載之發明為對象，逐項作成審查意見。以擇一形式記載之請求項，應就各選項所載之發明為對象分別審查。經審查認定獨立項具新穎性，其附屬項亦具新穎性，得一併作成審查意見；但獨立項不具新穎性，其附屬項未必不具新穎性，仍應分項作成審查意見。

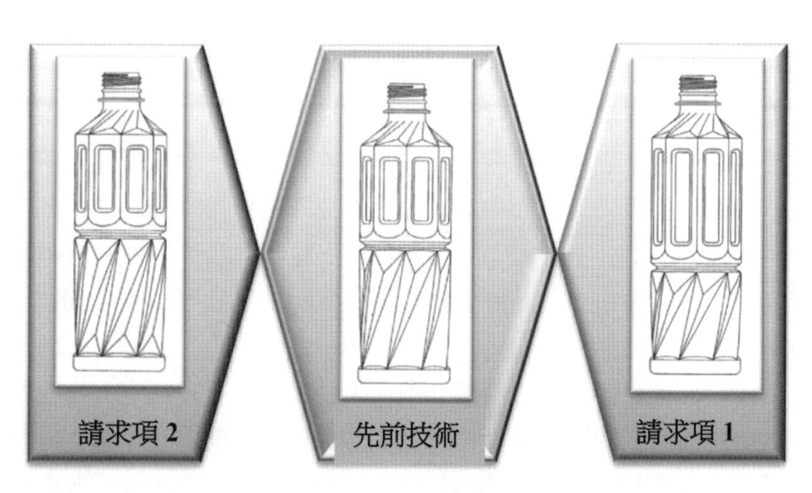

圖5-22　逐項審查

三、判斷基準

新穎性審查，應以每一請求項中所載之發明為對象，就該發明之技術特徵與先前技術之事項逐一進行比對，判斷請求項中所載之技術特徵是否「已揭露」於先前技術，亦即就請求項中所載之發明的每一項技術特徵對應於先前技術中之所揭露之事項比對、判斷，不必審究其他不對應之事項。審查時，得審酌說明書、申請專利範圍、圖式及申請時之通常知識，以理解申請專利之發明。

請求項中所載之發明與先前技術屬於下列情事之一者，應認定不具新穎性：

(一) 完全相同：申請專利之發明與先前技術在形式上及實質上均無任何差異。

(二) 差異僅在於文字的記載形式或能直接且無歧異得知之技術特徵：申請專利之發明與先前技術之差異僅在於文字的記載形式，但實質上並無差異者；或差異僅在於部分相對應的技術特徵，而該發明所屬技術領域中具有通常知識者基於先前技術形式上明確記載的技術內容，即能直接且無歧異得知其實質上單獨隱含或整體隱含申請專利之發明中相對應的技術特徵。直接且無歧異得知，即可唯一得知之事項，當先前技術揭露之技術特徵包含數個意義，申請專利之發明僅限定其中一個意義，則不得認定由該先前技術即能直接且無歧異得知該發明中所載之技術特徵。例如先前技術揭露之技術手段包含一技術特徵「彈性體」但未記載「橡膠」之實施例，而申請專利之發明中所記載之相對應技術特徵為「橡膠」，由於「彈性體」包含「橡膠」及「彈簧」等概念，故不得認定該發明中之「橡膠」由該先前技術中之「彈性體」即能直接且無歧異得知。前述之例配合後述上、下位概念，可理解為上位概念技術無法直接且無歧異得知下位概念技術，且非屬直接且無歧異得知之認定不限於前述上、下位概念之例。

(三) 差異僅在於相對應之技術特徵的上、下位概念：上位概念，指複數技術特徵屬於同族或同類的總括概念，或複數技術特徵具有某種共同性質的總括概念。發明包含以上位概念表現之技術特徵者，稱為上位概念發明。下位概念，係相對於上位概念表現為下位之具體概念。發明包含以下位概念表現之技術特徵者，稱為下位概念發明。若先前技術為下位概念發明，由於其內容已隱含或建議其所揭露之技術手段可以適用於其所屬之上位概念發明，故下位概念發明之公開會使其所屬之上位概念發明不具新穎性。例如先前技術為「用銅製成的產物A」，會使申請專利之發明「用金屬製成的產物A」喪失新穎性。

*左圖先前技術為下位概念（銅），申請案為上位概念（金屬），申請案不具新穎性
**右圖先前技術為上位概念（金屬），申請案為下位概念（銅），申請案具新穎性

圖5-23　新穎性之上、下位概念

5.7.2　先前技術

先前技術，涵蓋申請前所有能為公眾得知之資訊。實體要件的審查，申請專利之發明比對之對象原則上必須是申請案申請前已公開之先前技術，個案中被引用之比對文件稱為引證文件，申請專利之發明已見於引證文件者，則應認定違反新穎性等專利要件。

一、法定之先前技術

專利法第22條第1項所定之先前技術包括三種：申請前已見於刊物、已公開實施及已為公眾所知悉。申請前，指申請案申請當日之前，不包括申請日；主張優先權者，則指優先權當日之前（細§13.I），不包括優先權日。審查新穎性時，必須是申請日或優先權日之前已公開而能為公眾得知之技術始構成先前技術。

(一) 申請前已見於刊物

依專利法施行細則第13條第2項，刊物（printed publication），指向公眾公開之文書或載有資訊之其他儲存媒體。刊物之性質：a.須公開散布，使公眾可得接觸其內容；且b.須為載有資訊之儲存媒體，不以紙本形式之文書為限，尚可包括以電子、磁性、光學或載有資訊之其他儲存媒體，如磁碟、磁片、磁帶、光碟片、微縮片、積體電路晶片、照相底片、網際網路或線上資料庫等。

網路上傳輸的資訊對於技術進步的貢獻並不亞於紙本刊物，專利法所定之刊物，解釋上應包含透過電子通訊網路而能為公眾得知之資訊。電子通訊網路，指所有透過電子通訊線路提供資訊的手段，包括網際網路（internet）及電子資料庫（electronic databases）等。

網路上之資訊是否屬於專利法所定之刊物，應考量公眾是否能得知其網頁及位址，及其散布方式是否開放到能為公眾得知該資訊的狀態，不問公眾是否實際上已進入該網站或進入該網站是否需要付費或密碼，只要網站未特別限制使用者，公眾透過申請手續即能進入該網站，即屬能為公眾得知。符合前述原則之網站，例如：1.政府機關；2.學術機關；3.國際性機構；4.聲譽良好之刊物出版社。不符合前述原則之網站，例如：a.未正式公開網址而僅能隨機進入者；b.僅能為特定團體或企業之成員透過內部網路取得之資訊者；c.被加密而無法以付費或免費等通常方式取得資訊內容者。

原則上公開於網路上之資訊必須載有公開之時間點，始得引證作為先前技術。若1.該資訊未載明公開之時間點；2.審查人員對於該時間點的真實性有質疑；或3.申請人已檢附客觀具體證據質疑該時間點的真實性時，應取得公開或維護該資訊之網站出具的證明或其他佐證，證明該資訊公開之時間點，否則不得作為引證。上述之佐證例示如下：a.網路檔案服務（internet archive service）提供的網頁資訊，例如網站時光回溯器（Wayback Machine）（www.archive.org）。b.網頁或檔案變更歷程之時間戳記（timestamp），例如維基百科（Wikipedia）之編輯歷史。c.自動加註資訊等電腦產生的時間戳記，例如部落格（blog）文章或網路社群訊息（forum message）之發布時間。d.網站搜尋引擎提供的索引日期（indexing date），例如谷歌（Google）之頁庫存檔（cached）。

由於網路的性質與紙本刊物不同，公開於網路上之資訊皆為電子形式，雖難以判斷出現在螢幕上公開之時間點是否曾遭操控而變動，然而考量網路上之資訊量龐大且內容繁多，應可認為遭操控的機會甚小，除非有特定的相反指示，否則推定該時間點為真正。若資訊內容有變更，可確定其變更歷程之內容及對應時間點者，應以該變更時間點為公開日，否則應以最後變更時間點為公開日。

(二) 已公開實施

依專利法第58條第2項及第3項，專利法所稱之實施包括製造、為販賣之要約、販賣、使用及進口等行為。公開實施，指透過實施行為揭露技術內容，使該技術能為公眾得知，並不以公眾實際上已實施或已真正得知該技術內容為必要。公開實施使技術內容能為公眾得知時，即為公開實施之日。惟若未經說明或實驗，僅由該實施行為，具有通常知識者仍無法得知其構造、功能、材料或成分等任何相關之技術內容者，則不構成公開實施。例如僅看到藥錠、藥粉而不知其化學結構者，不構成公開實施。

(三) 已為公眾所知悉

公眾所知悉，指以口語或展示等方式揭露技術內容，例如藉口語交談、演講、會議、廣播或電視報導等方式，或藉公開展示圖面、照片、模型、樣品等方式，使該技術能為公眾得知之狀態，並不以其實際上已聽聞或閱覽或已真正得知該先前技術之內容為必要。以口語或展示等行為使技術內容能為公眾得知時，即為公眾知悉之日。

二、引證文件

實體審查時，係從先前技術或先申請案中檢索出相關文件，與申請專利之發明進行比對，以判斷該發明是否具備專利要件；該被引用之相關文件稱為引證文件。

雖然申請前所有能為公眾得知之資訊均屬先前技術，惟實務上主要係引用已見於刊物之先前技術，而以刊物作為引證文件。專利申請案經公開或公告後，即構成先前技術的一部分，無論該申請案嗣後是否經撤回或審定不予專利，或該專利案嗣後是否經放棄或撤銷，已公開或公告之說明書、申請專利範圍及圖式均屬前述之刊物而得作為引證文件。

刊物公開日、公開實施之日或公眾知悉之日必須在發明申請案的申請日之前。惟證明公開實施或使公眾知悉之行為的引證文件於申請日之後始公開，仍應認定其所揭露之技術係於公開實施之日或公眾知悉之日構成先前技術。

審查新穎性時，應以引證文件中所揭露之技術內容為準，包含形式上明確記載的內容及形式上雖然未記載但實質上隱含的內容。實質上隱含的內容，指該發明所屬技術領域中具有通常知識者參酌引證文件公開時之通常知識，能直接且無歧異得知的內容（審查進步性時則須參酌申請案申請時之通常知識）。

引證文件揭露之程度必須足使該發明所屬技術領域中具有通常知識者能製造及/或使用申請專利之發明。例如申請專利之發明為一種化合物，若引證文件中僅說明該物本身或其名稱或化學式，而未說明如何製造及使用該化合物，且該發明所屬技術領域中具有通常知識者無法由該文件內容或文件公開時可獲得之通常知識理解如何製造該化合物，則不能依該文件認定該化合物不具新穎性，因該引證文件未完成該化合物之技術，而未先占其技術範圍。

引證文件中包含圖式者，因圖式僅屬示意圖，若無文字說明，僅圖式明確揭露之技術內容始屬引證文件之揭露內容；例如角度、比例關係或各元件相關位置等，不因影印之縮放產生差異，則可作為參考。由圖式推測之內容，例如從圖式直接量測之尺寸、厚度，常因影印之縮放產生差異，不宜直接引用。

5.7.3 特定請求項及選擇發明

一、製法界定物之請求項

以製法界定物之請求項，其申請專利之發明應為請求項所載之製造方法所賦予特性之物本身，亦即其是否具備專利要件並非由製造方法決定，而係由該物本身決定。例如請求項所載之發明為方法P（步驟P1、P2、………及Pn）所製得之蛋白質，若以不同的方法Q所製得的蛋白質Z與所請求的蛋白質名稱相同且具有由方法P所得之相同特性，若蛋白質Z為先前技術，則無論方法P於申請時是否已經能為公眾得知，所請求的蛋白質不具新穎性。

二、用途界定物之請求項

102年1月1日施行之專利審查基準改採物之絕對新穎性概念，不論物質、組合物或物品，若為已知者，則不得再以其他方式取得相同物之專利，例如用途界定物之請求項。物之絕對新穎性概念，對於化學、醫藥或生物技術領域之發明的專利要件審查影響重大。

用途界定物之請求項，應解釋為所要求保護之物適合用於所界定之特殊用途，至於實際的限定作用，則取決於該用途特徵是否對所要求保護之物產生影響，亦即該用途是否隱含申請專利之物具有適用該用途之某種特定結構及/或組成。例如：請求項「用於熔化鋼鐵之鑄模」，該「用於熔化鋼鐵」之用途隱含具有高熔點之性質的結構及/或組成，而對申請標的「鑄模」具有限定作用，雖然具有低熔點的一般塑膠製冰盒亦屬另一種形式之鑄模，尚不致於落入前述請求項之範圍。再如，請求項「用於起重機之吊鉤」，該「用於起重機」之用途隱含特定尺寸及強度之結構，而對申請標的「吊鉤」具有限定作用，雖然釣魚用之魚鉤形狀相似，尚不致於落入前述請求項之範圍。又如，請求項「用於鋼琴弦之鐵合金」，該「用於鋼琴弦」之用途隱含具有高張力之特性的層狀微結構（lamellar microstructure），而對申請標的「鐵合金」具有限定作用，因此不具有層狀微結構之鐵合金不致於落入前述請求項之範圍。

若物之用途的界定僅係目的或使用方式之描述，而未隱含該物具有某種特定結構及/或組成，則該用途不具有限定作用，亦即該請求項是否符合專利要件無須考量該用途。例示下列三種情況：

(一) 化合物

若申請專利之發明為「用於催化劑之化合物X」，相較於先前技術之「用於染料的化合物X」，雖然化合物X的用途改變，但決定其本質特性的化學結構式並未改變，因此「用於催化劑之化合物X」不具新穎性。

(二) 組合物

若申請專利之發明為「用於清潔之組合物A＋B」，相較於先前技術之「用於殺蟲之組合物A＋B」，雖然組合物A＋B的用途改變，但決定其本質特性的組成並未改變，因此「用於清潔之組合物A＋B」不具新穎性。

(三) 物品

若申請專利之發明為「用於自行車之U型鎖」，相較於先前技術之「用於機車之U型鎖」，雖然U型鎖的用途改變，但其本身結構並未改變，因此「用於自行車之U型鎖」不具新穎性。

三、用途請求項

用途請求項之可專利性在於發現物之未知特性，而依其目的將該物使用於前所未知之特定用途，故通常僅適用於經由物的構造或名稱較難以理解該物如何被使用的技術領域，例如，化學物質之用途的技術領域，請求項具備新穎用途，即具新穎性。關於機器、設備及裝置等物品發明，通常該物品具有固定用途，若其結構已為先前技術所揭露，即使以其用途作為申請標的，如以拖鞋打蟑螂之用途，並非發現未知之特性，應不具新穎性。

四、選擇發明

選擇發明係由已知較大群組或範圍之先前技術中，有目的地選擇其中未特定揭露（specifically disclosed）之個別成分（individual elements）、次群組（sub sets）或次範圍（sub ranges）之發明，常見於化學及材料技術領域。判斷選擇發明之新穎性，須考量先前技術的整體內容是否已特定揭露所選出的個別成分、次群組或次範圍，若先前技術僅揭露較大群組或範圍而未揭露個別成分、次群組或次範圍，則應認定具新穎性。

(一) 選擇個別成分或次群組

若先前技術所揭露的技術內容係以單一群組呈現各種可供選擇的成分，則由單一群組中選出的任一成分所構成的選擇發明不具新穎性。若先前技術的技術內容係以二個或二個以上的群組呈現各種可供選擇的成分，而申請專利之發明係由不同群組中個別選出一個成分所組成的選擇發明，由於該組成是經由組合不同群組的成分所產生，且並非先前技術已特定揭露者，因此該選擇發明具有新穎性。上述二個或二個以上的群組所組成的選擇發明通常有下列情形：a.由已知不同之二個或二個以上的取代基群組中個別選出特定取代基而組成的化合物。b.由已知不同之起始物群組中個別選出特定起始物的製法。c.由已知的眾多參數範圍中，選出特定幾個參數的次範圍。

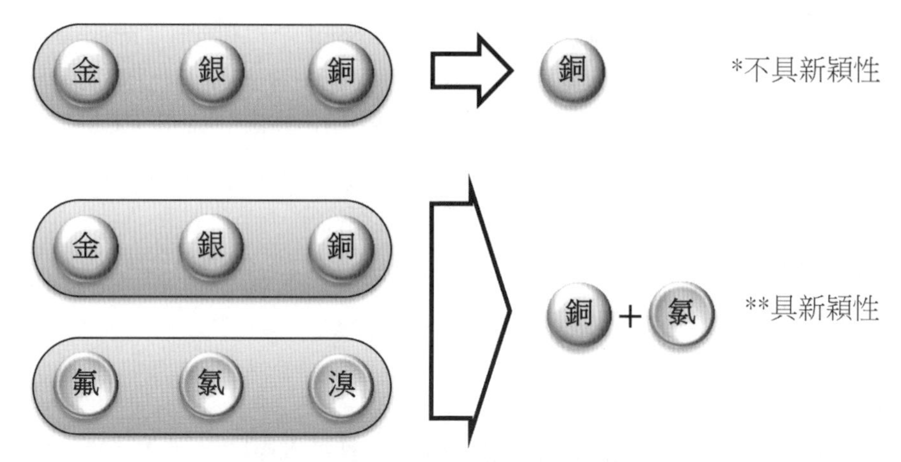

圖5-24　選擇個別成分或次群組之新穎性

（二）選擇次範圍

若選擇發明係由先前技術所揭露的較大數值範圍中選出較小的範圍，原則上具有新穎性，除非先前技術所例示之數值已落入該次範圍之中，例示如下：

1. 先前技術揭露某成分之含量範圍為5～25wt%，申請專利之發明對應該成分之含量範圍為10～15wt%，則該發明具新穎性（但不一定具進步性）。
2. 前例中，若先前技術已例示某成分之含量為12wt%已揭露10～15wt%之範圍，則該發明不具新穎性。

*申請案（10~15wt%）為先前技術（10~15wt%）之次範圍，申請案具新穎性
**先前技術（12wt%）已揭露申請案（10~15wt%），申請案不具新穎性

圖5-25　範圍與次範圍之新穎性

若選擇發明之數值範圍與先前技術所揭露之範圍部分重疊，因先前技

術所揭露之範圍（例如實施例）的端點（end-point）、中間值（intermediate values），應認定該數值範圍喪失新穎性。例如，先前技術已揭露氧化鋁陶瓷的製備方法，其燒成時間為3～10個小時，申請專利之發明的燒成時間為5～12小時，因先前技術之端點（10小時）已揭露5～12小時，如同前述12wt%已揭露5~25wt%，應認定該發明不具新穎性。

【相關法條】

專利法：37、58。

施行細則：13。

【考古題】

◎請說明於判斷發明專利是否具有新穎性時，其基本原則為何？（92年專利審查官三等特考「專利法規」）

◎張三擁有化學碩士學位，進入甲化學公司擔任總經理李四的秘書。張三利用例假日研究一種全新的長效型防蚊液。民國99年6月研發成功，同年9月30日，張三以書面告知甲公司其發明內容。張三所不知者，李四常在同業間稱許張三的才華及其研發的防蚊液。民國100年1月10日張三依法備具所有文件向經濟部智慧財產局申請專利，並於民國101年8月獲准專利。乙化學公司遂對張三之專利案提起舉發，主張同業間早於99年10月便已因李四之告知而知悉該項發明，故不符專利要件。此處所謂專利要件係指為何？依你之見，舉發案應否成立？請說明之。（101年專利師考試「專利法規」）

◎甲、乙、丙發明專利案及先前技術之結構特徵，均為如下圖所示之咖啡杯；咖啡杯結構上主要為一杯體及一結合於該杯體上之握把。

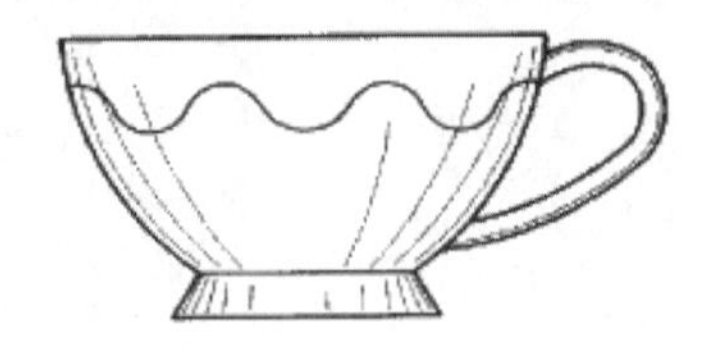

1. 甲發明專利案申請專利範圍主張，該咖啡杯整體之材質為金屬；先前技術揭露咖啡杯整體之材質係由鋁材質所構成。試問甲發明專利案是否具新穎性？並請說明其理由。

2. 乙發明專利案申請專利範圍主張，該咖啡杯整體之材質為鐵；先前技術揭露咖啡杯整體之材質係由金屬所構成。試問乙發明專利案是否具新穎性？並請說明其理由。
3. 丙發明專利案申請專利範圍主張，該咖啡杯杯體之材質係由鋁所構成，而杯體上握把之材質為橡膠；先前技術揭露咖啡杯杯體之材質亦由鋁材質所構成，至於杯體上握把僅揭露其材質為彈性體，但未記載「橡膠」之實施例。試問丙發明專利案是否具新穎性？並請說明其理由。

（101年專利師考試「專利審查基準」）

◎請依下列所提供案例及先前技術，判斷該案例專利性是否有效，並敘明理由。

〔Claim1〕

一種滑雪杖，包括其一端附近安裝有一字形的握把，握把與中央附近桿軸線成45至90度的夾角，使得滑雪者握滑雪杖時更容易支撐滑雪者的體重。

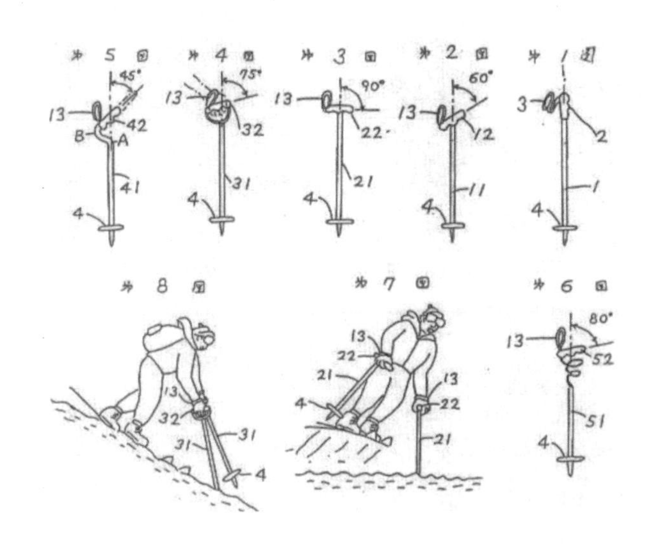

〔先前技術〕

滑雪杖握把與長柄端部略呈T字形，握把插入裝於垂直部的一端，握把上有環狀帶，當滑雪者用桿支撐而躍起於空中時，此種略呈T字形的構造可使滑雪者容易握住水平部而展現各種演技。

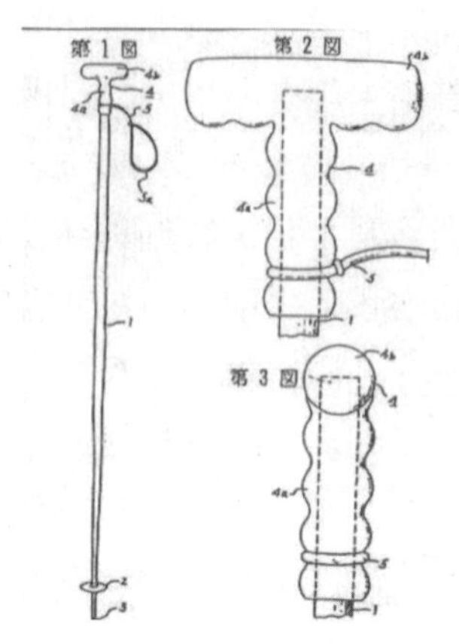

（101年度專利師職前訓練）

5.8 擬制喪失新穎性

第23條（發明專利之擬制喪失新穎性）
申請專利之發明，與申請在先而在其申請後始公開或公告之發明或新型專利申請案所附說明書、申請專利範圍或圖式載明之內容相同者，不得取得發明專利。但其申請人與申請在先之發明或新型專利申請案之申請人相同者，不在此限。

擬制喪失新穎性綱要	
擬制喪失新穎性	後申請案申請專利範圍已揭露於先申請後公開之我國發明或新型案之說明書、申請專利範圍或圖式者，擬制該後申請案喪失新穎性。
申請人	後申請案與先申請案之申請人應不同。
審查基準	準用新穎性（完全相同+直接且無歧異得知+上下位概念）+直接置換
審查對象	後申請案之申請專利範圍vs.先申請案之說明書＋申請專利範圍＋圖式
限制	先申請之發明、新型案vs.後申請之發明、新型案（設計vs.設計）
	國內申請案
	後申請案申請日或優先權日之前已申請，嗣後始（早期）公開或（核准）公告

按先前技術係涵蓋申請日之前所有能為公眾得知之技術，主張優先權者，申請日之前，指優先權日之前（細§13.I）。先申請案申請在先，在後申請案申請日之後該先申請案始公開或公告（簡稱「先申請後公開」，所稱

之公開，限於早期公開的「發明公開公報」），對於後申請案而言，該先申請案並不構成先前技術的一部分。然而，對於已揭露於先申請案說明書或圖式但非屬申請專利範圍中所載之發明，係申請人已完成但公開給社會大眾自由利用的發明，一旦後申請案專利權核准授予他人，對於先申請案之專利權人並不公平，故即使後申請案並未違反新穎性、進步性等要件，仍無將專利權再授予他人之必要。因此，對於先申請案說明書或圖式所揭露之發明，專利法制賦予「擴大先申請地位」，發明或新型專利先申請案之說明書、申請專利範圍及圖式所揭露之內容，得為審查後申請案是否具新穎性之先前技術，以阻卻他人取得專利權。前述「擴大先申請地位」屬於新穎性概念下之專利要件，專利審查基準稱為「擬制喪失新穎性」，以別於新穎性及先申請原則。惟應注意者，擬制喪失新穎性不適用於先申請案與後申請案均為同一申請人的情況。

依美國、歐洲、日本、韓國及中國五邊局（IP5）於2012年提出之比較報告，EPO採嚴格新穎性（photographic novelty），因此僅限於文義相同（literally identical）者始適用，而JPO、KIPO及SIPO皆採擴大新穎性（enlarged novelty），不限於文義相同者，實質相同（substantially identical）者亦適用，例如依通常知識即可直接置換者，擴大至均等技術及習知技術之取代。至於USPTO，由於有擬制喪失進步性之適用，即使非屬文義相同或實質相同，只要是顯而易知，仍構成核駁理由。

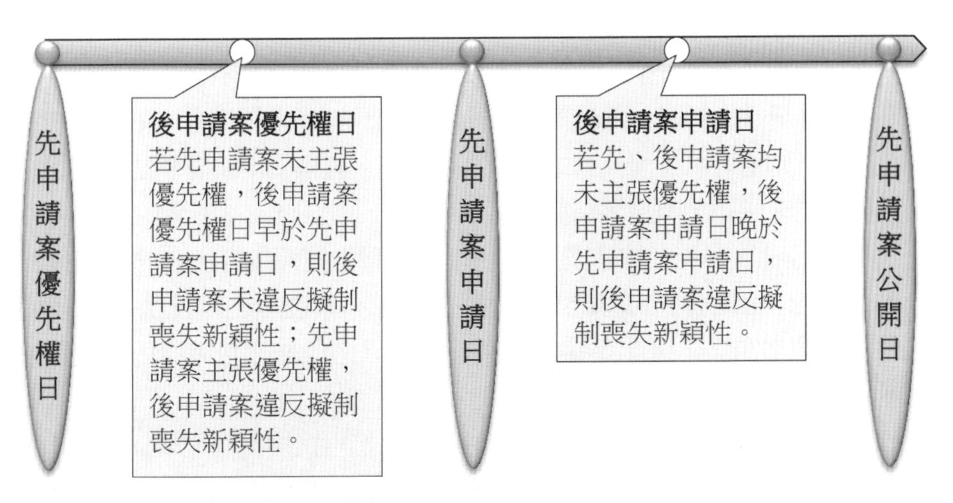

圖5-26　擬制喪失新穎性有關申請先後之審查

一、比對對象

擬制喪失新穎性之審查應以我國之後申請案每一請求項中所載之發明或新型為對象，而以其申請日之後始公開或公告之先申請案（外國申請案不適用）說明書等申請文件（包括說明書、申請專利範圍及圖式）所載之技術為依據，就界定後申請案所載之發明的技術特徵與先申請案說明書等申請文件中所載之發明或新型的技術特徵逐一進行比對判斷（先、後申請案申請專利範圍中所載之發明為相同時，亦違反先申請原則）。審查時，應就後申請案每一請求項逐項審查，若其中一請求項所載之發明與先申請案說明書等申請文件中所載之技術相同，即擬制喪失新穎性。

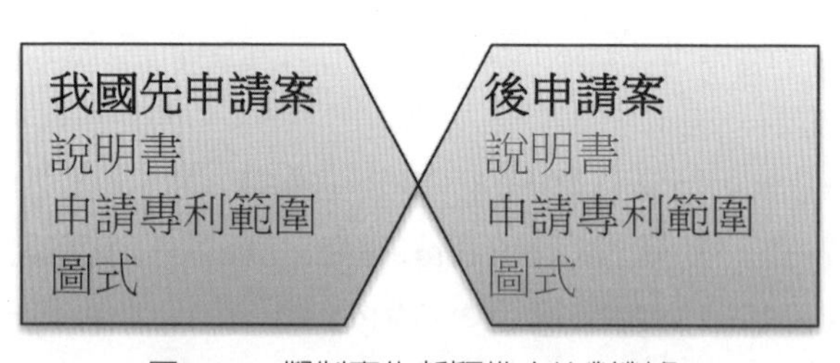

圖5-27　擬制喪失新穎性之比對對象

二、審查原則及判斷基準

有關之審查原則準用新穎性之審查。除新穎性一節中所述「完全相同」、「直接且無歧異得知」及「上、下位概念」外，擬制喪失新穎性之判斷基準尚包括「直接置換」。直接置換，指申請專利之發明與先前技術的差異僅在於部分技術特徵，而該部分技術特徵為具有通常知識者，依通常知識不假思索就知道可將先前技術之技術特徵某甲，置換為申請專利之發明之技術特徵某乙。例如，申請專利之發明與引證文件比對，二者所載之固定元件一為螺釘另一為螺栓，依申請案說明書所記載之技術內容，該螺釘僅須具「固定」及「可鬆脫」的功能，由於螺栓作為「固定」及「可鬆脫」的固定元件已為通常知識，應認定螺釘之螺栓之差異係依通常知識即可直接置換者。

智慧財產法院99年度行專訴字第43號判決指出直接置換三項判斷標準，最高法院予以維持：1.只能以單一先申請案為比對對象；2.該先申請案與系爭案比對後有部分技術特徵不同，而該差異係以通常知識即可置換；3.以通常知識將技術特徵置換，係基於二者對於系爭案整體技術不會產生不同功效。細繹前述判決，法院固然肯認新穎性之單獨比對原則，但亦容許擴大新穎性比對方式，而將直接置換納入新穎性審查事項，並擴大其範圍，而得以通常知識作為考量新穎性之內容。有見解認為前述三項判斷標準仍無法與進步性審查的等效置換區隔。惟依筆者之見解，雖然二者之區隔不明顯，但可以歸納出若干差異，就前述判斷標準3.而言，筆者認為得適用直接置換的技術特徵應屬等同，即其功能可以是相同亦可以是實質相同，對於請求項整體技術手段，不會產生不同功效；相對地，等效置換的技術特徵不一定必須等同，只要整體技術手段等效即足。此外，等效置換所適用的認定標準亦涵蓋直接置換，得作為等效置換的引證文件範圍涵蓋直接置換，總之，等效置換適用的範圍大於直接置換。

擬制喪失新穎性類似WIPO於2004年所提出的擴大新穎性方式（Enlarged Novelty Approach），將新穎性範圍擴大涵蓋具有通常知識者由單一文獻能瞭解之範圍，類似日本的「同一性」（等同之意），或美國來自單一引證文件之「固有性」（inherency）概念。擴大新穎性方式之目的係給予先申請案之申請人完整之利益，擴大至均等物及習知技術之替代，其範圍不得擴及尚未公開之先申請案與其他引證文件之結合，亦即審查進步性之引證文件不得為未公開之先前技術。

相對於進步性審查的等效置換，擬制喪失新穎性審查的直接置換與其仍有不同，比較如表5-2。

表5-2　直接置換與等效置換比較表

直接置換	等效置換
擬制喪失新穎性	進步性
單一引證文件＋通常知識	單一引證文件＋通常知識； 組合複數引證文件
置換前後之技術特徵等同即功能（function）實質相同 （必然產生相同功效）	置換前後之整體技術手段具相同功效（effect） （未必來自相同功能）
螺釘→螺栓、鉚釘、焊接	螺釘→螺栓、鉚釘、焊接
適用範圍小	適用範圍大

三、擬制喪失新穎性之限制

發明與新型同屬利用自然法則之技術思想之創作，相同技術內容分別申請發明專利及新型專利者，並無授予二個專利之必要，但二者與設計專利係屬透過視覺訴求之創作不同，故審查後申請之發明案的擬制喪失新穎性時，僅先申請之發明或新型案得作為引證文件。

先前技術涵蓋申請前所有能為公眾得知之資訊。申請在先而在後申請案申請後始公開或公告之發明或新型專利先申請案原本並不構成先前技術的一部分，惟依專利法之規定，先申請案所附說明書、申請專利範圍或圖式揭露之內容得為審查擬制喪失新穎性之引證文件。擬制喪失新穎性之概念並不適用於進步性之審查，因前者適用之引證文件須為「我國」「先申請後公開」之「發明或新型」「申請案」，而後者適用之引證文件必須是申請日之前已公開而能為公眾得知之先前技術，不限於我國的發明或新型申請案。

同一人有先、後二申請案，後申請案申請專利範圍中所載之發明雖然已揭露於先申請案之說明書或圖式，但未載於申請專利範圍時，由於係同一人就其發明或新型請求不同專利權之保護，若在後申請案申請日之前先申請案尚未公告，且並無重複授予專利權之虞者，後申請案仍得予以專利。因此，擬制喪失新穎性僅適用於不同申請人在不同申請日有先、後二申請案，而後申請案所申請之發明與先申請案所揭露之發明或新型相同的情況。

【相關法條】

專利法：22、31。

施行細則：13。

【考古題】

◎甲於2008年1月1日申請A發明專利，其說明書中另外記載B發明內容，乙於同年12月1日申請B發明專利，倘嗣後甲之A發明專利核准公告，乙之B發明專利能否取得專利？又倘B發明專利係由甲另案申請專利，可否取得專利？理由各為何？（97年專利師考試「專利審查基準」）

◎甲君於95年6月25日向專利專責機關申請一發明專利，其中申請專利範圍共計有5個請求項，請求項1、2、3、4為獨立項，請求項5為依附請求項4之附屬項。請指出下列各點敘述有何違反專利審查基準之處，並說明理由。

1. 依引證1（2003/1/1申請、2006/9/23公告、美國專利公告第5669264號）

揭示內容，請求項1違反專利法第23條之規定（擬制喪失新穎性）。

2. 依引證2（2003/7/8公告、美國專利公告第6590822號）及引證3（2004/4/21公告、中華民國專利公告第I231564號）揭示內容，請求項2違反專利法第22條第1項第1款之規定（喪失新穎性）。
3. 依引證3發明說明所揭示內容，請求項3違反專利法第31條第1項之規定（先申請原則）。
4. 請求項4暫無不予專利之理由，依引證2及引證4（2001/5/1公告、中華民國專利公告第432155號）揭示內容，請求項5違反專利法第22條第4項之規定（欠缺進步性）。（第五梯次專利師訓練補考「專利實務」）

◎甲就其所完成之發明，於2009年8月向經濟部智慧財產局提出發明專利申請，嗣後乙完成另一發明，並於2010年7月向經濟部智慧財產局提出發明專利申請。甲之申請案於2011年2月被公開，乙發現甲申請專利之發明雖然和其不同，但在甲的申請案所附的說明書中，就有記載和乙所申請專利相同的發明技術。請說明乙之專利申請案是否符合新穎性之要求？（100年專利師考試「專利法規」）

5.9　先申請原則

第31條（發明之先申請原則）
相同發明有二以上之專利申請案時，僅得就其最先申請者准予發明專利。但後申請者所主張之優先權日早於先申請者之申請日者，不在此限。 前項申請日、優先權日為同日者，應通知申請人協議定之；協議不成時，均不予發明專利。其申請人為同一人時，應通知申請人限期擇一申請；屆期未擇一申請者，均不予發明專利。 各申請人為協議時，專利專責機關應指定相當期間通知申請人申報協議結果；屆期未申報者，視為協議不成。 相同創作分別申請發明專利及新型專利者，除有第三十二條規定之情事外，準用前三項規定。
第32條（一案兩請之處理）[102年6月13日施行]
同一人就相同創作，於同日分別申請發明專利及新型專利者，應於申請時分別聲明；其發明專利核准審定前，已取得新型專利權，專利專責機關應通知申請人限期擇一；申請人未分別聲明或屆期未擇一者，不予發明專利。 申請人依前項規定選擇發明專利者，其新型專利權，自發明專利公告之日消滅。 發明專利審定前，新型專利權已當然消滅或撤銷確定者，不予專利。

先申請原則綱要	
先申請原則	相同發明或新型有二以上之專利申請案時，僅最先申請者得准予專利。
禁止重複授予專利原則	相同發明或新型有二以上專利申請案同日申請時，僅得授予一專利；同一人申請者必須擇一申請，不同人申請者必須協議定之。
申請人	先申請案與後申請案申請人可相同或不同。
審查基準	完全相同+直接且無歧異得知。
審查對象	後申請案之申請專利範圍vs.先申請案之申請專利範圍。
限制	發明、新型vs.發明、新型（設計vs.設計）。
	國內申請案。
	先申請案必須已取得專利權。
一案兩請	係規範同一人於同一日以相同創作分別申請新型及發明，而該新型已核准專利權之情況。 若申請人選擇發明，法定例外得將該新型專利權自發明專利公告之日消滅。 適用第32條之前提：申請人於申請時已於兩案均分別聲明一案兩請之事實。 適用第32條之限制：發明審定前，該新型專利權已當然消滅或撤銷確定者，不准發明專利。

專利權係一種絕對的排他權（著作權係相對的排他權），二人以上有同一發明或新型，或同一人有二件以上相同之發明或新型時，若該發明或新型皆滿足其他專利要件，仍只能授予一件專利權。因為二人以上有相同發明或新型之排他權，會形成每個人都不能實施，不利於產業發展；同一人有二件以上相同發明或新型之專利權，無形中會延長其專利權期間，損及公益。在絕對排他權的前提下，一發明一專利是專利制度所採行的基本原則，因而衍生出應由何人取得權利的爭執。決定之標準有二種，先發明主義及先申請主義。以鼓勵創作的角度，先發明主義比較符合法理與一般人的觀念，但發明的先後順序難以認定，故全球均採先申請主義，美國原本採行先發明主義，亦於2010年9月改採具有先申請主義色彩的先發明人申請原則（first inventor to file）。

基於專利法制絕對排他權之概念，除以申請先後決定由何人取得專利的標準外，專利法第31條的另一目的係排除重複授予專利權（依第2項之文字解釋，同日申請者，必須通知協議或擇一申請）。當然，禁止重複專利原則適用的範圍限於同一國家之境內，亦即臺灣專利與他國專利不生禁止重複專利的問題。

5.9.1　先申請原則之審查

我國專利制度採先申請主義，同一發明或新型（設計定於專利法第128條）有二件以上專利申請案時，僅得就最先申請者准予專利，申請先後的判斷以申請日為準，有優先權日者以優先權日為準（細§13.I）。同一發明或新型有二件以上專利申請案同日申請時，僅得授予一專利權，同一人申請者必須擇一申請，不同人申請者必須協議定之，禁止重複授予專利權。

一、審查原則及判斷基準

有關之審查原則及判斷基準準用新穎性之審查。在判斷基準方面，雖然專利法第31條第1項所稱之「相同發明」的判斷準用擬制喪失新穎性之判斷基準：a.完全相同；b.差異僅在於文字的記載形式或能直接且無歧異得知之技術特徵；c.差異僅在於相對應之技術特徵的上、下位概念；d.差異僅在於參酌引證文件即能直接置換的技術特徵。但於同一日有A、B二申請案時，先申請原則之審查尚須雙向檢測，亦即相對於A，B申請案是否符合前述判斷基準；其次，相對於B，A申請案是否符合前述判斷基準。例如同一日二申請案有前述「c.差異僅在於相對應之技術特徵的上、下位概念」的情況，下位概念發明相對於上位概念發明具新穎性，而該上位概念發明卻不具新穎性，對於該上位概念發明的申請人並不公平，故有前述情況時，不適於以二申請案分屬上、下位概念之發明為由不准專利。

二、先申請原則與擬制喪失新穎性

適用先申請原則、擬制喪失新穎性之比對對象：

a. 先申請原則：先申請案之申請專利範圍vs.後申請案之申請專利範圍。
b. 擬制喪失新穎性：先申請案之說明書等申請文件vs.後申請案之申請專利範圍。

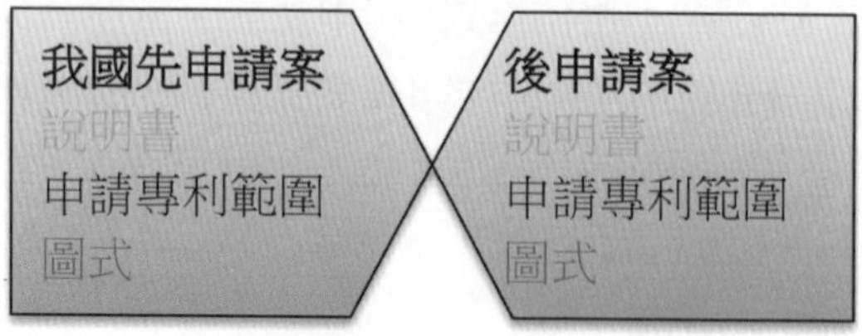

我國先申請案
說明書
申請專利範圍
圖式

後申請案
說明書
申請專利範圍
圖式

圖5-28　先申請原則之比對對象

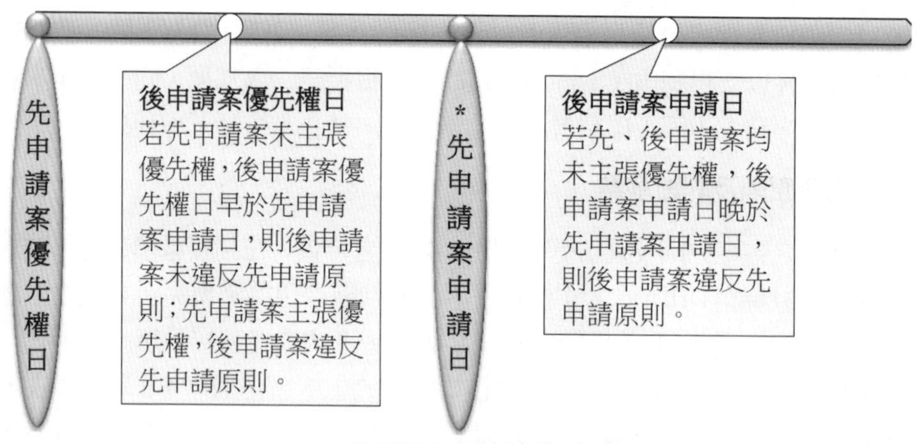

圖5-29　先申請原則有關申請先後之審查

適用先申請原則、擬制喪失新穎性之態樣：

(1) 同一人於同一日申請（先申請原則、一案兩請）

(2) 同一人於不同日申請（先申請原則）

(3) 不同人於同一日申請（先申請原則）

(4) 不同人於不同日申請（擬制喪失新穎性）

態樣(1)適用於先申請原則及一案兩請，但一案兩請僅適用於新型專利權v.發明申請案或專利權的情況。雖然態樣(4)同時適用於擬制喪失新穎性及先申請原則，但因先申請原則之立法目的在於禁止重複專利，且擬制喪失新穎性的適用範圍較廣，故態樣(4)宜適用於擬制喪失新穎性。

表5-3　新穎性、擬制喪失新穎性及先申請原則之適用一覽表

申請日		不同人	同一人
不同日申請	先申請案先公開或公告	新穎性	新穎性
	先申請案後公開或公告	擬制喪失新穎性	先申請原則
同日申請		先申請原則	先申請原則&一案兩請

表5-4　新穎性、擬制喪失新穎性及先申請原則之判斷基準一覽表

判斷基準	新穎性	擬制喪失新穎性	先申請原則	
			不同日	同日
完全相同	○	○	○	○
直接且無歧異得知	○	○	○	○
上、下位概念	○	○	○	
直接置換		○	○	○

5.9.2　法定之處理程序

不同人於同日申請同一發明者，應通知申請人協議定之，協議不成，均不予專利。各申請人為協議時，專利專責機關應指定相當期間通知申請人申報協議結果，屆期未申報者，視為協議不成，均不予專利。

同一人於同日申請同一發明者，應通知申請人擇一申請，未擇一申請者，均不予專利。

5.9.3　一案兩請之處理

依專利法第31條第1項及第2項，其規範同人不同人、同日不同日之相同創作（發明v.發明、新型v.新型、發明v.新型、新型v.發明）共十六種情況，第32條規範同人同日之相同創作（新型v.發明）一種情況，亦即第32條僅為第31條其中之一。然而，依專利法第31條第4項：「相同創作分別申請發明專利及新型專利者，除有第32條規定之情事外，準用前3項規定。」第32條為第31條之例外規定。因此，第31條所規範之情況，應排除第32條所規範新型專利案v.發明申請案或專利案，只規範前述十六種情況中的十五種。

一、現行專利法

對於同人同日申請之發明申請案及新型專利權，專利法第32條第1項定有特殊處理方式：「同一人就相同創作，於同日分別申請發明專利及新型專利者，應於申請時分別聲明；其發明專利核准審定前，已取得新型專利權，專利專責機關應通知申請人限期擇一；申請人未分別聲明或屆期未擇一者，不予發明專利。」申請人選擇發明申請案者，基於禁止重複授予專利權之原則，該新型專利權，自發明專利公告之日消滅。但通知申請人擇一仍有法定之前提條件「申請時分別聲明」，即申請人同日申請發明及新型案時，於兩案均已聲明一案兩請之事實。此外，發明申請案核准審定前，新型專利權已當然消滅或撤銷確定者，因該新型專利權所界定之技術已成為公眾得自由運用之技術，復歸特定人專有，將使公眾蒙受不利益，故該發明應不予專利。

雖然專利法第32條定有一案兩請之處理方式，惟細究該規定已脫逸第31條之規範。依專利法第31條第1項之文字記載「相同發明有二以上之專利申請案時………」，係明確規範先申請案或同日申請案，而非規範業經核准之專利權，亦即第31條尚未規範先申請案已取得專利權，及先、後申請案皆已取得專利權之情況。專利法第32條強調「核准審定前」之規定，係處理先申請案業經核准新型專利權，後申請之發明案核准審定前的情況。詳言之，當發明案符合其他專利要件，但有一新型專利權同日申請相同創作，且二案為同一人所申請的情形，始得依第32條第1項通知申請人從新型專利權或發明申請案選擇其一，以避免申請人放棄新型專利權，其發明申請案又被核駁的風險。

二、權利接續制

依102年1月1日施行之專利法第32條第2項，一案兩請的情況，若申請人選擇發明專利，新型專利權視為自始不存在，使原先新型專利權之保護落空；若選擇新型專利，相對於發明專利，保護期間縮短十年，且新型遭受侵害的情況，縱使即將獲准發明專利，申請人被迫放棄技術程度較高的發明，只能選擇新型專利，顯然與專利法鼓勵研發之意旨相悖。若申請人放棄新型專利權，將造成許多無法解決的問題：新型專利曾授權或讓與他人，是否必須返還權利金或價金？從新型專利權侵害訴訟所獲得之賠償金，是否必須返還？被告是否可以提起再審之訴請求返還？

事實上，容許分別申請發明專利及新型專利的國家，德國採雙重保護制、中國採權利接續制，我國專利法「視為自始不存在」之規定並無前例，且明顯違反權利信賴保護原則。

基於前述問題，爰有必要將原先第32條第2項之「新型專利權，視為自始不存在」，修正為「新型專利權，自發明專利公告之日消滅」之權利接續制，以保障專利申請人之權益。相對地，申請人負有於申請時分別聲明一案兩請之事實的義務，未分別聲明，包括二案皆未聲明及其中一案未聲明；違反者，不適用權利接續制，應不予發明專利。

專利法規定申請人於申請時應分別聲明一案兩請之事實，一者，係於新型專利核准公告時一併揭露其聲明，使公眾知悉該創作有兩件專利申請案，即使新型專利權利消滅，可能尚有發明專利權接續；再者，提醒發明專利審查人員，應進行新型專利與發明申請案之比對，並決定是否有專利法第32條之適用，避免重複准予專利。

【相關法條】

專利法：22、23、128。

施行細則：13。

【考古題】

◎審查判斷系爭申請案是否符合專利法第31條規定與審查判斷申請案是否符合第23條規定有何差異？（96年專利審查官三等特考「專利法規」）

◎甲君於95年6月26日申請一發明專利申請案（同時申請實體審查），案經審查人員審查，發現甲君於94年6月23日另有申請一發明專利申請案（同時申請實體審查），該案已於96年1月5日公開，且該案與95年6月26日所提申請案係為同一發明。請問：1.何謂「同一發明」？2.審查人員對於甲君95年6月26日所提之申請案應如何處理？（第三梯次專利師訓練「專利實務」）

◎甲君所申請專利申請案甲（下稱甲案）之申請日為97年3月7日（2008.3.7），甲案發明說明所載技術內容為A，B，C，請求項所載技術內容為C；審查人員經檢索所得之專利文獻資料如表一所示，所列專利文獻係為甲君以外之人所申請，且其發明說明所載技術內容均為A，B，C。試就甲案與專利文獻1至5分別比對，說明甲君可否取得專利？理由為何？（99年專利師考試「專利審查基準」）

表一　檢索的得之專利文獻資料

專利文獻	申請日	公告（開）日	公告國別	請求項所載內容
1	2008.2.1	2010.2.1（公告）	本國	A, B
2	2008.1.1	2010.3.1（公告）	美國	C
3	2006.12.1	2008.3.1（公告）	日本	B
4	2008.3.7	2009.9.16（公開）	本國	C
5	2008.3.7	2010.2.1（公告）	本國	A, B

◎試依我國專利法及專利法施行細則為基礎，說明「擬制喪失新穎性」、「先申請原則」、「權利耗盡原則」之概念。（第七梯次專利師訓練補考「專利法規」）

◎甲研發一「連接器」，向專利專責機關申請專利，請就現行專利法關於先申請原則之規定，說明下列1.、2.、3.之發明舉發案及新型舉發案應為如何之審定？法條依據為何？

1. 甲於95年1月1日上午申請「連接器」新型專利、同日下午申請「連接器」發明專利。新型專利於95年7月1日公告，發明專利於97年7月1日公告。乙於97年8月1日以甲就同一「連接器」提出2件專利申請案，竟均獲准專利權為由，對各該發明及新型專利權提起舉發。專利專責機關通知甲選擇其一。甲僅申復選擇發明專利權。
2. 承前例，甲僅申復選擇新型專利權。
3. 甲於95年1月1日申請「連接器」發明專利、同年1月2日申請「連接器」新型專利。新型專利於95年7月1日公告，發明專利於97年7月1日公告。乙於97年8月1日以甲就同一「連接器」提出2件專利申請案，竟均獲准專利權為由，對各該發明及新型專利權提起舉發。

（第一梯次專利師訓練「專利實務」）

◎甲君於96年7月25日提出一發明專利申請案，並依專利法第22條第2項主張不喪失新穎性之優惠，甲君主張不喪失新穎性優惠之事實係96年2月25日因研究而於論文上發表。該案經審查時發現2件事實：一者為乙君於96年5月1日提出與甲君申請案屬同一發明之申請案；一者為丙君於96年3月1日提出與甲君申請案屬同一發明之申請案。試問：1.若就以上內容判斷，甲、乙、丙君是否能取得專利？理由為何？2.若某電視台於96年3月25日透過電視報導出甲君於96年2月25日論文發表之內容，則該報導內容對甲、乙、丙君判斷新穎性要件是否會產生影響？理由為何？（第六梯次專利師訓練補考「專利實務」）

◎如您是專利專責機關之審查人員，試就下列二種關於違反先申請原則之處理方式論述之。

情況一：系爭專利與舉發證據係不同人於同日申請之同一發明專利權者？

情況二：同一人就同日申請之同一創作取得發明與新型專利權，第三人對該二專利權均提起舉發時?

（100年智慧財產人員能力認證試題「專利審查基準及實務」）

◎某大學教授甲於民國100年5月20日在其大學舉辦之學術研討會上發表一論文介紹其研究成果，隨後在同年10月20日將其成果向經濟部智慧財產局申請發明專利。同年8月10日外國人A來臺申請發明專利，請求與甲教授研究成果實質相同的發明。另一方面，乙公司在同年8月1日推出某一產品，也和甲申請案主張的發明相同，請問甲教授或外國人A何人得依法取得該發明之專利權，或無人取得該發明之專利權？（101年專利審查官二等特考「專利法規」）

5.10　進步性

第22條（發明專利三要件）
… 　發明雖無前項各款所列情事，但為其所屬技術領域中具有通常知識者依申請前之先前技術所能輕易完成時，仍不得取得發明專利。 …
TRIPs第27條（專利保護要件）
1. 於受本條第2項及第3項規定拘束之前提下，凡屬各類技術領域內之物品或方法發明，具備新穎性、進步性及實用性者，應給予專利保護。依據第65條第4項，第70條第8項，及本條第3項，應予專利之保護，且權利範圍不得因發明地、技術領域、或產品是否為進口或在本地製造，而有差異。 …

<table>
<tr><th colspan="3">進步性綱要</th></tr>
<tr><td>進步性</td><td colspan="2">申請專利之發明之整體（包含問題＋技術手段＋功效）係具有通常知識者依申請前之先前技術，並參酌通常知識，所能輕易完成者，稱該發明不具進步性。</td></tr>
<tr><td rowspan="5">判斷步驟</td><td>步驟1</td><td>確定申請專利之發明的範圍</td></tr>
<tr><td>步驟2</td><td>確定相關先前技術所揭露的內容</td></tr>
<tr><td>步驟3</td><td>確定申請專利之發明所屬技術領域中具有通常知識者之技術水準</td></tr>
<tr><td>步驟4</td><td>確認申請專利之發明與相關先前技術之間的差異</td></tr>
<tr><td>步驟5</td><td>該發明所屬技術領域中具有通常知識者參酌相關先前技術所揭露之內容及申請時之通常知識，判斷是否能輕易完成申請專利之發明的整體</td></tr>
<tr><td colspan="2">相關先前技術之考量因素</td><td>申請專利之發明與先前技術：1.相同或相關技術領域；2.所欲解決之問題相近；3.共通之技術特徵能發揮發明功效。</td></tr>
<tr><td colspan="2">先前技術是否可結合之考量因素</td><td>相關先前技術與申請專利之發明：1.技術領域之關連性；2.所欲解決之問題的關連性；3.功能或作用之關連性；4.關於申請專利之發明的教示或建議。</td></tr>
<tr><td colspan="2">輔助性判斷因素</td><td>發明具有無法預期的功效、發明解決長期存在的問題、發明克服技術偏見、發明獲得商業上的成功。</td></tr>
</table>

申請專利之發明與先前技術有差異，應認定為具新穎性；但該發明之整體（包含欲解決之問題、解決問題之技術手段及對照先前技術之功效）係該發明所屬技術領域中具有通常知識者依申請前之先前技術及通常知識，而能輕易完成者，稱該發明不具進步性。

專利制度係授予申請人專有排他之專利權，以鼓勵其公開發明，使公眾能利用發明之制度。申請專利之發明對照先前技術雖有差異，但該發明所屬技術領域中具有通常知識者依先前技術並參酌通常知識，依然能輕易完成申請專利之發明者，該申請專利之發明對於先前技術並無貢獻，則無授予專利之必要。

5.10.1 輕易完成之意義

輕易完成，指該發明所屬技術領域中具有通常知識者依據一份或多份引證文件所揭露之先前技術，並參酌申請時之通常知識，而能利用該等先前技術及通常知識，以組合、修飾、置換或轉用等方式完成申請專利之發明者，該發明之整體即屬顯而易知，應認定為能輕易完成之發明。

顯而易知，指該發明所屬技術領域中具有通常知識者以先前技術為基礎，經邏輯分析、推理或試驗即能預期申請專利之發明者。顯而易知與能輕易完成為同一概念。

5.10.2　具有通常知識者

對於專利法第22條第2項及第26條第1項所稱「該發明所屬技術領域中具有通常知識者」（a person skilled in the art），施行細則第14條規定：「（第1項）本法所稱所屬技術領域中具有通常知識者，指具有該發明所屬技術領域中，申請時之一般知識及普通技能之人。（第2項）前項申請時，於依本法第28條第1項或第30條第1項規定主張優先權者，指該優先權日。」該發明所屬技術領域中具有通常知識者，簡稱具有通常知識者，係一虛擬之人，具有申請時該發明所屬技術領域之一般知識（general knowledge）及普通技能（ordinary skill）之人，能理解、利用申請時之先前技術。一般知識，指該發明所屬技術領域中已知的知識，包括習知或普遍使用的資訊以及教科書或工具書內所載之資訊，或從經驗法則所瞭解的事項。普通技能，指執行例行工作、實驗的普通能力。申請時，指申請日，主張優先權者，為優先權日。申請時之一般知識及普通技能，簡稱「申請時之通常知識」。

5.10.3　進步性之審查

進步性係取得發明專利的要件之一，申請專利之發明是否具進步性，應於其具新穎性（包括擬制喪失新穎性）之後始予審查，不具新穎性者邏輯上亦不具進步性。

一、審查原則

新穎性審查，為逐項審查、單獨比對；進步性審查，為逐項審查、結合比對。進步性係以新穎性為前提，不具新穎性之請求項必然不具進步性，實務上不會同時以同一引證文件認定既不具新穎性亦不具進步性。

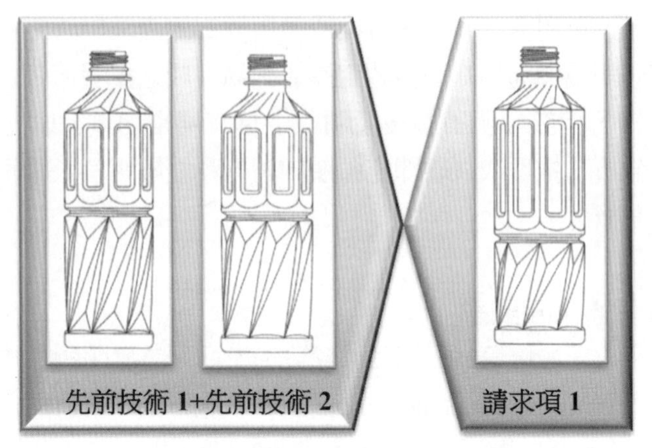

圖5-30　組合式比對－進步性

進步性審查，應以申請專利範圍中每一請求項中所載之發明的整體為對象，逐項作成審查意見。除非各請求項專利要件之判斷時點不同，或為多項附屬項，否則經審查獨立項具進步性時，其附屬項當然具進步性，得一併作成審查意見；但獨立項不具進步性時，其附屬項未必不具進步性，仍應分項作成審查意見。

進步性審查係採結合比對原則，得以a.多份引證文件中之全部或部分技術內容的結合；b.一份引證文件中之部分技術內容的結合；或c.引證文件中之技術內容與其他公開形式（已公開實施、已為公眾所知悉或通常知識）之技術內容的結合，判斷申請專利之發明的整體是否能被輕易完成。

二、判斷基準

進步性審查，應以申請專利範圍中每一請求項所載之發明的整體為對象，該發明所屬技術領域中具有通常知識者依申請時之先前技術，並參酌申請時之通常知識，會促使其組合、修飾、置換或轉用先前技術而完成申請專利之發明者，應認定該發明之整體為能輕易完成者，不具進步性。

(一)判斷步驟

請求項中所載之發明是否具進步性，通常得依下列步驟進行判斷：

步驟1：確定申請專利之發明的範圍；

步驟2：確定相關先前技術所揭露的內容；

步驟3：確定申請專利之發明所屬技術領域中具有通常知識者之技術水準；

步驟4：確認申請專利之發明與相關先前技術之間的差異；

步驟5：該發明所屬技術領域中具有通常知識者參酌相關先前技術所揭露之內容及申請時之通常知識，判斷是否能輕易完成申請專利之發明的「整體」（非指步驟4之差異）。

(二) 先前技術之關連性

得作為新穎性審查之先前技術不限於任何技術領域；相對的，作為進步性審查的先前技術與申請專利之發明必須相關，只要二者之間具有合理的關連性，均得認定其為相關先前技術。可以理解為：相關技術領域=該發明所屬技術領域+具合理關連性之技術領域。

依我國專利審查基準，相關先前技術，必須與申請專利之發明屬相同或相關的技術領域，或二者所欲解決之問題相近，或具有共通的技術特徵。即使先前技術與申請專利之發明所屬之技術領域不相同或不相關，只要二者具有共通的技術特徵，而能發揮發明之功效時，亦得認定為相關先前技術。

2007年美國KSR案後，美國專利審查基準（MPEP）指出不必只限於相同或相關之問題及解決該問題之技術。是否為相關先前技術，考量因素如下：

1. 申請專利之發明與先前技術所屬技術領域的關連性。
2. 申請專利之發明與先前技術所欲解決之問題的關連性。
3. 申請專利之發明與先前技術之技術效果、用途、功能或特性上的關連性。
4. 從先前技術到申請專利之發明的可預期性（predictability）。
5. 先前技術反向教示（teach away）申請專利之發明無法輕易完成者，該先前技術不屬於相關先前技術。

(三) 具有通常知識者之技術水準

美國最高法院在2007年KSR vs. Teleflex案判決表示：具有通常知識者為具普通創意之人，而非頭腦僵化之人（automaton），具有通常知識者會像拼圖一樣組合複數件專利之教示。因此，審查人員應考量具有通常知識者之推理力及創造力。

就具有通常知識者作為專利要件之判斷主體，美國專利審查基準指出：專利局官員得依自己的技術經驗描述具有通常知識者的知識及技術。決定具有通常知識者之技術之水準，通常得考量下列一項以上之因素，但並非每項因素皆須具備：

a. 該技術領域所遭遇之問題類型。

b. 先前技術解決該問題的方式。

c. 完成創作的難易程度（rapidity）。

d. 該技術領域的精密複雜程度。

e. 該技術領域現行工作者的教育程度。

(四)是否可輕易完成之判斷

前述步驟4，係確認申請專利之發明與步驟2所確定之相關先前技術之間有差異，應認定該發明具新穎性，後續必須再進行進步性審查。步驟5是否可輕易完成之判斷，係以步驟3所確定該發明所屬技術領域中具有通常知識者之技術水準為之。若依相關之先前技術所揭露之內容，並參酌申請時之通常知識，足以促使具有通常知識者組合、修飾、置換或轉用先前技術而完成申請專利之發明者，應認定該發明之整體能輕易完成，不具進步性。應強調者，是否可輕易完成申請專利之發明，並非申請專利之發明與先前技術之間的差異是否顯而易知，而是申請專利之發明整體（包含欲解決之問題、解決問題之技術手段及對照先前技術之功效）是否顯而易知。

進步性審查係採結合比對原則，先前技術與先前技術的結合，或先前技術與通常知識的結合。實查實務上，審查人員必須站在具有通常知識者之技術水準上（即參酌申請時之通常知識），考量所檢索到的引證文件（即相關先前技術）中揭露之技術內容，若足以引發其聯想，而生結合該等引證文件之動機，或引證文件結合通常知識之動機，據以完成申請專利之發明，則應認定可輕易完成，該發明不具進步性。是否產生結合之動機，應考量之事項如下，動機愈多者，愈容易完成該發明。

1. 先前技術與申請專利之發明所屬技術領域的關連性

先前技術與申請專利之發明屬相同或相關之技術領域，通常其結合之動機明顯；反之，若分屬不相關之技術領域，通常其結合之動機並非明顯。例如，相機與自動閃光燈通常係一起使用而有緊密關聯，屬相關技術領域，故該發明所屬技術領域中具有通常知識者有動機結合相機與自動閃光燈二領域之先前技術，輕易完成申請專利之發明。

2. 相關先前技術與申請專利之發明所欲解決之問題的關連性

申請專利之發明所欲解決之問題會促使所屬技術領域中具有通常知識者結合先前技術，所欲解決之問題有關連性，通常其結合之動機明顯；反之，若先前技術先天不相容，通常其結合之動機並非明顯。例如，申請專利之發明係一設置有排水凹槽之石墨剎車盤，用以排除清洗剎車盤表面後的水，其所欲解決之問題係清除剎車盤表面上因摩擦所生會妨礙剎車的石墨屑。引證文件1揭露一石墨剎車盤，惟未揭露排水凹槽。引證文件2揭露一設有排水凹槽之金屬剎車盤，其所欲解決之問題係清除剎車盤表面之灰塵。二引證所欲解決之問題性質相同，故該發明所屬技術領域中具通常知識者有動機結合引證文件1和引證文件2，輕易完成申請專利之發明。

3. 相關先前技術與申請專利之發明之功能或作用上的關連性

若相關先前技術與申請專利之發明於功能或作用上相同或相關，通常其結合之動機明顯；反之，若功能或作用上不相關，通常其結合之動機並非明顯。例如，引證文件1與申請專利之發明皆以按壓布料之方式清潔印刷裝置的滾柱表面，差異在於引證文件1係以凸輪機構按壓布料，而申請專利之發明係以膨脹機構按壓布料。引證文件2係另一種清潔裝置，其清潔滾柱表面係以膨脹機構按壓布料，因引證文件1之凸輪機構與引證文件2之膨脹機構之功能皆係按壓布料與滾柱表面接觸，故該發明所屬技術領域中具通常知識者有動機將引證文件1之凸輪機構結合功能相同的引證文件2之膨脹機構，輕易完成申請專利之發明。

4. 相關先前技術關於申請專利之發明之教示或建議

先前技術明確記載或實質隱含關於申請專利之發明的教示或建議，通常其結合之動機明顯；反之，若未有教示或建議，通常其結合之動機並非明顯。例如，申請專利之發明係一種鋁製之建築構件，其所欲解決之問題係減輕建築構件的重量。引證文件揭露相同的建築構件，並說明建築構件係輕質材料，惟未提及使用鋁材。由於建築標準已明確指出鋁為一種輕質材料而可作為建築構件，故該發明所屬技術領域中具通常知識者有動機將引證文件與通常知識結合，輕易完成申請專利之發明。

(五) 輔助性判斷因素

前述判斷基準係從技術層面考量申請專利之發明是否具進步性，我國發明專利審查基準亦規定輔助性判斷因素，係從經濟或社會層面考量申請專利之發明是否具進步性。申請專利之發明具有下列事項之一者，應認定具進步性：

1. 發明具有無法預期的功效

無法預期之功效，包含新的特性或數量的顯著變化。申請專利之發明對照先前技術具有無法預期之功效，而其係該發明之技術特徵所導致者，無法預期之功效得佐證該發明並非能輕易完成。

2. 發明解決長期存在的問題

申請專利之發明解決先前技術中長期存在的問題，或達成人類長期的需求者，得佐證該發明並非能輕易完成。

3. 發明克服技術偏見

申請專利之發明克服該發明所屬技術領域長久以來根深蒂固之技術偏見，若採用因技術偏見而被捨棄之技術，能解決所面臨之問題者，得佐證該發明並非能輕易完成。

4. 發明獲得商業上的成功

依申請專利之發明所製得之物在商業上獲得成功，若其係直接由發明之技術特徵所導致，而非可歸功於其他因素如銷售技巧或廣告宣傳者，得佐證該發明並非能輕易完成。

三、相關發明之進步性判斷

本節係例示前述進步性判斷之步驟5「該發明所屬技術領域中具有通常知識者參酌相關先前技術所揭露之內容及申請時之通常知識，判斷是否能輕易完成申請專利之發明的整體」，予以類型化，僅屬例示性質，審查時仍應依據具體情況予以客觀判斷。

(一)組合發明

組合發明，指組合複數技術特徵所構成之發明。組合發明之進步性審查，通常須考慮組合後之各技術特徵是否於功能上相互作用、組合之難易程度、先前技術中是否具有組合的教示及組合後之功效等。

若組合發明之技術特徵於功能上相互作用而產生新功效，或組合後之功效優於所有單一技術特徵之功效的總合，無論先前技術是否已揭露其全部技術特徵，均應認定該發明具進步性。例如，由止痛劑及鎮定劑組合而成之醫藥發明，其鎮定劑本身並無止痛效果，若其能增強止痛劑之止痛效果，應認定該發明具進步性。

惟若組合發明僅是拼湊複數先前技術，而各技術特徵仍以其通常之方式作用，於功能上並未相互作用，致組合後之功效僅為所有單一先前技術之功效的總合者，應認定該發明不具進步性。例如，電子錶筆之發明，電子錶與筆於功能上並未相互作用，應認定該發明僅屬簡單的拼湊，不具進步性。

(二) 修飾、置換及省略技術特徵之發明

1. 修飾技術特徵之發明

修飾技術特徵之發明，指修飾先前技術中之技術特徵之發明。修飾技術特徵之發明的進步性審查，通常須考慮修飾後之發明的功效、功能及用途等。

若修飾技術特徵之發明能產生無法預期之功效，應認定該發明具進步性。例如，將皮帶輪之輪轂與皮帶接觸的平面修飾為外凸之弧形面，使皮帶不會鬆脫，若該功效係無法預期者，應認定該發明具進步性。

2. 置換技術特徵之發明

置換技術特徵之發明，指將先前技術中之技術特徵置換為其他已知技術特徵之發明。置換技術特徵之發明的進步性審查，通常須考慮技術特徵之置換前、後是否能產生無法預期之功效。

若置換先前技術中所載之技術特徵後，申請專利之發明能產生無法預期之功效，應認定該發明具進步性；惟若置換先前技術中所載之技術特徵後，申請專利之發明與先前技術的功效並無不同，僅係等效置換者，或申請專利之發明與先前技術功效之差異，並未產生無法預期之功效者，應認定該發明不具進步性。例如，一種以液壓馬達驅動之抽水機，該發明僅係將已知抽水機中之電動馬達置換為已知液壓馬達，並未產生無法預期之功效者，應認定該發明不具進步性。

若為解決同一問題，而以已知材料置換已知物品中相對應之材料，應認定該發明不具進步性。例如，一種已知電線，其披覆之PE塑膠層與金屬防護層之間係以接著劑黏合，該發明僅係將該接著劑置換為另一種原本即適用

於黏合塑膠與金屬之已知接著劑，應認定該發明不具進步性。

3. 省略技術特徵之發明

省略技術特徵之發明，指刪減先前技術中之技術特徵的發明。省略技術特徵之發明的進步性審查，通常須考慮省略後之發明，是否相對應之功效亦一併消失。

若省略技術特徵之發明仍然保有原本之功效，或能產生無法預期之功效，應認定該發明具進步性。例如，一種具有防凍效果之塗料組合物，由成分化合物X、化合物Y及防凍劑所組成，若省略防凍劑後，該塗料組合物之防凍效果未隨之消失，應認定該發明具進步性。

惟若省略後之發明一併喪失所省略之技術特徵的功能，應認定該發明不具進步性。例如，前述塗料組合物，若省略防凍劑後，該塗料組合物之防凍效果亦隨之消失，應認定該發明不具進步性。

(三) 轉用發明

轉用發明，指將某一技術領域之先前技術轉用至其他技術領域之發明。轉用發明之進步性審查，通常須考慮轉用之技術領域的遠近、先前技術中是否具有轉用的教示、轉用之難易程度、需要克服之技術困難度及轉用所帶來之功效等。

若轉用發明能產生無法預期之功效，或能克服該其他技術領域中前所未有但長期存在於該發明所屬技術領域中的問題，應認定該發明具進步性。例如，一種潛艇副翼之發明，係將飛機之主翼構造轉用於潛艇，使潛艇在副翼的可動板作用下產生浮力或沈降力，大幅改善僅靠操縱本身重量與水浮力相平衡之升降性能，且將空中技術轉用至水中必須克服許多技術障礙，應認定該發明具進步性。

惟若轉用發明僅係簡單轉用相關技術領域的技術，而未產生無法預期之功效，應認定該轉用發明不具進步性。例如，一種清潔劑，包含已知化合物，具有已知降低水表面張力之固有特性，而該特性對於清潔劑係屬已知之必要特性，應認定該發明不具進步性。

(四) 開創性發明

開創性發明，指一種全新的技術手段，毫無相關先前技術之發明。開創性發明具有技術上之開創性，故具進步性。

(五)選擇發明

選擇發明係由已知較大的群組或範圍中，有目的地選擇其中未特定揭露之個別成分、次群組或次範圍之發明。若該選出的發明並非先前技術已特定揭露者，且能產生較先前技術無法預期之功效，應認定該發明具進步性。

對照先前技術，選擇發明是否具有無法預期之功效，應判斷其所選擇之個別成分、次群組或次範圍是否產生較先前技術同一特性之功效更顯著或有無法預期之不同特性的功效。

選擇發明常見於化學及材料技術領域，在已知的範圍內選擇較小的尺寸、溫度範圍或其他參數。例如，以物質A和B在高溫下製造物質C，當溫度在50～130℃範圍內，物質C的產量隨溫度之增加而增加，若選擇發明設定之溫度在63～65℃範圍內（先前技術並未特定揭露該較小範圍），而物質C之產量顯著的超過預期，應認定該發明具進步性。

表5-5　專利要件比較表

新穎性	擬制喪失新穎性	先申請原則	進步性
申請日前已公開	申請日前已申請 申請日後始公開 （他人申請案）	申請日前已申請 申請日後始公開 （自己申請案）& 申請日為同一日 （自己/他人申請案）	申請日前已公開
申請專利範圍vs. 說明書等申請文件	申請專利範圍vs. 說明書等申請文件	申請專利範圍vs. 申請專利範圍	申請專利範圍vs. 說明書等申請文件
單獨比對 比對技術特徵	單獨比對 比對技術特徵	單獨比對 比對技術特徵	組合比對 比對請求項整體
完全相同 直接且無歧異 上、下位概念	完全相同 直接且無歧異 上、下位概念 直接置換	完全相同 直接且無歧異 直接置換 上、下位概念 （申請日相同者僅有前三項）	非顯而易知： 轉用、等效置換、 省略、改變、組合 輔助判斷因素

四、美國顯而易知性的審查準則（rationale）

2007年美國最高法院KSR案判決之後，美國MPEP列舉了若干支持顯而易知性的準則，並說明這些準則並未窮盡列舉，其他理由亦可以作為非顯而易知性的依據。

1. 以已知方法組合先前技術之技術特徵，而產生可預期之結果（可預期之組合）；
2. 以已知技術特徵單純置換另一技術特徵，而獲得可預期之結果（可預期之置換）；
3. 以相同方式利用已知技術改良類似裝置、方法或物（以相同方式改良）；
4. 將已知技術應用到待改良之已知裝置、方法或物，而產生可預期之結果（可預期之應用）；
5. 從若干已被確認而可預期之方法中選取之，而可合理預期其成功的結果（顯而易見的嘗試）；
6. 由於設計上的優點或其他市場力，將某一領域中已知的效果轉用到相同或不同領域，即使該效果產生變化，若對於該領域中具有通常知識者而言該變化是可預期者（可預期之轉用）；
7. 先前技術中之教示、建議或動機啟發具有通常知識者修飾所引證之先前技術，或將該先前技術的教示予以組合而完成申請專利之發明（改良的TSM）。

此外，依美國法院的判決，歷年來也建立了若干否定原則，可供判斷申請專利之發明不具進步性之參考：

1. 僅是運用具有通常知識者所能預期之技術。
2. 僅是置換均等之已知技術特徵。
3. 僅是改變形狀、大小或尺寸等。
4. 僅是將已知技術特徵複製、重整或調整順序。
5. 僅是組合或增加已知技術特徵。
6. 僅是將先前技術改為手提式、一體式、分離式、調整式或連續式。
7. 僅是刪除先前技術中之技術特徵及其功能。
8. 僅是純化舊產品。

9. 僅是美感設計之變更。

除前述否定原則外，美國法院也建立了若干肯定原則，可供判斷申請專利之發明具進步性之參考：

1. 在前述否定原則中之改變能產生不同功效或無法預期之功效。
2. 先前技術之反向教示（teach away）。
3. 發明比先前技術之結果具實質上優越性。
4. 先前技術未教示或暗示申請專利之技術特徵的組合。
5. 發明在商業上成功。
6. 發明解決了長期存在的問題。
7. 發明克服了技術偏見。
8. 發明被他人倣效。

【相關法條】

專利法：26。

施行細則：24。

【考古題】

◎甲於2007年8月1日申請A發明專利，乙於2007年2月1日於美國申請A'專利。試問乙能否對甲主張其A發明專利違反新穎性或進步性？（97年專利師考試「專利審查基準」）

◎甲以「積體電路晶片上搭載電路板結構之構裝裝置」向經濟部智慧財產局申請發明專利，經該局編號審查，准予專利，並發給發明專利證書在案。惟該案之申請專利範圍卻於事後之行政爭訟時引起爭議，有辯稱：「該裝置之銲球固然在系爭案申請時為晶片封裝的元件之一而被列為申請專利範圍之吉普森（Jepson Type Claim）請求項的前言部分，但其如同晶片、電路板、黏性材料、鋁線及封裝保護層一樣，雖均為既知元件，如其整體組合後有『相乘』的功效增進，可產生突出的技術特徵或顯然的進步，而非為熟習該項技術者所能輕易完成者，即符合專利要件，不因其是否為既知元件而有所損益。」試問：本案爭議之專利要件，係屬何種要件？請詳加說明該專利要件之意義及上述之辯稱有無理由。（96年升等考「智慧財產法規」）

◎圖一所示之雙握把茶杯，具有一杯體、杯蓋及一結合於該杯體上之握把，握把內側係呈波浪狀，該杯體及杯蓋係以鋁合金為材料壓鑄而成。

1. 新型專利申請案甲（下稱甲案）係如圖一所示之「雙握把茶杯」。先前技術1（如圖二所示）係為甲案說明書內所描述之前案，先前技術1與甲案差異處僅在於先前技術1杯體及杯蓋為塑膠材質。請問專利專責機關將處分甲案准予專利或不准予專利？理由為何？
2. 新型專利申請案乙（下稱乙案）係如圖一所示之「雙握把茶杯」，屬相同技術之先前技術1係刊載於本國專利公開公報上（如圖二所示），請問專利專責機關將處分乙案准予專利或不准予專利？理由為何？
3. 新型專利申請案丙（下稱丙案）係如圖一所示之「雙握把茶杯」，先前技術2係刊載於日本特許廳專利公告公報上（如圖三所示），請問專利專責機關將處分丙案准予專利或不准予專利？理由為何？

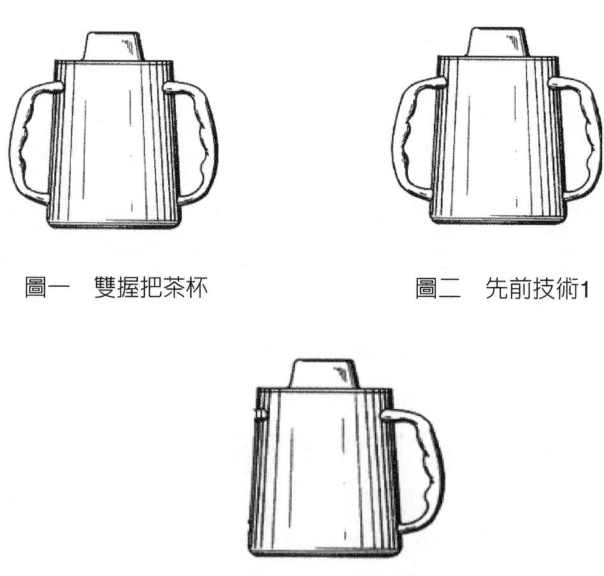

圖一　雙握把茶杯

圖二　先前技術1

圖三　先前技術2

◎請說明我國專利審查基準有關進步性之判斷步驟。（第二梯次專利師訓練「專利實務」）

◎甲發明一種嬰兒奶瓶（如圖一所示），能夠讓嬰兒或幼兒哺乳時自行握持奶瓶。該奶瓶容器具有至少一個圓周尺寸足夠小到可讓嬰兒小手抓握的一體構件，藉此於哺乳時無須保姆的協助，嬰兒本身可以握持奶瓶進行吸奶動作。於審查甲的專利申請案時，發現有二件先前技術（如圖二及

圖三所示）。試問於實體審查中新穎性與進步性之審查原則與判斷基準為何？依據前述原則與基準，就圖二及圖三之先前技術，判斷圖一嬰兒奶瓶之新穎性與進步性。（98年專利師考試「專利審查基準」）

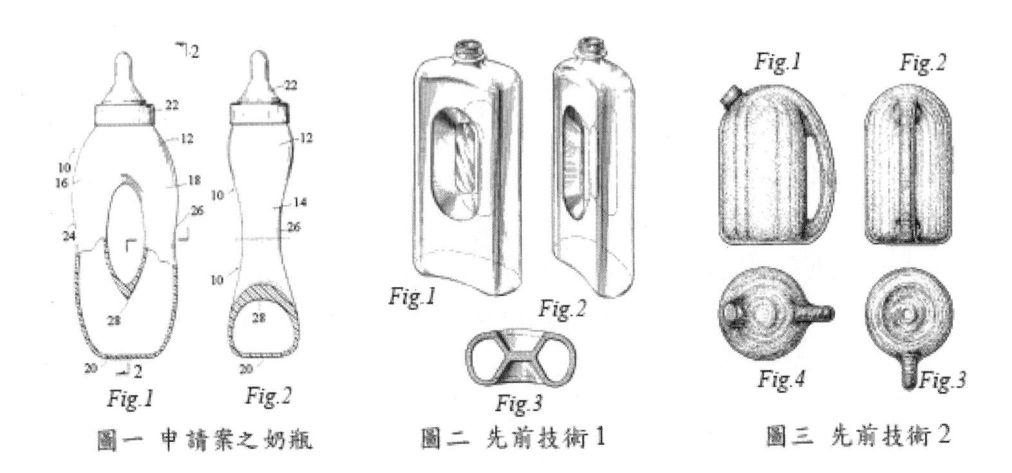

圖一　申請案之奶瓶　　圖二　先前技術1　　圖三　先前技術2

（第七梯次專利師訓練「專利實務」）

◎在專利實務上，申請人會提供輔助性證明資料支持其所請發明具有進步性，例如提供發明具有無法預期功效的證明，這些事由稱之為進步性的輔助性判斷因素（secondary consideration），除了無法預期的功效外，請列舉三種進步性的輔助性判斷因素。（99年第二梯次智慧財產人員能力認證試題「專利審查基準及實務」）

◎某專利申請案之申請專利範圍及代表圖式如下：

一種拋棄式醫療用口鏡之改良結構，包含：口鏡之探照柄槽（11）內，係貼設

一種反光性之貼片（12），形成為照反光之裝置，於口鏡本體之端部另為一體

成型一攪拌刀柄(3)，以利於牙醫師於攪拌藥劑或牙齒填補劑使用；其特徵在於：該反光性之貼片係以高反光紙或雷射反光紙為之。

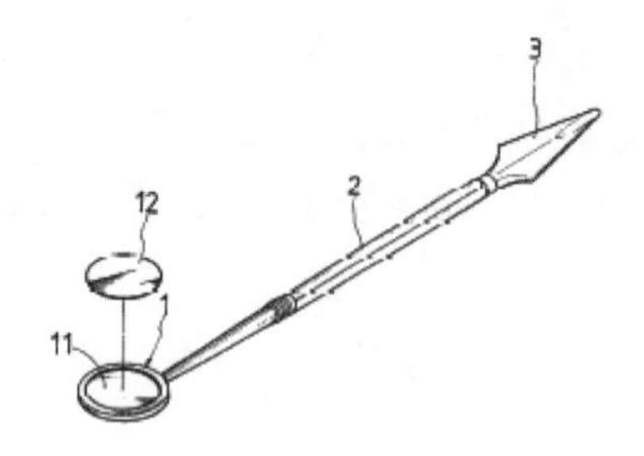

審查人員進行先前技術調查時，找到引證案一，揭示一種拋棄式醫療用口鏡，其一端為攪拌刀柄，另一端為反光鏡。另外找到公知資料，顯示高反光紙或雷射反光紙均為可輕易購得之公知物品。

1. 請先說明發明專利進步性之審查原則，判斷請求項所載發明是否進步性，其步驟為何？
2. 依此步驟說明本案申請專利範圍之發明是否具進步性？

（100年智慧財產人員能力認證試題「專利審查基準及實務」）

5.11 修正、補正、訂正、更正、訂正之更正

第43條（發明說明書之修正）

專利專責機關於審查發明專利時，除本法另有規定外，得依申請或依職權通知申請人限期修正說明書、申請專利範圍或圖式。

修正，除誤譯之訂正外，不得超出申請時說明書、申請專利範圍或圖式所揭露之範圍。

專利專責機關依第四十六條第二項規定通知後，申請人僅得於通知之期間內修正。

專利專責機關經依前項規定通知後，認有必要時，得為最後通知；其經最後通知者，申請專利範圍之修正，申請人僅得於通知之期間內，就下列事項為之：

一、請求項之刪除。
二、申請專利範圍之減縮。
三、誤記之訂正。
四、不明瞭記載之釋明。

違反前二項規定者，專利專責機關得於審定書敘明其事由，逕為審定。

原申請案或分割後之申請案，有下列情事之一，專利專責機關得逕為最後通知：

一、對原申請案所為之通知，與分割後之申請案已通知之內容相同者。
二、對分割後之申請案所為之通知，與原申請案已通知之內容相同者。
三、對分割後之申請案所為之通知，與其他分割後之申請案已通知之內容相同者。

第44條（發明中文本之補正及誤譯之訂正）

說明書、申請專利範圍及圖式，依第二十五條第三項規定，以外文本提出者，其外文本不得修正。

依第二十五條第三項規定補正之中文本，不得超出申請時外文本所揭露之範圍。

前項之中文本，其誤譯之訂正，不得超出申請時外文本所揭露之範圍。

第49條（最後通知及再審查之修正）

申請案經依第四十六條第二項規定，為不予專利之審定者，其於再審查時，仍得修正說明書、申請專利範圍或圖式。

申請案經審查發給最後通知，而為不予專利之審定者，其於再審查時所為之修正，仍受第四十三條第四項各款規定之限制。但經專利專責機關再審查認原審查程序發給最後通知為不當者，不在此限。

有下列情事之一，專利專責機關得逕為最後通知：

一、再審查理由仍有不予專利之情事者。

二、再審查時所為之修正，仍有不予專利之情事者。

三、依前項規定所為之修正，違反第四十三條第四項各款規定者。

第67條（發明說明書之更正）

發明專利權人申請更正專利說明書、申請專利範圍或圖式，僅得就下列事項為之：

一、請求項之刪除。

二、申請專利範圍之減縮。

三、誤記或誤譯之訂正。

四、不明瞭記載之釋明。

更正，除誤譯之訂正外，不得超出申請時說明書、申請專利範圍或圖式所揭露之範圍。

依第二十五條第三項規定，說明書、申請專利範圍及圖式以外文本提出者，其誤譯之訂正，不得超出申請時外文本所揭露之範圍。

更正，不得實質擴大或變更公告時之申請專利範圍。

第68條（更正審查及公告）

專利專責機關對於更正案之審查，除依第七十七條規定外，應指定專利審查人員審查之，並作成審定書送達申請人。

專利專責機關於核准更正後，應公告其事由。

說明書、申請專利範圍及圖式經更正公告者，溯自申請日生效。

第69條（拋棄發明專利權之限制）

發明專利權人非經被授權人或質權人之同意，不得拋棄專利權，或就第六十七條第一項第一款或第二款事項為更正之申請。

發明專利權為共有時，非經共有人全體之同意，不得就第六十七條第一項第一款或第二款事項為更正之申請。

第77條（更正與舉發之合併審查及審定）
舉發案件審查期間，有更正案者，應合併審查及合併審定；其經專利專責機關審查認應准予更正時，應將更正說明書、申請專利範圍或圖式之副本送達舉發人。 同一舉發案審查期間，有二以上之更正案者，申請在先之更正案，視為撤回。
第118條（新型之更正）
專利專責機關對於更正案之審查，除依第一百二十條準用第七十七條第一項規定外，應為形式審查，並作成處分書送達申請人。 更正，經形式審查認有下列各款情事之一，應為不予更正之處分： 一、有第一百十二條第一款至第五款規定之情事者。 二、明顯超出公告時之申請專利範圍或圖式所揭露之範圍者。

修正、補正、訂正、更正、訂正之更正綱要		
中文本之補正（§25.III、IV、44.II）	以外文本提出申請，嗣後應補正中文譯本作為專利審查之基礎文本。	
	期間	專利專責機關指定之期間。
	比對對象	補正之「說明書等申請文件」vs.外文本「說明書等申請文件」。
	要件	不得超出申請時外文本所揭露之範圍，即不得增加新事項。違反補正之實體要件者，應不予專利。
	效果	指定期間內補正，以外文本提出之日為申請日。
	逾時效果	逾越指定期間，原則上申請案不受理；但於處分前補正者，以補正之日為申請日，外文本視為未提出。
修正（§43.I~III）	核准審定前，增、刪或變更「說明書等申請文件」中所記載之文字或圖式內容。廣義的修正，包括誤譯訂正。	
	期間	原則上，繫屬初審或再審查階段的任何時間內，申請人均得主動提出修正。 發出審查意見通知後，僅得於通知之期間或最後通知之期間內修正。
	效果	准予修正之事項取代修正申請前之補正本（有修正者為修正本）中對應記載之事項，該修正本作為後續審查之比對基礎。
	逾時效果	專利專責機關得逕予審定；即不接受該修正。
	比對對象	修正後之「說明書等申請文件」vs.申請時之「說明書等申請文件。

修正、補正、訂正、更正、訂正之更正綱要		
	實體要件	不得超出申請時說明書等申請文件所揭露之範圍，即不得增加新事項。 違反修正之實體要件者，應不予專利。
		判斷原則：以中文本取得申請日者，申請時中文本說明書等申請文件所涵蓋的範圍最寬廣，修正、更正、改請、分割等只能在該範圍內變動。
		判斷指標：是否變動中文本所揭露的技術內容，即修正前、後之技術內容必須實質相同。
最後通知制度（§43IV、VI、49II、III）	目的	限縮得修正之範圍，以避免延宕審查程序，故並非每件案件都有最後通知。
	原則	得發最後通知，亦得發一般通知；應發一般通知，不得發最後通知；但有法定逕發最後通知之規定。
	前提條件	1.原則上，必須是已通知申復或修正至少一次。 2.申請人提出之申復或修正內容克服不予專利之全部事由，但修正後有新的不准專利事由，必須再修正。 3.新的不准專利事由並非可歸責於審查人員者（可歸責之事由包括：漏未通知及審查意見不當）。
	發最後通知之態樣	1.修正後導入新事項或產生不符記載要件、單一性之情事。 2.修正原請求項或增加新請求項產生新的不符相對要件之情事。 3.原請求項不符絕對要件且未經檢索即發給審查意見通知，修正內容克服前述事由，但修正後請求項有不符相對要件之情事。 4.修正刪除經通知之請求項，因不符單一性未經審查之其他請求項有不符相對要件之情事，必須以其他引證文件再為通知者。 5.修正後克服不准專利之事由，又發現不符記載要件者。
	法定逕核發時機	分割案：各個分割案或其母案其中之一已核發相同內容之審查意見通知者。（§43.XI）
		再審查案： 1.未修正之再審查案仍有不予專利之情事。 2.再審查之修正內容仍有不予專利之情事。 3.再審查之修正內容違反修正事項之限制。（§49.III）

修正、補正、訂正、更正、訂正之更正綱要		
	效果（§43.IV）	期間之限制：專利專責機關指定期間。 修正事項之限制：a.請求項之刪除；b.申請專利範圍之減縮；c.誤記之訂正；及d.不明瞭記載之釋明。
	解除	再審查認為原審查程序發給最後通知不當者，得解除前述限制。
	逕為審定	違反期間或修正限制者，得於審定書敘明其事由，逕為審定。
誤譯訂正（§44.III）	核准審定前，就補正之中文本或訂正本「說明書等申請文件」，對應外文本增、刪或變更其譯文。	
	比對對象	訂正後之「說明書等申請文件」vs.外文本「說明書等申請文件」。
	實體要件	不得超出申請時外文本所揭露之範圍，即不得增加新事項。違反訂正之實體要件者，應不予專利。
		判斷原則：以外文本取得申請日者，申請時外文本「說明書等申請文件」所涵蓋的範圍最寬廣，誤譯訂正、誤譯訂正之更正只能在該範圍內變動。 判斷指標：是否變動外文本所揭露的技術內容，即訂正前、後之技術內容必須實質相同。
	效果	准予訂正之事項取代訂正申請前之中文本（有修正者為修正本）中對應記載之事項，該訂正本作為後續審查之比對基礎。
	準用規定	廣義的修正，包括誤譯訂正。準用修正之規定。
更正（§67）	審定發證後，增、刪或變更公告本「說明書等申請文件」中所載之文字或圖式內容。	
	期間	原則上無期間之限制，但對於舉發成立撤銷專利權之請求項，於訴願或行政訴訟期間，不受理更正之申請。
	得更正之事項	a.請求項之刪除；b.申請專利範圍之減縮；c.誤記或誤譯訂正；及d.不明瞭記載之釋明。
	比對對象	更正後之「說明書等申請文件」vs.公告本「說明書等申請文件」。

<table>
<tr><th colspan="3">修正、補正、訂正、更正、訂正之更正綱要</th></tr>
<tr><td rowspan="6"></td><td rowspan="2">實體要件</td><td>a.得更正之事項；b.更正後之內容不得超出申請時「說明書等申請文件」所揭露之範圍；c.誤譯訂正之內容，不得超出申請時外文本所揭露之範圍；d.更正後之內容，包括誤譯訂正，不得實質擴大或變更公告時之申請專利範圍。</td></tr>
<tr><td>違反前述b至d項者，構成舉發事由。</td></tr>
<tr><td>判斷指標</td><td>更正內容是否逾越公告之專利權範圍。</td></tr>
<tr><td rowspan="2">處理</td><td>同一舉發案審查期間有二件以上之更正案者，僅審查最後提出之更正案，其他申請在先之更正案，視為撤回。（§77.II）</td></tr>
<tr><td>有舉發案繫屬，應將更正案與舉發案合併審查及合併審定（§77.I）</td></tr>
<tr><td>效果</td><td>准予更正之內容溯自申請日生效。</td></tr>
<tr><td rowspan="5">誤譯訂正之更正（§67.I、III）</td><td colspan="2">審定發證後，增、刪或變更公告本「說明書等申請文件」中之譯文。</td></tr>
<tr><td>比對對象</td><td>訂正後之「說明書等申請文件」vs.外文本「說明書等申請文件」。</td></tr>
<tr><td>實體要件</td><td>不得超出申請時外文本所揭露之範圍，即不得增加新事項。
不得實質擴大或變更公告時之申請專利範圍。
違反更正之實體要件者，構成舉發事由。</td></tr>
<tr><td>效果</td><td>准予訂正之事項取代公告本對應記載之事項，該訂正本作為後續審查之比對基礎。</td></tr>
<tr><td>準用規定</td><td>廣義的更正，包括誤譯訂正之更正。準用更正之規定。</td></tr>
</table>

專利法第25條第2項規定以中文本取得申請日之方式：「申請發明專利，以申請書、說明書、申請專利範圍及必要之圖式齊備之日為申請日。」第3項規定以外文本取得申請日之方式：「說明書、申請專利範圍及必要之圖式未於申請時提出中文本，而以外文本提出，且於專利專責機關指定期間內補正中文本者，以外文本提出之日為申請日。」

申請日攸關專利要件、優先權期間、優惠期及專利權期間等之計算。我國專利法制採先申請主義，為平衡申請人及公眾之利益，對於據以取得申請日之說明書等申請文件（另包括申請專利範圍及圖式）內容之變更，專利法規定「不得超出申請時說明書、申請專利範圍或圖式所揭露之範圍」及「不得超出申請時外文本所揭露之範圍」，就發明專利而言，係分別規定在七個條文：分割申請（專§34.IV）、修正（專§43.II）、中文本之補正（專§44.II）、誤譯訂正（專§44.III）、更正（專§67.II）、誤譯訂正之更正（專§67.III）及改請申請（專§108.III）。另於專利法施行細則第35條規定專利專責機關得主動訂正之事項：「說明書、申請專利範圍或圖式之文字或符號有明顯錯誤者，專利專責機關得依職權訂正，並通知申請人。」

依專利法第25條第3項，於申請時以外文本取得申請日者，補正之中文譯本不得超出申請時外文本所揭露之範圍，因該範圍為申請人於申請日所完成之創作，進而先占該技術範圍。由於該譯本為第一份中文本，係專利審查之基礎文本，嗣後之修正、分割、改請及更正「不得超出申請時（中文本）說明書、申請專利範圍或圖式所揭露之範圍」。準此，外文本涵蓋的範圍最廣，補正之中文本次之，修正、分割、改請及更正之文本再次之。前述「不得超出……範圍」，於補正中文本、誤譯訂正、誤譯訂正之更正時，係以外文本為範圍，於修正、更正、分割、改請以補正之中文本為範圍，只是判斷基礎文本之差異而已，判斷標準並無不同，均為不得增加新事項（new matter）。

分割申請及改請申請見第六章，本小節僅就前述其餘五種申請之實體要件說明如下。

一、核准審定前之變更

(一) 中文本之補正，指依專利法第25條第3項規定以外文本提出申請，嗣後補正中文本說明書、申請專利範圍及圖式（以下簡稱「說明書等申請文件」）；補正之譯本為第一份中文本，係專利審查、核發專利權之基礎文本。

(二) 修正，於核准審定前，增、刪或變更「說明書等申請文件」（中文本、訂正本或修正本）中所載之文字或圖式內容；廣義的修正，包括誤譯訂正，參專利法第43條第2項「修正，除誤譯之訂正外……」。為明確表達二者之規範，本書區分為修正及誤譯訂正二部分，分別說明之。

(三) 誤譯訂正，於核准審定前，對照外文本，增、刪或變更「說明書等申請文件」（補正本或修正本）之譯文。准予訂正之事項取代訂正申請時之補正本（有修正者為修正本）中對應記載之事項，該訂正本作為後續審查之比對基礎。

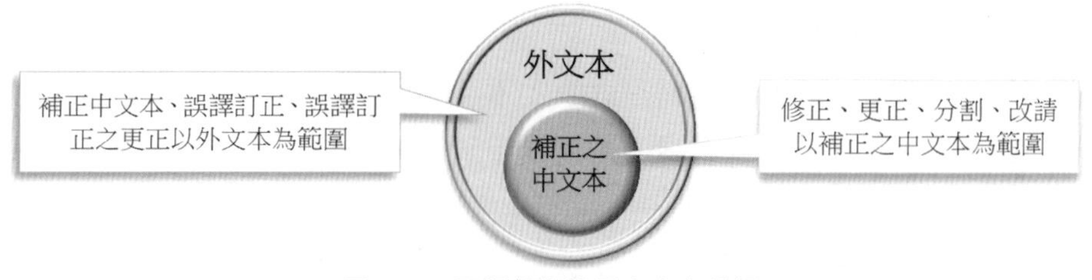

圖5-31　不得超出範圍之文本種類

二、審定發證後之變更

(一) 更正，於審定發證後，增、刪或變更「說明書等申請文件」中所載之文字或圖式內容（核准公告本或更正公告本）。廣義的更正，包括誤譯訂正之更正，參專利法第67條第2項「更正，除誤譯之訂正外……」。為明確表達二者之規範，本書區分為更正及誤譯訂正之更正二部分，分別說明之。

(二) 誤譯訂正之更正，於審定發證後，對照外文本，增、刪或變更「說明書等申請文件」（核准公告本或更正公告本）之譯文。准予訂正之事項取代公告本對應記載之事項，該訂正本作為後續審查之比對基礎。

5.11.1　中文本之補正

補正，指中文譯本之補正，即依專利法第25條第3項規定以外文本提出申請，嗣後補正中文本「說明書等申請文件」。

一、補正期間

專利法第25條第3項規定申請人得「以外文本提出之日為申請日」，其前提是申請人先提出外文本之說明書、申請專利範圍及必要之圖式，嗣於專利專責機關指定之期間內補正中文譯本。

二、補正之法律效果

補正中文本之法律效果：於專利專責機關指定之期間內補正中文本者，以外文本提出之日為申請日（專§25.III）。

三、違反指定期間之效果

逾越指定之期間始提出補正之中文本者，申請案不受理；但在處分前補正者，以補正之日為申請日（即延後申請日），外文本視為未提出（專§25.IV）。

四、補正之實體要件

申請專利得以外文本「說明書等申請文件」（與優先權證明文件之功用不同，二者不得相互轉用、替代）取得申請日。我國專利法制採先申請主義，為平衡申請人及公眾之利益，補正之中文本內容是否有誤譯之情事，仍應以外文本為比對之對象，故專利法定有「不得超出申請時外文本所揭露之範圍」之實體要件（專§44.II）。補正中文本「說明書等申請文件」之內容不得超出申請時外文本所揭露之範圍，亦即申請日提出之外文本所涵蓋的範圍最寬廣，補正內容只能翻譯該外文本，不得增加新事項（new matter），以免變動外文本範圍而與他人之後申請案範圍重疊，因而影響他人先申請之利益。前述實體要件之審查，係就中文本「說明書等申請文件」與外文本「說明書等申請文件」之整體內容比對，增、刪或變動技術特徵、技術關係、技術領域、問題、功效等實質內容均會被認定超出申請時外文本「說明書等申請文件」所揭露之範圍，而不准予專利（專§46.I）。

5.11.2 修正

修正（amendment），於核准審定前，增、刪或變更「說明書等申請文件」（中文本、訂正本或修正本）中所記載之文字或圖式內容；廣義的修正，包括誤譯訂正，參專利法第43條第2項「修正，除誤譯之訂正外……」。因摘要不得用於決定揭露是否充分，及申請專利之發明是否符合專利要件之基礎（專§26.III），故不生修正之問題。

由於外文本說明書、申請專利範圍及必要之圖式係取得申請日之文本，自不得變動，且專利專責機關係依補正之中文本進行審查，並無修正外文本之必要，故即使外文本有瑕疵，申請人仍應修正中文本，不得就該外文本提出修正申請（專§44.I）。

專利法第43條第1項所稱「除本法另有規定」，包括修正期間及修正事項之限制，涉及第43條第2至4項、第44條第3項及第49條第2、3項。

一、修正期間

「說明書等申請文件」有錯誤、遺漏或表達上未臻完善，為使說明書能明確且充分揭露申請專利之發明，申請專利範圍能明確、簡潔界定申請專利之發明且為說明書所支持，得允許申請人修正之。原則上，修正說明書，應於申請日起至審定書送達前之期間內，即專利申請案仍繫屬初審或再審查階段的任何時間內，申請人均得主動提出修正。102年1月1日施行之專利法已刪除申請日起十五個月內之限制；惟為避免延宕審查時程，專利法第43條第1項以「除本法另有規定外」限制修正期間：發出審查意見通知後，僅得於審查意見通知之期間或最後通知之期間（最後通知可能是初審階段所發出，亦可能是再審查階段所發出）內修正。

專利專責機關依專利法第46條第2項發出審查意見通知後，或依第43條第4項發出審查意見最後通知後，申請人僅得於通知之指定期間內修正，但不限次數；違反者，專利專責機關得於審定書敘明不接受修正之事由，逕為審定，但不單獨作成准駁之處分。惟若修正內容僅為形式上之小瑕疵，或係對應審查理由而不須重行檢索者，仍得受理逾限之修正。經最後通知者，除期間之限制外，另有修正事項之限制。

二、最後通知制度

專利法第43條第4項至第6項訂定初審階段及分割申請之審查意見最後通知制度；另於第49條第2項及第3項訂定再審查階段之審查意見最後通知制度。

(一)目的

為有效利用先前審查結果，使申請人於專利專責機關原先審查範圍內進一步修正申請專利範圍，克服不准專利事由，以達迅速審結之效果，最後通知制度之目的在於限制修正之範圍，避免延宕審查程序。申請人接獲審查意見通知後又再任意變更申請專利範圍者，審查人員須重新進行檢索、審查，致延宕程序，對於其他循規蹈矩的申請人有失公平。依專利法第43條第4項，專利專責機關認有必要時，得為最後通知，限制申請人接獲最後通知後所為之修正內容，為確保已完成之審查結果，不得任意變動業經審查之申請專利範圍，以節省人力。雖然最後通知制度會限制修正事項，但可使審查程序合理並可預期，具有迅速審查之效果。

(二)得核發最後通知之態樣

核發最後通知，係由審查人員依個案具體情形裁量，審查人員認為有必要再為通知，始核發最後通知。申請人依先前審查意見通知或初審核駁審定理由提出申復或修正後，審查人員認為該申復或修正a.已克服原審查意見中不准專利之全部事由；但b.修正內容另生新的不准專利事由，且c.該新的不准專利事由係可歸責於申請人者，得核發最後通知。即使是屬於得核發最後通知之事項，若核發審查意見通知無礙審查程序之進行者，亦得核發審查意見通知，悉由審查人員依個案具體情形裁量。

審查意見通知之核發，有可歸責於審查人員之疏忽者，例如另有核駁理由而未曾核發審查意見通知書者，仍應再次核發審查意見通知書（並無次數之限制），而非最後通知。專利專責機關發出審查意見通知後，申請人a.未提出申復或修正；或b.所提之申復或修正無法完全克服核駁理由時，再為通知並無實益，審查人員得逕予核駁審定，不再核發最後通知。

經修正申請，產生新的不准專利事由，例示如下：

1. 經修正之請求項或增加之新請求項有新的不符相對要件之情事，必須以其他引證文件再為通知。
2. 修正後導入新事項、不符記載要件或不符單一性之情事。
3. 經修正刪除不符相對要件之請求項，其他因不符單一性未經審查之請求項有不符相對要件之情事，必須以其他引證文件再為通知。
4. 全部請求項因不符絕對要件而未經檢索，雖然修正後之請求項已克服前述事由，但有不符相對要件之情事。
5. 修正後克服全部不准專利事由，又發現不符記載要件之情事，例如僅為標點符號、錯字之修正，經由誤記訂正或不明瞭記載之釋明即可克服者，亦得逕為最後通知。

(三)不得核發最後通知之態樣

對於已發給審查意見通知並經申請人申復或修正之申請案，若仍有不准專利之事由，且該事由並非因申復或修正而生，而係審查意見漏未通知及審查意見不當，而有可歸責於審查人員者，應另核發審查意見通知。

審查意見漏未通知之情事例示如下：

1. 原請求項不符絕對要件，但審查意見僅通知不符相對要件者。
2. 原請求項有不准專利事由，但審查意見通知無不准專利事由者。
3. 經修正刪除不符相對要件之請求項，其他因不符單一性未經審查之請求項有不符相對要件之情事，須以原先之引證文件再為通知者。

審查意見不當之情事例示如下：

1. 經申復但未修正，另有其他不准專利之事由者。
2. 經申復及修正，須以其他引證文件再為通知者。

(四) 逕為最後通知之時機

就分割案，專利專責機關針對原申請案（母案）或分割後之申請案（子案）其中一案已發給審查意見通知，嗣對於另一申請案應發給審查意見通知，若其內容與已發給之審查意見內容相同者，專利專責機關得逕為最後通知，以避免因分割申請而就相同內容重複進行審查程序（專§43.VI）：

1. 對原申請案所為之通知，與分割後之申請案已通知之內容相同者。
2. 對分割後之申請案所為之通知，與原申請案已通知之內容相同者。
3. 對分割後之申請案所為之通知，與其他分割後之申請案已通知之內容相同者。

就再審查申請案，為避免申請人一再提出修正延宕再審查時程，有下列情事之一者，專利專責機關得逕為最後通知，不論初審階段是否曾核發最後通知（專§49.III）：

1. 再審查理由仍有不予專利之情事者。
2. 再審查時所為之修正，仍有不予專利之情事者。
3. 再審查時所為之修正，超出第43條第4項各款所定之限制事項者。

(五) 核發最後通知之效果

為避免重新檢索延宕審查程序，並維護行政公平，審查人員認為有限制修正範圍之必要時，應核發最後通知。專利專責機關核發最後通知後，申請人僅得在通知指定之期間內，並在請求項所界定且業經審查之範圍內修正之（避免重新檢索），即修正申請專利範圍（但未限制說明書或圖式之修正）限於下列四款修正事項始得為之：a.請求項之刪除；b.申請專利範圍之減縮；c.誤記之訂正；及d.不明瞭記載之釋明（專§43.IV）。

前述修正之限制與更正之異同：

1. 更正事項不限於申請專利範圍。
2. 更正事項尚包括誤譯訂正
3. 更正之實體要件尚包括「不得實質擴大或變更公告時之申請專利範圍」。
4. 由於更正之實體要件尚包括「不得實質擴大或變更公告時之申請專利範圍」，故得准予更正之範圍比得准予修正之範圍來得窄。
   a. 以增加請求項為例：雖然專利法第43條第4項第1款規定修正事項限於「請求項刪除」，惟若主張修正內容係「申請專利範圍之減縮」，仍得增加請求項項數，例如請求項「A+B」修正為請求項「A+B+C」及請求項「A+B+C+D」均屬申請專利範圍之減縮，符合修正限制；但因實質變更申請專利範圍而不准更正。
   b. 另以偏移式（shift）修正為例：原請求項所包含之技術特徵外加新的技術特徵，例如請求項「A+B」修正為請求項「A+B+C」之串列式增加（serial addition）屬於「申請專利範圍之減縮」的情況，符合修正限制；但因實質變更申請專利範圍而不准更正。

就偏移式修正而言，依專利法第43條第4項，得認定符合最後通知之限制事項「申請專利範圍之減縮」；惟依專利審查基準，由於偏移式修正會實質變更申請專利範圍，並非業經審查之範圍，似不符合最後通知制度之本意，仍有可能被認定為不符合限制事項。

另應注意者，依母法之立法目的及專利審查基準，申請專利範圍減縮之對象應為發出審查意見通知所依據之請求項，並非以申請時之請求項為對象，例如原請求項「A」，修正為「A+B」，經審查請求項「A+B」後發出最後通知，則應以請求項「A+B」為基礎進行刪除或減縮，例如修正為「A+B+C」，而非以原請求項「A」為基礎，例如修正為「A+C」，「A+C」違反最後通知後之修正限制，得逕為核駁審定。

依專利法43條第4項，僅申請專利範圍之修正有限制，且限於四款中所定之事項始得為之，誤譯訂正申請專利範圍不被允許，惟得以誤譯訂正修正說明書後，再以誤記之訂正或不明瞭記載之釋明為由修正申請專利範圍之對應內容。專利審查基準規定「……以誤譯訂正為由修正說明書。此時若因訂正說明書而導致其與申請專利範圍之內容不一致，亦得同時以誤記之訂正或不明瞭記載之釋明為由，於最後通知之指定期間內修正申請專利範圍。例如申請專利範圍與說明書皆記載為A，經最後通知後，申請誤譯訂正說明書之A為A'，因導致其與申請專利範圍揭露之A不一致，得同時以誤記之訂正或不明瞭記載之釋明為由，將申請專利範圍之A修正為A'。」

初審階段已核發最後通知，再審查階段之修正，仍應受前述修正事項之限制，但未限制修正期間（專§49.II）；除非再審查理由爭執初審階段所發出之最後通知不當，經審酌認有理由，另發出審查意見通知申請人修正，始解除前述修正事項之限制。

三、違反指定期間或限制事項之效果

違反修正期間或修正事項之限制者，其法律效果係專利專責機關得逕予審定（專§43.V），違反限制並非核駁之理由，故應於審定書中敘明不接受修正之事由，但不單獨作成准駁之處分；如有不服，申請人得併同再審查審定結果提起救濟。限制修正期間之目的在於避免延宕審程序，逾限提出之修正係對應核駁理由且不須重行檢索，或僅為形式上之瑕疵者，得由審查人員依職權裁量是否受理。

四、修正之實體要件

我國專利法制採先申請主義，為平衡申請人及公眾之利益，「說明書等申請文件」之修正不得超出申請時「說明書等申請文件」所揭露之範圍，亦即不得增加新事項（new matter），例如變更記載形式、變更記載位置或刪減無關之文字等，均應認定為未增加新事項。就申請案所涵蓋之範圍而言，於申請日提出之「說明書等申請文件」所涵蓋的範圍應最寬廣，修正只能在該範圍內變動，以免先申請案經修正後之範圍與他人之後申請案範圍重疊，因而影響他人先申請之利益。

除誤譯訂正外，修正申請之實體要件為：不得超出申請時「說明書等申請文件」所揭露之範圍。

「不得超出申請時說明書、申請專利範圍或圖式所揭露之範圍」之判斷原則：申請時「說明書等申請文件」所揭露之範圍，指申請當日已明確記載於「說明書等申請文件」（不包括優先權證明文件）中之全部事項，或該發明所屬技術領域中具有通常知識者自「說明書等申請文件」所記載之事項能直接且無歧異（directly and unambiguously）得知者。直接且無歧異得知，指該發明所屬技術領域中具有通常知識者自「說明書等申請文件」a.明示、b.暗示或c.所載事項本身固有內容，即能得知該「說明書等申請文件」已經單獨隱含（solely implies）或整體隱含（collectively imply）修正後之「說明書等申請文件」所記載之固有特定事項（specific matter），而沒有增加其他事項。換句話說，任何技術特徵之固有特定事項，係從該技術特徵即能直接且無歧異得知者。

實體要件之審查，係就申請時「說明書等申請文件」與修正後之「說明書等申請文件」之整體內容比對，增、刪或變動技術特徵、技術關係、技術領域、問題、功效等實質內容均會被認定超出申請時「說明書等申請文件」所揭露之範圍（專§46.I）。簡言之，修正後之內容是否超出中文本所揭露之範圍的判斷指標在於是否變動中文本所揭露的技術內容，即修正前、後之技術內容（所欲解決之問題、解決問題之技術手段及對照先前技術之功效）不得不同，包括新穎性判斷基準中所指形式相同及實質相同，但不包括上下位概念及擬制喪失新穎性之直接置換二基準。此判斷指標適用於中文本之補正、修正、誤譯訂正、更正、誤譯訂正之更正、改請及分割等有關「不得超出……所揭露之範圍」。

修正，無關實質內容的態樣如下列：

a. 僅移動記載位置（說明書/請求項/圖式）；
b. 使前後一致之變更；
c. 僅形式上變更文字記載；
d. 僅變更請求項之記載形式（獨立項與附屬項之間的變更）；
e. 僅刪除或變更無關實質內容之文字（商業宣傳詞句）；
f. 詳細敘明已提及之事項。

五、修正之法律效果

修正「說明書等申請文件」，准予修正之事項取代修正申請前之中文本（有修正者為修正本）中對應記載之事項，該修正本作為後續審查之比對基礎。

5.11.3 誤譯訂正

誤譯訂正，於核准審定前，就專利法第25條第3項所補正之中文本「說明書等申請文件」或訂正本、修正本，對應外文本增、刪或變更其譯文。另尚有取得專利權後之誤譯訂正之更正，詳見後述。經誤譯訂正之文本取代補正之中文本（有修正者為修正本，經公告者為公告本）。

說明書等申請文件係以簡體字所撰寫者，因該文本與補正之正體字中文本之間僅屬文字轉換，並無翻譯問題，且非屬「專利以外文本申請實施辦法」所定之語文種類，故轉換過程中所生文義之不一致，僅能申請修正或更正，不得申請誤譯訂正。

一、目的及效果

誤譯訂正制度，係用以克服中文本「說明書等申請文件」翻譯錯誤的問題。審查階段，准予訂正之效果：該訂正本中准予訂正之事項取代訂正申請前之中文本（有修正者為修正本）中對應記載之事項，而該訂正本應為後續審查之比對基礎（事實上修正申請的情況亦復如此）。核准專利權後之更正階段，准予訂正之效果：該訂正本中准予訂正之事項溯自申請日生效，取代申請時之中文本（經公告者為公告本）對應記載之事項，而該訂正本應為後續審查之比對基礎。

二、實體要件

申請人先以外文本提出申請，並補正中文本「說明書等申請文件」，嗣後發現中文本有誤譯而須改正者，得提出誤譯訂正之申請，而非提出修正申請，亦非修正外文本，專利法規定外文本亦不得修正（專§44.I）。說明書、申請專利範圍及摘要以外文本提出者，其補正之中文本，應提供正確完整之翻譯（細§22.III），且不得超出申請時外文本所揭露之範圍。外文本係取得申請日之文本，申請案所揭露的最大範圍係由外文本所確定；然而，專利專責機關係依補正之中文本進行審查，該中文本內容是否有誤譯之情事，應以外文本為比對之對象，故專利法第44條第3項定有「不得超出申請時外文本所揭露之範圍」之實體要件；違反者，依專利法第46條第1項，應不予專利。前述實體要件，係指中文本對照外文本不得增加新事項（new matter），亦即中文本中記載之事項必須是外文本已明確記載，或該發明所屬技術領域中具有通常知識者自外文本所載之事項能直接且無歧異得知者，例如「橡膠」對照「heat-resistant rubber」，組合元件「A+B+C」對照

「A+B」、「A+B」對照「A+B+C」皆屬超出申請時外文本所揭露之範圍。惟對於並列之技術特徵或技術手段，例如「A、B或C」對照「A或B」並未超出申請時外文本所揭露之範圍；但「A或B」對照「A、B或C」則為超出申請時外文本所揭露之範圍，因增加新事項C。

針對前述之例，得准予誤譯訂正者如下：

1. 外文本「heat-resistant rubber」→中文本「橡膠」→訂正本「抗熱橡膠」。
2. 外文本「A+B+C」→中文本「A+B」→訂正本「A+B+C」。
3. 外文本「A+B」→中文本「A+B+C」→訂正本「A+B」。
4. 外文本「A或B」→中文本「A、B或C」→訂正本「A或B」。

惟依專利審查基準：「誤譯訂正之實體審查，須先判斷該訂正之申請是否屬於誤譯，其次判斷該誤譯訂正是否超出外文本所揭露之範圍。」因此，誤譯訂正之實體要件不僅包括前述「不得超出申請時外文本所揭露之範圍」之實體要件，尚包括訂正事項是否屬於「誤譯」。

「誤譯」係指將外文之語詞或語句翻譯成中文之語詞或語句的過程中產生錯誤，亦即外文本有對應之語詞或語句，但中文本未正確完整翻譯者，原因包括：外文文法分析錯誤、外文語詞看錯、外文語詞多義性所致之理解錯誤等。申請誤譯訂正整句（語句有對應關係，整句無對應關係）、整段或整頁之漏譯，違反誤譯訂正制度之本意。若為漏譯，原則上不准訂正，因誤譯訂正係為克服語詞或語句之輕微漏譯，整句、整段或整頁的嚴重漏譯，尚不得以誤譯為由予以改正。超出外文本所揭露之範圍，屬專利法所定不予專利之事由，得予核駁；非屬誤譯者，因非屬專利法所定不予專利之事由，故不得逕予核駁。依專利審查基準之規定，經認定為漏譯者，專利專責機關會逕依訂正前之中文本續行審查，經通知申復而未克服不准訂正之理由者，仍會予核駁審定。然而，核駁之法律依據為何，該基準並未說明，尚待觀察實務之發展。

依專利審查基準之說明，誤譯或漏譯之區別在於：誤譯訂正係針對翻譯錯誤之中文語詞或語句所為之訂正，該中文語詞或語句與外文之語詞或語句必須有對應關係始為「誤譯」，否則即屬「漏譯」，而不准訂正。誤譯之情形：1.語詞翻譯錯誤者，例如外文本之內容為「32℃」，中文本之對應內容為「32℉」；或外文本之內容為「sixteen」，中文本之對應內容為「60」。2.語句翻譯錯誤者，例如外文本之內容為「……above 90℃……」，中文本之對應內容為「……90℃……」；或外文本之內容為「……金、銀、銅、鐵……」，中文本之對應內容為「……金、銀、銅……」。專利審查基準另指出漏譯之情形：外文本之某些段落，例如第3頁第〔0004〕段至第〔0007〕段，其相關內容未見於中文本對應部分時，非屬外文之語詞或語句於翻譯成中文之語詞或語句的過程中產生錯誤，並無誤譯訂正之適用。惟若該等段落之內容已揭露於中文本其他部分，則得以修正方式將其內容修正至中文本中。事實上，對於前述所指「……above 90℃……」及「……金、銀、銅、鐵……」二例，咸認亦無對應關係，只是漏譯內容較少而已，故專利審查基準之規定是否能為司法機關所支持，尚待觀察。

審查順序

- 對於未經審查之誤譯訂正及一般修正，應先審查誤譯訂正，以利於申請人，因誤譯訂正之比對對象為涵蓋範圍較為寬廣的外文本。
- 准予訂正之訂正事項作為後續實體審查之對象及一般修正之比對基礎。

誤譯訂正之審查

- 誤譯之判斷：誤譯訂正係針對翻譯錯誤之中文語詞或語句所為之訂正，該中文語詞或語句必須對應於外文之語詞或語句。
- 未超出外文本所揭露之範圍的判斷：訂正本記載之事項為外文本已明確記載，或為具有通常知識者自外文本所記載事項能直接且無歧異得知者。

圖5-32　誤譯訂正之審查

三、比對外文本之時機

專利要件之審查時，係以中文本為對象，故審查人員不會主動比對中文本與外文本之內容，惟若發現中文本內容語意不明、不合理或與通常知識不符，而認為其可能超出外文本所揭露之範圍時，始會比對中文本與外文本是否一致。例示如下：

1. 中文本記載「最初含有氫、氯和液態水之氣液混合系統，就水蒸氣與液態水而言，會很快趨於平衡，……」，無法理解何者「很快趨於平衡」，究竟是「氣液混合系統」或「水蒸氣與液態水」，而有語意不明之情事。
2. 圖式顯示A與B無結合關係，但文字記載為「A與B結合」，以致中文本內容有不合理之情事。（外文本記載「A is disconnectedwith B」，而中文本忽略字首「dis」）

3. 申請專利之發明為光學發射頭，中文本記載屬於機械或土木領域之用語「樑」，顯然有不合理之情事。（「beam」於光學技術領域之譯文應為「光束」）

4. 依中文本所載物品之構成材料為「氯乙烯」，因其為氣體不可能為實體物之構成材料，可判斷其與通常知識不符。（外文本所載「polyvinyl chloride」之譯文應為「聚氯乙烯」）

四、修正、更正與誤譯訂正之審查順序

取得申請日之外文本為申請案所揭露的最大範圍，嗣後之中文本、修正本、訂正本或更正本均限於該範圍；誤譯訂正之效果是訂正事項取代訂正前的任何文本，包括中文本、修正本、核准審定公告本及核准更正公告本。基於前述理由，對於未完成審查之修正本及訂正本，考量申請人之利益，應先審查訂正本，使修正或更正內容有更大的變動空間，不論該修正及該訂正係同日申請或不同日申請，亦不論係分別申請或一併申請，只要是未完成審查之文本，均應就訂正本優先審查之。經審查，不准訂正，則依訂正申請前之文本續行審查；准予訂正，則依該訂正本續行審查，以為前述修正之比對基礎。

五、誤譯訂正與專利法施行細則第24條之競合

專利法施行細則第24條規定：「發明專利申請案之說明書有部分缺漏或圖式有缺漏之情事，而經申請人補正者，以補正之日為申請日。但有下列情事之一者，仍以原提出申請之日為申請日：1.補正之說明書或圖式已見於主張優先權之先申請案。2.補正之說明書或圖式，申請人於專利專責機關確認申請日之處分書送達後三十日內撤回。前項之說明書或圖式以外文本提出者，亦同。」應注意者，前述細則不包括申請專利範圍及摘要之補正，詳見4.2.9「說明書等申請文件之缺漏」。

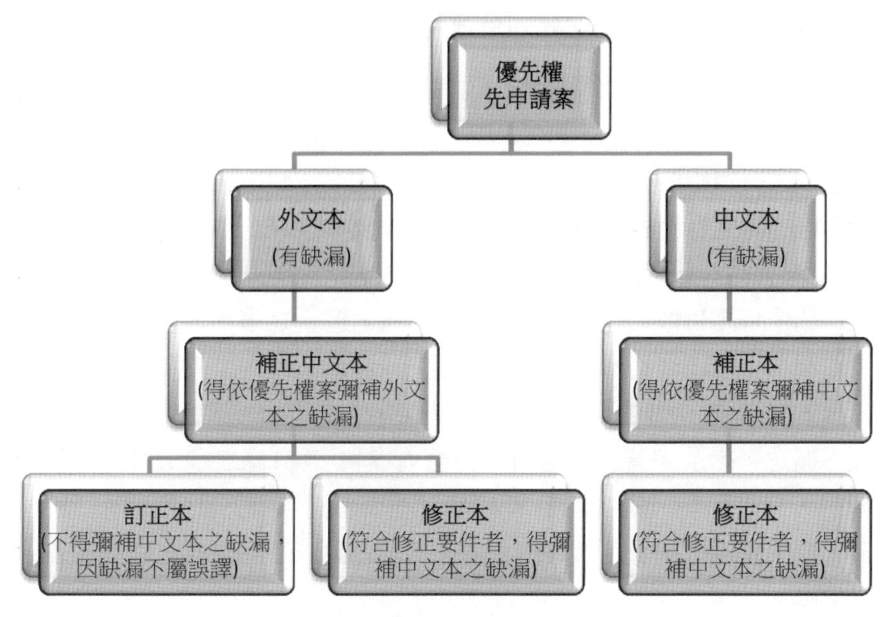

圖5-33　誤譯訂正與補正缺漏

前述細則之修正說明指出：「專利申請案之說明書有部分缺漏或圖式缺漏而嗣後補正者，不論其圖式缺漏為完全或部分缺漏，若說明書或圖式之缺漏已為原申請專利標的所包含，且已見於主張優先權之先申請案者，則得以原提出申請之日為申請日。」細繹其本意，係指取得申請日之文本，以外文本取得申請日者，細則所規範「專利申請案之說明書」係指外文本，其缺漏係「外文本」相對於「主張優先權之先申請案」，而非「中文本」相對於「外文本」，在這種情況下，細則所稱「補正之說明書或圖式」係指要補正外文本之「說明書或圖式」，無論其為中文本或外文本，事實上以外文本補正外文本並無必要，因依專利法第25條第3項仍須檢送補正之中文本。

基於前述說明，當「中文本」相對於「外文本」有缺漏時，若非屬語詞或語句之漏譯，而係說明書整句、整段、整頁漏譯或有圖式缺漏，仍不適用該細則之規定，亦不得主張誤譯訂正予以補救。唯一可行之道，乃於不超出申請時說明書、申請專利範圍或圖式所揭露之範圍的情況下，經由修正方式將缺漏之內容補充至中文本。

六、誤譯訂正與一般修正之異同及運用

依前述內容，分析修正與訂正之異同：訂正，係以外文本所揭露的範圍為比對對象，其訂正事項必須與外文本（修正本、訂正本或公告本）中所載之內容有對應關係，故得准予訂正之門檻高、範圍大；修正，係以中文本所揭露的範圍為比對對象，修正事項與中文本（修正本或公告本）中所載之內容不必有對應關係，故得准予修正之門檻低、範圍小。修正與訂正二相比較，門檻有高有低、範圍有大有小，若不准訂正之事項嗣後准予修正，其結果顯然不符合該專利審查基準所宣示：「申請案既得以外文本提出之日為申請日，其揭露技術內容之最大範圍即應由該外文本所確定，……。」且悖離先占概念，損及申請人之權益，而有違專利法第1條之政策目的。基於前述理由，業界另有一說，認為專利審查基準所訂誤譯訂正之判斷涉及「漏譯」，似乎超越母法，且因實務上無法明顯區分誤譯與漏譯之差異，有窒礙難行之虞。

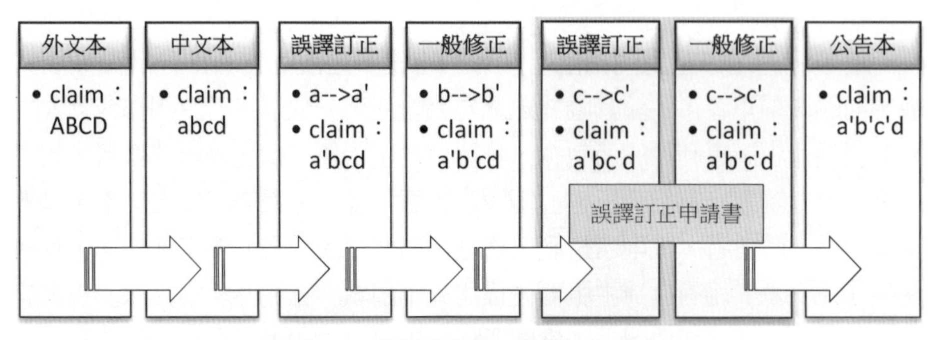

圖5-34　誤譯訂正與一般修正之運用

尤其應注意者，因訂正事項取代補正中文本或修正本中所載之對應內容，不一定會變動修正本所修正之事項，訂正前業經修正者，須同時或接續申請修正，始能變動原修正本中之修正事項，作為爾後審查、核准公告之文本。申請誤譯訂正，須檢送訂正申請書，其內容應載明訂正事項，亦得一併載明訂正事項及修正事項，分別適用誤譯訂正及修正之實體要件。同時申請修正及訂正，或於訂正申請書一併載明訂正事項及修正事項者，應先審查誤譯訂正，再審查修正，以擴大得修正之範圍，因誤譯訂正係將原中文本範圍擴大至外文本範圍。

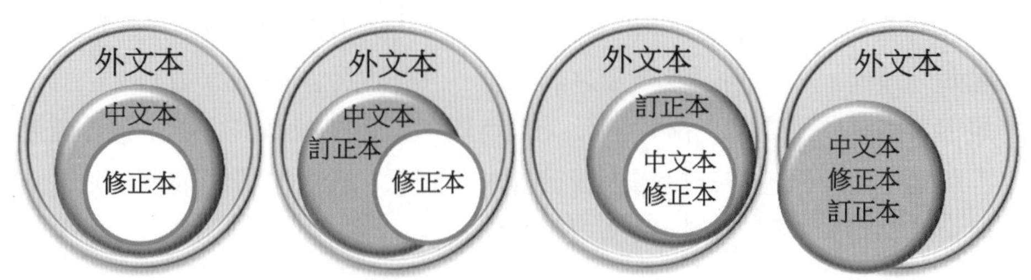

位置	符合規定？	理由
左一	Yes	中文本未超出外文本；修正本未超出中文本
左二	No	雖然中文本或訂正本未超出外文本；但修正本超出中文本或訂正本
右二	Yes	雖然訂正本超出中文本或修正本；但未超出外文本
右一	No	中文本、修正本或訂正本超出外文本

圖5-35　誤譯訂正與一般修正之審查

誤譯訂正中文本「說明書等申請文件」之內容不得超出申請時外文本所揭露之範圍，亦即申請日提出之外文本所涵蓋的範圍應最寬廣，誤譯訂正之內容只能在該範圍內變動，不得增加新事項（new matter），以免先申請案經訂正後之範圍與他人之後申請案範圍重疊，因而影響他人先申請之利益。因此，對於「不得超出申請時外文本所揭露之範圍」的理解，其與修正申請之「不得超出申請時說明書、申請專利範圍或圖式所揭露之範圍」並無不同，其判斷標準均為「不得增加新事項」，只是比對對象有差異而已。誤譯訂正之實體要件，係就中文本「說明書等申請文件」與外文本「說明書等申請文件」之整體技術內容比對，增、刪或變動技術特徵、技術關係、技術領域、問題、功效等實質內容均會被認定超出申請時外文本「說明書等申請文件」所揭露之範圍，而不予專利（專§46.I）。

5.11.4　更正

經核准公告取得專利權之「說明書等申請文件」有缺失、疏漏者，或申請專利範圍牴觸先前技術者，專利權人得更正「說明書等申請文件」，主要目的在於減縮專利權範圍，或使專利權範圍更清楚、明確，以避免專利權被撤銷。依專利法第149條第2項，專利法於102年1月1日施行前，尚未審定之更正案，適用修正施行後之規定。

專利法第67條第1項所定四種更正事由：「請求項之刪除」、「申請專利範圍之減縮」、「誤記或誤譯之訂正」、「不明瞭記載之釋明」。依第69條規定，申請「請求項之刪除」及「申請專利範圍之減縮」之更正會實質變更專利權範圍，應獲得被授權人或質權人之同意；於發明專利權為共有時，應得全體共有人之同意，始得為更正之申請。

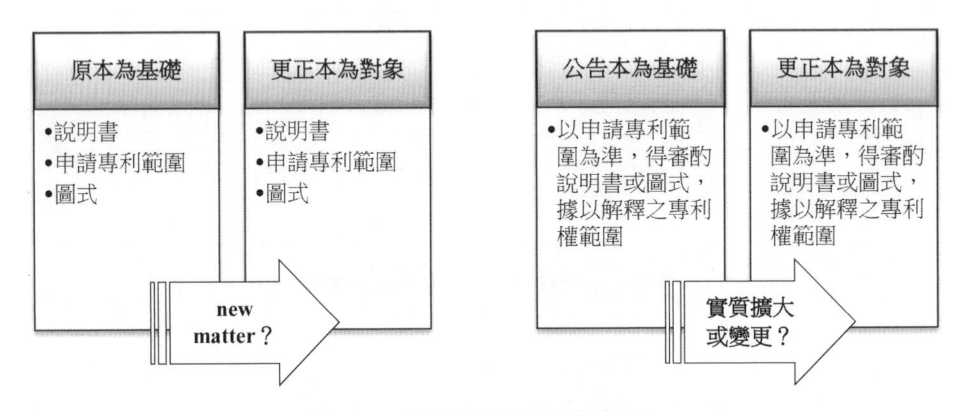

圖5-36　更正案判斷之基礎及對象

一、更正期間

專利權人得更正請准專利之說明書、申請專利範圍或圖式之期間為：1.發明申請案取得專利權後，專利權人主動申請更正。2.發明專利案經他人提起舉發時，專利權人提出答辯同時申請更正。

原則上，更正「說明書等申請文件」並無期間之限制，惟若於不服舉發成立撤銷專利權之訴願或行政訴訟期間，不受理更正舉發成立之請求項的申請，概因專利權人提出訴願或行政訴訟，係認為行政處分違法或不當，更正「說明書等申請文件」內容會改變該行政處分之基礎。

二、得更正之事項

經核准更正之「說明書等申請文件」公告於專利公報後，即產生公示之功能，而與公眾利益有關。依專利法第67條第1項，向專利專責機關申請更正「說明書等申請文件」限於：a.請求項（claims）之刪除；b.申請專利範圍（scope of claim）之減縮；c.誤記或誤譯之訂正；及d.不明瞭記載之釋明。

另依專利法第118條第2項，新型專利之更正，單獨的更正案僅進行形式審查，包括1.形式審查之事項（不包括修正內容明顯超出範圍）及2.明顯超出公告時之申請專利範圍或圖式所揭露之範圍。惟依專利法第118條第1項，當事人之間有新型專利權之爭執，且更正申請為當事人之間的攻擊防禦方法，專利專責機關應合併審查舉發案與更正案，併同舉發案以實體審查方式合併審查之。因此，專利權人申請更正新型專利，即使是單獨的更正案，亦應注意「不得超出申請時說明書、申請專利範圍或圖式所揭露之範圍」、「以外文本提出者，其誤譯訂正，不得超出申請時外文本所揭露之範圍」且「不得實質擴大或變更公告時之申請專利範圍」等實體要件，否則仍有可能於舉發審查時構成撤銷之事由。

三、更正之程序事項

更正事項	•更正申請專利範圍者，如刪除部分請求項，不得變更其他請求項之項號。 •更正圖式者，如刪除部分圖式，不得變更其他圖之圖號。
更正申請書	•以誤譯訂正以外之事由申請更正，應備具更正申請書，申請誤譯之訂正，應備具誤譯訂正申請書。 •若同時申請訂正及更正，得分別提出二種申請書之方式為之，亦得以誤譯訂正申請書分別載明其訂正及更正事項為之。
指定舉發案號	•舉發後提出之更正案，如須依附在多件舉發案中，必須於其更正申請書載明所須依附之各舉發案號，並依各舉發案檢附相關附件（每件舉發附2份更正申請文件），但僅須繳交一筆更正規費。
不得變更請求項次	•新法施行前已提出更正申請，經審查不准更正通知專利權人申復，於新法施行後，專利權人再提出之更正本，應依新法規定不得變動請求項次。 •新法施行後提出之更正申請，不得變動請求項次。 •新法施行前提出之舉發案，專利權人於新法施行後，因應舉發提起之更正，亦不得變動請求項次。

圖5-37　更正申請之注意事項

依專利法第67條第1項，向專利專責機關申請更正「說明書等申請文件」限於四事項，其中請求項之刪除及申請專利範圍之減縮涉及專利權範圍之減縮，申請該二事項之更正，應得被授權人、質權人及全體共有人同意，始得為之。

更正期間

- 經公告取得專利權後。
- 發明或新型專利權之部分請求項經審定撤銷專利權者，舉發案於行政救濟期間，因原處分審定結果對舉發成立之請求項有撤銷專利權之拘束力，故專利權人所提更正，僅得就原處分中審定舉發不成立之請求項為之。

申請專利範圍之更正申請

- 更正內容包括經審定舉發成立之請求項者，由於更正須就申請專利範圍整體為之，應通知專利權人限期移除經審定舉發成立之請求項的更正，並檢送移除後之全份申請專利範圍，屆期未補正者，全案不受理其更正申請。

圖5-38　更正期間有關之程序事項

四、更正之實體要件

(一) 實體要件

專利權人更正「說明書等申請文件」，若擴大、變更其應享有之專利權範圍，勢必影響公眾利益，有違專利制度公平、公正之意旨。更正之實體要件如下，只要其中一要件不符合，得依專利法第68條第1項作成審定書不准更正；即使准予更正，依專利法第71條第1項，除下列「得更正之事項」外，亦得為舉發撤銷之事由：

1. 得更正之事項：請求項之刪除、申請專利範圍之減縮、誤記或誤譯訂正及不明瞭記載之釋明。
2. 更正內容：除誤譯訂正外，不得超出申請時說明書、申請專利範圍或圖式所揭露之範圍。
3. 誤譯訂正之更正內容：不得超出申請時外文本所揭露之範圍。
4. 更正內容：包括誤譯訂正，不得實質擴大或變更公告時之申請專利範圍（scope of claim）。

將前述1「得更正之事項」納入實體要件，係依專利審查基準之見解。惟筆者以為「得更正之事項」的規定僅係教示專利權人得主張更正之事項，而非更正審查之實體要件，亦即專利權人申請更正僅限於「得更正之事項」，但更正申請之准駁繫於其他實體要件，理由如下：

a. 依專利法第71條第1項，得舉發撤銷專利權之事由排除前述「得更正之事項」。

b. 依專利法第69條及其修正說明理由二：「……第67條第1項規定之更正事由中，第1款『請求項之刪除』及第2款『申請專利範圍之減縮』將實質變更專利權之範圍……」，專利權人以該二款規定為由申請更正，有可能實質變更專利權範圍而損及關係人權益，故必須取得關係人之同意。換句話說，以該二款規定為由申請更正，該更正申請之准駁取決於「不得實質擴大或變更公告時之申請專利範圍」之實體要件。

c. 依專利法第69條規定，排除前述「得更正之事項」中「誤記或誤譯訂正」及「不明瞭記載之釋明」二款，專利權人以該二款規定為由申請更正，不致於實質擴大或變更專利權範圍而損及關係人權益，故無須取得關係人之同意。證諸專利審查基準，不明瞭之記載係「……具有通常知識者依據說明書、申請專利範圍或圖式所記載之內容已能明顯瞭解其原意，再經釋明得更確定其內容而不生誤解者。」誤譯係「指將外文之語詞或語句翻譯成中文之語詞或語句的過程中產生錯誤，亦即外文本有對應之語詞或語句，但中文本未正確完整翻譯者……。」誤記係「……具有通常知識者依據其申請時的通常知識，……不須多加思考即知應予訂正及如何訂正而回復原意，……不致影響原來實質內容者。」換句話說，以該二款規定為由申請更正，原則上不致於違反實體要件，即使「誤譯」有可能實質變更專利權範圍，該更正申請之准駁仍然取決於「不得實質擴大或變更公告時之申請專利範圍」之實體要件。

前述2「不得超出申請時說明書、申請專利範圍或圖式所揭露之範圍」的判斷與前述修正之實體要件相同，惟適用範圍僅限於請求項之刪除、申請專利範圍之減縮、誤記之訂正及不明瞭記載之釋明，不含誤譯訂正。

前述3「不得超出申請時外文本所揭露之範圍」，係針對審定發證後之誤譯訂正，其判斷方式與前述核准審定前之誤譯訂正的實體要件相同。

前述4「不得實質擴大或變更公告時之申請專利範圍」，係指「說明書等申請文件」之更正內容只能在已公告之申請專利範圍所界定的專利權範圍內變動，不得擴大或變更，以免損及社會大眾之利益。由於經誤譯訂正之內容亦可能實質擴大或變更申請專利範圍，故本項適用的範圍涵蓋前述得更正之事項全部，包括誤譯訂正。

前述所稱之公告係指專利法第52條第1項核准審定之公告或第68條第2項核准更正之公告，而以最近一次的公告為準。

圖5-39　實質擴大或變更之判斷

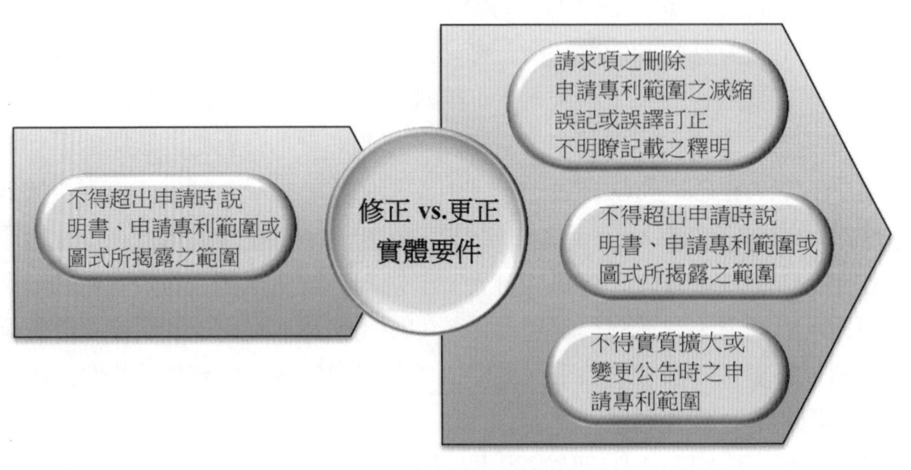

圖5-40　修正與更正之實體要件

(二)是否准予更正之判斷指標

由於經公告之說明書、申請專利範圍及圖式對外發生公示效果，但經專利權人放棄而有貢獻原則之適用的專利權範圍，嗣後不得重新取回其原先已放棄之內容，故更正內容自不得實質擴大或變更其專利權範圍，其判斷之指標在於更正內容是否逾越最近一次公告之專利權範圍（更正後相對於更正前之申請專利範圍，修正等之超出係變動後相對於申請時之說明書等申請文件）。

應予說明者，前述專利權範圍並非限於申請專利範圍中形式上所記載之文字，而係依專利法第58條第4項規定解釋申請專利範圍，而符合說明書（即說明書能支持）的最寬廣合理之範圍，判斷重點在於：

1. 解釋申請專利範圍所界定之技術內容，應以請求項中所載之用語的字面意義為準：字面意義，指具有通常知識者於完成發明時所瞭解而賦予該用語的通常習慣意義（ordinary and customary meaning）。請求項用語的通常習慣意義得依請求項本身、說明書、圖式及先前技術等佐證說明之；惟最寬廣合理的解釋僅具有推定之效果，申請人主張該用語於說明書中已有不同的定義者，可推翻之。例示說明如下：

☆核准公告之申請專利範圍：

請求項1記載：「一種椅子，包含：椅面……椅腳……靠背……。」

請求項2記載：「如請求項1之椅子，該椅腳為三支。」

請求項3記載：「如請求項2之椅子，該椅腳為A+B之組合。」

請求項4記載：「如請求項3之椅子，B具有凹槽B1。」

請求項5記載：「如請求項1之椅子，該靠背為C+D之組合。」

請求項6記載：「如請求項1之椅子，該椅面為圓盤形。」

說明書記載該創作之新穎功能包括椅腳可摺疊、靠背可伸縮，及凹槽B1可增加A、B結合之穩定性等。

☆更正後之申請專利範圍態樣一：

（刪除）請求項1記載：「一種椅子，包含：椅面……椅腳……靠背……。」

請求項2'記載：「如請求項1之椅子，該椅腳為三支。」

請求項3'記載：「如請求項2之椅子，該椅腳各為A+B之組合。」

請求項4'記載：「如請求項3之椅子，B具有凹槽B1。」

請求項5'記載：「如請求項2或3之椅子，該靠背為C+D之組合。」

請求項6'記載：「如請求項2或3之椅子，該椅面為圓盤形。」

更正結果是否實質變更申請專利範圍之說明（姑且不論請求項項數之增加）：

(1) 刪除請求項1，請求項2、3、4未變動依附之請求項，故未實質變更。

(2) 請求項5'包括請求項5'-2及請求項5'-3：

a. 請求項5'-2未實質變更：雖然從請求項1之「靠背」，具有通常知識者無從想像其通常意義包含「C+D之組合」，但因具有通常知識者可以瞭解「椅腳」之通常意義包含三支及四支等，故請求項5已涵蓋請求項5'-2。

b. 請求項5'-3實質變更：因具有通常知識者無法想像「椅腳」之通常意義包含「A+B之組合」，亦無法想像「靠背」之通常意義包含「C+D之組合」，且說明書記載該二組合具新穎功能，故請求項5未涵蓋請求項5'-3。

(3) 請求項6'包括請求項6'-2及請求項6'-3：

a. 請求項6'-2未實質變更：因具有通常知識者可以瞭解「椅腳」之通常意義包含三支或四支等，「椅面」之通常意義包含方形及圓形等，故請求項2或6已涵蓋請求項6'-2。

b. 請求項6'-3未實質變更：雖然從請求項1之「椅腳」，具有通常知識者無從想像其通常意義包含「A+B之組合」，但因具有通常知識者可以瞭解「椅面」之通常意義包含方形及圓形等，故請求項3已涵蓋請求項6'-3。

☆更正後之申請專利範圍態樣二：

若更正前之請求項5記載：「如請求項1或3之椅子，該靠背為C+D之組合。」

而更正後之請求項5'記載：「如請求項3或4之椅子，該靠背為C+D之組合。」

其他請求項同態樣一。

更正結果是否實質變更申請專利範圍之說明（姑且不論請求項項數之增加）：

(1) 更正前之請求項5包括請求項5-1及請求項5-3；更正後之請求項5'包括

請求項5'-3及請求項5'-4。

(2) 請求項5'-3未實質變更：因請求項5'-3與請求項5-3完全相同。

(3) 請求項5'-4實質變更：因具有通常知識者無從想像「A+B之組合」之通常意義包含「B具有凹槽B1」，況且，說明書已記載該創作之新穎功能包括椅腳可摺疊及凹槽B1可增加A、B結合之穩定性的功效，故即使凹槽B1只是B外表面的形狀改變，而非獨立的實體元件，請求項3或4皆未涵蓋請求項5'-4。

2. 更正後之內容必須為說明書所支持：例如，請求項記載「金屬」，說明書記載「金、銀」，更正請求項為「金」、「銀」或「金、銀」，均得准予更正，惟更正請求項為「銅」，即使金屬與銅為上、下位概念，但銅不為說明書所支持，應不准予更正。又如，請求項記載「外殼」，說明書記載「外殼包括上蓋及下蓋」，即使外殼與上蓋、下蓋並非上、下位概念，但為說明書所支持之具體結構限定，應准予更正。

3. 更正後之內容必須為申請專利範圍所界定之實施方式，不得重新取回已放棄或未記載於說明書之實施方式：判斷時，得以說明書中所載解決問題之功能為核心，例如，請求項1記載「A+B+C」，請求項2記載「A+B+D」，說明書記載「A+B+C」、「A+B+D」及「X+Y+Z」，更正請求項為「X+Y+Z」，即使「X+Y+Z」為說明書所支持，但未記載於原先之申請專利範圍，而為已貢獻給社會大眾，應不准更正；又如，更正合併請求項1、2為「A+B+C+D」，除不為說明書所支持外，「A+B+C+D」相對於原請求項1增加D之功能（合併請求項，就結構特徵之組合尚難決定是否逾越公告時之專利權範圍時，得審酌說明書，考量各請求項之功能組合），相對於原請求項2增加C之功能，均超出說明書所載所欲解決之問題及功效（專利審查基準稱「申請專利之發明的產業利用領域或發明所欲解決之問題與更正前不同」），應不准更正。

依前述說明，是否准予更正之判斷，得以說明書中所載解決問題之功能為核心，惟應強調者，無關說明書中所載解決問題或功效之功能，則不予列入考量。因為不同結構或不同結合關係必然產生不同功能，若不排除無關說明書中所載問題或功效之功能，則任何技術特徵之變動均應認定實質變更申請專利範圍，而不准更正。以前述更正合併請求項為例，更正合併請求項1、2為「A+B+C+D」，若為說明書所支持，「A+B+C+D」相對於原請求項

1增加D之功能，相對於原請求項2增加C之功能，惟若新穎特徵為A+B，而C（減重孔，以減輕重量）或D（導斜面，以利卡合）僅為既有技術之簡單運用或修飾，而無關所欲解決之問題及功效者，應認定更正合併請求項1、2未實質變更申請專利範圍。

依專利法第58條第4項，判斷時，係以申請專利範圍為準，並得審酌說明書及圖式作為解釋專利權範圍之基礎。實質擴大或變更申請專利範圍包括二種情況：1.更正申請專利範圍之記載，而導致實質擴大或變更申請專利範圍；及2.申請專利範圍未作任何更正，僅更正說明書或圖式之記載，而導致實質擴大或變更申請專利範圍。此外，依專利法第69條修正說明理由二：「……第67條第1項規定之更正事由中，第1款『請求項之刪除』及第2款『申請專利範圍之減縮』將實質變更專利權之範圍……」，故「誤記或誤譯之訂正」及「不明瞭記載之釋明」二者不會實質擴大或變更專利權範圍。

(三) 專利審查基準修正重點

1. 實質擴大申請專利範圍的態樣

(1) 請求項所記載之技術特徵變更為涵義較廣之用語。

(2) 請求項減少限定條件（技術特徵）。

(3) 請求項增加申請標的。

(4) 回復核准專利前已刪除或聲明放棄之技術內容。

2. 實質變更申請專利範圍的態樣

(1) 請求項所記載之技術特徵變更為相反涵義之用語。

(2) 請求項之技術特徵改變為實質不同意義。

(3) 請求項變更申請標的。

(4) 請求項更正後引進非屬更正前申請專利範圍所載技術特徵之下位概念技術特徵或進一步界定之技術特徵；

(5) 申請專利之發明的產業利用領域（所屬技術領域）或發明所欲解決之問題與更正前不同。

3. 上、下位概念之技術特徵及進一步界定之技術特徵

更正申請專利範圍，增加新的技術特徵，雖然減縮專利權範圍，但因增加新的功能，通常也會實質變更專利權範圍；惟若該新增之技術特徵已揭露

於說明書，且為申請專利範圍中所載之技術特徵的下位概念或進一步界定之技術特徵者，並未實質變更專利權範圍者，得准予更正。

例如，更正前申請專利範圍記載技術特徵A+B+C，更正後申請專利範圍改為a+B+C或a1+a2+B+C，若說明書已揭露A為a或a1+a2，則屬申請專利範圍所載技術特徵之下位概念技術特徵或進一步界定之技術特徵；惟若說明書未揭露A為a或a1+a2，則應認定為增加新事項，無論是下位概念技術特徵，或是進一步界定之技術特徵。此外，更正後申請專利範圍改為A+B+C+D，即使D為說明書所揭露之技術特徵，由於非屬申請專利範圍所載技術特徵之下位概念技術特徵或進一步界定之技術特徵而增加新功能，將導致實質變更申請專利範圍。

4. 整體比對原則

更正審查，應就更正後各請求項對應更正前之各請求項所構成之整體予以比對，審究前者所界定之專利權範圍是否逾越後者之專利權範圍。換句話說，係以請求項所構成之申請專利範圍整體予以比對，始足以認定更正後之專利權範圍是否實質擴大或變更，其中有一更正後之請求項對照更正前各個請求項，認定實質擴大或變更申請專利範圍者，即應認定違反該實體要件。

然而，審查基準第二篇第九章之案例4，卻是以更正前之請求項1、2、3分別比對更正後之請求項1、2、3，進而認定更正後之請求項3實質變更更正前之請求項3，似有違專利法第67條第4項「不得實質擴大或變更公告時之申請專利範圍」。因為該案例更正後之請求項3對照更正前之請求項2，並未變更請求項2所界定之範圍，亦即更正後之整體申請專利範圍並未超出更正前之整體申請專利範圍，完全符合公示原則及前述「不得實質擴大或變更公告時之申請專利範圍」的規定。

請求項群組包含一獨立項及其附屬項，經更正刪除獨立項後，將其中一附屬項改寫為新的獨立項，其他附屬項依附該新的獨立項，或經更正變更附屬項的依附關係或變更引用記載形式之獨立項的引用關係，若更正後之請求項所載之技術手段對應於更正前之請求項，並無相同、下上位概念或進一步界定之關係者，因不同的技術手段所具備之功能不同，致所能解決的問題亦不同，應認定實質變更申請專利範圍。即使說明書或圖式已記載該技術手段，因專利權範圍係以申請專利範圍為準，更正前之請求項既未記載該技術手段而為專利權人已放棄之內容，仍應認定實質變更申請專利範圍。

例如更正前請求項1記載技術特徵A+B；請求項2依附於請求項1，另包含C；請求項3依附於請求項1，另包含D。更正後將原請求項1刪除，原請求項3改寫為請求項1，而為A+B+D；原請求項2雖未更正技術特徵之記載，惟因其依附更正後之請求項1，而為A+B+C+D。即使說明書已記載A+B+C+D，更正後請求項2（A+B+C+D）與更正前請求項2（A+B+C）相較，引進技術特徵D；更正後請求項2（A+B+C+D）與更正前請求項3（A+B+D）相較，引進技術特徵C，因技術特徵C或D均非屬更正前申請專利範圍所載技術特徵之下位概念技術特徵或進一步界定之技術特徵，故應認定實質變更申請專利範圍。

5. 手段或步驟功能用語請求項

將請求項中所載之結構、材料或動作特徵更正為對應該技術特徵之功能特徵，而以手段功能用語或步驟功能用語表示者，於解釋申請專利範圍時，將引進說明書中所記載之均等範圍，導致實質擴大申請專利範圍。

將請求項中所載以手段功能用語或步驟功能用語表示之功能特徵，更正為說明書中所載對應該功能之結構、材料或動作特徵，該結構、材料或動作特徵屬於更正前請求項所載功能特徵之下位概念或進一步界定之技術特徵，且未改變申請專利之發明的產業利用領域或發明所欲解決之問題，應認定未實質變更申請專利範圍。

前述內容係專利審查基準之見解，惟依專利法施行細則第19條第4項：「……對應於該功能之結構、材料或動作……」，功能特徵與結構、材料或動作特徵係對應關係，而非下位概念或進一步界定之關係。業界另有一說，認為雖然「未實質變更申請專利範圍」之結果並無錯誤，但應回歸前述細則之規定，手段請求項中所載之功能與說明書中所載之結構、材料或動作特徵之間的對應關係，係專利申請人有意識之限定，從功能特徵減縮為已記載於說明書之結構、材料或動作特徵，應認定未實質變更申請專利範圍。

6. 二段式請求項

依審查基準之規定將二段式請求項更正為不分段，將不分段請求項更正為二段式，將二段式請求項之前言部分中部分技術特徵更正載入特徵部分，或將特徵部分中部分技術特徵更正載入前言部分，皆屬不明瞭記載之釋明，而未實質擴大或變更申請專利範圍。

依專利法施行細則第20條第1項：「獨立項之撰寫，以二段式為之者，前言部分應包含申請專利之標的名稱及與先前技術共有之必要技術特徵；特徵部分應以『其特徵在於』、『其改良在於』或其他類似用語，敘明有別於先前技術之必要技術特徵。」所稱「與先前技術共有之必要技術特徵」，係指記載於前言部分之技術特徵應為申請人主觀認定已見於先前技術者，並非申請人創作重點之所在的新穎特徵。適當時，前言部分中可以不描述所載之已知技術特徵之間的連接關係，只須在特徵部分中描述所載之新技術特徵之間的連接關係，並描述其與前言中所載之已知技術特徵之間的連接關係，以表達其間的交互作用即足。

依前述說明，二段式請求項之記載有特殊規定，二段式請求項之審查或解釋有別於一般方式。若容許將二段式請求項更正為不分段請求項，或將不分段請求項更正為二段式請求項，會顛覆前述二段式請求項之特殊規定，尚待觀察後續審查實務之發展。例如，在審查階段，申請人有意限定二段式請求項之前言部分為已知技術；取得專利權後反悔，藉更正為不分段請求項，主張其為新穎技術，以加重他人之舉證責任。又如，在審查階段，申請人利用二段式請求項迴避「明確、支持要件」，減輕前言部分之撰寫責任；取得專利權後，藉更正為不分段請求項，主張前言部分已記載必要技術特徵並未違反「明確、支持要件」，而以較少技術特徵擴大其專利權範圍。

五、更正之處理

更正案之審查，專利專責機關應指定審查人員，並作成審定書送達申請人。然而，為平衡舉發人與專利權人之攻擊防禦及紛爭一次解決，無論係於舉發前或舉發後申請更正，亦不論單獨申請更正或於舉發答辯時申請更正，只要有舉發案繫屬專利專責機關，依專利法第77條第1項，均應將更正案與舉發案合併審查及合併審定。因此，舉發案審查期間有更正案者，應由舉發案之審查人員合併審查，並作成審定書，尚無另行指定審查人員之必要，故專利法第68條第1項審查人員之指定僅適用於無舉發案繫屬專利專責機關的更正案。

為使舉發案審理集中，若同一舉發案審查期間有二件以上之更正案者，依專利法第77條第2項，僅審查最後提出之更正案，其他申請在先之更正案，視為撤回；惟針對不同舉發案分別提出之更正案，並無前述規定之適用。雖然如此，但更正之審定係就專利案整體為之，不得就部分更正事項准予更正，若各舉發案之更正內容不同，仍應通知專利權人整併，將各案之更正內容調整為相同。經通知整併而不整併更正內容者，專利專責機關得運用合併審查舉發案之機制強制專利權人整併更正內容。

更正申請之目的通常係為迴避舉發理由及證據，准予更正，則會變動舉發之標的，影響舉發案審查範圍及審定結果，且准予更正之決定直接發生法律上之效果，依專利法第77條第1項，專利專責機關應將申請更正之說明書、申請專利範圍及圖式副本送達舉發人，並副知專利權人，以便舉發人陳述意見。另依專利法施行細則第74條第1項，合併審查更正案與舉發案，應先就更正案進行審查，經審查認應不准更正者，應通知被舉發人限期申復；屆期未申復或申復結果仍應不准更正者，專利專責機關得逕予審查。有關更正案與舉發案之合併審查、合併審定及舉發審定書中有關更正案之記載等，請參照7.3「專利權之撤銷及專利有效性抗辯」。

更正案與舉發案合併審查及合併審定

- 舉發前所提出之更正，應與最早提出之舉發案合併審查及合併審定。
- 先提出之新型更正為形式審查，併入舉發後採實質審查。

更正案之審查及通知

- 合併審查之更正案與舉發案，應先就更正案進行審查。
- 不准更正者，應通知專利權人申復，以一次為原則。
- 准予更正者，應通知舉發人，俾利補充舉發理由、證據。

更正案之視為撤回及整併

- 舉發案有多件更正案，申請在先之更正視為撤回。
- 不同舉發案有多件更正案，應通知整併所有更正案，作為各舉發案之審查基礎。

圖5-41　更正案與舉發案之合併審查

雖然專利法第77條第1項：「舉發案件審查期間，有更正案者，應合併審查及合併審定……」，第79條第2項「舉發之審定，應就各請求項分別為之。」明定更正案與舉發案應合併審定，舉發案得為部分成立、部分不成立之審定，但並未明定有關更正案得為部分准更正、部分不准更正之審定。

惟依舉發審查基準之例示，審定主文為「○年○月○日之更正事項准予更正。」並未特別區分請求項，故實務上係將更正內容視為不可分之整體，只要其中之一不符合要件，即全部不准更正。

六、更正之法律效果

專利專責機關於核准更正後，應公告其事由；說明書、申請專利範圍及圖式經更正公告者，應將其事由刊載專利公報；並溯自申請日生效（專§68.II、III）。

5.11.5　誤譯訂正之更正

誤譯訂正之更正，於審定發證後，對照外文本，增、刪或變更「說明書等申請文件」（核准公告本或更正公告本）之譯文；屬於專利法第67條第1項第3款得更正之事項之一。准予訂正之事項取代公告本對應記載之事項，該訂正本作為後續審查之比對基礎。

因訂正之事項取代公告本對應記載之事項，申請誤譯訂正須一併提出訂正本及更正本，同時變動核准公告本或更正公告本內容，作為解釋專利權之文本。

誤譯訂正之更正準用前述有關誤譯訂正及更正之說明，其實體要件包括訂正內容「不得超出申請時外文本所揭露之範圍」且「不得實質擴大或變更公告時之申請專利範圍」；前者之判斷方式與前述核准審定前之誤譯訂正的實體要件相同，後者準用更正之判斷方式。

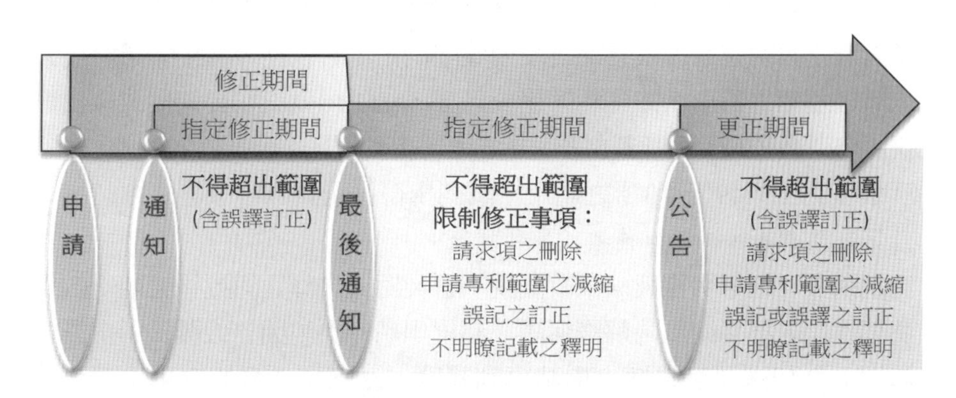

圖5-42　修正、訂正及更正之期間及相關規定

表5-6 補正、修正、訂正、更正說明書等申請文件之比對文本一覽表

補正、修正、訂正、更正	申請時 中文本說明書等 申請文件	申請時 外文本說明書等 申請文件	公告本或更正本之 專利權範圍
補正中文本不得超出		○	
修正不得超出	○		
誤譯訂正不得超出		○	
更正不得超出	○		
更正實質變更或擴大			○
更正之誤譯訂正不得超出		○	○
改請不得超出	○		
分割不得超出	○		

【相關法條】

專利法：25、26、34、46、52、58、68、71、77、79、108、149。

施行細則：19、20、22、24、35、74。

【考古題】

◎試說明我國專利法上之修正與更正有何規定？甲申請一種渦輪機之葉片，其特徵在於該葉片的材質為合金A，說明書中則進一步記載該葉片具有特殊形狀。試問在得修正階段與更正階段得否將該葉片進一步限定在具有特殊形狀？有無不同限制？（97年專利師考試「專利審查基準」）

◎甲提出專利申請後，在何種情況下得以就說明書或圖式提出修正之申請？申請修正說明書或圖式之期日及期間限制，是否包括經濟部智慧財產局依職權通知之情形？如專利案已公告後，是否得就說明書或圖式提出修正之申請？（99年專利審查官二等特考「專利法規」）

◎請依專利法第49條第3項之規定，試列舉得修正說明書或圖式之時機？（第五梯次專利師訓練補考「專利實務」）

◎請說明專利法第49條與64條有關說明書及圖式之修正與更正之規定的實體要件之主要異同點。解釋何謂「超出申請時原說明書或圖式所揭露之範圍」？何謂「實質擴大申請專利範圍」？何謂「實質變更申請專利範圍」？另請針對三種情況各舉一個例子說明。（98年度專利師職前訓練）

◎系爭專利為一種光信號之雙向傳輸方法，其申請專利範圍：「一種由置於發射信號源中的光傳送器，以及藉光接收器來接收信號的雙向傳輸方法，該光接收器位於光導波路徑所形成的傳送區，其特徵包含一整合傳送器及接收器為一體之元件，……。」

舉發引證案已揭露一種光信號之雙向傳輸方法係整合發光二極體（LED）傳送器及接收器為一體之元件特徵。

您是被舉發人之委任專利師，為避免系爭專利被舉發成立，擬更正申請專利範圍，經查系爭專利〔發明說明〕第5頁第2段記載：「……本發明之優點在於其構造係由發光二極體（LED）構成之光傳送器置入於光二極體（photodiode）構成之光接收器之孔中。該發光二極體，其係可使用砷化鎵（GaAs）發光二極體……。」

試就上揭發明說明所載內容申請更正，敘明申請更正之依據，並提出申請專利範圍更正本。（第四梯次專利師訓練「專利實務」）

◎現行專利法第71條第3項：「依第一項第三款規定更正專利說明書或圖式者，專利專責機關應通知舉發人。」請就法條字義解釋及專利專責機關實務作業方式論述舉發案審查中專利權人提出更正之處理原則。（第六梯次專利師訓練「專利實務」）

◎專利法第49條第4項規定「不得超出申請時原說明書或圖式所揭露之範圍」，其中所謂「申請時原說明書或圖式所揭露之範圍」意義為何？試申論之。（第六梯次專利師訓練補考「專利實務」）

◎假設有一關於製造方法之發明專利，其中某一製程之處理溫度，事實上就所屬技術領域中具有通常知識者而言，當知道該製程應在攝氏零度以下方得進行；惟公告本之發明說明及圖式並未記載或揭露該製程之溫度範圍，且其申請專利範圍亦未就該製程溫度加以界定，今有舉發人對該發明案提起舉發，所引用之前案技術皆在攝氏零度以上進行，專利權人為區隔與該等前案間之技術差異，委請您更正申請專利範圍，將該製程限定在攝氏零度以下進行。請回答以下各小題：

1. 依現行專利法規定，得申請更正之事項為何？
2. 您認為本案應適用何種更正事項較為妥適，理由為何？

（第七梯次專利師訓練「專利實務」）

◎試比較說明有關專利說明書之「補充、修正」以及「更正」的差異。請從其1.適用時機；2.運用目的；3.實體要件；4.效果，等分述之。（101年智慧財產人員能力認證試題「專利審查基準及實務」）

◎依據專利審查基準，於核准專利後之更正，實質擴大申請專利範圍，以及實質變更申請專利範圍，通常包括幾種情形？以下更正事例，是否可以更正？理由為何？

更正前之說明書

〔發明名稱〕

附有導引功能的輸入裝置

〔申請專利範圍〕

一種附有導引功能的輸入裝置，於表示畫面上設有觸控面板，藉對表示畫面之表示位置對應部分之觸動，而輸入必要的資料，其特徵為對其次應輸入部分之表示位置附加點滅表示的指導功能者。

〔發明說明〕

……輸入裝置在表示畫面上設有觸控面板，藉對表示畫面之表示位置對應部分之觸動，而輸入必要的資料，藉對其次應輸入部分之表示位置的點滅表示，對操作者明確指示應輸入的項目。再者若附加聲音引導機構的話，會更有效果。

更正後之說明書

〔發明名稱〕

（同）

〔申請專利範圍〕

一種附有導引功能的輸入裝置，於表示畫面上設有觸控面板，藉對表示畫面之表示位置對應部分之觸動，而輸入必要的資料，其特徵為對其次應輸入部分之表示位置產生點滅表示的同時，附加設有喇叭，以聲音引導應輸入的項目之指導功能者。

〔發明說明〕

……輸入裝置在表示畫面上設有觸控面板，藉對表示畫面之表示位置對應部分之觸動，而輸入必要的資料，其次能夠明確指示應輸入部分的表示位置，藉設有聲音指導機構，會更有效果。

（100年專利師考試「專利審查基準」）

5.12　改請申請

第108條（發明或新型之改請）
申請發明或設計專利後改請新型專利者，或申請新型專利後改請發明專利者，以原申請案之申請日為改請案之申請日。 改請之申請，有下列情事之一者，不得為之： 一、原申請案准予專利之審定書、處分書送達後。 二、原申請案為發明或設計，於不予專利之審定書送達後逾二個月。 三、原申請案為新型，於不予專利之處分書送達後逾三十日。 改請後之申請案，不得超出原申請案申請時說明書、申請專利範圍或圖式所揭露之範圍。
第131條（設計與設計之改請）
申請設計專利後改請衍生設計專利者，或申請衍生設計專利後改請設計專利者，以原申請案之申請日為改請案之申請日。 改請之申請，有下列情事之一者，不得為之： 一、原申請案准予專利之審定書送達後。 二、原申請案不予專利之審定書送達後逾二個月。 改請後之設計或衍生設計，不得超出原申請案申請時說明書或圖式所揭露之範圍。
第132條（設計與發明或新型之改請）
申請發明或新型專利後改請設計專利者，以原申請案之申請日為改請案之申請日。 改請之申請，有下列情事之一者，不得為之： 一、原申請案准予專利之審定書、處分書送達後。 二、原申請案為發明，於不予專利之審定書送達後逾二個月。 三、原申請案為新型，於不予專利之處分書送達後逾三十日。 改請後之申請案，不得超出原申請案申請時說明書、申請專利範圍或圖式所揭露之範圍。

改請申請綱要		
他種專利（§108、132）	發明、新型、設計申請案之間的改請。	
	要件	不得超出申請時「說明書等申請文件」所揭露之範圍，即不得增加新事項。
	期間限制	1. 准予專利之審定書送達後。 2. 不准發明或設計專利之審定書送達後逾兩個月。 3. 不准新型專利之處分書送達後逾三十日。

改請申請綱要		
	改請限制	1. 禁止重複審查之法理，不得將改請案再改請為原申請案之種類。 2. 改請與分割申請應分別為之。 3. 改請後之衍生設計申請日不得早於原設計之申請日。
	效果	1. 以原申請案之申請日為改請案之申請日。 2. 改請為發明之日後三十日內得申請實體審查。 3. 保留原申請案之優先權及優惠期主張。
同種專利（§131）	原設計與衍生設計申請案之間的改請。	
	改請限制	依禁止重複審查之法理，不得將改請案再改請為原申請案之種類。
	準用	要件、法律效果等事項準用他種專利之改請。

專利分為發明、新型及設計三種；設計又分為原設計及衍生設計二種。申請專利之種類係由申請人自行決定，若申請人提出專利申請並取得申請日後，發現所申請之專利種類不符合需要或不符合專利法所規定之定義者，得直接將已取得申請日之原申請案改為同種專利（設計與衍生設計之間）或他種專利（發明、新型與設計三者之間）申請案，援用原申請日為改請案之申請日。

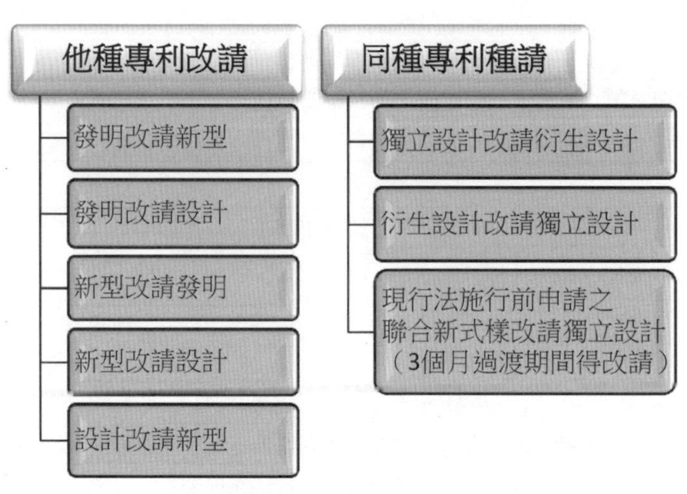

圖5-43　改請之類型

5.12.1　他種專利之改請

專利法第2條規定專利分為發明、新型及設計三種；各種專利所保護的標的均有差異，專利權期間有別。他種專利之改請，指三種不同種類之專利之間的改請，新型改請為發明或設計，或發明改請為新型或設計，或設計改請為新型。但不包括設計直接改請為發明；惟依法，可以先將設計改請為新型，再改請為發明。

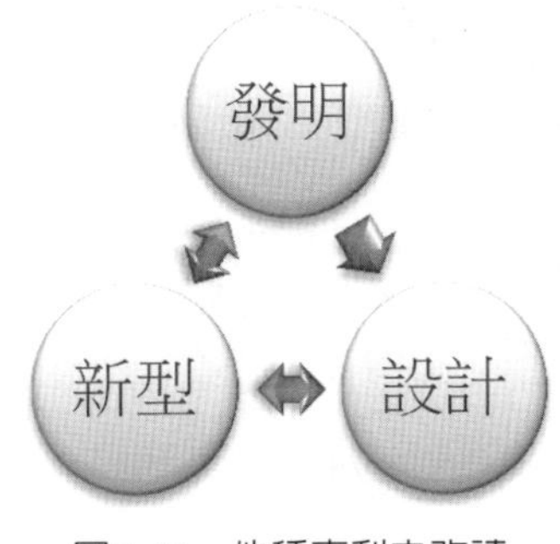

圖5-44　他種專利之改請

一、實體要件

改請申請涉及說明書、申請專利範圍或圖式（以下簡稱「說明書等申請文件」）之變動，由於改請案得以原申請案之申請日為其申請日，而將其實際改請之日提前，為兼顧先申請原則及未來取得權利的安定性，以平衡申請人及社會公眾之利益，原申請案為發明或新型專利者，改請申請之實體要件為「不得超出原申請案申請時說明書、申請專利範圍或圖式所揭露之範圍」，始得為之；原申請案為設計專利者，改請申請之實體要件為「不得超出原申請案申請時說明書或圖式所揭露之範圍」，始得為之。違反前述實體要件者，依專利法第46條第1項或第134條第1項，得為不准發明或設計專利之事由；即使准予專利，仍得為舉發撤銷專利權之事由，見專利法71條第1項、第119條第1項或第141條第1項。

前述實體要件之判斷基準在於不得增加新事項，係就原申請案申請時之「說明書等申請文件」中所揭露之全部事項整體為對象，只要改請案所載之事項已見於說明書、申請專利範圍或圖式其中之一，即應認定未增加新事項。

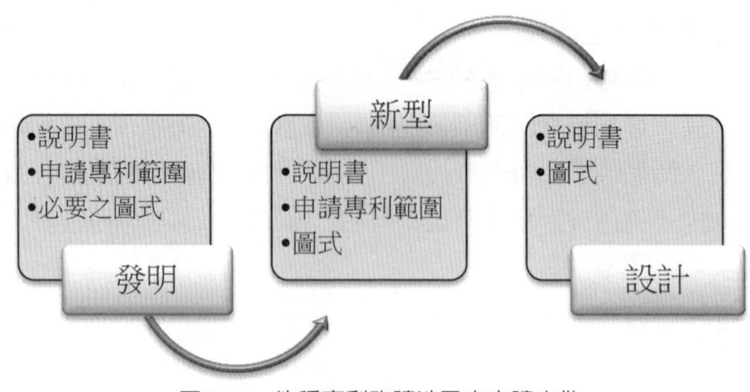

圖5-45　他種專利改請涉及之申請文件

二、程序要件

改請制度之設計有利於申請人於申請案取得申請日後，經改請尚能保有所取得之原申請日。規定之程序要件：

(一) 改請案與原申請案申請人應相同。

(二) 在得改請之期間內提出申請，不得提出改請申請之期間為：

1. 原申請案准予專利之初審或再審查審定書（適用於發明或設計）或處分書（適用於新型）送達後。
2. 原申請案為發明或設計，於不予專利之初審或再審查審定書送達後逾二個月（配合申請再審查之期限，見專利法第48條）。
3. 原申請案為新型，於不予專利之處分書送達後逾三十日（從舊法所定之六十日縮減為三十日，係配合提起訴願之期限，見訴願法第14條）。

(三) 原申請案業經實體審查者，不得將該改請案再改請為原申請案之種類，例如發明改請為新型，再將該新型改請為發明，係基於「事涉重複審查，不能使審查程序順利進行」或「禁止重複審查」之法理。

(四) 改請與分割申請應分別為之。

(五) 改請後之衍生設計申請日不得早於原設計之申請日，見專利法第127條第2項。

三、法律效果

改請案之法律效果有三：1.依專利法第108條第1項及第132條第1項，改請案之法律效果為得以原申請案之申請日為改請案之申請日。2.依專利法第

38條第2項，改請案之法律效果為得於改請為發明之日後三十日內申請實體審查。3.因改請案仍為專利申請案，只是請求授予專利權之種類不同而已，故依法理，改請案尚得保留原申請案之優先權及優惠期主張。

原申請案主張優先權或優惠期者，應於改請之申請書中聲明而保留之，不須再提出相關之證明文件。改請為發明案者，依專利法第38條第1項規定，申請實體審查，仍應自申請日後三年內為之；發明案之改請申請已逾前述三年期間者，依第2項規定，得於改請發明之日後三十日內為之。

5.12.2　同種專利之改請

依專利法第121條及第127條規定，設計專利分為原設計及衍生設計二種；二者所保護的標的相同，但衍生設計專利權期間與其原設計專利權期限同時屆滿，見專利法第135條。同種專利之改請，指原設計案與衍生設計案之間的改請。

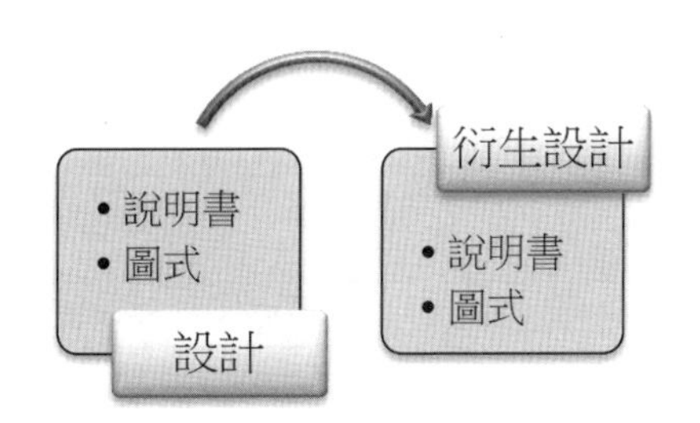

圖5-46　同種專利改請涉及之申請文件

原申請案業經實體審查者，基於「事涉重複審查，不能使審查程序順利進行」或「禁止重複審查」之法理，不得將該改請案再改請為原申請案之種類，例如獨立設計改請為衍生設計，再將該衍生設計改請為獨立設計，A案之衍生設計改請為B案，再將其改請為C案之衍生設計，則無前述法理之問題，得准予改請。

其他有關改請之實體要件、程序要件、法律效果等事項準用前述他種專利之改請。

【相關法條】

專利法：2、38、46、48、71、108、119、121、127、132、134、135、141。

訴願法：14。

5.13 分割申請

第34條（發明之分割申請）
申請專利之發明，實質上為二個以上之發明時，經專利專責機關通知，或據申請人申請，得為分割之申請。 分割申請應於下列各款之期間內為之： 一、原申請案再審查審定前。 二、原申請案核准審定書送達後三十日內。但經再審查審定者，不得為之。 分割後之申請案，仍以原申請案之申請日為申請日；如有優先權者，仍得主張優先權。 分割後之申請案，不得超出原申請案申請時說明書、申請專利範圍或圖式所揭露之範圍。 依第二項第一款規定分割後之申請案，應就原申請案已完成之程序續行審查。 依第二項第二款規定分割後之申請案，續行原申請案核准審定前之審查程序；原申請案以核准審定時之申請專利範圍及圖式公告之。
第107條（新型之分割申請）
申請專利之新型，實質上為二個以上之新型時，經專利專責機關通知，或據申請人申請，得為分割之申請。 分割申請應於原申請案處分前為之。
第130條（設計之分割申請）
申請專利之設計，實質上為二個以上之設計時，經專利專責機關通知，或據申請人申請，得為分割之申請。 分割申請，應於原申請案再審查審定前為之。 分割後之申請案，應就原申請案已完成之程序續行審查。
巴黎公約第4條G（發明專利－分割申請）
(1) 倘專利申請案經審查發現包含一項以上之發明，申請人得將其申請案分割為數件申請案，並以原申請日為改請後各申請案之申請日，如有優先權者，亦保留其優先權。 (2) 申請人亦得自行將專利申請案予以分割，並以其原申請日為改請後各申請案之申請日，如有優先權者，亦保留其優先權。各同盟國家得自行決定各別改請之核准條件。

<table>
<tr><th colspan="3">分割申請綱要</th></tr>
<tr><td>分割</td><td colspan="2">將一申請案分割成複數個申請案，包括將已分割之申請案再行分割。（§34、107、130）</td></tr>
<tr><td rowspan="2">情況</td><td>被動分割</td><td>實質上為二個以上之創作，依專利專責機關之通知分割。</td></tr>
<tr><td>主動分割</td><td>申請人認為必要，均得為分割之申請。</td></tr>
<tr><td rowspan="3">期間</td><td>審定前</td><td>再審查審定書或處分書送達前，仍繫屬專利專責機關之案件。</td></tr>
<tr><td rowspan="2">核准審定後（適用發明）</td><td>初審核准審定書送達後三十日內。（§34.II.(2)）</td></tr>
<tr><td>限制：1.只能就說明書或圖式所揭露但非屬申請專利範圍之內容申請分割；2.原申請案經核准審定之「說明書等申請文件」不得變動。</td></tr>
<tr><td>要件</td><td colspan="2">分割案不得超出申請時「說明書等申請文件」所揭露之範圍，即不得增加新事項。</td></tr>
<tr><td>限制</td><td colspan="2">原申請案及分割案應就原申請案已完成之程序續行審查。</td></tr>
<tr><td>效果</td><td colspan="2">1. 以原申請案之申請日為分割案之申請日。
2. 分割發明之日後三十日內得申請實體審查。
3. 保留原申請案之優先權及優惠期主張</td></tr>
</table>

分割申請，指將一申請案分割成複數個申請案，包括將已分割之申請案再行分割。分割申請有二種情況：1.申請人被動分割，必須是實質上為二個以上之創作，專利專責機關始通知分割為二個以上之申請案。2.申請人主動分割，申請人認為必要，得為分割之申請，無論實質上是否為二個以上之創作。

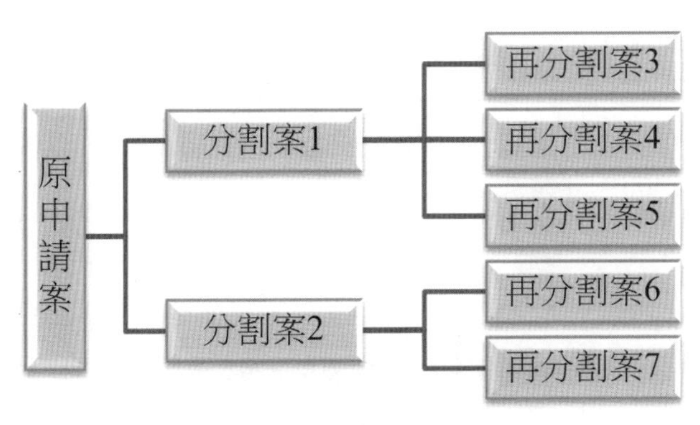

圖5-47　申請案之分割例示

一、申請期間

發明專利申請案，得提出分割申請之期間有二個：

(一)再審查審定書或處分書送達前

申請分割之期間原則上是原申請案再審查審定書（適用於發明或設計）或處分書（適用於新型）送達之前，且必須原申請案仍繫屬專利專責機關始得為之。當專利專責機關通知核准原申請案部分請求項核駁其他請求項時，申請人得申請分割，將被核駁的請求項分割為子案，就原申請案已完成之程序的續行審查，而保留其他請求項於原申請案續行公告、領證程序，以資儘早取得專利權。

(二)初審核准審定書送達後三十日內

為避免申請人未及時申請分割或修正說明書即接獲核准審定書，以致申請專利範圍過於寬廣不符合明確、支持等要件或牴觸先前技術，或記載於說明書之部分發明未記載於申請專利範圍，例如，對於申請專利範圍僅涵蓋說明書中所載之部分實施例，擬再將其他實施例記載於申請專利範圍等情況，102年1月1日施行之專利法放寬分割申請期間之限制，於初審核准審定後，申請人發現發明申請案之內容有分割之必要，得提出分割申請。然而，為使權利盡早確定，限於初審核准審定書送達後三十日內始得為之。因申請人得於再審查程序中詳加考量是否申請分割，為免延宕審查時程，經再審查者，無論審定之准駁，均不得申請分割。惟應注意者，初審核准審定後得提出分割申請之規定僅適用於發明申請案，新型或設計申請案均不適用。

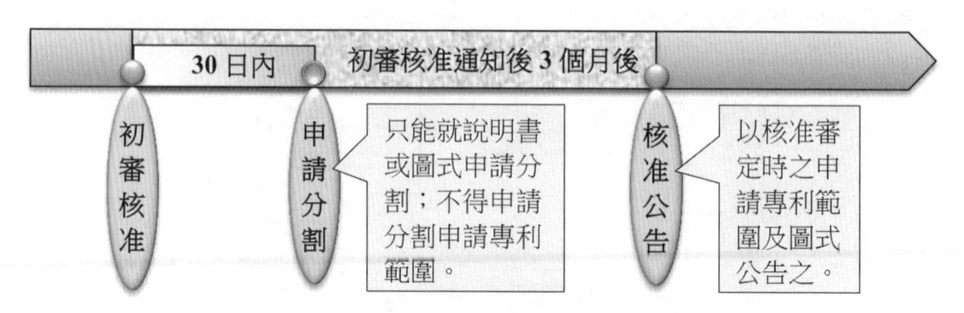

圖5-48　發明申請案初審核准審定後之分割

二、實體要件

與改請申請相同，分割申請涉及「說明書等申請文件」之變動，由於分割案得以原申請案之申請日為其申請日，而將其實際分割之日提前，為兼顧先申請原則及未來取得權利的安定性，以平衡申請人及社會公眾之利益，發明、新型專利之分割申請，原申請案（母案）及分割案（子案）之實體要件均為「不得超出原申請案申請時說明書、申請專利範圍或圖式所揭露之範圍」內始得為之；設計專利之分割申請，原申請案及分割案之實體要件均為「不得超出原申請案申請時說明書或圖式所揭露之範圍」內始得為之。違反前述實體要件者，依專利法第46條第1項或第134條第1項，得為不准發明或設計專利之事由；即使准予專利，仍得為舉發撤銷專利權之事由，見專利法71條第1項、第119條第1項或第141條第1項。

前述實體要件之判斷基準在於不得增加新事項，係就原申請案申請時之「說明書等申請文件」中所揭露之全部事項整體為對象，只要分割案所載之事項已見於說明書、申請專利範圍或圖式其中之一，即應認定未增加新事項，例如，原申請案之申請專利範圍揭露A技術，說明書揭露A技術及B技術，分割案的內容為B技術，分割案的B技術未超出原申請案說明書所揭露的範圍，未違反前述實體要件。

三、程序要件

分割制度之設計有利於申請人於申請案取得申請日後，經分割尚能保有所取得之原申請日，所規定之程序要件：

(一) 分割案與原申請案申請人應相同，或為合法之專利申請權人。發明人應全部或部分相同，且分割案之發明人應記載於原申請案。

(二) 分割申請係於原申請案再審查審定書（適用於發明或設計）或處分書（適用於新型）送達之前所為者，必須原申請案仍繫屬專利專責機關始得為之，若原申請案已撤回、放棄、不受理或准予專利之審定書已送達（適用於新型或設計），則不得申請分割（若申請案初審之不予專利之審定書已送達者，申請人須先申請再審查，使申請案繫屬於審查階段，始得提出分割申請）。

申請人

- 分割案與原申請案之申請人應相同。
- 原申請案之申請人將分割部分之專利申請權讓與他人，而由受讓人提出分割申請者，應檢附由原申請案之申請人簽署之申請權讓與證明文件。

發明人

- 應為原申請案發明人之全部或一部分，不得增加原申請案所無之發明人。

應備文件（專施28）

- 申請書、說明書、申請專利範圍、摘要及圖式。
- 優惠期事實證明文件。
- 生物材料寄存證明文件。

分割申請期間

- 原則上係申請案繫屬專利專責機關期間。初審不予專利之審定書已送達者，申請人須依法先申請再審查，並繳納再審查規費。
- 發明申請案初審核准審定書送達後30日內得申請分割。但經再審查審定者，不得為之。

圖5-49　分割申請程序審查事項

(三) 分割申請係於初審核准審定書送達之後所為者，限於三十日內始得為之，此分割期間之規定僅適用於發明申請案。

(四) 基於「事涉重複審查，不能使審查程序順利進行」或「禁止重複審查」之法理，避免分割案重複相同的審查程序造成延宕，分割案及其原申請案應就原申請案已完成之程序續行之。經初審核駁者，分割案應續行再審查程序；未經初審核駁者，分割案應就原申請案已完成之程序續行審查；經初審核准者，分割案應續行原申請案核准審定前之審查程序。

(五) 初審核准審定書送達後申請分割者，原申請案以核准審定時之申請專利範圍及圖式公告之。

(六) 改請及分割申請應分別為之。

(七) 於初審核准審定書送達後三十日內申請分割者，原申請案既經核准審定，為避免原申請案之「說明書等申請文件」因分割而變動，分割案應自原申請案說明書或圖式有揭露但非屬原申請案核准審定之申請專利範圍申請分割，見專利法施行細則第29條。至於分割案是否可以分割原申請案之申請專利範圍中所載之技術內容，專利法規並未特別限制申請專利範圍之處理，故只要分割案未增加新事項，其申請專利範圍是否分割原申請案之申請專利範圍中所載之技術內容，仍符合分割申請之實體要件。

(八) 依專利法第150條第2項，於102年1月1日專利法施行前已審定之發明專利申請案，未逾前述三十日之期間者，得適用102年1月1日施行之專利法規定。

四、法律效果

分割案之法律效果有三：1.依專利法第34條第3項，分割案之法律效果為得以原申請案之申請日為分割案之申請日。2.依專利法第38條第2項，分割案之法律效果為得於發明案分割之日後三十日內申請實體審查。3.因分割案仍為原申請案之分身，故依法理，分割案尚得保留原申請案之優先權及優惠期主張。

原申請案主張優先權或優惠期者，應於分割申請時之申請書中聲明而保留之，並提出優惠期事實證明文件。分割案為發明案者，依專利法第38條第1項規定，申請實體審查應自原申請案申請日後三年內為之；發明案之分割申請已逾前述三年期間者，依第2項規定，得於分割申請之日後三十日內為之。

【相關法條】

專利法：38、46、71、119、134、141、150。

施行細則：28、29。

【考古題】

◎發明專利申請案申請分割之期限為何？請就專利申請案從申請審查至行政救濟之各階段說明之。又取得專利權後或被舉發期間可否申請分割？分割案審查時，除審查是否符合得申請分割之期限外，尚應審查那些實體要件？（第五梯次專利師訓練「專利法規」）

第六章　優先權及優惠期

大綱	小節	主題
6.1 優先權	6.1.1 國際優先權	· 主張國際優先權之利益 · 國際優先權制度之起源 · 主張國際優先權之法律效果 · 得主張國際優先權之申請人 · 得據以主張國際優先權之外國基礎案 · 相同創作之認定 · 優先權期間 · 優先權之類型 · 主張國際優先權之程序事項 · 優先權之性質 · 優先權之復權
	6.1.2 國內優先權	· 國內優先權之態樣及作用 · 不得主張國內優先權之情事 · 主張國內優先權之法律效果 · 先申請案之視為撤回 · 得撤回國內優先權主張之期間 · 撤回後申請案之法律效果 · 主張優先權之程序事項
6.2 優惠期		· 得主張優惠期之申請人 · 優惠期制度之起源 · 喪失新穎性或進步性之例外情事 · 密不可分之關係 · 主張優惠期之程序要件 · 主張優惠期之法律效果

專利案之申請日攸關專利要件判斷基準日，為順應產業界於經營及專利管理上之需求，並保障申請人之權益，專利法中設有相關之申請制度供申請人選擇運用，包括改請、分割、優先權及優惠期等制度。前二種制度可供申請人的改請案、分割案主張援用其母案之申請日，業於5.12「改請申請」及5.13「分割申請」予以介紹。本章將接續介紹優先權制度及優惠期制度，這二種制度係揭櫫於巴黎公約。前者可供申請人將專利要件判斷基準日提前，

挪移至外國先申請案（國內優先權為我國先申請案）之申請日，而將先申請案之申請日至我國後申請案之申請日之間已公開的技術排除於先前技術之外；後者可供申請人將我國申請案申請前原本已公開之特定情事排除於先前技術之外，以利於申請人取得專利權。

6.1 優先權

第28條（國際優先權）
申請人就相同發明在與中華民國相互承認優先權之國家或世界貿易組織會員第一次依法申請專利，並於第一次申請專利之日後十二個月內，向中華民國申請專利者，得主張優先權。 申請人於一申請案中主張二項以上優先權時，前項期間之計算以最早之優先權日為準。 外國申請人為非世界貿易組織會員之國民且其所屬國家與中華民國無相互承認優先權者，如於世界貿易組織會員或互惠國領域內，設有住所或營業所，亦得依第一項規定主張優先權。 主張優先權者，其專利要件之審查，以優先權日為準。
第29條（主張國際優先權之形式要件）
依前條規定主張優先權者，應於申請專利同時聲明下列事項： 一、在外國之申請日。 二、受理該申請之國家或世界貿易組織會員。 三、在外國之申請案號。 申請人應於最早之優先權日後十六個月內，檢送經前項國家或世界貿易組織會員證明受理之申請文件。 違反第一項第一款、第二款或前項之規定者，視為未主張優先權。 申請人非因故意，未於申請專利同時主張優先權，或依前項規定視為未主張者，得於最早之優先權日後十六個月內，申請回復優先權主張，並繳納申請費與補行第一項及第二項規定之行為。
第30條（國內優先權）
申請人基於其在中華民國先申請之發明或新型專利案再提出專利之申請者，得就先申請案申請時說明書、申請專利範圍或圖式所載之發明或新型，主張優先權。但有下列情事之一，不得主張之： 一、自先申請案申請日後已逾十二個月者。 二、先申請案中所記載之發明或新型已經依第二十八條或本條規定主張優先權者。 三、先申請案係第三十四條第一項或第一百零七條第一項規定之分割案，或第一百零八條第一項規定之改請案。

四、先申請案為發明，已經公告或不予專利審定確定者。
五、先申請案為新型，已經公告或不予專利處分確定者。
六、先申請案已經撤回或不受理者。

前項先申請案自其申請日後滿十五個月，視為撤回。

先申請案申請日後逾十五個月者，不得撤回優先權主張。

依第一項主張優先權之後申請案，於先申請案申請日後十五個月內撤回者，視為同時撤回優先權之主張。

申請人於一申請案中主張二項以上優先權時，其優先權期間之計算以最早之優先權日為準。

主張優先權者，其專利要件之審查，以優先權日為準。

依第一項主張優先權者，應於申請專利同時聲明先申請案之申請日及申請案號數；未聲明者，視為未主張優先權。

巴黎公約第4條A（優先權制度）

(1) 任何人於任一同盟國家，已依法申請專利、或申請新型或設計、或商標註冊者，其本人或其權益繼受人，於法定期間內向另一同盟國家申請時，得享有優先權。
(2) 倘依任一同盟國之國內法，或依同盟國家間所締結之雙邊或多邊條約提出之申請案，係符合「合法國內申請程序」者，應承認其有優先權。
(3)「合法的國內申請程序」，係指足以確定在有關國家內所為申請之日期者，而不論該項申請嗣後之結果。

巴黎公約第4條B（優先權效果）

因此，在前揭期間內，於其他同盟國家內提出之後申請案，不因其間之任何行為，例如另一申請案、發明之公開或經營、設計物品之出售、或標章之使用等，而歸於無效，且此行為不得衍生第三者之權利或任何個人特有之權利。又依同盟國家之國內法，據以主張優先權之先申請案的申請日前，第三者已獲得的權利，將予以保留。

巴黎公約第4條C（優先權期間）

(1) 前揭優先權期間，對於專利及新型應為十二個月，對於設計及商標為六個月。
(2) 此項期間應自首次申請案之申請日起算，申請當天不計入。
(3) 在申請保護其工業財產之國家內，倘有關期間之最後一日為國定假日，或為主管機關不受理申請之日時，此一期間應延長至次一工作日。
(4) 在同一同盟國家所提之後申請案，與前揭第(2)款之先申請案技術相同，倘後申請案提出時，先申請案已撤回、拋棄、或駁回且未予公開經公眾審查，亦未衍生任何權利，且尚未為主張優先權之依據者，則後申請案應視為首次申請案，其申請日應據為優先權期間之起算點。其較先之申請案不得為主張優先之依據。

巴黎公約第4條D（主張優先權之形式要件）
(1) 任何人欲援引一先申請案主張優先權者，應備具聲明，指出該案之申請日及其受理之國家。檢具該聲明之期限由各國自行訂定。 (2) 前揭事項，應揭示於主管機關發行之刊物中，尤其應於專利及其說明書中載明。 (3) 同盟國家對主張優先者，得令其提出先申請案之申請書(說明書及圖樣等)謄本一份。該謄本經受理先申請案之主管機關證明與原件相符者，無須任何驗證，亦毋需繳任何費用，僅須於後申請案提出後三個月內提出。同盟國得規定謄本須附有該同一主管機關所出具之說明其申請日期的證明及其譯本。 (4) 在提出申請案時，對主張優先權之聲明不得要求其他程序。同盟國家應決定未履行本條所定程序而產生之後果，但無論如何，此項後果不得甚於優先權之喪失。 (5) 此後，同盟國家仍得要求另提證明文件。據先申請案主張優先權者，申請人必須說明其先申請案之申請文號，此項申請文號應依照前揭第(2)款之規定予以公布。
巴黎公約第4條E（設計之優先權期間）
(1) 設計申請案所據以主張之優先權之先申案為新型申請案時，其優先權期間，應與設計之優先權期間相同。 (2) 新型申請案可據發明專利之申請案主張優先權。反之亦然。
巴黎公約第4條F（複數優先權）
(1) 同盟國家，不得以下列事由拒予優先權或駁回專利之申請：申請人主張複數優先權，即使此等優先權係在若干不同國家內所獲得者，或主張一項或數項優先權之後申請案中，含有一種或數種技術係未包含於先申請案者。惟前揭事由，均須後申請案符合國所定之單一性。 (2) 未包含於優先權之一項或數項技術內容，於後申請案提出時，原則上，應產生一優先權利。
巴黎公約第4條H（主張優先權之基礎範圍）
倘據以主張優先權之若干發明項目已揭示於全部之申請文件中，則不得以其未列於先申請案之申請專利範圍為由，否准優先權的主張。
巴黎公約第4條I（發明人證書之優先權）
(1) 在申請人得選擇申請專利或發明人證書之國家內所提出發明人證書之申請案，亦得享有本條規定之優先權，其要件暨效果均與專利申請案同。 (2) 在申請人得選擇申請專利或發明人證書之國家內，發明人證書之申請人依本條有關申請專利之規定，應享有發明專利，新型或發明人證書申請案主張優先權的權利。
巴黎公約第4條之2（發明專利－專利之獨立性）
(1) 同盟國國民就同一發明於各同盟國家內申請之專利案，與於其他國家取得之專利權，應各自獨立，不論後者是否同盟國家。

(2) 前揭規定，係指其最廣義而言，凡於優先權期間內申請之專利案，均具有獨立性，包括無效及消滅等，甚至與未主張優先權之專利案亦具有獨立性。
(3) 本規定應適用於其生效時所存在之一切專利。
(4) 新國家加入本公約時，本規定應同等適用於新國家加入前後存在之專利。
(5) 因主張優先權而取得專利權者，於同盟國內，得享有之專利權期限應與未主張優先權之專利權期限同。

專利法規定之優先權制度包括國際優先權及國內優先權二種，分別規定於專利法第28條、第30條，前者適用於發明、新型及設計專利，後者僅適用於發明及新型專利。雖然二者皆稱為優先權，且法律效果相同，但目的、作用及適用之申請案對象尚有差異，故分別予以說明。

優先權日適用於新穎性、進步性、擬制喪失新穎性、具有通常知識者之判斷時點，見專利法施行細則第13條第1項：「本法第22條所稱申請前及第23條所稱申請在先，如依本法第28條第1項或第30條第1項規定主張優先權者，指該優先權日前。」細則第14條：「（第1項）本法第22條、第26條及第27所稱所屬技術領域中具有通常知識者，指具有申請時該發明所屬技術領域之一般知識及普通技能之人。（第2項）前項所稱申請時，如依本法第28條第1項或第30條第1項規定主張優先權者，指該優先權日。」優先權日亦適用於先申請原則之判斷時點，見專利法第27條、第128條；優先權日亦適用於早期公開及提早公開之計算。對於設計專利，細則第46條及第47條有類似前述第13條及14條之規定。

優先權日亦適用於先使用權、製法專利侵權訴訟中舉證責任之移轉的規定，見專利法施行細則第62條：「本法第59條第1項第3款、第99條第1項所定申請前，於依本法第28條第1項或第30條第1項規定主張優先權者，指該優先權日前。」

對於圖像設計、成組設計申請案中主張優先權之限制，見專利法施行細則第89條：「依本法第121條第2項、第129條第2項規定提出之設計專利申請案，其主張之優先權日早於本法修正施行日者，以本法修正施行日為其優先權日。」但對於部分設計及衍生設計，則無前述限制。

6.1.1 國際優先權

國際優先權綱要	
國際優先權（§28、29）	申請人先在外國申請專利，於法定期間內，在國內申請相同創作之專利，而以該外國案之申請日作為審查該國內案是否符合專利要件之基準日的制度。
利益	於優先權期間內，可充分考量是否跨國申請、修正先申請案或將外國案併案申請，不必擔心該期間內公開之先前技術而違反相對要件。
起源	巴黎公約第4條。
效果	以該優先權日為1.專利要件；2.先使用權；3.製法專利之舉證責任；4.早期公開及5.提早公開的基準日。
申請人	臺灣人、在臺灣有住所之人、國民待遇、準國民待遇、互惠原則。
外國基礎案	WTO會員國、互惠國。 在外國第一次（或視為第一次）依法申請之專利案。
相同創作	我國申請案之申請專利範圍與外國申請案說明書等申請文件比對，但僅限完全相同，或可直接且無歧異得知者。
期間	發明、新型為十二個月，設計為六個月；先、後申請案中有設計者即為六個月。
類型	一般、複數、部分。
程序	申請時聲明（三事項），並於優先權期間加四個月內（發明、新型為十六個月；設計為十個月）檢送證明文件（必要時，尚需身分證明文件）。
性質	不具獨立之權利性質，優先權係附屬於專利申請案之一種主張；但優先權基礎案之創作人得簽署申請權證明書。
復權	申請人如非因故意，未於申請專利同時主張國際優先權者，專利法定有復權之機制；適用於完全未主張及視為未主張優先權二種情況。

由於各國語言文字不同，且對於專利說明書等申請文件有關之行政規定亦不同，為因應不同國家的語言文字及行政規定，申請人於第一國申請專利之後，須耗費相當時日準備適合其他國家的專利說明書等申請文件，因此，即使是相同創作的跨國申請案，其申請日通常比第一國之申請日來得晚，致該第一國申請案或其創作內容在跨國申請案申請日之前可能已公開或已被搶先申請。國際優先權制度的主要目的就是要解決跨國申請案所發生先申請原則、新穎性及進步性等實體要件的問題。

國際優先權，指申請人先在外國申請專利，於特定之法定期間內，在國內申請相同創作之專利，而以該外國案之申請日作為審查該國內案是否符合專利要件之基準日的制度。申請人就相同創作在（世界貿易組織會員或與中華民國相互承認優先權之）外國第一次依法申請專利，並於優先權期間（發明及新型為第一次申請專利之日後十二個月，見專利法第28條第1項；設計為六個月，見專利法第142條第2項）內，向中華民國申請專利者，得主張優先權，以該外國案之申請日為優先權日（得就請求項中所載之各創作主張其優先權日），而以該優先權日作為判斷該國內案是否符合專利要件之基準日。

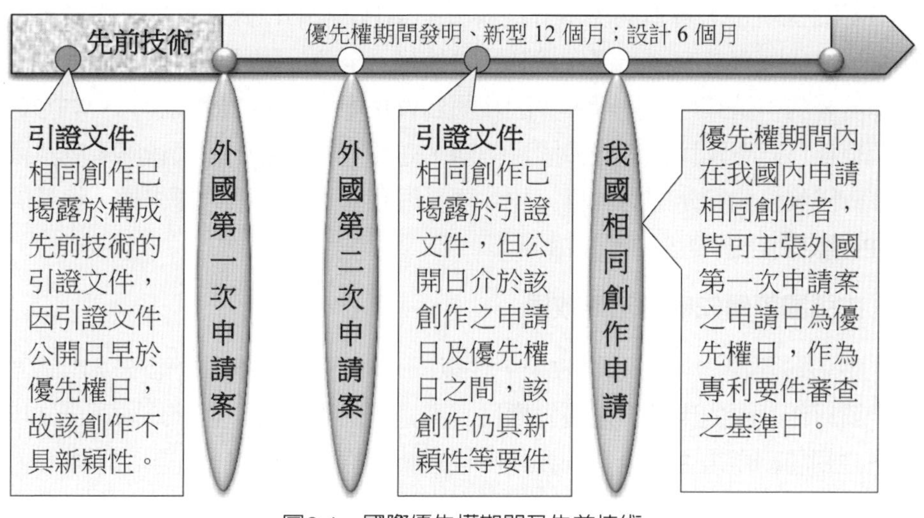

圖6-1　國際優先權期間及先前技術

一、主張國際優先權之利益

申請人主張國際優先權之利益在於：

(一) 申請人可以利用第一次申請以後之優先權期間充分考慮是否跨國申請專利。

(二) 在優先權期間內，毋須擔心該第一次申請或其他已公開之先前技術，因而使跨國申請案喪失先申請原則、新穎性或進步性等專利要件，而不能取得專利權。

(三) 申請人可以利用優先權期間修正先申請案（不能新增事項），再進行跨國申請。

(四) 申請人可以基於複數件同一或不同國家之先申請案跨國併案申請。

二、國際優先權制度之起源

基於前述原因，國際優先權制度首先揭櫫於巴黎公約第4條，其第A項第(1)款明定巴黎公約同盟國國民或準國民在會員國第一次申請專利、商標後，於一定期間內（稱為優先權期間：發明、新型為十二個月，設計、商標為六個月）就相同內容之專利、商標再向另一會員國申請時，享有優先之權利。

我國雖非巴黎公約同盟國，惟我國於民國91年起成為WTO會員，依TRIPs第2條規定，會員國應遵守巴黎公約第1條至第12條及第19條之實質性條文，故我國有實施國際優先權制度之義務。至於外國受理我國人至外國主張基於臺灣申請案之優先權，係因我國為WTO會員，依TRIPs協定，WTO會員間應相互給予國民待遇或準國民待遇，亦即巴黎公約同盟國皆應承認我國人享有巴黎公約所定之優先權，故外國受理我國人所主張之優先權，係基於TRIPs協定而非巴黎公約優先權。

三、主張國際優先權之法律效果

主張國際優先權之法律效果，係以同一申請人在外國之第一次申請案的申請日作為國內申請案之優先權日，審查國內申請案中與該外國第一次申請案之相同創作是否符合專利要件（包括新穎性、進步性、先申請原則等）時，以該優先權日為判斷基準日，於適用先申請原則或擬制喪失新穎性時，尚得以該優先權日作為判斷申請先、後之依據，亦即在優先權日之前已公開之先前技術或已提出之專利申請案始為適格之引證文件。前述所稱「相同創作」並非指相同之技術特徵，而是指相同之技術手段，見圖6-2。一般情況，一請求項構成一技術手段，但以上位概念用語或擇一形式用語撰寫請求項中之技術特徵或數值範圍者，例如「金屬」、「銅或銀」或「C1至C10」，該請求項包含複數個技術手段，可以有複數個優先權日。

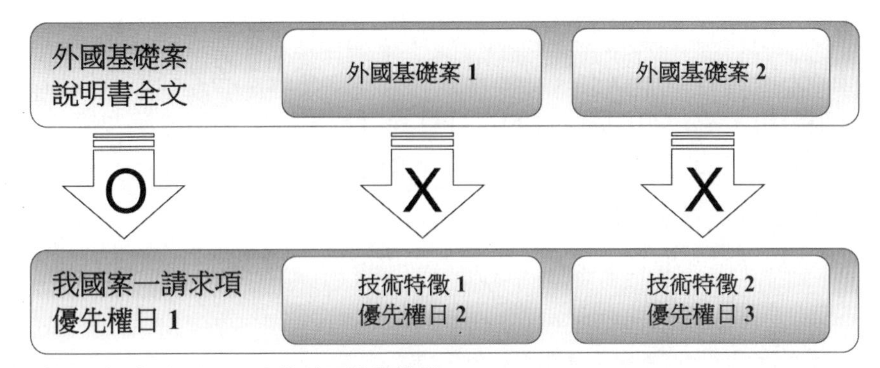

*優先權係賦予技術手段，而非賦予技術特徵

圖6-2　技術手段&優先權日

另依專利法施行細則第62條，於專利法第59條第1項第3款之「先使用權」及第99條第1項之「製法專利之舉證責任」中所定「申請前」、「申請專利前」，指優先權日前。

四、得主張國際優先權之申請人

得主張國際優先權之申請人必須為我國人或其國籍必須屬於下列條件之一，申請人有二人以上者，每一外國申請人的國籍均須符合條件：

1. 在臺灣有住所或營業所之人。
2. 為WTO會員（含延伸會員，如英屬曼群島、荷屬安地列斯屬曼群島，以下同）之國民（國民待遇）。
3. 於WTO會員（含延伸會員）境內有住所或營業所之人（準國民待遇），我國加入WTO後，對於無國籍人仍應給予準國民待遇。
4. 中國大陸之國民（海峽兩岸智慧財產權保護合作協議）。
5. 為與我國訂有條約或協定相互承認優先權之國家之國民（互惠原則）。

由於巴黎公約僅適用於具有主權之國家，中國一直引為藉口，不承認我國申請案作為優先權基礎向中國主張國際優先權；遲至99年6月29日簽署之「海峽兩岸智慧財產權保護合作協議」第2點「優先權利」：雙方同意依各自規定，確認對方專利、商標及品種權第一次申請日的效力，並積極推動做出相應安排，保障兩岸人民的優先權權益。嗣於中華民國99年11月19日智慧財產局發文宣布自中華民國99年11月22日起二國相互受理對方的專利申請案作為國際優先權之基礎（並非國內優先權之基礎），文號智法字第09918600590號，主旨：配合「海峽兩岸智慧財產權保護合作協議」自中華民國99年9月12日生效，於協議生效日起第一次在大陸地區依法申請之專利、商標申請案，自中華民國99年11月22日起，得依專利法第27條（93年法）、商標法第4條規定主張優先權。依智慧財產局解釋，中國之優先權基礎案之申請日不得早於2010年9月12日。

主張國際優先權之申請人，必須具備圖6-3所示之條件：

申請時須符合主張優先權之身分條件

- 主張優先權身分條件之認定時點為申請時，申請書上所載之申請人符合主張優先權之身分條件者，不因嗣後變更國籍、住所、營業所或變更申請權人名義，而影響其優先權主張之適法性

以準國民身分主張優先權

- 申請人以準國民身分主張優先權時，應於申請書載明其在WTO會員或互惠國領域內之住所或營業所，並檢附相關證明文件，例如居留證、工作證、分公司或辦事處設立登記證明等。
- 母公司與其轉投資設立之子公司係屬不同之法人格，故母公司不得主張子公司之營業所為其營業所，反之亦然

申請人與優先權基礎案之申請人不一致

- 若申請人與優先權基礎案之申請人不一致，鑑於權益繼受人（因非申請人本人）難以取得優先權證明文件正本，故推定其具有主張優先權之合法地位，不要求其檢送優先權讓與證明文件。
- 嗣後如有爭議，由申請人自負法律責任。

圖6-3　主張國際優先權之申請人條件

五、得據以主張國際優先權之外國基礎案

優先權基礎案，必須為：1.在WTO會員（含延伸會員）、與我國訂有條約或協定相互承認優先權之外國或中國大陸，且2.必須是第一次依法申請之專利案。

第一次依法申請專利，係指：a.優先權基礎案為全球第一次依其所屬國之規定提出形式上具備法定申請要件之申請，而經該外國政府受理且取得申請日者；且b.必須為專利申請案，包括等同於我國發明、新型或設計專利的各種工業財產權，例如發明人證書。取得申請日後，縱然該基礎案在外國有撤回、放棄或不受理等情事，並不影響優先權之主張。應注意者，第一次申

請之國家非屬前述1.者，則不能主張優先權。

參照巴黎公約第4條第C項第(4)款規定，即使不符合「第一次依法申請」之要件，若符合下列全部要件者，第二次申請案得視為第一次依法申請：

(一) 在同一個WTO會員或互惠國提出前、後二次專利申請案，於第二次申請案之申請日當日或之前已撤回、放棄或不受理第一次專利申請案。

(二) 該第一次申請案尚未公開供公眾審閱、且未曾被主張優先權、又未衍生任何權利（to not left rights outstanding，例如無類似美國的連續申請案或我國的分割案或改請案可延用原申請日之情事者）。

(三) 該第二次申請案與國內案符合相同創作之規定。

基本上，優先權基礎案必須是外國的國家申請案；惟若WTO會員國之國民或準國民依國際條約（如專利合作條約PCT）或地區性條約（如歐洲專利公約EPC）提出之申請案，而該申請案具有各會員國之國內合法申請案的效力時，亦得據以主張優先權。

主張國際優先權之基礎案，必須具備圖6-4所示之條件：

不得早於生效日

- 在WTO會員或互惠國領域內申請相同技術之專利申請案的第一次申請日不得早於該WTO會員加入WTO之日期或互惠國簽訂互惠協議之生效日。

依國際或區域性條約提出之申請案

- 依智慧財產權之取得與維持所締結之多邊或區域性條約、公約或協定規定提出之第一次專利申請案，並以WTO會員或互惠國為指定國，依指定國國內法視為國內申請案者，例如專利合作條約（PCT）或歐洲專利公約（EPC）申請案

臨時申請案

- 美國或澳洲臨時申請案雖非正式專利申請案，仍得據以主張優先權

圖6-4　主張國際優先權之申請案條件

六、相同創作之認定

優先權基礎案與國內申請案必須為相同創作（巴黎公約第4條第H

項）。相同創作，指國內申請案申請專利範圍中所載之創作已揭露於優先權基礎案說明書等申請文件。相同創作之判斷基準僅適用新穎性判斷基準中的完全相同及實質相同（能直接且無歧異得知），不適用上下位概念及直接置換。

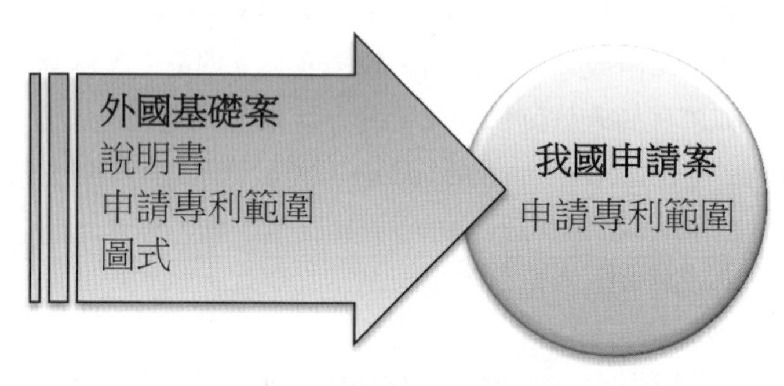

圖6-5　相同創作之比對對象

七、優先權期間

國際優先權期間，發明、新型均為十二個月，設計為六個月；但國內案與優先權基礎案之中有設計專利者，其優先權期間為六個月。優先權期間之計算，係自與中華民國相互承認優先權之國家或世界貿易組織會員第一次申請日之次日起算至本法第25條第2項規定之申請日（申請書、說明書、申請專利範圍及必要之圖式齊備之日）止，不得超過十二個月或六個月，見專利法第28條（新型準用；依第142條第1項，設計準用，且第2項規定優先權期間為6個月）及細則第25條、第41條及第56條三條之第1項。「優先權」與「喪失新穎性或進步性之例外（即優惠期）」的法律效果不同，優先權期間應以外國第一次申請日之次日起算十二個月；因此，即使另有主張優惠期，優先權期間之起算日仍不得溯自主張優惠期所敘明之事實發生日之次日。

八、優先權之類型

國際優先權可分為三種類型：

1. 一般優先權，指一申請案是否符合專利要件的審查基準日僅為一優先權日。
2. 複數優先權，指一申請案是否符合專利要件的審查基準日為二個以上之優先權日，無論是否包含該申請案之申請日（巴黎公約第4條第F項）。

3. 部分優先權，指一申請案是否符合專利要件的審查基準日為優先權日及該申請案之申請日，無論該優先權日為一個或多個。

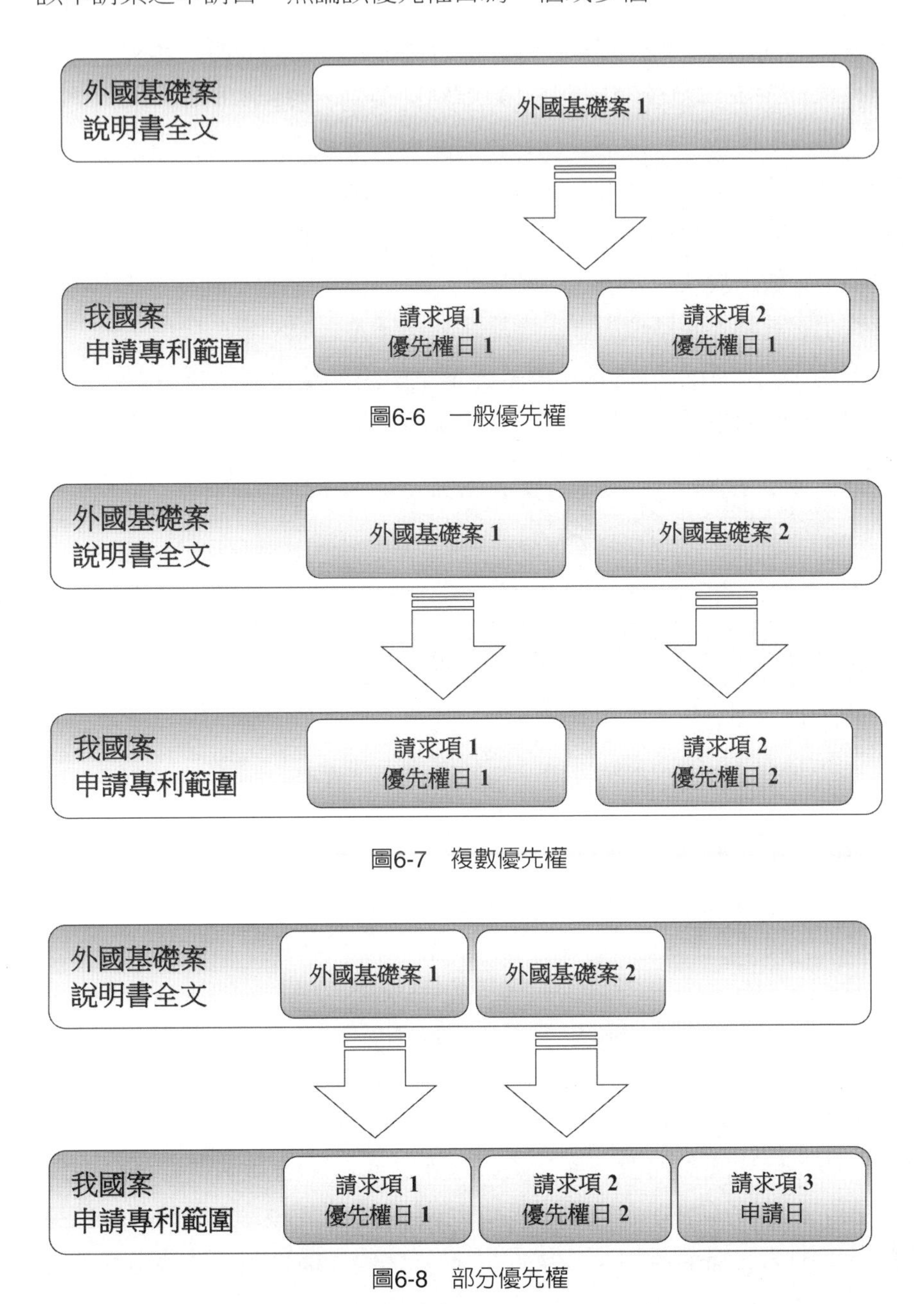

圖6-6　一般優先權

圖6-7　複數優先權

圖6-8　部分優先權

九、主張國際優先權之程序事項

主張國際優先權者，1.應於申請專利同時提出聲明，但不以載明於申請書為限；2.聲明事項為在外國之申請日、受理該申請之國家及在外國之申請案號（得補正）；3.於最早之優先權日後十六個月內（設計專利為十個月內，見專利法第142條第3項），檢送該外國政府受理該申請之證明文件正本，不得以影本代之（但經專利專責機關與該國家或世界貿易組織會員之專利受理機關已為電子交換者，視為申請人已提出），見專利法施行細則第26條第3項。違反前述規定者，視為未主張優先權；惟由於證明文件會顯示外國之申請案號，故「在外國之申請案號」為得補正之事項，不必於申請專利同時聲明。前述聲明事項原則上應記載於申請書之聲明事項欄位，惟若申請時所檢送之文件中已記載優先權基礎案之申請日及申請案號數者，亦應受理，例如將聲明事項記載於說明書或申請時已檢送優先權基礎案影本。

申請時聲明

- 申請時必須聲明『第一次申請之申請日」及「受理該申請之國家或WTO會員」，不得僅於申請書相關欄位打勾，再於申請後補正。

以載明於申請書之聲明事項欄位為原則

- 聲明事項以載於申請書之聲明事項欄位為原則，惟如申請同時檢送之文件中已載明第一次申請之申請日及受理該申請之國家者，亦屬合法。
- 例如：說明書內已載明第一次申請案之受理國家、日期（申請案號），或於申請時已檢送優先權證明文件者。

各項優先權基礎案均應聲明

- 申請人主張複數優先權者，各項優先權基礎案均應聲明。
- 即使主張複數優先權之申請日及受理該申請之國家或WTO會員均相同，仍應逐項載明欲主張之基礎案資料。

圖6-9　主張優先權之聲明事項

發明或新型專利申請人應於最早之優先權日後十六個月（設計專利為十個月）內，檢送經受理優先權基礎案之外國或WTO會員證明受理之申請文件，原則上應為其專利受理機關署名核發之正本或認證之電子資料。依專利法施行細則第26條第2項：法定期間內檢送之優先權證明文件為影本者，專利專責機關應通知申請人限期補正與該影本為同一文件之正本；屆期未補正或補正仍不齊備者，依本法第29條第3項規定，視為未主張優先權。但有圖6-10例外情形：

原則(細26)

- 優先權證明文件應為外國或WTO會員專利受理機關署名核發之正本，不得以法院或其機關公證或認證之影本代之。
- 優先權證明文件為光碟片者，須為外國或WTO會員之專利受理機關核發且其外觀須印製官方標記，經我國專利專責機關認可者，始視為優先權證明文件之正本。申請人須印出該優先權證明文件之首頁，但無須檢送全份紙本。
- 優先權證明文件如係自外國或WTO會員之專利受理機關網站下載，須為經該專利受理機關認證之電子資料（其上應附有官方認證頁），並釋明係自該專利受理機關網站下載，經我國專利專責機關認可者，始視為優先權證明文件正本。申請人仍須檢送依其電子資料印製之全份紙本文件。

例外

- 優先權證明文件經我國專利專責機關與該國家或WTO會員之專利受理機關已為電子交換者，視為申請人已提出。
- 二件以上之後申請案，僅須檢送證明文件正本一份於後申請案的其中之一，其他後申請案得以證明文件全份影本代之，註明正本存於何案卷內。

圖6-10　主張國際優先權之證明文件

鑑於主張國際優先權之效果對於第三人權益有重大影響，原則上不容許變更優先權聲明事項，但屬圖6-11所載事項者，得例外容許：

依專利法，檢送優先權證明文件期間為十六個月（或十個月），而舊法規定為四個月，故第153條第2項規定過渡期間之適用，即現行法施行前之舊申請案且尚未審定或處分者，得適用現行法，於法定期間內補正優先權證明文件。具體而言，若現行法施行前之專利申請案，因逾申請日起四個月未檢送優先權證明文件而喪失優先權，但a.於現行法施行後尚未作成准駁專利之審定或處分，且b.發明及新型申請案仍在最早之優先權日起十六個月內，設計申請案仍在為最早之優先權日起十個月內者，c.申請人於上開期間內檢送優先權證明文件者，專利專責機關應撤銷原通知喪失優先權之處分。

原則

•鑑於主張國際優先權之效果對於第三人權益有重大影響，原則上不容許變更聲明事項。

例外1

•聲明事項中所載之第一次申請日、受理國家或基礎案號任一項與優先權證明文件不一致者，得變更聲明事項，使其與優先權證明文件一致。但第一次申請日及受理國家二者均記載錯誤者，不得申請變更。
•申請人得於補正優先權證明文件時敘明誤記原因請求變更。

例外2

•因專利受理機關誤發優先權證明文件致聲明事項記載有誤，嗣經該專利受理機關重新核發更正後之優先權證明文件者。
•請求變更聲明事項，應敘明誤記原因，並檢送專利受理機關出具之誤發證明文件。

圖6-11　申請變更優先權聲明事項

十、優先權之性質

優先權是否構成獨立的權利而為讓與之標的，各國並無定論，102年1月1日施行之專利法第29條修正說明指出：「優先權乃是附屬於專利申請案之一種主張，本身不具獨立之權利性質，主張優先權與否，申請人得自由選擇」，故不符法定程式或逾期檢送證明文件者「視為未主張優先權」，而非專利法修正前之「喪失優先權」。若國內案申請人與優先權基礎案的申請人或受讓人不一致，而國內案所附之申請權證明書已由優先權基礎案之發明人或創作人合法簽署讓與者，仍應受理其優先權主張，嗣後如有爭議，由申請人自負法律責任。

十一、優先權之復權

依專利法第29條第3項，申請人非因故意（包括過失）：a.未於申請專利同時主張國際優先權；b.未聲明第一次申請日或受理國家；c.逾期（十六個月或十個月）或未檢送優先權證明文件（專利法第29條第3項列入，但前述c不會發生，因申請復權之期限亦為十六個月或十個月）者，為免申請人無法主張優先權，專利法定有復權之機制。

非因故意之復權機制適用於完全未主張及視為未主張優先權二種情

況，另適用於審定書送達三個月後尚未繳納證書費及第一年專利年費，及逾六個月補繳期尚未繳納第二年以後專利年費，但不適用於國內優先權。非因故意之事由，包括過失所致者，均得主張之，例如申請人生病無法依期進行應為之行為，得為非因故意之事由。惟應注意者，以非因故意為由申請復權不適用於補正優先權證明文件的情況（即前述狀況c），但後者得依專利法第17條第2項申請回復原狀。

現行法施行前申請專利，申請人僅於聲明事項欄打勾，未載明或未完全載明優先權主張之資料者，依現行法規定應補正有關資料，惟應先依專利法第29條第4項以非因故意為由，申請回復優先權主張，始得補正之。申請人得於最早之優先權日後十六個月內（設計專利為十個月內），提出回復國際優先權主張之申請，繳納回復優先權主張之申請費2,000元，並補行專利法第29條第1、2項應為之行為，包括前述聲明及檢送證明文件，惟必須在最早之優先權日後十六個月內完成補行之行為。

依專利法第17條規定：「……遲誤法定或指定之期間者，除本法另有規定外，應不受理……」，遲誤法定期間，專利法尚有其他條文規定其法律效果，例如第27條第2項「視為未寄存」、第29條第3項「視為未主張優先權」、第38條第4項「視為撤回」及第70條第1項第3款「專利權當然消滅」等。惟第17條第2項定有「因天災或不可歸責之事由回復原狀」之機制，申請人有天災或不可歸責於己之事由遲誤法定期間者，在一定條件下得申請回復原狀。另依第17條第4項，針對1.申請時未主張或視為未主張國際優先權；2.審定書送達三個月後尚未繳納證書費及第一年專利年費之繳納；及3.逾六個補繳期尚未繳納第二年以後專利年費之繳納等三種狀況主張「非因故意回復原狀」，但又遲誤法定之期間者，則不再適用「因天災或不可歸責之事由回復原狀」之機制。

申請人未依舊法規定於申請專利同時主張優先權或記載聲明事項者，即生喪失優先權之效果。為使申請人仍有主張優先權之機會，依專利法第153條第1項規定過渡期間之適用，即102年1月1日施行之專利法修正施行前之舊申請案a.尚未審定或處分；b.申請人非因故意，於申請專利同時未主張或視為未主張優先權；c.修正施行後其遲誤之期間，於發明、新型專利申請案尚在最早之優先權日起十六個月內，於設計專利申請案為十個月內者，得依修正施行後之規定申請回復優先權。

表6-1 專利法所定復權之相關規定對照表

回復原狀之機制	國際優先權*	證書費及第一年年費	第二年以後年費
	申請時未主張優先權或視爲未主張優先權	未繳納證書費或第一年專利年費	未繳納第二年以後專利年費
因天災或不可歸責之事由及期間	優先權日後十六個月（或十個月）	核准審定書送達後三個月的繳費期間	各繳費期間
			六個月補繳期限
（應為之行為）	補行應為之行為		
非因故意	優先權日後十六個月（或十個月）	三個月繳費期間屆滿後六個月內	六個月補繳期限屆滿後一年內
	遲誤上述所列期間，不得再以天災或不可歸責之事由主張回復原狀		
（應為之行為）	申請回復之申請費及補行應為之行為	證書費、2倍第一年專利年費及補行應為之行為	3倍專利年費

*國內優先權不適用非因故意之機制

6.1.2 國內優先權

國內優先權綱要	
國內優先權（§30）	發明或新型專利申請日後十二個月內，就相同創作或經補充、改良，得再提出申請並主張國內優先權，以第一次申請案之申請日作為後申請案是否具備專利要件之基準日的制度。
態樣	1.新增實施例；2.合併先申請案；3.合併先申請案且新增實施例；4.完全相同申請案。
不得主張之情事	1.逾越優先權期間；2.禁止累積主張優先權；3.先申請案享有衍生權利；4.先申請案不繫屬專利專責機關。
視為撤回	先申請案自其申請日後滿十五個月，視為撤回。
撤回優先權	申請案之申請日後逾十五個月者，不得撤回後申請案之優先權主張。
程序	先、後申請案之申請人應完全相同；申請時聲明事項有二。
法律效果	以優先權日為專利要件判斷基準日、先使用權、製法專利之舉證責任、先申請案之優惠期主張及先申請案之視為撤回。
撤回申請案之法律效果	視為一併撤回優先權主張。

國內優先權，指申請人於第一次申請發明或新型專利後十二個月內（設計專利不適用此制度），就其所申請之相同發明或新型或加以補充或改良者，得再提出申請並主張國內優先權，以第一次申請案之申請日作為審查後申請案是否符合專利要件之基準日的制度。

申請人第一次申請大多是在本國提出，外國人以外國申請案為基礎能享有國際優先權之利益，為平衡本國人與外國人之利益，我國於2001年導入國內優先權制度。主張國內優先權，係以一件或多件本國申請案為基礎，使申請人得將各該申請案合併為一件申請案或加入新實施例再提出申請案，後申請案申請專利範圍中所載之技術手段與先申請案說明書等申請文件中所載之技術內容相同者，得享有與巴黎公約國際優先權相同之利益。

受理國內優先權主張之要件：1.先、後申請案之申請人必須相同；2.自先申請案申請日後未逾十二個月；3.先申請案未主張國際優先權或國內優先權；4.先申請案不得為分割案或改請案；5.先申請案尚未核准公告或審定、處分確定。除本節所說明之事項外，有關相同創作之認定及優先權類型等準用前述國際優先權。

國內優先權期間，發明、新型均為十二個月，即我國先申請案之申請日之次日起算至後申請案之申請日不超過十二個月，見專利法第30條（新型準用）及細則第25條及第41條。設計不適用國內優先權制度。

一、國內優先權之態樣及作用

按修正專利說明書或圖式，不得增加新事項（new matter），否則會被認定超出申請時說明書等申請文件所揭露的範圍而遭核駁，惟主張國內優先權具有以下態樣及作用：

(一) 新增實施例（實施例補充型），使原本揭露不明確、不充分或無法支持申請專利之發明的先申請案符合記載要件或支持要件。

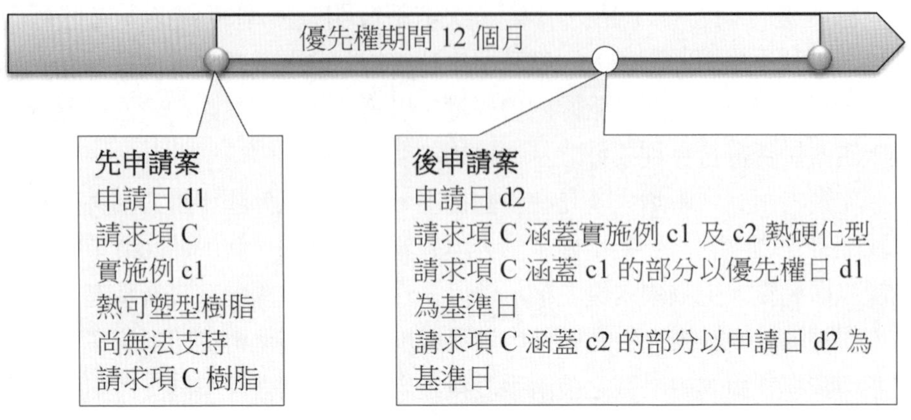

圖6-12　實施例補充型

(二) 將複數個符合單一性之先申請案合併為一個申請案，但未新增實施例（合併申請型），可節省規費、實質延長保護期間（但非延長專利權期間）。

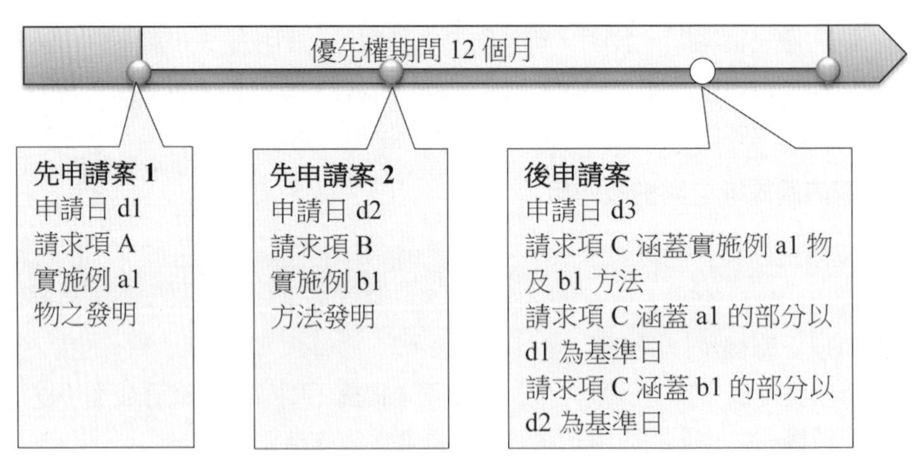

圖6-13　併案申請型

(三) 將複數個先申請案合併為一個申請案，且新增實施例，而以上位概念用語撰寫請求項（上位概念抽出型），可以總括先申請案之實施例，取得總括之權利、節省規費、實質延長保護期間（但非延長專利權期間）。

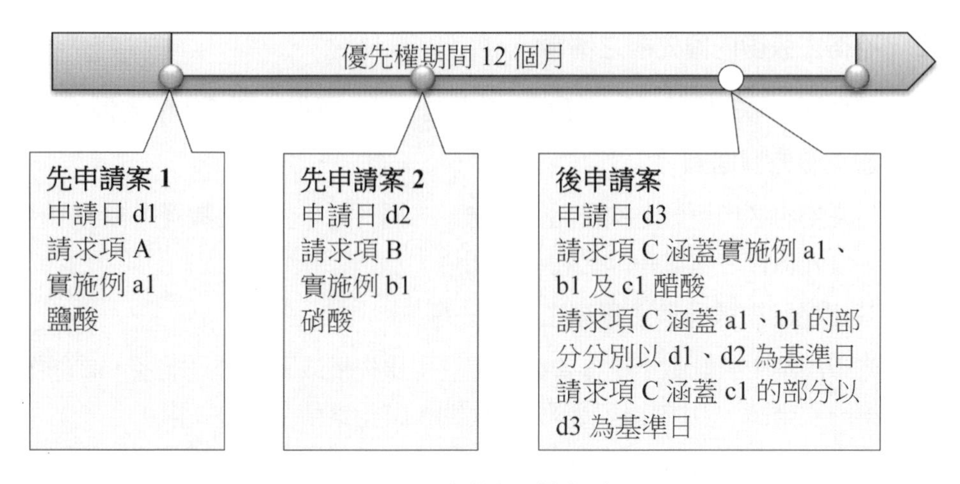

圖6-14　上位概念抽出型

(四) 再次提出與先申請案完全相同之申請案，據以實質延長保護期間（但非延長專利權期間），最長期間為十二個月。

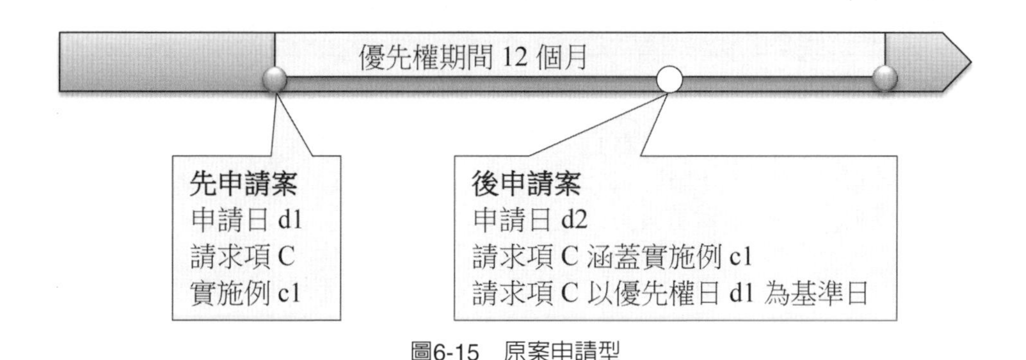

圖6-15　原案申請型

國內優先權之認可，係以後申請案申請專利範圍中所載之技術手段為對象，當其與先申請案說明書、申請專利範圍或圖式中所載之技術內容為相同創作，始認可其國內優先權之主張。若新增技術特徵、修正所欲解決之問題或所達成之功效，係屬增加新事項改變原技術內容，則不得認可其國內優先權主張。因此，對於欠缺技術特徵而為未完成之技術手段以致不符合記載要件者，無法因加入技術特徵以完成該技術手段，進而認可其國內優先權主張，事實上，針對前述情況申請修正說明書等申請文件者，亦會被認定超出申請時說明書等申請文件所揭露之範圍，而不准修正。

二、不得主張國內優先權之情事

依專利法第30條第1項，有下列情事之一者，不得主張國內優先權：

(一)逾越優先權期間

自先申請案申請日之次日起算已逾十二個月者；主張複數優先權者，係自最早優先權日之次日起算已逾十二個月。

(二)禁止累積主張及禁止重複主張優先權

先申請案中所記載之創作曾經主張國際優先權或國內優先權者，該創作並非第一次申請，為防止延長優先權期間，禁止累積主張優先權。

先申請案中所記載之創作曾經被主張國內優先權者，為禁止重複授予專利權，故禁止重複主張優先權，以違反先申請原則為由予以核駁；但先申請案中所記載之創作未曾被主張國內優先權者，仍容許以該創作主張國內優先權。

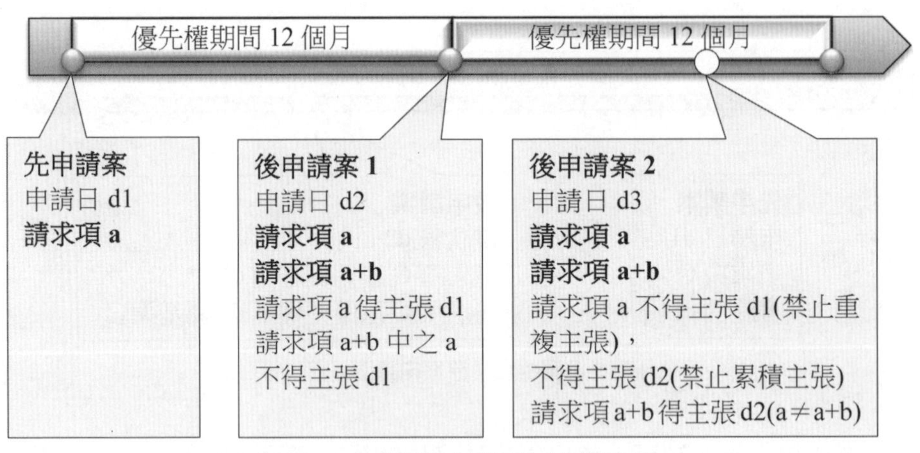

圖6-16　禁止重複主張及禁止累積主張

(三)先申請案享有衍生之權利

先申請案為改請案（即改請後之申請案）或分割案（即分割申請後之子案）者，因其已享有援用原申請日及優先權日之利益，不得被另一申請案主張國內優先權；但分割後存續之母案仍得作為主張優先權之基礎案。然而，對於已合法主張國內優先權之後申請案，仍可以進行分割，且其分割案仍可援用原優先權日。

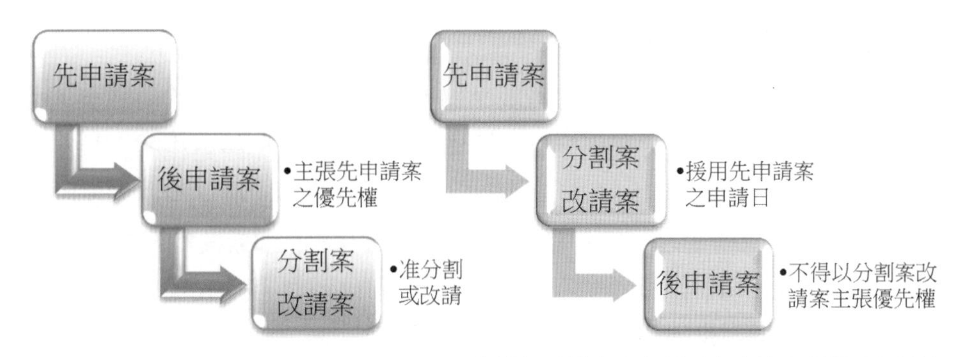

圖6-17　不得以分割案或改請案主張優先權

(四)先申請案已不繫屬於智慧局者

據以主張國內優先權之先申請案已不繫屬於智慧局之情況：1.已經撤回；2.經處分不受理；3.先申請之發明案經公告或不予專利審定確定；或4.先申請之新型案經公告或不予專利處分確定。

主張國內優先權，原則上係以「自先申請案申請日起已逾十二個月者」作為主張優先權的基本限制，惟當先申請案已不繫屬於智慧局者，尚有其他原由，亦不適於據以主張國內優先權。為維持前述基本限制，不致於因先申請案於申請日起短短數個月內即不繫屬於智慧局，而無法主張優先權，102年1月1日施行之專利法將發明先申請案從「經審定」放寬至「經公告或不予專利審定確定」，將新型先申請案從「經處分」放寬至「經公告或不予專利處分確定」，讓申請人有充裕時間自行決定是否主張國內優先權。對於已審定或處分准予專利但未經公告者，尚得於繳納證書費及第一年專利年費之三個月期間內被主張國內優先權；必要時亦可請求延緩公告至多三個月（細§86）。惟若先申請案業經撤回或不受理，標的已不存在，後申請案主張國內優先權即失所附麗，尚無從據以主張國內優先權。

依專利法第150條第1項，前述「審定確定」及「處分確定」有過渡期間之適用。具體而言，102年1月1日施行之專利法施行前已申請，且依舊法第29條規定主張優先權之申請案，其先申請案已審定或處分准予專利但尚未公告，或已審定或處分不予專利但尚未確定者，仍得主張國內優先權。

三、主張國內優先權之法律效果

主張國內優先權之法律效果與國際優先權相同，係以第一次申請案之申請日作為後申請案之優先權日，對於後申請案與第一次申請案相同之發明，審查其是否符合專利要件（包括新穎性、進步性、先申請原則等），係以該優先權日為判斷基準日。換句話說，於適用先申請原則或擬制喪失新穎性時，係以該優先權日作為判斷申請先、後之依據，亦即在優先權日之前已公開之先前技術或已提出之專利申請案始為適格之引證文件。

另依專利法施行細則第62條，於專利法第59條第1項第3款之「先使用權」及第99條第1項之「製法專利之舉證責任」中所定「申請前」、「申請專利前」，指優先權日前。

除前述之效果外，先申請案主張優惠期者，主張國內優先權之後申請案亦有該優惠期之適用，見圖6-18；先申請案自其申請日後滿十五個月，視為撤回。

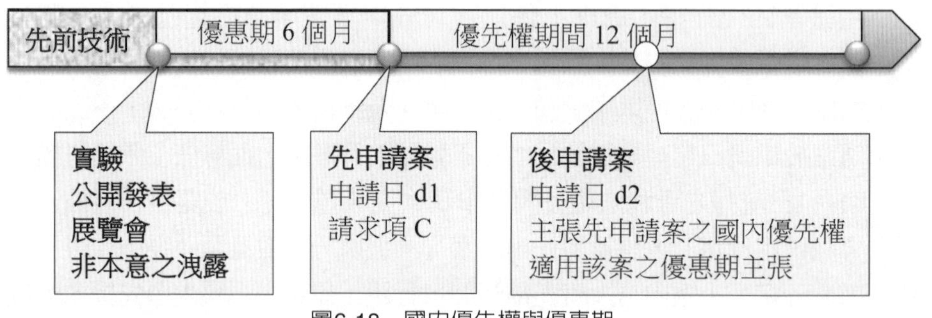

圖6-18　國內優先權與優惠期

四、先申請案之視為撤回

以先申請案主張國內優先權者，為符合不得重複授予專利權之原則，該先申請案自其申請日後滿十五個月，自動視為撤回，不待通知。若該先申請案曾申請實體審查者，得申請退還申請規費。

五、得撤回國內優先權主張之期間

為保持審查程序之穩定，先申請案視為撤回後不得主張回復原狀，故先申請案之申請日後逾十五個月者，不得撤回後申請案之優先權主張。

六、撤回後申請案之法律效果

撤回後申請案，所主張之優先權失所附麗，應視為一併撤回該優先權主張。

七、主張國內優先權之程序事項

主張國內優先權之後申請案，其申請人應與先申請案之申請人為同一人；如先申請案為複數申請人時，應完全一致。若有不一致之情形，應通知補正，申請人可就先申請案辦理申請權讓與，使先、後申請案之申請人一致。

主張國內優先權者，1.應於申請專利同時聲明，一經主張即生效力，不以載明於申請書為限；2.聲明事項為先申請案之申請日及申請案號；違反前述規定者，視為未主張優先權。前述聲明事項原則上應記載於申請書之聲明事項欄位，惟若申請時所檢送之文件中已記載先申請案之申請日及申請案號數者，亦應受理，例如將聲明事項記載於說明書或申請時已檢送先申請案影本。

表6-2　國際優先權與國內優先權之異同

國際優先權	國內優先權
國外基礎案	國內先申請案
發明、新型優先權期間十二個內	
設計優先權期間六個月	
優先權之聲明（國際優先權三項、國內優先權二項）	
優先權類型：一般、複數、部分	
第一次相同創作之專利申請案（即禁止累積主張）	
須檢附優先權證明文件	
	先申請案十五個月後視為撤回
	分割案或改請案之限制
	已審定或處分之限制
	援用優惠期主張

【相關法條】

專利法：4、17、22、23、25、26、27、31、34、37、38、52、59、70、99、106、108、121、125、128、129、142、150、153。

施行細則：13、14、25、26、41、46、47、56、62、86、89。

巴黎公約：2、3。

TRIPs：2、3。

海峽兩岸智慧財產權保護合作協議：2。

【考古題】

◎專利申請時，我國專利法承認「優先權原則」，請說明此原則之意義及特色。又設若美國人甲及英國人乙係對A專利之共同發明人，於民國90年5月11日在日本共同提出申請案，並於民國90年9月11日向我國申請發明專利，試問：甲及乙於我國為優先權之主張，是否應予受理？（90年檢事官考試「智慧財產權法」）

◎何謂優先權？試說明之。（89年專利審查官三等特考「專利法規」）

◎何謂國際優先權原則？其在如何要件下得以適用於我國申請案？倘若申請人非屬於世界貿易組織（WTO）會員之國民，且其所屬國家與我國無相互承認優先權者，是否可能適用國際優先權原則？（99年專利審查官三等特考「專利法規」）

◎我國專利法於民國83年修正時參照「工業財產權保護之巴黎公約」（Paris Convention for the Protection of Industrial Property）規定，承認國際優先權原則。之後，為配合加入國際貿易組織（WTO），亦再修正，雖非屬WTO會員之國民，如於WTO會員領域內，設有住所或營業所者，亦得主張優先權。試問：依巴黎公約所採取優先權原則及我國專利法規定，申請人提出之後申請案主張國際優先權者，優先權基礎案應具備何種形式要件？（99年專利師考試「專利法規」）

◎國際優先權制度屬於保護工業財產權巴黎公約（Paris Convention for the Protection of Industrial Property）所確立之重要原則，並為我國專利法明文採行。又因追加專利制度在我國行之多年，往往由於申請人對追加專利之認知不清，實務上產生諸多爭議，因而改採國內優先權制度。試問：何謂國際優先權制度？何謂國內優先權制度？國內優先權制度是否適用於新型專利及新式樣專利？又發明專利與新型專利之間，是否可互為主張國內優先權之基礎案？（99年專利審查官二等特考「專利法規」）

◎甲君之發明「符合人體工學之椅子」，係於98年1月1日陳列在政府主辦之展覽會上，嗣後甲君於98年6月5日將該發明提出專利申請（下稱甲案），亦一併主張不喪失新穎性之優惠。乙公司亦於99年2月1日提出一「符合人體工學之椅子」專利申請案（下稱乙案，且與甲案之技術內容相同），並聲明主張國際優先權，優先權日為2009年5月6日，惟乙公司申請時並未同時檢送該優先權基礎案在外國受理之相關證明文件。狀況1：乙公司於99年5月7日補送優先權基礎案在外國受理之相關證明文件；狀況2：乙公司於99年6月5日補送優先權基礎案在外國受理之相關證明文件。基於審查人員除獲知甲君之發明「符合人體工學之椅子」已於展覽會上公開之資料外，並未檢索到其他相關先前技術，試依狀況1及狀況2之條件下，分別說明甲君或乙公司何者會取得專利？理由為何？（99年專利師考試「專利審查基準」）

◎何謂「優先權」？請依巴黎公約相關規範申述其義。（第一梯次專利師訓練「專利法規」）

◎某專利商標事務所所長收到e-mail：

「所長！您好，我想請問：我有個發明，想要申請專利。幾個月前，我沒有委任專利師，直接到智慧財產局遞送申請書，並在主張國際優先權的欄位上有打勾，後來，智慧財產局通知我補正，在公文裡面說明，我申請的文件不齊備，須以文件齊備之日為申請日，並請我檢送一些文件。」所長是否可以告訴我：什麼是「申請日」？什麼是「優先權日」？主張國際優先權的要件是什麼？請所長提供法律知識，謝謝！」您為該所長，請逐項答覆之。（第三梯次專利師訓練「專利法規」）

◎甲有一發明，先於西元2006.07.01向德國提出發明專利申請案，並於2007.02.15於日本國際性商展中展示其發明，隨後又於2007.06.30就同一發明向我國提出發明專利申請案，但未就其展覽事實及年、月、日於申請時同時聲明之，且未主張優先權，依專利法相關規定，甲在我國之發明專利申請案得否准予專利？若甲有主張優先權，其結果有無不同？請說明之。（第四梯次專利師訓練補考「專利法規」）

◎何謂國際優先權？依我國專利法，主張國際優先權之要件及效果為何？試說明之。（98年度專利師職前訓練）

◎一發明專利申請案中可否為複數之優先權主張？其優先權期間應如何起算？原因為何？試就專利法及國際條約規範說明之。（第六梯次專利師訓練補考「專利法規」）

◎試述主張國內優先權之4個態樣？（第四梯次專利師訓練補考「專利實務」）

◎王五於100年3月2日就其發明之G技術向中國大陸申請專利，100年5月2日向我國智慧財產局申請專利，並聲明優先權。智慧財產局審查時，發現趙六於100年4月6日針對相同之G技術提出專利申請。若G技術具備專利要件，智慧財產局應向何人核發專利？又G技術獲准專利後，專利權人得否申請修正申請專利範圍？（101年專利審查官三等特考「專利法規」）

◎王五完成一項發明（A案），並於民國100年2月10日依法備具所有文件申請專利，十個月後，王五又就前揭發明完成數項更能發揮其功能的實施例的測試。王五擬就前揭發明增列新實施例申請專利（B案）。王五應如何為之？設若實施例的測試於101年3月10日始完成，依你之見，王五有無就B案取得專利的可能？請說明之。（101年專利師考試「專利法規」）

◎1. 先申請案X申請日為民國99年2月8日，說明書所記載的發明為A。既有技術A及A+B，公開日為民國99年6月10日。後申請案Y申請日為民國99年10月20日，請求項1之發明為A，請求項2之發明為A+B。其中，後申請案Y係據先申請案X之發明主張國內優先權。試問，後申請案Y可否准予專利？並請說明其理由。

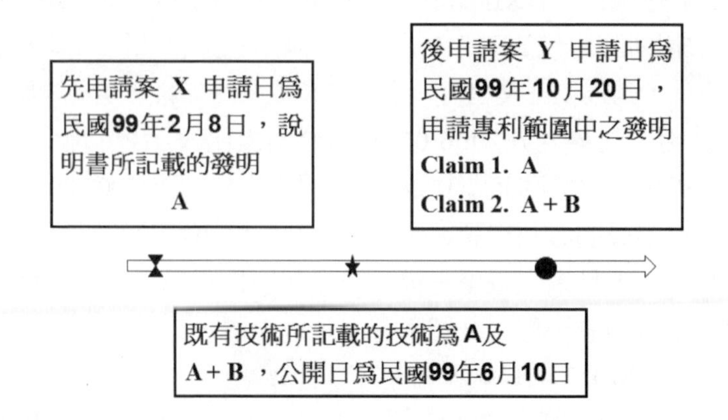

2. 先申請案X申請日為民國100年3月10日，說明書所記載的發明為A、

B。後申請案Y申請日為民國100年11月16日，發明說明及申請專利範圍所記載的發明為A、C。試問，當後申請案Y據先申請案X之發明主張國內優先權時，申請日分別介於先申請案X及後申請案Y之間的申請案甲、乙、丙（如圖示內容），可否准予專利？並請說明其理由。

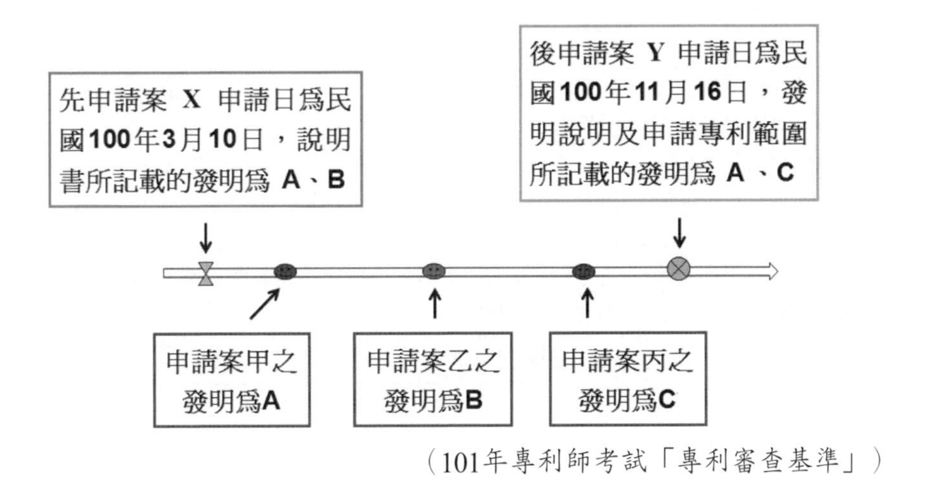

（101年專利師考試「專利審查基準」）

6.2　優惠期

第22條（發明專利三要件）
可供產業上利用之發明，無下列情事之一，得依本法申請取得發明專利： 一、申請前已見於刊物者。 二、申請前已公開實施者。 三、申請前已為公眾所知悉者。 發明雖無前項各款所列情事，但為其所屬技術領域中具有通常知識者依申請前之先前技術所能輕易完成時，仍不得取得發明專利。 申請人有下列情事之一，並於其事實發生後六個月內申請，該事實非屬第一項各款或前項不得取得發明專利之情事： 一、因實驗而公開者。 二、因於刊物發表者。 三、因陳列於政府主辦或認可之展覽會者。 四、非出於其本意而洩漏者。 申請人主張前項第一款至第三款之情事者，應於申請時敘明其事實及其年、月、日，並應於專利專責機關指定期間內檢附證明文件。

第122條（設計專利三要件）
可供產業上利用之設計，無下列情事之一，得依本法申請取得設計專利： 一、申請前有相同或近似之設計，已見於刊物者。 二、申請前有相同或近似之設計，已公開實施者。 三、申請前已為公眾所知悉者。 設計雖無前項各款所列情事，但為其所屬技藝領域中具有通常知識者依申請前之先前技藝易於思及時，仍不得取得設計專利。 申請人有下列情事之一，並於其事實發生後六個月內申請，該事實非屬第一項各款或前項不得取得設計專利之情事： 一、因於刊物發表者。 二、因陳列於政府主辦或認可之展覽會者。 三、非出於其本意而洩漏者。 申請人主張前項第一款及第二款之情事者，應於申請時敘明事實及其年、月、日，並應於專利專責機關指定期間內檢附證明文件。
巴黎公約第11條（國際展覽會之暫時性保護）
(1) 各同盟國家應依其國內法之規定，對於任一同盟國領域內政府舉行或承認之國際展覽會中所展出商品之專利發明、新型、設計及商標賦予暫時性保護。 (2) 前揭暫時性保護，不應延長第四條所規定之期間。倘申請人於稍後提出優先權之主張，則任一國之主管機關得規定優先權期間係自商品參展之日起算。 (3) 各國得令申請人檢具必要之證明文件，以證明所展出之商品及參展日期。

優惠期綱要		
優惠期	又稱「喪失新穎性（不包括擬制喪失新穎性）或進步性（設計專利為創作性）之例外」、「無害揭露」或「寬限期」，指於申請日之前因申請人或他人（非本意之洩露）之行為所生之某些情事不被視為已公開散布。	
行為主體	優惠期事由之行為主體應為申請人，包括實際申請人或其前權利人（例如創作人、讓與人或被繼承人）。（細§15）	
起源	源自於巴黎公約第11條「國際展覽會之暫時性保護」。	
例外情事	1.實驗公開（設計不適用）；2.刊物發表；3.公開展覽；4.非本意之洩露。	
程序	申請時應敘明適用優惠期之事實及該事實之期日，並於指定期間檢附證明文件。	
	密不可分之關係	有多次適用優惠期之事實者，應敘明各次事實。
		主張適用優惠期之各次事實有密不分之關係者，得僅聲明最早發生之事實，並提供最早公開之證明文件。

優惠期綱要	
效果	公開之創作內容不視為使申請專利之創作喪失新穎性或進步性之先前技術（藝）。
	優惠期之效果並未改變專利要件之判斷基準日，僅係免除申請人權利喪失之責任，對於他人並無影響，而無拘束他人之效力。

優惠期（grace period）制度，又稱「喪失新穎性（不包括擬制喪失新穎性）或進步性（設計專利為創作性）之例外」、「無害揭露」或「寬限期」，指於申請日之前六個月內因申請人或他人之行為所生之某些情事不被視為已公開散布之先前技術，優惠期間為六個月。專利法規定申請人有1.因實驗而公開；2.於刊物發表；3.陳列於政府主辦或認可之展覽會；或4.非出於申請人本意而洩漏等四種事實而公開散布（包括已見於刊物、已公開實施或已為公眾所知悉三種情事）申請專利之創作，且在申請日後六個月內將該創作向專利專責機關申請專利者，則該公開散布之事實不能作為該申請案喪失新穎性或進步性（設計專利為「創作性」，本節以下同）之先前技術（設計專利為「先前技藝」，本節以下同）。

優惠期期間，為最早之事實發生日後六個月，見專利法第22條、第122條及細則第16條第4項、第49條第5項。

設計專利，僅適用前述2.至4.三種事實。

優惠期事由之行為主體

- 除申請人之外，因繼承、受讓、僱傭或出資關係取得專利申請權之人，就其被繼承人、讓與人、受雇人或受聘人在申請前之公開行為，亦得主張優惠期(細15)

得主張優惠期之事實

- 因實驗公開（限於發明或新型專利申請案）
- 於刊物發表
- 陳列政府主辦或認可之展覽會
- 非出於其本意而洩漏

法定期間

- 自最早之事實發生日之次日起至取得申請日止在6個月內

圖6-19　受理優惠期之要件

一、得主張優惠期之人

主張優惠期所生之法律效果與優先權的效果不同，優惠期之效果並未改變專利要件之判斷基準日，僅係免除申請人權利喪失之責任而已，對於他人並無影響，而無拘束他人之效力。因此，所主張優惠期之事實的行為主體應為申請人，包括實際申請人或其前權利人（例如創作人、受雇人、受聘人、讓與人或被繼承人），見專利法施行細則第15條。例如A為專利申請權人，其將發明陳列於政府主辦之展覽會後，再將其專利申請權讓與B，B就A陳列於展覽會之行為，得主張優惠期。參酌實質專利法條約（SPLT）草案第9條第1項規定，係指「發明人」（inventor）；而依同條第3項規定：第1項所稱發明人，指在申請時或申請前具有專利申請權之人。

主張優惠期之對象：1.應為申請專利之創作，而非與該創作相同之創作；2.實驗、發表或展覽申請專利之創作必須是申請人直接或間接行為所致；3.洩漏申請專利之創作不得為申請人直接或間接行為所致。因此，他人未接觸申請專利之創作，而是獨自研發相同之創作，並於該申請專利之創作申請日之前公開散布或申請自己研發之創作者，將使申請專利之創作不符合專利要件。

二、優惠期制度之起源

優惠期制度係源自於巴黎公約第11條「國際展覽會之暫時性保護」制度，此暫時性保護尚得以「優先權」方式為之，我國係採行優惠期制度以為保護。因優先權與優惠期之法律效果不同，以優惠期作為暫時性保護者，尚不得延長公約第4條所定優先權期間；惟若以優先權作為暫時性保護，嗣後提出國際優先權主張，則優先權期間得自商品參展之日起算，見公約第11條但書。因此，就我國之法制而言，申請案主張國際優先權及優惠期者，優先權期間之起算日不得溯自優惠期主張所敘明之事實發生日之次日。

三、喪失新穎性或進步性之例外情事

專利法規定，因下列四種直接或間接源自於申請人所為之行為：1.因實驗而公開；2.因於刊物發表（現行法增定，新申請案始適用，參專§151）；3.因陳列於政府主辦或認可之展覽會；或4.非出於申請人本意而洩漏，致申請專利之創作在申請前有專利法所定喪失新穎性之情事，包括已見於刊物、已公開實施或已為公眾所知悉者，若申請人於前述四種情事發生之日後六個月內提出申請並主張優惠期，對於該申請人而言，優惠期制度係將所主張之公開事實例外排除於先前技術之外，使該事實不得作為審查新穎性及進步性之先前技術。

(一) 因實驗而公開

專利法所稱「實驗」，指實際應用已完成之創作，針對其創作內容所進行之功能及效果測試；不包括針對未完成之創作，探討或改進其內容所為之研究；不包括試驗性銷售，例如為進行市場調查而試賣；亦不包括為商業廣告之目的而進行的公開實驗，例如於電視節目中之實驗。本款之適用係針對已完成之創作，因「研究」係針對未完成之創作，為使其完成或更為完善起見就其技術內容所為之探討或改進。因此，優惠期制度之適用，僅限於因進行「實驗」而公開已完成之創作內容。

設計得主張優惠期之情事不包括此款規定。

(二) 因於刊物發表

專利法所稱「刊物」，指向公眾公開之文書或載有資訊之其他儲存媒體（細§13.II、46.II）。專利法所稱「於刊物發表」，僅以申請人因己意於刊物公開為要件，不論其公開之目的，以充分反映現代學術界及工商界的研發型態，故包括各大專院校或研究機構所發表之學術論文，因實驗而發表之論文，及其他商業性發表之事實。本款適用對象應為已完成之創作，研究未完成之創作，即使將其發表於刊物亦不適用本款，因未完成之創作原本即不足以為先前技術。專利公報公開專利內容，係申請人申請專利所導致之結果，與申請人因己意於刊物發表技術內容之情況不同，故不得主張本款。

另依專利法第151條，本款「因於刊物發表」係現行法新增者，故僅適用於102年1月1日施行之專利法施行後始提出之新申請案。

(三) 因陳列於政府主辦或認可之展覽會

專利法所稱之「展覽會」，指我國政府主辦或認可之國內、外展覽會。政府認可，指曾經我國政府之各級機關核准、許可或同意等。相對於日本的規定必須是特許廳公告之展覽會，或中國的規定必須是國際展覽會，我國的規定相當寬鬆。

雖然本款之「政府」排除外國政府，惟若展覽會經我國政府認可，仍適用本款。實務上，只要是審查人員認定該展覽會係可經查證者，即適用本款。對於展覽會及因展覽而衍生之刊物，得分別以第2款及第3款主張公開之事實；然而，若選擇僅主張第3款因陳列於展覽會之事實，尚得以密不可分為由，涵蓋展覽會所衍生之刊物。

本款規定係遵照巴黎公約第11條之規定，依該規定，會員應以其國內法對於在會員或延伸會員國內由官方舉辦或經官方認可之展覽會所展出之專利、商標給予臨時保護（1928年在巴黎締結國際展覽會公約，1972年修訂）。巴黎公約所定之展覽會暫時性保護包括優惠期及優先權，大部分國家國內法係以優惠期保護。

(四) 非出於申請人本意而洩露者

未經申請人同意，他人洩漏申請專利之創作，而由申請人承擔該創作不符合專利要件之不利益結果，不論該洩漏合法或不合法，均不公平，故專利法規定他人未經申請人同意而洩漏申請專利之創作內容而能為公眾得知者，申請人得主張優惠期。主張非出於申請人本意之洩漏，據以主張之事實可包含他人違反保密之約定或默契而將創作內容公開之事實，亦包括以威脅、詐欺或竊取等非法手段由申請人或發明人處得知創作內容並將其公開之事實。

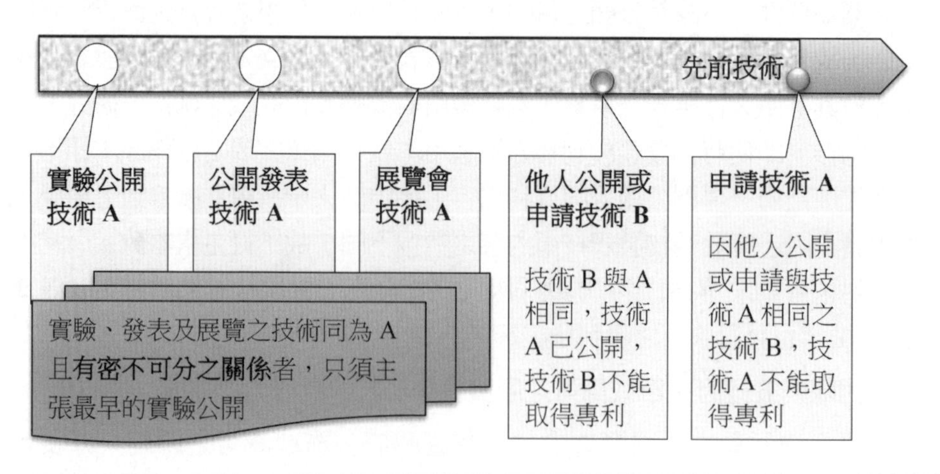

圖6-20　優惠期及密不可分之關係

四、密不可分之關係

申請人有多次專利法第22條第3項第1款至第3款所定之事實者，應於申請時敘明各次事實。但各次事實有密不可分之關係者，得僅敘明最早發生之事實（細§16.II、49.III），並提供最早公開之證明文件。經審查認定與最早公開事實係密不可分者，則相關之公開事實不屬於先前技術。

同一行為之重複或衍生公開而具密不可分關係的情況例示如下：

1. 歷時數日之實驗。
2. 公開實驗及當場散布之說明書。
3. 各版次之刊物。
4. 研討會之論文發表及其後發行之論文集等相關文件。
5. 同一展覽會之巡迴展。
6. 展覽會之陳列及因展覽而散布之參展型錄。
7. 同一論文於出版社網頁之先行發表及其後於該出版社之論文發表。
8. 學位論文之發表及該論文於圖書館之陳列。

不具密不可分關係的情況，應分別敘明報紙及研討會之刊物的公開事實並檢附各次證明文件。例示如下：

1. 申請人先於報紙公開其發明，其後發表於研討會之刊物，二者屬獨立公開行為，通常並無密接關聯，非屬密不可分之關係。
2. 申請人將記載同一發明之原稿分別授權給不同出版社發表於不同刊物，因不同出版社於不同刊物之發表非屬密不可分之關係。
3. 於非巡迴性質的不同展覽會上陳列相同發明，因各展覽會不具關連性，故非屬密不可分之關係。
4. 申請人先將發明之部分技術內容於研討會發表論文，其後於該研討會之論文集另補充技術內容，內容不同的部分，非屬密不可分之關係。

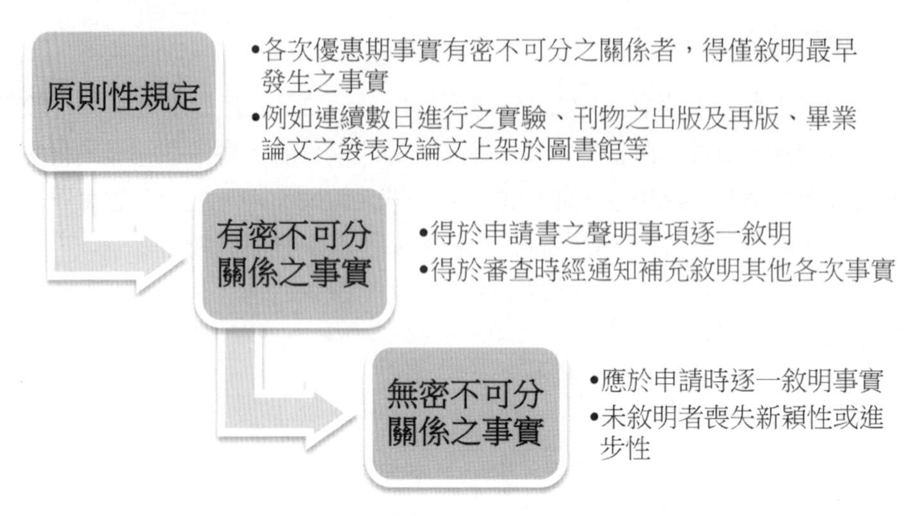

圖6-21 原則性規定及密不可分關係之處理

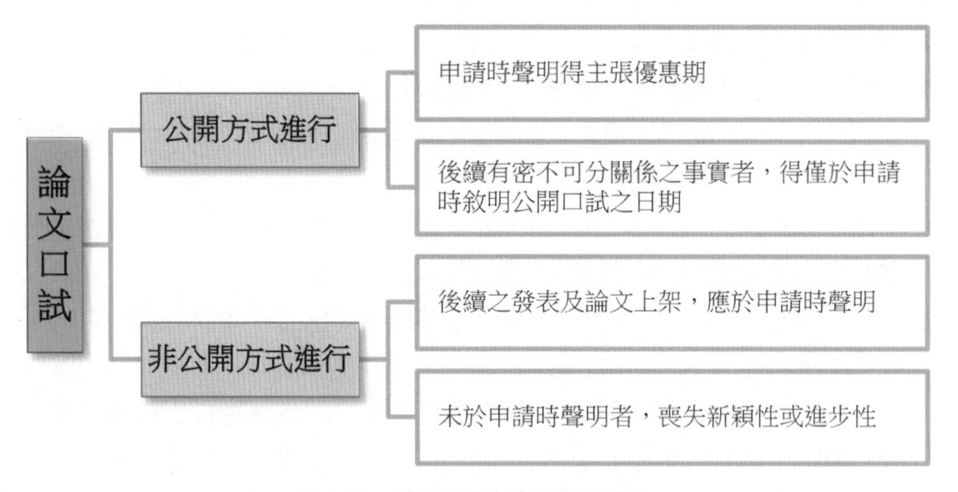

圖6-22 論文口試與密不可分關係

雖然專利法定有優惠期之保護，且得主張有密不可分之關係涵蓋源自於該事實之其他公開行為，惟專利法的執行及實務作法並不明確，尤其對於是否涵蓋其他公開行為僅能作為消極的抗辯理由，申請人切勿恃其效果。尤其經認定與得據以主張優惠期之事實不具密不可分之關係者，非屬得補正之事項，不得於申請後以該事實再主張優惠期。為謹慎計，對於多次公開而有適用優惠期之事實，申請人應於申請時聲明各次事實，例如主張A日因實驗而公開、B日公開展覽及C日發表於刊物之公開。

申請人有多次可適用優惠期之事實者，優惠期六個月期間之計算應以最早之事實發生日為準，即使主張有密不可分之關係，亦然。

五、主張優惠期之程序要件

主張實驗、發表或展覽會之優惠期，必須於申請時敘明事實及該事實之年、月、日，並應於專利專責機關指定期間內檢附證明文件，不符合前述要件，不得主張優惠期。對於非出於申請人本意而洩漏之事實，申請人於申請時未必知悉他人已洩漏申請專利之創作，故未強制於申請時踐行此一聲明程序。

應於申請專利同時敘明

- 應於申請專利同時敘明事實及其年、月、日，且不得於申請後追加或變更

聲明各次事實

- 主張多次優惠期之事實者，應於申請專利同時聲明各次事實及其年、月、日。但各次事實有密不可分之關係者，得僅聲明最早發生之事實
- 前述聲明事項以載於申請書之聲明事項欄位為原則，惟如於申請同時檢送之文件中已聲明優惠期之事實及日期者，亦屬合法
- 例如申請書上未載明主張優惠期之聲明事項，惟於申請時檢送優惠期證明文件

未載明事實發生日期

- 若僅敘明其事實發生之年、月，而未載明事實發生日期者，應通知限期補正，屆期未補正者，視為未主張優惠期
- 計算方式係自事實發生之當月1日起算，尚在6個月內者，始通知補正

圖6-23　主張優惠期應敘明之事項

依專利法施行細則第16條：「（第2項）申請人有多次本法第22條第3項第1款至第3款所定之事實者，應於申請時敘明各次事實。但各次事實有密不可分之關係者，得僅敘明最早發生之事實。（第3項）依前項規定聲明各次事實者，本法第22條第3項規定期間之計算，以最早之事實發生日為準。」

主張多次事實	應揭示日期
•主張多次優惠期之事實者，應檢送各次事實之證明文件 •但各次事實有密不可分之關係，得僅聲明最早發生之事實，並檢附最早發生事實之證明文件 •未檢送者，應通知限期補正，屆期未補正，優惠期主張不予受理	•申請人檢送之證明文件應揭示所主張優惠期之事實及發生之年、月、日 •若證明文件所揭示之事實發生之年、月、日與申請書之聲明事項不一致，應通知限期補正與聲明事項一致之證明文件，申請人亦得請求更正申請書之聲明事項 •屆期未補正或更正者，優惠期主張不予受理

圖6-24　優惠期證明文件

六、主張優惠期之法律效果

優惠期之法律效果，係例外地將申請人所為之特定公開事實所涉及之創作內容不視為使申請專利之創作喪失新穎性或進步性之先前技術。因此，不排除有其他先前技術可以使申請專利之創作不具新穎性或進步性。再者，由於優惠期之法律效果並未影響申請專利之創作專利要件之判斷基準日，故申請人主張特定公開事實的公開日至申請日之間，若他人就相同發明先提出申請，因申請人所主張優惠期的效果不能排除他人申請案申請在先之事實，依先申請原則，主張優惠期的申請案不得准予專利，而他人申請在先之申請案則因申請前已有相同創作公開之事實，亦不得准予專利。前述情形，亦可能發生在適用擬制喪失新穎性的情況。

依專利法第59條第1項第3款所定之先使用權：「申請前已在國內實施，或已完成必須之準備者。但於專利申請人處得知其發明後未滿六個，並經專利申請人聲明保留其專利權者，不在此限。」其中「申請前」可以是優先權日，見細則第62條；但不可以是主張優惠期之事實發生日。若他人仿傚申請專利之創作而於申請日或優先權日之前六個月內實施該創作或完成必要準備，必須以專利權人未曾聲明保留專利權，始有先使用權之適用，即申請人所取得的專利權對於該行為不發生效力。前述「六個月」及「聲明保留其專利權」就是指優惠期。

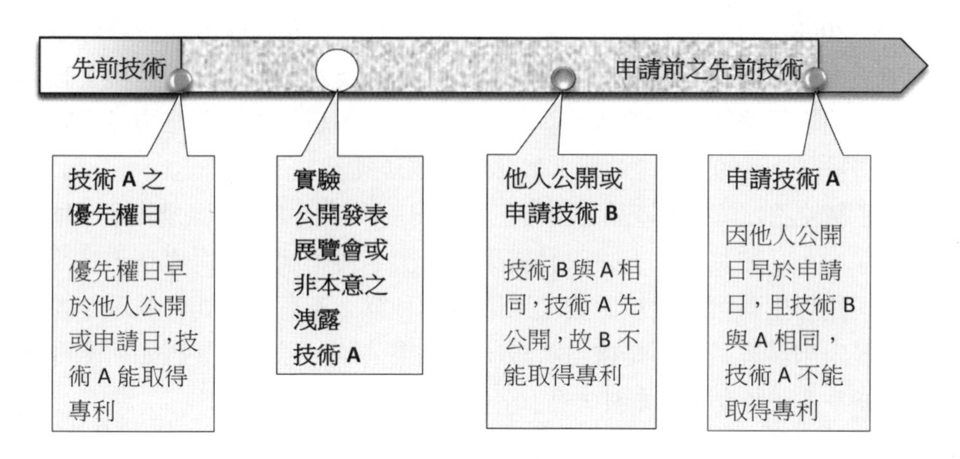

圖6-25　優惠期與優先權之法律效果

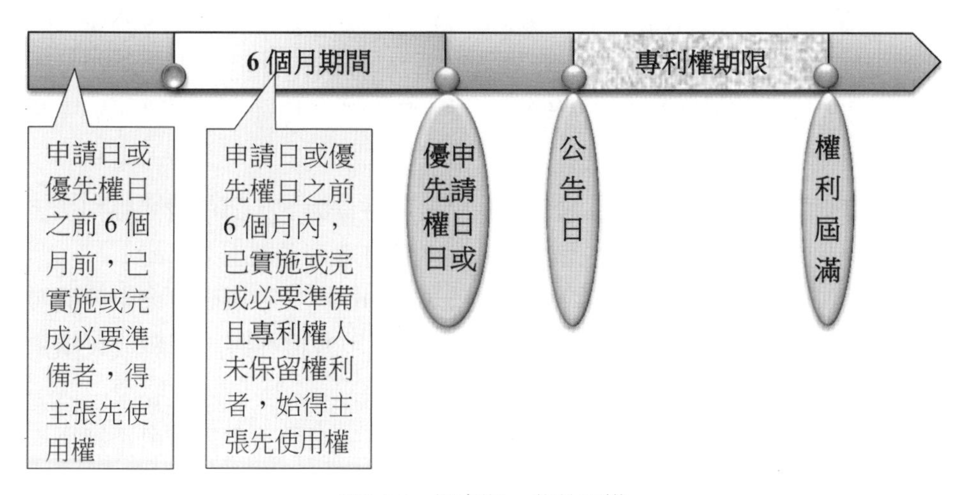

圖6-26　優惠期vs.先使用權

【相關法條】

專利法：23、28、30、31、59、123、128、151。

施行細則：13、15、16、46、49。

【考古題】

◎同一之專利申請案，如有實驗、研究而發表或使用之情事，又同時主張優先權時，該二者之優惠期間能否合併累計？請說明之。（92年專利審查官二等特考「專利法規」）

◎甲於2008年1月間發明的一個「軟性紙喇叭」，擬向經濟部智慧財產局申請專利，試問：甲在提出專利申請前，好友乙至甲研究室發現了該發明，回去後隨即複製數個，並將之販售出去，請問依專利法規定甲有何救濟途徑？（99年高考三級「智慧財產權法規」）

◎甲任職於乙公司從事產品之開發工作，日前由於經濟不景氣遭資遣，甲懷恨在心，乃將其職務上之研發成果以自己名義申請並取得專利，試問乙公司是否還有可能就該研發成果取得專利權？若有，該如何處理？如果甲並未申請專利，而是擅自將該研發成果公開，乙公司又該如何處理？（98年專利師考試「專利法規」）

◎請說明主張不喪失新穎性之優惠與主張國際優先權效果之差異。（第四梯次專利師訓練「專利法規」）

◎依巴黎公約第11條規定，各同盟國家應依其國內法之規定，對於任一同盟國領域內政府舉行或承認之國際展覽會中所展出商品之專利發明、新型、新式樣及商標賦予暫時性保護。其規範意旨為何？試申述之。（第七梯次專利師訓練「專利法規」）

◎專利制度有所謂「臨時性保護」或稱「暫時性保護」，試依我國專利法之規定，加以闡述之。（第六梯次專利師訓練「專利法規」）

◎甲教授研發一語音辨識器，並於2011年9月20日在一學術研討會中公開發表。由於該技術確具新穎性及進步性，因而甲教授亦將該研發成果撰寫成一份專利說明書，準備申請發明專利。

1. 甲教授所送專利案申請日為2012年2月20日。試問，甲教授可否獲得專利？並請說明其理由。
2. 甲教授所送專利案申請日為2012年9月19日。試問，甲教授可否獲得專利？並請說明其理由。
3. 甲教授所送專利案申請日為2012年3月2日；惟某周刊已於2011年9月22日將學術研討會之內容完整介紹。試問，甲教授可否獲得專利？並請說明其理由。
4. 甲教授所送專利案申請日為2012年1月4日。惟甲教授已於2011年12月22日將該語音辨識器，於一大賣場中展售並作完整之技術內容介紹。試問，甲教授可否獲得專利？並請說明其理由。
5. 甲教授所送專利案申請日為2012年3月12日。惟乙廠商亦就該相同技術申請發明專利，並於2012年3月8日取得申請日。試問，甲教授或乙廠商何者將取得專利？並請說明其理由。（101年專利師考試「專利審查基準」）

第七章　專利之授予、撤銷及救濟

大綱	小節	主題
7.1 專利權之授予		· 申請人應為之行為 · 專利專責機關應為之行為
7.2 延長專利權期間	7.2.1 申請及審查	· 申請對象及範圍限制 · 申請時機 · 申請限制 · 視為已延長 · 得申請延長之期間及其計算方式
	7.2.2 舉發及撤銷	· 得舉發之期間及舉發人 · 得舉發之對象 · 得舉發之事由 · 舉發之審查 · 舉發成立確定之效果
7.3 專利權之撤銷及專利有效性抗辯	7.3.1 舉發之申請	· 舉發之發動 · 法規適用 · 舉發事由 · 舉發人 · 舉發對象及範圍 · 舉發期間
	7.3.2 舉發之處理	· 舉發程序之更正申請 · 舉發案與舉發案之合併 · 審查計畫 · 舉發之撤回
	7.3.3 舉發審查原則	· 書面審查 · 職權審查
	7.3.4 舉發審查	· 爭點整理 · 闡明權 · 舉發證據 · 其他重點事項

大綱	小節	主題
	7.3.5舉發審定及其效果	‧舉發成立應予撤銷 ‧舉發不成立 ‧舉發駁回 ‧更正部分 ‧舉發案之合併審定
	7.3.6 專利有效性抗辯	
7.4 專利審查之救濟	7.4.1 訴願	‧訴願法相關內容
	7.4.2 行政訴訟	‧行政訴訟法相關內容

申請人申請專利，經專利專責機關程序審查及形式審查或實體審查，若無不予專利之情事，應授予專利權（專§47.I、113.I）。若有不予專利之情事，應不予專利權（專§46.I、112.I）；申請人對於不予專利之審定不服者，得於審定書送達後二個月內備具理由書，申請再審查（專§48）。對於不予專利之再審查審定仍不服者，得於審定書送達或公告期滿之次日起三十日內向經濟部提起訴願（訴願§14.I）；對於經濟部維持原處分之決定仍不服者，得於訴願決定書送達後二個月內向智慧財產法院提起行政訴訟（行訴§106.I）；對於智慧財產法院維持原處分之判決不服者，得於判決送達後二十日內向最高行政法院提起上訴（行訴§241）。

專利申請人取得專利權後，任何人包括利害關係人認為該專利權有應撤銷專利權之事由者，或認為延長專利權期間之申請不合法者，得向專利專責機關提起舉發（專§71.I、71.II、57.I）。舉發人（或專利權人）對於專利專責機關舉發不成立（或舉發成立）之審定不服者，得於審定書送達或公告期滿之次日起三十日內向經濟部提起訴願（訴願§14.I）；對於經濟部維持原處分之決定仍不服者，得於訴願決定書送達後二個月內向智慧財產法院提起行政訴訟（行訴§106.I）；對於智慧財產法院維持原處分之判決不服者，得於判決送達後二十日內向最高行政法院提起上訴（行訴§241）。

專利權人提起排除他人侵害專利權之民事訴訟，當事人得抗辯該專利權有應撤銷之原因；法院認有撤銷之原因時，其法律效果為專利權人於該民事訴訟不得對於他造主張該專利之權利，見智慧財產案件審理法第16條。

本章將依序介紹專利權之授予、舉發撤銷專利權制度、延長專利權期間之審查、舉發撤銷制度及有關之行政救濟制度。

7.1　專利權之授予

第47條（發明專利核准公告及公開）
申請專利之發明經審查認無不予專利之情事者，應予專利，並應將申請專利範圍及圖式公告之。 經公告之專利案，任何人均得申請閱覽、抄錄、攝影或影印其審定書、說明書、申請專利範圍、摘要、圖式及全部檔案資料。但專利專責機關依法應予保密者，不在此限。
第52條（發明專利權之授予及期間）
申請專利之發明，經核准審定者，申請人應於審定書送達後三個月內，繳納證書費及第一年專利年費後，始予公告；屆期未繳費者，不予公告。 申請專利之發明，自公告之日起給予發明專利權，並發證書。 發明專利權期限，自申請日起算二十年屆滿。 申請人非因故意，未於第一項或前條第四項所定期限繳費者，得於繳費期限屆滿後六個月內，繳納證書費及二倍之第一年專利年費後，由專利專責機關公告之。
第114條（新型專利權之授予及期間）
新型專利權期限，自申請日起算十年屆滿。
第135條（設計專利權之授予及期間）
設計專利權期限，自申請日起算十二年屆滿；衍生設計專利權期限與原設計專利權期限同時屆滿。
TRIPs第26條（工業設計權保護內容）
1. 工業設計所有權人有權禁止未經其同意之第三人，基於商業目的而製造、販賣，或進口附有其設計或近似設計之物品。 2. 會員得規定工業設計保護之少數例外規定，但以於考量第三人之合法權益下其並未不合理地牴觸該受保護工業設計之一般使用，且並未不合理侵害權利人之合法權益者為限。 3. 權利保護期限至少應為十年。
TRIPs第33條（專利權保護期間）
專利權期限自申請日起，至少二十年。

經專利專責機關審查，認為申請專利之發明、新型或設計無不予專利之情事，應准予審定，作成審定書送達申請人（專§45.I、111.I），並應將

申請專利範圍及圖式（設計為圖式）刊載專利公報公告之。此外，尚應將專利說明書等申請文件對外公開，供社會大眾閱覽、抄錄、攝影或影印其審定書、說明書、申請專利範圍、摘要、圖式（設計為審定書、說明書、圖式）及全部檔案資料（專§47.II）。但依法應予保密者，例如涉及國防機密或其他國家安全之機密而有保密之必要者，該專利不予公告，申請書件予以封存，並作成審定書送達申請人及創作人（專§51.I）。

依專利法施行細則第83條，公告專利時，應將下列事項刊載專利公報：1.專利證書號數。2.公告日。3.發明專利之公開編號及公開日。4.國際專利分類或國際工業設計分類。5.申請日。6.申請案號。7.發明、新型名稱或設計名稱。8.發明人、新型創作人或設計人姓名。9.申請人姓名或名稱、住居所或營業所。10.委任代理人者，其姓名。11.發明專利或新型專利之申請專利範圍及圖式；設計專利之圖式。12.圖式簡單說明或設計說明。13.主張本法第28條第1項優先權之各第一次申請專利之國家或世界貿易組織會員、申請案號及申請日。14.主張本法第30條第1項優先權之各申請案號及申請日。15.生物材料或利用生物材料之發明，其寄存機構名稱、寄存日期及寄存號碼。

依專利法第52條，專利權之發生，申請人依法應於審定書送達後三個月的法定不變期間內（不得申請展期），繳納證書費及第一年專利年費後，始予公告；自公告之日起給予專利權，並發證書。經專利專責機關通知繳費，申請人屆期未繳費者，不予公告，其法律效果為專利權自始不存在。申請人非因故意，未於前述法定不變期間內繳費者，得於繳費期限屆滿後六個月內申請專利權之復權，繳納證書費及二倍之第一年專利年費後，由專利專責機關公告之。非因故意之事由，包括過失所致者，均得主張之，例如申請人生病無法依期限進行應為之行為，得為非因故意之事由。

專利申請人有延緩公告專利之必要者，應於繳納證書費及第一年專利年費時，向專利專責機關申請延緩公告；所請延緩之期限，不得逾三個月，見專利法施行細則第86條。

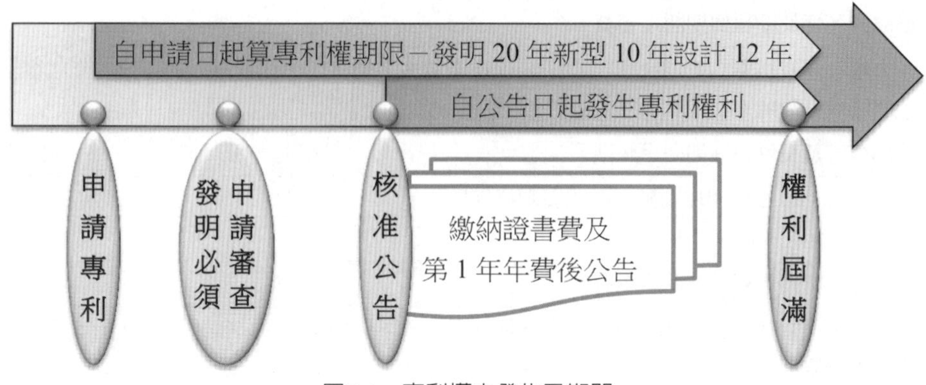

圖7-1　專利權之發生及期間

【相關法條】

專利法：45、46、48、51、57、71、112、113。

施行細則：78、79、83、86。

訴願法：14。

行政訴訟法：106、241。

智慧財產案件審理法：16。

7.2　延長專利權期間

第53條（延長專利權期間之申請）
醫藥品、農藥品或其製造方法發明專利權之實施，依其他法律規定，應取得許可證者，其於專利案公告後取得時，專利權人得以第一次許可證申請延長專利權期間，並以一次為限，且該許可證僅得據以申請延長專利權期間一次。 前項核准延長之期間，不得超過為向中央目的事業主管機關取得許可證而無法實施發明之期間；取得許可證期間超過五年者，其延長期間仍以五年為限。 第一項所稱醫藥品，不及於動物用藥品。 第一項申請應備具申請書，附具證明文件，於取得第一次許可證後三個月內，向專利專責機關提出。但在專利權期間屆滿前六個月內，不得為之。 主管機關就延長期間之核定，應考慮對國民健康之影響，並會同中央目的事業主管機關訂定核定辦法。
第54條（視爲已延長）
依前條規定申請延長專利權期間者，如專利專責機關於原專利權期限屆滿時尚未審定者，其專利權期間視為已延長。但經審定不予延長者，至原專利權期限屆滿日止。

第55條（延長專利權期間之審查）
專利專責機關對於發明專利權期間延長申請案，應指定專利審查人員審查，作成審定書送達專利權人。
第56條（延長專利權期間之範圍）
經專利專責機關核准延長發明專利權期間之範圍，僅及於許可證所載之有效成分及用途所限定之範圍。
第57條（延長專利權期間之舉發）
任何人對於經核准延長發明專利權期間，認有下列情事之一，得附具證據，向專利專責機關舉發之： 一、發明專利之實施無取得許可證之必要者。 二、專利權人或被授權人並未取得許可證。 三、核准延長之期間超過無法實施之期間。 四、延長專利權期間之申請人並非專利權人。 五、申請延長之許可證非屬第一次許可證或該許可證曾辦理延長者。 六、以取得許可證所承認之外國試驗期間申請延長專利權時，核准期間超過該外國專利主管機關認許者。 七、核准延長專利權之醫藥品為動物用藥品。 專利權延長經舉發成立確定者，原核准延長之期間，視為自始不存在。但因違反前項第三款、第六款規定，經舉發成立確定者，就其超過之期間，視為未延長。
第83條（舉發撤銷延長專利權之準用）
第五十七條第一項延長發明專利權期間舉發之處理，準用本法有關發明專利權舉發之規定。

<table>
<tr><th colspan="3">延長專利權期間綱要</th></tr>
<tr><td>延長專利權期間</td><td colspan="2">醫藥品、農藥品及其製造方法發明專利，須經法定審查取得上市許可證始得實施其專利權，為彌補其專利權期限之損失而延長其專利權期限之制度。</td></tr>
<tr><td rowspan="3">申請對象（§53.I、56）</td><td rowspan="2">物、方法及用途</td><td>包括醫藥品、農藥品之物、製造方法及用途發明專利。</td></tr>
<tr><td>不包括動物用藥品、醫療器材或藥品之製造方法。
不涉及製造醫藥品或農藥品之機械、器材或裝置等。</td></tr>
<tr><td>範圍限制</td><td>限於申請專利範圍中與醫藥品或農藥品第一次許可證所載之有效成分及其用途（適應症）對應之物、用途或製法。</td></tr>
</table>

<table>
<tr><th colspan="3">延長專利權期間綱要</th></tr>
<tr><td rowspan="5">申請時機</td><td colspan="2">取得第一次許可證後三個月內，向專利專責機關提出。（§53.IV）</td></tr>
<tr><td>第一次許可證</td><td>係以許可證記載之有效成分及用途二者合併判斷，非僅以有效成分單獨為之。（§56）</td></tr>
<tr><td rowspan="2">時機限制及視為延長</td><td>為預留審查時間，在專利權期間屆滿前六個月內，不得為之。（§53.IV）</td></tr>
<tr><td>延長專利權期間之申請尚未審定者，專利法擬制所申請之專利權期間視為已延長。惟該擬制之法律效果僅為一暫時狀態。（§54但書）</td></tr>
<tr><td rowspan="2">申請限制</td><td>彌補無法實施期間</td><td>不得超過因申請許可而無法實施專利權之期間，且最長不得超過五年，即使無法實施之期間超過五年。（§53.II）</td></tr>
<tr><td>申請次數</td><td>1.同一專利權僅能延長一次；2.同一許可證僅能據以延長一次。</td></tr>
<tr><td>審查依據</td><td colspan="2">專利權期間延長核定辦法。</td></tr>
<tr><td>舉發事由</td><td colspan="2">1.實施無取得許可證之必要者；2.未取得許可證；3.核准延長期間超過無法實施之期間；4.延長期間之申請人並非專利權人；5.非屬第一次許可證或該許可證曾辦理延長；6.核准期間超過外國專利主管機關認許許可證之期間；7.延長期間之標的為動物用藥品。（§57.I）</td></tr>
<tr><td rowspan="2">舉發成立之效果（§57.II）</td><td colspan="2">舉發事由中有五款之成立效果為：原核准延長之期間，視為自始不存在。</td></tr>
<tr><td colspan="2">違反「核准延長之期間超過無法實施之期間」、「核准期間超過外國專利主管機關認許許可證之期間」規定，其超過之期間，視為未延長。</td></tr>
<tr><td>延展期間</td><td colspan="2">因戰事無法實施專利權而受損失者，得申請延展專利權五年至十年，但以一次為限。（§66）</td></tr>
</table>

發明專利權期限自申請日起算二十年屆滿；專利權人自公告之日起取得專利權，得積極實施或處分專利權或消極行使專利權排除他人侵害專利權。但醫藥品或農藥品攸關國民衛生健康應予管制，依藥事法及農業管理法，醫藥品或農藥品之製造、加工或輸入須經目的事業主管機關（行政院衛生署及農業委員會）許可，通過藥事法及農藥管理法所定之上市許可事項及程序後，始能實施專利權，製造、販賣或進口醫藥品或農藥品；致若取得專利權時尚無法實施、上市，實際享有的專利權期限低於二十年。有鑑於此，國際上定有延長專利權期間之制度，目的在於彌補醫藥品、農藥品及其製造方法發明專利須經法定審查取得上市許可證而無法實施專利權之期間；惟依專

利法第147條，申請延長專利權期間僅適用於83年1月23日之後所提出之申請案。延長專利權期間之核定係依「專利權期間延長核定辦法」，該辦法係在專利法之授權下，由經濟部會同農委會及衛生署訂定（專§53.V）。

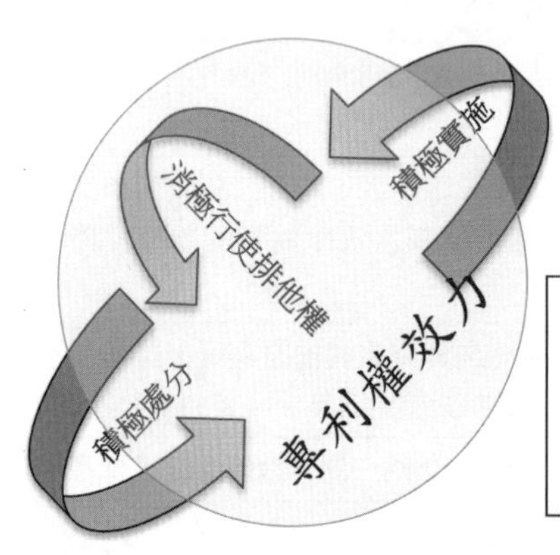

*實施行為：自己製造、為販賣之要約、販賣、使用、進口。
**處分行為：讓與、授權、設質、信託。
***消極行使排他權：排除他人製造、為販賣之要約、販賣、使用、進口。

圖7-2　專利權效力

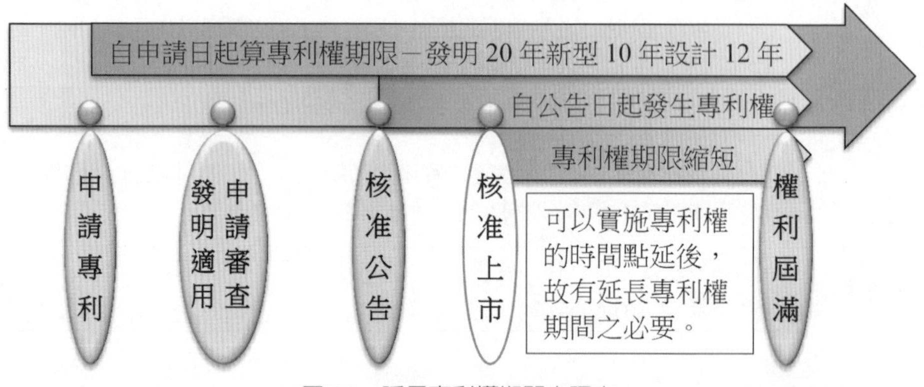

圖7-3　延長專利權期間之理由

前述為專利權期限之「延長」；另有專利權期限之「延展」。專利法第66條：發明專利權人因中華民國與外國發生戰事受損失者，得申請延展專利權五年至十年，以一次為限。但屬於交戰國人之專利權，不得申請延展。新型及設計專利與公共利益之間的關係較不密切，故不準用專利法第66條。

7.2.1　申請及審查

一、申請對象及範圍限制

依藥事法第39條及農藥管理法第9條，製造（加工）或輸入醫藥品、農藥品者須取得中央目的事業主管機關核定之許可證，始得為之。

專利法所稱「醫藥品」限於增進人類健康與福祉之藥品，但不包括動物用藥；通常係指用於診斷、治療、減輕或預防人類疾病或其他足以影響人類身體結構及生理機能之物質或組合物。專利法所稱「農藥品」係指用於1.防除對於農林作物或其產物有害之生物；或2.調節農林作物生長或影響其生理作用；或3.調節有益昆蟲生長之物質或組合物。

專利法所定醫藥品、農藥品之物之發明及製法發明均得為主張延長專利權期間之對象，包括醫藥品、農藥品之物、製造方法（專§53.I）及用途發明專利（專§56）；但不涉及動物用藥品（專§53.III）。因此，非屬醫藥品、農藥品或其製造方法之發明專利：醫療器材、化粧品、健康食品、醫藥品或農藥品之包裝、與製造醫藥品或農藥品有關之中間體或催化劑、製藥機具或裝置、醫藥及農藥用途以外之化學品及其使用等，均不得申請延長。本身非屬有效成分之增效劑或輔助活性劑，縱使該增效劑或輔助活性劑屬醫藥品或農藥品或其製造方法發明專利範疇，亦非屬得申請延長之專利種類。

延長專利權期間之審查，並非申請專利範圍中所載之全部請求項，亦非某一請求項予以延長，得核准延長專利權期間的對象，限於申請專利範圍中與醫藥品或農藥品第一次許可證所載之有效成分「及」其用途（適應症）對應之物、用途或製法，其可能對應若干請求項。申請專利範圍中有記載而許可證未記載之其他物、其他用途或其他製法，不適用之。得核准延長專利權期間之範圍分述如下：

1. 於物之發明專利，限於第一次許可證所載有效成分及用途所對應之特定物。
2. 於用途發明專利，限於第一次許可證所載有效成分之用途所對應之特定用途。
3. 於製法發明專利，限於第一次許可證所載特定用途之有效成分所對應之製法。例如，原核准之專利權範圍為一種阿斯匹靈之製法，據以申請延長專利權期間之許可證係以高血壓為適應症之阿斯匹靈，得核准延長專利權期間者限於治療高血壓之阿斯匹靈之製法。

醫藥品或農藥品

- 增進人類（不含動物）健康與福祉之藥品
- 防除對於農林作物或其產物有害之生物
- 調節農林作物生長或影響其生理作用
- 調節有益昆蟲生長之物質或組合物

申請專利範圍與許可證之關聯

- 申請專利範圍中與醫藥品或農藥品第一次許可證所載之有效成分及其用途（適應症）必須對應

物、方法或用途

- 包括醫藥品、農藥品及其製造方法及用途
- 不包括動物用藥品、醫療器材或化學品之製造方法
- 不涉及製造醫藥品或農藥品之機械、器材或裝置

圖7-4　延長專利權期間之適用範圍

二、申請時機

延長專利權期間之申請，必須於取得第一次許可證後三個月內，向專利專責機關提出。但為預留審查時間，在專利權期間屆滿前六個月內，專利專責機關不受理申請，以免尚未審定而專利權期限已屆滿。

前述所稱「第一次許可證」，指醫藥品、農藥品或其製造方法發明專利權人依「專利權期間延長核定辦法」第3條規定於申請書上所載申請延長專利權期間之該次許可（許可證加註多個許可者，各個許可應依核准日期區分之）。許可證是否為第一次，係以許可證記載之有效成分及用途二者合併判斷，非僅以有效成分單獨為之。若有效成分有多種用途，依不同用途各自取得之最初許可，均得為專利法所稱之「第一次許可證」，據以申請延長專利權期間。惟仍受後述同一許可證僅能延長一次及同一專利權僅能延長一次之

限制。例如，一有效成分以適應症A取得許可證，嗣以適應症B申請變更許可（新增適應症），該有效成分以適應症A、B分別取得之許可，均可作為申請延長之第一次許可證，惟專利權人僅得選擇其一就同一專利權申請延長一次。

三、申請限制

對於取得許可證始能實施之醫藥品、農藥品或其製造方法發明專利權，若專利權公告日早於取得許可證之日，即使取得專利權，專利權人或被授權人仍無法據以實施（製造、為販賣之要約、販賣、使用、進口），而喪失專利權部分保護期間者，專利權人或被授權人得申請延長專利權期間，以彌補無法實施之期間，不受舊法所定二年無法實施之限制（舊法規定得申請延長專利期間者為專利案公告後需時二年以上；依現行法第154條，102年1月1日施行前，尚未審定之申請案，其專利權仍存續者，不受舊法所定二年無法實施之限制，且應依102年1月1施行之專利法、施行細則及審查基準進行審查），但仍不得超過因申請許可而無法實施專利權之期間，且最長不得超過五年，即使無法實施之期間超過五年。

除前述僅能彌補無法實施期間之限制外，專利法限制申請延長專利權期間之次數：「同一專利權僅能延長一次」且「同一許可證僅能延長一次」；尚不得以多張「第一次許可證」多次申請延長同一專利權中同一或不同請求項之期間，亦不得以一件「第一次許可證」申請延長不同專利權之期間。

同一專利權僅能延長一次，例如，一專利權包含殺菌劑及殺蟲劑二請求項，以殺菌劑之農藥許可證延長專利權期間，即不得再以殺蟲劑之農藥許可證延長該專利權期限；即使殺菌劑及殺蟲劑之許可屬同一張許可證，亦僅得選擇其中之一許可延長同一專利權期限。

同一許可證僅能延長一次，例如，有一殺菌劑專利權及一殺蟲劑專利權，取得之第一次許可證包含殺菌劑及殺蟲劑之許可，以該許可證延長殺菌劑專利權期限，即不得再以該許可證延長殺蟲劑專利權期限；即使殺菌劑及殺蟲劑屬同一專利權，亦僅得選擇其中之一延長專利權期間。

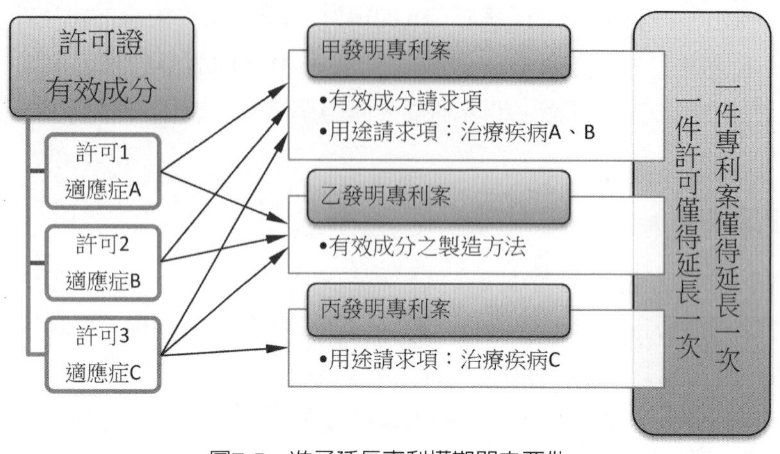

圖7-5　准予延長專利權期間之要件

四、視為已延長

為避免專利權延長期間產生空窗期，致權利狀態不確定，當專利權期限已屆滿，而延長專利權期間之申請尚未審定者，專利法擬制所申請之專利權期間視為已延長。惟該擬制之法律效果僅為一暫時狀態，若專利專責機關否准延長專利權期間之申請，則該擬制之法律效果自始不發生，該專利權期限至屆滿日為止（專§54但書）。前述專利法第54條但書「但經審定不予延長者，至原專利權期限屆滿日止。」係規定該擬制延長之法律效果自始不發生。再者，為平衡專利權人利益及公共利益，以避免專利權人浮濫申請延長專利權期間及興訟之動機，前述規定並不以審定確定為準，因為若以審定確定為準，即使行政救濟結果維持不予延長之審定，專利權人無異仍獲得在爭訟期間內實質延長專利權存續期間之不當利益。

為利公眾知悉專利權之狀態，經受理延長專利權期間之申請，專利專責機關應公告延長專利權期間之申請狀態（專§84）。因此，專利權期間屆滿前，延長專利權期間之申請已繫屬專利專責機關且經審定准予延長者，對於該延長之期間，未經專利權人同意而實施該專利權之人不得主張善意信賴原專利權期限已屆滿而無侵權責任。相對地，授權契約標的涉及視為已延長之專利權期限，經審定不予延長者，除契約另有約定外，專利權人就已收取之權利金應負不當得利之返還責任。

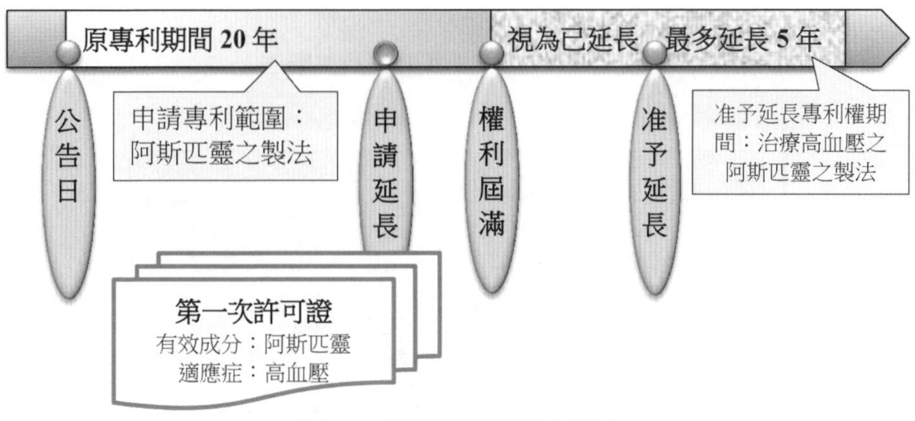

圖7-6　延長專利權期間之效果

五、得申請延長之期間及其計算方式

專利權期間延長核定辦法第4條：（第1項）醫藥品或其製造方法得申請延長專利權之期間包含：1.為取得中央目的事業主管機關核發藥品許可證所進行之國內外臨床試驗期間。2.國內申請藥品查驗登記審查期間。（第2項）前項第1款之國內外臨床試驗，以經專利專責機關送請中央目的事業主管機關確認其為核發藥品許可證所需者為限。（第3項）依第1項申請准予延長之期間，應扣除可歸責於申請人之不作為期間、國內外臨床試驗重疊期間及臨床試驗與查驗登記審查重疊期間。

專利權期間延長核定辦法第6條：（第1項）農藥品或其製造方法得申請延長專利權之期間包含：1.為取得中央目的事業主管機關核發農藥許可證所進行之國內外田間試驗期間。2.國內申請農藥登記審查期間。（第2項）前項第一款之國內外田間試驗，以經專利專責機關送請中央目的事業主管機關確認其為核發農藥許可證所需者為限。（第3項）第一項第一款在國內外從事之田間試驗期間，以各項試驗中所需時間最長者為準。但各項試驗間彼此具有順序關係時得合併計算。（第4項）依第一項申請准予延長之期間，應扣除可歸責於申請人之不作為期間、國內外田間試驗重疊期間及田間試驗與登記審查重疊期間。

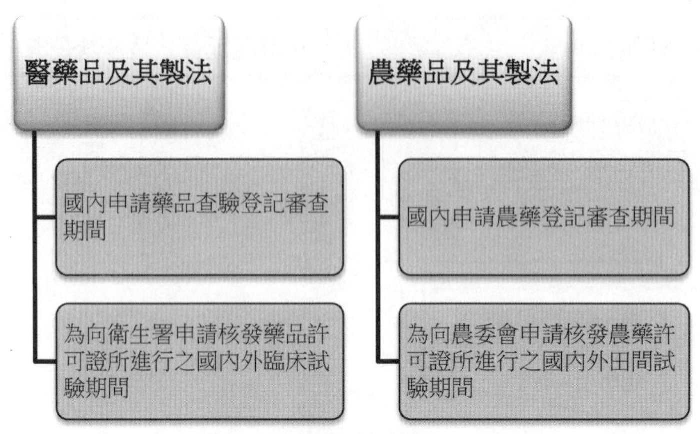

圖7-7　得申請延長之期間

專利權期間延長核定辦法第8條：（第1項）為取得許可證而無法實施發明之期間，其國內外試驗開始日在專利案公告日之前者，自公告日起算；國內外試驗開始日在專利案公告日之後者，自該試驗開始日起算。（第2項）為取得許可證而無法實施發明期間之訖日，為取得許可證之前一日。

專利權期間延長核定辦法第9條：延長專利權期間申請案，經審查為取得許可證而無法實施發明之期間超過申請延長專利權期間者，以所申請延長專利權期間為限。

7.2.2　舉發及撤銷

對於發明專利權期間延長申請案，經專利專責機關審定核准公告後，任何人認有專利法所定應撤銷之七款事由者，得附具證據，向專利專責機關舉發之。

一、得舉發之期間及舉發人

對於延長專利權期間之舉發申請，任何人均得為之；專利權人為非專利申請權人者，利害關係人亦得為之（專§83準用71）。專利法第12條並未規定申請延長專利權期間必須由共有人全體提出申請，故專利法第71條第1項第3款中所定違反第12條者，尚不得舉發之。

原則上，得提起舉發之期間應為被舉發之專利權存續之期間，但有可回復之法律利益者，在該延長專利權期間屆滿消滅後，利害關係人仍得為之（專§83準用專72）。

二、得舉發之對象

得核准延長專利權期間的對象，限於醫藥品、農藥品之物、用途或製法專利權，且限於申請專利範圍中與醫藥品或農藥品第一次許可證所載之有效成分及其用途（適應症）對應之物、用途或製法。

對於延長專利權期間，得舉發之對象應限於前述所申請之醫藥品、農藥品之物、用途或製法專利權之申請專利範圍中屬於第一次許可證所載之有效成分及其用途對應之物、用途或製法。

三、得舉發之事由

依專利法第57條，對於經核准之延長專利權期間，得舉發之事由：

1. 發明專利之實施無取得許可證之必要者。
2. 專利權人或被授權人並未取得許可證。
3. 核准延長之期間超過無法實施之期間。
4. 延長專利權期間之申請人並非專利權人。
5. 申請延長之許可證非屬第一次許可證或該許可證曾辦理延長者。
6. 以取得許可證所承認之外國試驗期間申請延長專利權時，核准期間超過該外國專利主管機關認許者。
7. 核准延長專利權之醫藥品為動物用藥。

四、舉發之審查

延長專利權期間之舉發的審查程序，準用一般舉發案之程序，見7.3「專利權之撤銷及專利有效性抗辯」。

五、舉發成立確定之效果

延長專利權期間經舉發成立確定者，原核准延長之期間，視為自始不存在；但因違反「核准延長之期間超過無法實施之期間」、「以取得許可證所承認之外國試驗期間申請延長專利權時，核准期間超過該外國專利主管機關認許者」規定，經舉發成立確定者，就其超過之期間，視為未延長。（專§57.II）

【相關法條】

專利法：12、52、58、66、71、72、83、84、147、154。

專利權期間延長核定辦法：3、4、6、8、9。

【考古題】

◎張三於民國95年12月1日完成一項醫藥品的發明，並於96年10月1日依法檢具所有應備文件向經濟部智慧財產局申請專利，該局於98年12月1日公告該案之核准。張三嗣於99年10月1日向行政院衛生署申請上市許可證，並於100年6月1日開始從事臨床試驗。復經行政院衛生署審查，於102年12月1日核發上市許可證。依此例，張三何時開始享有專利權？該項專利權期限何時屆至？張三得否以取得許可證為由申請延長專利權期間？請說明之。（97年專利師考試「專利法規」）

◎我國專利法有申請專利權之「延展」及申請專利權之「延長」規定，試請說明二者之異同？（第五梯次專利師訓練「專利法規」）

7.3 專利權之撤銷及專利有效性抗辯

第71條（得舉發撤銷發明專利權之事由）

發明專利權有下列情事之一，任何人得向專利專責機關提起舉發：

一、違反第二十一條至第二十四條、第二十六條、第三十一條、第三十二條第一項、第三項、第三十四條第四項、第四十三條第二項、第四十四條第二項、第三項、第六十七條第二項至第四項或第一百零八條第三項規定者。

二、專利權人所屬國家對中華民國國民申請專利不予受理者。

三、違反第十二條第一項規定或發明專利權人為非發明專利申請權人。

以前項第三款情事提起舉發者，限於利害關係人始得為之。

發明專利權得提起舉發之情事，依其核准審定時之規定。但以違反第三十四條第四項、第四十三條第二項、第六十七條第二項、第四項或第一百零八條第三項規定之情事，提起舉發者，依舉發時之規定。

第72條（舉發之特別條件）

利害關係人對於專利權之撤銷，有可回復之法律上利益者，得於專利權當然消滅後，提起舉發。

第73條（舉發之程式）

舉發，應備具申請書，載明舉發聲明、理由，並檢附證據。

專利權有二以上之請求項者，得就部分請求項提起舉發。

舉發聲明，提起後不得變更或追加，但得減縮。

舉發人補提理由或證據，應於舉發後一個月內為之。但在舉發審定前提出者，仍應審酌之。

第74條（舉發申請書之送達及答辯）
專利專責機關接到前條申請書後，應將其副本送達專利權人。 專利權人應於副本送達後一個月內答辯；除先行申明理由，准予展期者外，屆期未答辯者，逕予審查。 舉發人補提之理由或證據有遲滯審查之虞，或其事證已臻明確者，專利專責機關得逕予審查。
第75條（舉發之依職權審酌）
專利專責機關於舉發審查時，在舉發聲明範圍內，得依職權審酌舉發人未提出之理由及證據，並應通知專利權人限期答辯；屆期未答辯者，逕予審查。
第76條（舉發之審查行為）
專利專責機關於舉發審查時，得依申請或依職權通知專利權人限期為下列各款之行為： 一、至專利專責機關面詢。 二、為必要之實驗、補送模型或樣品。 前項第二款之實驗、補送模型或樣品，專利專責機關認有必要時，得至現場或指定地點勘驗。
第77條（更正與舉發之合併審查及審定）
舉發案件審查期間，有更正案者，應合併審查及合併審定；其經專利專責機關審查認應准予更正時，應將更正說明書、申請專利範圍或圖式之副本送達舉發人。 同一舉發案審查期間，有二以上之更正案者，申請在先之更正案，視為撤回。
第78條（舉發之合併審查及審定）
同一專利權有多件舉發案者，專利專責機關認有必要時，得合併審查。 依前項規定合併審查之舉發案，得合併審定。
第79條（舉發之逐項審定）
專利專責機關於舉發審查時，應指定專利審查人員審查，並作成審定書，送達專利權人及舉發人。 舉發之審定，應就各請求項分別為之。
第80條（舉發之撤回）
舉發人得於審定前撤回舉發申請。但專利權人已提出答辯者，應經專利權人同意。 專利專責機關應將撤回舉發之事實通知專利權人；自通知送達後十日內，專利權人未為反對之表示者，視為同意撤回。

第81條（一事不再理）

有下列情事之一，任何人對同一專利權，不得就同一事實以同一證據再為舉發：

一、他舉發案曾就同一事實以同一證據提起舉發，經審查不成立者。

二、依智慧財產案件審理法第三十三條規定向智慧財產法院提出之新證據，經審理認無理由者。

第82條（撤銷確定及效力）

發明專利權經舉發審查成立者，應撤銷其專利權；其撤銷得就各請求項分別為之。

發明專利權經撤銷後，有下列情事之一，即為撤銷確定：

一、未依法提起行政救濟者。

二、提起行政救濟經駁回確定者。

發明專利權經撤銷確定者，專利權之效力，視為自始不存在。

第119條（得舉發撤銷新型專利權之事由）

新型專利權有下列情事之一，任何人得向專利專責機關提起舉發：

一、違反第一百零四條、第一百零五條、第一百零八條第三項、第一百十條第二項、第一百二十條準用第二十二條、第一百二十條準用第二十三條、第一百二十條準用第二十六條、第一百二十條準用第三十一條、第一百二十條準用第三十四條第四項、第一百二十條準用第四十三條第二項、第一百二十條準用第四十四條第三項、第一百二十條準用第六十七條第二項至第四項規定者。

二、專利權人所屬國家對中華民國國民申請專利不予受理者。

三、違反第十二條第一項規定或新型專利權人為非新型專利申請權人者。

以前項第三款情事提起舉發者，限於利害關係人始得為之。

新型專利權得提起舉發之情事，依其核准處分時之規定。但以違反第一百零八條第三項、第一百二十條準用第三十四條第四項、第一百二十條準用第四十三條第二項或第一百二十條準用第六十七條第二項、第四項規定之情事，提起舉發者，依舉發時之規定。

舉發審定書，應由專利審查人員具名。

第141條（得舉發撤銷設計專利權之事由）

設計專利權有下列情事之一，任何人得向專利專責機關提起舉發：

一、違反第一百二十一條至第一百二十四條、第一百二十六條、第一百二十七條、第一百二十八條第一項至第三項、第一百三十一條第三項、第一百三十二條第三項、第一百三十三條第二項、第一百三十九條第二項至第四項、第一百四十二條第一項準用第三十四條第四項、第一百四十二條第一項準用第四十三條第二項、第一百四十二條第一項準用第四十四條第三項規定者。

二、專利權人所屬國家對中華民國國民申請專利不予受理者。

三、違反第十二條第一項規定或設計專利權人為非設計專利申請權人者。

以前項第三款情事提起舉發者，限於利害關係人始得為之。

設計專利權得提起舉發之情事，依其核准審定時之規定。但以違反第一百三十一條第三項、第一百三十二條第三項、第一百三十九條第二項、第四項、第一百四十二條第一項準用第三十四條第四項或第一百四十二條第一項準用第四十三條第二項規定之情事，提起舉發者，依舉發時之規定。
TRIPs第32條（專利權之撤銷或失權）
對於撤銷或失權之決定，應提供司法審查。
TRIPs第41條（一般義務）
… 2. 有關智慧財產權之執行程序應公平且合理。其程序不應無謂的繁瑣或過於耗費，或予以不合理之時限或任意的遲延。 3. 就案件實體內容所作之決定應儘可能以書面為之，並載明理由，而且至少應使涉案當事人均能迅速取得該書面；前揭決定，僅能依據已予當事人答辯機會之證據為之。 …

對於他人取得之專利權，任何人認為該專利權違反專利法之規定者，得向專利專責機關舉發，請求重新審查。專利權經撤銷確定者，專利權效力自始不存在。

撤銷專利權的制度不僅是專利權授予的制衡，亦為專利專責機關無法完全嚴密專利要件之審查所必要的公眾審查制度。由於先前技術資料浩瀚，專利專責機關不可能蒐遍全世界所有技術資料，獲准之專利權並不代表絕對不存在相關之先前技術或先前技藝。因此，任何人發現有不當授予專利權之情事，可透過舉發制度撤銷該專利權。具有公眾審查精神的異議制度遭廢除後，舉發制度兼具公眾審查之目的。此外，由於撤銷專利權的效果是專利權自始不存在，致專利權之舉發通常是專利侵權爭執中最直接的防禦手段，舉發案之審查結果已為專利侵權訴訟之先決問題。

97年7月1日起施行智慧財產案件審理法，其第16條規定：當事人主張或抗辯智慧財產權有應撤銷、廢止之原因者，法院應就其主張或抗辯有無理由自為判斷；法院認有撤銷、廢止之原因時，智慧財產權人於該民事訴訟中不得對於他造主張權利。相對於舉發成立之效果，抗辯專利權無效的法律效果並不相同，但實質效果並無差異，因為民事訴訟案件的其他被告亦會仿傚先前案件之被告，援引相同證據抗辯專利權無效，致判決結果極有可能仍為專利無效。

102年1月1日施行之專利法增列有關舉發之事項：

1. 舉發事由增列違反先申請主義之本質事項，包括補正之中文本、（申請案及專利案之）誤譯訂正、分割、改請及更正等實體要件，至於修正之本質性實體要件已為舊法之舉發事由（專§71.I）。
2. 依實體從舊之法理，得提起舉發之事由應依核准審定時之規定，惟因分割、修正、改請或更正超出申請時說明書等申請文件所揭露之範圍，或更正實質擴大或變更公告時之申請專利範圍者，因該等事由均屬本質事項，仍得依現行法據以提起舉發、審查，即使其中之修正非屬核准審定時專利法所定之舉發事由（專§71.II）。
3. 得就各個請求項提起舉發，提起舉發後，得減縮聲明，但不得變更或追加舉發聲明（專§73）。
4. 為避免舉發人刻意遲滯審查程序，經協商，得訂定審查計畫，以利於程序之進行；若未依審查計畫適時提出攻擊防禦方法且舉發事證已臻明確者，專利專責機關得逕予審查（專§74.III）。
5. 舉發審查採職權審查主義，得依職權審酌舉發人未提出之理由及證據，但應限於舉發聲明範圍，且必須通知專利權人答辯（專§75）。
6. 舉發案審查期間有更正案者，應合併審查舉發案與更正案，且應合併審定。同一舉發案審查期間有二以上更正案者，申請在先之更正案視為撤回（專§77）。新型之更正案，應為形式審查，但合併舉發案時應為實體審查（專§118）。前述皆屬法定強制規定。
7. 同一專利權之舉發案得合併審查，合併審查同一專利權之舉發案，得合併審定亦得分別審定；此屬審查人員之職權，故不得爭執、救濟（專§78）。
8. 舉發聲明得就各個請求項為之（專§73.II）；舉發之審定及撤銷，亦應就各請求項分別為之（專§79.II、82.I）。
9. 經答辯後始撤回舉發者，須專利權人同意，以保障其程序利益（專§80.I）。
10. 擴大一事不再理之適用範圍及於舉發及行政訴訟程序中所提出之新證據經審理認無理由者（專§81）。
11. 廢除依職權審查制度。

7.3.1　舉發之申請

<table>
<tr><th colspan="3">舉發申請綱要</th></tr>
<tr><td>舉發</td><td colspan="2">任何人認為他人專利權違反專利要件者，得提起舉發，請求重新審查；專利權經撤銷確定者，專利權效力視為自始不存在。</td></tr>
<tr><td>目的</td><td colspan="2">公眾審查；專利侵權訴訟中的防禦手段。</td></tr>
<tr><td>發動</td><td colspan="2">以書面申請為原則，應備具申請書，載明舉發聲明、理由，並檢附證據。（§73.I）</td></tr>
<tr><td rowspan="2">法規適用</td><td>審定時</td><td>「程序從新從優」及「實體從舊」原則。
實體審查之原則：依核准審定時之規定。（§149.II）</td></tr>
<tr><td>舉發時</td><td>實體審查之例外：修正、更正、分割或改請內容均係溯自申請日生效，該等要件屬本質事項，應依舉發時之規定。（§71.III）</td></tr>
<tr><td>事由</td><td colspan="2">包括申請專利之主體要件，及實體審查之客體要件，但不包括單一性要件。（§71.I）</td></tr>
<tr><td rowspan="2">舉發人</td><td>利害關係人</td><td>專利申請權歸屬的問題，限利害關係人始得提起舉發。（§71.II）</td></tr>
<tr><td>任何人</td><td>其他事由，尤其有關客體要件之事由，任何人得提起舉發。（§71.I）
但專利權人不得提起舉發。</td></tr>
<tr><td rowspan="2">對象（§72）</td><td>未發生效力或已無效力</td><td>1.未獲准專利；2.獲准專利但未經公告取得專利權、3.專利權經撤銷確定者，不得提起舉發。</td></tr>
<tr><td>效力已消滅</td><td>消滅或拋棄專利權係往後發生效力，利害關係人有可回復之法律上利益者，得提起舉發。</td></tr>
<tr><td rowspan="3">範圍</td><td colspan="2">舉發聲明應記載請求撤銷專利權之請求項次，確定舉發範圍；得就部分請求項提起舉發。（§73.II）（相對地，更正之審定應就專利案整體為之）</td></tr>
<tr><td colspan="2">舉發聲明不得變更或追加，但得減縮。（§73.III）</td></tr>
<tr><td colspan="2">對於設計專利，應請求撤銷全案之專利權。
對於權利之歸屬、無法對應請求項次者，得請求撤銷全部請求項之專利權。</td></tr>
<tr><td>期間</td><td colspan="2">經公告之專利權存續期間中均得提起舉發。
專利權已消滅或拋棄者，必須是利害關係人有可回復之法律上利益者，始得於專利權消滅或拋棄後提起舉發。（§72）</td></tr>
</table>

一、舉發之發動

舉發審查之發動以書面申請為原則。按專利權之撤銷攸關私權爭執，而為民事侵權訴訟案件中當事人之防禦手段，原則上應由當事人進行攻擊防禦，專利專責機關不宜主動介入紛爭，故有關專利權的撤銷應由當事人發動舉發審查程序。依專利法第73條第1項，舉發，應備具申請書，載明舉發聲明、理由，並檢附證據，向專利專責機提出申請。

舉發人於舉發審定前撤回舉發者，其所發動的審查程序終止；舉發審定後始撤回舉發者，不生撤回之效力，舉發審定結果仍為有效。

二、法規適用

舉發審查適用法規之基本原則為「程序從新從優」及「實體從舊」，「程序從新從優」原則係依中央法規標準法第18條：「各機關受理人民聲請許可案件適用法規時，除依其性質應適用行為時之法規外，如在處理程序終結前，據以准許之法規有變更者，適用新法規，但舊法規有利於當事人而新法規未廢除或禁止所聲請之事項者，適用舊法規。」前段規定程序事項應遵循從新原則，但書規定程序事項應遵循從優原則，合稱「從新從優原則」。現行法涉及更正及舉發之案件，程序事項方面有相當多條增修條文，依專利法第149條第2項，中華民國102年1月1日專利法施行前，尚未審定之更正案及舉發案，適用修正施行後之規定。

舉發申請書一式三份

- 載明被舉發案案號、專利證書號、被舉發案名稱、舉發人、被舉發人、代理人等資料。
- 舉發聲明，表明舉發人請求撤銷專利權之請求項次，或設計專利權全案。
- 舉發理由，應敘明舉發所主張之法條及具體事實，並敘明各具體事實與證據間之關係。

證據一式三份

- 書證如為影本，應證明與原本或正本相同，專利專責機關認有必要時，得要求檢送原本或正本。（細4）
- 證明文件為外文者，專利專責機關認有必要時，得通知舉發人檢附中文譯本或節譯本。（細3）

利害關係人、可回復之法律上利益之證明文件

- 舉發事由係主張系爭專利之申請權人並非真正專利申請權人，或專利申請權為共有而非由全體共有人提出申請者，應檢附利害關係人之證明文件。
- 利害關係人於專利權當然消滅後提起舉發者，應檢附其對於專利權之撤銷有可回復之法律上利益之證明文件。

不受理舉發申請之事由

- 提起舉發時，專利申請案尚未公告者，應不受理。惟如專利申請案已核准審定或處分並繳費領證者，將暫緩處理，俟公告後再續行程序。
- 提起舉發時，專利權已撤銷確定。
- 未檢附利害關係人、可回復法律上利益之證明文件，經通知補正而未補正者。
- 未載明舉發聲明，經通知補正而未補正者。
- 未載明舉發理由且未附證據，經通知補正而不補正者。

圖7-8　舉發之申請文件及程序審查

舉發案係就已獲准之專利權所提起，若該專利權之核准係依舊法者，舉發案之實體要件應以核准審定時所適用之專利法為準，即「實體從舊」原則，因為若以現行專利法為準，將因不同專利要件之適用使專利權處於不確定狀態。因此，依專利法第71條第3項（新型為第119條第3項，設計為第141條第3項）規定，發明專利權得提起舉發之情事，原則上係依其核准審定時之規定；但違反第34條第4項（分割）、第43條第2項（修正）、第67條第2項、第4項（更正）或第108條第3項（改請）等舊法已有之規定（設計為第131條第3項、第132條第3項、第139條第2項、第4項、第142條第1項準用第34條第4項或第43條第2項），就其所涉及之實體要件「不得超出申請時……

所揭露之範圍」提起舉發者，雖然舊法僅規定修正或更正說明書或圖式時須符合該要件（但未規定更正超出範圍為舉發事由），惟經核准之修正、更正、分割或改請內容均為溯自申請日生效，且該等要件係屬違反先申請主義下之本質事項或係屬公示原則下之擴大、變更專利權範圍，故應依舉發時之規定。

事實上，舊法時期專利權之爭執涉及分割或改請者，亦適用實體要件「不得超出申請時所揭露之範圍」，見智慧財產法院98年度民專訴字第124號判決及2004年版相關審查基準。

現行專利法所定發明專利實體要件涉及「超出範圍」之法條計七條（設計專利涉及之法條計八條），包括：中文本之補正、修正、誤譯訂正、分割、改請、更正，誤譯訂正之更正，其中補正、誤譯訂正及誤譯訂正之更正係現行法所增定之新制度，故無前述實體從舊與否之抉擇。

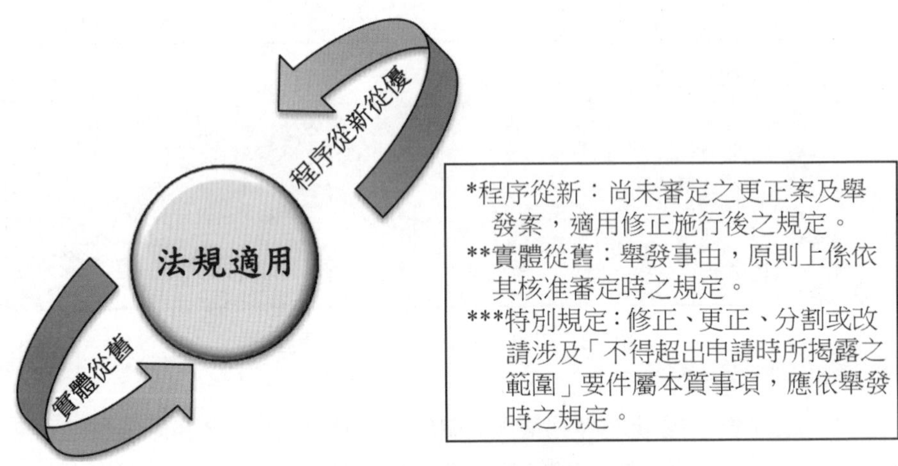

圖7-9　舉發申請之法規適用

三、舉發事由

有關舉發之實體規定部分，102年1月1日施行之專利法有下列之增刪：a.廢除依職權審查制度，撤銷專利權概由當事人發動；b.修正得提起舉發之事由，並明定其舉發事由依核准審定時之規定，惟因修正、分割、改請或更正超出申請時所揭露之範圍，或更正實質擴大或變更公告時之專利權範圍者，因該等事由均屬本質事項，雖然核准審定時未定為舉發事由（93年7月1日之前修正內容超出範圍並非舉發事由），仍得舉發。

專利法第46條規定專利專責機關審酌申請專利之發明是否准予發明專利之實體要件包括：第21條（發明之定義）、第22條（專利三要件或稱可專利性，包括產業利用性、新穎性、進步性）、第23條（擬制喪失新穎性）、第24條（不予發明專利之標的）、第26條（記載要件、記載形式、明確及支持要件）、第31條（先申請原則）、第32條第1項、第3項（一案兩請之處理）、第33條（發明單一性，第33條為是否准予專利之實體要件，但准予專利後，不得據以提起舉發）、第34條第4項（分割申請，不得超出原申請案申請時說明書、申請專利範圍或圖式所揭露之範圍）、第43條第2項（修正說明書或圖式，不得超出申請時說明書、申請專利範圍或圖式所揭露之範圍）、第44條第2、3項（說明書中文本之補正及外文本之誤譯訂正，不得超出申請時外文本所揭露之範圍）及第108條第3項（改請申請，不得超出原申請案申請時說明書、申請專利範圍或圖式所揭露之範圍）之規定。

依專利法第71條第1項規定，得舉發發明專利之事由包括申請專利之主體要件：「a.專利權人所屬國家對中華民國國民申請專利不予受理者；b.專利權人為非專利申請權人者；c.非由全體專利申請權共有人申請專利者」，尚包括前述實體審查之客體要件，但不包括「單一性」要件。

發明專利案得提起舉發之事由（專§71）				
類型	要件群組	條文	客體要件	申請種類
客體要件	涉及發明本質之事項	21	發明之定義	專利申請
		22.I主文	產業利用性	
		24	不予發明專利之標的	
	屬對照先前技術始能確定之相對要件	22.I後段	新穎性	

發明專利案得提起舉發之事由（專§71）				
		22.II	進步性	
		23	擬制喪失新穎性	
		31	先申請原則	
		32.I,III	一案兩請之處理	
	涉及說明書、申請專利範圍或圖式之記載事項	26.I	可據以實現	
		26.II	明確、支持	
		26.IV	記載形式	
	涉及說明書、申請專利範圍或圖式之變更事項	34.IV	不得超出原申請案申請時說明書、申請專利範圍或圖式所揭露之範圍	分割
		43.II	不得超出申請時說明書、申請專利範圍或圖式所揭露之範圍	修正
		44.II	不得超出申請時外文本所揭露之範圍	中文本之補正
		44.III	不得超出申請時外文本所揭露之範圍	誤譯訂正
		108.III	不得超出原申請案申請時說明書、申請專利範圍或圖式所揭露之範圍	改請
		67.II	不得超出申請時說明書、申請專利範圍或圖式所揭露之範圍	更正
		67.IV	不得實質擴大或變更公告時之申請專利範圍	
		67.III	不得超出申請時外文本所揭露之範圍	誤譯訂正之更正
主體要件	互惠	71.I(2)	專利權人所屬國家對中華民國國民申請專利不予受理	舉發
	申請人之適格	71.I(3)	違反共有專利申請權之申請	
			發明專利權人為非發明專利申請權人	
*實體審查要件中之「單一性」非屬得提起舉發之事由				

如同發明專利之舉發，依專利法第119條第1項規定，得舉發新型專利之事由包括申請專利之主體要件及客體要件，當然不包括「新型單一性」要件。

新型專利案得提起舉發之事由（專§119）				
類型	要件群組	條文	客體要件	申請種類
客體要件	涉及新型本質之事項	104	新型之定義	專利申請
		22.I主文	產業利用性	
		105	不予新型專利之標的	
	屬對照先前技術始能確定之相對要件	22.I後段	新穎性	
		22.II	進步性	
		23	擬制喪失新穎性	
		31	先申請原則	
	涉及說明書、申請專利範圍或圖式之記載事項	26.I	可據以實現	
		26.II	明確、支持	
		26.IV	記載形式	
	涉及說明書、申請專利範圍或圖式之變更事項	34.IV	不得超出原申請案申請時說明書、申請專利範圍或圖式所揭露之範圍	分割
		43.II	不得超出申請時說明書、申請專利範圍或圖式所揭露之範圍	修正
		110.II	不得超出申請時外文本所揭露之範圍	中文本之補正
		44.III	不得超出申請時外文本所揭露之範圍	誤譯訂正
		108.III	不得超出原申請案申請時說明書、申請專利範圍或圖式所揭露之範圍	改請
		67.II	不得超出申請時說明書、申請專利範圍或圖式所揭露之範圍	更正
		67.IV	不得實質擴大或變更公告時之申請專利範圍	
		67.III	不得超出申請時外文本所揭露之範圍	誤譯訂正之更正
主體要件	互惠	119.I(2)	專利權人所屬國家對中華民國國民申請專利不予受理	舉發
	申請人之適格	119.I(3)	違反共有專利申請權之申請	
			新型專利權人為非新型專利申請權人	

專利法第134條規定專利專責機關審酌申請專利之設計是否准予設計專利之實體要件包括：第121條（設計之定義）、第122條（專利三要件或稱可專利性：產業利用性、新穎性、創作性）、第123條（擬制喪失新穎性）、第124條（不予設計專利之標的）、第126條（記載要件、記載形式）、第127條（衍生設計）、第128條第1項至第3項（先申請原則）、第129條第1、2項（一設計一申請、成組設計）、第131條第3項（同類改請申請，不得超出原申請案申請時說明書或圖式所揭露之範圍）、第132條第3項（他類改請申請，不得超出原申請案申請時說明書、申請專利範圍或圖式所揭露之範圍）、第133條第2項及第44條第3項（說明書中文本之補正及外文本之誤譯訂正，不得超出申請時外文本所揭露之範圍）、第34條第4項（分割申請，不得超出原申請案申請時說明書或圖式所揭露之範圍）及第43條第2項（修正說明書或圖式，不得超出申請時說明書或圖式所揭露之範圍）之規定。

依專利法第141條第1項規定，得舉發設計專利之事由包括申請專利之主體要件：「a.專利權人所屬國家對中華民國國民申請專利不予受理者；b.專利權人為非專利申請權人者；c.非由全體專利申請權共有人申請專利者」，尚包括前述實體審查之客體要件，但不包括「一設計一申請」要件。

設計專利案得提起舉發之事由（專§141）				
類型	**要件群組**	**條文**	**客體要件**	**申請種類**
客體要件	涉及設計本質之事項	121.I	設計之定義	專利申請
		121.I	整體設計及部分設計	
		121.II	圖像設計	
		122.I主文	產業利用性	
		124	不予設計專利之標的	
		127	衍生設計	
	屬對照先前技藝始能確定之相對要件	122.I後段	新穎性	
		122.II	創作性	
		123	擬制喪失新穎性	
		128	先申請原則	

設計專利案得提起舉發之事由（專§141）				
	涉及說明書或圖式之記載事項	126.I	可據以實現	
		126.II	記載形式	
	涉及說明書或圖式之變更事項	34.IV	不得超出原申請案申請時說明書或圖式所揭露之範圍	分割
		43.II	不得超出申請時說明書或圖式所揭露之範圍	修正
		133.II	不得超出申請時外文本所揭露之範圍	中文本之補正
		44.III	不得超出申請時外文本所揭露之範圍	誤譯訂正
		131.III	不得超出原申請案申請時說明書或圖式所揭露之範圍	同類改請
		132.III	不得超出原申請案申請時說明書或圖式所揭露之範圍	他類改請
		139.II	不得超出申請時說明書或圖式所揭露之範圍	更正
		139.IV	不得實質擴大或變更公告時之圖式	
		139.III	不得超出申請時外文本所揭露之範圍	誤譯訂正之更正
主體要件	互惠	134.I(2)	專利權人所屬國家對中華民國國民申請專利不予受理	舉發
	申請人之適格	134.I(3)	違反共有專利申請權之申請	
			設計專利權人為非設計專利申請權人	
*實體審查要件中之「一設計一申請」及「成組設計」非屬得提起舉發之事由				

四、舉發人

專利法第71條及第141條所定「專利權人為非專利申請權人者」及「非由全體專利申請權共有人申請專利者」，係專利申請權歸屬的問題，法定限於利害關係人始得提起舉發；其他舉發事由，尤其有關客體要件之事由，任何人均得提起舉發。但專利權人不得提起舉發，因舉發屬公眾審查制度之一環，且相關規定均以二造當事人共同參與舉發程序為前提，並有交付專利權人答辯程序之踐行，故舉發人為專利權人者，應不受理其舉發之申請，以免違背公眾審查之精神。依專利法施行細則第71條：「依本法第72條規定，於專利權當然消滅後提起舉發者，應檢附對該專利權之撤銷具有可回復之法律上利益之證明文件。」

利害關係人，最典型的情況為真正具有全部或部分專利申請權之人；若真正具有全部或部分專利申請權之人認為系爭專利權為不具申請權之人或為其他共有人所申請者，得於專利存續期間內提起舉發。利害關係人提起舉發，應於申請書中敘明並附具證據；未附具證據者，舉發案應於程序審查為「不受理」之處分。若舉發人已附具證據，經專利專責機關受理，即可進入實體審查程序。於實體審查階段，認定證明力不足，無法證明舉發人之主張者，應調查證據，包括通知舉發人補充理由或證據；經調查，認定無利害關係或無法認定利害關係者，因舉發人不適格，應以欠缺利害關係要件為由，為「舉發駁回」之審定。

舉發人為專利侵權民事訴訟之被告，專利權之存否關係其民事責任，而有可爭執之法律利益，故得為利害關係人。惟若專利侵權民事訴訟之被告為公司負責人，該公司既非被告，尚難據此主張具有法律上之利害關係，不得逕以公司名義提起舉發，舉發人應由該被告任之。

舉發人提起舉發時不具利害關係人資格，但舉發審定前已具備該資格者，符合利害關係之要件。

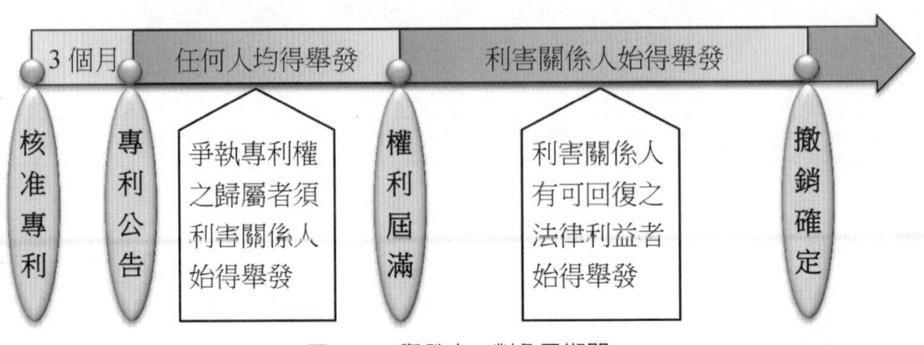

圖7-10　舉發人、對象及期間

五、舉發對象及範圍

舉發之目的在撤銷專利權，對於舉發時仍有效力之專利權均得提起舉發。因此，未獲准專利或獲准專利但未經公告取得專利權者，不得提起舉發；專利權經撤銷確定者，亦不得提起舉發；但消滅或拋棄專利權係往後發生效力，利害關係人有可回復之法律上利益者，得提起舉發（專§72）。

依專利法第73條，舉發，應備具申請書，載明舉發聲明、理由，並檢附證據；依專利法施行細則第72條：「（第1項）本法第73條第1項規定之舉發聲明，於發明、新型應敘明請求撤銷全部或部分請求項之意旨；其就部分請求項提起舉發者，並應具體指明請求撤銷之請求項；於設計應敘明請求撤銷設計專利權。（第2項）本法第73條第1項規定之舉發理由，應敘明舉發所主張之法條及具體事實，並敘明各具體事實與證據間之關係。」舉發聲明應表明舉發人請求撤銷專利權之請求項次，以確定舉發範圍，作為當事人攻防之焦點；專利權有二項以上之請求項者，得就部分請求項提起舉發（逐項舉發）；舉發聲明不得變更或追加，但得減縮，促使雙方攻擊防禦爭點集中，以利於審查程序之進行。舉發案之審查及審定，應於舉發聲明範圍內為之。

雖然舉發聲明不得變更或追加，惟將多項附屬項更正為獨立項，例如將原本依附三項請求項之附屬項減縮為二項獨立項，例外允許增加項次。由於原舉發聲明已包含該多項附屬項，原則上及於改寫後增加之請求項次，即使原舉發聲明中所載之請求項次無法直接對應到更正後之請求項次，仍不會認定前述情況為變更或追加舉發聲明。

設計專利並非以請求項表彰其權利範圍，對於設計專利之舉發，僅得請求撤銷設計專利權整體。

舉發事由為a.共有專利申請權非由全體共有人提出申請；b.專利權人非專利申請權人；c.專利權人所屬國家對中華民國國民申請專利不予受理；或d.說明書超出申請時說明書等申請文件所揭露之範圍但無法對應到請求項等，舉發人係爭執專利權整體，舉發聲明應記載請求撤銷全部請求項，而非求撤銷專利權整體。按專利權係無法分割之整體，惟依專利法第73條第2項就部分請求項提起舉發，係請求撤銷有瑕疵之部分請求項的專利權；然而，主張前述舉發事由時，因無法區分專利權範圍或專利權利之歸屬等，故舉發聲明僅得請求撤銷全部請求項。

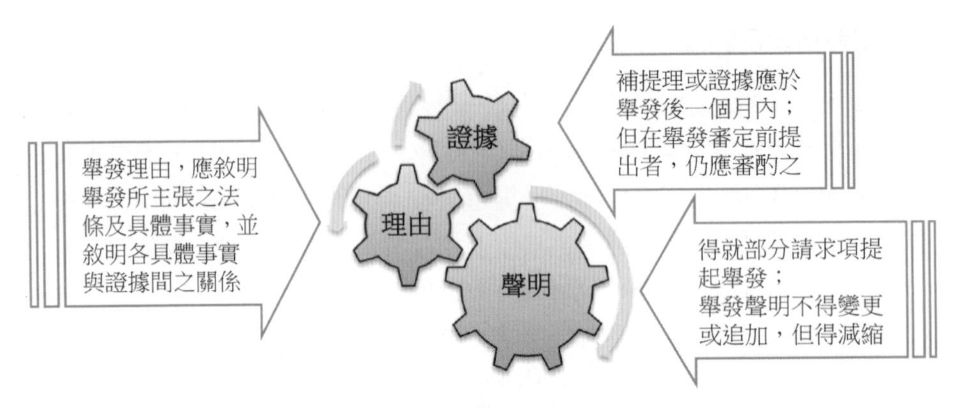

圖7-11　舉發聲明、理由及證據

舉發聲明之目的在特定舉發案之審查範圍，其為行使職權審查之範圍，故舉發案之審查及審定，必須在當事人有爭執且記載於舉發聲明之範圍內為之，以維護程序之公正。專利法施行細則第72條規定舉發聲明及舉發理由應記載之事項。對於聲明範圍內之請求項未備具舉發理由者（聲明範圍大於理由），專利專責機關應行使闡明權，通知減縮聲明或補提理由；屆期未減縮亦未補充者，應審定該部分請求項「舉發駁回」；對於未載於聲明範圍內之舉發理由（聲明範圍小於理由），應僅審查聲明範圍內之請求項，不得行使闡明權。

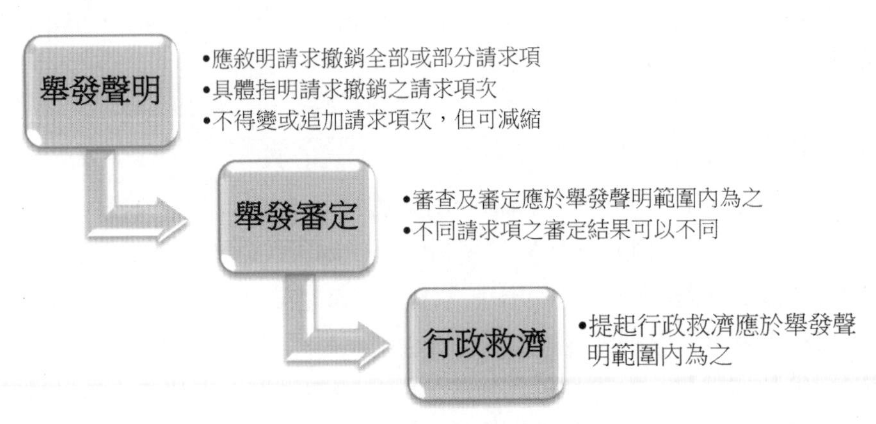

圖7-12　舉發聲明與審查之關係

現行法施行前已提起但尚未審定之舉發案，原則上係就全部請求項進行審查及審定，個別請求項未具備舉發理由及證據，且舉發人未主動補提理由及證據者，應為舉發駁回之審定。

六、舉發期間

舉發之目的係請求撤銷專利權，審定結果為舉發成立者，發生撤銷專利權之法律效果，故舉發之提起原則上應於專利權存續期間內為之。專利申請案係自核准公告之日起始授予專利權，故提起舉發，應自公告之日起始得為之。舉發人於專利公告之前提起舉發者，因尚無舉發標的，原本應不受理其舉發申請，惟若申請案已核准審定或處分並繳費領證，即使尚未公告尚無專利權，惟為免申請人反覆踐行舉發申請程序，將暫緩處理，俟公告後再續行程序。

經公告取得專利權，於存續期間中均得提起舉發；但專利權已消滅或拋棄者，必須是利害關係人且有可回復之法律上利益者，始得於專利權消滅或拋棄後提起舉發。舉發人是否為利害關係人，其處理如前述。

可回復之法律上利益，最典型的情況為專利權因專利法第71條所定情事之一而消滅，而舉發人於專利權存續期間曾受侵權訴訟之不利益判決，若可行使訴訟救濟推翻該判決，則具有可回復之法律上利益。利害關係人於專利權當然消滅後提起舉發，應於申請書中敘明並附具證據，證明其利害關係及專利權之撤銷有可回復之法律上利益；未附具證據者，舉發案應於程序審查為「不受理」之處分。若舉發人已附具證據，經專利專責機關受理，即可進入實體審查程序。於實體審查階段，認定證明力不足，無法證明舉發人之主張者，應調查證據，包括通知舉發人補充理由或證據；經調查，認定無可回復之法律上利益或無法認定有可回復之法律上利益者，因舉發人不適格，應以並無可回復之法律上利益為由，為「舉發駁回」之審定。舉發人主張可回復之法律上利益，僅以其形式上之主張而定，而不以事後結果有利或不利為據，故無須經實體審查，亦不生「舉發駁回」之審定。

舉發人提起舉發時專利權已當然消滅者，舉發人必須為利害關係人且有可回復之法律上利益；但提起舉發後專利權始消滅者，則無此限制，該舉發案仍應續行審查。

【相關法條】

專利法：21、22、23、24、26、31、32、33、34、43、44、46、67、104、

105、108、110、121、122、123、124、126、127、128、129、131、132、133、134、139、142、149。

施行細則：3、4、71、72。

中央法規標準法：18。

智慧財產案件審理法：16。

7.3.2 舉發之處理

<table>
<tr><th colspan="3">舉發處理綱要</th></tr>
<tr><td>補充證據及理由</td><td colspan="2">補提理由及證據，應自舉發之日起一個月內為之；但在舉發審定前提出者，仍應審酌之。（§73.IV）</td></tr>
<tr><td>答辯</td><td colspan="2">應將舉發申請書副本送達專利權人。專利權人應於副本送達後一個月內答辯。</td></tr>
<tr><td rowspan="2">合併更正</td><td colspan="2">更正案未作成處分前，應將更正案與舉發案合併審查並合併審定，此為強制規定。（§77.I）</td></tr>
<tr><td colspan="2">同一舉發案（不同舉發案不適用）審查期間，有二件以上之更正申請者，申請在先之更正視為撤回。（§77.II）</td></tr>
<tr><td rowspan="2">合併舉發</td><td colspan="2">因舉發聲明、舉發證據及答辯理由具共通性，或舉發證據具互補性者，得合併於單一審查程序。（§78）</td></tr>
<tr><td>性質</td><td>1.屬程序之合併，並非案件合併為一舉發案。2.屬審查人員之職權。3.不得提起行政救濟。</td></tr>
<tr><td rowspan="2"></td><td>處理</td><td>得合併審定或個別審定。</td></tr>
<tr><td>回復</td><td>得回復各舉發案原先之個別審查程序；合併審查階段所進行之程序及當事人所為之聲明、證據及理由等書面資料仍屬有效。</td></tr>
<tr><td>審查計畫</td><td colspan="2">當事人有遲滯審查之虞者，得與當事人商訂審查計畫；違反者，得逕予審查。</td></tr>
<tr><td rowspan="2">撤回舉發（§80）</td><td colspan="2">專利權人已提出答辯始撤回舉發者，應經專利權人同意。</td></tr>
<tr><td colspan="2">另有視為撤回之規定。</td></tr>
</table>

舉發人補提理由及證據，應自舉發之日起一個月內為之；但在舉發審定前提出者，仍應審酌之。專利專責機關接到舉發申請書後，應將舉發申請書副本送達專利權人。專利權人應於副本送達後一個月內答辯，除先行申明理

由，准予展期者外，屆期不答辯者，逕予審查。

專利專責機關於舉發審查時，應指定專利審查人員審查，並作成審定書，送達專利權人及舉發人。舉發審查時（專利案之准駁審查亦同），專利專責機關得依申請或依職權通知專利權人進行：1.面詢（依「經濟部智慧財產局專利案面詢作業要點」）；2.必要之實驗、補送模型或樣品；3.更正說明書或圖式；及4.勘驗（依「經濟部智慧財產局專利案勘驗作業要點」）。

有關舉發程序，102年1月1日施行之專利法增刪之部分：a.得就部分請求項提起舉發；b.舉發之審查得依職權審查；c.得將舉發案與另一舉發案合併審查；d.合併審查者得合併審定；e.撤回舉發之限制；f.遲滯審查之處理；及g.得將更正案與舉發案合併審查並合併審定。有關a之內容已如前述；b及d於下一小節說明；本小節就c、e、f及g分別說明之。

一、舉發程序之更正申請

舉發人備具舉發聲明、理由及證據，向專利專責機提出舉發，專利權人得因應舉發理由、證據更正說明書等申請文件以為防禦。申請更正說明書、申請專利範圍或圖式者，應備具申請書，並檢附更正替換頁、全份申請專利範圍或必要之證明文件（細§71.I）。

(一) 舉發案與更正案之合併

雖然舉發案與更正案分屬不同審查程序，但為避免延宕時程、平衡二造當事人之攻擊防禦方法及利於紛爭一次解決，不論更正案係單獨申請或於舉發答辯時連同答辯書一併申請，亦不論係於舉發前或舉發後申請，依專利法第77條第1項前段，更正案未作成處分前，應將更正案與舉發案合併審查並合併審定，此為強制規定。換句話說，只要有舉發案繫屬專利專責機關，不得單獨審查更正案並作成審定。有複數件舉發案繫屬專利專責機關者，更正案應與最先繫屬之舉發案合併，專利專責機關應將更正案與舉發案合併審查之事實通知專利權人，使專利權人有機會調整更正內容，作為對抗舉發攻擊之防禦方法。

(二) 更正申請書

申請更正說明書、申請專利範圍或圖式者，應備具申請書，依專利法施行細則第70條第5項：「更正申請專利範圍者，如刪除部分請求項，不得變更其他請求項之項號；更正圖式者，如刪除部分圖式，不得變更其他圖之圖號。」更正申請係對抗舉發攻擊之防禦方法，依第6項：「專利權人於舉發案審查期間申請更正者，並應於更正申請書載明舉發案號。」亦即專利權人應於更正申請書載明更正所合併之一件或多件舉發案號，以確定後續舉發審查之爭點範圍。專利權人未載明合併之舉發案號，經通知仍未載明者，該更正將合併最先提起且已合法繫屬專利專責機關審查中之舉發案。

新法施行後，舉發案得逐項提起舉發；審定、撤銷應就聲明之請求項分別為之。為避免舉發成立撤銷部分請求項後，重新排列舉發不成立之請求項號，可能導致專利權範圍解讀分歧之不當結果，故更正申請專利範圍者，如刪除部分請求項，不得變更其他請求項之項號，以明確表彰尚存續之權利範圍。例如圖7-13所示之情形，更正後雖已將請求項1刪除，但仍不得將請求項2、3重新排列為請求項1、2，而僅能在請求項2、3之項號不變之前提下，針對請求項2、3之內容作更正，請求項2可保留或改寫為獨立項。

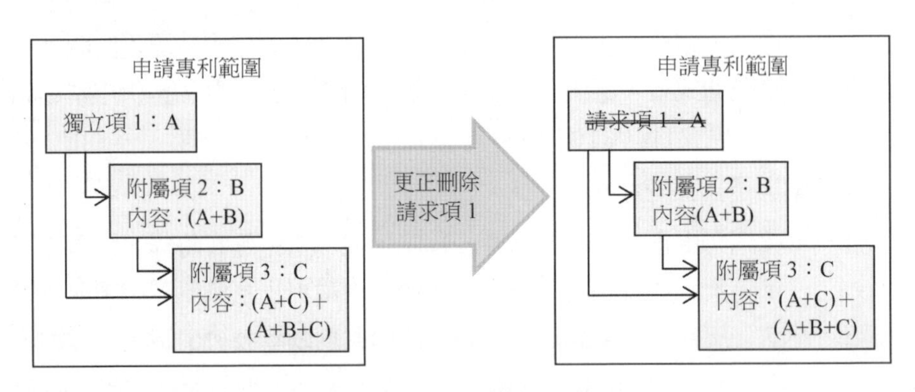

圖7-13　請求項項號不得變更

(三) 更正案之整併及視為撤回

為使審查焦點集中，依專利法第77條第2項，同一舉發案有二件以上之更正，申請在先之更正視為撤回；但分屬不同舉發案之更正，則無該項規定之適用。雖然如此，但更正之審定係就專利案整體為之，不得就部分更正事項准予更正，若各舉發案之更正內容不同，應通知專利權人整併，將各案之更正內容調整為相同。專利專責機關依專利法第78條合併審查複數件舉發案者，由於已合併成同一舉發審理程序，於各不同舉發案之更正則有前述規定之適用，而僅審查最後提出之更正，以避免不同的更正內容造成合併審查之基礎不一致或相互矛盾。換句話說，經通知整併而不整併更正內容者，專利專責機關得運用合併審查舉發案之機制強制專利權人整併更正內容，見圖7-14。

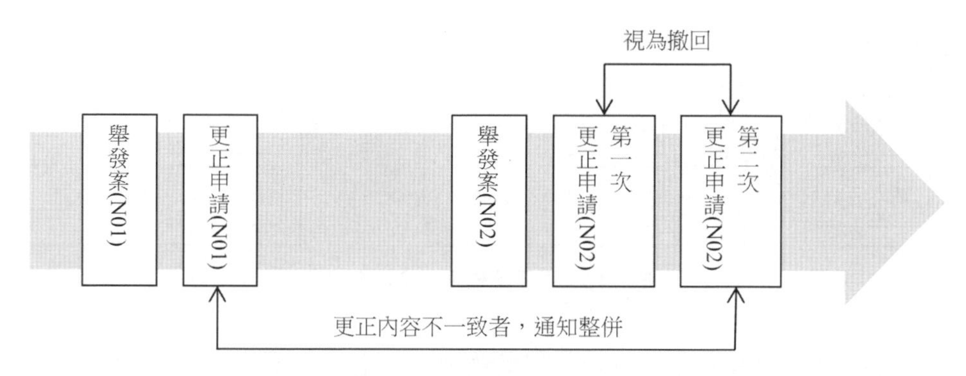

圖7-14　同一專利權有多件舉發案及多件更正申請之處理

(四) 更正之審查對象

依專利法第68條第2項，專利專責機關於核准更正後，應公告其事由；再依同法條第3項，說明書、申請專利範圍及圖式經更正公告者，溯自申請日生效；另依第67條：「（第2項）更正，除誤譯之訂正外，不得超出申請時說明書、申請專利範圍或圖式所揭露之範圍。（第3項）依第25條第3項規定，說明書、申請專利範圍及圖式以外文本提出者，其誤譯之訂正，不得超出申請時外文本所揭露之範圍。（第4項）更正不得實質擴大或變更公告時之申請專利範圍。」因此，更正案之審查對象，應就更正內容與最近一次之公告本比對是否違反前述第4項，而應就更正內容與申請時之中文本比對是否違反前述第2項，與申請時之外文本比對是否違反前述第3項。

(五) 更正之審查及審定

舉發案有更正案者，應合併審查（專§77.I）；合併審查之更正案與舉發案，應先就更正案進行審查（細§74.I前段）。雖然依專利法第79條第2項，舉發之審定係就各請求項分別為之，但依專利法第68條，更正之審定係就專利案整體為之，不得就部分更正事項准予更正，無論請求更正之請求項為單數或複數，必須全數均符合前述規定始得准予更正，且不能僅審查更正之請求項，因為若干請求項之間有依附或引用關係，而有連鎖作用，更正其中一項，可能會影響其他請求項之解釋。因此，只要有一請求項不符合規定即應不准更正或不受理（例如未經被授權人、質權人或共有人全體之同意，或更正申請之請求項全部或部分經審定舉發成立而自始不存在者）。

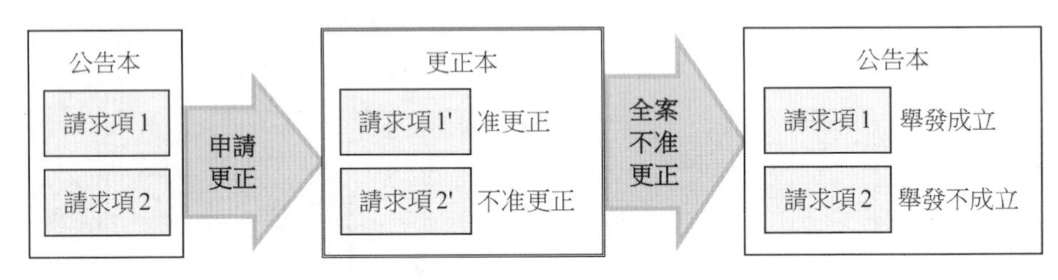

圖7-15　更正審查應以全案為之

經審查認為得准予更正者，因舉發標的可能變動，依專利法第77條第1項後段，應將更正說明書、申請專利範圍或圖式之副本送達舉發人，以供其陳述意見。經審查認為更正事項不符專利法第67條規定而不准更正者，為保障專利權人之程序利益，應通知專利權人限期申復；惟為避免延宕程序，申復以一次為原則（審查基準規定），屆期未申復或申復理由、再提之更正事項未完全克服原先通知不符更正之理由者，專利專責機關得就現有資料逕予審查（細§74.I後段）。

多件舉發案之更正經整併為相同內容，經准予更正，應分別於各舉發案審定主文記載之。另依專利法施行細則第74條第1項：「依本法第77條第1項規定合併審定之更正案與舉發案，舉發審定書主文應分別載明更正案及舉發案之審定結果。但經審查認應不准更正者，僅於審定理由中敘明之。」按准予更正變動了原先公告之狀態，必須提供救濟機會，故應記載於主文。相對地，不准更正未變動原先公告之狀態，對於舉發人並無不利，對於專利權人則有限制其防禦之虞，故應考量下列情況：1.若審定主文為舉發不成立，即使不准更正，並無不利於專利權人，無須提供救濟之機會；2.若審定為舉發成立，即使不准更正未記載主文，專利權人仍可就舉發成立之審定提起救濟，並抗辯不准更正不合法。基於前述分析，不准更正似無須記載於審定主文，提供救濟機會。

然而，假設專利權人另有民事訴訟案件繫屬法院，該案件被告提起專利無效抗辯；為迴避被告所提之證據，專利權人向專利專責機關申請更正；但因有舉發案繫屬，故該更正案將與舉發案合併審查，經審定舉發不成立且不准更正，專利權人將無從救濟。依前述分析「舉發不成立，即使不准更正，並無不利於專利權人」，僅係從行政機關之角度出發，若系爭專利涉及司法機關之訴訟案件，而專利法第77條第1項又規定：「舉發案件審查期間，有更正案者，應合併審查及審定……」，施行細則再強制規定「但經審查認應不准更正者，僅於審定理由中敘明之。」而使專利權人毫無救濟機會，致民事訴訟案件中攻防武器不對等，似有違公平原則。

(六)行政救濟期間之更正申請

舉發案於行政救濟期間，因原處分審定結果對舉發成立之請求項有撤銷專利權之拘束力，故專利權人所提更正，僅得就原處分中審定舉發不成立之請求項為之。由於更正之審定係就專利案整體為之，不得就部分更正事項准予更正，更正之請求項屬於原處分中審定舉發成立之請求項者，即應不受理其更正申請；前述判斷僅就請求項項次之形式，而不論其實質內容，即使有依附或引用關係，亦在所不論。於設計專利，因係全案審定，故原處分審定舉發成立者，不受理其更正申請。

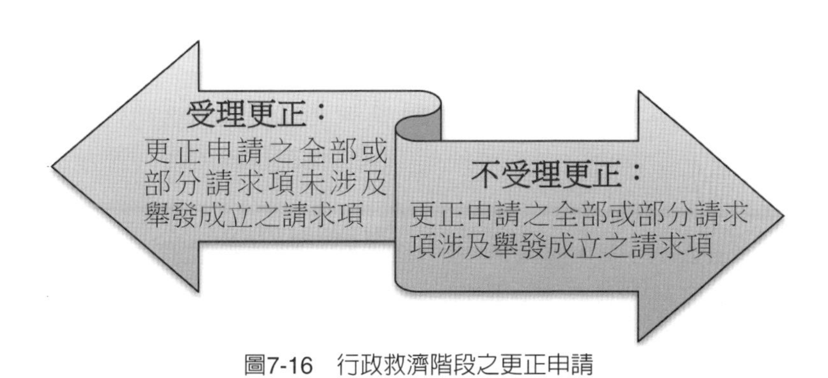

圖7-16　行政救濟階段之更正申請

(七)新型專利之更正審查

新型專利係經形式審查取得專利權，依專利法第118條第1項，原則上其更正案應以形式審查方式為之，惟合併審查舉發案與更正案者，因涉及專利權之實體爭執，且更正案為攻擊防禦方法，該更正案應以實體審查方式合併審查並合併審定之。

二、舉發案與舉發案之合併

同一專利權有多件舉發案繫屬專利專責機關，以各別審查為原則。按各舉發案之爭點（請求項＋理由「含舉發事由，即法條」＋證據）不完全相同，為避免後續行政救濟程序之複雜化，各舉發案應依各自舉發聲明內之爭點及程序進行審查。惟若各舉發案間有舉發爭點相同或相關聯者，若合併審查相關舉發案可避免重複審查程序、前後審查矛盾及提高審查時效，得例外採行合併審查。然而，合併前應通知相關當事人，要進行合併之情事。

依專利法第78條：「（第1項）同一專利權有多件舉發案者，專利專責機關認為有必要時，得合併審查。（第2項）依前項規定合併審查之舉發案，得合併審定。」邏輯上，各舉發案之聲明範圍不同者，雖然得合併審查，仍應個別審定。再者，依前述規定，同一專利權有多件舉發案是否合併審查之決定係屬審查人員之職權及裁量，並未強制一定要合併審查及合併審定，而與第77條第1項「舉發案件審查期間，有更正案者，應合併審查及合併審定」尚有不同；因此，即使未合併審查、合併審定，尚不得尋求救濟。

得合併審查之情況舉例說明如下：

1. 舉發案一之證據為證據1及2，舉發案二之證據為證據1、2及3，二案舉發證據部分相同，舉發聲明請求撤銷之請求項相同，且主張違反之專利要件相同，合併審查可避免重複審查程序。
2. 舉發案一主張系爭專利不具進步性，舉發案二主張系爭專利違反更正要件，更正要件之審查結果會變動進步性之審查基礎，合併審查可避免審查矛盾。
3. 舉發案一主張系爭專利說明書未明確揭露，舉發案二主張系爭專利說明書未明確揭露及不具產業利用性，舉發理由部分相同，合併審查可避免重複審查程序。

依專利法施行細則第75條，為使審查程序透明化，並避免對當事人造成突襲，合併審查之前應檢附各舉發案所提出之理由及證據通知各舉發人及專利權人，給予舉發人陳述意見及專利權人答辯之機會。前述通知係屬專利專責機關所為之程序通知，並未變動舉發聲明範圍及實體審查之爭點（發動職權審查始能變動爭點），對當事人之權利義務不生影響，不能以不服專利專責機關依法所為之合併審查通知為由，尋求救濟。

合併審查同一專利權多件舉發案時，審查人員「明顯知悉」各舉發案中有相關之證據或理由時，得於舉發聲明範圍內發動職權審查，一併啟動合併審查及職權審查之程序，援用其他舉發案之理由或證據，並合併審查之。舉發程序採行職權審查之法律依據規定於專利法第75條：「專利專責機關於舉發審查時，在舉發聲明範圍內，得依職權審酌舉發人未提出之理由及證據……。」合併審查與職權審查分屬二種不同之程序，得分別為之，亦得同時為之，有關職權審查之詳細內容，見7.3.3「舉發審查原則」。

經發出合併審查通知後，有舉發案撤回，或經更正，或迭經補充舉發理由或證據，而不具相關證據、理由，合併審查反而使程序更複雜或延宕，得回復各舉發案原先之個別審查程序；但應踐行通知之義務。回復個別審查，於合併審查階段所進行之程序及當事人所為之聲明、證據及理由等書面資料仍屬有效。

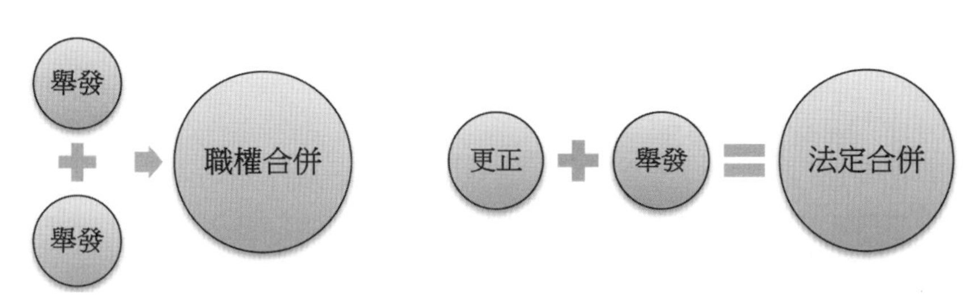

圖7-17　職權合併審查及審定　　圖7-18　法定合併審查及審定

三、審查計畫

為促使爭訟早日確定，避免審查程序延宕，對於舉發案之舉發證據複雜或舉發理由不明確致難以釐清案情者，或法院亟待事涉專利侵權爭訟之舉發案及其更正案迅速審結者，或為讓當事人充分舉證、陳述意見者，或當事人有遲滯審查程序之虞者，依專利法施行細則第76條，必要時，專利專責機關得與舉發人與專利權人協商訂定時程上確實可行之審查計畫，以利審查程序之進行。舉發人或專利權人未依審查計畫適時提出攻擊防禦方法而有遲滯審查之虞，或事證已臻明確者，專利專責機關得依專利法第74條第3項逕予審查。

四、舉發之撤回

舉發人得於審定前撤回舉發申請，終止其所發動的審查程序。但專利權人已提出答辯者，為保障專利權人之程序利益，應經專利權人同意。舉發審定後始撤回舉發者，不生撤回之效力，舉發審定結果仍為有效。舉發人撤回舉發申請，專利專責機關應將撤回舉發之事實通知專利權人；自通知送達後十日內，專利權人未為反對之表示者，視為同意撤回。舉發人減縮舉發聲明至未請求撤銷任何請求項，視為撤回舉發申請，應經專利權人同意。

須注意者，申請撤回時，舉發人提出與專利權人達成協議之法律文件，例如和解書或調解書等，則可視為專利權人同意撤回之意思表示，縱使專利權人已提出答辯，亦得逕予撤回舉發。

【相關法條】

專利法：67、68、118。

施行細則：70、71、74、75、76。

7.3.3 舉發審查原則

<table>
<tr><th colspan="3">審查原則綱要</th></tr>
<tr><td>書面審查</td><td colspan="2">以書面審查為主，必要時得經由面詢程序輔助審查。</td></tr>
<tr><td>職權審查</td><td colspan="2">專利權利涉及公益及私益，舉發審查採職權主義，包括：職權探知及職權進行。</td></tr>
<tr><td rowspan="2">職權進行</td><td colspan="2">專利專責機關得依職權主導程序，指揮程序之進行。</td></tr>
<tr><td colspan="2">限於不直接涉及當事人權益之事項：1.合併審查；2.合併審定；3.回復個別審查；4.訂定審查計畫；5.爭點整理；6.行使闡明權；7.通知面詢、勘驗、實驗等。</td></tr>
<tr><td rowspan="5">職權探知</td><td colspan="2">專利專責機關得就當事人原本未主張之理由及證據，依職權調查證據適度審查專利之有效性，不受當事人主張之拘束。（§75）</td></tr>
<tr><td>時機</td><td>限於繫屬之舉發案；即已撤回或業經審定之舉發案不適用。</td></tr>
<tr><td>範圍</td><td>限於舉發案之聲明範圍。</td></tr>
<tr><td>性質</td><td>屬審查人員之權限而非義務。</td></tr>
<tr><td>限制</td><td>限於因職權「明顯知悉」之事證始能發動職權審查；
專利專責機關不必負擔全面職權審查之義務。</td></tr>
</table>

一、書面審查

舉發審查主要依書面為之，必要時當事人得經由面詢程序口頭說明，以輔助審查。

二、職權審查

專利權，係專利專責機關依權責所授予，本質上屬於私權的一種，舉發人認為該專利權有違專利法規定，得主動提起舉發，經當事人攻擊防禦，專利專責機關應本於中立之立場為專利有效性之審查。

專利權之有效與否涉及第三人利益，並非單純解決個人私益之爭執，基於公眾審查制度之設計，舉發案一經提起，為求紛爭一次解決並避免權利不安定或影響公益，專利專責機關有必要依職權介入，於適當範圍內探知或調查專利之有效性，審酌舉發人所未提出之理由或證據，不受舉發人主張之拘束。因此，審查人員明顯知悉有相關之證據或理由時，得於舉發聲明範圍內發動職權審查。

依專利法第71條第1項，任何人認有違反專利法規定之情事者，得向專利專責機關舉發之；舉發之發動及範圍均應取決於舉發人之主觀意願。舉發審定結果涉及公益性質而有對世效力，並非僅為解決個人私益之爭執，故舉發審查主要係審究專利權之授予是否有瑕疵，專利專責機關有採職權主義適當介入之必要。

職權主義之內涵包括職權探知及職權進行。職權探知，指專利專責機關得就當事人原本未主張之理由及證據，依職權調查證據，適度介入專利有效性之實體審查，不受當事人主張之拘束，以收紛爭一次解決之效。職權進行，指專利專責機關得依職權主導程序，指揮程序之進行，例如於當事人逾法定或指定期間未進行程序時，得逕行審查程序，另包括合併審查、合併審定、回復個別審查、訂定審查計畫、爭點整理、行使闡明權、通知面詢、勘驗、實驗等不直接涉及當事人權益之事項。

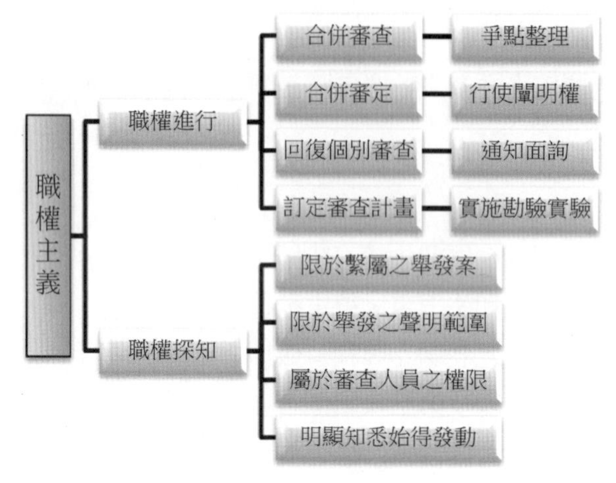

圖7-19　職權主義之內容

專利法第75條所載：「於舉發審查時，在舉發聲明範圍內，得依職權審酌舉發人未提出之理由及證據……」為專利專責機關得依職權審查之法律依據，該法條亦規定發動職權審查之時機限於繫屬之舉發案（102年1月1日施行之專利法已廢除專利專責機關逕行提起之依職權審查制度），且職權審查之範圍必須限於該舉發案之聲明，始得為之。前述專利法規定係賦予專利專責機關得進行職權審查之權限，而非課以進行職權審查之義務，職權審查之發動及審查事項等皆取決於專利專責機關之裁量，不受當事人主張之拘束。再者，專利專責機關不必然負擔全面職權審查之義務，亦即職權探知、職權調查之程度係由審查人員基於公益之影響、審查時效與發現真實之可能性等因素綜合考量，通常限於「明顯知悉有關之證據或理由」，始發動職權審查，包括不同舉發案之證據可為互補或結合的情況。

發動職權審查之態樣例示如下，但知悉之程度應達到「明顯」：

1. 因舉發聲明範圍內之請求項間之依附關係或審查順序上之邏輯關係，不發動職權審查會導致審查結果矛盾者。

　〔例1〕

　舉發理由以證據1主張請求項1不具新穎性，以證據1、2之組合主張請求項2（依附於請求項1）不具進步性。經審查，證據1不足以證明請求項1不具新穎性，惟證據1、2之組合足以證明請求項2不具進步性，若依舉發人之主張，其審查結果被依附項舉發不成立而依附項舉發成立之矛盾現象，故請求項1不具進步性係屬明顯知悉之事項，得發動職權審查。

〔例2〕

舉發理由主張請求項1之修正超出申請時說明書、申請專利範圍或圖式所揭露之範圍，而未主張同屬舉發聲明範圍內依附於請求項1之請求項2亦有相同事由，請求項2有相同事由係屬明顯知悉之事項，得發動職權審查。

2. 舉發理由僅主張請求項1不具進步性，於進步性審查過程中，明顯知悉請求項1違反創作定義或為法定不予專利之標的者，得發動職權審查。
3. 舉發理由僅主張特定請求項不具進步性，但因該請求項不明確而無法確定其保護範圍，以致無法進行進步性審查，得發動職權審查。
4. 審查人員明顯知悉舉發證據與通常知識或其他案件中之證據組合，可證明系爭請求項不具專利要件者。例如以證據1主張請求項1不具新穎性，經審查，請求項1雖具新穎性，惟參酌通常知識，證據1足以證明請求項1不具進步性者，得發動職權審查。
5. 參酌確定之民事侵權訴訟判決，其專利無效之理由或證據與舉發理由、證據有關者。例如，舉發案以證據1主張請求項1不具進步性，經審查，證據1不足以證明請求項1不具進步性，惟參酌民事判決，證據1、2之組合足以證明該請求項1不具進步性者，得發動職權審查。

設計專利準用前述2.、3.、4.、5.之說明。

為避免對當事人造成突襲，專利專責機關援用明顯知悉之事證或其他舉發案之理由或證據發動職權審查，應通知專利權人限期答辯；屆期未答辯者，逕予審查。

7.3.4 舉發審查

舉發審查綱要		
爭點整理	爭點	當事人爭執的內容，包括聲明、法條、事實及證據等。
	爭點之構成	爭點＝請求項＋理由（包括舉發事由，即法條，通常為專利要件）＋證據，其中之一有差異，即構成不同爭點。
	舉發理由	為舉發人提起舉發之主張，即法條、具體事實及各具體事實與證據間之關係。

<table>
<tr><th colspan="3">舉發審查綱要</th></tr>
<tr><td></td><td>爭點之作用</td><td>據以判斷1.爭點新舊；2.訴外審查；3.漏未審酌；4.依職權審查之範圍；5.新證據或補強證據之區別；6.一事不再理；7.救濟之依據。</td></tr>
<tr><td>闡明權</td><td colspan="2">聲明、理由、證據、專利要件或主張之法條等不明確或不一致，為使該爭執之內容明確，專利專責機關應行使闡明權通知當事人確認其真正意思。</td></tr>
<tr><td rowspan="2">舉發證據</td><td>相關概念</td><td>證據、證據方法、調查證據、證據資料、證據能力、證據力。</td></tr>
<tr><td>關連證據</td><td>各證據係針對同一基礎事實而可將該等證據資料串聯在一起者。</td></tr>
<tr><td rowspan="4">舉證責任</td><td colspan="2">當事人就其主張之事實負有舉證責任。
負有舉證責任的當事人提供的證據不足以支持其主張，則應受不利益之責任。</td></tr>
<tr><td>責任移轉</td><td>證據資料所顯示的事實足以證明當事人所主張之事實時，舉證責任轉移到對造；對造所提之反證足以推翻該主張時，舉證責任再轉移到當事人。</td></tr>
<tr><td>例外</td><td>顯著或已知之事實；自認、擬制自認；法律推定、事實推定。</td></tr>
<tr><td>自由心證</td><td>對於證據之證明力，不以法律規定拘束或限制，而為自由判斷；但仍須依論理法則及經驗法則判斷事實之真偽，而非可以任意判斷。
我國行政程序採自由心證主義。（行程§43）</td></tr>
<tr><td rowspan="3">依職權
調查證據</td><td colspan="2">調查證據係屬行政機關之行政裁量權，但裁量權之行使是否適當及是否有濫用之違法，必須受上級機關之監督。</td></tr>
<tr><td>限制</td><td>在爭點範圍內有應調查而未調查者，則構成行政處分之違法，可得撤銷該處分。</td></tr>
<tr><td>調查方法</td><td>面詢、勘驗及通知申請人補充關連證據等。（§76.I）</td></tr>
<tr><td rowspan="6">其他重要事項</td><td colspan="2">1.新穎性與進步性舉發事由之競合</td></tr>
<tr><td colspan="2">2.絕對要件與相對要件舉發事由之競合</td></tr>
<tr><td colspan="2">3.專利法第31條與第32條之競合</td></tr>
<tr><td colspan="2">4.違反本質事項之更正治癒</td></tr>
<tr><td colspan="2">5.證據組合中有不適格之證據的處理</td></tr>
<tr><td colspan="2">6.新型定義及其實體要件之審查</td></tr>
</table>

舉發審查係以發現真實為目的，就舉發理由所主張之法條、具體事實及各具體事實與證據間之關係（細§72.II），釐清當事人所提出之證據是否足以證明其所主張之待證事實。依專利法施行細則第73條第1項，舉發案之審查及審定，應於舉發聲明範圍內為之。

依專利法第149條第2項，102年1月1日專利法施行前，尚未審定之更正案及舉發案，適用修正施行後之規定。

一、爭點整理

依專利法施行細則第72條：（第1項）本法第73條第1項規定之舉發聲明，於發明、新型應敘明請求撤銷全部或部分請求項之意旨；其就部分請求項提起舉發者，並應具體指明請求撤銷之請求項；於設計應敘明請求撤銷設計專利權。（第2項）本法第73條第1項規定之舉發理由，應敘明舉發所主張之法條及具體事實，並敘明各具體事實與證據間之關係。

爭點，係當事人爭執的內容，包括舉發聲明之請求項、舉發理由（應敘明舉發所主張之法條及具體事實，並敘明各具體事實與證據間之關係）及證據等。爭點在舉發審查階段具有下列作用：

1. 補提新理由或新證據會構成新爭點（依專利法第73條第4項仍應審酌新理由及新證據）。
2. 超出爭點範圍外之審定理由會被認為（訴外審查之）違法。
3. 未審酌之爭點構成漏未審酌之違法。
4. 行政機關在爭點範圍內應依職權調查（關連）證據。
5. 作為行政救濟階段補強證據或新證據之判斷依據。（惟依智慧財產案件審理法第33條，關於撤銷專利權之行政訴訟中，當事人於言詞辯論終結前，就同一撤銷或廢止理由提出之新證據，智慧財產法院仍應審酌之，且專利專責機關仍應答辯之。）
6. 同一爭點有一事不再理之適用
7. 未主張之爭點不得於訴願或行政訴訟階段表示不服

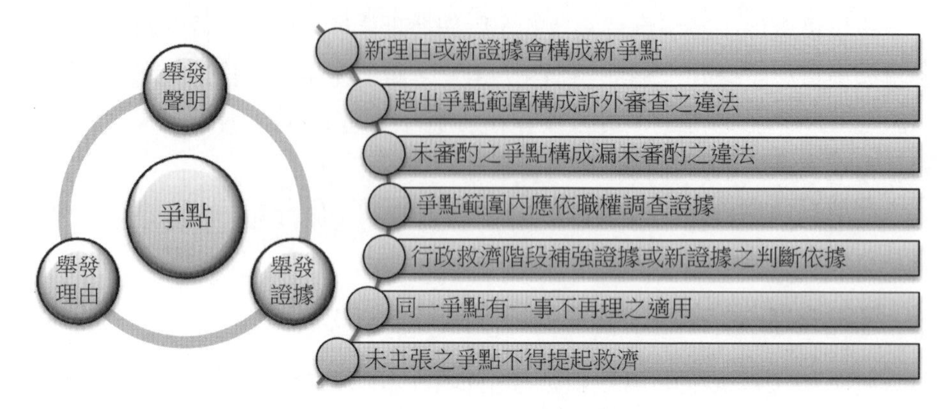

圖7-20　爭點之構成及其作用

舉發審查應優先釐清、整理當事人於舉發申請書、答辯書中之爭執，包括聲明、法條、事實及證據等所構成之爭點，嗣後的審查僅能就爭點為之。舉發理由，為舉發人提起舉發之主張，包括所法條、具體事實及各具體事實與證據間之關係。答辯理由，為專利權人針對舉發理由所為之說明。舉發案之爭點，係就舉發理由及答辯理由綜合判斷個案所成立者，其構成為請求項、理由（包括舉發事由，即法條，通常為專利要件）及證據三項，其中之一有差異，即構成不同爭點。例如：依附項相對於被依附項構成不同爭點；新穎性相對於進步性構成不同爭點；證據1相對於證據1、2之結合構成不同爭點。惟應注意者，補強證據僅係基於同一基礎事實之關連性證據，可合理加強原始證據之證據能力或證據力，故追加補強證據並不構成新爭點；再者，通常知識之證據係證明系爭專利申請時之技術水準，並非證明其違反專利要件之先前技術，於進步性要件或可據以實現要件之審查，追加通常知識之佐證並不構成新爭點。

實務運作上，常見舉發人以霰彈槍打鳥的方式空泛指摘系爭專利不具專利要件，而毫無理由或無具體理由，例如，舉發申請書中並無對應聲明範圍之舉發理由，或僅稱證據1至10或其任意組合可證明系爭專利特定請求項不具進步性，但未明確指定證據之組合為何，或未具體說明各證據中所載之技術內容與請求項中所載之技術特徵的對應關係，或未具體論述各證據如何證明該請求項不符專利要件之理由。對於前述情況，專利專責機關會行使闡明權釐清爭點，舉發人得補充理由、證據，但應在原舉發聲明範圍內為之；逾限未補提舉發理由、證據者，專利專責機關會依現有資料進行審查。

二、闡明權

闡明權，係屬專利專責機關之權限，當舉發人主張之爭點不明確、不充分或不適當，專利專責機關應通知舉發人於審查程序中澄清或敘明補充之。闡明權之行使，包括除去不當之闡明、澄清不明確之闡明及補充資料之闡明；行使闡明權之目的並非使當事人增加新理由或新證據。專利專責機關通知當事人增加新理由或新證據，係屬職權審查，而非闡明權之範疇；專利專責機關不當通知當事人增加新理由或新證據，有違法之虞。

爭點，係當事人攻擊防禦的內容，爭點必須明確、充分且適當，判斷基礎主要係以舉發申請書中所載之內容為之。若當事人主張或答辯之聲明、理由、證據或其關係不明確、不充分或不適當，不能充分瞭解當事人所爭執之內容者，為確定爭點，應通知當事人確認其真正意思。

爭點不確定，雖然得行使闡明權，惟舉發之發動及範圍均應取決於舉發人之主觀意願，故舉發聲明本身並無闡明權之適用。舉發聲明範圍內，因舉發理由（包括法條）或證據導致爭點不確定者，得通知舉發人闡明，以確定爭點。例如，舉發理由中所記載之法條、具體事實、證據或各具體事實與證據間之關係不明確或不一致，而不能充分瞭解該爭點；舉發證據之組合關係不明確或不適當，而無法確定爭點；或未就舉發聲明範圍內之請求項敘明具體理由者。對於聲明範圍內之請求項，未備具舉發理由者，專利專責機關應行使闡明權，通知減縮聲明或補提理由；對於未載於聲明範圍內之舉發理由，應僅審查聲明範圍內之請求項，不得行使闡明權。

得行使闡明權之態樣，舉例說明如下：

1. 舉發理由以證據1、2主張請求項1不具進步性，無法瞭解其究竟係以證據1、證據2各別主張，或係以證據1、2之組合主張，致爭點不明確。
2. 舉發申請書僅記載系爭專利違反新穎性及進步性之相關法條，但舉發理由中包括系爭專利不具新穎性及進步性之理由，尚提及說明書無法據以實現，或請求項記載不明確、無法被說明書所支持等其他專利要件，致爭點不明確。
3. 現行專利法定有擬制喪失新穎性，惟系爭專利係依83年1月23日施行之專利法予以核准專利，而舉發事由主張該舊法尚未規定之擬制喪失新穎性，致有爭點不當之情事。

4. 新型專利並未準用本法第32條，主張新型專利有重複授予專利權之情事者，僅得主張專利法第120條準用第31條。若新型專利之舉發事由包括專利法第32條（一案兩請）者，得行使闡明權通知舉發人適用正確法條。
5. 同一人就相同創作，於同日分別申請發明專利及新型專利，且均取得專利權；舉發人以新型專利為證據舉發發明專利者，應主張專利法第32條，若舉發人主張第31條，係錯用法條，專利專責機關會逕行使用正確法條或行使闡明權通知舉發人適用正確法條。

三、舉發證據

(一) 相關概念

爭點之構成包括請求項、舉發理由及證據三項。有關舉發證據之概念，簡述如下：

1. 證據，係當事人主張事實之真偽所依據之一切資料的總稱。
2. 證據方法，為使他人確信當事人之主張為真實，可供證明之手段。
3. 調查證據，為獲得心證，就待證事實所為查驗證據之行為。
4. 證據資料，調查證據方法後所得之結果，包括書證內容、勘驗結果、證言等。
5. 證據能力，又稱證據之適格性，指作為證據方法之資格，即證據資料形式上是否有資格作為證據。
6. 證據力，又稱證據價值或證明力，指依證據資料是否足以認定事實之真偽；亦即證據中所載之事項是否足以證明當事人所主張之事實。證據力之認定，係由審查人員依自由心證為之。

(二) 證據之態樣及關連性

專利權是否有應撤銷之情事，應依證據說明理由。常見的證據包括：書籍刊物、型錄、網路資料、發票、進出口報單、商品檢驗資料、實物、設計圖、公司內部資料、交易契約、人證及各種公文書或私文書。

舉發證據是否可採用，應先判斷其證據能力，再判斷其證據力。證據必須具證據能力，始能作為判斷事實真偽之依據；若無證據能力，即毋庸論究其證據力。至於舉發證據是否具有證據能力，不以證據資料之形式為限，為發現真實，尚應本於職權進行調查。證據是否有證據能力，通常必須具備三要素：a.有一技術；b.在專利申請日或優先權日之前已存在；且c.已公開散布。以實物證據為例，該實物僅揭露一技術而符合要素a，可以搭配商品檢驗資料佐證該實物存在之日期以符合要素b，最後須搭配銷售發票佐證其公開銷售日期以符合要素c，則實物、商品檢驗資料及發票三者構成證據之關連。對於相互關連之證據，必須審視該等關連證據是否基於同一基礎事實（例如前述三者具有同一產品型號），而能將該等證據資料串聯在一起，若能串聯在一起，則具有關連性。

(三)舉證責任

事實，係利用證據欲證明之客體。當事人就其主張之事實負有舉證責任，舉發程序中，當事人應當提供能充分支持其主張的證據。負有舉證責任的當事人不能提供充分證據支持其主張，則應受不利益之責任，承擔其主張不成立的後果。

舉發人主張系爭專利有應撤銷之情事，應負舉證責任，不得空口白話，當證據資料所顯示的事實足以證明其主張時，舉證責任轉移到專利權人。若專利權人不能提供反證推翻該證據所證明之事實時，應認定證據可證明該事實為真；若專利權人所提供之反證足以推翻該主張時，舉證責任再轉移到舉發人。

當事人對其主張固然負有舉證責任，但已提供之證據足以支持事實之認定者，則當事人無再舉證之必要，而為舉證責任之例外。無須舉證之情形：

1. 顯著或已知之事實

例如年代、季節、社會上發生之重大事故等。

2. 自認及擬制自認

自認，指當事人一造主張不利於他造之事實，他造積極表示承認者。一經自認，即生拘束效力，不得隨意撤銷。

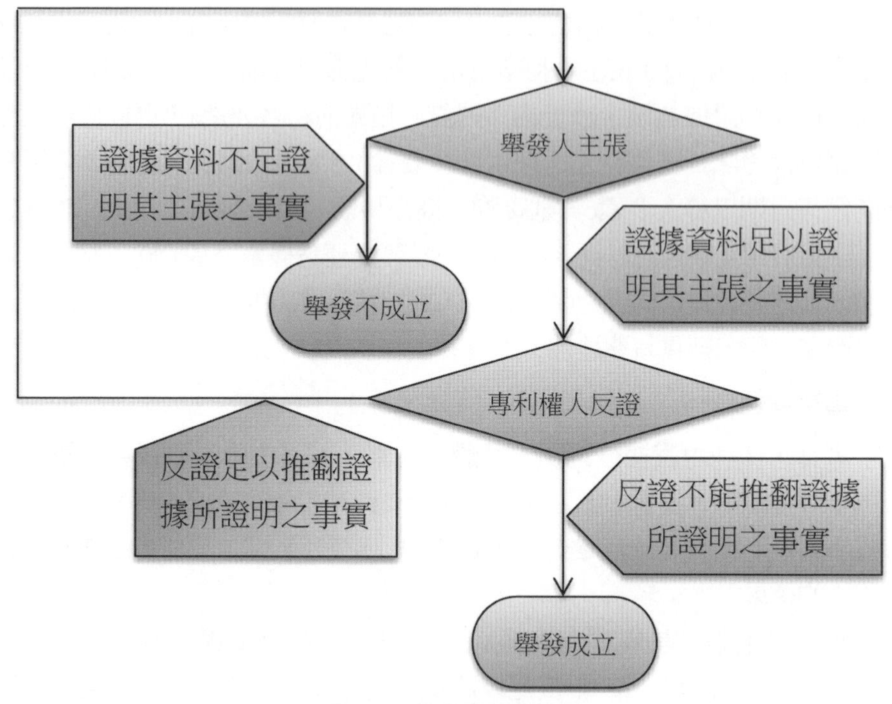

圖7-21　舉證責任之移轉

擬制自認，指當事人一造對於他造主張之事實未表明爭執之意，且依他項陳述無從認為有爭執者。對於他造主張之事實，當事人應為承認與否之陳述，有爭執，應表明爭執之意並敘明理由，未表明爭執之意，例如對於型錄上所載之銷售日期無爭執，得以該日期作為該型錄之公開日期。擬制自認的法律效果與自認不同，擬制自認原本即無自認行為，不生撤銷自認之問題，可於舉發審定前追復爭執之陳述。

3. 推定

推定，即一般所稱之「視為」；分為法律上之推定及事實上之推定二種。

法律上之推定，即法律基於他事實為前提而認定某事實之真偽者。對於法律上推定之事實，受不利益之當事人得以反證推翻之；若無反證，則以該推定作為事實之認定。雖然法律所推定之事實，受有利益之當事人可以不必舉證直接證明該事實，但仍須舉證作為前提之他事實，間接證明該事實。例如民事訴訟法第355條、第356條規定公文書及外國公文書，推定為真正。提出公文書之當事人無須證明其為真正，但必須證明該文書為公文書。

事實上之推定，以已明瞭之事實，依經驗法則，本於自由心證，推定待證事實之真偽者。例如，型錄上所載印製之日期，依經驗法則，型錄為促銷商品之文書，商業習慣上莫不盡快散布取得機先，故得推定印製日期即為公開日期。

(四)自由心證

自由心證，指對於證據之證據力，不以法律規定加以拘束或限制，而為自由判斷。雖稱自由心證，仍須依論理法則及經驗法則判斷事實之真偽，而非可以任意判斷。

我國行政程序採自由心證主義，依行政程序法第43條：「行政機關為處分或其他行政行為時，應斟酌全部陳述與調查事實及證據之結果，依論理及經驗法則判斷事實之真偽，並將其決定及理由告知當事人。」論理法則，指推理、演繹的邏輯規則，亦即邏輯分析方法。經驗法則，指本於生活經驗中客觀歸納而得之事物的因果關係或性質狀態等知識或法則，包括必然（有A必有B）、蓋然（有A通常有B）、可能（有A可能有B）等不同差別程度之經驗法則。此外，判斷事實之真偽，不得違反各種專門職業、科學或技術上之客觀定則或特殊法則。

為避免臆測或率斷，舉發案之審查，應斟酌舉發申請書、答辯書等全部資料及證據調查之結果，包括當事人主張之事由、證據能力之有無、證據力之強弱以及證據之取捨等，本於客觀之論理法則與經驗法則判斷事實之真偽，並將判斷結果及得心證之理由記載於審定書。對於無證據能力、未經合法調查、顯與事理有違或與認定事實不符之證據，審查時不得引用作為判斷證據力之依據。

(五)依職權調查證據

舉發審查時，調查證據與否係專利專責機關之行政裁量權，但裁量權之行使是否適當或是否有濫用之違法，必須受上級機關之監督。調查證據的方法包括：面詢、勘驗及通知申請人提出證據資料等（專利法第76條第1項）。

行政程序法第36條：「行政機關應依職權調查證據，不受當事人主張之拘束，對當事人有利及不利事項一律注意。」舉發審查時，專利專責機關應在爭點範圍內依職權調查證據，超出爭點範圍外的證據調查雖無不可，但既屬舉發人未提出之證據而為職權探知之範圍，專利專責機關應踐行通知專利權人答辯之程序。經審查認為無調查之必要者，得不為調查，但應敘明理由；若有應調查而未調查，則構成行政處分之違法，可得撤銷該處分。

當證據之證據能力不足，不能證明舉發人所稱某一技術公開之事實，專利專責機關應依職權調查證據。例如，證據之公告日晚於系爭專利之申請日，但推斷其早期公開之日早於系爭專利之申請日者，應調查其早期公開之期日。惟若依現有證據可得知即使進行證據調查亦無法證明舉發理由所主張之事實為真，可不必調查，但須說明不調查之理由。例如，前述證據所揭露之技術與系爭專利不同，即使其早期公開之期日早於系爭專利申請日，亦不能證明系爭專利違反舉發理由所主張之新穎性要件。

四、其他重點事項

針對專利法102年1月1日修正施行前舉發審查實務上若干分歧之見解，專利審查基準已有明確之規定，擇要說明如下。

(一)新穎性與進步性舉發事由之競合

進步性係以新穎性為前提，不具新穎性之請求項必然不具進步性。對於同一請求項，舉發事由包括新穎性及進步性，若舉發證據已能證明其不具新穎性，是否仍須審查其進步性？

舉發審查基準指出：「舉發人所主張之任何爭點，縱使在判斷上有先後順序或邏輯關係，原則上均須加以論究，否則易生漏未審酌之問題。例如舉發理由同時主張請求項不具新穎性且不具進步性，經審查認為舉發證據足以證明請求項不具新穎性時，應再論究不具進步性之理由，其審定理由之敘述如下：『如前述說明，證據1足以證明系爭專利請求項1不具新穎性，由於證據1已揭露系爭專利請求項1之整體技術特徵，自當具有系爭專利說明書中所載之功效，系爭專利請求項1為所屬技術領域中具有通常知識者依證據1之技術內容所能輕易完成，故證據1足以證明系爭專利請求項1不具進步性』。」

(二)絕對要件與相對要件舉發事由之競合

舉發事由包含絕對要件（例如發明定義、記載要件）及相對要件（例如新穎性、進步性），若請求項已不符合絕對要件，是否須再審查其相對要件？

審查基準指出：「舉發理由主張不符本法第26條規定之專利要件，亦主張不具新穎性或進步性等專利要件，即使經審查不符合本法第26條規定之專利要件，惟若申請專利範圍仍屬明確而能瞭解其內容者，應再審查新穎性或進步性，但申請專利範圍不明確而無法瞭解其內容者，得例外不再審查新穎性或進步性。」

(三)專利法第31條與第32條之競合

專利法第71條第1項所定得提起舉發之事由包括第31條及第32條第1項、第3項。依第31條第1項及第2項，其規範同人不同人、同日不同日之相同創作（發明v.發明、新型v.新型、發明v.新型、新型v.發明）共十六種情況，第32條規範同人同日之相同創作（新型v.發明）一種情況，亦即第32條僅為第31條其中之一。若有第32條所規範之情況，對於舉發人而言，究應主張第31條或第32條？若舉發證據已能證明系爭專利有第32條之情況，專利專責機關如何處理？

依專利法第31條第4項：「相同創作分別申請發明專利及新型專利者，除有第32條規定之情事外，準用前三項規定。」第32條為第31條之例外規定。因此，第31條所規範之情況，應排除第32條所規範新型專利案v.發明申請案或專利案，只規範前述十六種情況中的十五種。

依102年6月13日施行之專利法第32條：「（第1項）同一人就相同創作，於同日分別申請發明專利及新型專利者，應於申請時分別聲明；其發明專利核准審定前，已取得新型專利權，專利專責機關應通知申請人限期擇一；申請人未分別聲明或屆期未擇一者，不予發明專利。（第2項）申請人依前項規定選擇發明專利者，其新型專利權，自發明專利公告之日消滅。（第3項）發明專利審定前，新型專利權已當然消滅或撤銷確定者，不予專利。」因此，同一人就相同創作，於同日分別申請發明專利及新型專利，且均取得專利權，舉發人以新型專利為證據舉發發明專利者，應主張專利法第32條，如舉發人主張法條為第31條，係錯用法條，專利專責機關會逕行使用正確法條或行使闡明權通知舉發人適用正確法條。

由於舉發人係針對發明專利提起舉發，依專利法第32條，專利權人僅能選擇發明專利進行防禦，不生選擇新型專利之問題。專利權人選擇發明專利，應審定該發明專利舉發不成立，並註銷新型專利，則該新型專利權自發明專利公告之日消滅；專利權人選擇新型專利或未選擇，應審定該發明專利舉發成立；若發明專利核准審定前，同一創作之新型專利權已當然消滅或撤銷確定者，系爭發明專利之請求項，應審定舉發成立，撤銷其專利權。

由於舉發聲明係以請求項為單位，故並非該新型專利權中任一請求項與發明專利相同，違反先申請原則，即撤銷該發明專利整個專利權。

依102年6月13日施行之專利法第32條，同一人就相同創作於同日分別申請發明及新型，申請時應於發明案及新型案分別聲明，作為申請人嗣後主張一案兩請權利接續之前提要件。易言之，申請時未聲明或其中一案未聲明，嗣後不得主張權利接續；若他人以未聲明為由舉發一案兩請之發明案及新型案違反先申請原則，則兩案之審定結果應為「舉發成立應予撤銷」。惟若申請人已聲明，但經審查兩案均取得專利權，他人以違反先申請原則為由舉發一案兩請之發明案及新型案，因申請專利之創作並未違反其他專利要件，且申請人已踐行聲明之義務，依第32條權利接續之立法精神，專利專責機關並無撤銷其專利權之必要，應依第32條之規定通知被舉發人限期擇發明，屆期未擇發明，應為舉發成立之審定。

(四) 違反本質事項之更正治癒

申請專利過程中，曾補正中文本，或申請修正、誤譯訂正、分割、改請、更正或誤譯訂正之更正。舉發事由中主張前述申請有違專利法所定「超出…範圍」或「實質擴大或變更…申請專利範圍」，專利權人是否可以申請更正予以治癒？

舉發審查基準指出：「舉發人以違反本章2.3.1法定舉發事由中所載(10)、(13)至(19)之舉發事由爭執系爭專利最近一次公告版本之專利權有瑕疵，該公告版本經判斷如有超出申請時說明書、申請專利範圍或圖式所揭露之範圍，或有實質擴大或變更公告時之申請專利範圍（於設計為圖式）時，本應為舉發成立之審定。然基於專利權益考量，例外允許專利權人得藉由更正治癒上述瑕疵，以獲舉發不成立之審定結果。惟就基於治癒目的所提更正審查是否符合更正要件時，由於最近一次公告版本即為舉發當事人爭執之對象，如有瑕疵，自無法作為後續更正據以判斷實質擴大或變更公告時申請專利範圍（於設計為圖式）之比對基礎，因此，必須回溯歷次公告本，以正確無瑕疵之公告版本作為判斷之依據，並以該公告之申請專利範圍（於設計為圖式）審查是否符合更正要件；如准予更正者，舉發事由所爭執最近一次公告版本之瑕疵即得藉由更正予以治癒。惟須注意者，如經回溯歷次公告之申請專利範圍後，仍無正確公告之申請專利範圍（於設計為圖式）者，則該更正將因欠缺據以審查判斷之依據而無法准許，此時，專利權人將無法藉由更正回溯治癒瑕疵，仍應為舉發成立之審定。」

分析前述基準內容，說明如下：a.為治癒公告本之瑕疵，專利權人申請更正，仍應依專利法第67條所定之更正要件審查；b.審查更正要件所比對之公告本必須是正確無瑕疵之申請專利範圍，至於說明書或圖式是否有瑕疵，則非所論；c.若最近一次更正之公告本的申請專利範圍有瑕疵，可以依次回溯尋求無瑕疵之公告本；d.若核准專利之公告本的申請專利範圍有瑕疵，則不准更正治癒，應為舉發成立之審定。

專利法第67條第4項：「更正，不得實質擴大或變更公告時之申請專利範圍。」審查基準解釋法中所稱「公告時」係指：「…應以最後一次公告本為比對基礎…」，細繹前述基準中所載「回溯歷次公告本，以正確無瑕疵之公告版本作為判斷之依據」，似例外規定不必以最後一次公告本為比對基礎，是否超越母法？是否導致更正後之專利權範圍忽大忽小，而有違公示原則？尚待觀察司法機關之見解。

(五)證據組合中有不適格之證據的處理

證據組合中有不適格之證據，例如，以證據1、2之組合主張系爭專利不具進步性，證據1為系爭專利申請日之前已公開之先前技術，但證據2為申請日之後始公開之技術，證據2不適格，其爭點為何？

舉發審查基準指出：「組合證據中包含不適格之證據時應先行使闡明權，經闡明確認之證據組合及爭點，於審定前應經專利權人答辯。如經闡明後，證據組合仍包含不適格證據時，應依舉發理由及其他適格證據內容，實質比對專利要件。惟須注意者，證據組合中包含有形式上不適格證據者，應先進行證據調查，經調查有補強或關聯性質之證據存在，例如公告日在申請日後之證據另有公開在先之證據存在，則因未超出爭點認定範圍，得逕行審究該爭點。」亦即專利專責機關會先進行證據調查；若無佐證證明證據之適格，則通知舉發人闡明；即使舉發人不闡明或仍維持其原主張之證據組合，仍應依適格之證據審查是否有舉發人所主張之事由；但審定書中所載之爭點仍維持舉發人之主張，例如「證據1、2之組合足以（或不足以）證明請求項XX進步性」。

(六)新型定義及其實體要件之審查

申請專利之新型是否符合新型定義，包括「自然法則」、「技術性」、「物品之形狀、構造或組合」三要件，前二要件與發明專利並無二致，二專利之差異在於第三要件「物品之形狀、構造或組合」。依舉發審查基準，新型請求項中所載之申請標的名稱必須屬於物品範疇，且所載之技術特徵至少必須有一結構特徵，始符合「物品之形狀、構造或組合」要件；只要其中之一不符合規定，即認定不符合「物品之形狀、構造或組合」要件。

依舉發審查基準：「新型專利實體要件之審查仍應就請求項中所載之全部技術特徵為之」，而與發明專利並無不同。另依舉發審查基準：「新型請求項之新穎性審查，單一先前技術必須揭露請求項中所載之全部技術特徵，包括結構特徵（例如形狀、構造或組合）及非結構特徵（例如材質、方法），始能認定不具新穎性」，亦與發明專利並無不同。

然而，舉發審查基準指出：「新型請求項之進步性審查，應視請求項中所載之非結構特徵是否會改變或影響結構特徵而定；若非結構特徵會改變或影響結構特徵，則先前技術必須揭露該非結構特徵及所有結構特徵，始能認定不具進步性；若非結構特徵不會改變或影響結構特徵，則應將該非結構特徵視為習知技術之運用，只要先前技術揭露所有結構特徵，即可認定不具進步性。」新型專利進步性之審查顯然與發明專利不同，相關分析見3.6.3「其他實體要件之審查」。

【相關法條】

專利法：26、31、32、67、149。

施行細則：72、73、74。

智慧財產案件審理法：33。

民事訴訟法：355、356

行政程序法：36、43

7.3.5　舉發審定及其效果

<table>
<tr><th colspan="3">舉發審定及其結果綱要</th></tr>
<tr><td>舉發審定</td><td colspan="2">舉發實體審查之審定主文：舉發成立應予撤銷；舉發不成立；舉發駁回。
專利舉發案不受理處分為程序審查之審定。
舉發案之審查及審定，應於舉發聲明範圍內為之。（細73.I）
發明、新型應就各請求項分別審定之。（細73.II）
更正與舉發之合併，應就更正、舉發分別審定之。（細74.II）
多件舉發之合併，應就各舉發案所聲明之請求項，逐項載明總合的審定結果。</td></tr>
<tr><td rowspan="2">舉發成立</td><td colspan="2">認定舉發有理由。</td></tr>
<tr><td>法律效果</td><td>舉發成立之請求項的專利權自始不存在。</td></tr>
<tr><td rowspan="2">舉發不成立</td><td colspan="2">認定舉發無理由。</td></tr>
<tr><td>法律效果</td><td>舉發不成立之爭點有「一事不再理」之適用。</td></tr>
<tr><td>舉發駁回</td><td colspan="2">1.非屬舉發事由；2.舉發人非利害關係人；3.有一事不再理之適用；4.聲明範圍無舉發理由；5.舉發標的不存在：(1)一案兩請經擇一、(2)經更正、(3)舉發時專利權已消滅且舉發人無可回復之法律利益、(4)實體審查時專利權撤銷確定。</td></tr>
<tr><td rowspan="2">更正部分
（細74）</td><td colspan="2">舉發審定主文應分別載明更正案及舉發案之審定結果。</td></tr>
<tr><td>記載位置</td><td>准予更正，因其權利範圍有變動，故記載於審定主文，以利更正公告作業。
不准更正，僅於審定理由中敘明。</td></tr>
<tr><td rowspan="4">一事不再理
（§81）</td><td colspan="2">任何人對同一專利權，不得就同一事實以同一證據再為舉發。</td></tr>
<tr><td>條件</td><td>1.他舉發案就同一事實以同一證據提起舉發，經審查不成立者；2.智慧財產案件審理法第33條規定所提出之新證據，經審理認無理由者。</td></tr>
<tr><td>判斷重點</td><td>二舉發案該當之爭點相同，構成該爭點之舉發理由及證據業經當事人進行充分、確實之攻防，並經審定或審理。</td></tr>
<tr><td>判斷時點</td><td>依提起舉發當時之事實判斷。
審查過程中始有一事不再理之情事者，無一事不再理之適用。</td></tr>
<tr><td rowspan="2">多件舉發案之合併審定</td><td>記載事項</td><td>合併審定多件舉發案時，審定理由應就「各個舉發案」分別記載。</td></tr>
<tr><td>行政救濟</td><td>舉發案為合併審定者，舉發人提起行政救濟之聲明應限於自己舉發聲明之範圍。</td></tr>
</table>

舉發審定及其結果綱要		
程序不受理	法律效果	無「一事不再理」之適用。
智慧財產案件審理法	法律效果	第16條所定專利無效抗辯之效果係智慧財產權人於該民事訴訟中不得對於他造主張權利。

專利法第79條：「（第1項）專利專責機關於舉發審查時，應指定專利審查人員審查（舊法規定原審查人員必須迴避），並作成審定，送達專利權人及舉發人。（第2項）舉發之審定，應就各請求項分別為之。」第82條第1項：「發明專利權經舉發審查成立者，應撤銷其專利權；其撤銷得就各請求項分別為之。」舉發聲明係舉發人請求撤銷專利權之特定範圍，專利專責機關依舉發理由及證據審查系爭專利是否違反舉發事由而應撤銷其專利權，自應在舉發聲明之範圍內就各請求項分別審定，以維護程序之公正。施行細則第73條「（第1項）舉發案之審查及審定，應於舉發聲明範圍內為之。（第2項）舉發審定書主文，應載明審定結果；於發明、新型應就各請求項分別載明。」施行細則第74條：「（第1項）依本法第77條第1項規定合併審查之更正案與舉發案，應先就更正案進行審查，經審查認應不准更正者，應通知專利權人限期申復；屆期未申復或申復結果仍應不准更正者，專利專責機關得逕予審查。（第2項）依本法第77條第1項規定合併審定之更正案與舉發案，舉發審定書主文應分別載明更正案及舉發案之審定結果。但經審查認應不准更正者，僅於審定理由中敘明之。」舉發基準規定：多件舉發案合併審查，應就各舉發案所聲明之請求項，逐項載明總合的審定結果，而非就各舉發案分別載明審定結果。

舉發審定得作成部分請求項舉發成立應予撤銷、部分請求項不成立、部分請求項舉發駁回之結果。舉發程序不受理之通知及舉發審定書皆為行政處分，對於不受理、部分成立、部分不成立或駁回之審定結果，舉發人、專利權人認為權利或利益受損，得依訴願法，向訴願管轄機關提起訴願；對訴願決定不服者，得向智慧財產法院提起行政訴訟；如仍遭判決駁回，得逕向最高行政法院提出上訴。

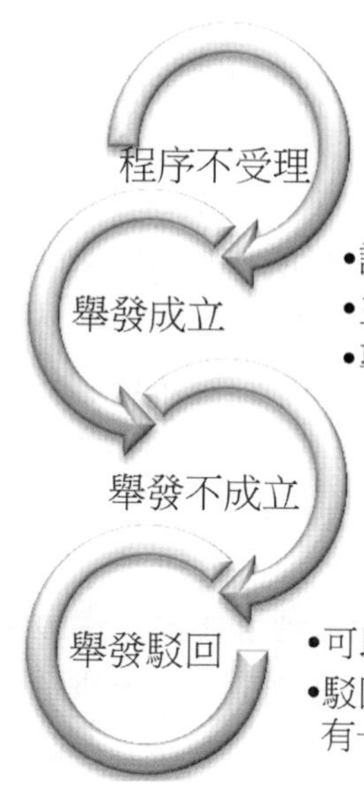

- 程序不受理屬行政處分
- 舉發文件不符合規定之程式或舉發標的自始不存在
- 舉發標的消滅且舉發人不符法律規定

- 認定舉發有理由
- 主文應就各請求項分別載明
- 專利權人不服審定，得提起行政救濟

- 認定舉發無理由
- 主文應就各請求項分別載明
- 舉發人不服審定，得提起行政救濟
- 有一事不再理之適用

- 可以理解為實體審查時發現有程序不受理之情事
- 駁回之事由概為：非屬舉發事由、舉發人不符法律規定、有一事不再理之適用、聲明範圍無理由、舉發標的不存在

圖7-22　舉發處分及審定

舉發審定書內容包括主文及理由。主文，應就舉發聲明範圍內各請求項分別載明審定結果；設計專利應就全案載明審定結果。審定理由，應記載之事項：1.法律依據及事實經過；2.專利權範圍；3.舉發爭點；4.心證論述；5.結論。其他可能的事項：a.舉發案與更正案合併審定、b.合併多件舉發案之審定c.職權審查等。

舉發案經程序審查，不符合規定之程式、舉發標的自始不存在或舉發標的已消滅且舉發人並無可回復之法律上利益者，應為不受理之處分。舉發案經受理後，應就各請求項分別進行實體審查，依舉發理由及證據逐項為之，舉發審定主文有「舉發成立應予撤銷」、「舉發不成立」及「舉發駁回」三種，可能產生部分請求項舉發成立、部分請求項舉發不成立、部分請求項舉發駁回的結果，例如「請求項XX舉發成立應予撤銷。請求項YY舉發不成立。請求項ZZ舉發駁回。」

一、舉發成立應予撤銷

舉發證據可證明舉發人主張之事實，而認定舉發有理由者，舉發審定書主文應為「舉發成立應予撤銷」之審定。依專利法第79條第2項後段，於發明、新型舉發審定書主文應就各請求項分別載明（細73.II），例如「請求項1舉發成立應予撤銷。」於設計舉發審定書主文應就設計專利權全案為之，例如「舉發成立應予撤銷。」

對於舉發成立應予撤銷全部或部分請求項（專利權）之審定結果不服者，專利權人得依法提起行政救濟。依專利法第82條第2項，發明專利權經撤銷後，有下列情事之一，即為撤銷確定：(1)未依法提起行政救濟者；(2)提起行政救濟經駁回確定者。另依第3項，發明專利權經撤銷確定者，其法律效果為專利權之效力視為自始不存在。

二、舉發不成立

舉發證據不能證明舉發人主張之事實，而認定舉發無理由者，舉發審定書主文應為「舉發不成立」之審定。於發明、新型應就各請求項分別載明（細73.II），例如「請求項1舉發不成立。」於設計舉發審定書主文應就設計專利權全案為之，例如「舉發不成立。」

對於全部或部分請求項專利權「舉發不成立」之審定結果不服者，舉發人得依法提起行政救濟。依舉發基準，舉發案為合併審定者，各個舉發人提起訴願之聲明應限於自己舉發聲明之範圍，且不得超出自己主張之原爭點，即限於原舉發理由及證據，不得援用審定書中所載他案之證據及理由。例如，A案之舉發聲明為請求項1、舉發理由以證據甲主張系爭專利不具新穎性，B案之舉發聲明為請求項1及2、舉發理由以證據乙主張系爭專利不具進步性；A案舉發人針對全部請求項「舉發不成立」之審定結果不服提起訴願者，僅能聲明請求項1，不得聲明請求項2，且僅能以證據甲主張請求項1不具新穎性，不得以證據甲主張請求項1不具進步性，且不得以證據乙或證據甲、乙之組合主張請求項2不具進步性，因為依訴願法第1條，認為行政處分有違法或不當者，始得提起訴願。惟依智慧財產案件審理法第33條，在撤銷專利權之行政訴訟中，當事人於言詞辯論終結前，就同一撤銷理由提出之新證據，法院應審酌之。因此，舉發人對於舉發不成立之審定不服，有新證據者，僅得於訴訟階段為之。

「舉發不成立」為實體審定，舉發人不服者，得依法提起行政救濟，逾限未提起行政救濟者，即為審定確定。舉發不成立審定確定之法律效果有「一事不再理」之適用，其目的在於防止反覆舉發、重複審查、延宕訴訟程序而妨害專利權之行使，並避免前、後爭執之認定結果不一致。

一事不再理，指專利法第81條：「有下列情事之一，任何人對同一專利權，不得就同一事實以同一證據再為舉發：（第1款）他舉發案曾就同一事實以同一證據提起舉發，經審查不成立者。（第2款）依智慧財產案件審理法第33條規定向智慧財產法院提出之新證據，經審理認無理由者。」一事不再理之適用與否，判斷重點在於：二舉發案該當之爭點相同（同一請求項、同一理由、同一證據），構成該爭點之舉發理由及證據業經當事人進行充分、確實之攻防，並經審定或審理。就專利法第83條之規定，說明如下：

1. 同一專利權，指二舉發案該當之爭點指向相同請求項，並非指舉發案整個專利權。
2. 同一事實，指二舉發案該當之爭點指向相同之待證事實，即舉發理由中所主張應撤銷專利權之具體事實及法條依據相同。惟因專利要件之邏輯關係，同一專利權他舉發案之待證事實涵蓋系爭舉發案之待證事實，而非完全相同者，是否符合同一事實之要件，例如他舉發案以證據A主張請求項1不具進步性，經審定舉發不成立，嗣就同一專利權再提出之系爭舉發案以證據A主張請求項1不具新穎性，因證據A不足以證明請求項1不具進步性，其前提係證據A不足以證明請求項1不具新穎性，故系爭舉發案有一事不再理之適用。對於前述案情，雖然法院有少數判決持肯定態度，惟因奧地利法院認為一事不再理之法理違憲，且日本特許法已刪除一事不再理之規定，是否會連帶影響我國之審判走向，仍待觀察。
3. 同一證據，指據以證明該待證事實之舉發證據相同。主要證據相同關連證據不同，不屬同一證據；另因證據之結合關係，他舉發案之證據包含系爭舉發案之證據，而非完全相同者，是否符合同一證據之要件，例如他舉發案以證據A、B之結合主張請求項1不具進步性，經審定舉發不成立，嗣就同一專利權再提出之系爭舉發案以證據A主張請求項1不具進步性，因證據A、B之結合不足以證明請求項1不具進步性，其前提係證據A或B單獨均不足以證明請求項1不具進步性，故系爭舉發案有一事不再理之適用。如前所述，對於前述案情，仍待觀察。
4. 審查不成立，指他舉發案經智慧財產局實質審查，而為舉發不成立之審定者（不包括因程序不受理或舉發駁回），不論是否審定確定，不論是舉發人所提出之理由及證據或是專利專責機關依職權審酌之理由及證據，嗣針對同一專利權以同一證據就同一事實再提出之舉發案者，均有一事不再理之適用。

5. 新證據，指不服他舉發案舉發不成立之審定的行政訴訟案件中依智慧財產案件審理法第33條所提出之新證據，並經智慧財產法院審理認為無理由者，針對同一專利權以該新證據（包括單獨或與其他證據結合）就同一事實再提出之舉發案亦有一事不再理之適用。新證據得適用一事不再理係現行專利法第81條第2款於102年1月1日施行時新增之規定，按專利權人、專利專責機關及參加人就行政訴訟中提出之新證據已充分答辯，且經智慧財產法院審理認為該新證據不足以撤銷系爭專利權者，理應不許任何人就同一事實以同一證據再為舉發，以阻卻其他舉發人以同一證據再為舉發。

一事不再理之適用係以請求項、理由及證據所構成之爭點為對象，只要其中之一不同，即不適用。此外，舉發案是否適用一事不再理之判斷時點，係依提起該舉發案當時（而非審查過程中）之事實判斷；系爭舉發案提起時，他舉發案針對同一爭點業經審定舉發不成立者，則有一事不再理之適用；惟若他舉發案中之該當爭點經行政救濟程序撤銷該舉發不成立之處分，發回專利專責機關重為審查者，則系爭舉發案尚無一事不再理之適用。再者，系爭舉發案因適用一事不再理而審定舉發駁回後，他舉發案舉發不成立之原處分經行政救濟而遭撤銷，即使系爭舉發案已逾法定救濟期限，當事人仍可依行政程序法第128條向專利專責機關申請程序再開，以撤銷、廢止或變更原處分。

三、舉發駁回

於實體審查程序中，舉發案有下列情事之一者，舉發審定書主文應為「舉發駁回」之審定。依專利法第79條第2項後段，於發明、新型舉發審定書主文應就各請求項分別載明（細73.II），例如「請求項XX舉發駁回。」於設計舉發審定書主文應就設計專利權全案為之，例如「舉發成立應予撤銷。」

1. 舉發理由主張系爭發明專利與作為舉發證據之新型專利為同一人於同日申請之相同創作，且該新型專利仍屬有效，嗣經專利權人選擇系爭發明專利者。至於該新型專利權，應回溯自發明專利公告之日消滅（專利法

第32條第2項）。惟若該新型係當然消滅或經撤銷確定，則不適用舉發駁回，應為舉發成立應予撤銷專利權之審定，因該新型專利權所揭露之技術已成為公眾得自由運用之技術，復歸專利權人專有將損及公眾利益。

2. 更正刪除請求項，經公告溯自申請日生效（專利法第68條第3項），致舉發標的消失者。
3. 舉發理由非屬得提起舉發之情事者（專利法第71條第1項）。
4. 舉發理由主張發明專利權人為非發明專利申請權人，或主張系爭專利非由專利申請權全體共有人所申請，但舉發人非屬利害關係人或無法認定舉發人是否屬利害關係人者（違反專利法第71條第2項規定）。
5. 舉發時，被舉發之專利權已消滅，經實體審查，舉發人非屬利害關係人或無可回復之法律上利益者，或無法認定舉發人是否屬利害關係人或是否有可回復之法律上利益者（違反專利法第72條規定）。
6. 舉發時，舉發理由及證據適用專利法第81條所定「一事不再理」之情事者。
7. 舉發時，被舉發之專利權仍存在，但實體審查過程中系爭專利權於他案經撤銷確定，專利權之效力視為自始不存在（專利法第82條第3項），致舉發標的消失者。
8. 舉發聲明範圍內之請求項無對應之舉發理由，經闡明仍未補提理由及證據者。

雖然經舉發駁回之舉發案曾進入實體審查程序，但未曾整理、確定爭點，亦未曾就舉發理由及證據進行充分、確實之攻防及審查，而無「一事不再理」之法律效果，對於同一專利權，仍得就同一事實以同一證據再為舉發。

「不受理」為程序處分，其與「舉發駁回」之實體審定尚有不同，舉發人不服者，亦得依法提起行政救濟。程序不受理之舉發案，尚未進入實體審查程序，並無前述「一事不再理」之法律效果。

四、更正部分

依專利法第77條第1項規定合併審查及審定之更正案與舉發案，舉發審定書主文應分別載明更正案及舉發案之審定結果；但經審查認應不准更正者，僅於審定理由中敘明之（細74.II），例如「○年○月○日之更正事項，准予更正。請求項1至5舉發成立應予撤銷。」

更正案與舉發案合併審定，對於「准予更正」之審查結果，因其權利範圍有變動，故應記載於舉發審定書之主文，以利更正公告作業。更正案與舉發案合併審定，對於「不准更正」之審查結果，並無公告之必要，故僅於審定理由中予以敘明，其他理由如下：a.不准更正且舉發成立，專利權人得就不准更正及舉發成立之結果一併請求救濟；b.不准更正且舉發不成立，因專利權仍然有效存在，專利權人並無單獨就不准更正之結果請求救濟之利益，且若允許專利權人就不准更正之審定單獨請求救濟，可能變動舉發不成立之審查基礎，以致舉發審定結果不安定性。基於前述說明，無論記載於審定主文或理由，無論是准予更正或不准更正，二者均得請求救濟，但必須併同舉發審定結果一併請求救濟，不得單獨為之。

舉發案於行政救濟期間，因原處分審定結果對舉發成立之請求項有撤銷專利權之拘束力，故專利權人所提更正，僅得就原處分中審定舉發不成立之請求項為之。由於更正之審定結果係就申請專利範圍整體為之，更正內容如涉及原處分中審定舉發成立之請求項者，即應不受理其更正申請；前述判斷僅就請求項項次之形式，而不論其實質內容，即使有依附或引用關係，亦在所不論。於設計專利，其審定結果係就全案為之，故原處分審定舉發成立者，不受理其更正申請。

五、舉發案之合併審定

依專利法第78條第2項合併審定多件舉發案，舉發基準規定：應就各舉發案所聲明之請求項，逐項載明總合的審定結果，而非就各舉發案逐案記載，分別載明審定結果；惟審定書理由應分別依各舉發案，記載聲明、證據及理由。換句話說，審定書主文之記載格式應與前述相同，且審定書主文應依請求項分別記載審定結果，不須區分各舉發案所聲明之請求項。例如，舉發案一聲明請求撤銷請求項1至5，審查結果僅請求項1舉發成立，其他請求項舉發不成立；舉發案二聲明請求撤銷請求項1至3，審查結果為請求項1及3舉發成立，請求項2舉發不成立。審定主文應記載為：「請求項1、3舉發成立應予撤銷。請求項2、4及5舉發不成立。」

7.3.6　專利有效性抗辯

智慧財產案件審理法於97年7月1日施行，第16條：「（第1項）當事人主張或抗辯智慧財產權有應撤銷、廢止之原因者，法院應就其主張或抗辯有無理由自為判斷，不適用民事訴訟法、行政訴訟法、商標法、專利法、植物品種及種苗法或其他法律有關停止訴訟程序之規定。（第2項）前項情形，法院認有撤銷、廢止之原因時，智慧財產權人於該民事訴訟中不得對於他造主張權利。」在民事專利侵權訴訟程序中，被告認為原告之專利權有應撤銷之原因者，得抗辯該專利權之有效性，法院應自為判斷被告之抗辯是否有理由；法院認有撤銷專利權之原因者，其法律效果為該案之原告不得向被告主張其專利權利，而非撤銷其專利權，故與舉發成立之法律效果尚有差異。

智慧財產案件審理細則第28條第1項：「智慧財產民事及刑事訴訟中，當事人主張或抗辯智慧財產權有應撤銷、廢止之原因，且影響民事及刑事裁判之結果者，法院應於判決理由中，就其主張或抗辯認定之，不得逕以智慧財產權尚未經撤銷或廢止，作為不採其主張或抗辯之理由；亦不得以關於該爭點，已提起行政爭訟程序，尚未終結為理由，裁定停止訴訟程序。」

【相關法條】

專利法：32、68、83。

施行細則：73、74。

行政程序法：128。

智慧財產案件審理法：16、33。

智慧財產案件審理細則：28。

【考古題】

◎甲於2008年1月間發明的一個「軟性紙喇叭」，擬向經濟部智慧財產局申請專利，試問：乙回去後立即以「軟性紙喇叭」向智慧財產局申請專利，在取得專利權後，甲始知乙已經以其發明取得專利，請問甲可為如何之處理？（99年高考三級「智慧財產權法規」）

◎舉發人以型錄及網頁列印本作為舉發證據，且附具公開日期之證明。惟當該公開日期有爭議而被質疑時，應由何者負舉證責任？並請說明其理由。（第一梯次專利師訓練補考「專利實務」）

◎試請回答以下各小題：

(一) 就發明專利權列出6個得提起舉發之法定事由?

(二) 舉發人對於非屬法定可提起舉發之事由而提出舉發者，專利專責機關應如何處理？（第二梯次專利師訓練補考「專利實務」）

◎何謂一事不再理？其立法目的？判斷時點？試依專利舉發審查基準之規定分別說明之。（第三梯次專利師訓練補考「專利實務」）

◎針對一發明專利權，非限於利害關係人得提起舉發之事由為何？（99年第一梯次智慧財產人員能力認證試題「專利審查基準及實務」）

◎甲君出資聘用乙君從事研發，但雙方未對研發成果之專利申請權及專利權之歸屬訂有契約；惟甲君逕自將研發成果申請專利，並經智慧局核准公告，乙君於智慧局核准公告1年後發現此情事，請問乙君就該案提起舉發，應主張該案違反專利法何規定？又若該案經舉發撤銷確定，乙君應如何回復其專利權？（99年第二梯次智慧財產人員能力認證試題「專利審查基準及實務」）

◎甲受僱於乙公司，在職期間完成一職務上之研發，甲未經乙之同意，擅自以自己之名義申請發明專利，並獲審查通過，取得專利權，試問：依專利法規定，乙公司應如何才能取得該研發之專利？（99年第二梯次智慧財產人員能力認證試題「專利法規」）

◎甲係A公司之研發人員，其向主管乙提案揭露某一發明欲申請專利，乙逕自將自己及丙列為共同發明人，並以A公司名義申請專利，十八個月後公開時，甲才知道專利申請書上之發明人並非自己，A公司取得專利後，甲以發明人不是真正發明人為由，向經濟部智慧財產局舉發。請問審查人員應如何處理？專利法有無給予真正發明人甲任何救濟？（101年專利審查官二等特考「專利法規」）

◎甲公司專門經營安全螺絲行銷全球，於民國（下同）九十八年中自行開發製造一種生產安全螺絲的機器專供自己使用，未曾銷售也沒租借他人使用，甲公司決定以營業秘密保護，所以禁止外人參觀其工廠，並加以其他合理適當的保密措施。甲公司委託模具廠乙公司開發該機器之模具，乙公司因而瞭解該機器之結構，便於九十九年五月一日向經濟部智慧財產局申請一發明專利，一百零一年四月獲准註冊公告，數日後乙公司即向智慧財產法院控告甲公司侵害其專利，請求損害賠償及排除侵害。甲公司接到起訴狀後，知悉專利權之發明人係乙公司指派負責甲公司業務之廠長丙，即懷疑乙公司與丙剽竊其發明。假設該專利權之請求項係針對該機器量身定做，換言之，該機器落入系爭專利之請求項，雙方並無爭議。甲公司如確能證明乙公司及丙確實是將甲公司之發明據為己有，請問就乙公司之控訴，甲公司應如何因應？專利法給予甲公司何種救濟途徑？（101年專利審查官二等特考「專利法規」）

◎甲以「3C產品保護膜之貼附方法」於民國（以下同）99年5月6日申請發明專利，經濟部智慧財產局（以下稱智慧財產局）於100年9月16日准予專利，其技術特徵為「一種遇熱軟化，冷卻後定型不回縮之塑膠膜，以設有黏膠層該側貼附於外殼表面，並以熱風使其軟化密貼於外殼表面，即可在產品表面平整地貼附一層保護膜之方法。」乙發現99年1月出版之3C雜誌，刊載「輕鬆包膜」一文，介紹使用吹風機將膠膜加熱後拉伸延展之方法，99年4月亦有網友上傳「看完後人人都是包神」的手機包膜教學影片，傳授保護膜烘軟密貼之步驟。乙因此認為甲之「3C產品外殼保護膜之貼附方法」早已公開，而且是同行或一般人透過學習即可輕易上手之技術，不符專利申請之要件，提出舉發，智慧財產局應如何處理該舉發案？（101年專利審查官三等特考「專利法規」）

◎請解釋何謂一事不再理及其立法目的?並請說明前後舉發案對於一事不再理之判斷時點？（100年度專利師職前訓練）

◎某甲欲舉發系爭專利，其提出舉發證據1~5，請依下列說明，試擬該舉發合理可能之爭點，並說明理由。

說明：

1. 系爭專利申請日95年6月1日，優先權日94年6月25日系爭專利請求項：
   1=A+B；
   2=如請求項1所述之...，其中B為b
   3=如請求項2所述之...，其更附加有C
2. 證據1=A+b(申請日94年1月1日，公開日95年5月11日)
   證據2=A+B(申請日92年8月13日，公開日93年12月21日)
   證據3=a(申請日91年7月1日，公告日94年4月21日)
   證據4=A+C(申請日93年2月5日，公開日94年6月21日)
   證據5=b(申請日91年4月16日，公告日94年3月1日)
3. 系爭專利曾經被舉發而不成立確定，該舉發係以證據4及證據5之組合主張系爭專利請求項1~3不具進步性。（101年度專利師職前訓練）

7.4 專利審查之救濟

TRIPs第41條（一般義務）
1. 會員應確保本篇所定之執行程序於其國內法律有所規定，以便對本協定所定之侵害智慧財產權行為，採行有效之行動，包括迅速救濟措施以防止侵害行為及對進一步之侵害行為產生遏阻之救濟措施。前述程序執行應避免對合法貿易造成障礙，並應提供防護措施以防止其濫用。 … 4. 當事人應有權請求司法機關就其案件最終行政決定為審查，並至少在合於會員有關案件重要性的管轄規定條件下，請求司法機關就初級司法實體判決之法律見解予以審查。但會員並無義務就已宣判無罪之刑事案件提供再審查之機會。 5. 會員瞭解，本篇所規定之執行，並不強制要求會員於其現有之司法執行系統之外，另行建立一套有關智慧財產權之執行程序；亦不影響會員執行其一般國內法律之能力。本篇對會員而言，並不構成執行智慧財產權與執行其他國內法之人力及資源分配之義務。

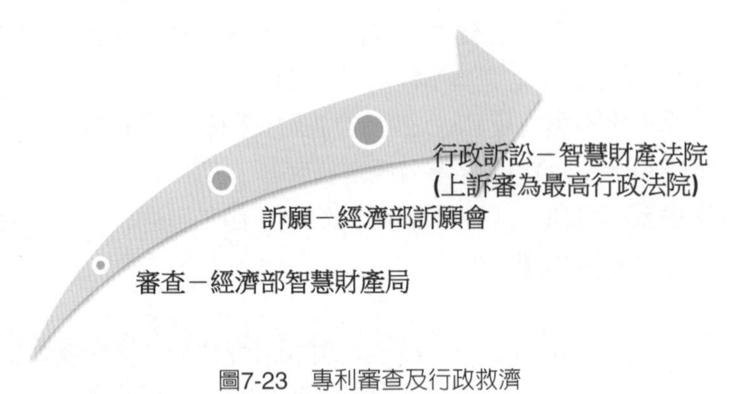

圖7-23　專利審查及行政救濟

7.4.1 訴願

對於經再審查不予發明或設計專利之審定、經形式審查不予新型專利之處分或發明、新型、設計專利之舉發審定或處分（含舉發成立、舉發不成立、舉發駁回三種審定及不受理處分）不服者，申請人得尋求行政爭訟之救濟程序，包括訴願、行政訴訟及上訴程序。對於專利專責機關之行政處分有不服者，在進入行政訴訟程序之前，須先向其上級機關即經濟部訴願會提起訴願（訴願4.VI）。訴願之提起，應自專利審定書或處分書送達或公告期滿之次日起三十日內為之，且應於三十日內由專利專責機關或經濟部收受訴願書（訴願14.I及III）。訴願書應載明之事項：1.訴願人之姓名、出生年月日、住居所、身分證字號等基本資料；2.有訴願代理人者，其基本資料；3.原行政處分機關；4.訴願請求事項；5.訴願之事實及理由；6.收受或知悉行政處分之年月日；7.受理訴願機關；8.證據；及9.年月日（訴願56.I）。

訴願之管轄、受理機關為原行政處分機關的上級機關，但訴願書須經由原行政處分機關向訴願管轄機關提起訴願（訴願58.I）。原處分機關接獲訴願時，應先行重新審查原處分是否合法妥當，認訴願有理由者，得自行撤銷或變更原行政處分，並陳報訴願管轄機關（訴願58.II）。原處分機關不依訴願人之請求撤銷或變更原行政處分者，應儘速附具答辯書，並將必要之關係文件送訴願管轄機關（訴願58.III）。原行政處分機關檢卷答辯時，應將前項答辯書抄送訴願人（訴願58.IV）。受理訴願機關應就訴願事件為全面性之審查，並依「先程序後實體」之原則，先審查其提起訴願是否合法，不完備之訴願書能否補正，以認定應否受理。提起訴願不合法者，應為不受理之決定。實務上常見的不受理決定有：訴願書不合法定程式不能補正或經通知補正逾期不補正、逾法定期間提起訴願、原行政處分業經原處分機關自行撤銷而不存在（訴願77）。訴願採書面審查原則，就書面審查決定之，但必要時得通知訴願人、參加人或利害關係人到達指定處所陳述意見；訴願人或參加人請求陳述意見而有正當理由者，應予到達指定處所陳述意見之機會（訴願63）。訴願之決定確定後，就其事件，有拘束各關係機關之效力（訴願95）。對專利審查之處分，訴願決定撤銷原處分，原處分機關應為適法之處分；即原審定失去效力，回復到審查或舉發審查中之狀態，原處分機關重為處分時，受訴願決定之拘束，應依訴願決定意旨為之（訴願96）。

7.4.2　行政訴訟

訴願人不服訴願決定者，得於訴願決定書送達後二個月之不變期間內，向智慧財產法院提起行政訴訟（行訴106.I）。專利案之行政訴訟通常為撤銷訴訟，書狀應記載之事項：1.當事人之姓名、出生年月日、住居所、身分證字號等基本資料；2.有法定代理人者，其基本資料；3.有訴訟代理人者，其基本資料；4.應為之聲明；5.事實上及法律上之陳述；6.供證明或釋明用之證據；7.附屬文件及其件數；8.行政法院；及9.年月日（行訴57）。

專利之民事及行政訴訟案件之管轄屬智慧財產法院，該法院掌理關於智慧財產之民事訴訟、刑事訴訟及行政訴訟之審判事務（智慧財產法院組織法第2條）。原處分機關或原受理訴願機關受智慧財產法院通知後，應於十日內將案件有關之卷證送交智慧財產法院，且被告機關應以答辯狀陳述意見（行訴108）；至於應由原處分機關或由訴願機關負責答辯之責，係以孰為被告機關為準。2007年8月15日起，起訴按件徵收裁判費4.000元（行訴98.II）；但可請求裁判費由對造負擔。行政訴訟採言詞辯論主義，智慧財產法院作為第一審法院，除法有規定外，與進行事實審之民事法院雷同，必須踐行言詞辯論程序，法院非本於言詞辯論不得作成裁判（行訴188.I）。判決，即對訴訟事件所為實體上之判斷，通常只在終結該審級時為之，此類判決稱終局判決。訴訟標的全部已達可為判決之程度者，法院應為終結訴訟程序之終局判決（行訴190）。法院認原告之訴不合法者，應以裁定駁回（行訴107）。判決主文，為全部判決之結論；對於當事人起訴之聲明，在主文內應為准許或駁回之意思表示。法院認原告之訴有理由者，除別有規定外（例如情況判決），應為其勝訴之判決；認原告之訴無理由者，應以判決駁回之（行訴195.I）。判決經宣示或公告而生效（行訴204.I）；宣示判決，不問當事人是否在場，均有效力（行訴205.I）。撤銷或變更原處分或決定之判決，就其事件有拘束各關係機關之效力（行訴216.I）。關係機關包括以原處分機關為被告時的訴願決定機關（訴願機關維持原處分，原告提起訴訟的情況，被告的原處分機關受拘束，訴願機關亦受拘束），及以訴願決定機關為被告時的原處分機關（訴願機關撤銷原處分，參加人提起訴訟的情況，被告的訴願機關受拘束，原處分機關亦受拘束）。原處分或決定經判決撤銷後，機關須重為處分或決定者，應依判決意旨為之（行訴216.II）。對判決不服者，得向最高行政法院提起上訴應於判決送達後二十日之不變期間內為之（行訴241）。

【相關法條】

訴願法：4、14、56、58、63、77、95、96。

行政訴訟法：57、98、106、107、108、188、190、195、204、205、216、241。

智慧財產法院組織法：2。

【考古題】

◎甲公司認為其發明「竹製百葉簾葉片」之特殊製造方法，可利用該方法製造之百葉簾葉片，能耐得住各式氣溫、氣候變化之接觸，藉以克服日照、雨淋、高、低溫度差及風襲等各種自然氣候問題。因此，甲公司以「竹製百葉簾葉片之製造方法」向經濟部智慧財產局申請發明專利。試問：依專利法規定，經濟部智慧財產局審查本件申請案時，應審查那些發明專利要件？倘若該申請案經審查後，經濟部智慧財產局認為其欠缺專利要件，而加以核駁其專利申請時，甲有何行政救濟管道？（94年檢事官考試「智慧財產權法」）

◎我國專利有三種：發明專利、新型專利及新式樣專利。如果有申請人向您請教發明專利及新型專利審查流程，請您以專利師專業的立場，從提出申請至最後的行政救濟流程，加以解說之。（第二梯次專利師訓練「專利法規」）

第八章　專利權及其實施、訴訟

大綱	小節	主題
8.1 專利權之發生及效力	8.1.1 專利權之發生及復權	· 專利權之發生 · 專利權之復權
	8.1.2 專利權範圍之變動	
	8.1.3 專利權效力	· 消極效力 · 積極效力
8.2 專利權效力之限制	8.2.1 專利權效力之一般限制	· 非出於商業目的之未公開行為 · 以研究或試驗為目的實施發明之必要行為 · 先使用權 · 僅由國境經過之交通工具或裝置 · 善意之被授權人於舉發前之實施或準備行為 · 權利耗盡 · 回復專利權效力期間內的善意實施或準備行為
	8.2.2 藥物專利權效力之限制	· 適用標的 · 適用範圍 · 免責範圍
	8.2.3 混合醫藥品專利權效力之限制	· 何謂混合醫藥品 · 適用範圍
8.3 專利權之維持及消滅	8.3.1 專利權之維護	· 年費之繳納及補繳
	8.3.2 專利權之消滅	· 專利權消滅事由及消滅期日
	8.3.3 專利權之復權	· 非因故意之復權
8.4 專利權之實施及處分	8.4.1 實施	· 專利權之積極效力 · 專利權之實施
	8.4.2 處分及繼承	· 讓與、授權、設質、信託、繼承、登記 · 專屬授權與非專屬授權

大綱	小節	主題
8.5 專利權之強制授權	8.5.1 強制授權制度	
	8.5.2 得強制授權之情事	・通知強制授權之情事 ・申請強制授權之情事
	8.5.3 得強制授權之前提	・不能協議授權 ・相當經濟意義
	8.5.4 核准強制授權之限制	・半導體技術專利的特別限制 ・國內需求原則 ・合理補償原則 ・無專屬性原則 ・不得再授權原則 ・不得分割處分原則
	8.5.5 強制授權之處理審定	
	8.5.6 強制授權之廢止	
	8.5.7 公共衛生之強制授權	・申請範圍 ・合格進口國之資格 ・申請條件 ・出口國應遵守之事項 ・補償金之核定標準 ・資料專屬保護權之豁免
	8.5.8 強制授權之起源	
	8.5.9 巴黎公約之強制授權	・巴黎公約相關規定
	8.5.10 TRIPs之強制授權	・強制授權之事由 ・強制授權之限制
8.6 專利權之侵權及訴訟	8.6.1 民事侵權行為	・侵權行為構成要件 ・請求權消滅時效
	8.6.2 民事請求權	・損害賠償請求權 ・禁止侵害請求權 ・其他請求權 ・102年1月1日施行之專利法所刪除之規定

大綱	小節	主題
	8.6.3 管轄法院	
	8.6.4 102年1月1日施行之專利法修正重點	‧專屬被授權人之訴權 ‧專利標示 ‧舉證責任倒置 ‧得提起民事訴訟之外國人 ‧新型專利技術報告與免責規定

創作人靈光乍現產生創作後，若向專利專責機關提出申請，即發動了專利申請及審查程序，相關的專利法制包括申請專利之權利、申請制度、審查制度、專利要件、專利權授予、撤銷及行政救濟制度等，說明如前述各章。若專利專責機關授予專利權，即產生專利權之效力及其限制、專利權之實施及行使、專利權之強制授權及侵權訴訟等情事。

申請專利之創作通過程序審查及實體審查，申請案經核准公告及繳費，即可取得專利證書，其專利權自公告之日起發生效力；為維持專利權，專利權人尚有繳納年費之義務。在專利權被撤銷、消滅之前的有效期間內，專利權人得積極實施或處分其權利，或消極行使其專有排他權利。實施，指專利法第58條第2項及第3項中所定之製造、為販賣之要約、販賣、使用及進口五種行為。處分，指讓與、授權、設定質權及信託等行為。

專利權為專有排他權，取得專利權所生之效力，並非指專利權人的實施行為一定不會侵害他人專利權。為排除他人實施其專利權，專利權人得行使其專有排他權利，向法院提起民事訴訟，請求損害賠償、排除或防止侵權行為。

本章將依序介紹專利權之發生及效力、專利權之限制、專利權之維持及消滅、專利權之實施及處分、專利權之強制授權及專利權之侵權及訴訟。

8.1 專利權之發生及效力

第52條（發明專利權之授予及期間）
申請專利之發明，經核准審定者，申請人應於審定書送達後三個月內，繳納證書費及第一年專利年費後，始予公告；屆期未繳費者，不予公告。 申請專利之發明，自公告之日起給予發明專利權，並發證書。 發明專利權期限，自申請日起算二十年屆滿。 申請人非因故意，未於第一項或前條第四項所定期限繳費者，得於繳費期限屆滿後六個月內，繳納證書費及二倍之第一年專利年費後，由專利專責機關公告之。
第58條（發明專利權之實施及解釋）
發明專利權人，除本法另有規定外，專有排除他人未經其同意而實施該發明之權。 物之發明之實施，指製造、為販賣之要約、販賣、使用或為上述目的而進口該物之行為。 方法發明之實施，指下列各款行為： 一、使用該方法。 二、使用、為販賣之要約、販賣或為上述目的而進口該方法直接製成之物。 發明專利權範圍，以申請專利範圍為準，於解釋申請專利範圍時，並得審酌說明書及圖式。 摘要不得用於解釋申請專利範圍。
第114條（新型專利權之授予及期間）
新型專利權期限，自申請日起算十年屆滿。
第135條（設計專利權之授予及期間）
設計專利權期限，自申請日起算十二年屆滿；衍生設計專利權期限與原設計專利權期限同時屆滿。
第136條（設計專利權之實施及解釋）
設計專利權人，除本法另有規定外，專有排除他人未經其同意而實施該設計或近似該設計之權。 設計專利權範圍，以圖式為準，並得審酌說明書。
巴黎公約第4條之2（發明專利－專利之獨立性）
(1) 同盟國國民就同一發明於各同盟國家內申請之專利案，與於其他國家取得之專利權，應各自獨立，不論後者是否同盟國家。 (2) 前揭規定，係指其最廣義而言，凡於優先權期間內申請之專利案，均具有獨立性，包括無效及消滅等，甚至與未主張優先權之專利案亦具有獨立性。 (3) 本規定應適用於其生效時所存在之一切專利。

(4) 新國家加入本公約時，本規定應同等適用於新國家加入前後存在之專利。
(5) 因主張優先權而取得專利權者，於同盟國內，得享有之專利權期限應與未主張優先權之專利權期限同。

巴黎公約第5條A（發明及新型專利－失權及強制授權）

(1) 專利權人不因其於任一同盟國內所製造之專利物品，輸入於獲准專利之國家而喪失其專利。
(2) 各同盟國家得立法規定強制授權，以防止專利權人濫用權利之情形，例如未實施專利。
(3) 除非強制授權不足以防止前揭濫用，否則不得撤銷該專利權。於首次強制授權之日起二年內，不得執行專利之喪失或撤銷專利程序。
(4) 自提出專利申請之日起四年內，或核准專利之日起三年內（以最後屆滿之期間為準），任何人不得以專利權人未實施或未充分實施為由，申請強制授權。倘專利權人之未實施或未充分實施有正當事由者，強制授權之申請應予否准。前揭強制授權不具排他性，不得移轉，除非與其經營授權之之企業或商譽一併為之。亦不得再授權。
(5) 前揭規定於新型準用之。

巴黎公約第5條B（設計專利－失權）

設計之保護，無論如何不因未實施或輸入相當於受權利保護之產品等事由而喪失其權利。

巴黎公約第5條之4（發明專利－製法專利權）

倘產品所輸入之同盟國家已有保護該項產品之製法專利，專利權人就該進口物品得主張之權利，相同於輸入國法令所賦予其對該國境內製造之物品所得主張之一切權利。

TRIPs第26條（工業設計權保護內容）

1. 工業設計所有權人有權禁止未經其同意之第三人，基於商業目的而製造、販賣，或進口附有其設計或近似設計之物品。
2. 會員得規定工業設計保護之少數例外規定，但以於考量第三人之合法權益下其並未不合理地牴觸該受保護工業設計之一般使用，且並未不合理侵害權利人之合法權益者為限。
3. 權利保護期限至少應為十年。

TRIPs第28條（專利權保護內容）

1. 專利權人享有下列專屬權：
   (a) 物品專利權人得禁止未經其同意之第三人製造、使用、要約販賣、販賣或為上述目的而進口其專利物品。
   (b) 方法專利權人得禁止未經其同意之第三人使用其方法，並得禁止使用、要約販賣、販賣或為上述目的而進口其方法直接製成之物品。
2. 專利權人得讓與、繼承及授權實施其專利。

TRIPs第33條（專利權保護期間）
專利權期限自申請日起，至少二十年。

TRIPs第34條（製法專利之舉證責任）
1. 第28條第1項(b)款之專利權受侵害之民事訴訟中，若該專利為製法專利時，司法機關應有權要求被告舉證其係以不同製法取得與專利方法所製得相同之物品。會員應規定有下列情事之一者，非經專利權人同意下製造之同一物品，在無反證時，視為係以該專利方法製造。 (a) 專利方法所製成的產品為新的； (b) 被告物品有相當的可能係以專利方法製成，且原告已盡力仍無法證明被告確實使用之方法。 2. 會員得規定第1項所示之舉證責任僅在符合第(a)款時始由被告負擔，或僅在符合第(b)款時始由被告負擔。 3. 在提出反證之過程，應考量被告之製造及營業秘密之合法權益。

專利權之發生及效力		
專利權之發生	條件	a.證書費；b.第一年專利年費；c.公告。
	復權	得主張非因故意之復權，但必須在三個月繳費期間屆滿後六個月內完成復權之程序。 不得以天災或不可歸責於己之事由，再延長該六個月期間。
	專利權期間	自公告之日起發生專利權，自申請日起算發明二十年（醫藥品及農藥品有關之發明得延長期間）、新型十年、設計十二年（衍生設計與其原設計同時屆滿）。
專利權之變動	專利權範圍之變動	發明及新型專利權以申請專利範圍為準；設計專利權以圖式為準。因更正而變動其專利權範圍。
	效力回溯	經更正公告者，專利權範圍之變動溯自申請日生效。
	貢獻原則之適用	記載於說明書但未記載於申請專利範圍的技術內容，或未揭露於圖式的技藝內容均貢獻給社會大眾，不得經更正重新取回。
專利權效力	積極效力	實施：製造、為販賣之要約、販賣、使用及進口。 發明：物及方法專利權之實施。 新型、設計：物品專利權之實施。
		處分：讓與、信託、授權實施及設定質權。
	消極效力	專有排除他人未經專利權人同意實施其專利權。

8.1.1　專利權之發生及復權

一、專利權之發生

申請專利之創作經審查或再審查，申請人收到准予專利之審定書並不代表已取得專利權，依專利法第52條第1項，專利權的發生尚須符合三要件，即申請人應於准予專利之審定書（或處分書）送達後三個月內，a.繳納證書費；b.繳納第一年專利年費；c.經專利專責機關公告，自公告之日起始發生專利權。應強調者，專利專責機關所頒發之專利證書並非發生專利權之要件，該證書僅屬專利權存在的形式證據。

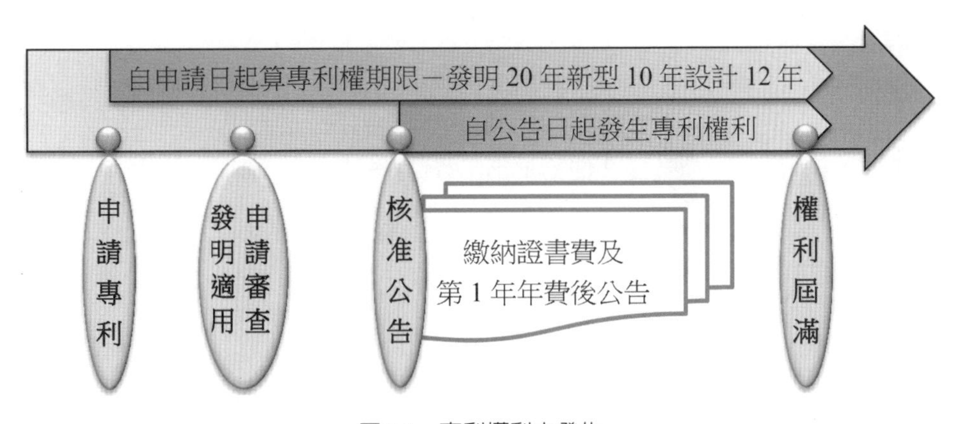

圖8-1　專利權利之發生

專利法規範之專利有三種：發明、新型及設計。三種專利之保護客體不同，其專利權期限亦有差異：

1. 發明：申請專利之發明自公告之日起給予發明專利權，其期限自申請日起算二十年屆滿。
2. 新型：申請專利之新型自公告之日起給予新型專利權，其期限自申請日起算十年屆滿。
3. 設計：申請專利之設計自公告之日起給予設計專利權，其期限自申請日起算十二年屆滿（衍生設計與其原設計同時屆滿）。

二、專利權之復權

前述「審定書送達後三個月」係法定不變期間，除因天災或不可歸責於申請人之事由得申請回復原狀外，均不得申請延長三個月之繳納期間；屆期未繳費，即生不利益之效果。然而，實務上往往有申請人非因故意而未依時繳納，若僅因申請人一時疏於繳納，即不准其申請回復，恐有違專利法鼓勵研發、創新之意旨，故專利法第52條第4項增訂「非因故意回復原狀」之規定。申請人以「非因故意」為由，例如因生病無法依期繳納規費者，得於繳費期限屆滿後六個月內，提出繳費、領證之申請。以「非因故意」為由申請回復原狀，屬可歸責於申請人者，故申請人應於三個月繳費期間屆滿後六個月內繳納證書費，並加倍繳納第一年專利年費，藉此與因「天災或不可歸責於當事人」之事由區隔。

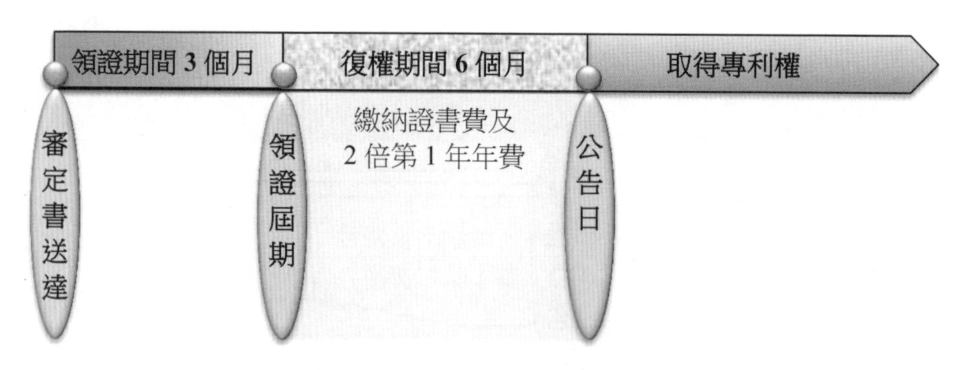

圖8-2　逾證書費及第一年專利年費繳納期間之復權

符合減收專利年費資格者，申請回復專利權時，應繳納之金額為依其減收後之專利年費金額為計算基準，即減收後之專利年費金額的二倍。

依專利法第17條第4項，針對前述a.申請時未主張國際優先權；b.逾審定書送達後三個月繳費期而未繳納證書費及第一年專利年費；及c.逾六個月補繳期而未繳納第二年以後專利年費等三種狀況，主張「非因故意回復原狀」，但又遲誤法定期間者，則不再適用「因天災或不可歸責之事由回復原狀」之機制。

按102年1月1日施行之專利法修正前，逾期未繳納證書費及第一年專利年費，已生專利權自始不存在之效果，或已逾加倍補繳期仍未繳納第二年以後之專利年費，已生專利權當然消滅之效果，致專利權之實體權利不存在，依專利法第155條，不得主張專利法「非因故意回復原狀」，以維法律之安定性及第三人權益。

表8-1　專利法所定復權之相關規定對照表

回復原狀之機制	國際優先權*	證書費及第一年年費	第二年以後年費
	申請時未主張優先權或視爲未主張優先權	未繳納證書費或第一年專利年費	未繳納第二年以後專利年費
因天災或不可歸責之事由及期間	優先權日後十六個月（或十個月）	核准審定書送達後三個月的繳費期間	各繳費期間
			六個月補繳期限
（應為之行為）	補行應為之行為		
非因故意	優先權日後十六個月（或十個月）	三個月繳費期間屆滿後六個月內	六個月補繳期限屆滿後一年內
	遲誤上述所列期間，不得再以天災或不可歸責之事由主張回復原狀		
（應為之行為）	申請回復之申請費及補行應為之行為	證書費、2倍第一年專利年費及補行應為之行為	3倍專利年費

*國內優先權不適用非因故意之機制

前述「審定書送達後三個月」係法定不變期間，屆期未繳費，即生不利益之結果。惟應注意者，前述法定不變期間，並非指審定書送達後三個月必須公告；申請人有延緩公告專利之必要者，得於繳納證書費及第一年專利年費時，向專利專責機關申請延緩公告；但所請延緩之期限，不得逾三個月（細§86）。

8.1.2　專利權範圍之變動

發明及新型專利權範圍以申請專利範圍為準；設計專利權範圍以圖式為準。專利權客體的變動，指專利權人得於取得專利權之後任何時間點更正專利說明書等申請文件的內容，尤其是申請專利範圍的更正，但對於經審定舉發成立應予撤銷專利權之請求項，因有變動審定基礎之虞，故於行政救濟階段不得申請更正。發明及新型專利之更正限於請求項之刪除、申請專利範圍之減縮、誤記或誤譯之訂正及不明瞭記載之釋明（專§67）；設計專利之更正限於誤記或誤譯之訂正或不明瞭記載之釋明（專§139）。依專利法第68條第2項及第3項，專利專責機關於核准更正後，應將其事由刊載專利公報；說明書、申請專利範圍及圖式經更正公告者，溯自申請日生效，故其專利權範圍之變動溯自申請日起生效。

發明或新型之申請專利範圍、設計之圖式一經公告，即具有公示功能，社會大眾會利用或迴避所公告之申請專利範圍（適用於發明、新型）或圖式（適用於設計）所界定之專利權，故申請專利範圍或圖式之更正只能刪除請求項或減縮專利權範圍，或訂正誤記、誤譯或不明瞭事項，記載於說明書但未記載於申請專利範圍的技術內容，或記載於說明書但未揭露於圖式的技藝內容，均貢獻給社會大眾，不得重新取回。依專利法第69條，當專利權已授權他人實施或設定質權，未經被授權人或質權人之同意，不得以「請求項之刪除」或「申請專利範圍之減縮」會變動專利權範圍之事由申請更正；但得以「誤記或誤譯之訂正」「不明瞭記載之釋明」不會變動專利權範圍之事由申請更正。發明、新型專利權為共有時，非經共有人全體之同意，亦有前述規定之適用；設計專利之更正僅限於「誤記或誤譯之訂正」及「不明瞭記載之釋明」，並無前述會變動專利權範圍之事由，故不適用前述規定。

8.1.3　專利權效力

依專利權能之性質，專利權效力包括消極效力及積極效力。消極效力，指專利法第58條第1項所定專利權人專有排除他人未經其同意實施其專利權之「行使」。積極效力，指專利權人就其專利權積極進行利用、收益之權利，包括第58條第2項所定之物及第3項所定之方法專利權之「實施」，及第62條所定讓與、信託、授權他人實施及設定質權等專利權之「處分」。實施，指製造、為販賣之要約、販賣、使用及進口五種行為。

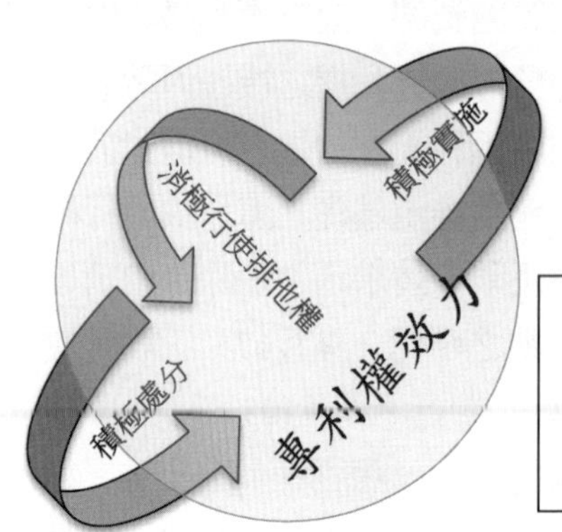

*實施行為：自己製造、為販賣之要約、販賣、使用、進口。
**處分行為：讓與、授權、設質、信託。
***消極行使排他權：排除他人製造、為販賣之要約、販賣、使用、進口。

圖8-3　專利權效力

一、消極效力

專利權的消極效力，指專利法第58條第1項所定專利權人可以排除他人未經專利權人同意而實施專利權之行為，包括製造、為販賣之要約、販賣、使用及為前述行為而進口。另依專利法第62條第2、3項，將專利權授權他人實施，得為專屬授權或非專屬授權；專屬被授權人在被授權範圍內，得排除專利權人及第三人實施該專利權。

專利法規範之專利有三種：發明、新型及設計。三種專利之保護客體不同，其專利權效力（或稱權能、內容）亦有差異：

1. 發明：物（包括物品、物質、微生物、電腦軟體程式產品等，現行專利法第58條將修正前專利法第56條之「物品」改稱「物」，僅屬回歸原本之法理及實務，實質內容並未變動）之專利權：專有排除他人未經其同意而a.製造、b.為販賣之要約、c.販賣、d.使用及e.為上述目的而進口該物之權利（專§58.II）。方法專利權：專有排除他人未經其同意而a.使用該方法（若為製造方法，使用方法＝製造物品）及b.使用、c.為販賣之要約、d.販賣及e.為上述目的而進口該方法直接製成之物之權利（專§58.III）。
2. 新型：物（僅為物品，不包括物質、微生物、電腦軟體程式等）之專利權：專有排除他人未經其同意而製造、為販賣之要約、販賣、使用或為上述目的而進口該物之權利。
3. 設計：物（僅為物品）之專利權：專有排除他人未經其同意而製造、為販賣之要約、販賣、使用或為上述目的而進口該設計或近似該設計（設計＝物品＋外觀）之權利（專§136.I）。

(一) 物之創作

專利法所定專利物之實施行為，包括五種行為，其意義分別說明如下：

1. 製造：指以機器或手工生產具有經濟價值之專利物。
2. 為販賣之要約：指明確表示要販賣專利物之行為，包括以口頭、書面等各種方式之要約及要約之引誘，例如於陳列之貨物上標示售價，於網路上廣告或以電話要約等有引誘之表示者。
3. 販賣：指有償讓與專利物之行為，包括買賣、互易等行為。
4. 使用：指實現專利技術效果之行為，包括對物之單獨使用或作為其他物之構成部分的使用。

5. 進口：指為了在國內製造、販賣或使用之目的，從國外輸入專利物之行為。

為販賣之要約，為TRIPs第28條所定之行為態樣；為加入WTO，我國修正專利法時增加該實施態樣。2008年德國漢諾威電腦展所發生的專利侵權搜索行動，即有關此種侵權行為，只要是推銷商品、洽談商品之銷售，即構成為販賣之要約行為，即使在商展期間尚未簽訂銷售合約亦有適用。

(二)方法發明

方法發明，包括有產物之製造方法及無產物之處理方法。無產物之處理方法發明專利權效力，僅限於排除他人未經專利權人同意而使用該專利方法。有產物之製造方法發明專利權效力，除排除他人未經專利權人同意而使用該專利方法外，尚包含排除他人未經專利權人同意而使用、為販賣之要約、販賣或進口該專利方法直接製成之物。

有產物之製造方法發明專利權及於直接製成之物，該物不須屬國內、外前所未見者，見專利法第58條第3項；但於製造方法發明的侵權訴訟程序，若被控侵權之製造方法所製成之物為a.申請前（或優先權日前）為國內、外前所未見者；且b.與系爭製法發明專利所製成之物相同，依專利法第99條規定，推定為以該專利方法所製造，舉證責任轉換由被告負擔，若被告提出反證，可推翻前述之推定。

二、積極效力

因專利權本質上為排他權，我國專利法並未明確規範專利權的積極效力，例如日本特許法第68條所定專利權人專有在事業上實施其專利發明之權利；惟我國專利法第58條規定專利權人專有排除他人未經其同意而實施其專利權之行為，包括製造、為販賣之要約、販賣、使用及為前述目的而進口等行為。專利權為財產權，專利權人得自由處分其財產權，專利權之處分例示於專利法第62條，包括專利權之讓與、信託、授權他人實施及設定質權等。詳細內容見後述8.4「專利權之實施及處分」。

【相關法條】

專利法：17、62、67、68、69、99、139、155。

施行細則：86。

【考古題】

◎甲申請一專利，於審定公告期間，乙利用該公告之技術製造物品銷售，甲是否可以對乙主張專利侵害？試說明其理由。（89年專利審查官三等特考「專利法規」）

◎於專利侵權訴訟中，方法發明之舉證責任分配原則與物之發明有無不同？如有不同，其要件為何？試就專利法及國際條約等相關規範說明之。（第五梯次專利師訓練補考「專利法規」）

8.2　專利權效力之限制

第59條（專利權效力之限制）
發明專利權之效力，不及於下列各款情事： 一、非出於商業目的之未公開行為。 二、以研究或實驗為目的實施發明之必要行為。 三、申請前已在國內實施，或已完成必須之準備者。但於專利申請人處得知其發明後未滿六個月，並經專利申請人聲明保留其專利權者，不在此限。 四、僅由國境經過之交通工具或其裝置。 五、非專利申請權人所得專利權，因專利權人舉發而撤銷時，其被授權人在舉發前，以善意在國內實施或已完成必須之準備者。 六、專利權人所製造或經其同意製造之專利物販賣後，使用或再販賣該物者。上述製造、販賣，不以國內為限。 七、專利權依第七十條第一項第三款規定消滅後，至專利權人依第七十條第二項回復專利權效力並經公告前，以善意實施或已完成必須之準備者。 前項第三款、第五款及第七款之實施人，限於在其原有事業目的範圍內繼續利用。 第一項第五款之被授權人，因該專利權經舉發而撤銷之後，仍實施時，於收到專利權人書面通知之日起，應支付專利權人合理之權利金。
第60條（藥物專利權效力之限制）
發明專利權之效力，不及於以取得藥事法所定藥物查驗登記許可或國外藥物上市許可為目的，而從事之研究、試驗及其必要行為。
第61條（混合醫藥品專利權效力之限制）
混合二種以上醫藥品而製造之醫藥品或方法，其發明專利權效力不及於依醫師處方箋調劑之行為及所調劑之醫藥品。

巴黎公約第5條之3（發明專利－僅由國境經過之交通工具）
於同盟國家內有下列情形之一者，不構成專利之侵害： 1. 其他同盟國家之船舶暫時或偶然進入該國領海時，在該船舶上使用構成專利內容之設計於船體、機械、艙柱及迴轉裝置或其他附屬物；但此項設計以專為使用於該船舶之需要為限。 2. 其他同盟國家之航空器或陸上車輛暫時或偶然進入該國時，在該航空器或陸上車輛或其附屬物之構造或操作上使用構成專利內容之設計。
TRIPs第6條（耗盡）
就本協定爭端解決之目的而言，且受第3條及第4條規定之限制，本協定不得被用以處理智慧財產權耗盡之問題。
TRIPs第30條（專利權之限制）
會員得規定專利所授予專屬權之少數例外規定，但以於考量第三人之合法權益下其並未不合理牴觸專利權之一般使用，且並未不合理侵害專利權人之合法權益者為限。

專利權效力之一般限制綱要		
限制之意義	實施專利創作之行為，即使未經專利權人同意，仍然不構成專利侵權責任。	
目的	平衡技術使用者及社會公眾的利益，並維持正常之交易秩序及研發秩序。	
限制之種類	一般限制、藥物專利權之特別限制、混合醫藥品專利權之特別限制。	
一般限制	1.非出於商業目的之未公開行為；2.以研究或實驗為目的實施專利創作之必要行為；3.先使用權；4.過境之交通工具或其裝置；5.善意之被授權人於舉發前之行為；6.權利耗盡；7.回復專利權期限內善意實施之行為。	
	範圍	涵蓋物、方法或製法所製之物。 限於該當請求項，不得擴及其他請求項。
非商業目的之未公開行為	條件	主觀上必須非出於商業目的；商業目的不限於以營利為目的。
		客觀上係屬未公開之行為，例如自用。
以研究或實驗為目的之必要行為	條件	研究或實驗，必須以專利創作為對象。
		必要行為：行為與手段之間必須有必要之因果關係；且手段與目的之間必須符合比例原則。

專利權效力之一般限制綱要		
先使用權	條件	已實施或已完成必須之準備；後者必須是客觀上可被認定的事實。
		未聲明保留權利：專利申請人聲明保留專利權，且於六個月內申請專利者，在該優惠期間內所為之實施行為不得主張先使用權。
	範圍	得繼續實施之範圍限於申請前已有實施行為或準備之原有事業目的範圍內，並未限制實施規模須與申請時之規模一致。
過境交通工具	條件	揭櫫於巴黎公約第5條之3，尚包括交通工具上所使用之裝置。
善意之被授權人	條件	善意，於民法上係指不知情，不包含「明知」及「可得而知」。於本節係指先使用人不知道其所實施之技術侵害他人專利，例如自行研發或經合法途徑取得之技術。
	範圍	同前述先使用權之範圍。
權利耗盡	種類	國內耗盡原則及國際耗盡原則；我國現行法採國際耗盡原則。
	真品平行輸入	他人將專利權人自己在國外製造、販賣或同意他人在國外製造、販賣之專利物（真品）進口國內。
		採國內耗盡原則者，專利權人仍然享有進口權，不允許真品自國外平行輸入。 採國際耗盡原則者，因專利權（包含進口權）已耗盡，專利權人不得主張真品的進口權利。
	權利耗盡原則	專利權人所製造或經其同意製造之專利物販賣後，使用或再販賣該物者，為該專利權效力所不及。
	默示授權論	或稱默示同意，指專利權人製造、販賣或同意他人製造、販賣之真品，等同默示該真品後續之實施權。
	第一次銷售理論	指若專利物之價值僅在於使用，專利權人或經其同意之他人銷售該專利物，從該設備或裝置之使用已取得其可得之專利費用或報酬，後續該專利物之使用係屬購買者之自由，不得限制。
復權期間內善意實施之行為	條件	限於逾期未繳納第二年以後之專利年費，其他復權不適用。 專利權消滅至公告回復專利權效力之期間，始有適用。
	範圍	同前述先使用權之範圍。

專利權之限制，指行為人實施他人專利權之行為，即使未經專利權人同

意，仍然不構成專利侵權責任。專利權之限制，又稱專利權效力所不及之情事，係屬專利侵權之「免責規定」，得為專利侵權抗辯之事由。

TRIPs第30條亦定有專利權之限制：「會員得規定專利所授予專屬權之少數例外規定，但以於考量第三人之合法權益下其並未不合理牴觸專利權之一般使用，且並未不合理侵害專利權人之合法權益者為限。」按專利法制的目的是鼓勵、保護與利用創作以促進產業發展，雖然專利權是為保護創作人而賦予其合法排他之權利，惟為平衡各種權益，在保護專利權人合法權益之前提下，立法政策上得適當限制專利權之效力，以平衡技術使用者及社會公眾的利益，並維持正常之交易秩序及研發秩序。

現行專利法所定專利權效力之限制種類有三：一般限制、藥物專利權之特別限制及混合醫藥品專利權之特別限制。除修正舊專利法第59條所定之一般限制及第61條所定混合醫藥品專利權之特別限制外，102年1月1日施行之專利法另於專利法第60條規定藥物專利權效力之特別限制。

專利權效力之限制，其範圍限於該當請求項，亦即專利權效力所不及者僅適用於申請專利範圍中該當之請求項，實施該請求項所載之創作為專利權效力所不及，行為人不得主張擴及其他請求項。然而，依專利法第58條第2項第2款規定，方法專利權及於依該方法直接製成之物，故方法專利權效力所不及者，應包括該方法專利及依該專利方法直接製成之物。若前述方法、物分屬不同請求項所界定者，二者皆屬前述所稱之該當請求項。

8.2.1 專利權效力之一般限制

專利法第59條第1項規定專利權效力所不及之一般限制共七款情事，各款說明如下。

一、非出於商業目的之未公開行為

專利法制之目的係保護專利權人專有排除他人未經其同意在產業上實施其專利權；但為平衡公益與私益，避免專利權的行使影響非商業目的之實施，對於非屬商業性質的少量實施，應予以免責。本款所定專利權效力所不及之情事必須具備二要件：1.主觀上必須非出於商業目的；2.客觀上係屬未公開之行為。

商業目的，其意義不限於「以營利為目的」，前者所涵蓋之範圍比後者

更為廣泛。例如，工研院或食品工業研究所之業務具有商業目的，但並不全然係以營利為目的，故涉及商業目的之實施行為不適用本款規定，而以營利為目的之行為當然不適用本款規定。未公開之行為，指個人私底下之行為或於家庭中自用之行為。僱用第三人實施他人專利之行為涉及商業目的，在團體中實施他人專利係屬能為公眾得知之公開行為，二者均不適用本款規定。

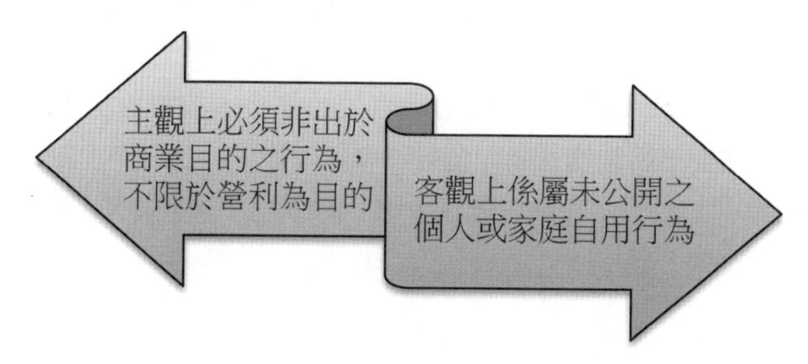

圖8-4　非出於商業目的之未公開行為

二、以研究或實驗為目的實施發明之必要行為

研究或實驗專利技術，通常必須在原有專利技術的基礎上為之，若必須取得專利權人的同意，有礙技術之研究發展，不利創新，而有違專利法制之目的。規範本款之目的，係保障以研究或實驗為目的以專利創作為對象之實施行為，據以促進技術之創新或改良，不須受「以營利為目的」或「商業目的」之限制，故刪除舊法「而無營利行為者」。換句話說，即使係屬「商業目的」或「以營利為目的」之研究或實驗行為，仍適用本款規定。

由於專利權之實施行為始為專利權效力所及，研究、實驗本身並非專利權效力所及，故本款所規範「以研究或實驗為目的實施發明之必要行為」，係以研究或實驗為目的直接相關且屬必要之實施行為，包括製造、為販賣之要約、販賣、使用或進口專利發明（或新型、設計）之行為。法定「必要行為」之要件：1.直接相關：（前述五種實施）行為與手段（實施方式）之間必須有必要的因果關係，並非主觀上以研究或實驗為目的，而客觀上任何與該目的無直接相關之實施行為均可免責，例如實驗時利用他人專利之顯微鏡，或研發紅血球利用他人專利之酵素，均不適用本款規定；且2.符合比例原則：手段與（研究或實驗）目的之間必須符合比例原則，手段之範圍不得過於龐大，而逸脫研究、實驗之目的，進而影響專利權人之經濟利益，始屬必要，例如，雖然以研究或實驗專利技術為目的之實施行為並非專利權效力所及，但若使用或販賣前述行為之成果或其數量超出研究或實驗之目的，仍構成專利權之侵害。

適用本款之實施行為，包括為確認專利之可專利性或機能所進行之重複實驗及分析；惟於舉發或訴訟，當事人自行製作他人專利品作為證據者不適用本款，仍構成專利權之侵害。

此外，因教學型態多元，未必均有公益性質，故將舊法本款所定教學行為刪除；然而，將教學行為完全排除專利權效力範圍之外，並非公益與私益之合理衡平，教學行為是否免責，應回歸專利法第59條第1項第1款及第2款，據以認定是否適用。

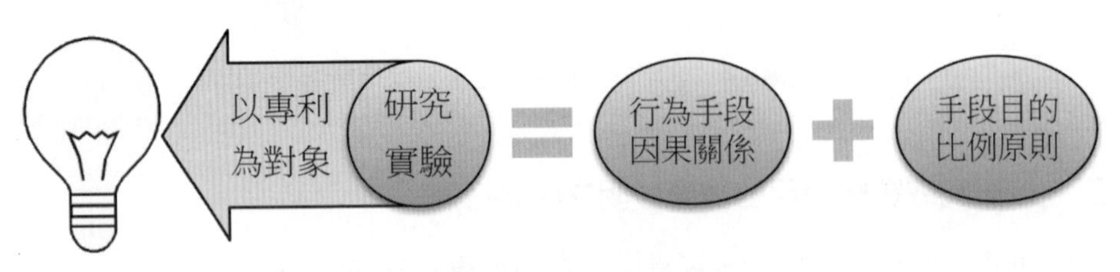

圖8-5　研究實驗專利創作之必要行為

三、先使用權

先使用權（prior user rights），指申請專利前他人已在國內實施該專利創作或已完成實施所必須之準備者，則該實施行為或準備為該專利權效力所不及；但在申請前六個月內，他人從專利申請人處得知該專利創作，並經專利申請人聲明保留其專利權者，例如申請人欲主張優惠期，則不適用本款，仍構成專利權之侵害。

先使用權之規定，係在先申請主義之專利制度下，為平衡先創作人之利益而設者。由於取得專利權之人不一定是首先創作或首先實施該專利技術之人，若他人在申請前已投入人力、物力實施或準備實施，嗣後專利申請人獲得專利權，就禁止先使用人繼續實施，顯然並不公平，而且會造成社會資源之浪費，故適當限制專利權之效力，賦予先使用人在原有事業目的範圍內有使用權，得以繼續實施該創作。先使用權涵蓋的範圍包括先使用人、其受託人及合法後手之實施，說明如下：1.除先使用人之實施外，亦涵蓋第三人從先使用人處合法取得專利權效力所不及之物（包括專利方法所直接製成之物）的後續實施行為，例如使用、再販賣及為販賣之要約。2.前述先使用人之實施，例如物之「製造」或方法之「使用」，不以先使用人自己製造或使用為限，委託他人製造或使用者，亦適用本款，即受託人的製造或使用亦有先使用權。

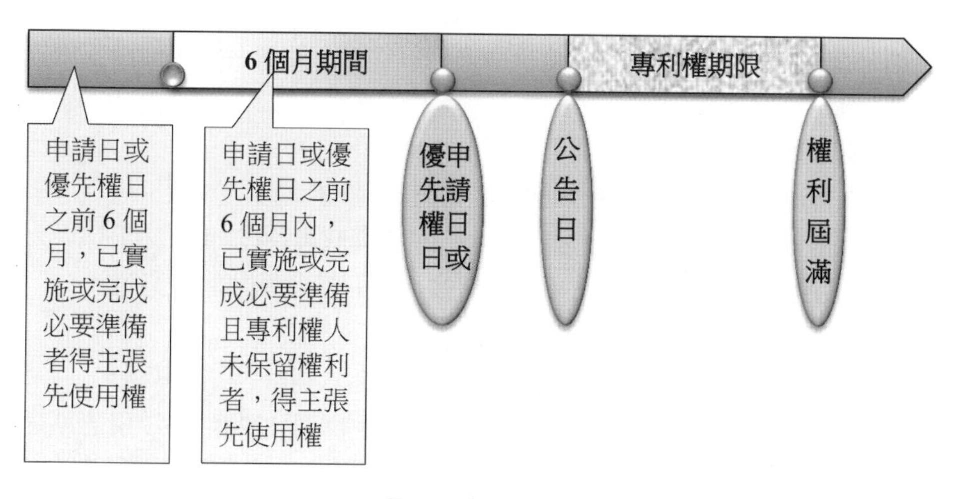

圖8-6　先使用權

就本款之規定詳細說明如下：

1. 適用本款之專利權涵蓋物及方法二範疇，故本款但書稱「發明」，包括實施專利物及專利方法之行為皆為專利權效力所不及。
2. 所稱「申請前」，指申請日之前；主張優先權者，依專利法施行細則第62條，指優先權日之前。對於申請日後始實施者，並無先使用權，亦即於專利權生效後不得實施，亦不得就已取得之物為後續之實施。先使用人於申請前已實施或準備實施之行為，不以該專利技術內容達到能為公眾得知之程度，而使該專利喪失新穎性為必要。因此，雖然申請前已存在國內之物得為撤銷專利權之事由之一，惟舉發程序之發動悉依當事人意願，不論是否以該物為證據提起舉發，亦不論舉發審查結果，均得於專利侵權訴訟程序抗辯被控侵權物為專利權效力所不及。
3. 實施，指專利法第58條第2項、第3項所定之五種實施行為，包括製造、為販賣之要約、販賣、使用及進口。各國對於先使用權所適用之實施態樣的規定並不完全相同，另有學說認為本款之實施應排除進口行為，因進口並未付諸工業上的實施，無助於產業發展。對於申請日前何種實施態樣適用本款之規定，仍宜由法院審酌將先使用權賦予先使用人之合理性，及先使用人與專利權人權益之平衡，依具體個案決定。

4. 先使用人應為「善意」。善意，於民法上係指不知情；惡意，於民法上係指明知或可得而知。善意，於本款之意義係指先使用人不知道其所實施之技術侵害他人專利，必須符合下列條件之一始屬合法，而得主張先使用權：
   (1) 先使用人所實施之技術與專利技術之來源不同：
      a.先使用人獨立研發之創作與該專利技術剛好相同。
      b. 經合法途徑所取得他人獨立研發之創作與該專利技術剛好相同。
   (2) 先使用人從該專利申請人處得知該技術，而屬來源相同之技術：
      a.專利申請人未聲明保留其專利權。
      b. 雖然聲明保留其專利權但未在聲明之日起六個月內申請專利。
5. 所稱「六個月」，係配合專利法第22條第3項或第122條第3項優惠期之規定。若專利申請人已聲明保留其專利權，不願意被洩露或不願意放棄專利申請權者，自應優先保障專利申請人之權益。本款所定「但於專利申請人處得知其發明後未滿六個月，並經專利申請人聲明保留其專利權」，指從專利申請人處得知其發明，並經專利申請人聲明保留其專利權，且於六個月內申請專利者。簡言之，在優惠期間內所為之實施行為不得主張先使用權。另依專利法施行細則第15條，本款所稱「專利申請人」，包括專利申請人本人及其前權利人，即提出專利申請之人及其專利申請權之讓與人或被繼承人。
6. 所稱「已完成必須之準備」，指打算在國內實施與專利權相同之物或方法，且已達完成必要準備之程度。必須之準備，必須是客觀上可被認定的事實，例如已經進行相當投資，已完成相同物之設計圖，或已經製造或購買實施相同物，或方法所需的設備或模具等。若僅是主觀上有實施相同物或方法之準備，例如為購買機器而向銀行借款等行為，並非客觀上可被認定係實施與專利權相同之物或方法之準備者，則不得謂已完成必須之準備。無論是實施或準備行為，必須在專利申請日（或優先權日）之前已進行，且必須是持續進行到申請日後，始有先使用權之適用，見98年6月智慧財產局編印之「專利法逐條釋義」。雖然曾有實施行為或準備，但未持續進行，即使他人申請專利後又恢復實施或準備，仍不得主張先使用權，除非是基於不可抗力之因素而未持續實施或準備，始有先使用權之適用。申請日前即以製造、販賣專利物為業者，實務上認定為持續實施專利物之行為。

7. 得實施先使用權之範圍，專利法第59條第2項規定先使用權得繼續實施之範圍，限於申請前已實施或準備之原有事業目的範圍內（舊法為「原有事業內」），並未限制實施規模須與申請時之規模一致。事業目的範圍，學說及實務上均認為應以事業章程所定之目的或客戶是否相同認定之，只要事業目的相同，先使用人可以任意擴大規模，例如，先使用權限於以製造燒鹼為目的之事業者，不得擴及煉鐵事業，但可以擴大製造燒鹼之規模，不限於修法前專利法施行細則第38條所定之「申請前之事業規模」，而限制在既有的生產規模及利用既有的生產設備，或以既有的生產準備可以達到的生產量。

就日本特許法而言，先使用權係專利權之通常實施權（即非專屬授權），先使用人就該發明專利權有通常實施權，故先使用權不得單獨讓與，僅能隨同相關之事業一併移轉或繼承，且限於：1.申請前所實施或準備實施該當請求項的專利權範圍內；2.申請前之事業目的範圍內。

為維持現狀、保護既存狀態，若專利權效力及於申請前已存在於國內之物，恐過於嚴苛，亦有違新穎性等法理，爰有舊專利法第57條第1項第3款所定專利權效力不及於「申請前已存在於國內之物」，惟前述規定之範疇為本款所涵蓋，故現行法刪除之。

四、僅由國境經過之交通工具或其裝置

專利權效力不及於過境之交通工具或其裝置，該規定係揭櫫於巴黎公約第5條之3。鑑於專利權可能妨礙交通流通之公共利益，巴黎公約規定應限制專利之排他權利。

為維持國際交通運行的順暢，對於進入我國境內進行運輸任務的交通工具，應有限制專利權之必要，包括船舶、航空器、陸地運輸工具及交通工具上為維持運作所需之裝置。所稱「僅由國境經過」，包括臨時入境（例如兩

岸間之春節班機）、定期入境（例如定期班機）及偶然入境（例如因事故緊急迫降我國境之他國班機）。本款之適用，僅限於專利技術之使用行為，不包括製造、為販賣之要約、販賣、進口之行為。

五、善意被授權人於舉發前之實施或準備

非專利申請權人所得專利權，因專利權人之舉發而撤銷，該專利之被授權人在舉發前以善意在國內實施或已完成必須之準備者，為該專利權效力所不及。

本款保護善意之被授權人，係源於民法上善意第三人應予保護之基本原則。專利申請人不具專利申請權者，依專利法第71條第1項，得為舉發事由。專利權經撤銷後，真正專利申請權人得依專利法第35條第1項規定申請取得專利權。由於非專利申請權人取得專利權至被撤銷前，專利證書及專利權簿上所載之專利權人均為該非專利申請權人，基於公示資料之信賴，他人與非專利申請權人訂定授權實施契約者，應保護其善意之信賴，該契約授權之實施行為應為專利權效力所不及。惟若被授權人明知與其訂定授權契約之專利權人並非真正專利申請權人，不符法律所定「善意」之義，則不適用本款。

本款所定「善意」及「已完成必須之準備」請參酌前述第3款之說明。再者，以善意被授權人之實施或準備為由抗辯為專利權效力所不及者，其得繼續實施之範圍同前述第3款之說明，但限於舉發前（非申請前）之實施或準備之原有事業目的範圍內。

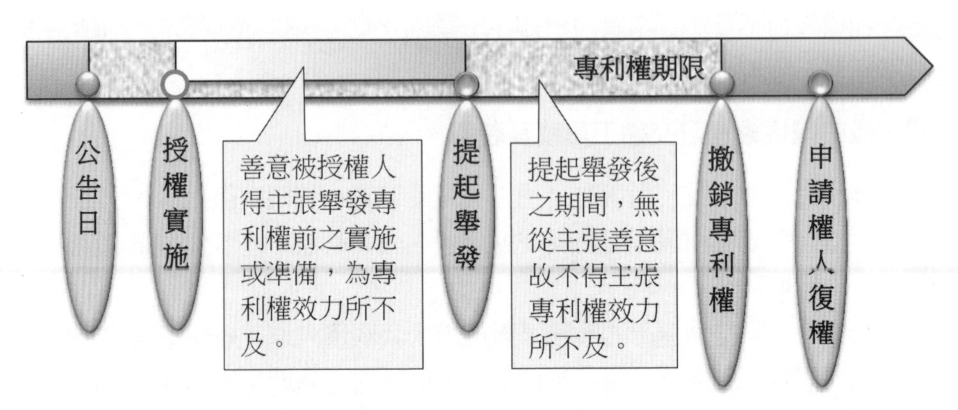

圖8-7 善意被授權人於舉發前之實施或準備

六、權利耗盡

專利法第59條第1項第6款前段所定：「專利權人所製造或經其同意製造之專利物販賣後，使用或再販賣該物者。」為該專利權效力所不及，稱為「權利耗盡原則」。第6款後段所定：「上述製造、販賣，不以國內為限。」將該原則定位在「國際權利耗盡原則」。

就商品流通之歷程而言，從工廠之製造、大盤商之促銷、零售商之販賣至消費者之使用，甚至從國外進口舶來品等行為，均屬專利法所稱之實施。若專利權人依專利法所賦予之權利自己製造、販賣專利物，其已從中獲取利益，若就該專利物再主張專利權，將影響物之流通與利用。為平衡私權與公益，乃發展出「權利耗盡原則」（principle of exhaustion）。美國有類似理論，稱「第一次銷售論」（first-sale doctrine），依該理論，專利權人自己製造、販賣之專利物或同意他人製造、販賣之專利物第一次流入市場後，專利權人已從該專利權取得利益，已經耗盡該專利物之權利，不得再享有該專利物之其他權利。

權利耗盡原則有國內權利耗盡及國際權利耗盡之分，且涉及平行輸入的議題，相關內容涉及默示授權論，說明如下。

(一)權利耗盡原則之種類

權利耗盡原則分為國內權利耗盡原則及國際權利耗盡原則，二原則之差異在於專利權人從該專利權取得利益後是否仍保有進口權。

國內權利耗盡原則，側重專利權人私益之保護，限制專利權人必須在國內實施專利，始生權利耗盡。專利權因專利權人本身或經其同意，而在國內製造專利物並投入國內市場而耗盡；在國外實施者，無論是專利權人本身或經其同意之實施，專利權人在國內仍享有全部權能，尤其是進口權，他人未經專利權人同意而進口其專利物者，仍構成侵權。

國際權利耗盡原則，側重公共利益之保護，專利權人在外國實施臺灣專利權，亦生臺灣專利權之權利耗盡，實施與耗盡之權利得分屬不同國家，故稱國際權利耗盡。專利權因專利權人在國內或國外製造專利物並投入市場而耗盡，包括進口權之耗盡，他人進口該專利物並投入市場，不會構成侵權。

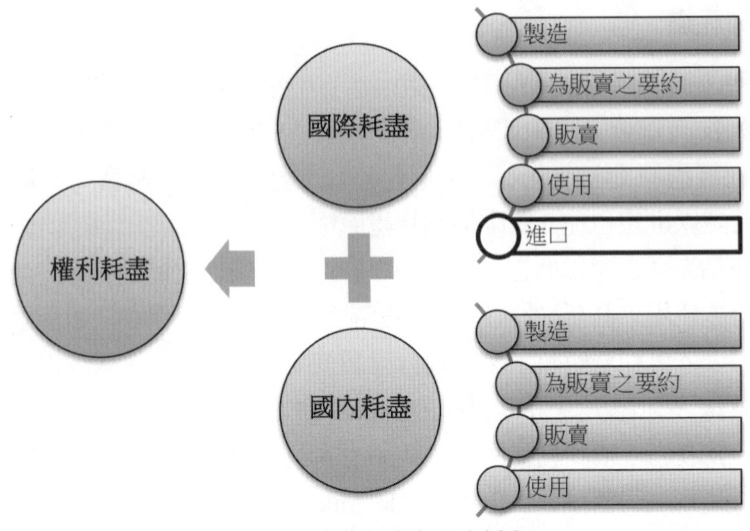

圖8-8 圖際耗盡與國內耗盡

(二) 真品平行輸入

真品平行輸入（genuine goods parallel importation），指他人將專利權人自己在國外製造、販賣或同意他人在國外製造、販賣之專利物（稱「真品」）進口國內。換句話說，專利權人或經其同意之人的實施行為發生在國外，進口國內的行為非專利權人或經其同意之人所為者。

真品平行輸入是否侵害專利權，端視我國專利法制採國內權利耗盡原則或國際權利耗盡原則而定。採國內權利耗盡原則者，專利權人仍然享有進口權，不允許真品自國外平行輸入；採國際權利耗盡原則者，因專利權（包含進口權）已耗盡，專利權人不得主張真品的進口權利。惟應注意者，國際權利耗盡原則僅適用於專利物所涉及之國內、外專利權屬同一專利權人，若專利物由外國專利權人A所製造、販賣，他人將該專利物進口至國內者，仍可能侵害專利權人B之臺灣專利權。

(三) 我國採國際權利耗盡原則

依專利法第59條第1項第6款後段「上述製造、販賣，不以國內為限」，真品所投入之市場包括國外，顯然我國專利法制係採國際權利耗盡原則。但舊專利法第57條第2項後段又規定「得為販賣之區域，由法院依事實認定之。」暨施行細則第39條規定：「本法第57條第2項及第125條第2項所定得為販賣之區域，由法院參酌契約之約定、當事人之真意、交易習慣或其他客觀事實認定之。」似乎對於國際權利耗盡原則作了限縮。然而，專利法制究採國際權利耗盡原則或國內權利耗盡原則，本屬立法政策，無從由法院依事實認定，現行專利法已刪除該後段文字，將我國專利法制定位在國際權利耗盡。

有學者認為我國採國際權利耗盡原則與專利屬地主義相衝突，舊專利法明定法院得限縮國際權利耗盡原則適用之範圍，故主張：當事人得於契約中約定販賣地區，若當事人未於契約約定或約定不明時，法院應探求當事人之真意、交易習慣或其他客觀事實，認定是否限制販賣區域及是否允許真品平行輸入。另有學者主張：販賣區域係判斷是否符合耗盡理論之要件，而該要件是法律問題而非事實問題，法院無從依當事人之契約認定之。若允許當事人以契約特別排除權利耗盡原則，不僅有悖於各國立法趨勢，亦有害於交易安全。因此，權利耗盡原則為立法政策問題，實難由法院依事實認定之。

權利耗盡原則與智慧財產權之主要立法原則「屬地主義」之間的調和涉及到商品之自由流通、專利權人權益之平衡，世界各國智慧財產權之規定各有不同，應以訂定國際條約之方式避免貿易障礙，惟目前僅有TRIPs第6條規定：「就本協定之爭端解決之目的而言……本協定不得被用以處理智慧財產權權利耗盡問題……。」依該條規定，對於權利耗盡之爭議可由會員自行決定，其他會員不得依照TRIPs之爭端解決機制提起申訴，而不強制會員要有一致之處理。

(四) 權利耗盡原則、默示授權論與第一次銷售論

權利耗盡原則，係1902年德國最高法院的判決，法院指出該原則的基礎：1.專利權人銷售專利物，已取得專利權獨占獲利之機會，而耗盡專利權利；2.專利耗盡原則能防止專利權人分割國內市場、阻礙商品的自由流通，進而保障專利產品自由貿易所涉之公眾利益。

默示授權論，或稱默示同意論，指專利權人製造、販賣或同意他人製造、販賣真品給他人，等同默示該真品後續之實施權。默示授權論，係十九世紀後半英國法院判決所形成之理論。依默示授權論，專利權人有意思表示要撤回默示授權者，則該權利未耗盡，但為求慎重，專利權人與專利物之受讓人之間必須有明示撤回授權之合意。

第一次銷售論（first-sale doctrine），指專利物之價值僅在於使用，專利權人或經其同意之他人銷售該專利物，從該銷售已取得其可得之專利報償，該專利物之後續使用係屬購買者之自由，專利權人不得限制之。第一次銷售論，係1873年美國最高法院在Adams v. Burke案之判決結果，僅限於販賣專利物後之後續使用；對於販賣專利物後之再販賣，則於1895年美國最高法院在Keeler v. Standard Folding-Bed Co.案判決第一次銷售論適用於後續之使用及再販賣。

七、善意行為人於復權期間之實施或準備

第三人本於善意，信賴專利權已消滅而實施該專利權或已完成必須之準備，嗣後專利權人申請回復專利權，依信賴保護原則，該善意行為人仍應予以保護。依現行專利法第59條第1項所增定之第7款，專利權逾限未補繳第二年以後之專利年費而消滅者，專利權人以非因故意為由回復專利權效力並經公告，於消滅後（依修法理由，非補繳期屆滿後）至復權公告前之期間，善意行為人實施或已完成必須之準備者，為該專利權效力所不及。對於前述期間，另有一說認為應為「補繳期屆滿後至復權公告前之期間」，理由：專利法第94條第1項規定第二年以後之專利年費的補繳期限，雖然專利權人逾限未補繳之法律效果係自原繳費期限屆滿後消滅，惟若專利權人於期限內完成補繳手續，其專利權期限未曾消滅或中斷，故行為人於法定補繳期限進行實施或準備，尚難主張其行為屬「善意」，而無本款之適用，見圖8-9。

本款所定「善意」及「已完成必須之準備」之意義請參酌前述第3款之說明。再者，以善意為由抗辯其實施或準備為專利權效力所不及者，得繼續實施之範圍同前述第3款之說明，限於復權公告前（非申請前，亦非舉發前）之實施或準備之原有事業目的範圍內。

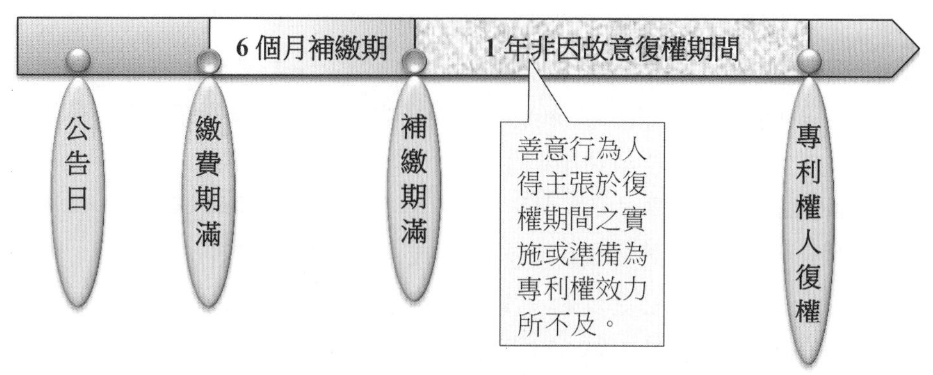

圖8-9　善意行為人於復權期間之實施或準備

8.2.2　藥物專利權效力之限制

藥物專利權效力之限制綱要		
藥物免責之規定	以取得藥事法所定藥物查驗登記許可或藥物於國外上市許可為目的，而從事之研究、試驗及其必要行為。	
免責範圍	為取得我國藥物查驗登記許可，及為取得藥物於國外上市許可之行為。	
適用對象	藥物	涵蓋藥品及醫療器材，不論係新藥或學名藥。
適用範圍	時間	申請查驗登記許可證前、後均適用。
	行為	為申請查驗登記許可證所進行的臨床前實驗及臨床實驗中所有實施專利權之行為。
	限制	直接相關，行為與手段（實施方式）之間必須有必要的因果關係。符合比例原則，其手段與目的（研究或試驗）之間必須符合比例原則，手段之範圍不得過於龐大，而逸脫研究、試驗之目的。

由於藥品或醫療器材利潤豐厚，專利權期限屆滿後，專利權人的對手就會在市場上推出與專利藥品或專利器材相同或類似的學名藥或醫療器材，與專利權人競爭。這種行為可以為社會大眾提供更多選擇，並降低藥品或醫療器材的價格，有利於公益。惟依藥事法，製造（加工）或輸入醫藥品、醫療器材者須取得中央目的事業主管機關核定之許可證，始得為之。為取得許可證核定程序中所需的數據資料，競爭廠商莫不希望在專利權期限內就可以開始進行對專利藥品或專利醫療器材的研究、試驗。由於該研究、試驗行為並

不屬於專利法第59條第1項第1款所定「非出於商業目的之未公開行為」及第2款「以研究或實驗為目的實施發明之必要行為」，為避免承擔專利侵權責任，競爭廠商須俟專利權期限屆滿後，始能為之，結果無異變相延長藥品及醫療器材之專利權期限，超出專利法制所授予的保護期間。

為解決前述不合理現象，專利法第60條規定：發明專利權之效力，不及於以取得藥事法所定藥物查驗登記許可或國外藥物上市許可為目的，而從事之研究、試驗及其必要行為。本條所定醫藥品之研究、試驗行為之免責係源於美國1984年Hatch-Waxman法案，對於以取得學名藥（generic drug）上市許可為目的合理使用專利技術之行為，特別明定免責條款（通稱Bolar條款），該法案被納入美國專利法第271條(e)項1款。

針對本款之規定，說明如下。

一、免責範圍

本條所定免責之行為，限於其目的係為取得我國藥物查驗登記許可者，該行為屬本條所規範之免責範圍，除此之外，該行為之目的係為取得藥物於國外上市許可者（本條所定「國外藥物上市許可」非指國外藥物於國內上市），亦屬本條所規範之免責範圍。

二、適用對象

本款所適用之標的，限於藥事法第4條規定之藥物，包括藥品及醫療器材，其具體範圍由藥事法主管機關決定之。凡以取得藥事法所定藥物之查驗登記許可，不論係新藥或學名藥，所從事之研究、試驗及與其直接相關且必要之實施行為，均有本條之適用。

三、適用範圍

本款所適用之範圍，包括為申請查驗登記許可證所進行的臨床前實驗（pre-clinical trial）及臨床實驗（clinical trial），涵蓋以研究或試驗為目的直接相關且屬必要之實施行為，包括製造、為販賣之要約、販賣、使用或進口專利發明之行為。法定「必要行為」之要件：1.直接相關：（前述五種實施）行為與手段（實施方式）之間必須有必要的因果關係，並非主觀上以研究或試驗為目的，而客觀上任何與該目的無直接相關之實施行為均可免責；且2.符合比例原則：手段與（研究或試驗）目的之間必須符合比例原則，手段之範圍不得過於龐大，而逸脫研究、試驗之目的，進而影響專利權人之經濟利益，始屬必要。

再者，只要是以申請查驗登記許可為目的，其申請之前、後所為之研究、試驗及直接相關之必要的實施行為，均為專利權效力所不及，而非以申請查驗登記許可為目的之行為，則不屬之，例如醫院所進行之進藥試驗行為。

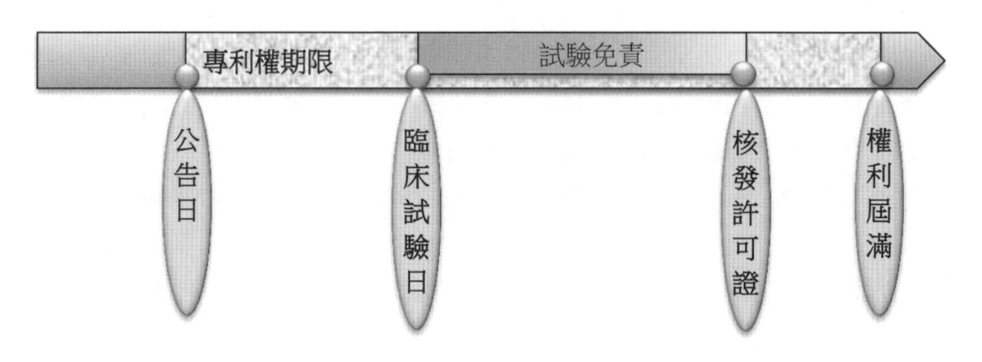

圖8-10　藥物專利權效力之限制

8.2.3　混合醫藥品專利權效力之限制

混合醫藥品專利權效力之限制綱要		
混合醫藥品免責之規定	混合醫藥品之物之發明或製法發明，其專利權效力不及於依醫師處方箋調劑之方法或所調劑之醫藥品。	
醫藥品	指供診斷、治療、外科手術或預防人類疾病所使用的組成物，為物理性混合二種以上之化學物質或醫藥品調製而成者。	
	非屬混合醫藥品	1.由二種以上化學物質或醫藥品經由化學反應而得之醫藥品。 2.經由萃取或煎熬等方式而得之醫藥品。 3.由單一化學物質構成之醫藥品。
適用範圍	物	限於依醫師之處方箋調劑之醫藥品（該醫藥品之製造行為）。
	方法	限於依醫師之處方箋調劑之方法（該製法之使用行為）。

專利法第61條規定：「混合二種以上醫藥品而製造之醫藥品或方法，其發明專利權效力不及於依醫師之處方箋調劑之行為或所調劑之醫藥品。」係

指混合醫藥品發明（物之發明）或該醫藥品之製法發明，其專利權效力不及於依醫師處方箋調劑之方法（該製法之使用行為）或所調劑之醫藥品（該醫藥品之製造行為）。

專利權效力不及於調劑行為及所得之醫藥品，係考量人類疾病之診斷、治療行為之適當實施，若需要臨機應變或迅速採取措施之醫師行為均為專利權效力所及，對人類之生命、健康可能有不測之危險，故定為專利權效力不及之情事。

本條所稱「醫藥品」，指供診斷、治療、外科手術或預防人類疾病所使用的組成物，為物理性混合二種以上之化學物質或醫藥品調製而成者；由二種以上化學物質或醫藥品經由化學反應而得之醫藥品，經由萃取或煎熬等方式而得之醫藥品，或由單一化學物質構成之醫藥品，均不符合本條所定之醫藥品。

適用本條之物及方法，限於依醫師之處方箋調劑方法及其所得之混合醫藥品；非依醫師之處方箋，或依醫師之處方箋所調劑之醫藥品係屬前述醫藥品者，均不符合本條之規定，而為專利權效力所及。

【相關法條】

專利法：22、35、58、62、63、70、71、94、122。

施行細則：15、62。

藥事法：4。

【考古題】

◎請說明何謂專利權之「權利耗盡」？請以與貿易有關之智慧財產權協定（TRIPs）和我國專利法及專利法施行細則為基礎，說明：1.我國專利權之權利耗盡係採取國內耗盡或是國際耗盡？2.權利耗盡得否以契約加以限制或排除？（98年專利師考試「專利審查基準」）

◎權利耗盡原則（Doctrine of Exhaustion）乃係智慧財產權法的基本原則之一。請問何謂權利耗盡原則？國際間有哪些學說？我國智慧財產權法規對權利耗盡原則之規定分別為何？試分別說明之。（91年檢事官考試「智慧財產權法」）

◎某甲有一植物專利，其專利權之範圍為：一種經基因改造之芒果種子，一種經基因改造之芒果植物，一種經基因改造之芒果。某乙於市場上合法購買該獲得專利之經基因改造芒果，食用後取其種子予以種植，並長成芒果樹及芒果果實，某甲對某乙提出專利侵權之訴，某乙則主張專利法第57條第1項第6款之規定，認為某甲之專利已經耗盡，試問某乙之主張是否有理？（95年檢事官考試「智慧財產權法」）

◎張三擁有A醫藥品專利，專利權將至民國99年1月10日屆滿。林一擬於A醫藥品專利權消滅後製造其學名藥；為如期獲准上市，遂於98年6月著手該藥品之製造暨試驗，俾取得申請上市許可證所需之相關數據。試問林一之行為有無侵害張三之專利權？（98年檢事官考試「智慧財產權法」）

◎請說明新式樣專利權效力所不及之事項，其理由為何？（92年專利審查官三等特考「專利法規」）

◎丁公司主張：其於2004年8月13日向經濟部智慧財產局提出「發光二極體支架」之新型專利申請案，並取得新型專利。戊公司未經其同意或授權，擅自將侵害其專利之產品於2005年9月20日出售給己公司，侵害其專利權。但戊公司則主張：丁公司於2005年8月2日取得新型專利技術報告，但其於提起訴訟之前，並未提示新型專利技術報告；且戊公司早在2004年2月3日就接獲韓國客戶訂單，依約生產被控侵權之產品專門提供該韓國客戶，為此該公司並於2004年5月向日本業者購買生產該產品之模具，因此其於丁公司申請專利權之前，就已在國內使用，或完成必須之準備，故無侵害丁公司之專利可言。請問，丁公司行使其專利權是否有疏失？能否對戊公司主張侵權？我國專利法對專利權效力之限制規定為何？戊公司之接單與購買模具是否符合新型專利權效力限制之例外規定？戊公司將原本依約僅可銷售給韓國客戶的產品於2005年9月20日轉售給己公司，請問此轉售是否會影響其未侵害丁公司新型專利的抗辯？（97年高考三級「智慧財產法規」）

◎甲有一物品發明，取得包括臺灣在內之多國專利。於我國專利保護期間，乙公司為能突破甲之發明，乃於實驗室內製造該專利物品，並反覆實施以得知其技術上之缺失，終於突破甲之技術，乙並以該突破之技術向經濟部智慧財產局申請取得再發明專利。於甲之專利期滿前，乙就先準備好製造之物料與設備，同時做出幾件原型，據以向相關單位申請安全測試，並於甲之專利期滿後就立即製造並銷售該再發明物品。甲知悉後，乃對乙提出專利侵害訴訟，主張乙於甲專利期滿之前，於研發階段、安全測試階段，均已實施甲之專利技術，而構成專利侵害。試問甲之主張是否有理由？乙應如何抗辯？（98年高考三級「智慧財產法規」）

◎何謂「權利耗盡原則」？其與一國是否允許真品平行輸入間有無關聯性？試申述之。（第二梯次專利師訓練補考「專利法規」）

◎試請依專利法規定，說明發明專利權效力所不及之情事？（第三梯次專利師訓練補考「專利法規」）

◎請以我國專利法及專利法施行細則為基礎，說明「先使用權」（先用權）之概念及限制。（第四梯次專利師訓練「專利法規」）

◎試依我國專利法及專利法施行細則為基礎，說明「擬制喪失新穎性」、「先申請原則」、「權利耗盡原則」之概念。（第七梯次專利師訓練補考「專利法規」）

8.3 專利權之維持及消滅

第70條（專利權消滅）

有下列情事之一者，發明專利權當然消滅：

一、專利權期滿時，自期滿後消滅。

二、專利權人死亡而無繼承人。

三、第二年以後之專利年費未於補繳期限屆滿前繳納者，自原繳費期限屆滿後消滅。

四、專利權人拋棄時，自其書面表示之日消滅。

專利權人非因故意，未於第九十六條第一項所定期限補繳者，得於期限屆滿後一年內，申請回復專利權，並繳納三倍之專利年費後，由專利專責機關公告之。

第93條（年費之繳納）

發明專利年費自公告之日起算，第一年年費，應依第五十二條第一項規定繳納；第二年以後年費，應於屆期前繳納之。

前項專利年費，得一次繳納數年；遇有年費調整時，毋庸補繳其差額。

第94條（年費之補繳）

發明專利第二年以後之專利年費，未於應繳納專利年費之期間內繳費者，得於期滿後六個月內補繳之。但其專利年費之繳納，除原應繳納之專利年費外，應以比率方式加繳專利年費。

前項以比率方式加繳專利年費，指依逾越應繳納專利年費之期間，按月加繳，每逾一個月加繳百分之二十，最高加繳至依規定之專利年費加倍之數額；其逾繳期間在一日以上一個月以內者，以一個月論。

第95條（年費之減免）

發明專利權人為自然人、學校或中小企業者，得向專利專責機關申請減免專利年費。

巴黎公約第5條之2（年費之補繳期及逾期之復權）
(1) 同盟國對於工業財產權維持費之繳納，應訂定至少六個月之繳費優惠期，惟權利人於該期間內應繳納額外費用。 (2) 同盟國家有權訂定因未繳費用致喪失專利之復權規定。

專利權之維護及消滅綱要		
專利權之維護	專利權人應於專利權有效期間屆滿前繳納專利年費，以維持專利權之存續。	
	繳納人	任何人（尤其是專利之被授權人）均得繳納。
	補繳期	第二年以後之專利年費有補繳期六個月（法定不變期間）；另有依比率加繳制度，避免拖延繳納專利年費。
		依比率加繳：按月以比例方式加繳20%專利年費，最高加繳至依規定之專利年費200%之數額。
		在六個月補繳期限中專利權係處於不確定狀態，須俟補繳期限屆滿始能確定該專利權是否消滅。
	復權	申請人非因故意，未於補繳期限繳納專利年費者，專利法定有復權之機制，但應繳納三倍年費。
專利權之消滅	效果	專利權消滅之效力是往後發生，不影響消滅前之專利權效力。
	事由及消滅期日	1. 專利權期滿，自期滿後消滅。
		2. 專利權人死亡而無繼承人，自死亡之日消滅。
		3. 第二年以後之專利年費未於補繳期限屆滿前繳納，自原繳費期限屆滿後消滅。
		4. 專利權人拋棄專利權時，自書面表示之日消滅。

申請專利之創作，自公告之日起給予專利權，並發證書，專利權從公告之日起發生（專§52.II）。發明、新型及設計專利權期限，自申請日起算分別為二十年、十年及十二年屆滿（專§52.III、114、135）。

雖然專利法就各種專利權定有專利權期限，惟專利權人仍有維持其專利權之義務。若專利權期限內有得撤銷之事由而被他人提起舉發，經審定應撤銷其專利權者（專§71.I、119.I、141.I），或因專利權期限屆滿等其他事由

（專§70.I），會導致專利權消滅。

8.3.1 專利權之維護

專利法制之目的在於促進產業發展，為督促專利權人積極實施其專利權，國際上均有專利年費繳納之制度，而且專利年費係逐年遞增，以加重專利權人之負擔，促使其實施所取得的專利權。

專利年費之繳納涉及專利權人是否繼續維持其專利權之考量，若專利權已無市場價值或因其他事由而無維持之必要，專利權人得不繳納專利年費而任由專利權當然消滅。專利權發生後，專利權人應於專利權有效期間屆滿前繳納專利年費，以維持專利權之存續；但專利法並未規定專利年費必須由專利權人繳納，任何人（尤其是專利之被授權人）均得繳納。

第二年以後之專利年費得逐年繳納或一次預繳數年，不待專利專責機關之通知，專利權人應自行負擔繳納之義務及承擔未繳納之後果。專利權人選擇一次預繳數年專利年費者，即使專利年費調整，得有無須補繳差額之優惠（專§93.II）；中途放棄或被撤銷專利權者，尚得申請退還未屆期部分之專利年費（規§10.V）。

專利權期限相當長，難免有因疏失而延誤繳納之情事，為避免屆期未繳納專利年費導致專利權發生當然消滅之效果，專利法第94條第1項明定專利年費的緩衝補繳期限：第二年以後之專利年費，未於應繳納專利年費之期間內繳費者，得於期滿後六個月內補繳之。

專利年費之補繳，除原應繳納之專利年費外，應以比率方式加繳專利年費。為避免拖延繳納，故於專利法第94條第2項設計以比率加繳之制度。舊法規定專利年費補繳制度，係加倍補繳。惟逾一日與逾五個月一樣必須加倍補繳，有失平衡，不符比例原則。為促請專利權人儘早繳費，第2項但書規定，逾繳納期間者，視逾繳納期間之月數，按月以比例方式加繳20%專利年費，最高加繳至依規定之專利年費200%之數額。逾加倍補繳期未補繳專利年費者，依專利法第70條第1項第3款，其專利權自原繳費期限屆滿後消滅。因此，在六個月補繳期限中專利權係處於不確定狀態，須俟補繳期限屆滿始能確定該專利權是否消滅。

表8-2　補繳專利年費依比例加繳範例

補繳專利年費依比例加繳範例						
原定年費	第1個月	第2個月	第3個月	第4個月	第5個月	第6個月
5,000元	6,000元	7,000元	8,000元	9,000元	10,000元	10,000元

對於自然人、學校或中小企業等經濟弱勢者，為鼓勵、保護創作，專利法設有專利年費減免之優待。專利權人為自然人、學校或中小企業者，得向專利專責機關申請減免專利年費，包括第一年之專利年費，有關減免條件、年限、金額及其他應遵行事項定於經濟部發布之「專利年費減免辦法」，目前依據前揭減免辦法可減收第一年至第六年之專利年費，其中第一年至第三年減收新臺幣800元，第四年至第六年減收1,200元。

符合減收專利年費資格者，專利年費之補繳，應加繳之金額係以減收後之專利年費金額為計算基準，再按比率計算。

8.3.2　專利權之消滅

當然消滅，指有專利法第70條第1項各款所列事由，即發生權利消滅之效果，不待任何人主張，亦不待專利專責機關通知。當然消滅之效力是往後發生，不影響消滅前之專利權效力；專利權遭撤銷之效力是專利權自始不存在。

1. 專利權期限屆滿，自屆滿後消滅：發明專利權期限自申請日起算二十年、新型為十年、設計為十二年；專利權期限屆滿，自屆滿後消滅。專利權期限准予延長者，最長從申請日起算二十五年屆滿。
2. 專利權人死亡而無繼承人，自死亡之日消滅：專利權為私權，得為繼承之標的，專利權人死亡後，該專利權歸屬其繼承人，如繼承人有多數人時，在未分割前由所有繼承人公同共有。專利權人為法人者，並無死亡之問題，故本款係規定專利權人為自然人的情況。專利權人死亡，無人繼承或繼承人全部拋棄繼承，該專利權應為公共財，公眾得自由利用，以利產業發展。
3. 第二年以後之專利年費未於補繳期限屆滿前繳納，自原繳費期限屆滿後消滅：依專利法第94條規定，專利權人應於專利年費繳納期間屆滿前繳納，或屆滿後六個月內補繳專利年費，未繳納者，其專利權當然消滅。

繳納專利年費是專利權人之義務，若未履行此項義務，國家不必繼續維護其權利，除非有專利法第17條第2項所定不可歸責於己之事由，或第70條第2項所定非因故意之事由，依法得准予回復原狀者。

4. 專利權人拋棄專利權，自書面表示之日消滅：專利權為財產權，專利權人得自由處分其財產，專利權人以書面表示拋棄專利權者，自其向專利專責機關以書面表示拋棄專利權之日消滅，不待專利專責機關之准駁。

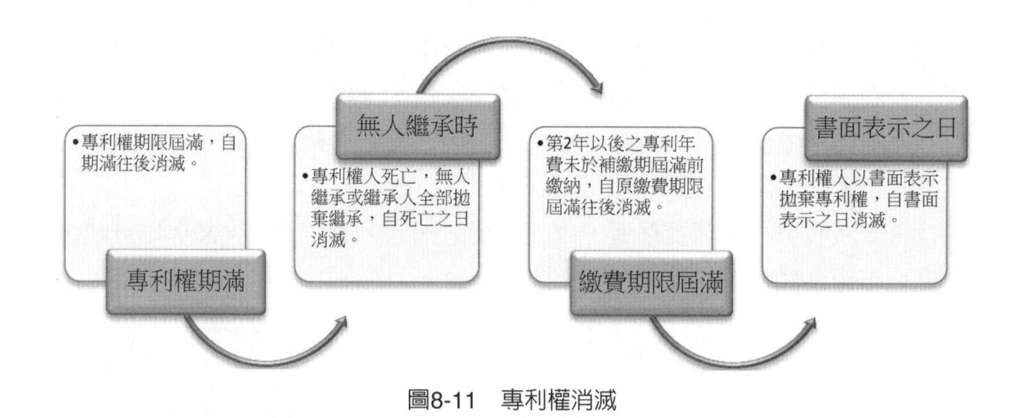

圖8-11　專利權消滅

8.3.3 專利權之復權

專利法第94條第1項所定「六個月」係法定不變期間，除因天災或不可歸責於申請人之事由得申請回復原狀外，均不得申請延長繳納期間；屆期未繳費，即生不利益之效果。然而，實務上往往有申請人非因故意而未按時繳納，若僅因申請人一時疏於繳納，即不准其申請回復，恐有違專利法鼓勵研發、創新之意，故專利法第70條第2項增訂「非因故意回復原狀」之規定。申請人以「非因故意」為由，例如因生病無法按時繳納規費者，得於補繳期限屆滿後一年內，申請繳費、回復專利權。以「非因故意」為由申請回復原狀，屬可歸責於專利權人者，因補繳專利年費最高加繳至二倍金額，申請回復原狀自應繳納更高金額，故專利權人應於六個月補繳期限屆滿後一年內繳納三倍專利年費，藉此與補繳專利年費及因「天災或不可歸責於當事人」之事由區隔。

符合減收專利年費資格者，申請回復專利權，應繳納之金額係以減收後之專利年費金額為計算基準，即減收後之專利年費金額的三倍。

依第17條第4項，針對申請時未主張國際優先權、審定書送達三個月後尚未繳納證書費及第一年專利年費及逾六個月補繳期限尚未繳納第二年以後之專利年費等三種狀況主張「非因故意回復原狀」，但又遲誤法定之期間者，則不再適用「因天災或不可歸責之事由回復原狀」之機制。

表8-3　專利法所定復權之相關規定對照表

回復原狀之機制	國際優先權*	證書費及第一年年費	第二年以後年費
	申請時未主張優先權或未檢送優先權證明文件	未繳納證書費或第一年專利年費	未繳納第二年以後專利年費
因天災或不可歸責之事由及期間	優先權日後十六個月（或十個月）	核准審定書送達後三個月的繳費期間	各繳費期間
			六個月補繳期限
（應為之行為）	補行應為之行為		
非因故意	優先權日後十六個月（或十個月）	三個月繳費期間屆滿後六個月內	六個月補繳期限屆滿後一年內
	遲誤上述所列期間，不得再以天災或不可歸責之事由主張回復原狀		
（應為之行為）	申請回復之申請費及補行應為之行為	證書費、2倍第一年專利年費及補行應為之行為	3倍專利年費

*國內優先權不適用非因故意之機制

102年1月1日之專利法修正前，業經核准審定或處分，但逾繳納證書費及第一年專利年費之繳費期限，而生專利權自始不存在之效果；或逾補繳期未繳納第二年以後之專利年費，而生專利權當然消滅之效果。前述二種情況已無專利權之實體權利，為維護第三人權益，依專利法第155條，不適用專利法所定得以「非因故意回復原狀」為由申請回復原狀，以維法律之安定性。

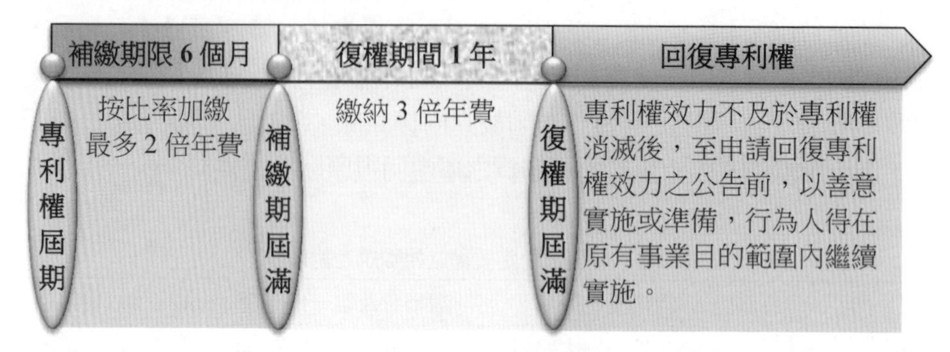

圖8-12　逾第二年專利年費繳納期間之復權

【相關法條】

專利法：17、52、71、119、114、141、135、155。

專利規費收費辦法：10。

專利年費減免辦法。

【考古題】

◎依我國專利法，專利權人應繳納年費，繳納年費之期限為何？逾限未繳納年費之法律效果為何？設若專利權人因故未如期繳納年費，其有何補救措施？請試以發明專利為例，說明之。（97年專利師考試「專利法規」）

◎根據統計資料顯示，每個月將近有3千多件專利權當然消滅，將近2百件專利權發生自始不存在之效果。換言之，依現行專利法令規定，當發生一定事由時，即產生失權效果。身為一位專利師，為維護專利權人的權益，不得不知該事由。試依現行專利法令及實務，說明「專利權自始不存在或視為自始即不存在」及「專利權當然消滅」之事由。（第六梯次專利師訓練補考「專利法規」）

8.4　專利權之實施及處分

第62條（專利權之登記對抗及授權類型）
發明專利權人以其發明專利權讓與、信託、授權他人實施或設定質權，非經向專利專責機關登記，不得對抗第三人。 前項授權，得為專屬授權或非專屬授權。 專屬被授權人在被授權範圍內，排除發明專利權人及第三人實施該發明。 發明專利權人為擔保數債權，就同一專利權設定數質權者，其次序依登記之先後定之。
第63條（再授權）
專屬被授權人得將其被授予之權利再授權第三人實施。但契約另有約定者，從其約定。 非專屬被授權人非經發明專利權人或專屬被授權人同意，不得將其被授予之權利再授權第三人實施。 再授權，非經向專利專責機關登記，不得對抗第三人。
第64條（共有專利權實施之限制）
發明專利權為共有時，除共有人自己實施外，非經共有人全體之同意，不得讓與、信託、授權他人實施、設定質權或拋棄。
第65條（共有專利權處分之限制）
發明專利權共有人非經其他共有人之同意，不得以其應有部分讓與、信託他人或設定質權。 發明專利權共有人拋棄其應有部分時，該部分歸屬其他共有人。
第84條（專利公報事項）
發明專利權之核准、變更、延長、延展、讓與、信託、授權、強制授權、撤銷、消滅、設定質權、舉發審定及其他應公告事項，應於專利公報公告之。
TRIPs第28條（專利權保護內容）
1. 專利權人享有下列專屬權： (a) 物品專利權人得禁止未經其同意之第三人製造、使用、要約販賣、販賣或為上述目的而進口其專利物品。 (b) 方法專利權人得禁止未經其同意之第三人使用其方法，並得禁止使用、要約販賣、販賣或為上述目的而進口其方法直接製成之物品。 2. 專利權人得讓與、繼承及授權實施其專利。

<table>
<tr><th colspan="3">專利權之實施及處分綱要</th></tr>
<tr><td rowspan="4">專利權之效力</td><td rowspan="3">積極效力</td><td>指專利權人就其專利權積極進行利用、收益之權利。</td></tr>
<tr><td>專利權之實施，包括製造、為販賣之要約、販賣、使用及進口等。</td></tr>
<tr><td>專利權之處分，包括讓與、信託、授權他人實施及設定質權等。</td></tr>
<tr><td>消極效力</td><td>專利權之行使，排除他人未經專利權人同意而實施其專利之權。</td></tr>
<tr><td rowspan="3">專利權之實施</td><td>物之實施</td><td>製造、為販賣之要約、販賣、使用及進口專利物。</td></tr>
<tr><td>方法實施</td><td>使用專利方法；製法專利，尚及於製造、為販賣之要約、販賣及進口該製法直接製成之物。</td></tr>
<tr><td>共有專利權</td><td>共有人自己實施專利權，除契約另有約定者外，專利法並未特別限制其實施。</td></tr>
<tr><td rowspan="9">專利權之處分</td><td colspan="2">包括讓與、授權他人實施、設定質權及信託。</td></tr>
<tr><td>共有類型</td><td>依民法之規定，有分別共有、公同共有及準共有三種。</td></tr>
<tr><td rowspan="3">共有專利權</td><td>涉及共有專利權之歸屬及利益之分配，須經共有人全體之同意。</td></tr>
<tr><td>非經其他共有人之同意，各共有人不得以其「應有部分」讓與、信託他人或設定質權。</td></tr>
<tr><td>專利權之拋棄並不影響其他共有人之權益，不待共有人全體之同意，但所拋棄之應有部分係歸屬於其他共有人。</td></tr>
<tr><td>專屬授權</td><td>專屬被授權人有：實施權、排他權及再授權之專屬權利，並有民事請求權。</td></tr>
<tr><td>非專屬授權</td><td>非專屬被授權人僅有該專利之實施權。</td></tr>
<tr><td>獨家授權</td><td>只對一人所為之授權；專利權人不得授權第三人實施。</td></tr>
<tr><td>登記對抗</td><td>專利權之處分須向專利專責機關辦理登記，否則不得對抗第三人。</td></tr>
</table>

依權能性質的不同，專利權之效力包括消極效力及積極效力。消極效力，指專利法第58條第1項所定專利權人專有排除他人未經其同意而實施其專利權之「行使」。積極效力，指專利權人就其專利權積極進行利用、收益之權利，包括第58條第2項所定之物及第3項所定之方法專利權之「實施」，

及第62條所定讓與、信託、授權他人實施及設定質權等專利權之「處分」。

民法第819條：「（第1項）共有人，得自由處分其應有部分。（第2項）共有物之處分、變更及設定負擔，應得共有人全體之同意。」第1項係規定「應有部分」之處分；第2項係規定「共有物」本身之處分等。相對於民法第819條，專利法第64條係規定共有之「專利權」本身之處分；第65條係規定「應有部分」之處分。

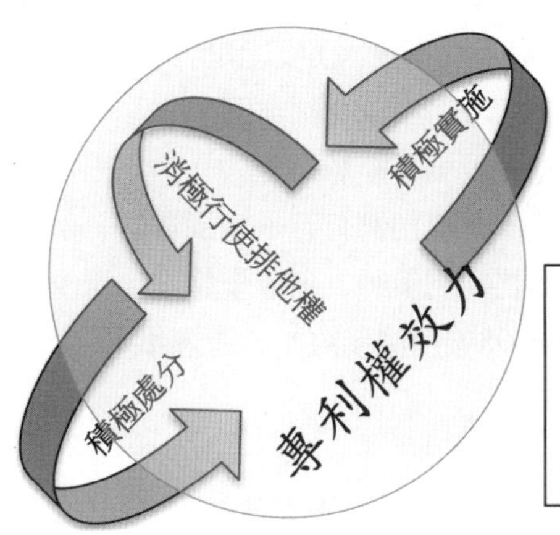

*實施行為：自己製造、為販賣之要約、販賣、使用、進口。
**處分行為：讓與、授權、設質、信託。
***消極行使排他權：排除他人製造、為販賣之要約、販賣、使用、進口。

圖8-13　專利權效力

8.4.1　實施

實施，指專利法第58條第2項、第3項所定五種權能，即製造、為販賣之要約、販賣、使用及進口等行為。專利權人得將自己的專利權付諸實施，並藉排除他人實施的消極效力，在市場上以獨占地位獲取高經濟利益、創造產值；專利權人亦得處分其專利權，透過讓與、授權的手段，提供他人利用，使專利權人及被授權人同獲利益，間接促進國家產業之發展。

專利權為共有者，共有人自己實施專利權，除契約另有約定者外，專利法並未特別限制其實施；涉及共有專利權的歸屬及利益分配者，包括專利權讓與、信託、授權他人實施、設定質權或拋棄等之處分，當然須經共有人全體之同意，尤其讓與、授權實施對於各共有人自己實施專利權所可獲得之經濟利益顯有重大影響，專利法第64條特別規定必須取得共有人全體之同意，即使專利權之授權實施，性質上屬於專利權之管理行為，仍不適用民法第

820條第1項有關共有物之管理需過半數同意的規定。專利權共有人之應有部分係抽象存在於專利權全部，而有應有之比例但無特定之應有部分，共有人將應有部分授權他人實施，其結果實與將專利權全部授權他人實施無異（產業之實施係依各人意願，不能規定必須實施或不實施，故無從規範應有部分，致生利益分配之問題），故不宜有將應有部分授權他人實施之情形，凡專利權共有人欲授權他人實施發明者，均適用專利法第64條。

專利法第64條所定「共有人全體之同意」，並非全體共有人之同意必須為明示，更不必限於一定之形式，如有明確之事實，足以證明其他共有人已經為明示或默示之同意者，亦屬之（19年上字第981號判例參照），且不限行為時為之，若於事前預示或事後追認者，均不能認為無效（19年上字第2014號判例參照）。另，全體同意之方式，歷年判例有若干變通辦法，例如全體同意依多數決為之（19年上字第2208號判例參照），或全體推定得由其中一人或數人代表處分者（40年台上字第998號判例參照），皆無不可。

8.4.2 處分及繼承

專利權為無體財產權，屬一種私權，除前述積極實施專利權之權利外，專利權人尚得自由處分其專利權。依專利法規定，專利權之處分包括讓與、授權他人實施、設定質權及信託。依專利法施行細則第68條規定，申請讓與、授權或再授權他人實施、設定質權及信託等之登記，依法須經第三人同意者，並應檢附第三人同意之證明文件。

關於共有，依民法之規定，有「分別共有」、「公同共有」及「準共有」三種。分別共有，依民法第817條第1項，指共有人按應有部分對於一物享有所有權，即一般所稱之持分（共有人依權利之比例享有共有物所有權，而非將共有物的實體部分分割於數人，見57台上2387判決）。公同共有，指數人基於法律規定或契約約定成立一公同關係，基於該公同關係而共有一物，不區分應有比例，共同享有所有權（民法第827條第1項）；公同共有大多因繼承而生。公同共有物之所有權屬於全體共有人，各公同共有人之權利及於公同共有物之全部（民法第827條第2項）。公同共有物之處分，及其他權利之行使，除依公同關係所由規定之法律或契約另有規定外，應得公同共有人全體之同意（民法第828條第2項）。公同共有的特徵，在於共有關係存續期間中，各共有人之間不確定所有權之比例，只有在解除共有關係，並分割共有的所有權時始確定該比例。

所有權以外的財產，例如債權、專利權、商標權或著作權等，得為數人共有，稱準共有。專利權得由數人共有，依民法第831條，其共有關係應視情況準用前述分別共有或公同共有之法律規定。一般情況，專利權為分別共有，專利權共有人之應有部分係抽象存在於專利權全部，若無約定，二個創作人各持分1/2，三個創作人各持分1/3；繼承專利權，該專利權為公同共有，繼承人共同享有專利權，不區分應有比例。

對於共有專利權，專利法第64條規定讓與、信託、授權他人實施、設定質權或拋棄共有之「專利權」本身，因涉及專利權之全部，當然須經共有人全體之同意，與民法第819條第2項並無不同。惟若專利權為分別共有時，若依民法第819條第1項，各共有人自由處分其應有部分，將導致專利權各共有人之間的法律關係複雜難解，故專利法第65條第1項特別規定：專利權為共有時，各共有人非經其他共有人之同意，不得以其「應有部分」讓與、信託或設定質權。換句話說，係將專利權以公同共有視之，如同民法第828條第2項，須得全體共有人之同意。至於專利權之拋棄，並不影響其他共有人之權益，則應回歸民法第819條第1項得自由處分之規定，不待共有人全體之同意；但拋棄之法律效果，應依專利法第65條第2項規定，共有人所拋棄之應有部分係歸屬於其他共有人。

專利權共有人之應有部分係抽象存在於專利權全部，並無特定之應有部分，若共有人得將應有部分授權他人實施，其結果實與將專利權全部授權他人實施無異，故不宜將共有專利權之應有部分擅自授權他人實施，專利權共有人欲授權他人實施專利權者，悉依專利法第64條規定辦理，而無第65條之適用。

專利法第64條所稱「共有人全體之同意」及第65條所稱「其他共有人之同意」，並非全體共有人之同意必須為明示，更不必限於一定之形式，如有明確之事實，足以證明其他共有人已經為明示或默示之同意者，亦屬之（最高法院19年上字第981號判例參照）；且不限行為時為之，若於事前預示或事後追認者，均不能認為無效（最高法院19年上字第2014號判例參照）；另，全體同意之方式，歷年判例有若干變通辦法，例如全體同意依多數決為之（最高法院19年上字第2208號判例參照），或全體推定得由其中一人或數人代表處分者（最高法院40年台上字第998號判例參照），皆無不可。

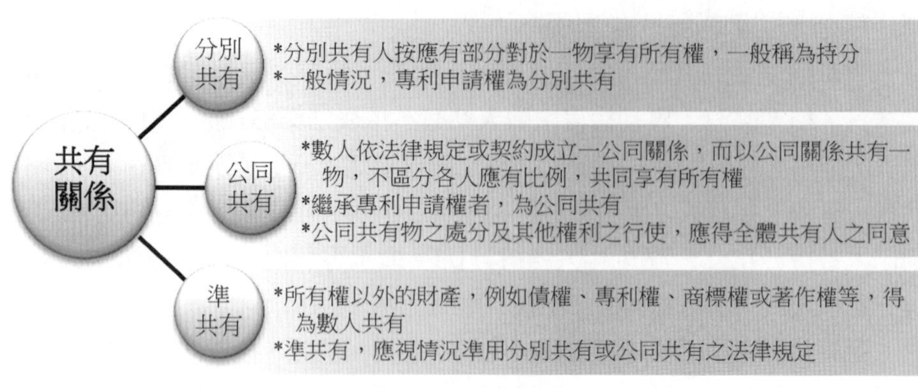

圖8-14　共有關係之種類

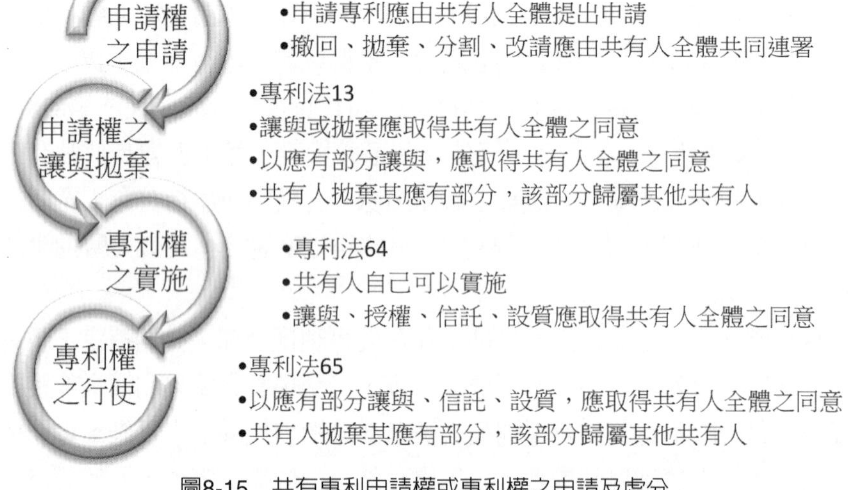

圖8-15　共有專利申請權或專利權之申請及處分

一、讓與

讓與，指將專利所有權移轉他人。專利權人出讓專利權而獲取利益，而生權利主體變更之結果，讓與之原因得為買賣、贈與、互易等法律行為。

讓與或授權共有之專利權者，應得全體共有人同意。但是共有人間如有契約特別約定者，不論讓與或授權他人實施，基於私法自治原則，應從其約定。

依專利法施行細則第63條，申請專利權讓與登記者，應由原專利權人或受讓人備具申請書，並檢附讓與契約或讓與證明文件；公司因併購申請承受專利權登記者，前項應檢附文件，為併購之證明文件。讓與契約書，必須有讓與人及受讓人之意思表示，並由雙方簽署；併購之證明文件，必須由主管機關出具者或相關併購契約書；其他讓與證明文件，必須為讓與人出具或法院判決確定之判決書等。專利權之讓與，禁止同一人代表雙方當事人，例如，專利權讓與登記之讓與人或受讓人一方為本國子公司，而雙方公司代表人為同一人時，其中一方應另定代表公司之人。

讓與契約中表示「無條件讓與」者，以贈與論。讓與契約中表示以「一元」或其他顯然不相當之代價讓與者，專利專責機關仍應為讓與登記，並通報稅捐機關為財產價值評估及核課稅款事宜。

二、授權

授權，指專利權人將其專利之實施權授予他人。就專利權人而言，藉授權可獲取利益，並可擴大其專利權在商品或技術市場之競爭力；若係相互授權，亦可取得其專利權衍生之利益。就被授權人而言，藉授權排除專利權人行使專利權之消極效力，可節省龐大研發費用，轉而著重於生產效能、行銷等，以獲取最大之經濟利益。依專利法施行細則第65條，申請專利權授權登記者，應由專利權人或被授權人備具申請書，並檢附相關證明文件。

專利權人授權他人實施，可以就不同請求項、銷售區域、時間、產品、使用態樣等不同事項分別授權，授權契約或證明文件必須載明請求項次、授權種類、內容、地域及期間（限於專利權期限）等。

(一) 專屬授權或非專屬授權

專利權授權他人實施，係將專利之實施權即製造、為販賣之要約、販賣、使用或進口等權利授予他人。依專利法第62條第2項，專利權之授權得分為專屬授權（exclusive license）及非專屬授權（non-exclusive license），其效力各有不同，故授權實施之權利義務關係，應由契約定之。

專屬授權，依專利法第63條第1項，經授權後，專屬被授權人得將被授予之權利再授權第三人實施，但契約另有約定者，從其約定；另依專利法第62條第3項，專利權人不得實施已授予之權利（專利權人要實施已授予之權利，應取得專屬被授權人之授權），且不得再授權第三人實施。非專屬授權，依專利法第63條第2項，經授權後，非專屬被授權人非經專利權人或專屬被授權人同意，不得將被授予之權利再授權第三人實施；專利權人在授權範圍內仍得實施，並得再授權第三人。換句話說，非專屬被授權人僅有該專利之實施權；專屬被授權人除有該實施權外，另有民事請求權及再授權之專屬權利：1.專利法第62條第3項所定，得在被授權範圍內排除專利權人及第三人實施該專利權。2.專利法第63條第1項所定，得將被授予之權利再授權第三人實施，但契約另有約定者，從其約定。3.專利法第96條第4項所定，在被授權範圍內，有損害賠償、除去侵害及防止侵害之請求權。

簡單歸納專屬授權與非專屬授權之差異：專屬授權，專利權人為專屬授權後，在被授權人所取得之權利範圍內不得再授權第三人實施，若未特別約定，專利權人在授權範圍內亦不得實施，故具有「物權」之效力；非專屬授權，專利權人為授權後，就相同之授權範圍內仍得再授權第三人實施，故具有「債權」之效力。

不論何種授權類型，專利權人不一定要將所有權利內容一併授權他人實施，可以針對銷售區域、時間、產品、使用態樣等不同事項分別授權。此外，無論是專屬授權或非專屬授權，均非讓與專利權，而只是將專利權人之權利中的實施權交由他人行使，自己仍保有專利權人之地位，日後仍可回復擁有完整權利。

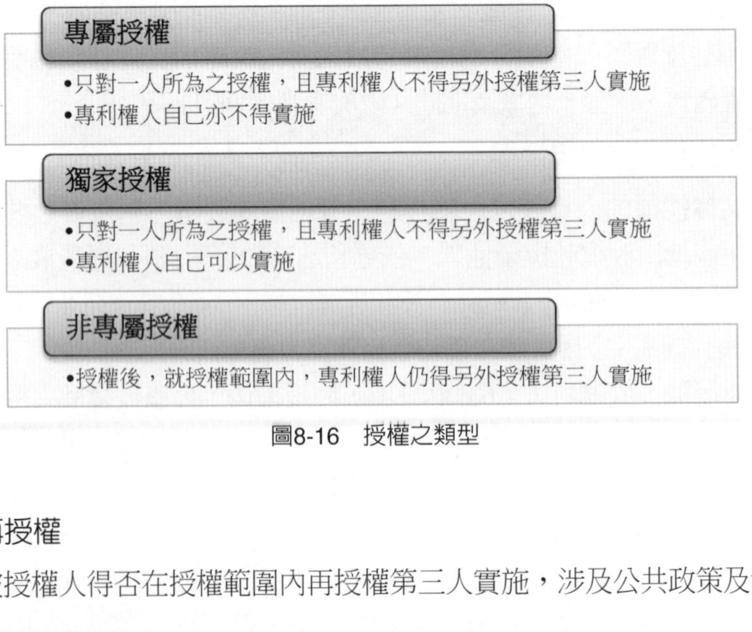

專屬授權

- 只對一人所為之授權，且專利權人不得另外授權第三人實施
- 專利權人自己亦不得實施

獨家授權

- 只對一人所為之授權，且專利權人不得另外授權第三人實施
- 專利權人自己可以實施

非專屬授權

- 授權後，就授權範圍內，專利權人仍得另外授權第三人實施

圖8-16　授權之類型

(二) 再授權

被授權人得否在授權範圍內再授權第三人實施，涉及公共政策及當事人

之利益。完全限制被授權人為再授權，可能造成專利之實施效率低落，因而損及雙方利益；相對地，在權利金一次付清的情況，若被授權人因故無法實施，又不能再授權他人實施，亦有失公平。

專屬被授權人是否有再授權之權利，各國作法不一。因專屬被授權人在授權範圍內已可排除專利權人授權他人實施或自己實施，基於公益，宜容許專屬被授權人再授權他人實施，以促進技術之擴散及利用。惟考量授權契約概係當事人在信任基礎下本於個案情況磋商訂定，特約限制專屬被授權人為再授權者，應優先適用特約規定。另依專利法第63條第2項，非專屬被授權人非經專利權人或專屬被授權人同意，不得將其被授予之權利再授權第三人實施；係指非專屬被授權人係由專利權人所授權者，非專屬被授權人為再授權時，應取得專利權人之同意，始得為之；非專屬被授權人係由專屬被授權人所授權者，非專屬被授權人為再授權時，應取得專屬被授權人之同意，始得為之。

依專利法施行細則第66條，申請專利權再授權登記者，應由原被授權人或再被授權人備具申請書，並檢附相關證明文件。再授權範圍，以原授權範圍為限，包含授權種類、內容、地域及期間。此外，依專利法第63條第3項，再授權，非經向專利專責機關登記，不得對抗第三人。

(三)獨家授權

實務上常見的「獨家授權」（sole license），指只對一人所為之授權，專利權人不得授權第三人實施，但專利權人自己可以實施。

國際上主要國家的專利法均未規範獨家授權，若專利權人違約，重複授權第三人實施，僅對獨家被授權人負債務不履行責任，但不影響其後續授權之效力，故得將其歸類為「非專屬授權」之一種形態。

三、設定質權

設定質權，一般稱設質或質押，屬於擔保物權之一種。專利權人得將專利權設定質權，從質權人處周轉資金。專利權被設定質權，除契約另有約定者外，質權人不得實施該專利權，但專利權人仍可實施。依專利法施行細則第67條，申請專利權質權登記者，應由專利權人或質權人備具申請書及專利證書，並檢附相關證明文件。

依專利法第62條第1項，專利權之讓與、信託、授權他人實施及設定質權等四種處分均採登記對抗主義；但以雙方當事人合意，契約即生效力。我國民法未規定複數質權之受償順位，為解決實務上專利權得否設定複數質權之疑義，充分發揮專利權之交易價值，專利法第62條第4項爰予規定，專利權人為擔保數債權，就同一專利權得設定數質權，質權人受償順序應依登記之先後次序定之，以確保先登記之質權人的權益。

四、信託

信託，指委託人將財產權移轉或為其他處分，使受託人依信託本旨，為受益人之利益或為特定之目的，管理或處分信託財產之關係（信託法第1條、第9條第1項、第2項）。信託關係係以特定財產權為限，具體而言，包括動產的現金、股票、債券等及不動產的土地、建築物，及漁業權、採礦權、專利權、商標權、著作權等。財產權，指得以金錢計值之權利。依專利法施行細則第64條，申請專利權信託登記者，應由原專利權人或受託人備具申請書，並檢附相關證明文件。

五、繼承

專利權人死亡，其專利權歸屬繼承人，無繼承人者，專利權當然消滅。繼承專利權，該專利權為公同共有，繼承人共同享有專利權，不區分應有比例。依專利法施行細則第69條，申請專利權繼承登記者，應備具申請書，並檢附死亡與繼承證明文件。專利權之繼承，繼承人為多人，但僅由其中一人或數人繼承時，應另檢附遺囑或全體繼承人共同簽署之遺產分割協議書或法院出具之拋棄繼承證明文件。

六、登記

依專利法第62條第1項，專利權之讓與、信託、授權他人實施或設定質權，須向專利專責機關辦理登記，否則不得對抗第三人，係採登記對抗主義。專利權之處分，於雙方當事人合意之日即生效力（當事人之間的效力，該效力及於繼受人）；欲產生對抗第三人之效力，須完成登記。至於依專利法第84條刊登公報，僅為使公眾得以知悉而已。

物權具有排他之效力，若無可由外界查悉其變動之徵象，則第三人易受不測之損害，故物權的變動，必須有足供辨認之徵象，始能發生一定之法律效果，稱為公示原則。專利權為無體財產權，具有準物權性質，無法依動產物權予以交付（民法第761條），只能依不動產物權採登記（民法第785條）之公示方法。專利權之變動並無交付之外觀，公示其法律關係，可減少交易資訊之蒐集成本，減少交易阻力，尤其法律關係可以對第三人發生效力時，讓第三人知悉即可避免第三人受不測之損害，故專利法規定專利權之變動係採登記制度。

有關登記之效力，立法例上有登記生效主義及登記對抗主義二種，專利法有關專利權讓與、信託、授權他人實施或設定質權之登記，係採登記對抗主義，登記對抗效力發生時點為專利專責機關准予登記之日，始生對抗效力。（經濟部智慧財產局90年3月28日(90)智法字第09086000310號函釋）

最高法院96年度台上字第1658號判決：按專利法第59條（現行法為第62條第1項）所稱之非經登記不得對抗第三人，係指於第三人侵害其專利權時，若未經登記，則專利受讓人不得對侵害者主張其權利；但在當事人間，由於登記並非契約之生效要件，因此，當事人間之專利權讓與仍發生其效力，對於當事人仍有拘束力，甚至對於權利之繼受者亦有其拘束力，亦即繼受人不得以未經登記為理由，對抗原受讓人，主張其未有效取得專利權之讓與。

【相關法條】

專利法：12、13、58、96。

施行細則：63、64、65、66、67、68、69。

民法：761、785、817、819、820、827、828、831。

信託法：1、9。

【考古題】

◎吳六與專利權人甲訂定專利授權契約，吳六應採何措施以確保該授權契約對抗第三人之效果？訂定授權契約應注意之事項與契約中應載明之事項為何？請說明之。（97年專利師考試「專利法規」）

◎甲公司將所擁有之發明專利專屬授權予乙公司實施，但並未向專利專責機關申請授權登記，嗣該發明專利遭丙公司侵害，乙公司訴請丙公司賠償損害，丙公司主張乙公司未依專利法規定申請授權登記，不得對抗丙公司在內之第三人，請問丙公司之抗辯，是否有理由？試申論之。（99年度專利師職前訓練）

◎專利權之授權有何類型之區分？其效力各如何？（101年智慧財產人員能

力認證試題「專利法規」）

◎發明人為有權申請專利之人，惟其亦得讓與他人申請專利。因此專利申請案如因受讓而變更申請人名義者，應檢附受讓專利申請權之契約書，或讓與人出具之證明文件。如因公司併購而承受，應檢附併購之證明文件，如因繼承而變更申請人名義者，應檢附死亡及繼承證明文件。依據程序審查基準，在哪些情況下，前述申請權證明文件得以釋明或切結書或相關證明文件代之，並舉出相關證明文件之具體例。（100年專利師考試「專利審查基準」）

8.5 專利權之強制授權

第87條（強制授權之要件）

為因應國家緊急危難或其他重大緊急情況，專利專責機關應依緊急命令或中央目的事業主管機關之通知，強制授權所需專利權，並儘速通知專利權人。

有下列情事之一，而有強制授權之必要者，專利專責機關得依申請強制授權：

一、增進公益之非營利實施。

二、發明或新型專利權之實施，將不可避免侵害在前之發明或新型專利權，且較該在前之發明或新型專利權具相當經濟意義之重要技術改良。

三、專利權人有限制競爭或不公平競爭之情事，經法院判決或行政院公平交易委員會處分。

就半導體技術專利申請強制授權者，以有前項第一款或第三款之情事者為限。

專利權經依第二項第一款或第二款規定申請強制授權者，以申請人曾以合理之商業條件在相當期間內仍不能協議授權者為限。

專利權經依第二項第二款規定申請強制授權者，其專利權人得提出合理條件，請求就申請人之專利權強制授權。

第88條（強制授權之處理及限制）

專利專責機關於接到前條第二項及第九十條之強制授權申請後，應通知專利權人，並限期答辯；屆期未答辯者，得逕予審查。

強制授權之實施應以供應國內市場需要為主。但依前條第二項第三款規定強制授權者，不在此限。

強制授權之審定應以書面為之，並載明其授權之理由、範圍、期間及應支付之補償金。

強制授權不妨礙原專利權人實施其專利權。

強制授權不得讓與、信託、繼承、授權或設定質權。但有下列情事之一者，不在此限：

一、依前條第二項第一款或第三款規定之強制授權與實施該專利有關之營業，一併讓與、信託、繼承、授權或設定質權。
二、依前條第二項第二款或第五項規定之強制授權與被授權人之專利權，一併讓與、信託、繼承、授權或設定質權。

第89條（強制授權之廢止）

依第八十七條第一項規定強制授權者，經中央目的事業主管機關認無強制授權之必要時，專利專責機關應依其通知廢止強制授權。

有下列各款情事之一者，專利專責機關得依申請廢止強制授權：
一、作成強制授權之事實變更，致無強制授權之必要。
二、被授權人未依授權之內容適當實施。
三、被授權人未依專利專責機關之審定支付補償金。

第90條（因公共衛生強制授權之要件）

為協助無製藥能力或製藥能力不足之國家，取得治療愛滋病、肺結核、瘧疾或其他傳染病所需醫藥品，專利專責機關得依申請，強制授權申請人實施專利權，以供應該國家進口所需醫藥品。

依前項規定申請強制授權者，以申請人曾以合理之商業條件在相當期間內仍不能協議授權者為限。但所需醫藥品在進口國已核准強制授權者，不在此限。

進口國如為世界貿易組織會員，申請人於依第一項申請時，應檢附進口國已履行下列事項之證明文件：
一、已通知與貿易有關之智慧財產權理事會該國所需醫藥品之名稱及數量。
二、已通知與貿易有關之智慧財產權理事會該國無製藥能力或製藥能力不足，而有作為進口國之意願。但為低度開發國家者，申請人毋庸檢附證明文件。
三、所需醫藥品在該國無專利權，或有專利權但已核准強制授權或即將核准強制授權。

前項所稱低度開發國家，為聯合國所發布之低度開發國家。

進口國如非世界貿易組織會員，而為低度開發國家或無製藥能力或製藥能力不足之國家，申請人於依第一項申請時，應檢附進口國已履行下列事項之證明文件：
一、以書面向中華民國外交機關提出所需醫藥品之名稱及數量。
二、同意防止所需醫藥品轉出口。

第91條（因公共衛生強制授權之限制）

依前條規定強制授權製造之醫藥品應全部輸往進口國，且授權製造之數量不得超過進口國通知與貿易有關之智慧財產權理事會，或中華民國外交機關所需醫藥品之數量。

依前條規定強制授權製造之醫藥品，應於其外包裝依專利專責機關指定之內容標示其授權依據；其包裝及顏色或形狀，應與專利權人或其被授權人所製造之醫藥品足以區別。

強制授權之被授權人應支付專利權人適當之補償金；補償金之數額，由專利專責機關就與所需醫藥品相關之醫藥品專利權於進口國之經濟價值，並參考聯合國所發布之人力發展指標核定之。

強制授權被授權人於出口該醫藥品前，應於網站公開該醫藥品之數量、名稱、目的地及可資區別之特徵。

依前條規定強制授權製造出口之醫藥品，其查驗登記，不受藥事法第四十條之二第二項規定之限制。

巴黎公約第5條A（發明及新型專利－失權及強制授權）

(1) 專利權人不因其於任一同盟國內所製造之專利物品，輸入於獲准專利之國家而喪失其專利。
(2) 各同盟國家得立法規定強制授權，以防止專利權人濫用權利之情形，例如未實施專利。
(3) 除非強制授權不足以防止前揭濫用，否則不得撤銷該專利權。於首次強制授權之日起兩年內，不得執行專利之喪失或撤銷專利程序。
(4) 自提出專利申請之日起四年內，或核准專利之日起三年內（以最後屆滿之期間為準），任何人不得以專利權人未實施或未充分實施為由，申請強制授權。倘專利權人之未實施或未充分實施有正當事由者，強制授權之申請應予否准。前揭強制授權不具排他性，不得移轉，除非與其經營授權之之企業或商譽一併為之。亦不得再授權。
(5) 前揭規定於新型準用之。

巴黎公約第5條B（設計專利－失權）

設計之保護，無論如何不因未實施或輸入相當於受權利保護之產品等事由而喪失其權利。

TRIPs第8條（公共利益原則及防止權利濫用原則）

1. 會員於訂定或修改其國內法律及規則時，為保護公共衛生及營養，並促進對社會經濟及技術發展特別重要產業之公共利益，得採行符合本協定規定之必要措施。
2. 會員承認，為防止智慧財產權權利人濫用其權利，或不合理限制貿易或對技術之國際移轉有不利之影響，而採行符合本協定規定之適當措施者，可能有其必要。

TRIPs第31條（專利權之強制授權）

會員之法律允許不經專利權人之授權而為專利客體之其他實施，包括政府實施或經政府特許之第三人實施之情形，應符合下列規定：

(a) 此類強制授權必須基於個案之考量；
(b) 強制授權申請人曾就專利授權事項以合理之商業條件與權利人極力協商，如仍無法於合理期間內取得授權者，方可准予強制授權。會員得規定國家緊急危難或其他緊急情況或基於非營利之公益考量下，可不受前揭限制而准予強制授權。其因國家緊急危難或其他緊急情況而准予強制授權時，須儘可能速予通知專利權人。如係基於非營利之公益使用者，政府或其承攬人於未經專利檢索之情況下，即知或有理由可知有效之專利內容為或將為政府所使用，或基於政府之需要利用者，應即刻通知專利權人；

(c) 強制授權之範圍及期間應限於所特許之目的；有關半導體技術則以非營利之公益使用，或作為經司法或行政程序確定反競爭行為之救濟措施為限；
(d) 特許之實施應無專屬性；
(e) 強制授權除與其有關營業或商譽一併移轉外，不得讓與；
(f) 強制授權應以供應授權該實施之會員國內市場需要為主；
(g) 於適當保護強制授權人之合法利益下，強制授權之原因消滅且再發生之可能性不高時，強制授權應予終止。主管機關依申請，應審查強制授權之原因是否繼續存在；
(h) 在考慮強制授權的經濟價值下，應針對各別情況給付相當報酬予權利人；
(i) 強制授權之處分合法性，應由會員之司法機關審查，或由其上級機關為獨立之審查；
(j) 有關權利金之決定，應由會員司法機關審查，或由其上級機關為獨立之審查；
(k) 會員於依司法或行政程序認定具有反競爭行為，而以強制授權作為救濟措施時，得不受(b)款與(f)款之拘束。補償金額度得考量糾正反競爭行為之需要。強制授權原因有可能再發生時，主管機關應有權不予終止強制授權;
(l) 某一專利權（第二專利）必須侵害另一專利權（第一專利），始得實施時，得特許其實施。但必須符合下列要件：
  (i) 第二專利權之發明，相對於第一專利權申請專利範圍，應具相當的經濟上意義之重要技術改良；
  (ii) 第一專利權人應有權在合理條件下以交互授權之方式，使用第二專利權。
  (iii) 第一專利權之強制授權，除與第二專利權一併移轉外，不得移轉。

<table>
<tr><th colspan="3">專利權之強制授權綱要</th></tr>
<tr><td>強制授權</td><td colspan="2">國家基於法律規定，在一定條件下，透過公權力特別核准申請人可以實施他人專利權，而不必經專利權人同意。</td></tr>
<tr><td>適用專利</td><td colspan="2">適用於發明及新型專利。</td></tr>
<tr><td rowspan="2">情事（專§87.I、II）</td><td>因通知</td><td>國家緊急危難、其他重大緊急情況。</td></tr>
<tr><td>因申請</td><td>增進公益之非營利實施、從屬專利之實施、違反競爭法令之情事。</td></tr>
<tr><td rowspan="3">前提</td><td colspan="2">違反競爭法令之情事無任何前提。</td></tr>
<tr><td>不能協議授權</td><td>以合理之商業條件在相當期間內仍不能協議授權。（專§87.IV）</td></tr>
<tr><td>相當經濟意義</td><td>從屬專利必須具相當經濟意義之重要技術改良。（專§87.II.(2)）</td></tr>
<tr><td rowspan="2">限制（專§88）</td><td rowspan="2">國內需求</td><td>限於國內市場之需要。</td></tr>
<tr><td>違反競爭法令之情事無此限制。</td></tr>
</table>

專利權之強制授權綱要		
	合理補償	由專利專責機關核定適當之補償金。
	無專屬性	專利權人仍得實施其專利，亦得授權他人實施其專利。
	不得再授權	被授權人不得再授權他人實施；但例外得再授權（見下列例外）。
	不得分割處分	不得將強制授權單獨讓與、信託、繼承、授權或設定質權；惟採「原則禁止，例外允許」或「單獨禁止，合併允許」。
		例外1：強制授權與實施該專利有關之營業得合併處分；但僅適用於「增進公益之非營利實施」及「違反競爭法令之情事」。
		例外2：強制授權與被授權人之專利權得合併處分；但僅適用於「從屬專利之實施」及「專利權之交互授權」。
	半導體專利之特別規定	半導體專利之強制授權，限於因增進公益之非營利實施、違反競爭法令之情事。
		半導體專利之強制授權仍有前述一般限制之適用。
處理	因通知	依緊急命令或中央目的事業主管機關之通知而強制授權。
	因申請	申請人應檢附詳細之實施計畫書及相關證明文件，向專利專責機關申請。
審定	審定書載明其授權之理由、範圍、期間及應支付之補償金。（專§88.III）	
廢止（專§89）	依通知	因情事變更，經中央目的事業主管機關通知無強制授權之必要。
	申請事由	a.強制授權之事實變更，致無強制授權之必要。 b.被授權人未依授權之內容適當實施。 c.被授權人未依專利專責機關之審定支付補償金者。

專利的授權，除專利權人自主性的授權外，由國家介入的專利授權稱「強制授權」，102年1月1日施行之專利法修正前稱「特許實施」。

8.5.1 強制授權制度

強制授權（Compulsory License），指國家基於法律規定，在一定條件下，透過公權力特別核准申請人可以實施他人專利權，而不必經專利權人同意。強制授權制度僅適用於發明及新型專利（專§87至91、120，舊法僅發明有強制授權制度，102年1月1日施行之專利法擴及新型），無關技術的設計專利，並無強制授權之規定。

專利法制具有促進產業發展之國家政策目的，唯有將專利權付諸實施，始能達成目的；為防止專利權人濫用專利權利，例如專利權人自己不實施，又不授權他人實施，專利的排他權無形中阻礙了產業發展，故國際上普遍定有強制授權制度。

我國83年版本之專利法遵循TRIPs第31條強制授權之規定，修正有關法條，明定得申請強制授權之事由，包括國家緊急情況、增進公益之非營利使用、申請人曾以合理之商業條件在相當期間內仍不能協議授權、違反公平競爭及再發明專利的交互授權等五項。經研析TRIPs第31條內容及各國相關規定，並參考學界之意見及我國實務運作之結果，102年1月1日施行之專利法大幅翻修整個強制授權制度。舊法所規定之事由悉依申請程序為之，當國家遭逢緊急危難或其他重大緊急情況而須強制授權他人專利權時，有難以運作及緩不濟急等缺失，故102年1月1日施行之專利法明確劃分強制授權運作機制之權責，再區分強制授權事由及其要件，據以分別適用不同處理程序。

8.5.2　得強制授權之情事

現行專利法所定得強制授權之情事：於國家緊急危難及其他重大緊急情況，專利專責機關依通知所為之強制授權（專§87.I），及專利專責機關依申請所為之強制授權（專§87.II）：1.增進公益之非營利實施；2.從屬專利之實施；3.違反競爭法令之情事。

一、通知強制授權之情事

依專利法第87條第1項，為因應國家緊急危難或其他重大緊急情況（參照TRIPs 31(b)），例如遭遇戰爭、天然災害，而有實施專利權之必要者，專利專責機關得強制授權國家所需之專利權。值此情況，專利專責機關應依緊急命令或需用專利權之中央目的事業主管機關的通知，而非由人民提出申請發動運作程序。至於何謂「國家緊急危難」？何謂「其他重大緊急情況」？實際運作上，無須進行實質認定。

二、申請強制授權之情事

依現代專利法制的概念，專利權人不授權他人實施，自己亦不實施，並不當然為專利權的濫用，而專利權人是否濫用專利權，亦非強制授權的唯一考量。基於社會公益及技術傳播，專利法第87條第2項規定三款得申請強制授權之情事。

(一)增進公益之非營利實施

申請強制授權，主要目的是基於公共利益，例如公共衛生、人民健康、環境保護等事由，為增進公眾福祉，而有實施專利權之必要者。依專利法第87條第2項第1款申請強制授權，其前提必須是：申請人曾以合理之商業條件在相當期間內仍不能協議授權（專§87.IV）。

TRIPs第31條第(b)款並未強制規定必須有前述之前提，我國法之規定較利於專利權人。

(二)從屬專利之實施

專利法第87條第2項第2款之文字「專利權之實施，將不可避免侵害在前之發明或新型專利權」（本款簡稱從屬專利之實施；另應說明者，雖然法條規定「在前」，依TRIPs第31條第(l)款，並無前、後之區分，只要實施自己的專利權會侵害他人專利權，均適用本款），涵蓋：1.從屬專利（dependent patent），指利用他人專利技術之專利；從屬專利權人實施其專利，將不可避免侵害他人之原專利權，未經原專利權人同意尚不得實施其從屬專利。2.製造方法專利權人實施其專利會侵害依其製造方法製成之物之專利權者，未經該物之專利權人同意，亦不得實施其專利方法。依本款申請強制授權，其前提為：1.申請人曾以合理之商業條件在相當期間內仍不能協議授權（專§87.IV），且2.該從屬專利必須具相當經濟利益之重要技術改良者（專§87.II.(2)）。

為互蒙其利，從屬專利權人與原專利權人得協議交互授權實施，其為專利權人間私法自治事項；另依專利法第87條第5項規定，經依第2項第2款規定申請強制授權原專利權者，原專利權人得提出合理條件，請求強制授權從屬專利權，舊法稱「交互授權」。

TRIPs第31條第(l)款明定Ａ專利權人請求強制授權他人Ｂ之專利權者，須符合三要件：a.實施Ａ申請之專利不可避免會侵害Ｂ申請之專利者；b.Ａ

申請之專利較Ｂ申請之專利具相當經濟意義之重要技術改良；c.Ｂ專利權人不同意授權Ａ專利權人（見第(b)款）。

另依TRIPs第31條第(l)款第ii目規定，前述Ｂ專利權人有權在合理條件下，以交互授權之方式，使用前述Ａ專利權；其本質即為強制交互授權之意。前述Ｂ專利權人申請強制交互授權時，則無前述要件之限制，而與我國法一致。

(三)違反競爭法令之情事

專利權人有限制競爭或不公平競爭之情事，並經法院判決或行政院公平交易委員會處分者，即可申請強制授權，尚無須達到舊法所定必須判決或處分確定之程度。本款係反映TRIPs第31條第(k)款規定，以強制授權救濟反競爭（包括限制競爭及不公平競爭）。依本款規定，僅須經司法或行政程序認定有反競爭之行為即足，無須達確定之程度。若待法院判決確定或行政院公平交易委員會處分確定，可能須耗費相當時日，屆時恐已無強制授權救濟之必要。然而，即使經司法或行政程序認定有反競爭之行為，仍須認定有強制授權之必要，始得核准強制授權之申請。

表8-4　強制授權一覽表

適用之情事	類型	核准之前提	核准之限制	交互授權	半導體
國家緊急危難	通知		○		
重大緊急情況	通知		○		
增進公益之非營利實施	申請	△	○		#
從屬專利之實施具經濟意義	申請	△	○	○	
違反競爭法令之情事	申請		☆		☆

△：合理商業條件不能協議授權

○：國內需求＋一般限制（例如非專屬授權、補償金等）

☆：一般限制（例如非專屬授權、補償金等）

#：合理商業條件不能協議授權＋國內需求＋一般限制（例如非專屬授權、補償金等）

8.5.3 得申請強制授權之前提

依現代專利法制的觀念，對於專利權人是否濫用專利權，已有調整；專利權人是否要授權他人實施，悉依當事人自行決定，專利權人決定不授權他人實施，並不當然與社會公益相衝突，應予以尊重。因此，申請強制授權，申請人與專利權人必須曾經請求授權實施，協商合理授權條件，包括授權金額、授權期間、授權金支付方式、授權實施之技術範圍及地域等，始符合「合理之商業條件」及「相當期間」之前提。

一如前述，專利法得申請強制授權之情事有三款，皆須經專利專責機關審查，始得准予強制授權，除第(3)款違反競爭法令之情事無需前提要件外，依專利法第87條第4項，第(1)款及第(2)款均須以「申請人曾以合理之商業條件在相當期間內仍不能協議授權」為前提，另依第2項第(2)款，尚須以「具相當經濟意義之重要技術改良」為前提。

8.5.4 核准強制授權之限制

強制授權係國家基於法律規定，在一定條件下，透過公權力特別核准申請人可以實施他人專利權，而限制專利權之行使。為平衡公益與私益，宜有適當之限制，明定在專利法第87條第3項及第88條。

一、半導體技術專利的特別規定

對於半導體技術專利，專利法第87條第3項限縮「申請」強制授權的範圍，必須以增進公益之非營利使用或經司法或行政程序認定為反競爭行為之救濟為限；而為因應國家緊急危難或其他緊急情況，專利專責機關尚得依「通知」強制授權。然而，依TRIPs第31條第(c)款規定，半導體技術專利之強制授權僅限於前述增進公益之非營利實施及違反競爭法令之二情事始得為之，尚不得以國家緊急危難或其他緊急情況為由進行強制授權，而與我國前述規定尚非完全一致。

須強調者，半導體技術專利之強制授權仍有後述專利法第88條所定各種限制之適用。

二、國內需求原則

強制授權會限制專利權之行使，依專利法第88條第2項，強制授權實施之範圍應以供應國內市場需要為主，即以國內需求為原則，但非絕對不可以供應國外市場。惟若專利權人有反競爭（限制競爭或不公平競爭）之情事者，強制授權實施之範圍得不受此限制。TRIPs第31條第(f)款有類似規定。

因強制授權所致限制競爭之不利益與整體經濟利益之衡量，須考量市場之劃定是否侷限於國內及國內、外多元複雜之因素，亦須視個別產業之情況而定，係屬公平交易委員會及法院之權責，強制授權後被授權人之實施是否以供應國內市場需要為主，理應依公平交易委員會處分及法院判決認定之，故國內需求原則不適用於違反競爭法令之情事。

三、合理補償原則

專利專責機關准予強制授權，被授權人實施他人專利權不會有侵權責任，但為平衡公益及專利權人之私益，專利法第88條第3項規定被授權人須支付專利權人適當之金額，以為補償。TRIPs第31條第(h)、(j)款有類似規定。

對於補償金之核定，現行專利法係採一階段處理之方式，依專利法第88條第3項規定，專利專責機關核定強制授權，應於審定書載明其授權之理由、範圍、期間及應支付之補償金，係由專利專責機關介入一併核定適當之補償金，摒棄以往所採二階段處理之方式，以避免專利權人藉故拖延強制授權處分之時效。

四、無專屬性原則

依專利法第88條第4項，強制授權不妨礙專利權人實施其專利權。經強制授權後，專利權人仍得實施其專利，亦得授權他人實施其專利，且任何人均得再申請強制授權。TRIPs第31條第(d)款明定強制授權無專屬性，亦即強制授權之性質為非專屬授權。

五、不得再授權原則

一如前述，專利法所規範的強制授權性質上為非專屬授權，被授權人不得再授權他人實施應屬當然的解釋，惟若將獲得強制授權有關之營業合併再授權他人，或將強制授權與自己的專利權合併再授權他人，則無不可，見後述「不得分割處分原則」。前述「不得再授權原則」及「例外得合併再授權」為TRIPs第31條第(d)款所涵蓋之內容；巴黎公約第5條第A項第(4)款亦有類似規定。

六、不得分割處分原則

依專利法第88條第5項，不得分割處分及繼承強制授權，包括讓與、信託、授權、設定質權及繼承等五種態樣，以免擴大專利權人之損失，但例外允許二款情事：1.「強制授權與實施該專利有關之營業」合併處分，適用於「增進公益之非營利實施」及「限制競爭或不公平競爭」二種情事。及2.「強制授權與被授權人之專利權」合併處分，適用於「從屬專利權人之實施」及「經交互授權之原專利權人之實施」（依專利法第87條第2項第2款、第5項之文字意義及經濟利益的考量，前述二專利權人所實施者均為從屬專利權，而非各自實施自己的專利權，亦非各自實施對方的專利權）。

基於前述分析，我國法係以不得分割處分為原則，而為「原則禁止，例外允許」或「單獨禁止，合併允許」。不得分割處分原則符合TRIPs第31條第(e)款所規定：「強制授權除與其有關營業或商譽一併移轉外，不得讓與」及第(l)款第(iii)目所規定：「第一專利權之強制授權，除與第二專利權一併移轉外，不得移轉」。

具體而言，專利法第88條第5項第1款及第2款例外允許的情況有三種：a.被授權人將所取得的強制授權與實施被授權之專利有關之營業合併處分；b.後申請人將所取得的強制授權與自己的專利權合併處分；c.先申請人將所取得的強制授權與自己的專利權合併處分。其中，b.係後申請人實施自己的專利權，而c.係先申請人實施後申請人的專利權。除設定質權外，一旦合併處分強制授權及自己的專利權，即使還保留實施專利有關之營業，仍不得再實施自己的專利及強制授權之專利；而且無論是先申請人或後申請人，依第2款所為之授權，均不得為專屬授權，否則會產生複雜的法律關係。

8.5.5　強制授權之處理及審定

授予強制授權之程序，因強制授權事由之不同而異。因應國家緊急危難或其他重大緊急清況，為避免延誤處理時效而擴大危難或情況，專利專責機關係依緊急命令或中央目的事業主管機關之通知而強制授權，並儘速通知專利權人。基於增進公益之非營利實施、從屬專利之實施及違反競爭法令等事由申請強制授權者，依專利法施行細則第77條第1項，申請人應備具申請書，載明申請理由，並檢附詳細之實施計畫書及相關證明文件，向專利專責機關申請強制授權。專利專責機關於收到申請文件後，依專利法第88條第1項，應通知專利權人，並限期答辯；屆期未答辯者，得逕予審查。

依專利法第88條第3項規定，專利專責機關核定強制授權，應於審定書載明其授權之理由、範圍、期間及應支付之補償金；依專利法施行細則第78條，強制授權之實施應以供應國內市場需要為主者，專利專責機關應於核准強制授權之審定書內載明被授權人應以適當方式揭露下列事項：（第1款）強制授權之實施情況；（第2款）製造產品數量及產品流向。

8.5.6　強制授權之廢止

強制授權為政府以公權力限制專利權之行使，不宜永無終止。強制授權之法律性質，係藉強制授權之處分強制專利權人授權他人實施，經行政機關作成強制授權之處分後，即擬制雙方成立授權契約狀態，故是否有廢止該授權之必要，繫於政府機關本於繼續強制授權之必要性或專利權人本於自身權益予以考量。

廢止強制授權之程序，因強制授權事由之不同而異。因應國家緊急危難或其他重大緊急清況強制授權者，因情事變更，經中央目的事業主管機關通知無強制授權之必要，專利專責機關應依該主管機關之通知廢止強制授權之處分。基於增進公益之非營利實施、從屬專利之實施及違反競爭法令等事由申請強制授權者，依專利法施行細則第77條第2項，申請廢止強制授權之人（可以是專利權人或被授權人）應備具申請書，載明申請廢止之事由，並檢附證明文件。

依專利法第89條，得申請廢止強制授權之事由：a.強制授權之事實變更，致無強制授權之必要；b.被授權人未依授權之內容適當實施；c.被授權人未依專利專責機關之審定支付補償金。依TRIPs第31條第(g)款規定，強制授權之原因消滅且再發生之可能性不高時，雙方當事人得申請廢止。

8.5.7 因公共衛生之強制授權

<table>
<tr><th colspan="3">因公共衛生之強制授權綱要</th></tr>
<tr><td colspan="2">因公共衛生之強制授權</td><td>為解決發展中國家與低度開發國家之公共衛生危機，有藥品需求之國家及提供藥品之出口國得在一定條件及踐行一定程序下進口、出口專利藥品，不受專利權及國內需求原則之限制。</td></tr>
<tr><td>授權範圍</td><td colspan="2">治療愛滋病、肺結核、瘧疾及其他傳染病所需之醫藥品（含活性成分與診斷試劑）。</td></tr>
<tr><td rowspan="2">進口國</td><td>WTO會員</td><td>通知TRIPs理事會：其所需醫藥品之名稱及數量、其無製藥能力或製藥能力不足、該醫藥品無專利權或已核准或即將核准強制授權。</td></tr>
<tr><td>非WTO會員</td><td>通知我國外交機關：其所需醫藥品之名稱及數量、其同意遵守規定防止所需醫藥品轉出口。</td></tr>
<tr><td rowspan="2">申請前提</td><td colspan="2">曾以合理之商業條件在相當期間內仍不能協議授權。</td></tr>
<tr><td colspan="2">所需醫藥品在進口國已核准強制授權者，則無此條件限制。</td></tr>
<tr><td rowspan="3">被授權人應遵守之事項</td><td rowspan="2">條件</td><td>製造之醫藥品數量不得超過通知之數量，且須全部輸出。</td></tr>
<tr><td>外包裝應依指定清楚標示其授權依據；且其包裝及顏色或形狀應足以區別。</td></tr>
<tr><td>義務</td><td>應於網站公開該醫藥品之數量、名稱、目的地及特徵。</td></tr>
<tr><td>補償金</td><td colspan="2">由專利專責機關依醫藥品專利權於進口國之經濟價值，並參考聯合國所發布之人力發展指標核定之。</td></tr>
<tr><td>其他</td><td colspan="2">資料專屬保護權豁免。</td></tr>
</table>

長期以來，開發中國家及低度開發國家遭受愛滋病、肺結核、瘧疾及各種其他傳染病肆虐，但因經濟發展低落，無力負擔前揭疾病治療所需之專利醫藥品。針對前述公共衛生之議題，WTO總理事會討論的內容整理如下：

1. 雖然TRIPs第31條有強制授權之規定，WTO會員是否得以前述公共衛生議題主張國家緊急危難、其他緊急情況或為增進公益之非營利使用，強制授權生產所需之醫藥品？
2. 即使可以強制授權該國之專利權，惟多數開發中國家及低度開發國家仍無製藥能力或製藥能力不足，無法自行生產所需醫藥品，得否由其他會員代為製造並出口至該國？

3. 即使可由其他會員代為製造並出口至該國，惟若出口國亦有專利權之限制，且TRIPs第31條第(f)款限制強制授權所生產之專利物應以提供國內市場需求為原則，有何機制可以解決該專利權之限制？有何機制可以突破第(f)款之限制？

2001年11月，WTO於杜哈（DOHA）舉行部長級會議，杜哈會議結論之「本協定與公共衛生宣言」（Declaration on the TRIPs Agreement and Public Health）啟動藥品專利與強制授權之議題，其宣示發展中國家與低度開發國家，在對抗傳染病時，可以迴避專利不受本協定專利保護之限制，採取強制授權方式，讓更多有藥品需求之會員得以解決嚴重之傳染病需求。國際間對於藥品專利之強制授權討論，終於在2003年8月30日完成決議，同意有藥品需求之國家得在一定條件並踐行一定程序下進口專利藥品，至於提供藥品之出口國亦得在一定條件並踐行一定程序下，出口該專利藥品，不受國內需求原則之限制。

基於人道救援精神，及符合國際保護智慧財產權相關規範之立場，為解決發展中國家與低度開發國家之公共衛生危機，我國增訂專利法第90條及第91條。

一、申請範圍

依專利法第90條第1項，適用公共衛生機制申請強制授權的範圍限於治療愛滋病、肺結核、瘧疾及其他傳染病所需之醫藥品（含活性成分與診斷試劑）。WTO總理事會之決議並未具體限制醫藥品之範圍，僅強調活性成分與診斷試劑為醫藥品之當然範圍。

依杜哈部長宣言，愛滋病、肺結核、瘧疾及其他傳染病足堪認定為國家緊急危難或其他緊急情況。依第90條第1項「為協助無製藥能力或製藥能力不足之國家」，本條係規範他國公共衛生之強制授權，若屬我國公共衛生之強制授權，應為第87條第1項所定「國家緊急危難」或「其他重大緊急情況」。

二、合格進口國之資格

得進口所需醫藥品之國家，依專利法第90條第1項，必須是低度開發國家或無製藥能力或製藥能力不足之國家；所稱低度開發國家，依第4項，係以聯合國所發布者為準。以公共衛生機制申請強制授權之申請人應檢附下列證明文件：

1. WTO會員之進口國所需之證明文件

(1) 通知TRIPs理事會其所需醫藥品之名稱及數量的證明文件。

(2) 通知TRIPs理事會其無製藥能力或製藥能力不足，而有作為進口國之意願的證明文件。但進口國為低度開發國家時，毋庸檢附此證明文件。

(3) 通知TRIPs理事會其所需醫藥品在進口國無專利權的證明文件；若有專利權，則為已核准強或即將核准制授權的證明文件。

2. 非WTO會員之進口國所需之證明文件

因非WTO會員無法通知TRIPs理事會，該等進口國應檢附之證明文件：

(1) 向我國外交機關提出所需藥品之名稱及數量的書面通知。

(2) 向我國外交機關提出其同意遵守防止所需醫藥品轉出口之相關規定。

三、申請之前提

雖然WTO總理事會決議生命法益應優於財產法益，惟專利法制之目的係鼓勵、保護、利用創作，專利權人之權益仍應予合理保障，若專利權人並未拒絕以合理商業條件授權實施，行政機關不宜逕行強制授權。以公共衛生機制申請強制授權者，依專利法第90條第2項前段，前提是申請人曾以合理之商業條件在相當期間內仍不能協議授權者，始得申請強制授權；符合TRIPS第31條第(b)款規定。

惟若進口國已強制授權實施，推定強制授權申請人已依TRIPs第31條與我國專利權人協商不成，或係屬國家緊急危難或其他緊急情況（我國曾通知WTO總理事會僅於國家緊急危難或其他緊急情況下始動用本機制），不待進行協商。為免重複協商或因應緊急狀態，依專利法第90條第2項但書，當所需醫藥品在進口國已核准強制授權者，則不受限於此前提。

四、出口國應遵守之事項

即使取得強制授權，依專利法第91條，出口國仍有應遵守之條件及事項，下列1.、2.為取得強制授權之條件，3.為取得強制授權後之義務：

1. 強制授權製造之醫藥品數量不得超過合格進口國通知之數量，且須全部輸往該進口國（第91條第1項）。

2. 強制授權製造之醫藥品必須於外包裝依專利專責機關指定清楚標示其授權依據；且其包裝及顏色或形狀，應與專利權人或其被授權人所製造之醫藥品足以區別（第91條第2項）。
3. 被授權人於出口該醫藥品前，應於網站公開該醫藥品之數量、名稱、目的地及可資區別之特徵（第91條第4項）。依WTO總理事會決議，公開相關資訊之義務，尚非取得強制授權之條件，而係取得強制授權後之管理措施。

五、補償金之核定標準

專利專責機關准予強制授權，被授權人實施他人專利權不會有侵權責任，為平衡公益及專利權人之私益，專利法第91條第3項規定被授權人須支付專利權人適當之金額，以為補償。補償金之數額，由專利專責機關就與所需醫藥品相關之醫藥品專利權於進口國之經濟價值，並參考聯合國所發布之人力發展指標核定之。

六、資料專屬保護權之豁免

依藥事法第40條之2第2項規定，新成分新藥許可證自核發之日起五年內，其他藥商（例如學名藥廠商）非經許可證所有人同意，不得引據其申請資料申請查驗登記，此即所謂的「資料專屬保護權」。

我國藥事法第39條第1項規定：「製造、輸入藥品，應向中央衛生主管機關申請查驗登記，經核准發給藥品許可證後，始得製造或輸入。」係品質管控（查驗登記）製造、輸入之藥品的法律依據。醫藥品之製造、輸入應遵守藥事法之規定，即使是依專利法強制授權實施之醫藥品。此外，由於以公共衛生機制強制授權醫藥品之進口國通常不具適當之查驗能力，為保護最終使用人，出口國仍有進行查驗登記之必要。若申請人以公共衛生機制取得強制授權，卻受限於資料專屬保護權而無法申請查驗登記，進而無法製造，顯不合理，故專利法第91條第5項規定：「依前條規定強制授權製造出口之醫藥品，其查驗登記，不受藥事法第40條之2第2項規定之限制。」

8.5.8 強制授權之起源

為防止專利權之濫用，平衡專利權人與社會大眾之利益，必須促使專利權人實施其專利權，始能達成促進產業發展之終極目的。強制授權制度之建立，最初是基於下列二種情況而認為有建立強制授權制度之必要：1.專利權人不實施其專利；2.實施自己的改良型專利無可避免會實施他人專利。

8.5.9 巴黎公約之強制授權

德國專利制度發展較晚，為保護本國人利益，有必要抑制專利物品之進口，因而於1883年簽署的巴黎公約第5條A明定強制授權制度。

巴黎公約容許各同盟國家立法規定強制授權，但必須基於防止專利權人濫用權利（例如未實施專利），始有強制授權之必要；且各同盟國得自行訂定「濫用」的定義。基於權利濫用之強制授權已非國際潮流，現階段大多認為不適於以權利濫用為由強制授權他人實施。

核准強制授權之限制：1.以專利權人未實施或未充分實施為由申請強制授權者，必須已有一定期間未實施或未充分實施。2.專利權人未實施或未充分實施並無正當理由。強制授權之核准應附帶條件：a.非專屬性原則；b.不得分割處分原則；及c.不得再授權原則。當強制授權已不足以防止專利權濫用時，得撤銷專利權或使專利權喪失權利，但必須強制授權業經一定期間，始得為之。

強制授權可適用於新型專利；但因其本身之專利期間有限，且重要性不如發明專利，不宜適用於新型專利。對於設計專利，巴黎公約並無強制授權之規定，僅於第5條B明定不得因未實施或輸入設計產品而喪失權利。設計之實施，通常係指製造附有設計之物品。

8.5.10 TRIPs之強制授權

強制授權，指會員行使公權力，不經專利權人之同意，准許他人實施該專利權。強制授權可准許WTO會員政府本身或他人在未經權利人同意之情況下實施其專利權，而不必負侵權責任，但被授權人仍需支付適當補償金。TRIPs之強制授權與我國現行專利法規定相當一致。

專利法制之目的是保護創作人之權益，專利權之授予不應造成專利權人以該專利壟斷技術。由於專利制度賦予專利權人排除他人未經其同意實施其專利之權利，容易造成濫用，損及他人利益，故當專利權人逾越合法範圍濫用權利，法律應予以限制，強制授權制度就是防制專利權人阻礙技術傳播及損害社會利益的規範措施。強制授權一方面可以防制專利權人消極不實施專利以致無法滿足社會公眾之需求；另一方面也可以防制專利權人積極藉由專利權之效力，為壟斷市場、降低產量或限制、拒絕他人等不公平競爭之行為。

一、強制授權之事由

就各國法律規定情形來看，申請強制授權之事由大概有以下幾種：

1. 國家緊急危難；
2. 其他緊急情況；
3. 公共利益；
4. 專利權人不實施或未充分實施其專利；
5. 從屬專利發明人欲實施原發明人之專利，無法達成協議。
6. 品種權人利用品種權必須實施他人之生物技術專利（參考98/44/EC第12條及歐盟各國立法例）

二、強制授權之限制

會員定有強制授權制度者，必須受到下列原則之限制：

1. 獨立處理原則：是否強制授權，應視每一個具體個案分別判斷，不得以單一強制授權案例所持之原則作為通案處理原則。
2. 合理努力原則：申請強制授權之前，請求授權之人必須在合理的期間內，曾試圖以合理的商業條件，尋求專利權人同意授權，但是最終並未達成協議。但若是基於：(1)國家緊急危難；(2)其他緊急情況；或(3)非營利之公益考量下（我國規定屬(3)之情事者，仍須盡合理努力），則可不必有此限制，但仍須儘速通知專利權人。應注意者，若為半導體技術之專利權，則只有為(1)公共利益之考量；(2)專利權人違反競爭法律時，才可以強制授權，尚不得以國家緊急危難其他緊急情況為由進行強制授權。
3. 不得逾越原則：經強制授權，可實施他人專利之範圍及期限，以被允許實施之目的為限，涉及半導體之專利技術僅限於非商業性之公共利益為目的，或基於專利權人違反競爭法律並經法院或行政機關認定所採取之救濟措施。

4. 無專屬性原則：強制授權之性質為非專屬授權，換句話說，經政府准予強制授權後，專利權人仍得實施其專利，亦得授權他人實施其專利。
5. 不得分割處分原則：強制授權不得單獨轉讓，如有轉讓，應與獲授權實施之有關營業合併移轉。
6. 國內需求原則：強制授權僅能滿足國內市場對專利產品的需要，並非以促進本國產品出口為目的。惟若強制授權之原因係因專利權人違反競爭法令者，則無此限制。
7. 事由消滅即應終止原則：強制授權有其法定事由，當強制授權之原因消滅，例如國家緊急危難已消除，公益之考量已無需要時，應終止強制授權之處分。
8. 合理補償原則：雖然強制授權之被授權人得未經同意實施專利權人之專利，但本質上仍屬實施他人專利，應補償專利權人之損失，故強制授權之被授權人應支付專利權人適當之補償金。
9. 強制授權處分實質審查原則：主管機關得決定強制授權，但該決定不得為終局決定，其合法性必須接受司法審查或接受上級主管機關審查，亦即應提供當事人向司法機關或上級主管機關提起救濟之機會。
10. 補償金實質審查原則：強制授權之被授權人與專利權人無法達成補償金額之協議者，得由主管機關決定，但該決定不得為終局決定，應提供當事人向司法機關或上級主管機關提起救濟之機會。
11. 因違反競爭法令之特別處理：強制授權係因專利權人違反競爭法令者，得不受前述合理努力原則之限制，亦不受國內需求原則之限制。主管機關決定補償金額時，得考量專利權人違反競爭之行為；若專利權人仍然有可能違反競爭法令，主管機關得決定不終止強制授權。
12. 從屬專利之強制授權處理原則：有一專利（第1專利，原發明），另有一專利（第2專利，再發明），若實施第2專利無法不利用第1專利，我們稱第2專利為從屬專利，為避免無法實施從屬專利之技術而造成技術封閉，符合下列條件得強制授權實施第1專利：a.第2專利與第1專利比較，第2專利較具有相當經濟意義之重要技術改良。b.第1專利之專利權人有權以合理之商業條件與第2專利人協議交互授權。c.第2專利之專利權人被授權實施第1專利後，除非將該強制授權與第2專利合併轉讓外，不得單獨轉讓該強制授權。

【相關法條】

施行細則：77、78。

藥事法：39、40-2。

【考古題】

◎根據中央流行疫情指揮中心統計，H1N1新型流感累計住院病例138例，死亡7例，45例住院中，86例已出院。我國最高衛生主管機關行政院衛生署，有感於H1N1新型流感疫苗之必要性，擬自行製造該疫苗。假設該疫苗在我國已取得專利權，為求慎重，特別諮詢某大專利師提供意見。如果您是那位專利師，請您依現行專利法令有關特許實施規定，提供諮詢意見，該意見應包括申請特許實施之事由、限制及建議本件宜採哪種事由？（第四梯次專利師訓練「專利法規」）

8.6　專利權之侵權及訴訟

第96條（專利侵害請求權）
發明專利權人對於侵害其專利權者，得請求除去之。有侵害之虞者，得請求防止之。 發明專利權人對於因故意或過失侵害其專利權者，得請求損害賠償。 發明專利權人為第一項之請求時，對於侵害專利權之物或從事侵害行為之原料或器具，得請求銷毀或為其他必要之處置。 專屬被授權人在被授權範圍內，得為前三項之請求。但契約另有約定者，從其約定。 發明人之姓名表示權受侵害時，得請求表示發明人之姓名或為其他回復名譽之必要處分。 第二項及前項所定之請求權，自請求權人知有損害及賠償義務人時起，二年間不行使而消滅；自行為時起，逾十年者，亦同。
第97條（損害賠償金額之計算）[102年6月13日施行]
依前條請求損害賠償時，得就下列各款擇一計算其損害： 一、依民法第二百十六條之規定。但不能提供證據方法以證明其損害時，發明專利權人得就其實施專利權通常所可獲得之利益，減除受害後實施同一專利權所得之利益，以其差額為所受損害。 二、依侵害人因侵害行為所得之利益。

三、依授權實施該發明專利所得收取之合理權利金為基礎計算損害。

依前項規定，侵害行為如屬故意，法院得因被害人之請求，依侵害情節，酌定損害額以上之賠償。但不得超過已證明損害額之三倍。

第98條（專利證書號數之標示）

專利物上應標示專利證書號數；不能於專利物上標示者，得於標籤、包裝或以其他足以引起他人認識之顯著方式標示之；其未附加標示者，於請求損害賠償時，應舉證證明侵害人明知或可得而知為專利物。

第99條（製法專利之舉證責任）

製造方法專利所製成之物在該製造方法申請專利前，為國內外未見者，他人製造相同之物，推定為以該專利方法所製造。

前項推定得提出反證推翻之。被告證明其製造該相同物之方法與專利方法不同者，為已提出反證。被告舉證所揭示製造及營業秘密之合法權益，應予充分保障。

第102條（外國人起訴之條件）

未經認許之外國法人或團體，就本法規定事項得提起民事訴訟。

第116條（行使新型專利權前之警告）[102年6月13日施行]

新型專利權人行使新型專利權時，如未提示新型專利技術報告，不得進行警告。

第117條（新型專利權遭撤銷後之責任）

新型專利權人之專利權遭撤銷時，就其於撤銷前，因行使專利權所致他人之損害，應負賠償責任。但其係基於新型專利技術報告之內容，且已盡相當之注意者，不在此限。

巴黎公約第4條之3（發明專利－姓名表示權）

發明人應享有姓名被揭示於專利證書之權利。

巴黎公約第5條D（專利權之標示）

專利、新型、商標註冊或新式樣之標示，不得為確認權利保護的要件。

TRIPs第34條（製法專利之舉證責任）

1. 第28條第1項(b)款之專利權受侵害之民事訴訟中，若該專利為製法專利時，司法機關應有權要求被告舉證其係以不同製法取得與專利方法所製得相同之物品。會員應規定有下列情事之一者，非經專利權人同意下製造之同一物品，在無反證時，視為係以該專利方法製造。
   (a) 專利方法所製成的產品為新的；
   (b) 被告物品有相當的可能係以專利方法製成，且原告已盡力仍無法證明被告確實使用之方法。

2. 會員得規定第1項所示之舉證責任僅在符合第(a)款時始由被告負擔，或僅在符合第(b)款時始由被告負擔。
3. 在提出反證之過程，應考量被告之製造及營業秘密之合法權益。

TRIPs第41條（一般義務）

1. 會員應確保本篇所定之執行程序於其國內法律有所規定，以便對本協定所定之侵害智慧財產權行為，採行有效之行動，包括迅速救濟措施以防止侵害行為及對進一步之侵害行為產生遏阻之救濟措施。前述程序執行應避免對合法貿易造成障礙，並應提供防護措施以防止其濫用。
2. 有關智慧財產權之執行程序應公平且合理。其程序不應無謂的繁瑣或過於耗費，或予以不合理之時限或任意的遲延。
3. 就案件實體內容所作之決定應儘可能以書面為之，並載明理由，而且至少應使涉案當事人均能迅速取得該書面；前揭決定，僅能依據已予當事人答辯機會之證據為之。
4. 當事人應有權請求司法機關就其案件最終行政決定為審查，並至少在合於會員有關案件重要性的管轄規定條件下，請求司法機關就初級司法實體判決之法律見解予以審查。但會員並無義務就已宣判無罪之刑事案件提供再審查之機會。
5. 會員瞭解，本篇所規定之執行，並不強制要求會員於其現有之司法執行系統之外，另行建立一套有關智慧財產權之執行程序；亦不影響會員執行其一般國內法律之能力。本篇對會員而言，並不構成執行智慧財產權與執行其他國內法之人力及資源分配之義務。

TRIPs第45條（損害賠償）

1. 司法機關對於明知，或可得而知之情況下，侵害他人智慧財產權之行為人，應令其對權利人因其侵權行為所受之損害，給付相當之賠償。
2. 司法機關亦應有權命令侵害人賠償權利人相關費用，該費用得包括合理之律師費；而於適當之情況下，會員並得授權其司法機關，命侵害人賠償權利人因其侵害行為所失之利益以及（或）預設定的損害，縱使侵害人於行為當時，不知或無可得知其行為係屬侵害他人權利時亦同。

TRIPs第46條（其他救濟）

為有效遏阻侵害情事，司法機關對於經其認定為侵害智慧財產權之物品，在無任何形式之補償下，並避免對權利人造成任何損害之方式，應有權命於商業管道外處分之，或在不違反其現行憲法之規定下，予以銷毀，司法機關對於主要用於製造侵害物品之原料與器具，亦應有權在無任何形式之補償下，以將再為侵害之危險減至最低之方式，命於商業管道外處分之，在斟酌前述請求時，應考量侵害行為之嚴重性、所命之救濟方式及第三人利益間之比例原則。關於商標仿冒品，除有特殊情形外，單純除去物品上之違法商標並不足以允許該物品進入於商業管道。

專利權之侵權及訴訟		
民事侵權行為	因故意或過失侵害他人權利或利益的違法行為。	
	構成要件	1.故意或過失；2.有加害行為；3.行為不法；4.侵害他人權利；5.有損害；6.有因果關係；7.有責任能力。
	故意	直接故意，指行為人對於構成侵權行為之事實，明知並有意使其發生。
		間接故意，指行為人對於構成侵權行為之事實，可預見其發生，而其發生並不違背其本意，以故意論。
	過失	無認識過失，指行為人對於構成侵權行為之事實，雖非故意，但應注意並能注意而不注意。
		有認識過失，指對於構成侵權行為之事實，雖預見其可能發生，而確信其不發生。
	有侵害行為	侵害專利權，須有侵害的行為。
	行為不法	無法定阻卻違法之事由者。
		法定阻卻違法之事由：1.正當防衛；2.緊急避難；3.自助行為；4.無因管理；5.權利行使；6.被害者之允諾。
	侵害他人權利	專利權仍然有效存在，尚未消滅。
	有損害	加害人之行為造成權利人之利益受損。
	有因果關係	加害行為之因造成損害之果。
	有責任能力	侵權行為責任的成立必須以識別能力為必要，不法侵害他人之權利者，以行為時有識別能力為限。
民事請求權	損害賠償	損害：財產的損害及非財產的損害（精神損害）。 財產損害：積極損害（權利、財產的滅失）及消極損害（利益的損失）。
		賠償，應以回復原狀或以金錢填補所受損害及所失利益為原則。
		主觀要件：應以行為人有故意或過失為必要。
		消滅時效：自請求權人知有損害及賠償義務人時起，二年間不行使而消滅；自行為時起，逾十年者。

專利權之侵權及訴訟		
		賠償金之計算下列擇一： 1.具體損害計算說（專利權人所受損害＋所失利益）。 2.利益差額說（專利權人所失利益）。 3.總利益說（侵權人所得利益）。 4.合理權利金說（最低賠償額）。
	禁止侵害	包括：除去侵害及防止侵害。
		不以侵害人有故意或過失為要件。
		由法院發給定暫時狀態假處分之裁定。
	銷毀侵權物	附隨禁止侵害請求權。
	回復姓名表示	屬創作人尋求民事救濟之請求權。
管轄法院	性質	智慧財產法院有民事訴訟第一審及第二審的優先管轄權；但非專屬管轄。
	合意管轄	當事人得合意（捨棄「以原就被」之概念）由普通法院管轄。
專屬授權之訴訟權	範圍	限於被授權範圍內。
	起訴主體	專利權人或專屬被授權人得各自獨立起訴。
專利標示	原則	應於專利物上標示專利證書號數。
	例外	專利物體積過小或性質特殊不適於專利物或其包裝為標示者，得以其他顯著方式標示，且不限於物、標籤或包裝。
	未標示之效果	並非喪失損害賠償請求權，只是將舉證責任加諸專利權人必須證明侵害人明知或可得而知該專利物之存在。
舉證責任倒置	條件	1.製造方法專利；2.所製成之物為國內外前所未見。
	效果	將侵權人所製造相同之物推定為以專利方法所製造，但得提反證推翻之。
外國人之訴權	WTO會員	依國民待遇原則及最惠國待遇原則。
	非WTO會員	依互惠原則。
新型專利技術報告制度	目的	提示新型專利技術報告進行警告，僅係防止權利之濫用，並非限制人民訴訟權利，亦非得以免責。
	性質	行使新型專利權，嗣遭撤銷專利權，致被告損害，專利權人應負賠償責任，係採推定過失責任。
	免責規定	基於新型技術報告之內容（而非警告），且已盡相當之注意者，推定無過失。但應由新型專利權人負舉證責任。

在專利權排除他人實施的消極效力下，未經專利權人同意而實施專利的行為即侵害專利權。在法治國家，法律所保障的權利受侵害，行為人有刑事責任及民事責任。專利權為一種私權，受侵害時主要係循民事訴訟程序解決，即使有刑事責任也甚少發動；我國專利法僅規定侵權行為應負擔民事責任，而無刑事責任。專利權受侵害，專利權人在民事上主要有損害賠償請求權及禁止侵害請求權。

8.6.1 民事侵權行為

民事侵權行為，指因故意或過失侵害他人權利或利益的違法行為，應負損害賠償責任。民法第184條：「因故意或過失不法侵害他人之權利者，負損害賠償責任。」為民法有關侵權行為的最基本規定，條文明確採過失責任原則。除故意或過失外，尚有其他要件必須具備，始有侵權責任，通說認為有七項構成要件：有故意或過失、有加害行為、行為不法、侵害他人權利、有損害、有因果關係、有責任能力。

一、有故意或過失

侵權行為的成立以故意或過失為要件，除非法律特別規定為無過失責任。

故意，有直接故意及間接故意。直接故意，指行為人對於構成侵權行為之事實，明知並有意使其發生，例如開車撞人有意報復；間接故意，指行為人對於構成侵權行為之事實，可預見其發生，而其發生並不違背其本意，以故意論，例如於馬路上與仇人尬車致發生車禍。

過失，有無認識過失及有認識過失。無認識過失，指行為人對於構成侵權行為之事實，雖非故意，但應注意並能注意而不注意，例如開車於行人穿越道撞到行人；有認識過失，指對於構成侵權行為之事實，雖預見其可能發生，而確信其不發生，例如於鬧市自恃駕駛技術因而超速發生車禍。

專利侵權行為，指未經專利權人同意，而實施專利權之行為。依專利法第96條第2項，專利權人對於因故意或過失侵害其專利權者，得請求損害賠償。最高法院93年台上字第2292號判決：專利權受侵害時專利權人得請求賠償損害，其性質為侵權行為損害賠償，須加害人故意或過失始能成立。最高法院92年台上字第1505號判決：當事人主張有利於己之事實者，就其事實有舉證責任，因侵權行為所生之損害賠償請求權，以行為人有故意或過失不法侵害他人之權利為成立要件，倘行為人否認有故意或過失，即應由請求人就利己之事實舉證證明，若請求人先不能舉證以證實自己主張之事實為真實，則行為人就其抗辯事實即令不能舉證，或所舉證據尚有疵累，亦應駁回請求人之請求。實務上，其他構成要件尚不致於造成判斷之困難，焦點仍在於故意或過失要件。

二、有侵害行為

行為，指受有意識之人意思支配的活動，包括作為及不作為。不作為之侵權行為，須以有作為義務的存在為前提。侵害專利權，須有侵害的行為，例如未經授權或同意而實施他人專利權。

三、行為不法

行為不法，指無法定阻卻違法之事由者。雖然法定有阻卻違法之事由，但仍有相當限制，例如正當防衛不能防衛過當、緊急避難不能超過危險所可能導致之損害程度等。法定阻卻違法之事由：

1. 正當防衛，指對於現實不法之侵害，為防衛自己或他人之權利所為之行為（民§149）。例如因歹徒追殺，針對歹徒所為之防衛行為。
2. 緊急避難，指因避免自己或他人生命、身體、自由或財產上急迫之危險所為之行為（民§150.I）。例如因逃避歹徒追殺，所為殃及他人之行為。
3. 自助行為，指為保護自己權利，對於他人之自由或財產，施以拘束、押收或毀損者（民§151）。例如扣留債務人之錢財。
4. 無因管理，指未受委任，並無義務，而為他人管理事務者（民§172）。例如保護他人走失之子女。
5. 權利行使，指行使自己的職責者。例如父母管教子女之行為。
6. 被害者之允諾。例如運動比賽中之正當衝撞。

圖8-17　民事侵權行為之構成要件

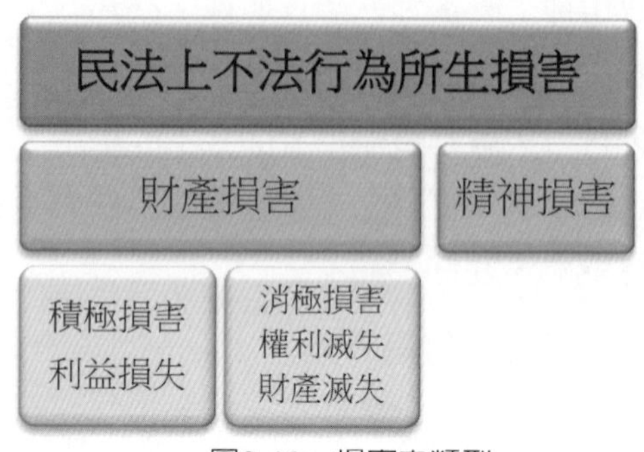

圖8-18　損害之類型

四、侵害他人權利

侵害他人權利，被侵害之人必須有權利存在，包括人格權、身分權、物權等。侵害專利權，必須被侵害之人的專利權仍然有效存在，尚未消滅。

五、有損害

有損害，指加害人之行為造成權利人之利益受損。

六、有因果關係

因果關係，指加害行為與損害之間的關聯性。侵害專利權，必須加害行為之因造成損害之果，無相當因果關係者不構成侵權。

七、有責任能力

侵權行為責任的成立必須以有識別能力為必要，無識別能力者無責任能力。無行為能力人（未滿七歲之未成年人）或有限制行為能力人（滿七歲以上之未成年人），不法侵害他人之權利者，以行為時有識別能力為限。

8.6.2　民事請求權

民事上不法行為所生之損害，有財產的損害及非財產的損害（精神損害）；財產的損害有積極損害（權利、財產的滅失）及消極損害（利益的損失）。

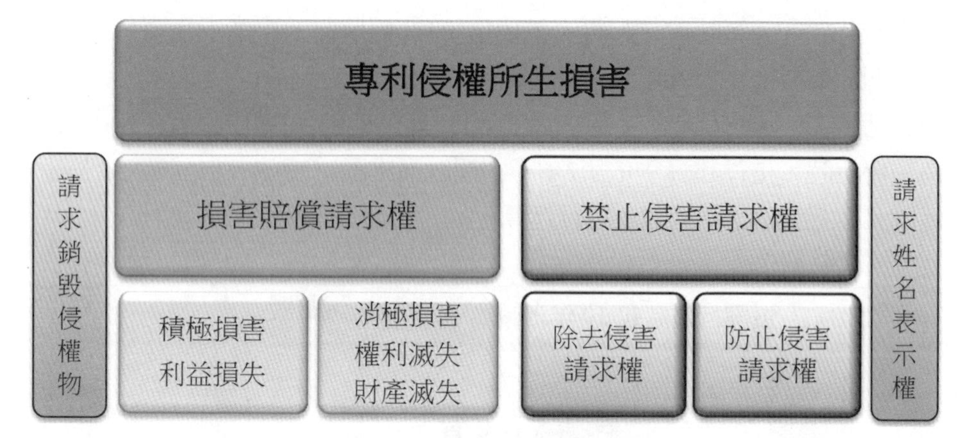

圖8-19　專利侵權民事請求權

專利權受侵害，專利權人（或專屬被授權人，見後述8.6.4「102年1月1日施行之專利法修正重點」）主要有二種請求權：損害賠償請求權及禁止侵害請求權。損害賠償請求權，是請求加害人賠償受害人財產損失，依專利法第96條第2項，應以行為人主觀上有故意或過失為必要。禁止侵害請求權，依專利法第96條第1項，包括除去及防止侵害二種請求權，是請求法院發出假處分，除去現在的侵害行為，並防止將來的侵害行為，性質上類似物上請求權之妨害除去與防止請求，故客觀上以有侵害事實或有侵害之虞為已足，並不以行為人主觀上有故意或過失為必要。

除前述二種主要請求權之外，專利法另規定：請求銷毀侵害專利權所用之物（專§96.III）、姓名表示權或名譽受侵害之必要處分請求權（專§96.V）。

一、損害賠償請求權

發生專利侵權行為，損害賠償請求權是最常見之請求權，可以請求填補所生之損害。專利權人請求損害賠償，以專利權有效存續期間所遭受之損害為限。

損害賠償請求權之行使有期限之限制，專利法第96條第6項：第2項（損害賠償請求權）及前項（回復姓名表示請求權）所定之請求權，自請求權人知有損害及賠償義務人時起，二年間不行使而消滅；自行為時起，逾十年者，亦同。第6項規定係源自民法第197條第1項，損害賠償請求權屬短期間消滅時效。消滅時效之起算，依民法第128條前段，自請求權可行使時起算，即知有損害及賠償義務人時起算。依民法第129條第1項，時效中斷之事由包括請求、承認及起訴。另依民法第137條第1項，時效中斷者，自中斷之事由終止時，重行起算；依第2項，因起訴而中斷之時效，自受確定判決，或因其他方法訴訟終結時，重行起算。

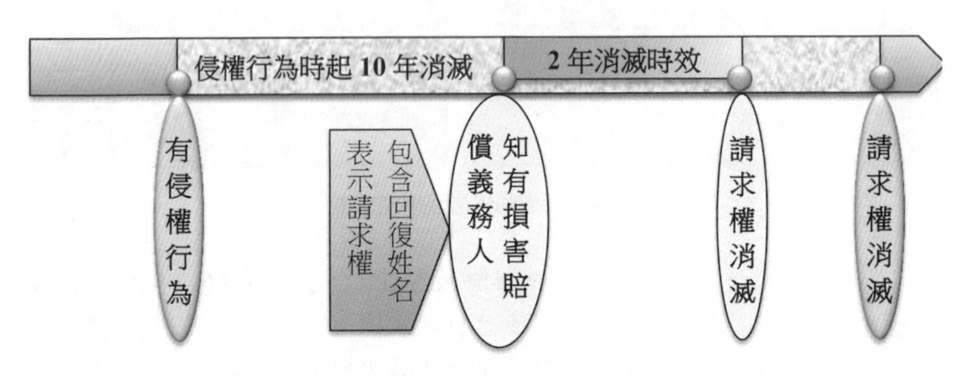

圖8-20　專利侵權請求權消滅時效

基於前述規定，自有侵權行為或知有損害及賠償義務人之時點起算消滅時效；前者，十年間不行使請求權，不得再請求；後者，二年間不行使請求權，不得再請求。若於前述十年或二年間有行使請求權之事實（例如起訴），得使消滅時效生「時效中斷」之效果，使已進行的時效溯及歸於消滅。換句話說，發生侵權行為後第六年知有損害賠償義務人時提起訴訟，經三年訴訟確定，起訴前的六年及訴訟期間的三年全歸零，自第九年起，請求權之消滅時效仍有前述之十年或二年期間，並非僅剩10－6－3＝1年，亦非僅剩10－6＝4年。時效中斷的法律效果可以發生在請求權人獲得一部判決勝訴後，即使超過專利法第96條所定之消滅時效，仍得主張時效中斷，再對侵害人主張其他請求權。

依前述之構成要件，專利侵權行為該當全部構成要件，且被控侵權對象落人專利權範圍者，則侵權行為成立，後續應進行損害賠償金額之計算。專利法所定之計算方法：

(一) 具體損害計算說（專利法第97條第1項第1款本文，即民法第216條）

具體損害計算說，係以專利權人所受之具體損害及所失之具體利益為計算標準，填補專利權人所遭受之全部損害包括積極損害及消極損害，據以請求賠償。

民事侵權，負損害賠償責任者應回復原狀（民法§213），不能回復原狀或回復顯有重大困難者，應以金錢填補所受損害及所失利益為原則，可得預期之利益視為所失利益（民法§215、216）。

侵害人所販賣之數量×專利權人原本之利潤＝所失利益。

侵害人所販賣之數量×（專利權人之成本－低於成本之售價）＝所受損害。

所失利益＋所受損害＝損害賠償金額。

(二)利益差額說（專利法第97條第1項第1款但書）

利益差額說，當專利權人不能證明其具體損害時，得以受侵害之前、後為基礎，專利權人實施專利權所獲利益之差額為專利權人之損害，即專利權人所受之消極損害，請求賠償。

由於難以舉證相當因果關係，實務上甚少以前述民法第216條填補損害為損害賠償之計算方法。為減輕專利權人之舉證負擔，乃發展出以專利權人減少之利益為損害賠償金額之計算方法，無需侵害人提出與利潤額有關之資料。

專利權人滯銷之數量×專利權人原本之利潤＝所失利益＝損害賠償金額；或

侵害人所販賣之數量×專利權人原本之利潤＝所失利益＝損害賠償金額。

(三)總利益說（專利法第97條第1項第2款）

總利益說，係從侵害人實施專利權之營業額中扣除成本後，以其所得利益為專利權人所受損害，請求賠償。

前述(一)、(二)，係以專利權人自己或假設自己實施專利權，所產生的計算方法，據以推估專利權人可能獲得之利益。專利權人未實施專利權者，尚難以前述(一)、(二)為計算方法，而較符合實際損害的計算方法應以侵害人所獲得之利益為準，據以推定專利權人所受損害。

侵害人所販賣之數量×侵害人之利潤＝專利權人所受損害＝損害賠償金額。

(四)合理權利金(專利法第97條第3款)

專利權為無體財產權,即使侵害人未得專利權人同意而實施專利權,專利權人仍得授權第三人實施取得授權金,尚不致於妨礙專利權人實施或處分該專利權。因此,傳統民法損害賠償概念,專利權人須舉證證明若無侵權行為則專利權人得在市場上取得更高額之授權金,或舉證證明專利權人因侵權行為而無法將其專利授權第三人,而將前述之損失作為專利權人所失利益,據以主張第1款。然而,專利權人依第97條第1項第1款或第2款請求損害賠償常遭遇舉證上之困難,而當專利權人未實施專利權時亦無從計算其損失,故102年1月1日施行之專利法新增第3款明定「以相當於授權實施該發明專利所得收取之權利金數額為所受損害」,而以合理權利金作為損害賠償方法,就專利權人之損害,設立一個法律上合理之補償方式,適度免除專利權人舉證責任之負擔。

若依前述第3款規定,專利權侵害係以合理權利金方法計算損害賠償數額,以致於賠償金數額等於授權金數額,則侵害行為人恐無意願先行取得授權,因為相較於一般授權,侵害人無須負擔授權關係中之額外成本(例如查帳義務),專利權人反而須負擔侵權訴訟中之額外成本(例如訴訟費用、律師費用)。因此,102年6月13日施行之專利法修正為「依授權實施該發明專利所得收取之合理權利金為基礎計算損害」,改採德國「類推式授權」之損害賠償計算方法,法院以合理權利金作為計算基礎,計算的結果可以高於合理權利金數額,事實上,通常也會高於合理權利金數額。

專利法第97條第1項本文:「……得就下列各款擇一計算其損害……」已明定主張各款時無先後順序,並非無法以第1款或第2款方法計算損害賠償金額時,始得以授權金額作為專利權人所受損害計算損害賠償金額。依第3款請求賠償,係以授權實施專利權所得收取之合理授權金數額作為所受損害;通說認為以授權金額作為損害賠償金額是保障專利權人的最低限度,侵害人不得主張未發生損害(專利權人未實施專利權)而拒絕賠償損害,或主張以前述(一)、(二)所計算之金額(金額低於合理權利金額的情況)賠償損害。惟若專利權未曾授權實施,實務上,客觀的授權金亦不易算定。日本實務以銷售價格的3%,或以利潤的20%類推為授權金,但遭批判費率太低,也有以7%為準的判決。

（五）懲罰性賠償金（專利法第97條第2項）

93年7月1日施行之專利法第85條第3項有關懲罰性賠償金規定係英、美普通法之損害賠償制度，其特點在於賠償之數額超過實際損害之程度。基於我國民事損害賠償體系係以德國法回復原狀為原則，損害賠償請求權之機能基本上在填補損害。再者，民事訴訟法第222條第2項已明定：「當事人已證明受有損害而不能證明其數額或證明顯有重大困難者，法院應審酌一切情況，依所得心證定其數額。」已可平衡專利權人之舉證責任，故102年1月1日施行之專利法刪除三倍懲罰性賠償金之規定，以符我國民法損害賠償體制。

然而，從國外立法例而論，除前述美國原本即有懲罰性損害賠償制度，歐盟於2004年通過「智慧財產權執行指令」，明文規定法院於認定損害賠償時，應考量所有相關之因素，包括所造成經濟上之負面效果、被害之一方所承受之利益的減損及侵害人所獲取之不正利益。易言之，關於智慧財產權侵害之損害賠償計算，國外立法例已不再侷限於填補損害之概念。

損害賠償之傳統觀念為填補損害，常久以來為我國損害賠償制度之基本原則。隨著社會的發展，損害賠償之範圍逐漸擴充，觀諸我國經濟法規，特別是智慧財產權領域，為落實法律規範之目的，不乏採行懲罰性損害賠償制度，而不以填補損害為限，例如著作權法第88條第3項、營業秘密法第13條第3項及公平交易法第32條第1項。為適度彌補專利權人因舉證困難無法得到有效賠償，102年6月13日施行之專利法回復懲罰性賠償金制度，規定：「侵害行為如屬故意，法院得因被害人之請求，依侵害情節，酌定損害額以上之賠償。但不得超過已證明損害額之三倍。」

二、禁止侵害請求權

專利權遭受或可能遭受侵害，若無措施禁止侵害人持續或可能的侵害，俟專利侵權訴訟確定，損害可能已難以彌補，故對爭執之法律關係，有定暫時狀態之必要者，得準用假處分之規定處理。

禁止侵害請求權，指他人侵害具有專有性及排他性之專利權，依專利法第96條第1項，可以請求除去侵害及防止侵害。禁止侵害請求權包括：除去侵害請求權及防止侵害請求權。除去侵害請求權，指除去現行繼續侵害行為的權利。防止侵害請求權，指防止未來可能產生侵害行為的權利。禁止侵害請求權為不作為請求權，不以侵害人有故意或過失為要件，只要有侵權行為或侵權之虞者，專利權人或專屬被授權人均得向法院請求除去或防止之。禁止侵害請求權的具體實現，在美國是勝訴後由法院發給禁制令，在臺灣是勝訴後由法院發給定暫時狀態假處分之裁定。

禁止侵害請求項之消滅時效適用民法第125條一般期間或長期間消滅時效之規定：「請求權，因十五年間不行使而消滅，但法律所定期間較短者，依其規定。」

三、其他請求權

(一) 銷毀侵權物請求權

依專利法第96條第3項「……為第一項請求時……」，銷毀侵權物之請求權係附隨前述禁止侵害請求權而來，指對於侵害專利權之物或從事侵害行為之原料或器具，得請求銷毀或為其他必要之處置。

依TRIPs第46條規定，為有效遏阻侵害情事，法院有權銷毀或於商業管道之外處分侵權物品；對於主要用於製造侵權物之原料及器具，亦有於商業管道外處分之權。

(二) 回復姓名表示請求權

損害賠償、禁止侵害及銷毀侵權物係屬專利權人尋求民事救濟之請求權；回復姓名表示係屬創作人尋求民事救濟之請求權。創作人的姓名表示權表面上並無經濟利益，卻有潛在利益，例如因專利權之經濟利益可連帶抬高創作人之身價，若創作人的姓名表示權遭受侵害，真正的創作人無法享有身價抬高的潛在經濟利益。

依專利法第7條第4項，創作人享有姓名表示權，而為其專屬權利。姓名表示權遭受侵害或創作人之名譽受損者，依專利法第96條第5項規定，創作人得請求表示其姓名或為其他回復名譽之必要處分。所稱之必要處分，依專利法第96條第6項「第二項及前項（回復姓名表示之請求權）所定之請求權，自請求權人知有損害及賠償義務人時起……」，包括損害賠償請求權。依民法第195條第1項規定，不法侵害人格法益之一的名譽權成立者，則被告可要求賠償相當金額。因舉證困難，實務上甚少請求損害賠償。

四、102年1月1日施行之專利法所刪除之規定

(一)以總銷售額計算損害賠償額

102年1月1日修正前專利法第85條第1項第2款後段採總銷售說，明定侵害人不能舉證其成本或必要費用時，專利權人得以侵害人銷售該專利產品全部收入為所得利益。依總銷售額計算損害賠償額，顯然將系爭專利之產品視為獨占該產品市場。然而，專利產品並不必然獨占市場，侵害人所得利益，亦有可能是來自第三者之競爭產品與市場利益，非屬專利權人應得之利益。再者，當侵害人原有通路或市場能力相當強大時，僅因侵權而將該產品全部收益歸於專利權人，其所得之賠償顯有過當。基於前述理由，102年1月1日施行之專利法刪除總銷售額說之規定，留待個案依實際情況計算損害賠償金額。

(二)業務上信譽受損害賠償

名譽，是社會給予人的評價，且不限於個別自然人，有權利能力的公司或其他法人、社團亦為法律保護的對象。人格權的名譽遭受侵害，伴隨著經濟活動上業務信用的減損，不僅得依民法請求損害賠償，亦得請求回復名譽之適當處分取代損害賠償，或一併請求損害賠償及回復名譽。

信用回復措施請求權規定於修正前專利法第85條第2項：專利權人業務上信譽，因侵害而致減損時，得另請求賠償相當金額。另民法第195條第1項：不法侵害他人之身體、健康、名譽、自由、信用、隱私、貞操或不法侵害其他人格法益而情節重大者，被害人雖非財產上損害，亦得請求賠償相當金額，其名譽被侵害者，並得請求回復名譽的適當處分。專利法未明定信用回復措施之具體內容，通常所稱回復名譽的適當處分，是在報章雜誌或網路上刊登道歉啟事，將道歉文書送給被害人之關係人等。102年1月1日修正前專利法第89條：被侵害人得於勝訴判決確定後，聲請法院裁定將判決書全部或一部登報，其費用由敗訴人負擔。

專利權人業務上信譽受損時，依據民法第195條第1項規定得請求賠償相當金額或其他回復名譽之適當處分，已如前述。由於法人無精神上痛苦可言，司法實務上均認為其名譽遭受損害時，登報道歉足可回復其名譽，不得請求慰藉金，故刪除102年1月1日修正前專利法第85條第2項，回歸我國民法侵權行為體制。

8.6.3 管轄法院

2008年7月1日智慧財產法院成立後，即成為專利之民事訴訟第一審及第二審的管轄法院。依智慧財產法院組織法第3條，智慧財產法院管轄之民事訴訟事件：依專利法、商標法、著作權法、光碟管理條例、營業秘密法、積體電路電路布局保護法、植物品種及種苗法或公平交易法所保護之智慧財產權益所生之第一審及第二審民事訴訟事件；及其他依法律規定或經司法院指定由智慧財產法院管轄之案件。

前述之管轄規定，係有關民事訴訟法中所定優先管轄的特別規定，並非專屬管轄，主要目的在於保護智慧財產權，使智慧財產權有關之事件得由具專業知識及能力之智慧財產法院管轄，惟若當事人捨智慧財產法院，合意（捨棄「以原就被」之概念）由普通法院管轄，亦尊重當事人之意思，而以普通法院為管轄法院。

8.6.4 102年1月1日施行之專利法修正重點

一、專屬被授權人之訴訟權

專屬被授權人僅得於被授權範圍內實施專利，對第三人請求損害賠償、禁止侵害或銷毀侵權物之請求權，限於被授權範圍內始得為之，明定於專利法第96條第4項：「專屬被授權人在被授權範圍內，得為前三項之請求。但契約另有約定者，從其約定。」對於專屬被授權人訴訟權之行使方式，各國規定不同，有專屬被授權人應與專利權人共同起訴者，有專屬被授權人可獨立起訴者，亦有經通知專利權人不起訴始得起訴者；依前述規定，我國係採專屬被授權人得獨立起訴。

專利權經專屬授權後，雖然專屬被授權人得獨立起訴，但專利權人並未當然喪失訴訟權。按專屬授權關係存續中，授權契約可能約定以被授權人之銷售數量或金額作為專利權人計收權利金之標準；專屬授權關係消滅後，專利權人仍得自行實施或授權他人實施，故專利權人仍有保護其專利權不受侵害之法律上利益，並不當然喪失損害賠償請求權及禁止侵害請求權。再者，依各主要國家之立法例，並未因專屬授權而限制專利權人行使損害賠償請求權及禁止侵害請求權。

司法實務認為專利權之授權與讓與不同，受讓人在其受讓範圍內為專利權之主體；而被授權人僅在被授權範圍內得實施專利權，專利權人仍為專利權之主體。經專屬授權，除授權契約另有約定外，專利權人與專屬被授權人均得向侵權行為人請求損害賠償（司法院98年度智慧財產法律座談會第15號決議參照）。專利法規定仍屬民事損害賠償制度之範疇，基於損害賠償制度乃在於填補被害人之損害，而非更予利益之法理，苟專利權人與專屬被授權人並未受損害，即不得請求賠償，自屬當然（智慧財產法院98年度民專訴字第95號民事判決參照）。

由於專利權人在授權範圍內是否可繼續實施並非判斷授權類型之唯一依據（判斷依據包括實施及再授權），故美國法院判斷專屬被授權人是否適格提起侵權訴訟，係以專利權人是否有再授權第三人實施之權能為判斷基準，而非以專利權人是否保留實施權為重點。專利權人為專屬授權或獨家授權後，均不能再授權第三人實施，故前述二種被授權人在美國均有訴訟權。

二、專利標示

於專利物上標示專利證書號數之用意係提醒社會大眾注意，避免侵害該物之專利權。依專利法第98條規定，原則上應於專利物上標示專利證書號數；但因專利物體積過小或性質特殊不適於在專利物或其包裝為標示者，例如晶片專利或方法專利，實際上不能標示於專利物者，例外得以其他顯著方式標示，且不限於物、標籤或包裝。

有關專利標示之法律效果，各國法制不一，有作為專利權人之義務而為請求損害賠償之要件，有作為訓示性規定，有作為推知侵權行為人是否知悉專利權存在之要件。我國司法判決實務就專利權人未附加標示之法律效果亦有不同見解，為免法律適用之疑義，專利法第98條規定「未附加標示者，於請求損害賠償時，應舉證證明侵害人明知或有事實足證其可得而知為專利物品」，以釐清專利標示僅為舉證責任之分配問題，而非如部分判決所認定專利標示為提起專利侵權損害賠償之前提要件或特別要件。易言之，未附加標示之法律效果並非即喪失損害賠償請求權，只是將舉證責任加諸專利權人，必須證明侵害人明知或可得而知該專利物之存在。

為避免專利權之冒充標示，影響市場交易秩序，另於專利法施行細則第79條規定：在專利權消滅或撤銷確定後，不得附加專利證書號數之標示；但於專利權消滅或撤銷確定前已標示於專利物並流通進入市場者，不在此限。

三、舉證責任倒置

當事人主張有利於己之事實者，就該事實負有舉證責任。惟對於方法專利權，要求專利權人負舉證責任，進入他人工廠蒐證以證明潛在的侵害人實施其專利方法，實務上確有困難。基於前述情況，TRIPs第34條規定製造方法專利之民事訴訟中，有下列二種情事之一，應由被告負舉證責任，證明其實施異於專利權之製造方法：a.新產品；或b.被告相當可能實施該方法專利且專利權人已善盡舉證責任仍不可得者。我國擇前述a.，專利法第99條規定：（第1項）製造方法專利所製成之物在該製造方法申請專利前，為國內外未見者，他人製造相同之物，推定為以該專利方法所製造。（第2項）前項推定得提出反證推翻之。被告證明其製造該相同物之方法與專利方法不同者，為已提出反證。被告舉證所揭示製造及營業秘密之合法權益，應予充分保障。

前述「申請專利前」，依專利法施行細則第62條，主張優先權者，指該優先權日之前。

四、得提起民事訴訟之外國人

為擴大民事訴訟解決專利權紛爭之功能，102年1月1日修正前專利法第91條原則允許未經認許之外國法人或團體就本法規定事項得提起民事訴訟；例外依互惠原則，限制未提供我國國民訴訟權保障之外國法人或團體，不得享有前述規定之訴訟權。按我國加入WTO後，對於WTO會員，會員間已捨棄互惠原則（對於非會員仍有專利法第4條互惠原則之適用）而改為國民待遇原則及最惠國待遇原則，故各會員均有義務保護其他會員國民之訴訟權；對於非WTO會員之國家，若其未依互惠原則提供我國國民專利權保護者，專利法第4條已規定得不受理其專利申請，該國之人當然不可能提起專利侵權民事訴訟。

五、新型專利技術報告與免責規定

新型專利自92年起改採形式審查，因未經實體審查，無法認定專利之有效性，故專利法第116條規定新型專利權人行使權利時，應提示經客觀判斷專利有效性之新型專利技術報告進行警告，如未提示新型專利技術報告，不得進行警告，敦促權利人審慎行使其權利。核其意旨，第116條之規定為新型專利技術報告制度設計之核心，僅係防止權利之濫用，並非限制人民訴訟權利，縱使新型專利權人未進行警告，亦非不得提起民事訴訟，法院亦非當然不受理。

然而，為防止專利權人不當行使權利或濫用權利，致他人遭受損害，新型專利權人行使權利後，若其新型專利權遭撤銷，應對他人所受損害負賠償責任，係採推定過失責任。惟102年1月1日修正前之專利法規定：「如係基於新型專利技術報告之內容或已盡相當注意而行使權利者，推定為無過失。」因前述「或」字，常導致新型專利權人誤以為行使新型專利權，若已盡相當注意，即使無新型專利技術報告，亦無任何責任，或誤以為只要取得新型專利技術報告，即得任意行使新型專利權，而不須盡相當注意之義務。

為避免嚴重影響市場交易，對第三人之技術研發或利用形成障礙，專利法第117條爰規定：新型專利權人應基於新型專利技術報告之內容，並應盡相當之注意義務，始能免除賠償被告所受損害之責任。新型專利權人行使權利後，若該新型專利遭撤銷，係因未盡相當之注意，可推定其行使權利有過失，對他人所受之損害，應負賠償責任。若新型專利權人已盡相當注意之義務，例如已審慎徵詢相關專業人士（律師、專業人士、專利代理人）之意見，且依新型專利技術報告內容對其權利有相當之確信後，始行使權利，尚不得以其未進行警告，逕行課以責任，推定新型專利權人有過失。因此，新型專利權人是否有過失，重點在於新型專利技術報告「內容」及「已盡相當之注意」，而不在於是否曾進行「警告」。此外，專利法第117條但書係屬新型專利權人免責之規定，故應由新型專利權人負舉證責任，使舉證責任之分配明確。

【相關法條】

專利法：4、7。

施行細則：62、79。

民法：125、128、129、137、149、150、151、172、184、195、197、213、215、216、222。

智慧財產法院組織法：3。

【考古題】

◎專利法上侵害專利損害賠償計算方式規定為何？試說明並比較其與商標法、著作權法相關規定之異同？（100年升等考「智慧財產法規」）

◎甲、乙兩公司為高科技企業，也是商場上的競爭對手，雙方各自擁有經濟部智慧財產局核准公告之發明專利權。某日甲以其所有之A發明專利權被乙之B產品侵害為由，請求法院判決B產品侵害A專利權，同時聲請定暫時狀態假處分，禁止乙繼續製造及銷售B產品，並願供擔保以補釋明之不足；然乙抗辯B產品之技術內容並未落入A專利權之申請範圍，已向經濟部智慧財產局舉發A專利權無效應予撤銷，主張法院應待經濟部智慧財產局審定A專利權之有效性後，始續為審理專利侵害及定暫時狀態假處分之聲請。試問法院審酌定暫時狀態假處分之聲請，甲、乙雙方之主張是否有理由？（100年檢事官考試「智慧財產權法」）

◎某甲係A方法發明專利權人，甲於民國（以下同）94年10月11日，即向經濟部智慧財產局提出發明專利申請，嗣於97年3月3日核准公告。甲主張乙未經其授權、同意下，製造、販賣利用A生產之專利產品，但經乙否認。試問甲應如何舉證證明乙侵害其專利權？（100年警察人員考試「智慧財產權法」）

◎甲公司專門經營安全螺絲行銷全球，於民國（下同）98年中自行開發製造一種生產安全螺絲的機器專供自己使用，未曾銷售也沒租借他人使用，甲公司決定以營業秘密保護，所以禁止外人參觀其工廠，並加以其他合理適當的保密措施。甲公司委託模具廠乙公司開發該機器之模具，乙公司因而瞭解該機器之結構，便於99年5月1日向經濟部智慧財產局申請一發明專利，101年4月獲准註冊公告，數日後乙公司即向智慧財產法院控告甲公司侵害其專利，請求損害賠償及排除侵害。甲公司接到起訴狀後，知悉專利權之發明人係乙公司指派負責甲公司業務之廠長丙，即懷疑乙公司與丙剽竊其發明。假設該專利權之請求項係針對該機器量身定做，換言之，該機器落入系爭專利之請求項，雙方並無爭議。甲公司如確能證明乙公司及丙確實是將甲公司之發明據為己有，請問就乙公司之控訴，甲公司應如何因應？專利法給予甲公司何種救濟途徑？（101年專利審查官二等特考「專利法規」）

◎甲申請取得一物品之發明專利，某日甲在網路上發現乙刊登廣告販售相同的物品，經查乙並非該產品的製造人，乙係向丙訂購該物品拿來網路上販售，然而由於丙還沒有製造完成交貨，乙根本還沒有拿到該產品，而且雖然網路上有丁消費者下單，但乙還沒有回覆確認。試分別說明乙、丙、丁之行為是否構成對甲專利權之侵害？（101年檢事官考試「智慧財產權法」）

◎甲擁有「浪板製造機結構」之專利權，乙未經甲同意即擅自製造含有此結構之機器，丙見乙所售之機器較市場上同款之機器便宜，且效能亦不差，乃向乙購買之，並用該機器生產製造浪板，在市場上販售。請分析：丙購買該機器之行為是否構成對甲專利權之侵害？丙使用該機器生產浪板之行為是否構成對甲專利權之侵害？丙販售其利用該機器所製造出之浪板，是否構成對甲專利權之侵害？（100年專利師考試「專利法規」）

第九章　設計專利之實體要件

大綱	小節	主題
9.1 說明書及圖式之記載	9.1.1 說明書	・設計名稱 ・物品用途 ・設計說明
	9.1.2 圖式	・圖式之相關規定
9.2 記載要件	9.2.1 具有通常知識者之定義	・一般知識 ・普通技能
	9.2.2 申請專利之設計的認定	・物品結合外觀 ・物品結合圖像
	9.2.3 申請專利之設計與「不主張設計之部分」	・不主張設計之部分的作用 ・邊界線的作用
	9.2.4 記載要件之審查	・物品之審查 ・外觀之審查
9.3 設計之定義	9.3.1 設計專利之定義	・物品性 ・造形性 ・視覺性
	9.3.2 設計專利之標的	・整體設計 ・部分設計 ・圖像設計 ・成組設計
	9.3.3 設計專利之類型及關係	・設計專利之類型 ・整體設計與部分設計、成組設計 ・外觀與圖像 ・原設計與衍生設計 ・轉換機制
9.4 不予設計專利之標的		・純功能性之物品造形 ・純藝術創作 ・積體電路及電子電路布局 ・妨害公共秩序或善良風俗

大綱	小節	主題
9.5 一設計一申請		· 何謂一設計一申請 · 何謂一物品 · 何謂一外觀
9.6 產業利用性		· 產業利用性之意義 · 產業利用性與可據以實現
9.7 新穎性	9.7.1 新穎性概念	· 何謂新穎性
	9.7.2 先前技藝	· 何謂先前技藝 · 法定先前技藝
	9.7.3 審查原則	· 單獨比對 · 申請專利之設計對照先前技藝所揭露之全部內容
	9.7.4 判斷主體	· 普通消費者之意義
	9.7.5 判斷基準	· 相同或近似態樣 · 相同或近似判斷 · 不主張設計之部分的判斷
	9.7.6 外觀的判斷方式	· 整體觀察 · 肉眼直接觀察比對 · 綜合判斷
9.8 擬制喪失新穎性		· 擬制喪失新穎性概念 · 比對對象 · 審查原則及判斷基準 · 擬制喪失新穎性之限制
9.9 先申請原則	9.9.1 先申請原則之審查	· 先申請原則概念 · 審查原則及判斷基準 · 先申請原則與擬制喪失新穎性
	9.9.2 法定之處理程序	· 同日申請之處理

大綱	小節	主題
9.10 創作性	9.10.1 創作性概念	‧易於思及之意義
	9.10.2 先前技藝	
	9.10.3 審查原則	‧組合比對原則
	9.10.4 判斷主體	‧具有通常知識者
	9.10.5 判斷基準	‧判斷步驟 ‧不具創作性之態樣 ‧外觀內容
9.11 修正、補正、訂正、更正、訂正之更正	9.11.1 中文本之補正	‧補正期間 ‧違反指定期間之效果 ‧補正之實體要件 ‧補正之法律效果
	9.11.2 修正	‧修正期間 ‧違反指定期間之效果 ‧修正之實體要件 ‧修正之法律效果
	9.11.3 誤譯訂正	‧誤譯訂正之實體要件
	9.11.4 更正	‧更正期間 ‧得更正之事項 ‧更正之實體要件 ‧更正之處理 ‧更正之法律效果
	9.11.5 誤譯訂正之更正	‧誤譯訂正之更正實體要件
9.12 部分設計	9.12.1 何謂部分設計	‧部分設計之定義 ‧部分設計之類型
	9.12.2 申請	‧說明書之記載 ‧圖式之揭露
	9.12.3 申請專利之部分設計的認定	‧申請案不主張設計之部分 ‧申請案之邊界線
	9.12.4 絕對要件之審查	‧記載要件 ‧一設計一申請 ‧相同設計 ‧優先權之認定

大綱	小節	主題
	9.12.5 相對要件之審查	・相同或近似 ・易於思及
9.13 圖像設計	9.13.1 何謂圖像設計	・圖像設計之定義 ・圖像設計之類型
	9.13.2 申請	・說明書之記載 ・圖式之揭露
	9.13.3 申請專利之圖像設計的認定	・申請案不主張設計之部分 ・申請案之邊界線
	9.13.4 絕對要件之審查	・記載要件 ・一設計一申請 ・相同設計 ・優先權之認定
	9.13.5 相對要件之審查	・相同或近似 ・易於思及
9.14 成組設計	9.14.1 何謂成組設計	・成組設計之定義 ・成組設計之類型
	9.14.2 申請	・說明書之記載 ・圖式之揭露
	9.14.3 申請專利之成組設計的認定	・申請案不主張設計之部分 ・申請案之邊界線
	9.14.4 絕對要件之審查	・記載要件 ・一設計一申請 ・相同設計 ・優先權之認定
	9.14.5 相對要件之審查	・相同或近似 ・易於思及
9.15 衍生設計	9.15.1 何謂衍生設計	・衍生設計之定義 ・衍生設計之類型
	9.15.2 申請	・申請日之限制 ・申請文件之規定
	9.15.3 審查	・專利要件 ・排除適用先申請原則

大綱	小節	主題
	9.15.4 專利權	‧專利權範圍及期間 ‧專利權之行使 ‧專利權之處分

申請專利之設計經審查認無不予專利之情事者，應予專利。設計專利的審查必須通過程序審查及實體審查，程序審查事項大部分規定於專利法施行細則，實體審查事項規定於專利法。第四章已說明有關專利申請之程序事項，本章將說明設計專利實體審查方面應具備之要件，並補充說明設計專利特有之程序事項。

102年1月1日施行之專利法就設計專利制度作整體配套修正，擴大設計專利保護的標的，除舊法已有的整體設計（法§121.I）外，新增部分設計（法§121.I）、圖像設計（法§121.II）及成組設計（法§129.I）三種標的；另將聯合新式樣制度修正為衍生設計制度（法§127.I）。

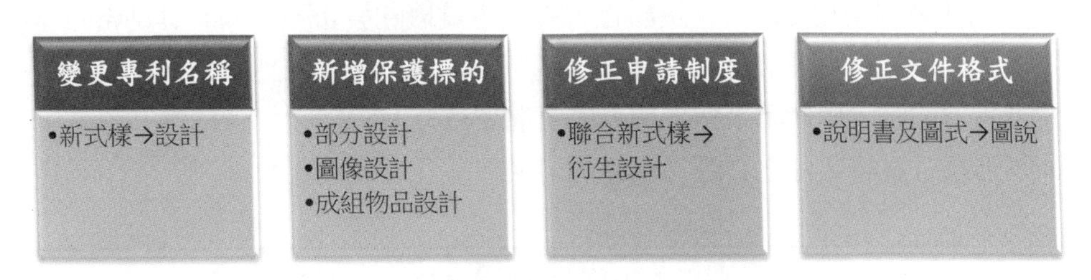

圖9-1　102年1月1日施行之專利法修正重點

專利法第136條第2項：「設計專利權範圍，以圖式為準，並得審酌說明書。」專利審查的對象為申請專利之設計（claimed design），係以圖式所揭露物品之外觀（形狀、花紋、色彩或其結合，包括圖像）為基礎，並得審酌說明書中所載有關物品及外觀之內容，包括設計名稱所指定之物品，據以認定申請標的（subject matter）。

專利法第134條規定專利專責機關審酌申請專利之設計是否准予設計專利之實體要件包括：第121條（設計之定義）、第122條（專利三要件或稱可專利性：產業利用性、新穎性、創作性）、第123條（擬制喪失新穎性）、第124條（不予設計專利之標的）、第126條（記載要件，包括可據以實現要件、記載形式）、第127條（衍生設計）、第128條第1項至第3項（先申請原則）、第129條第1項、第2項（一設計一申請、成組設計）、第131條第3項（同類改請申請，不得超出原申請案申請時說明書或圖式所揭露之範圍）、第132條第3項（他類改請申請，不得超出原申請案申請時說明書、申請專利範圍或圖式所揭露之範圍）、第133條第2項及第44條第3項（說明書中文本之補正及外文本之誤譯訂正，不得超出申請時外文本所揭露之範圍）、第142條第1項準用第34條第4項（分割申請，不得超出原申請案申請時說明書或圖式所揭露之範圍）或第142條第1項準用第43條第2項（修正說明書或圖式，不得超出申請時說明書或圖式所揭露之範圍）之規定。

前述實體要件均屬申請專利之設計的客體要件，可以分為若干群組：1.涉及設計本質之事項；2.屬對照先前技藝始能確定之相對要件；3.涉及說明書或圖式之記載事項；4.涉及說明書或圖式之變更事項；5.基於行政經濟及管理之考量。設計專利之改請申請及分割申請，請參酌5.12及5.13。

雖然實體要件規定於專利法，惟法律位階之條文為原則性、抽象性之規定，為使專利法條文之規定具體化，專利專責機關發布一系列的專利審查基準，其中第三篇為設計專利實體審查基準。本章僅扼要敘述專利法位階之規定及重要內容，俾使讀者對於設計的實體要件能有總括性、架構性的瞭解，尚不涉及各實體要件之詳細、具體內容。

設計專利實體要件（專§134）

類型	要件群組	條文	客體要件	申請種類
客體要件	涉及設計本質之事項	121.I	設計之定義	專利申請
		121.I	整體設計及部分設計	
		121.II	圖像設計	
		122	產業利用性	
		124	不予設計專利之標的	
		127	衍生設計	
		129.II	成組設計	

設計專利實體要件（專§134）				
	屬對照先前技藝始能確定之相對要件	122.I後段	新穎性	
		122.II	創作性	
		123	擬制喪失新穎性	
		128	先申請原則	
	涉及說明書或圖式之記載事項	126.I	可據以實現	
		126.II	記載形式	
	涉及說明書或圖式之變更事項	34.IV	不得超出原申請案申請時說明書或圖式所揭露之範圍	分割
		43.II	不得超出申請時說明書或圖式所揭露之範圍	修正
		133.II	不得超出申請時外文本所揭露之範圍	中文本之補正
		44.III	不得超出申請時外文本所揭露之範圍	誤譯訂正
		131.III	不得超出原申請案申請時說明書或圖式所揭露之範圍	同類改請
		132.III	不得超出原申請案申請時說明書、申請專利範圍或圖式所揭露之範圍	他類改請
		139.II	不得超出申請時說明書或圖式所揭露之範圍	更正
		139.IV	不得實質擴大或變更公告時之圖式	
		139.III	不得超出申請時外文本所揭露之範圍	誤譯訂正之更正
	基於行政經濟及管理之考量	129.I	一設計一申請	專利申請

9.1 說明書及圖式之記載

第125條（設計專利之申請文件）

申請設計專利，由專利申請權人備具申請書、說明書及圖式，向專利專責機關申請之。

申請設計專利，以申請書、說明書及圖式齊備之日為申請日。

說明書及圖式未於申請時提出中文本，而以外文本提出，且於專利專責機關指定期間內補正中文本者，以外文本提出之日為申請日。

未於前項指定期間內補正中文本者，其申請案不予受理。但在處分前補正者，以補正之日為申請日，外文本視為未提出。

第126條（設計申請文件之形式要件及實體要件）

說明書及圖式應明確且充分揭露，使該設計所屬技藝領域中具有通常知識者，能瞭解其內容，並可據以實現。

說明書及圖式之揭露方式，於本法施行細則定之。

<table>
<tr><th colspan="3">說明書及圖式之記載綱要</th></tr>
<tr><td rowspan="4">審查對象</td><td rowspan="2">申請標的</td><td>係以圖式所揭露物品之外觀為主要基礎，並審酌說明書內容，包括設計名稱所指定之物品，據以認定申請標的。</td></tr>
<tr><td>申請案是否符合專利要件應審查之對象。</td></tr>
<tr><td rowspan="2">申請專利之設計</td><td>物品＋外觀（形狀、花紋、色彩，包括圖像）。</td></tr>
<tr><td>審查創作性時，無須考量物品所屬之技藝領域。</td></tr>
<tr><td>說明書作為技藝文獻</td><td>絕對要件</td><td>明確、充分、可據以實現申請專利之設計。（§126.I）</td></tr>
<tr><td>圖式作為法律文件</td><td colspan="2">圖式應明確界定申請專利之設計的技藝範圍，以作為保護專利權之法律文件。</td></tr>
<tr><td rowspan="5">說明書
（細§50、51）</td><td>內容</td><td>1.設計名稱；2.物品用途；3.設計說明。</td></tr>
<tr><td>作用</td><td>解釋設計專利權範圍時，得審酌說明書。（§136.II）</td></tr>
<tr><td rowspan="2">設計名稱</td><td>應明確指定設計所施予之物品。（§129.III、細51.I）</td></tr>
<tr><td>部分設計、成組設計及圖像設計之設計名稱均有特別規定，以區別其申請標的。</td></tr>
<tr><td>物品用途</td><td>輔助說明設計所施予物品之使用、功能；設計名稱或圖式表達清楚者，得不記載。</td></tr>
</table>

說明書及圖式之記載綱要		
	設計說明	輔助說明設計之形狀、花紋、色彩或其結合等；但設計名稱或圖式表達清楚者，得不記載。
		應記載事項：不主張設計之部分、連續動態變化之圖像、省略圖式者。
		必要時，得記載事項：變化外觀之設計、輔助圖或參考圖、成組物品之構成物品名稱。
圖式（細§53）	作用	設計專利權範圍以圖式為準。（§136.II）
	表現方式	應參照工程製圖方法以墨線繪製清晰；表現方式有三種：1.墨線圖；2.電腦繪圖；3.照片。
		圖式包含主張設計之部分與不主張設計之部分者，應以可明確區隔之表示方式呈現。
		主張色彩者，圖式應呈現其色彩。 圖式包含色彩者，視為主張色彩，除非設計說明特別排除之。
		標示為參考圖者，不得用於解釋設計專利權範圍。

專利制度旨在鼓勵、保護、利用發明、新型及設計之創作，以促進產業發展（專§1）。設計經由申請、審查程序，授予申請人專有排他之專利權，以鼓勵、保護其創作。另一方面，在授予專利權時，亦確認該設計專利之保護範圍，使公眾經由說明書及圖式之揭露能得知該設計內容，進而利用該設計開創新的設計，促進產業之發展。為達成前述立法目的，端賴說明書及圖式應明確且充分揭露申請專利之設計，使該設計所屬技藝領域中具有通常知識者能瞭解該設計之內容，並可據以實現（專§126.I），以作為公眾利用之技藝文獻；且圖式應明確界定申請專利之設計的技藝範圍，以作為保護專利權之法律文件。因此，說明書及圖式必須符合專利法及其施行細則之規定，以滿足形式要件及實體要件（專§126）。

說明書及圖式（現行法定為二件獨立文件，102年1月1日施行前之舊法係將說明書及圖式合併為單一文件）之記載應依專利法、專利法施行細則及規定之格式記載之，其記載形式屬於實體審查內容。

9.1.1　說明書

設計專利說明書包括三個部分：1.設計名稱；2.物品用途；3.設計說明（細§50.I）。設計專利權範圍，以圖式為準，故無須記載申請專利範圍。此外，由於設計專利權係以圖式所揭露物品之外觀為主要基礎，並參照說明書所記載之設計名稱，物品用途及設計說明僅係作為輔助說明，物品用途或設計說明已於設計名稱或圖式表達清楚者，得不記載（細§50.II）。說明書，應以打字或印刷為之；說明書所載之設計名稱、物品用途、設計說明之用語應一致（細§52）。

<table>
<tr><th colspan="4">說明書等申請文件</th></tr>
<tr><th colspan="2">修法前架構</th><th colspan="2">現行架構</th></tr>
<tr><td rowspan="4">圖說</td><td>新式樣物品名稱</td><td rowspan="3">說明書</td><td>設計名稱</td></tr>
<tr><td>創作說明
・物品用途
・創作特點</td><td>物品用途</td></tr>
<tr><td>圖面說明</td><td>設計說明
・應敘明之事項
・必要時得敘明之事項</td></tr>
<tr><td>圖面</td><td colspan="2">圖式</td></tr>
</table>

圖9-2　新、舊專利法所定申請文件之格式架構

一、設計名稱

設計名稱，應明確指定設計所施予之物品（法§129.III），不得冠以無關之文字。（細§51.I）

設計專利保護之標的包括整體設計、部分設計、成組設計及圖像設計四種；部分設計、成組設計及圖像設計之設計名稱均有特別之規定，據以區別其申請標的。以平板電腦及其機座為例，整體設計應記載為「平板電腦」、「機座」；部分設計應記載為「平板電腦之按鍵」或「平板電腦之部分」；圖像設計應記載為「平板電腦之圖像」或「顯示裝置之圖像」；成組設計應記載為「平板電腦與其機座組」或「一組平板電腦與其機座」；但衍生設計不須記載為「平板電腦之衍生」。

說明書必須載明設計名稱，若未記載設計名稱，且未記載物品用途及設

計說明者，等同未提出說明書，應通知限期補正，並以補正之日為申請日；屆期未補正者，申請案不予受理。惟若說明書記載物品用途或設計說明，僅欠缺設計名稱者，應通知限期補正，不影響申請日。

二、物品用途

物品用途，係輔助說明設計所施予物品之使用、功能（細§51.II），例如「本物品係一種投影機，尤其涉及一種微型可摺疊的投影機」。對於新創作的物品或物品之組件，僅依設計名稱尚難明瞭其使用方式或功能者，應記載之；但設計名稱或圖式表達清楚者，得不記載（細§50.II）。

三、設計說明

設計說明，係輔助說明設計之形狀、花紋、色彩或其結合等（細§51.III）；但設計名稱或圖式表達清楚者，得不記載（細§50.II）。若設計申請案屬下列情形之一者，必要時，應簡要說明之：1.因材料特性、機能調整或使用狀態之變化，而使設計之外觀產生變化者，例如「使用狀態圖為本設計手機蓋開啟時之使用狀態」。2.有輔助圖或參考圖者，例如「剖視圖為省略內部機構之AA斷面剖視圖」或「參考圖為本設計掛於牆面之示意圖」。3.以成組物品申請專利者，應說明其各構成物品之名稱，例如「圖式所揭露之成組物品包含音響主機、擴大機及左、右喇叭」。（細§51.IV）

然而，若設計申請案屬下列情形之一者，應明確說明之：1.圖式揭露內容包含不主張設計之部分（即不請求授予專利之部分），例如「圖式所揭露之虛線部分，為本案不主張設計之部分」；「圖式所揭露之半透明填色部分係表示汽車之局部，為本案不主張設計之部分」；或「圖式所揭露之一點鏈線所圍繞者，係界定本案所欲主張之範圍，該一點鏈線為本案不主張設計之部分」。2.應用於物品之電腦圖像及圖形化使用者介面之設計有連續動態變化者，應敘明其變化順序，例如「動態變化圖1至動態變化圖5係電腦圖像依序產生變化外觀之設計」。3.各圖間因相同、對稱或其他事由而省略者，例如「左側視圖與右側視圖對稱，故省略左側視圖」。（細§51.III）

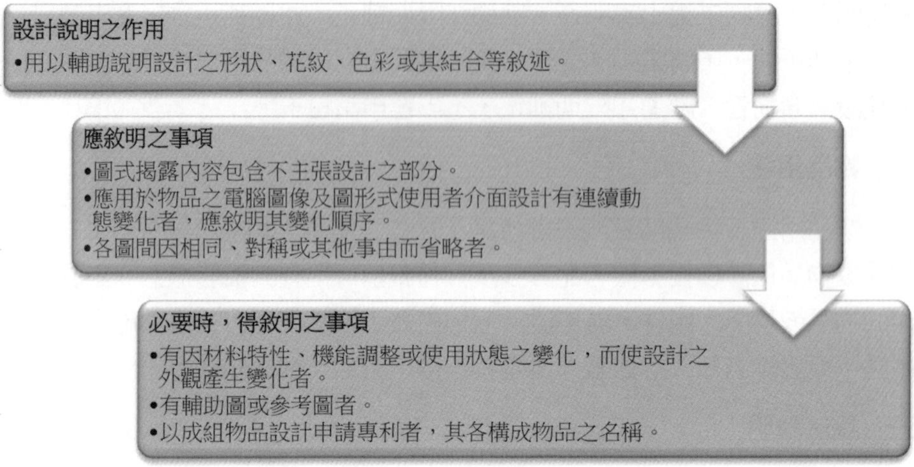

設計說明之作用
- 用以輔助說明設計之形狀、花紋、色彩或其結合等敘述。

應敘明之事項
- 圖式揭露內容包含不主張設計之部分。
- 應用於物品之電腦圖像及圖形式使用者介面設計有連續動態變化者，應敘明其變化順序。
- 各圖間因相同、對稱或其他事由而省略者。

必要時，得敘明之事項
- 有因材料特性、機能調整或使用狀態之變化，而使設計之外觀產生變化者。
- 有輔助圖或參考圖者。
- 以成組物品設計申請專利者，其各構成物品之名稱。

圖9-3 設計說明之記載

9.1.2. 圖式

設計專利係保護物品之全部或部分之形狀、花紋、色彩或其結合（專§121前段）。申請專利之設計的創作內容在於應用於物品之外觀，而非物品本身，故申請專利之設計係以圖式為準。

專利法施行細則第53條：（第1項）設計之圖式，應備具足夠之視圖，以充分揭露所主張設計之外觀；設計為立體者，應包含立體圖；設計為連續平面者，應包含單元圖。（第2項）前項所稱之視圖，得為立體圖、前視圖、後視圖、左側視圖、右側視圖、俯視圖、仰視圖、平面圖、單元圖或其他輔助圖。（第3項）圖式應參照工程製圖方法，以墨線圖、電腦繪圖或以照片呈現，於各圖縮小至2/3時，仍得清晰分辨圖式中各項細節。（第4項）主張色彩者，前項圖式應呈現其色彩。（第5項）圖式中主張設計之部分與不主張設計之部分，應以可明確區隔之表示方式呈現。（第6項）標示為參考圖者，不得用於解釋設計專利權範圍。

視圖，指依正投影圖法，分別在前、後、左、右、俯、仰六個投影面，以同一比例所繪製之圖式，第一角法或第三角法均不拘。立體圖，指以一平面圖形表現三度空間立體設計之圖式；無論是依透視圖法、等角投影圖法或斜投影圖法等所繪製者，均屬之。設計專利之圖式應參照工程製圖方法，即依正投影圖法或透視圖法表現物品之外觀，並非一定要有六面視圖、立體圖或平面圖，只要視圖足以充分揭露所主張設計之外觀即可；但表現立體物品之設計，必須要有立體圖；表現連續平面之設計，必須包含單元圖（例如布料花紋之構成單元）。

設計專利之圖式表現方式有三種：1.墨線圖，如圖9-4及圖9-5；2.電腦繪圖，如圖9-6；或3.照片，如圖9-7。

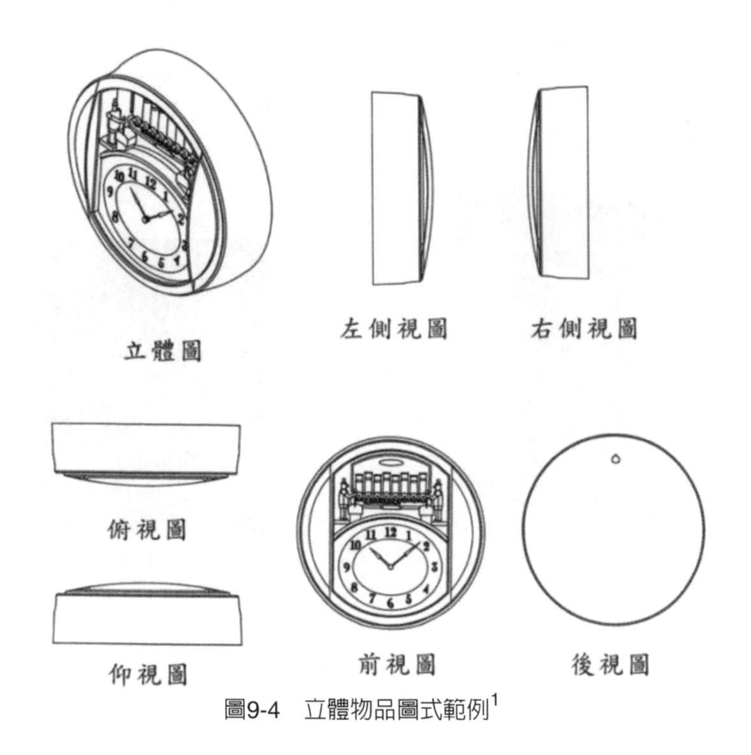

圖9-4　立體物品圖式範例[1]

1　圖片來源：摘自中華民國專利公告編號：258540，掛鐘。

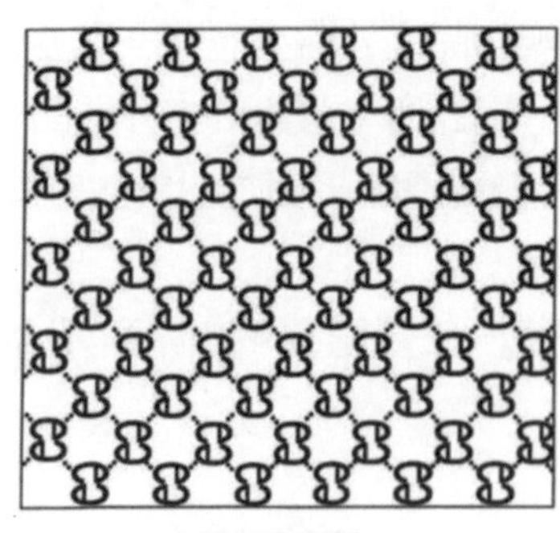

圖9-5　平面物品圖式範例[2]

圖9-6　照片形式之圖式[3]

圖9-7　電腦繪圖之圖式[4]

圖式包含「主張設計之部分」及「不主張設計之部分」者，應以可明確區隔之表示方式呈現該二部分（細§53.V）。「不主張設計之部分」可用於表示所欲排除之局部特徵、文字、商標或記號等，亦可用於表示設計所應用之物品及周邊環境。圖式，以墨線圖繪製者，一般應以實線表示「主張設計之部分」，以虛線表示「不主張設計之部分」，以一點鏈線表示邊界線；若為具色階之電腦繪圖或照片者，則應以可明確區隔之方式表示，例如半透明填色、灰階填色或圈選方式分別表示「主張設計之部分」及「不主張設計之部分」。邊界線為虛擬圖線，用於表示所主張之設計的外周邊界，並非申請

2 圖片來源：摘自中華民國專利公告編號：D118616，布料。
3 圖片來源：摘自中華民專利公告編號：450781，電池。
4 圖片來源：摘自中華民專利公告編號：D114209，水龍頭（五）。

專利之設計的一部分，故邊界線本身亦屬「不主張設計之部分」。

圖式中「不主張設計之部分」常見於部分設計、成組設計及圖像設計，其表示方式如圖9-9至圖9-13；表示所主張之設計外周邊界的邊界線，其表示方式如圖9-14及圖9-15。

揭露原則

- 設計之圖式，應備具足夠之視圖，以充分揭露所主張設計之外觀；設計為立體者，應包含立體圖；設計為連續平面者，應包含單元圖。

視圖名稱

- 前項所稱之視圖，得為立體圖、前視圖、後視圖、左側視圖、右側視圖、俯視圖、仰視圖、平面圖、單元圖或其他輔助圖。

圖式種類

- 圖式應參照工程製圖方法，以墨線圖、電腦繪圖或以照片呈現，於各圖縮小至三分之二時，仍得清晰分辨圖式中各項細節。

主張色彩之表現

- 主張色彩者，前項圖式應呈現其色彩。

不主張設計之部分的表現

- 圖式中主張設計之部分與不主張設計之部分，應以可明確區隔之表示方式呈現。

參考圖之作用

- 標示為參考圖者，不得用於解釋設計專利權範圍。

圖9-8　設計專利圖式之揭露

圖9-9　以虛線配合實線表示[5]

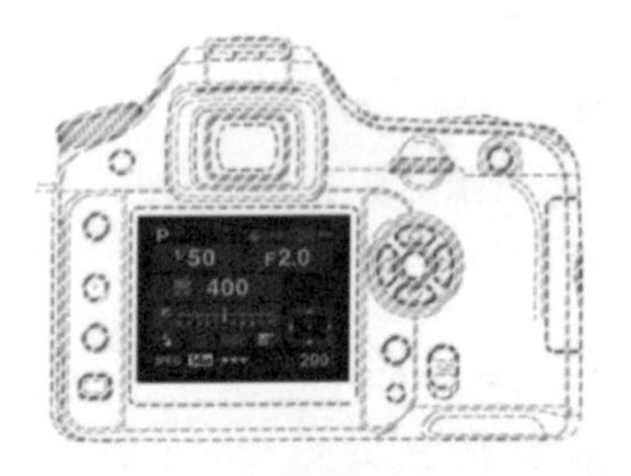

圖9-10　以虛線配合照片表示[6]

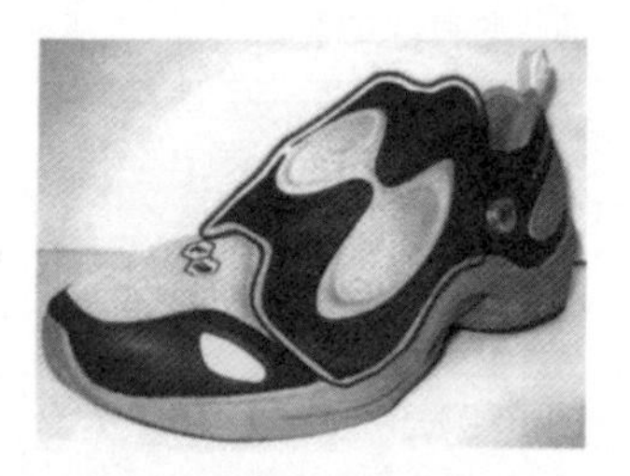

圖9-11　以圈選照片之部分表示[7]

圖9-12　於電腦繪圖以灰階填色表示[8]

圖9-13　於照片以模糊填色表示[9]

---

5 圖片來源：摘自美國專利公告編號：D497856，Dragon pedal civer set for vehicles。

6 圖片來源：摘自日本意匠登錄號：D1412511，デジタル一眼レフカメラ。

7 圖片來源：摘自EM 263157-0006，Shoe and boot uppers (part of -)。

8 圖片來源：摘自日本意匠登錄號：D1320538，芝刈り機用車輌。

9 圖片來源：摘自日本意匠登錄號：D1188463，モータースクーター。

圖9-14　以虛線作為邊界線[10]

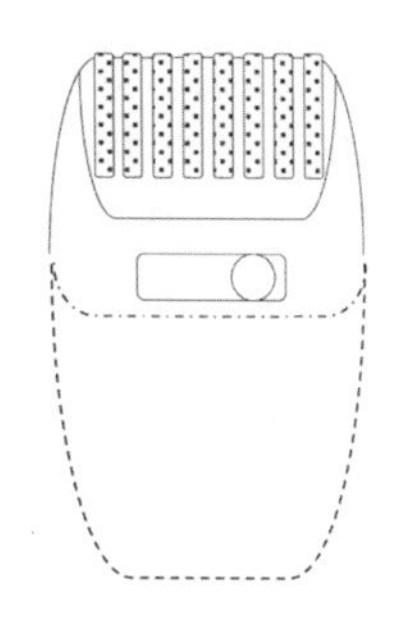

圖9-15　以虛線揭露物品以鏈線作為邊界線[11]

【相關法條】

專利法：1、129。

施行細則：50、51、53。

9.2　記載要件

第126條（設計說明書之形式要件及實體要件）
說明書及圖式應明確且充分揭露，使該設計所屬技藝領域中具有通常知識者，能瞭解其內容，並可據以實現。 說明書及圖式之揭露方式，於本法施行細則定之。

記載要件綱要		
具有通常知識者	所屬技藝領域中具有通常知識者，指具有申請時該設計所屬技藝領域之一般知識及普通技能之人。（細§47.I）	
申請專利之設計的認定	設計之構成	申請專利之設計係以「物品」結合「外觀」（指形狀、花紋、色彩或其結合，包括圖像）為其構成內容。
		申請專利之設計為應用於物品之外觀，而非物品本身；外觀不能脫離其所應用之物品，單獨以外觀為申請專利之標的。
	認定方式	申請專利之設計或設計專利權範圍，係以圖式所揭露物品之外觀為基礎，並得審酌說明書中所記載有關物品及外觀之說明，整體構成申請專利之設計的範圍。

10 圖片來源：摘自美國專利公告編號：D585910，Icon for a portion of a display screen。

11 圖片來源：摘自我國設計專利審查基準。

記載要件綱要		
	排除部分	說明書及圖式所揭露「不主張設計之部分」及參考圖，非屬申請專利之設計。
不主張設計之部分	非屬標的內容	非屬申請專利之設計，不得作為審查對象，但為明瞭該設計得審酌之；授予專利權後，該部分亦非屬設計專利權範圍。
	解釋之基礎	不主張設計之部分屬於圖式的一部分，而為申請案之內部證據，認定申請專利之設計及解釋專利權範圍時，仍得審酌之。
	作用	1. 聲明不請求保護的內容。 2. 呈現申請專利之設計所應用之物品。 3. 揭露該設計之周邊環境。
	屬申請案者	1. 不屬於申請專利之設計的內容。 2. 得作為認定該設計所應用之物品的依據。 3. 得審酌其所揭露之環境。
	屬比對文件者	不主張設計之部分為申請案申請時已完成之創作，其所揭露之1.外觀（包括「主張設計之部分」及「不主張設計之部分」）；2.應用之物品及3.環境，均得作為與申請案比對之對象。
邊界線	目的	劃定主張設計之部分的邊界。
	性質	為輔助讀圖之虛擬圖線而非申請專利之設計本身之內容。
	作用	1. 界定「主張設計之部分」的邊界。 2. 界定多個外觀及其構成之整體為單一設計。 3. 界定多個外觀之集合為單一設計。

專利制度係授予、保護申請人專有排他之專利權，以鼓勵其公開設計，使公眾能利用該設計之制度。申請專利之說明書的作用除作為主張專利權之法律文件外，尚應作為將設計公開之技藝文獻。

為達成公開技藝文獻之目的，說明書中所揭露之內容應達到公眾能利用該設計之程度，即應「明確」且「充分」揭露申請專利之設計，使該設計所屬技藝領域中具有通常知識者能瞭解其內容，並「可據以實現」，據以製造及使用該申請專利之設計。可據以實現之判斷，係該設計所屬技藝領域中具有通常知識者在說明書及圖式二者整體之基礎上，參酌申請時之通常知識，無須額外臆測即能瞭解其內容，據以製造及使用申請專利之設計，產生設計之視覺效果。若利用自然物或自然條件所產生之外觀，無法以工業程序重複生產，而不具再現性者，包括潑墨、噴濺、渲染、暈染、吹散或龜裂等，隨機形成或偶然形成之外觀等，因說明書未記載如何再現，例如經照相製版及印刷程序，應認定不符合「可據以實現」要件（依現行發明專利審查基準，再現性係可據以實現要件之判斷內容；依現行設計專利審查基準，不具再現性之標的係屬專利法第124條第2款純藝術創作，而為不予設計專利之標的；依舊新式樣專利審查基準，不具再現性係屬創作本質上的問題，而不具產業利用性）。

說明書之作用為揭露申請專利之設計，說明書之記載是否符合記載要件，判斷重點在於：記載之程度應使該設計所屬技藝領域中具有通常知識者明瞭申請專利之設計，且認知到設計人已完成（had possession of the claimed design）申請專利之設計。

9.2.1　具有通常知識者之定義

專利法第126條第1項及第122條第2項所稱「該設計所屬技藝領域中具有通常知識者」（a person skilled in the art / a person having ordinary skill in the art），施行細則第47條：（第1項）本法所稱所屬技藝領域中具有通常知識者，指具有申請時該設計所屬技藝領域之一般知識及普通技能之人。（第2項）前項申請時，於依本法第142條第1項準用第28條第1項規定主張優先權者，指該優先權日。

該設計所屬技藝領域中具有通常知識者，係一虛擬之人，指具有申請時該設計所屬技藝領域中之一般知識（general knowledge）及普通技能（ordinary skill）之人，且能理解、利用申請時的先前技藝。申請時指申請日，有主張優先權者，指該優先權日。一般知識，指該設計所屬技藝領域中已知的知識，包括習知或普遍使用的資訊以及教科書或工具書內所載之資訊，或從經驗法則所瞭解的事項。普通技能，指執行設計工作之普通能力。申請時之一般知識及普通技能，合稱「申請時之通常知識」。

9.2.2　申請專利之設計的認定

設計，指「物品」之全部或部分之形狀、花紋、色彩或其結合（以下簡稱「外觀」），透過視覺訴求之創作（專§121.I）；包括應用於「物品」之電腦圖像及圖形化使用者介面（以下簡稱「圖像」）（專§121.II）。依前述規定，申請專利之設計係以「物品」結合「外觀」（指形狀、花紋、色彩或其結合，包括圖像）。申請專利之設計為應用於物品之外觀，而非物品本身；外觀不能脫離其所應用之物品，單獨以外觀為申請專利之標的。

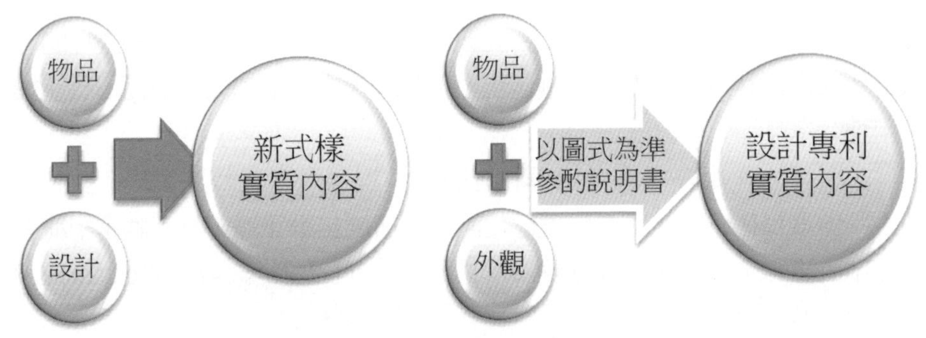

圖9-16　新式樣專利與設計專利

設計專利權範圍，以圖式為準，並得審酌說明書（專§136.II）。申請專利之設計或設計專利權範圍，係以圖式所揭露物品之外觀為基礎，並得審酌說明書中所記載有關物品及外觀之說明，尤其是設計名稱所指定之物品，整體構成申請專利之設計的範圍。說明書及圖式所揭露「不主張設計之部分」及參考圖（細§53.VI），非屬申請專利之設計，而非授予專利權之對象。

9.2.3　申請專利之設計與「不主張設計之部分」

認定申請專利之設計及解釋設計專利權範圍（以下合稱「認定申請專利之設計」或「申請專利之設計的認定」等），主要係以圖式所揭露之物品及外觀為之。圖式包含「主張設計之部分」及「不主張設計之部分」者，申請專利之設計的外觀係以「主張設計之部分」予以界定，「不主張設計之部分」不得用於界定申請專利之設計的外觀，但可用於認定該外觀與環境間之位置、大小、分布關係，亦可用於認定申請專利之設計所應用之物品。

設計專利之「主張設計之部分」與「不主張設計之部分」之間的關係，得以發明專利之「申請專利範圍」與「說明書及圖式」之間的關係予以理解，發明專利權範圍以申請專利範圍為準，說明書及圖式有解釋申請專利範圍之作用，但並非界定專利權範圍之基礎。

一、「不主張設計之部分」的作用

設計專利權範圍，以圖式為準，並得審酌說明書。申請人於說明書及圖式中已表示「不主張設計之部分」，該部分自當非屬申請專利之設計，不得作為審查對象，但為明瞭該設計得審酌之；授予專利權後，該部分亦非屬設計專利權範圍。由於「不主張設計之部分」既為圖式的一部分，而為申請案之內部證據，故認定申請專利之設計時仍得審酌之。

圖式中「不主張設計之部分」的作用有三：1.聲明不請求保護的內容；2.呈現申請專利之設計所應用之物品（設計為物品與外觀之結合，邏輯上應為「呈現申請專利之設計中外觀所應用之物品」，為使文字簡潔化，簡稱「申請專利之設計所應用之物品」）；及3.揭露該設計之周邊環境。申請專利之設計所應用之物品及環境涉及該設計的認定，故認定時得審酌圖式中「不主張設計之部分」。

環境，指圖式中所呈現「主張設計之部分」周邊的物品外觀。申請專利之設計的認定，涉及「主張設計之部分」對照「不主張設計之部分」所呈現之環境的位置、大小及分布關係。位置，指「主張設計之部分」對照「不主張設計之部分」的相對位置關係；大小，指「主張設計之部分」對照「不主張設計之部分」整體或其造形元素的相對面積比例、造形比例；分布關係，指「主張設計之部分」對照「不主張設計之部分」的造形構成。

申請案中「不主張設計之部分」既為圖式的一部分，認定申請專利之設計時，得審酌「不主張設計之部分」所揭露之內容，據以認定「主張設計之部分」所應用之物品及其周邊環境所呈現之視覺效果。申言之，於實體審查時，得審酌申請案中「不主張設計之部分」所揭露之物品及環境，據以認定「主張設計之部分」所應用之物品，並依該環境之內容，認定「主張設計之部分」對照「不主張設計之部分」之位置、大小、分布關係是否為該技藝領域所常見，或所呈現之視覺效果。其中，於「可據以實現要件」之審查，申請案之圖式及說明書已明確且充分界定申請專利之設計者，應認定符合「可據以實現要件」。

申請案中「不主張設計之部分」並非申請專利之設計的一部分，固不得作為與對比文件（先前技藝、優先權基礎案或修正前、更正前、改請前或分割前之申請案）比對之對象；惟因對比文件中「不主張設計之部分」係申請案申請時已完成的創作，故仍得作為與申請案比對之對象。圖式中包含「不主張設計之部分」者，無論是申請案或先前技藝圖式中「不主張設計之部分」均得審酌之，據以認定「主張設計之部分」所應用之物品，及「主張設計之部分」對照「不主張設計之部分」之位置、大小、分布關係是否為該技藝領域所常見，或所呈現之視覺效果。若申請案對照先前技藝「主張設計之部分」相同或近似，「主張設計之部分」對照「不主張設計之部分」之位置、大小、分布關係為該技藝領域所常見者，應認定不具新穎性。若申請案對照先前技藝「主張設計之部分」不相同亦不近似，但該位置、大小、分布關係之差異為參酌申請時通常知識所為之簡易手法即可達成，而不具特異之視覺效果者，應認定不具創作性。

綜合前述說明，申請案之圖式中「不主張設計之部分」：1.不屬於申請專利之設計的內容，但得作為認定申請專利之設計的參考；2.得作為認定該設計所應用之物品的依據；3.得審酌其所揭露之環境。對比文件之圖式中「不主張設計之部分」為申請案申請時已完成之創作，其所揭露之1.外觀（包括「主張設計之部分」及「不主張設計之部分」）、2.應用之物品及3.環境，均得作為與申請案比對之對象。

圖9-17　不主張設計之部分的意義

二、邊界線的作用

圖式包含「主張設計之部分」及「不主張設計之部分」者，為使前者所界定之範圍更為明確，得以邊界線劃定「主張設計之部分」的邊界，於認定申請專利之設計時，應理解為該設計之範圍延伸至該邊界線。邊界線為輔助讀圖之虛擬圖線，而非申請專利之設計本身之內容，無從被認定為申請專利之設計的一部分，故邊界線應視為「不主張設計之部分」。事實上，就其虛擬圖線之本質而言，邊界線本身不生是否為「主張設計之部分」或「不主張設計之部分」的問題。總之，邊界線與「不主張設計之部分」的差異在於：前者並非設計內容；後者為設計內容，且得為認定申請專利之設計的審酌對象，但非屬申請專利之設計的一部分。

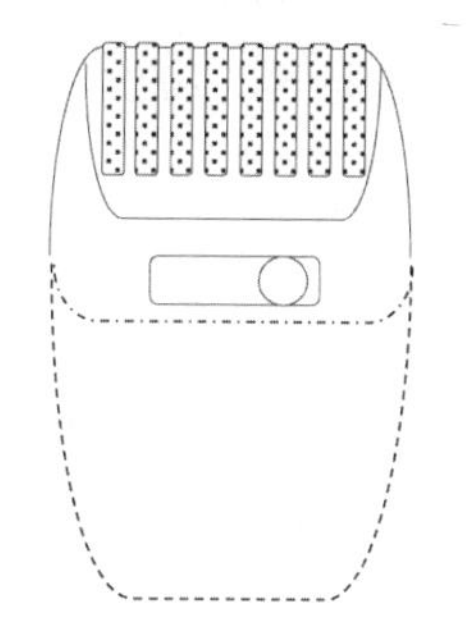

圖9-18　以邊界線界定範圍[12]

圖9-19　以邊界線界定多個圖像及其構成[13]

圖式中標示邊界線者，認定申請專利之設計時，應以該邊界線所界定者為準，邊界線以內「主張設計之部分」包含多個外觀，應視為係申請人主張之單一設計。至於邊界線以外「不主張設計之部分」所呈現的物品、環境及揭露內容，於認定申請專利之設計時，均得審酌之。簡言之，邊界線之作用：1.界定「主張設計之部分」的邊界，如圖9-18；2.界定多個外觀及其構成之整體為單一設計，如圖9-19；3.界定多個外觀之集合為單一設計，如圖9-20，不論其構成或排列順序。

---

[12] 圖片來源：摘自我國設計專利審查基準。

[13] 圖片來源：摘自美國專利公告編號：D611950，Set of icons for a portion of a display screen。

圖9-20　以邊界線界定多個圖像之集合為一設計[14]

9.2.4　記載要件之審查

製作設計專利說明書及圖式，除應於圖式中明確且充分揭露「外觀」及其所應用之「物品」外，並應於設計名稱中明確指定「物品」之名稱，以利於分類及前案檢索。圖式及設計名稱無法明確且充分揭露申請專利之設計內容者，應於物品用途及設計說明以文字說明之，使該設計所屬技藝領域中具有通常知識者能瞭解其內容，並可據以實現（以下簡稱「可據以實現要件」）。

一、物品之審查

設計專利權範圍，以圖式為準，並得審酌說明書。申請專利之設計所應用之物品，應以圖式所揭露該設計所施予之物品為主，並輔以設計名稱所指定之物品或物品用途之說明，予以認定。

申請專利之設計內容包括物品，設計名稱係界定物品的依據之一，應明確、簡要指定申請專利之設計所施予之物品，且不得冠以無關之文字（細§51.I）。原則上，應依「國際工業設計分類表」（International Classification for Industrial Designs）第三階所列之物品名稱擇一指定，或以一般公知或業界慣用之名稱指定之。對於新創作的物品或物品之組件，僅依設計名稱尚難明瞭其用途、使用方式或功能者，得審酌物品用途之說明。

設計名稱不明確或不充分，而不符合「可據以實現」要件之例如下：

1. 指定物品錯誤而與申請內容不符者，例如計算機，卻指定為「計時器」。
2. 空泛不具體者，例如「小夜燈」，卻指定為「情境製造用具」。

---

[14] 圖片來源：摘自美國專利公告編號：D562344，Set of icons for a portion of a display screen。

3. 用途不明確或為物品之組件而未載明者，例如「防風罩」，應指定為「打火機之防風罩」。
4. 使用外國文字或外來語，而非一般公知或業界慣用者，例如「KIOSK」、「打印機」，應指定為「多媒體資訊站」、「列表機」。
5. 二種以上用途並列，例如「收音機及錄音機」，若該物品為單一物品兼具該二種用途時，應指定為「收錄音機」；但例如「汽車及汽車玩具」，因該物品不可能單一物品兼具該二種用途，應以不符合一設計一申請之規定，通知申請人限期修正，或分割申請並分別指定為「汽車」、「汽車玩具」。

設計名稱為「頭燈」，但圖式中「不主張設計之部分」揭露周邊環境為汽車，且說明書之物品用途敘明該「頭燈」係設於汽車車頭之照明燈具者，則應認定設計名稱所指定之「頭燈」係屬「汽車之頭燈」。前述之例只是不符合專利審查基準有關設計名稱記載形式之教示，尚難稱不明確或不充分，而認定不符合「可據以實現要件」。惟若設計名稱為「燈罩」，但圖式中「主張設計之部分」為頭燈，「不主張設計之部分」為汽車，即使說明書之物品用途敘明其係設於汽車頭燈之「燈罩」，因設計名稱所指定之「燈罩」與「頭燈」或「汽車之頭燈」不一致、不明確，前者僅為後二者之部分，則應認定不符合「可據以實現要件」。

部分設計之設計名稱指定為「汽車之頭燈」者，「汽車」及「頭燈」均具有限定作用，其申請專利之設計係應用於「汽車」之「頭燈」的創作，即認定其所應用之物品時，並非單指「汽車」，亦非單指「頭燈」。

二、外觀之審查

設計專利權範圍，以圖式為準，並得審酌說明書。因此，申請專利之設計的認定、是否可據以實現或是否符合專利要件等，均應以圖式為主要基礎。

設計之圖式，應備具足夠之視圖，充分揭露所主張設計之外觀；設計為立體者，應包含立體圖；設計為連續平面者，應包含單元圖（細§53.I）。審查時，應綜合圖式所揭露之點、線、面，再構成一具體的三度空間外觀或二度空間圖像，並得審酌設計說明中文字所記載之內容，據以判斷申請專利之設計；不得侷限於各圖式之圖形，僅就各圖式各別比對。

就三度空間的物品而言，一立體圖得以呈現三個鄰近視面的設計，不僅能取代呈現該三個視面之視圖，且得以呈現六面視圖無法表現之空間立體感，更明確、充分呈現設計之外觀。因此，原則上只要能明確且充分揭露六個視面的外觀，使該設計所屬技藝領域中具有通常知識者能瞭解其內容，並可據以實現，無論是以一個立體圖搭配六面視圖，或僅以二個立體圖呈現，均符合專利法施行細則之規定。相對的，若圖式未完整揭露申請專利之設計六個視面的外觀，且設計說明未敘明該未完整揭露之外觀，應認定不符合可據以實現要件。惟若物品為二度空間之平面形式者（如紙張、信封、標籤或顯示裝置）其設計特徵在於該物品上之花紋、色彩或圖像，圖式得僅以前、後二視圖或僅以單一前視圖呈現。設計為連續平面者（如壁紙、布料），圖式得僅以整體平面設計的前視圖及構成該平面設計之單元圖呈現。申請專利之設計包含色彩者，圖式應呈現所主張之色彩（細§53.IV）。圖式之標示為參考圖者，不得用於解釋設計專利權範圍（細§53.VI）。

設計專利係保護物品外觀之視覺創作，而非保護其思想內涵或意思表示。圖像具連續動態變化者，例如微軟各種版本視窗軟體之開機畫面（四色旗圖像的動態變化），得為設計專利的保護標的；但應將該連續動態變化呈現於圖式，並敘明其變化順序（細§51.III.(3)），如圖9-21。

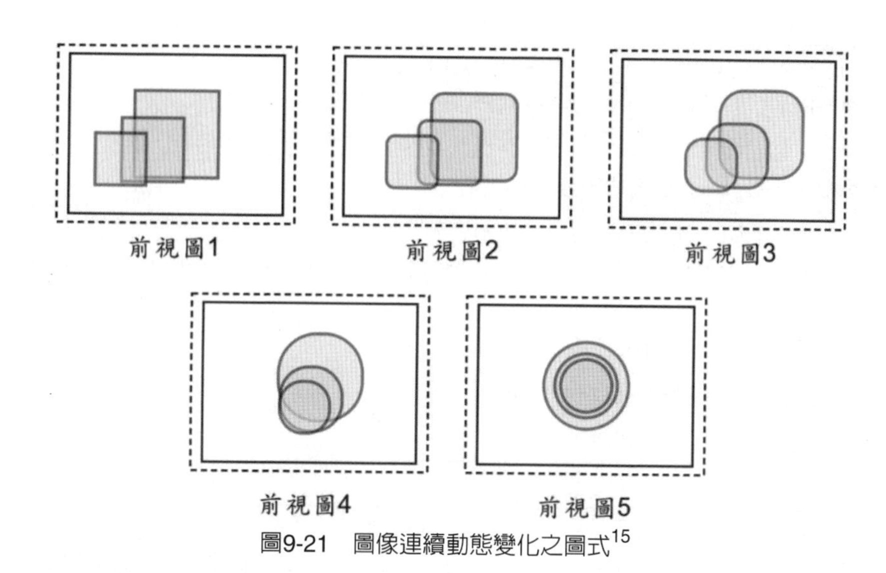

圖9-21　圖像連續動態變化之圖式[15]

【相關法條】

專利法：28、121、122、136。

施行細則：47、51、53。

9.3　設計之定義

第121條（設計之定義）
設計，指對物品之全部或部分之形狀、花紋、色彩或其結合，透過視覺訴求之創作。 應用於物品之電腦圖像及圖形化使用者介面，亦得依本法申請設計專利。
第124條（不予設計專利之標的）
下列各款，不予設計專利： 一、純功能性之物品造形。 二、純藝術創作。 三、積體電路電路布局及電子電路布局。 四、物品妨害公共秩序或善良風俗者。
第127條（衍生設計）
同一人有二個以上近似之設計，得申請設計專利及其衍生設計專利。

[15] 圖片來源：摘自摘自我國設計專利審查基準。

衍生設計之申請日，不得早於原設計之申請日。 申請衍生設計專利，於原設計專利公告後，不得為之。 同一人不得就與原設計不近似，僅與衍生設計近似之設計申請為衍生設計專利。
第129條（一設計一申請及成組設計）
申請設計專利，應就每一設計提出申請。 二個以上之物品，屬於同一類別，且習慣上以成組物品販賣或使用者，得以一設計提出申請。 申請設計專利，應指定所施予之物品。
巴黎公約第5條之5（應保護設計）
同盟國家應立法保護設計。

設計之定義綱要		
設計定義	物品性	申請專利之設計必須是應用於物品之具體外觀，外觀所施予之物品必須為具有三度空間實體形狀的有體物。
		要件：1.有體物；2.具備固定形態；及3.具備用途、功能。
	造形性	申請專利之設計必須為形狀、花紋、色彩或其二者或三者之結合所構成之外觀創作。 外觀係屬設計專利創作之所在，而為申請專利之設計是否符合相對要件之審究對象。
	視覺性	申請專利之設計必須是透過視覺訴求之具體創作，亦即必須是肉眼能夠確認而具備視覺效果（即裝飾性，而非功能性）的設計，排除聲音、氣味或觸感等必須藉助其他感官始能感知之創作。
保護標的	整體設計、部分設計、成組設計及圖像設計。 衍生設計得為整體設計、部分設計、成組設計或圖像設計。	
	整體設計	物品之全部之形狀、花紋、色彩或其結合之創作。 整體設計是單一物品之整體外觀。
	部分設計	物品之部分之形狀、花紋、色彩或其結合之創作。 部分設計是單一物品之部分外觀，或圖像之部分。
	圖像設計	應用於物品之1.電腦圖像；2.圖形化使用者介面；及3.前述二者之連續動態變化。
	成組設計	二個以上之物品，屬於同一類別，且習慣上以成組物品販賣或使用者，視為一設計。 為一設計一申請之例外申請態樣。

設計之定義綱要		
設計類型之區分	法架構	整體設計、部分設計及圖像設計為設計專利的一般申請，定於專利法第121條。
		衍生設計及成組設計為設計專利的特殊申請，分別定於專利法第127條及第129條。
	物品	單一物品的保護（整體設計）；物品之部分的保護（部分設計）；二個以上物品的保護（成組設計，成組設計之部分亦得申請部分設計）。
	圖像設計之區分	應用於單一物品（圖像之整體設計、圖像之部分設計）；二個以上物品（成組物品之圖像設計）。
設計類型之關係	整體與部分、成組	係以創作所應用之物品為準予以區分，故請求保護一般形狀、花紋、色彩者，三種標的均得申請之。
	外觀與圖像	依專利法規定及架構，圖像之位階等同於形狀、花紋或色彩，均係應用於物品之創作內容；圖像本身不能單獨構成申請專利之標的。
		物品之創新設計包含外觀及圖像者，得分別申請，亦得作為一整體申請之。
		圖像與一般形狀、花紋、色彩之間不生相同或近似之問題，亦即不得以相同或近似為由互為核駁、衍生、主張優先權、修正、改請等。
		因先前技藝為申請案申請日之前他人已完成之創作，故外觀與圖像之間仍得互為創作性審查之依據。
	原設計與衍生設計	衍生設計得為整體設計、部分設計、成組設計或圖像設計。
		原設計為一般形狀、花紋、色彩者，其衍生設計必須為一般形狀、花紋、色彩；原設計為圖像者，其衍生設計必須為圖像。
轉換機制	部分設計	102年1月1日專利法施行後三個月內，得將申請案改為物品之部分設計申請案。
	衍生設計	102年1月1日專利法施行後三個月內，得將聯合新式樣案改為衍生設計案。

102年1月1日施行前之舊法僅保護應用於單一物品之整體設計，102年1月1日專利法就設計專利制度作整體配套修正，主要係從單一物品（整體設計），擴及單一或多數物品之部分（部分設計）及多數物品之組合（成組設

計）；另從應用於物品之形狀、花紋、色彩（外觀），擴及電腦圖像及圖形化使用者介面（圖像設計）；又從聯合新式樣制度（近似認定採確認說）修正為衍生設計制度（近似認定採結果擴張說）。簡言之，設計專利保護之標的包括整體設計、部分設計、成組設計及圖像設計四種；衍生設計得為前述四種標的。

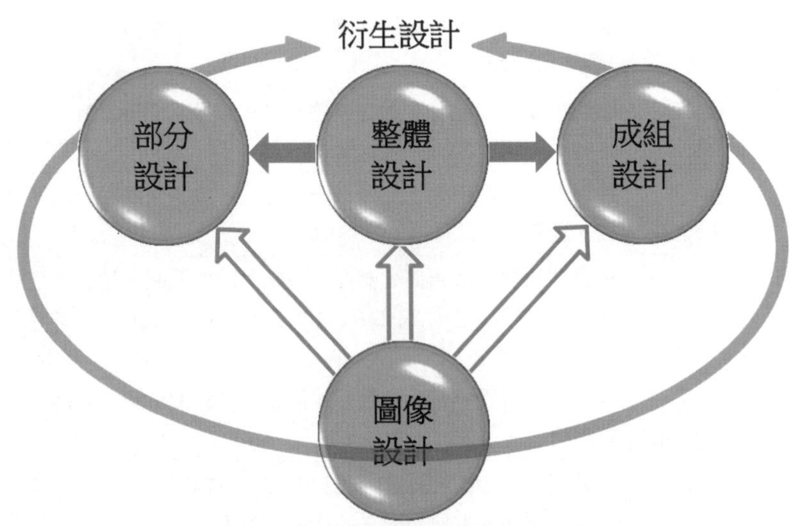

圖9-22　申請專利之標的的關係架構

9.3.1　設計專利之定義

專利法第121條第1項定義：設計，指對物品之全部或部分之形狀、花紋、色彩或其結合，透過視覺訴求之創作。專利法保護之設計為應用於物品之形狀、花紋、色彩或其二者或三者之結合所構成之外觀創作，其必須具有視覺創作之屬性，而請求保護的範圍得為外觀之全部或部分。簡言之，專利法保護之設計必須是：1.應用於物品（物品性）；2.創作內容限於形狀、花紋、色彩（造形性）；及3.透過視覺訴求（視覺性）。申請專利之設計以外觀之全部內容為範圍者，以下簡稱整體設計，相當於舊法保護的新式樣專利；以外觀之部分內容為範圍者，以下簡稱部分設計，係屬新增之保護標的。

除前述之定義外，專利法第121條第2項例外規定：應用於物品之電腦圖像及圖形化使用者介面，亦得依本法申請設計專利。按呈現於顯示裝置之電腦圖像（Computer - Generated Icons，簡稱Icons）與圖形化使用者介面（Graphical User Interface, GUI）（以下合稱為圖像），係暫時呈現於顯示裝置（Display）之二度空間影像（two - dimensional image）的平面設計，亦具有視覺屬性，且必須應用於物品始符合設計之定義。

另依專利法第124條，即使申請內容符合前述之定義，設計專利仍不保護純功能性之物品外觀；且設計專利亦不保護純藝術創作，事實上其亦不符合物品性。

圖9-23　設計專利之定義

一、物品性

物品性，指申請專利之設計必須是應用於物品之具體外觀，外觀所施予之物品必須為具有三度空間實體形狀的有體物，而可供產業上利用者。設計之外觀與著作權法所保護之純藝術創作均係透過視覺訴求之創作，二者之區別在於設計之外觀必須依附於載體，而該載體必須可供產業上利用，亦即設計之外觀必須施予具有用途、功能之物品，不具有用途、功能之純藝術創作，並非設計保護之標的。

設計與發明、新型之技術性創作有別，其創作內容不在物品本身，而在施予物品之外觀，故申請專利之設計的用途、功能通常係藉圖式揭露外觀所應用之物品，輔以設計名稱所指定之物品或物品用途之說明，予以確定。物品一經確定，通常亦確定了設計所屬之分類領域，並界定了相同或近似物品之範圍。設計專利基於前述之物品性，其實質內容應為外觀結合物品所構成之整體創作。

外觀所施予之物品必須為具有三度空間實體形狀的有體物，在性質上必須是具備特定用途、功能並具備固定形態。由於設計專利開放保護部分設計及圖像設計，部分設計得為物品外觀之一部分，圖像設計得為呈現於任何顯示裝置之平面設計，故設計所施予之物品不一定是「得為消費者所獨立交易者」。基於前述說明，設計專利保護之物品必須符合三項要件：

1. 應為有體物，例如無具體形狀之氣體、液體或有形無體之光、電、煙火等均不屬之。電腦圖像或圖形化使用者介面雖非三度空間形態之有體物，因其必須應用於顯示裝置，故專利法仍予以保護。
2. 應具備用途、功能，例如藝術品不具有足供產業上利用之用途或功能，不屬於設計保護之標的。
3. 應具備固定形態，例如粉狀物或粒狀物之集合體不具固定凝合之形狀，不屬於設計保護之標的。

二、造形性

造形性，指申請專利之設計必須為形狀、花紋、色彩或其二者或三者之結合所構成之創件，其係屬設計專利創作之所在，而為申請專利之設計是否符合相對要件（必須比對先前技藝始能決定之要件，例如新穎性、創作性等）之審查對象。由於申請專利之設計係以「物品」結合「外觀」為其構成內容，其中，物品必須是具備三度空間實體的有體物，故設計專利之花紋或色彩必須依附於有體物才能存在，亦即申請專利之設計不能只是花紋或色彩或花紋與色彩之組合，亦不能只是圖像而已。

(一)形狀

形狀，指物體外觀三度空間之輪廓或樣子，其為物品與空間交界之周邊領域。設計專利保護之形狀為實現物品用途、功能的形體，亦即僅保護物品本身之形狀，而不保護下列非屬物品本身之形狀：

1. 物品轉化成其他用途之形體

以「領巾」挽成花形「髮飾」之形體為例：該方形薄片狀「領巾」之專利權範圍不及於花形「髮飾」；反之，「髮飾」之專利權範圍亦不及於方形薄片狀「領巾」。以他人專利之「領巾」挽成花形「髮飾」，並非因「製造」該領巾而侵害其專利權，係因未得專利權人之同意而「使用」專利領巾而侵權。

專利審查基準指：將毛巾挽成蛋糕形狀之外觀，係屬毛巾之使用狀態或交易時之展示形狀，該蛋糕形狀之外觀並非毛巾本身之外觀。卻又指：申請專利之設計為毛巾所挽成蛋糕形狀之飾品，其物品用途在於裝飾用途而非毛巾本身之用途者，則應以「飾品」或「毛巾飾品」之物品提出申請。

業界另有一說，認為前述基準前、後矛盾：a.按毛巾之用途為洗滌、清潔，飾品之用途為裝飾。依前述領巾、髮飾之例，二者均得申請專利，且二者之設計專利權範圍並不牴觸。惟「髮飾」之用途為裝飾頭髮，「飾品」之用途顧名思義應為裝飾，但專利審查基準指該「飾品」係「毛巾之使用狀態或交易時之展示形狀」，而非裝飾，故有不明確之虞。b.若依前述「毛巾之使用狀態或交易時之展示形狀」，則其設計名稱應為「包裝」，惟「包裝」是否具有用途、功能，而得為設計保護之標的，不無疑問，如後述之「禮物」係為促銷所為之商業服務，並非製成品而不符物品性，故似非屬設計保護之標的。

2. 依循其他物品所賦予之形體

以「包裝紙」包紮成「禮物」之形體為例：該方形薄片狀「包裝紙」之專利權範圍不及於呈立體形式之「禮物」包裝，而該禮物之包裝係為促銷所為之商業服務，並非製成品而不符物品性，故非屬設計保護之標的。以他人專利之「包裝紙」包紮「禮物」，並非因「製造」該包裝紙而侵害其專利權，係因未得專利權人之同意而「使用」該包裝紙而侵權。

另以經裁切之平面「紙板」組構成立體形式之「禮盒」為例：設計專利得保護該「禮盒」之外觀設計；發明、新型專利得保護該「紙板」之裁切形狀及該「紙板」之摺疊結構，而該裁切形狀及摺疊結構並非設計保護之標的。

3. 以物品本身之形狀模製另一物品之形狀

以「糕餅」及製成該糕餅之「模型」為例：該「糕餅」之專利權範圍不及於該「模型」；反之，該「模型」之專利權範圍不及於該「糕餅」。

(二)花紋

花紋，指點、線、面或色彩計劃所表現之裝飾構成。花紋之形式包括：1.以平面形式表現於物品表面者；2.以浮雕形式與立體形狀一體表現者；及3.運用色塊的對比構成花紋而呈現花紋與色彩之結合者。

(三)色彩

學理上，色彩，指色光投射在眼睛中所產生的視覺感受。設計專利所保護的色彩，指設計外觀所呈現之色彩計畫或著色效果，亦即色彩之選取及用色空間、位置及各色分量、比例等，而非明度、彩度及色相所構成之色彩本身，亦非學理上所稱色料反射之色光投射在眼睛中所產生的視覺感受。

(四)圖像

圖像，係暫時呈現於顯示裝置之二度空間影像，其空間形式類似花紋或花紋與色彩之結合；因呈現於顯示裝置之圖像得為視覺所感知，故專利法第121條第2項特予開放保護電腦圖像及圖形化使用者介面，但必須是應用於物品，特別是應用於顯示裝置。

三、視覺性

視覺性，指申請專利之設計必須是透過視覺訴求之具體創作，亦即必須是肉眼能夠確認而具備視覺效果（裝飾性，而非功能性）的設計，排除聲音、氣味或觸感等必須藉助其他感官始能感知之創作。視覺性之規定將設計與具技術性之發明及新型予以區隔。

智慧財產法院99年度民專上更(一)字第1號判決設計專利之視覺性得藉助儀器確認設計，而不必限於裸眼，判決內容：「立法者當時所稱『透過視覺訴求』，係限於『視覺之感官作用』，而排除『視覺以外之其他感官作用』（如聽覺、觸覺）。至『藉由眼睛對外界之適當刺激引起感覺』，究係僅以肉眼觀察，抑或藉助儀器（如顯微、放大儀器等）觀察，在所不問，端視熟習該設計所屬技藝領域之人普通認知及使用習慣而定，亦即將因該設計物品所屬領域之差異而有不同，並未排除『肉眼無法確認而必須藉助其他工具始能確認之設計』。……以一般消費者之身分選購該設計物品時，通常藉助儀器觀察該設計物品之形狀、花紋、色彩或其結合，……，自應……藉助儀器觀察後透過眼睛對系爭專利及先前技藝所生之感覺為準。」最高法院

100台上字第1843號維持該判決。

9.3.2　設計專利之標的

102年1月1日施行之專利法擴大設計專利保護的標的，除舊法已有的整體設計外，新增部分設計、圖像設計及成組設計三種標的。

一、整體設計

依專利法第121條第1項，整體設計，指物品之全部之形狀、花紋、色彩或其結合之創作；亦即整體設計是單一物品之整體外觀。考量設計標的之歸屬，究竟應申請整體設計、部分設計或成組設計，仍應回歸到申請專利之設計所應用之客體究屬「物品」、「物品之部分」或「物品之組合」。專利法所稱之物品，係指「國際工業設計分類表」（International Classification for Industrial Designs）第三階所列之物品，或以申請專利之設計所屬技藝領域中商品實施的情況下一般公知或業界所認知具有特定用途、功能之物品。例如申請專利之設計為錶體與錶帶之組合，通常應申請為手錶之整體設計，如圖9-24，國際工業設計分類為10-02 W0230，而非申請為錶體與錶帶之成組設計。申言之，申請專利之設計為錶帶者，得申請為錶帶之整體設計或手錶之部分設計，因錶帶可以搭配各種錶體，並不一定必須搭配特定錶體始能在市場上交易，係屬一般公知或業界所認知具有特定用途、功能之物品，故錶帶符合專利法所稱之「物品」；然而，錶帶亦為手錶之構件，故錶帶亦符合專利法所稱「物品之部分」。惟構成錶帶之鏈塊並非國際工業設計分類表所列之物品，且非一般公知或業界所認知具有特定用途、功能之物品，故錶帶不符合專利法所稱「物品之組合」，不宜申請為鏈塊之成組設計。

圖9-24　手錶為單一物品之整體設計[16]

[16] 圖片來源：摘自我國設計專利審查基準。

二、部分設計

圖9-25　以物品之部分為範圍[17]

圖9-26　以外觀之部分為範圍[18]

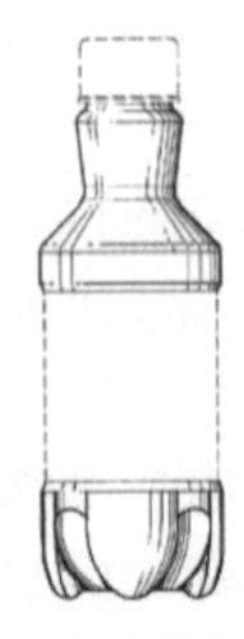

圖9-27　單一物品之部分設計[19]

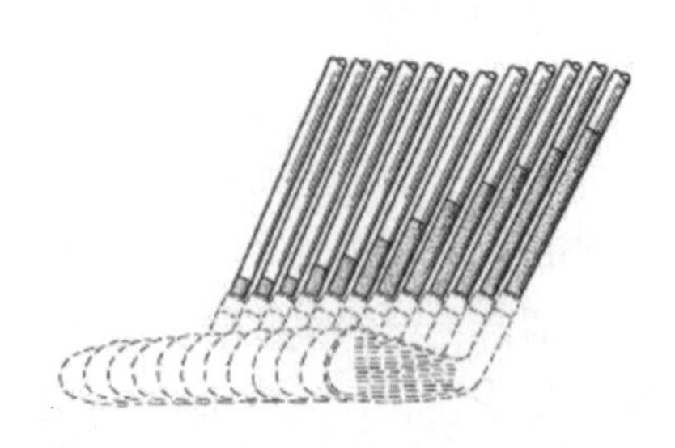

圖9-28　二個以上物品之組合的部分設計[20]

依專利法第121條第1項，部分設計，指物品之部分之形狀、花紋、色彩或其結合之創作；亦即部分設計是物品之部分外觀，包括部分圖像，且不限於單一物品，亦包括成組物品之部分外觀。依前述定義「物品之部分之形狀、花紋、色彩或其結合」，部分設計保護物品中可分離之構件的外觀，如圖9-25，亦保護物品整體的部分外觀，如圖9-26。申請專利之設計為應用於物品中多個組件或多個部分者，亦得申請部分設計，如圖9-27；申請專利之設計為二個以上物品之組合的部分者，亦得申請部分設計，如圖9-28。

---

[17] 圖片來源：摘自歐盟設計公告編號：00000559-003，打火機。

[18] 圖片來源：摘自美國專利公告編號：D559525，Portion of a shoe upper。

[19] 圖片來源：摘自美國專利公告編號：D414419，Bottle。

[20] 圖片來源：摘自美國專利公告編號：D444526，Set of golf club shafts。

三、圖像設計

專利法第121條第1項係保護物品外觀之形狀、花紋、色彩所構成之整體設計及部分設計；除此之外，第2項新增保護應用於物品之電腦圖像及圖形化使用者介面。圖像之內容係呈現於顯示裝置之平面構成（視同花紋）或平面構成與色彩之組合，故圖像本身不能單獨構成申請專利之標的，必須應用於物品（依產業現狀，該物品為顯示裝置）始符合專利法之規定。圖像設計保護之標的限於應用於物品之1.電腦圖像，如前述圖9-10；2.圖形化使用者介面，如圖9-29及圖9-30；及3.電腦圖像及圖形化使用者介面之連續動態變化，如前述圖9-21；不包括以思想內涵或意思表示為主的動畫、影片或遊戲軟體等。

圖9-29　網頁畫面[21]

圖9-30　手機操作選單畫面[22]

四、成組設計

依專利法第129條第2項規定，二個以上之物品，屬於同一類別，且習慣上以成組物品販賣或使用者，得以一設計提出申請，而為成組設計。申請設計專利，應以每一設計提出申請，即以「一設計一申請」原則，合併申請為例外。物品之外觀通常以單一物品為客體，惟若設計創意在於物品之組合形態而非單一物品之外觀者，產業界往往會針對習慣上同時販賣或同時使用之

[21] 圖片來源：摘自韓國設計專利編號：30-2004-0000349，화상 디자인이 표시된 컴퓨터 모니터。

[22] 圖片來源：摘自日本意匠登錄編號：D1356982，攜帶情報端末。

物品組合，運用設計手法使物品組合之整體外觀產生特異之視覺效果，如圖9-31。102年1月1日施行之專利法新增成組設計之標的，將二個以上之物品合併申請視為一設計，而為法定之例外申請態樣。

成組設計與其他設計之差異在於前者為應用於多個物品之設計，而後者為應用於單一物品之設計。若申請專利之設計係多個外觀應用於單一物品，而非以多個物品為客體者，應申請部分設計或圖像設計等，如圖9-32為多個圖像組合而成的圖形化使用者介面，而非申請成組設計。依前述說明，專利法第129條第2項所規範之內容，應為物品組合構成的「成組物品之設計」，而非設計組合構成的「成組設計」。本書維持一般習慣，仍稱「成組設計」。

成組設計之創意在於物品之組合形態，以成組設計取得專利權者，只能就其物品之組合為一整體行使權利，不得就其中單個或多個物品分割行使權利。

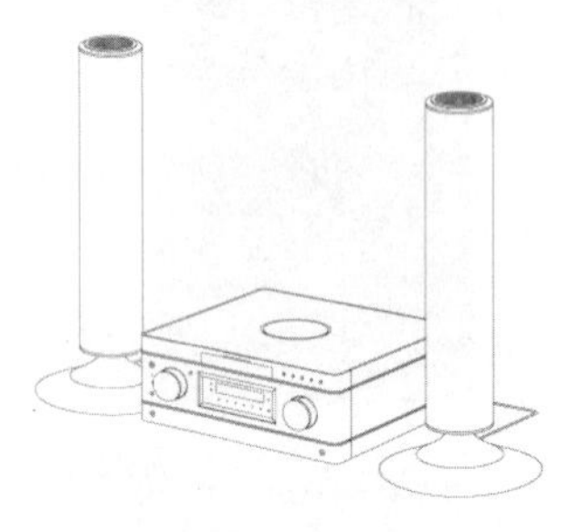

圖9-31　成組設計[23]

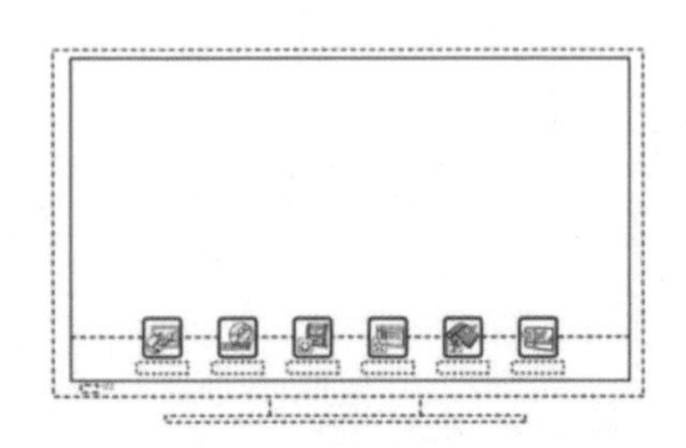

圖9-32　多個圖像之圖像設計[24]

9.3.3 設計專利之類型及關係

設計專利保護之標的有整體設計、部分設計、成組設計及圖像設計四種；衍生設計為禁止重複授予專利的例外形式，得為前述四種標的。本小節簡要說明設計專利四種標的之類型區分及彼此之間的關係，及原設計與衍生設計之關係。

---

[23] 圖片來源：摘自日本意匠登錄編號：D1301375，一組のオーディオ機器セット。

[24] 圖片來源：摘自日本意匠登錄編號：D1359571，テレビジョン受像機。

一、設計專利之類型

依專利法架構，設計專利保護的標的：整體設計、部分設計及圖像設計三者為設計專利的一般申請形式，均定於專利法第121條；衍生設計及成組設計為設計專利的特殊申請形式，分別定於專利法第127條及第129條。

以物品作為區分，設計專利保護的類型為：單一物品的保護（整體設計）、物品之部分的保護（部分設計）及二個以上物品的保護（成組設計）。由於部分設計得由多個部分所構成，故成組設計之部分亦得申請部分設計。

專利法第121條第2項：「圖像設計，係保護應用於物品之電腦圖像及圖形化使用者介面。」依法條文字，圖像設計須為應用於物品之創作，圖像本身並不能單獨構成申請專利之標的，故圖像設計得為：應用於單一物品（圖像設計）及二個以上物品（成組物品之圖像設計）。參照歐盟設計，將圖像視為「物件」，以圖像為標的者，亦可申請圖像之部分及多個圖像之組合。

表9-1　設計專利之類型一覽表

設計專利之類型					
設計之區分	整體設計	部分設計	成組設計	圖像設計	衍生設計
一般申請	○	○		○	
特殊申請			○		○
單一物品	○			○	○
物品之部分		○		圖像之部分	○
多個物品			○	○	○

二、整體設計、部分設計、成組設計及圖像設計

整體設計、部分設計及成組設計三種標的係請求保護一般之形狀、花紋、色彩等外觀；請求保護電腦圖像或圖形化使用者介面者，無論是單一整體圖像（相對於整體設計）、單一圖像之部分（相對於部分設計）、多個圖像之組合（即圖形化使用者介面，可相對於整體設計）或應用於多個物品之多個圖像（相對於成組設計），均稱為「圖像設計」。

就一般之形狀、花紋、色彩而言，應用於單一物品的外觀應申請為整體

設計，如前述圖9-24；應用於物品之部分的外觀應申請為部分設計，如前述圖9-25至圖9-27；應用於二個以上且成組物品的外觀應申請為成組設計，如前述圖9-31。此外，外觀係應用於二個以上物品之部分者，仍得申請為「成組物品之部分設計」，如前述圖9-28；因其並非應用於二個以上物品之全部，不符成組設計之規定，而無「部分設計之成組設計」概念。

就圖像而言，單一整體圖像，如前述圖9-10、圖9-29、圖9-30；圖像之部分，如圖9-33、圖9-34；應用於二個以上物品之圖像，例如電視螢幕之圖像與該電視機遙控器之圖像有相對應之關係者，如圖9-35。

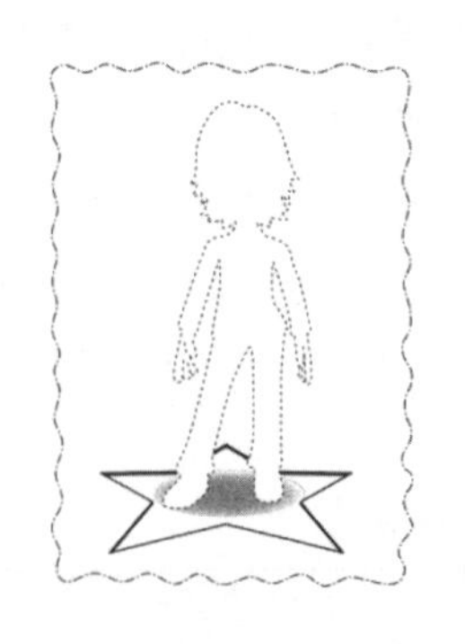

圖9-33　圖像之部分設計[25]

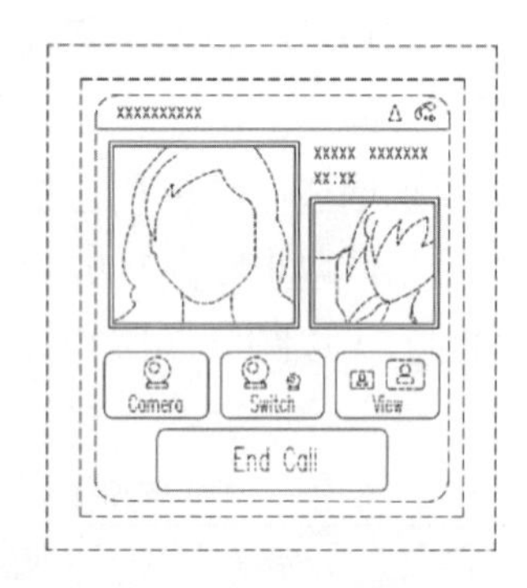

圖9-34　圖像之部分設計[26]

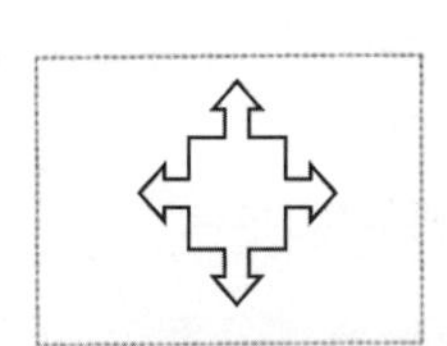

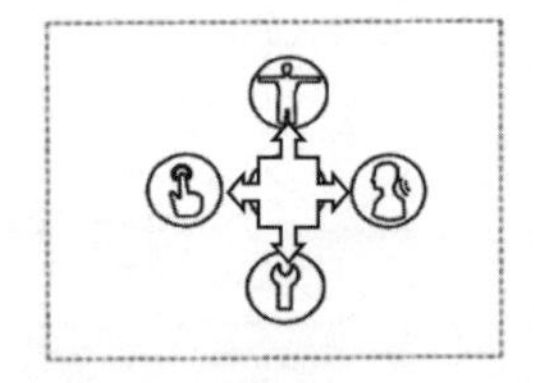

圖9-35　電視螢幕與電視機遙控器之圖像[27]

申請專利之設計並非以多個物品為客體，而為應用於單一物品中多個外觀之組合者，應申請為部分設計，如前述圖9-27，而非申請為成組設計；申請專利之設計為應用於單一物品中多個圖像之組合者，即圖形化使用者介

25 圖片來源：摘自美國設計專利公告編號：D629813，Icon for a display screen。

26 圖片來源：摘自美國設計專利公告編號：D596193，Graphic user interface for a display screen。

27 左圖的遙控器與右圖電視機螢幕上之圖像有同一設計概念者，得申請成組設計。

面，應申請為圖像設計，如前述圖9-19、圖9-20、圖9-29、圖9-30及圖9-32，而非申請為成組設計。

三、外觀與圖像

依專利法第121條：（第1項）設計專利保護應用於物品之全部或部分之外觀（形狀、花紋、色彩或其結合）；（第2項）設計專利亦保護應用於物品之圖像設計（電腦圖像及圖形化使用者介面）。依前述規定及架構，圖像之位階等同於形狀、花紋或色彩，均係應用於物品之創作內容，圖像本身並不能單獨構成申請專利之標的。性質上，圖像之內容係呈現於顯示裝置之平面構成（類似花紋）或平面構成與色彩之組合，但因圖像不一定為資訊或通訊等電子產品之內建軟體產品，同一圖像得呈現於不同品牌電子產品之顯示裝置，尤其圖像不能恆常呈現於物品，故性質上圖像設計與一般形狀、花紋、色彩之外觀設計尚有不同，無法比附援引。因此，圖像設計與外觀設計之間不生相同或近似之問題，亦即不得以相同或近似為由互為核駁之依據、不得互為衍生設計、不得互為主張優先權之基礎、不得互為修正內容且不得互為改請內容等。從而，一物品之創新設計包含外觀及圖像者，得分別申請，亦得作為一整體申請之（如同形狀及花紋）。惟因先前技藝為申請案申請時他人已完成之創作，圖像設計與外觀設計之間仍得互為創作性審查之依據。

四、原設計與衍生設計

依專利法第127條第1項，同一人有二個以上近似之設計，得申請設計專利及其衍生設計專利。另依第128條第4項，衍生設計為禁止重複授予專利的例外形式。現行專利法保護之設計標的包含整體設計、部分設計、成組設計及圖像設計四種，因圖像與外觀無法比附援引，故原設計為一般之形狀、花紋、色彩者，其衍生設計必須為形狀、花紋、色彩，原設計為圖像者，其衍生設計必須為圖像。

五、轉換機制

依專利法第151條規定，部分設計、圖像設計、成組設計及衍生設計僅適用於專利法102年1月1日施行後之新申請案。惟依專利法第156條規定，於102年1月1日施行前尚未審定之新式樣專利申請案，申請人於施行後三個月內，得將申請案改為物品之部分設計專利申請案。另依專利法第157條規定，（第1項）於102年1月1日施行前尚未審定之聯合新式樣專利申請案，適用修正前有關聯合新式樣專利之規定；（第2項）於102年1月1日施行前尚未審定之聯合新式樣專利申請案，且於原新式樣專利公告前申請者，申請人於修正施行後三個月內得將申請案改為衍生設計專利申請案。

另依專利法施行細則第89條：依本法第121條第2項（圖像設計）、第129條第2項（成組設計）規定提出之設計專利申請案，其主張之優先權日早於本法修正施行日102年1月1日者，以本法修正施行日102年1月1日為其優先權日。至於部分設計及衍生設計，因有前述改請之規定，故其優先權日得早於新法施行日102年1月1日。

圖像設計&成組設計
- 102年1月1日後提出之設計新申請案始有適用
- 主張之優先權日早於新法修正施行日者，以102年1月1日為其優先權日

部分設計&衍生設計
- 新法施行前提出之新式樣申請案，得於102年4月1日前申請改為部分設計申請案
- 新法施行前提出之聯合新式樣申請案，得於102年4月1日前申請改為衍生設計申請案
- 主張之優先權日得早於新法施行日102年1月1日

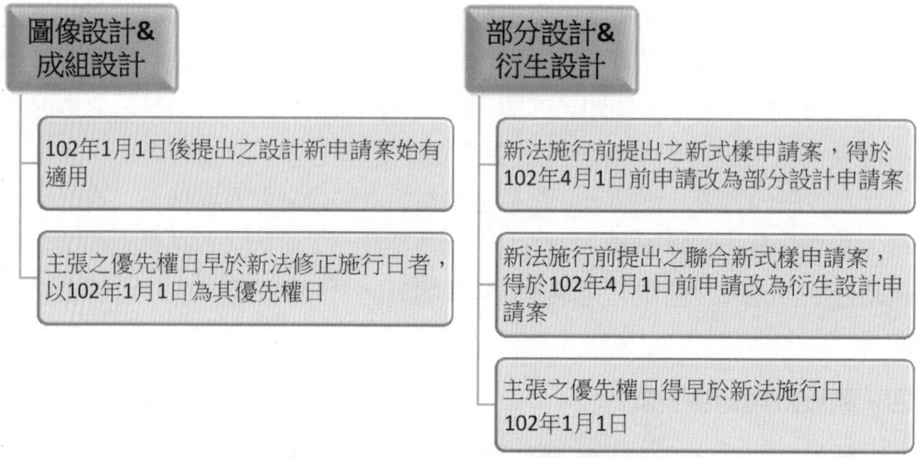

圖9-36　設計專利於過渡期之轉換機制

【相關法條】

專利法：124、128、151、156、157。

施行細則：89。

9.4　不予設計專利之標的

第124條（不予設計專利之標的）
下列各款，不予設計專利： 一、純功能性之物品造形。 二、純藝術創作。 三、積體電路電路布局及電子電路布局。 四、物品妨害公共秩序或善良風俗者。
TRIPs第25條（工業設計保護要件）
1. 對獨創之工業設計具新穎性或原創性者，會員應規定予以保護。會員得規定工業設計與已知設計或已知設計特徵之結合無顯著差異時，為不具新穎性或原創性。會員得規定此種保護之範圍，不及於基於技術或功能性之需求所為之設計。 …

專利制度之目的係透過專利權之授予，鼓勵、保護、利用創作，進而促進國家產業發展。對於不符合國家、社會之利益或違反倫理道德之設計，應不予專利。不予設計專利之標的：

一、純功能性之物品造形

物品造形，包括應用於物品之形狀、花紋、色彩或其結合，及應用於物品之電腦圖像或圖形化使用者介面。物品之外觀特徵純粹係因應其本身或另一物品之功能或結構者，亦即必須連結或裝配於另一物品始能實現各自之功能而達成用途者，即為純功能性之物品造形。例如螺釘與螺帽之螺牙、鎖孔與鑰匙條之刻槽及齒槽等，其外觀僅取決於二物品必然匹配（must-fit）之部分的基本形狀，即屬純功能性考量，並非設計專利保護之標的。然而，設計之目的在於使物品在模組系統中能多元組合或連結者，例如積木、樂高玩具或文具組合等，這類組件不屬於純功能性之物品造形，而應以各組件為審查對象。

二、純藝術創作

設計為實用物品之設計創作，必須可供產業上利用；著作權之美術著作屬精神創作，著重思想、情感之文化層面。純藝術創作無法以生產程序重複再現，並非法定不予設計專利之標的。就美術工藝品而言，雖然得為著作權保護的美術著作，惟若得以工業生產程序大量製造，無論是以手工製造或以機械製造，均得為設計專利保護之標的，故102年1月1日施行之專利法將其排除於專利法第124條之外。就裝飾用途之擺飾物而言，若其為無法以生產程序重覆再現之單一作品，得為著作權保護的美術著作；若其係以生產程序重覆再現之創作，無論是以手工製造或以機械製造，均得准予專利。

三、積體電路電路布局及電子電路布局

積體電路或電子電路布局係基於功能性之配置而非視覺性之創作，而為法定不予設計專利之標的。

四、妨害公共秩序或善良風俗者

基於維護倫理道德，為排除社會混亂、失序、犯罪及其他違法行為，將妨害公共秩序或善良風俗之設計均列入法定不予專利之標的。圖式中所揭露之設計屬猥褻、淫穢者，或說明書中所記載之物品的商業利用會妨害公共秩序或善良風俗者，例如或信件炸彈、迷幻藥吸食器等物品，並非設計專利保護之標的。物品的商業利用不會妨害公共秩序或善良風俗，即使該物品被濫用而有妨害之虞，仍非屬法定不予專利之標的，例如各種棋具、牌具或開鎖工具等。

9.5 一設計一申請

第129條（一設計一申請及成組設計）
申請設計專利，應就每一設計提出申請。 二個以上之物品，屬於同一類別，且習慣上以成組物品販賣或使用者，得以一設計提出申請。 申請設計專利，應指定所施予之物品。

基於經濟上之原因，防止申請人只支付一筆費用而獲得多項專利權之保護，及基於技術及審查上之考量，方便分類、檢索及審查，專利法係以「一設計一申請」為原則，應就每一設計提出申請。

一設計一申請，指一申請案應用於一特定物品之一特定外觀。相同物品具有不同外觀者，例如同屬座椅之辦公椅及休閒椅，或同一外觀應用於多種物品，例如具有相同外觀之平板電腦及手機，即使該物品為近似之物品，仍

不符合一設計一申請原則。

一、何謂一物品

一物品，指一個獨立的設計創作對象，為達特定用途而具備特定功能者。惟若多個組件為達特定用途具有合併使用之必要性者，該多個組件之組合得視為一物品。

得視為一物品之類型：a.具匹配關係之物品，如筆帽與筆身、瓶蓋與瓶子、茶杯與杯蓋、衣服暗扣。b.具左右成雙關係之物品，如成雙之鞋、成雙之襪、成副之手套。c.具成套使用關係之物品，如象棋、紙牌，個別棋子或牌張不具任何用途，不得為一物品，成套之象棋、紙牌始為一物品。因此，象棋、紙牌均非成組物品之設計。

專利法所稱之物品，係指「國際工業設計分類表」（International Classification for Industrial Designs）第三階所列之物品，或以申請專利之設計所屬技藝領域中商品實施的情況下一般公知或業界所認知具有特定用途、功能之物品。例如申請專利之設計為手錶，國際工業設計分類為10-02 W0230，雖然在國際工業設計分類表內之物品並無錶帶，惟錶帶可以搭配各種錶體合併使用，並不一定必須搭配特定錶體始能在市場上交易，而為一般公知或業界所認知具有特定用途、功能之物品，故手錶為一物品，錶帶（手錶之組件）亦為一物品。

二、何謂一外觀

一外觀，指物品所施予一特定之形狀、花紋、色彩或圖像。通常一物品僅具有一外觀，呈現唯一形態；惟若因設計本身之特性，其外觀具有多個形態，例如由於物品之材料特性、機能調整或使用狀態的改變，使物品外觀產生變化，以致其形態並非唯一時，由於該變化屬設計創作的一部分，並未破壞或改變設計，且該設計所屬技藝領域中具有通常知識者能瞭解其設計內容，故在認知上應視為一設計之外觀，得將其視為一個整體之設計申請設計專利。例如，摺疊椅、剪刀或變形機器人玩具等物品之設計，其使用形態具有多個特定變化，或繩子、軟管、衣服或袋子等軟質物品，其使用形態具有多個不規則變化，若其每一變化外觀均屬於該設計的一部分，得將其視為一外觀。

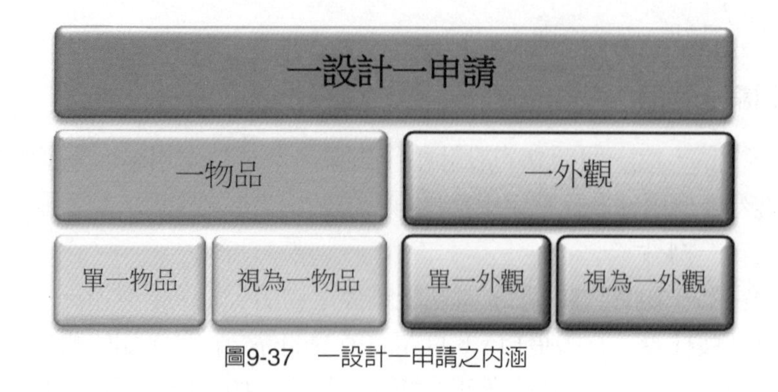

圖9-37　一設計一申請之內涵

9.6　產業利用性

第122條（設計專利三要件）
可供產業上利用之設計，無下列情事之一，得依本法申請取得設計專利： …
TRIPs第25條（工業設計保護要件）
1. 對獨創之工業設計具新穎性或原創性者，會員應規定予以保護。會員得規定工業設計與已知設計或已知設計特徵之結合無顯著差異時，為不具新穎性或原創性。會員得規定此種保護之範圍，不及於基於技術或功能性之需求所為之設計。 …

專利法第134條所定設計專利之實體要件係有關申請專利之設計是否得授予專利權之客體要件（廣義的專利要件），其中最重要者為專利三要件（狹義的專利要件），包括：產業利用性、新穎性（含擬制喪失新穎性）及創作性。

專利法所指之產業，一般咸認應包含廣義的產業，例如工業、農業、林業、漁業、牧業、礦業、水產業等，甚至包含運輸業、通訊業等。

專利法第122條第1項前段所定之「產業利用性」，指申請專利之設計本質上（而非說明書及圖式之揭露形式上）在產業上能被製造（有被製造出來之可能，而非已被製造出來）及使用，即使是以手工製造，仍應認定該設計可供產業上利用，具產業利用性。申請專利之設計不具產業利用性者，典型之例為利用視覺心理或幾何原理之錯視（illusion）效果所繪製的無限迴旋樓梯，而在現實生活中無法被製造及使用者。

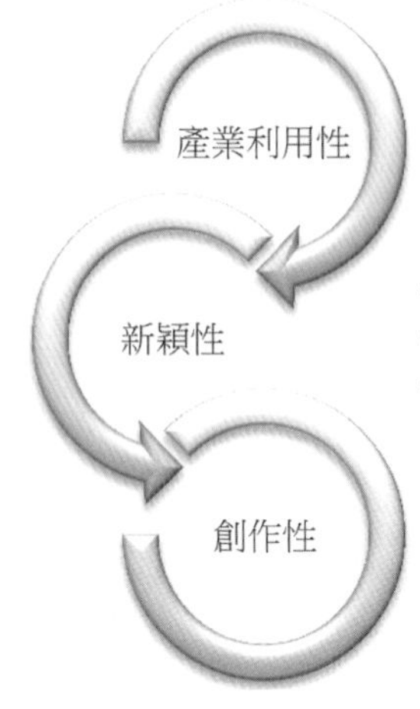

圖9-38　專利三要件

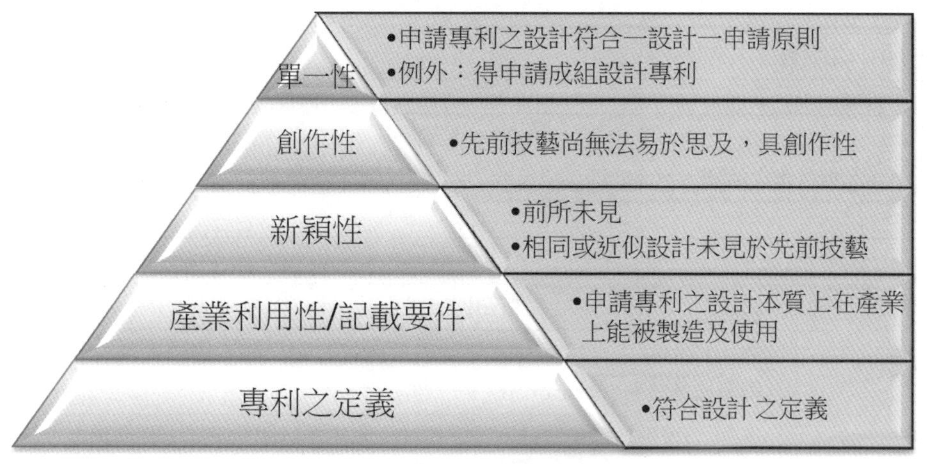

圖9-39　專利要件的審查順序

專利法第122條第1項前段所定之產業利用性，係規定申請專利之設計本質上必須能被製造及使用；專利法第126條第2項所定之可據以實現要件，係規定申請專利之設計的揭露形式，必須使該設計所屬技藝領域中具有通常知識者能瞭解其內容，並可據以製造及使用該設計所施予之物品。前述二項要件在判斷順序或層次上有先後、高低之差異，若申請專利之設計本質上能被製造及使用，且說明書及圖式在形式上已明確且充分揭露申請專利之設計，而達到能被製造及使用之程度，使揭露內容達到該設計所屬技藝領域中具有通常知識者可據以實現，始得准予專利。若申請專利之設計本質上能被製造及使用，只是形式上未明確或未充分揭露申請專利之設計，應屬可據以實現要件所規範之範圍。

【相關法條】

專利法：126、134。

9.7 新穎性

第122條（設計專利三要件）
可供產業上利用之設計，無下列情事之一，得依本法申請取得設計專利： 一、申請前有相同或近似之設計，已見於刊物者。 二、申請前有相同或近似之設計，已公開實施者。 三、申請前已為公眾所知悉者。 …
TRIPs第25條（工業設計保護要件）
1. 對獨創之工業設計具新穎性或原創性者，會員應規定予以保護。會員得規定工業設計與已知設計或已知設計特徵之結合無顯著差異時，為不具新穎性或原創性。會員得規定此種保護之範圍，不及於基於技術或功能性之需求所為之設計。 …

新穎性綱要		
新穎性	圖式中所揭露之申請專利之設計是前所未見者，即不屬於先前技藝（即「既有技藝狀態」state of art）的一部分者。	
先前技藝	範圍	涵蓋申請前所有能為公眾得知之資訊，不限於世界上任何地方、任何語言或任何形式。 能為公眾得知，即先前技藝處於公眾有可能接觸並能獲知其實質內容的狀態，不以公眾實際上已真正得知為必要。
	態樣	專利法所定之態樣：1.申請前已見於刊物；2.申請前已公開實施；3.申請前已為公眾所知悉。
		刊物，向公眾公開散布之文書或載有資訊之其他儲存媒體（含網路）。
	指標	技藝是否處於秘密狀態，若處於秘密狀態，應認定其非屬先前技藝。
審查原則	單獨比對原則。	

新穎性綱要		
新穎性4種態樣		相同或近似之物品&相同或近似之外觀。
判斷主體	普通消費者	應模擬市場消費型態，而以該設計所施予之物品所屬技藝領域中具有普通認知能力的消費者為主體，依其選購商品之觀點，判斷申請專利之設計與先前技藝是否相同或近似。
		普通消費者並非該物品所屬領域中之專家或專業設計者，但因物品所屬領域之差異而具有不同程度的認知能力。
近似判斷	外觀之標準	先前技藝所產生的視覺印象會使普通消費者將該先前技藝誤認為申請專利之設計，即產生混淆、誤認之視覺印象者，應認定申請專利之設計與該先前技藝近似。
	物品之標準	相同物品，指用途相同、功能相同者。 近似物品，指用途相同、功能不同者，或用途相近者。
不主張設計之部分	申請案	得審酌申請案中不主張設計之部分所揭露之內容，據以認定主張設計之部分所應用之物品及其周邊環境所呈現之視覺效果。
	先前技藝	先前技藝中不主張設計之部分係申請案申請時他人已完成的創作，故仍得作為與申請案比對之對象。
	考量因素	1.應用之物品必須相同或近似。 2.「主張設計之部分」的次用途、次功能必須相同或近似。 3.「主張設計之部分」的外觀必須相同或近似。 4.「主張設計之部分」與環境間之位置、大小、分布關係為該技藝領域所常見者。
判斷方式	整體觀察	應以申請案之圖式及先前技藝所揭露之整體外觀作為觀察的對象，僅注意二者整體外觀個別所生之視覺效果，不忽略亦不拘泥於各個設計特徵或細微差異，但應排除功能性設計。
		「肉眼直接觀察比對」僅係說明前述「整體觀察」之觀察方式而已。
	綜合判斷	以容易引起普通消費者注意之特徵為重點，再綜合其他設計特徵，據以構成申請專利之設計整體外觀統合的視覺效果，客觀判斷其與先前技藝是否近似。
	混淆誤認之決定	申請專利之設計與先前技藝二者之視覺效果實質相同而有混淆、誤認之虞者，則構成近似。

新穎性綱要		
	特徵部位	特徵部位，指主、客觀上容易引起普通消費者注意之部位；得依申請專利之設計本身的使用習慣、所屬技藝領域中商品的實施情況、流行趨勢或先前技藝的分布狀態等予以認定。
		1.新穎特徵；2.視覺正面；3.具變化之外觀。

專利制度係授予申請人專有排他之專利權，以鼓勵其公開創作，使公眾能利用該專利之制度。對於專利申請前已公開散布而能為公眾得知之先前技藝已進入公有領域，任何人均得自由利用，並無授予專利之必要。若申請專利之設計與先前技藝相同，授予其專利權，有損公共利益。

9.7.1 新穎性概念

專利法第122條第1項所定之「新穎性」，指圖式中所揭露之申請專利之設計是前所未見者，即與申請專利之設計相同或近似之設計不屬於先前技藝的一部分。

9.7.2 先前技藝

先前技藝，涵蓋申請前所有能為公眾得知之資訊。實體要件的審查，申請專利之設計比對之對象原則上必須是申請案申請前已公開之先前技藝，個案中被引用之比對文件稱為引證文件，申請專利之設計已見於引證文件者，則應認定違反新穎性等專利要件。

一、何謂先前技藝

先前技藝（prior art，專利審查基準並未刻意區分先前技藝與既有技藝狀態state of art之差異），涵蓋申請前所有能為公眾得知（available to the public）之資訊，不限於世界上任何地方、任何語言或任何形式，包括書面、電子、網際網路、口頭、展示或實施等形式。我國專利法第122條第1項係採行絕對新穎性主義，以全世界為範圍，明定構成先前技藝之具體態樣：1.申請前已見於刊物；2.申請前已公開實施；或3.申請前已為公眾所知悉。申請專利之設計屬於前述三種態樣之一者，應認定為不具新穎性，無法取得專利。申請前，指申請案申請日之前，不包含申請日；主張優先權者，指優先權日之前（細§46.I），不包含優先權日。

能為公眾得知，即先前技藝處於公眾有可能接觸並能獲知其實質內容的狀態，不以公眾實際上已真正得知為必要。能為公眾得知，即專利實務上公開散布之概念（例如前述之「公開」實施）。能為公眾得知判斷之關鍵在於該先前技藝是否處於秘密狀態，若處於秘密狀態，該技藝並非能為公眾得知，不應被認定為先前技藝。換句話說，負有保密義務之人所知悉應保密之技藝不屬於先前技藝；惟若違反保密義務而洩露，致該技藝能為公眾得知，則該技藝構成先前技藝。

二、法定先前技藝

專利法第122條第1項所定之先前技藝包括三種：申請前已見於刊物、已公開實施及已為公眾所知悉。

(一)申請前已見於刊物

依專利法施行細則第46條第2項，刊物（printed publication），指向公眾公開之文書或載有資訊之其他儲存媒體。刊物之性質：a.須公開散布，使公眾可得接觸其內容，且b.須為載有資訊之儲存媒體，不以紙本形式之文書為限，並可包括以電子、磁性、光學或載有資訊之其他儲存媒體，如磁碟、磁片、磁帶、光碟片、微縮片、積體電路晶片、照相底片、網際網路或線上資料庫等。

網路上傳輸的資訊對於技藝進步的貢獻並不亞於紙本刊物，專利法所定之刊物，解釋上應包含透過電子通訊網路而能為公眾得知之資訊。電子通訊網路，指所有透過電子通訊線路提供資訊的手段，包括網際網路（internet）及電子資料庫（electronic databases）等。

網路上之資訊是否屬於專利法所定之刊物，應考量公眾是否能得知其網頁及位址，及其散布方式是否開放到能為公眾得知該資訊的狀態，不問公眾是否實際上已進入該網站或進入該網站是否需要付費或密碼，只要網站未特別限制使用者，公眾透過申請手續即能進入該網站，即屬能為公眾得知。符合前述原則之網站例如政府機關、學術機關、國際性機構及聲譽良好之刊物出版社。不符合前述原則之網站，例如：1.未正式公開網址而僅能隨機進入者；2.僅能為特定團體或企業之成員透過內部網路取得之資訊者；3.被加密而無法以付費或免費等通常方式取得資訊內容者。其他相關事項，參照5.7.2

「先前技術」。

(二)已公開實施

依專利法第58條第2項（設計專利準用），專利法所稱之實施包括製造、為販賣之要約、販賣、使用及進口等行為。公開實施，指透過實施行為揭露技藝內容，使該技藝能為公眾得知，並不以公眾實際上已實施或已真正得知該技藝之內容為必要。惟若未經說明，僅由該實施行為，具有通常知識者仍無法得知任何相關之技藝內容者，則不構成公開實施。例如僅公開部分外觀，無法想像整體設計者尚不成公開實施。

(三)已為公眾所知悉

公眾所知悉，指以口語或展示等方式揭露技藝內容，例如藉口語交談、演講、會議、廣播或電視報導等方式，或藉公開展示圖式、照片、模型、樣品等方式，使該技藝能為公眾得知之狀態，並不以其實際上已聽聞或閱覽或已真正得知該先前技藝之內容為必要。

9.7.3 審查原則

新穎性審查時，應以圖式所揭露申請專利之設計的整體為對象，若其與引證文件中單一先前技藝所揭露之外觀相同或近似，且該外觀所施予之物品相同或近似者，應認定為相同或近似之設計，不具新穎性。新穎性審查，應僅就申請專利之設計是否「已揭露」於先前技藝，亦即圖式及說明書所揭露之外觀及物品對應於先前技藝比對判斷之，不必審究其他不對應之部分。例如，申請專利之設計為形狀，先前技藝揭露形狀及花紋，應就形狀單獨比對是否相同或近似，而非就形狀與形狀及花紋進行比對。又如，申請專利之設計物品為錶帶，先前技藝揭露包含錶帶之手錶，應就二錶帶單獨比對是否相同或近似，而非就錶帶與手錶進行比對。審查時，得審酌說明書、圖式及申請時之通常知識，以理解申請專利之設計。

說明書及圖式所揭露「不主張設計之部分」及參考圖，非屬申請專利之設計，而非審查對象（細§53.VI）。雖然申請案中「不主張設計之部分」並非申請專利之設計的一部分，不得作為與先前技藝比對之對象；惟「不主張設計之部分」既為圖式的一部分，而為申請案之內部證據，認定申請專利之設計時，尚得審酌「不主張設計之部分」所揭露之內容，據以認定「主張設計之部分」所應用之物品及其周邊環境所呈現之視覺效果。相對而言，先前技藝中「不主張設計之部分」係申請案申請時他人已完成的創作，得作為與申請案比對之對象。有關申請專利之設計的認定，詳見9.2.2「申請專利之設計的認定」及9.2.3「申請專利之設計與不主張設計之部分」。

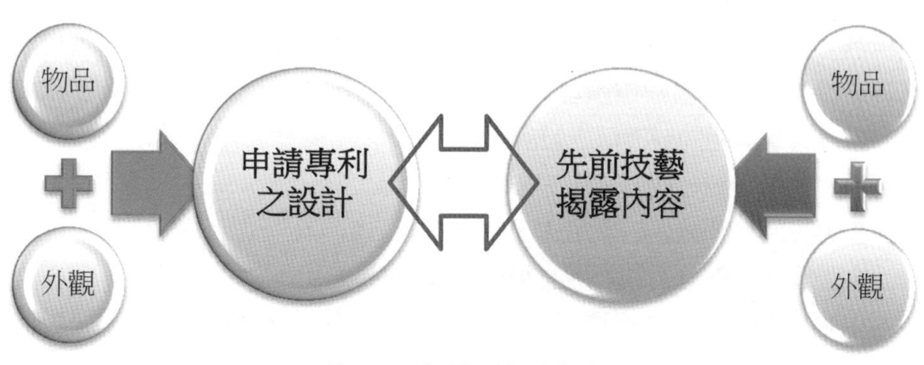

圖9-40　單獨比對─新穎性

9.7.4　判斷主體

專利法第122條第1項並未規定新穎性審查之判斷主體。為排除他人在消費市場上抄襲或模仿設計專利之行為，專利制度授予申請人專有排他之設計專利權範圍包括相同及近似之設計，故判斷申請專利之設計之相同或近似時，審查人員應模擬市場消費型態，而以該設計所施予之物品所屬技藝領域中具有普通認知能力的消費者（本章以下簡稱普通消費者）為主體，依其選購商品之觀點，判斷申請專利之設計與引證文件中之先前技藝是否相同或近似。普通消費者並非該物品所屬領域中之專家或專業設計者，但因物品所屬領域之差異而具有不同程度的認知能力。例如日常用品的普通消費者是一般大眾；醫療器材的普通消費者是醫院的採購人員或專業醫師。

9.7.5　判斷基準

一、相同或近似態樣

相同或近似之設計共計四種態樣，屬於下列其中之一者，即不具新穎性：

1. 應用於相同物品之相同外觀，即相同設計。
2. 應用於相同物品之近似外觀，屬近似設計。
3. 應用於近似物品之相同外觀，屬近似設計。
4. 應用於近似物品之近似外觀，屬近似設計。

基於專利法第136條第2項：「設計專利權範圍，以圖式為準，並得審酌說明書。」申請案圖式中包含「不主張設計之部分」者，該部分會影響申請專利之設計之認定，故申請專利之設計對照引證文件尚須符合下列四項要件，始得認定為相同或近似之設計：

1. 應用之物品必須相同或近似。
2. 「主張設計之部分」的次用途、次功能必須相同或近似。
3. 「主張設計之部分」的外觀必須相同或近似。
4. 「主張設計之部分」與環境間（「主張設計之部分」對照「不主張設計之部分」）之位置、大小、分布關係為該技藝領域所常見者。

圖9-41　設計專利之相同或近似態樣

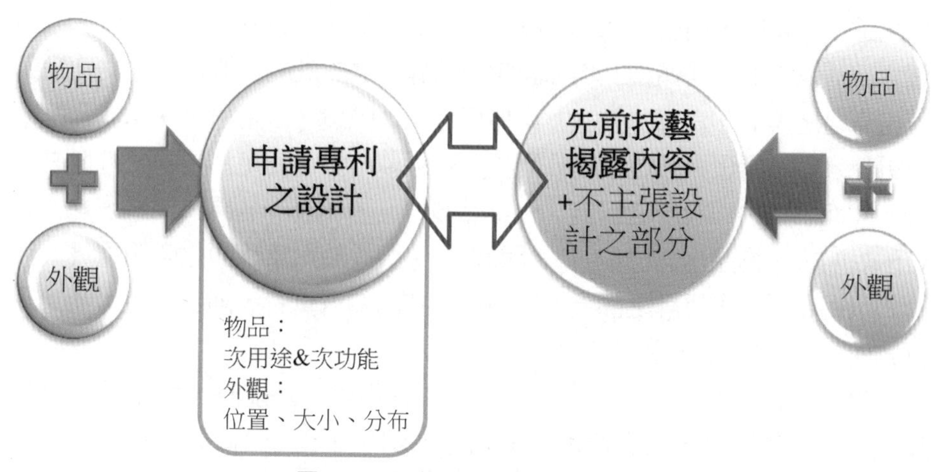

圖9-42　不主張設計之部分的比對

二、相同或近似判斷

申請專利之設計申請前有相同或近似之設計屬於先前技藝的一部分者，不具新穎性。近似判斷，包括物品的相同、近似及外觀的相同、近似。

(一)物品的相同、近似判斷

物品的相同、近似判斷，應以圖式為準，得審酌設計名稱及物品用途之記載。物品的相同或近似判斷，尤其是用途相近之物品，應模擬普通消費者使用該物品的實際情況，並考量申請專利之設計於所屬技藝領域中該物品實施（商品生產及交易）的情況，尚得審酌「國際工業設計分類」。

相同物品，指用途相同、功能相同者。

近似物品，指用途相同、功能不同者，或用途相近者。例如凳子與靠背椅，靠背椅附加靠背功能，二者用途相同、前者無靠背功能；鋼筆與原子筆，二者書寫用途相同，但供輸墨水之功能不同，均屬近似物品。又如餐桌與書桌，二者用途、功能相近，亦屬近似物品。專利審查基準指：「近似物品，指用途、功能相近者；判斷物品用途、功能是否相近」，然而，前述凳子無靠背功能，靠背椅有靠背功能，難以理解「有」與「無」如何相近？

申請專利之設計所應用之物品，應以圖式所揭露該設計所施予之物品為主，並輔以設計名稱所指定之物品或物品用途之說明，予以認定。申請案圖式中包含「不主張設計之部分」者，應審究「主張設計之部分」本身之次用途、次功能，尚應審究其所應用之物品。例如，設計名稱為「汽車之頭燈」，「汽車」及「頭燈」均係認定申請專利之設計的依據，引證文件揭露「機車之尾燈」，汽車（物品）與機車近似，頭燈（次用途、次功能）與尾燈近似。若該頭燈與該尾燈之外觀相同或近似，始得認定為相同或近似之設計。然而，雖然一設計名稱為「汽車之頭燈」另一設計名稱為「頭燈」，經審酌說明書，物品用途已敘明該「頭燈」係裝設於汽車車頭之照明燈具，且圖式所揭露「主張設計之部分」所應用之物品為汽車者，則應認定前述二設計案所指定之物品相同。

專利審查基準指：「當該物品具有多種用途、功能時，如果其中部分用途、功能相同者，二者應屬近似物品，例如兼具mp3播放用途、功能之行動電話與mp3播放器，其二者皆具有mp3播放用途、功能，二者屬近似物品。」近似物品，指用途相同、功能不同者，或用途相近者。前述基準「其中部分用途、功能相同者，二者應屬近似物品」與普通消費者之認知顯然有違：以電腦鍵盤與手機為例，二者均包括按鍵功能，依前述基準，二者之部分功能相同，會產生電腦鍵盤與手機屬近似物品之誤解；另以辦公椅與汽車為例，汽車中也有座椅，依前述基準，辦公椅與汽車中之座椅用途相同，二者之部分用途相同，會產生辦公椅與汽車屬近似物品之誤解。

(二)外觀的相同、近似判斷

新穎性審查，審查人員應模擬普通消費者選購商品之觀點，比對、判斷申請專利之設計與引證文件中所揭露之單一先前技藝中相對應之部分是否相同或近似。認定申請專利之設計與先前技藝是否相同，並非指二者之外觀必須完全一樣，若外觀僅有細微變化而對於整體視覺效果並無顯著影響者，仍應認定其外觀與先前技藝相同，例如角隅之圓角變大或變小、散熱孔增減少數幾孔。若依選購商品之觀察與認知，該先前技藝所產生的視覺印象會使普通消費者將該先前技藝誤認為申請專利之設計，即產生混淆、誤認之視覺效果者，應認定申請專利之設計與該先前技藝近似。

新穎性審查，重點在於外觀的近似判斷，經由9.7.6「外觀的判斷方式」，若申請專利之設計與先前技藝僅有細微差異，二者外觀整體之視覺效果實質相同，不足以產生不同之視覺印象者，應認定二者之外觀相同或近似。

三、「不主張設計之部分」的判斷

申請案圖式中包含「不主張設計之部分」者，申請專利之設計的相同、近似判斷，除須考量「主張設計之部分」的外觀是否相同或近似外，尚須考量「主張設計之部分」與環境（即「不主張設計之部分」）間之位置、大小、分布關係是否為該技藝領域中常見者。若申請專利之設計「主張設計之部分」與先前技藝所揭露之外觀相同或近似，即使「主張設計之部分」與環境間之位置、大小、分布關係與先前技藝不同，但為該技藝領域中常見者，則應認定申請專利之設計與先前技藝之外觀近似。

圖9-43　唇印設於咖啡杯緣[28]

圖9-44　唇印設計咖啡杯面[29]

圖9-45　小唇印設於玻璃杯緣[30]

圖9-46　大唇印設於玻璃杯緣[31]

相對要件之審查，包括新穎性、擬制喪失新穎性、先申請原則及創作性等，圖式中包含「不主張設計之部分」者，無論是申請案或先前技藝圖式中「不主張設計之部分」均應審酌之，據以認定所應用之物品及「主張設計

[28] 假設申請案圖式顯示唇印為「主張設計之部分」，杯及盤為「不主張設計之部分」。
[29] 先前技藝為專利案者，唇印、杯或盤為「主張設計之部分」或「不主張設計之部分」均不論。
[30] 假設申請案圖式顯示唇印為「主張設計之部分」，杯及盤為「不主張設計之部分」。
[31] 假設申請案圖式顯示唇印為「主張設計之部分」，杯及盤為「不主張設計之部分」。

之部分」對照「不主張設計之部分」之位置、大小、分布關係是否為該技藝領域所常見。簡言之，新穎性審查，先前技藝中「主張設計之部分」及「不主張設計之部分」已揭露申請專利之設計，而為相同或近似者，應認定不具新穎性；擬制喪失新穎性審查，先申請後公開之先申請案中「主張設計之部分」及「不主張設計之部分」已揭露申請專利之設計，而為相同或近似者，應認定擬制喪失新穎性；先申請原則審查，先申請案與申請案二個申請專利之設計相同或近似者，應認定不符合先申請原則。例如：申請案「主張設計之部分」為唇印，「不主張設計之部分」為杯子，如圖9-43。當先前技藝揭露杯面中段設唇印，如圖9-44，因申請案之唇印設於杯緣，二者之位置、大小、分布關係並非該技藝領域所常見，應認定申請案具新穎性；由於二者趣味不同（申請案之唇印有如喝咖啡後遺留之印記，先前技藝之唇印僅為花紋單元之選擇），而有不同的視覺效果，應認定申請案具創作性（參9.10「創作性」）。當申請案揭露咖啡杯之杯緣設唇印，如圖9-43，先前技藝之杯緣亦設相同唇印，僅變更為不同形狀之玻璃杯，如圖9-45，二者之位置、大小、分布關係為該技藝領域所常見，應認定申請案不具新穎性。當先前技藝揭露杯緣設小唇印，如圖9-45，申請案之杯緣設大唇印，如圖9-46，二者之位置、大小、分布關係為該技藝領域所常見，應認定申請案不具新穎性。

9.7.6 外觀的判斷方式

外觀判斷方式不僅適用於新穎性，亦適用於擬制喪失新穎性及先申請原則有關外觀之相同、近似判斷。

一、整體觀察

申請專利之設計係由圖式中揭露之點、線、面構成設計二度或三度空間的整體外觀，判斷設計之外觀的相同、近似時，應以圖式所揭露之形狀、花紋、色彩構成的整體外觀作為觀察、判斷的對象，僅注意整體外觀所生之視覺效果，不忽略亦不拘泥於各個設計特徵或細微差異，但應排除純功能性特徵。若說明書及圖式所揭露之內容包含「主張設計之部分」及「不主張設計之部分」者，申請專利之設計的認定應以圖式中「主張設計之部分」的整體外觀為準，「不主張設計之部分」並非申請專利之設計的外觀內容，但應審酌之，據以認定該設計所應用之物品及環境。

實際進行外觀的觀察、比對時，應就申請案之圖式所揭露申請專利之設計的整體外觀（在腦海中再構成單一外觀）與引證文件所揭露之先前技藝中相對應之部分進行比對（不相對應之部分不予比對，例如申請專利之設計「握把」只比對先前技藝「鋤頭」中之握把，而非比對鋤頭整體設計），而非就二者之六面視圖的每一視圖分別逐一觀察、比對，亦非就圖式所揭露之點、線、面逐一觀察、比對。

二、肉眼直接觀察比對

外觀的相同、近似判斷，應模擬普通消費者選購商品之行為，觀察一般商品通常係以肉眼直觀為準，不得藉助儀器，以免將細微差異放大，而將原先足以使普通消費者混淆之外觀判斷為不近似。惟若普通消費者選購商品時習慣上係藉助儀器觀察商品以確認其外觀者，就該商品所屬技藝領域而言，其新穎性審查應模擬普通消費者選購商品之行為，藉助儀器觀察之，故究係僅以肉眼直觀或藉助儀器觀察，在所不問，端視該設計所屬技藝領域之人之普通認知及使用習慣而定。

前述說明與專利法第121條第1項「透過視覺訴求」之規定並無二致，故所謂「肉眼直接觀察比對」僅係說明前述「整體觀察」之觀察方式而已。

三、綜合判斷

雖然外觀的相同、近似判斷係觀察、比對申請專利之設計的整體外觀，不忽略亦不拘泥於各個設計特徵或細微差異，惟整體外觀所產生之視覺效果主要取決於容易引起普通消費者注意進而影響其選購商品之特徵。

綜合判斷，係以容易引起普通消費者注意之「特徵部位」為重點，再綜合其他設計特徵，據以構成申請專利之設計整體外觀統合的視覺效果，客觀判斷其與先前技藝是否相同或近似。申請專利之設計的「特徵部位」，指主、客觀上容易引起普通消費者注意之部分；得依申請專利之設計本身的使用習慣、所屬技藝領域中商品的實施情況、流行趨勢或先前技藝的分布狀態等予以認定。尤須強調者，「特徵部位」可能是整體外觀之構成或基本形態，而非限於某個設計特徵或部位，或某些設計特徵或部位之組合，故得以「要部」理解之。

外觀的相同、近似判斷，雖然係以申請專利之設計之整體外觀為對象，但核心在於申請專利之設計的「特徵部位」，判斷時應賦予該「特徵部位」較大的權重。若申請專利之設計與先前技藝二者之視覺效果實質相同而有混淆、誤認之虞者，則構成相同或近似。簡言之，先前技藝與申請專利之設計之「特徵部位」不近似，即使其他設計特徵相同或近似，原則上仍應認定二者不近似；反之，二者「特徵部位」相同或近似，即使其他設計特徵不近似，原則上仍應認定二者近似。

決定申請專利之設計與先前技藝是否相同或近似之「特徵部位」例示如下：

1. 新穎特徵，指申請專利之設計對照先前技藝客觀上使該外觀具新穎性、創作性等專利要件之創新內容，其必須是透過視覺訴求之視覺性特徵（裝飾性特徵），不包括功能性特徵。新穎特徵係申請專利之設計中異於先前技藝之所在，因二者外觀之不同而生特異之視覺效果，相對於已知的設計特徵，新穎特徵更容易引起普通消費者注意。實際審查時，係經審查人員觀察申請專利之設計後，依其長期審查經驗，從心中油然而生之視覺效果，據以認知可能的新穎特徵，嗣經檢索、比對後，始能客觀認定申請專利之設計是否具新穎特徵。至於說明書中所載之新穎特徵，係申請人主觀之認定，僅能作為審查之參考。
2. 視覺正面，指普通消費者選購或使用商品時主觀上會注意的部位。雖然外觀的相同、近似判斷必須整體觀察申請專利之設計及先前技藝，而不忽略或拘泥於各個設計特徵或細微差異，惟並非所有物品的整體外觀均會引起普通消費者注意。例如，龐大厚重之物品，因使用習慣或人因工學之限制，通常其底部、背部均非視覺所容易觸及，故均非普通消費者主觀上會關注之部位，汽車之底盤、冰箱之背面均屬之。小巧輕盈之物品雖然不受人因工學之限制，但因使用習慣，亦有普通消費者主觀上不會關注之底部、背部，手錶背面、杯盤底面均屬之。因此，審查時應依物品特性，以普通消費者選購或使用商品時主觀上會關注的部位作為判斷重點。
3. 外觀之變化，指因應商業競爭、運輸、收藏及消費者需求等，設計創意在於外觀之變化者，例如摺疊式物品可伸展為使用狀態或摺疊成收藏狀態，應以外觀之變化為判斷重點，先前技藝僅揭露申請專利之設計其中之一外觀，而未揭露其他外觀者，應認定二者不相同亦不近似。

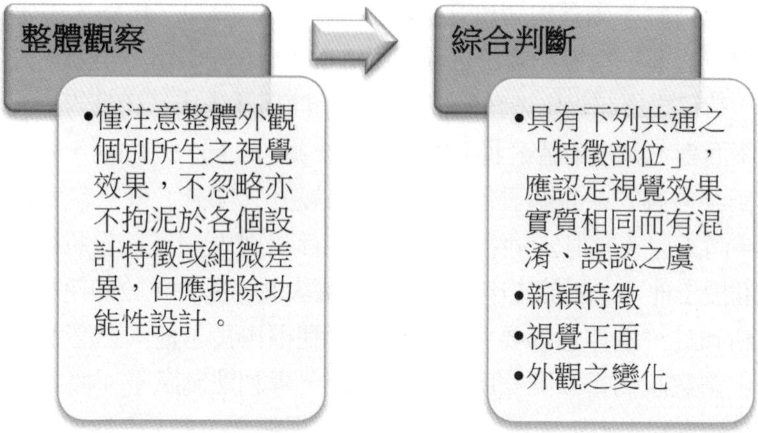

整體觀察

•僅注意整體外觀個別所生之視覺效果，不忽略亦不拘泥於各個設計特徵或細微差異，但應排除功能性設計。

綜合判斷

•具有下列共通之「特徵部位」，應認定視覺效果實質相同而有混淆、誤認之虞
•新穎特徵
•視覺正面
•外觀之變化

圖9-47　外觀近似判斷之方式

【相關法條】

專利法：58、121、136。

施行細則：46、53。

9.8　擬制喪失新穎性

第123條（設計專利之擬制喪失新穎性）
申請專利之設計，與申請在先而在其申請後始公告之設計專利申請案所附說明書或圖式之內容相同或近似者，不得取得設計專利。但其申請人與申請在先之設計專利申請案之申請人相同者，不在此限。

擬制喪失新穎性綱要	
擬制喪失新穎性	後申請案申請專利之設計已揭露於先申請後公告之我國先申請之設計說明書或圖式者，擬制該後申請案喪失新穎性。
申請人	後申請案與先申請案之申請人應不同。
審查基準	準用新穎性之審查基準。
審查對象	後申請案申請專利之設計vs.先申請案之說明書及圖式（含不主張設計之部分）。
限制	設計vs.設計。
	國內申請案。
	先申請案必須是後申請案申請日或優先權日之前已申請，嗣後始核准公告。

按先前技藝係涵蓋申請日之前所有能為公眾得知之技藝，主張優先權者，申請日之前，指優先權日之前（細§46.I）。先申請案申請在先，在後申請案申請日之後該先申請案始核准公告（簡稱「先申請後公告」），對於後申請案而言，該先申請案並不構成先前技藝的一部分。然而，對於已揭露於先申請案之圖式或說明書但為「不主張設計之部分」或「參考圖」之內容，係申請人已完成但公開給社會大眾自由利用的設計，一旦將後申請案專利權核准授予他人，對於先申請案之專利權人並不公平，故即使後申請案並未違反新穎性、創作性等要件，仍無將專利權再授予他人之必要。因此，對於先申請案說明書或圖式所揭露之設計，專利法制賦予「擴大先申請地位」，設計專利先申請案之說明書及圖式所揭露之內容，得為審查後申請案是否具新穎性之先前技術，以阻卻他人取得專利權。前述「擴大先申請地位」屬於新穎性概念下之專利要件，審查基準稱為「擬制喪失新穎性」，以別於新穎性及先申請原則。惟應注意者，擬制喪失新穎性不適用於先申請案與後申請案均為同一申請人的情況。

一、比對對象

擬制喪失新穎性之審查應以我國之後申請案申請專利之設計為對象，而以其先申請後公告之設計專利案（外國申請案不適用）說明書及圖式所揭露之內容為依據，就申請專利之設計與先申請案說明書或圖式中所揭露之技藝內容進行比對判斷（先、後申請案所揭露申請專利之設計相同或近似時，亦違反先申請原則），若申請專利之設計與先申請案說明書或圖式中所揭露之內容相同或近似者，即擬制喪失新穎性。

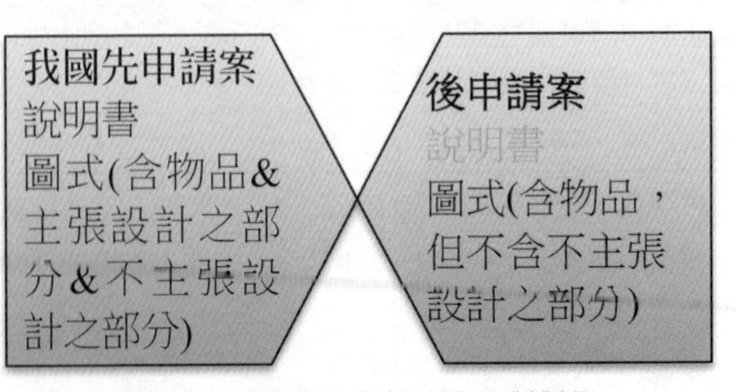

圖9-48　擬制喪失新穎性之比對對象

二、審查原則及判斷基準

有關之審查原則、判斷基準準用新穎性之審查。

三、擬制喪失新穎性之限制

設計為透過視覺訴求之創作，其與發明或新型為技術思想之創作不同，故審查設計案之擬制喪失新穎性時，僅先申請之設計案得作為引證文件。

擬制喪失新穎性之概念並不適用於創作性之審查，因前者適用之引證文件須為「我國」「先申請後公開」之「設計」「申請案」，而後者適用之引證文件必須是申請日之前已公開之先前技藝，且不限於我國的設計申請案。

同一人有先、後二申請案，與後申請案申請專利之設計相同或近似之設計雖然已揭露於先申請案之說明書或圖式，但並非先申請案申請專利之設計時，例如僅揭露於先申請案之「不主張設計之部分」或參考圖中，由於係同一人就其設計請求不同專利權之保護，若在後申請案申請日之前先申請案尚未公告，且並無重複授予專利權之虞，後申請案仍得予以專利。因此，擬制喪失新穎性僅適用於不同申請人在不同申請日有先、後二申請案，而後申請案所申請之設計與先申請案所揭露之設計相同或近似的情況。

【相關法條】

專利法：128。

施行細則：46。

9.9　先申請原則

第128條（設計之先申請原則）
相同或近似之設計有二以上之專利申請案時，僅得就其最先申請者，准予設計專利。但後申請者所主張之優先權日早於先申請者之申請日者，不在此限。 前項申請日、優先權日為同日者，應通知申請人協議定之；協議不成時，均不予設計專利。其申請人為同一人時，應通知申請人限期擇一申請；屆期未擇一申請者，均不予設計專利。 各申請人為協議時，專利專責機關應指定相當期間通知申請人申報協議結果；屆期未申報者，視為協議不成。

前三項規定，於下列各款不適用之：
一、原設計專利申請案與衍生設計專利申請案間。
二、同一設計專利申請案有二以上衍生設計專利申請案者，該二以上衍生設計專利申請案間。

先申請原則綱要	
先申請原則	相同設計有二以上之專利申請案時，僅最先申請者得准予專利。
禁止重複授予專利原則	相同設計有二以上專利申請案同日申請時，僅得授予一專利；同一人申請者必須擇一申請，不同人申請者必須協議定之。
申請人	先申請案與後申請案申請人可相同或不同。
審查基準	相同或近似之設計。
審查對象	後申請案申請專利之設計vs.先申請案申請專利之設計。
限制	設計vs.設計。
	國內申請案。
	先申請案必須已取得專利權。
不適用	因衍生設計係先申請原則之例外規定，故下列各款不適用： 1. 原設計vs.其衍生設計。 2. 同一原設計之衍生設計vs.衍生設計。

專利權係一種絕對的排他權（著作權係相對的排他權），二人以上有同一設計，或同一人有二件以上相同之設計時，若該設計滿足其他專利要件，只能授予一件專利權。因為二人以上有相同設計之排他權，會形成每個人都不能實施，不利於產業發展；同一人有二件以上相同設計之專利權，無形中會延長其專利權期間損及公益。在絕對排他權的前提下，一設計一專利是專利制度所採行的基本原則，因而衍生出應由何人取得權利的爭執。決定之標準有二種，先發明主義及先申請主義。以鼓勵設計創作的角度，先發明主義比較符合法理與一般人的觀念，但設計的先後順序難以認定，故全球均採先申請主義，美國原本採行先發明主義，亦於2010年9月改採具有先申請主義色彩的先發明人申請原則。

基於專利法制絕對排他權之概念，除了以申請先後決定由何人取得專利的標準外，專利法上先申請原則的另一目的係排除重複授予專利權。當然，禁止重複專利原則適用的範圍限於同一國家之境內，亦即台灣專利與他國專利不生禁止重複專利的問題。

9.9.1　先申請原則之審查

我國專利制度採先申請主義，相同或近似之設計（但不及於發明、新型）有二件以上專利申請案時，僅得就最先申請者准予專利，申請先後的判斷以申請日為準，有優先權日者以優先權日為準（細§46.I）。相同或近似之設計有二件以上專利申請案同日申請時，僅得授予一專利，同一人申請者必須擇一申請，不同人申請者必須協議定之，禁止重複授予專利權。

一、審查原則及判斷基準

有關之審查原則及判斷基準準用新穎性之審查。

二、先申請原則與擬制喪失新穎性

審查時，先申請原則與擬制喪失新穎性適用之比對對象：

1. 先申請原則：先申請案之申請專利之設計vs.後申請案之申請專利之設計。
2. 擬制喪失新穎性：先申請案之說明書及圖式vs.後申請案之申請專利之設計。

適用先申請原則、擬制喪失新穎性之態樣：

1. 同一人於同一日申請（先申請原則）
2. 同一人於不同日申請（先申請原則）
3. 不同人於同一日申請（先申請原則）
4. 不同人於不同日申請（擬制喪失新穎性）

雖然4.同時適用於擬制喪失新穎性及先申請原則，但因先申請原則之立法目的在於禁止重複專利，故4.之適用宜為擬制喪失新穎性。

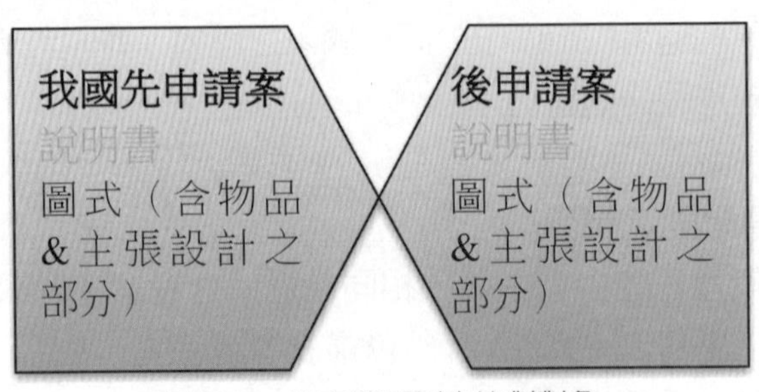

圖9-49　先申請原則之比對對象

表9-2　新穎性、擬制喪失新穎性及先申請原則之適用一覽表

申請日		不同人	同一人
不同日申請	先申請案先公告	新穎性	新穎性
	先申請案後公告	擬制喪失新穎性	先申請原則
同日申請		先申請原則	先申請原則

9.9.2　法定之處理程序

不同人於同日申請同一設計者，應通知申請人協議定之，協議不成，均不予專利。各申請人為協議時，專利專責機關應指定相當期間通知申請人申報協議結果，屆期未申報者，視為協議不成，均不予專利。

同一人於同日申請同一設計者，應通知申請人擇一申請，未擇一申請者，均不予專利。

【相關法條】

專利法：123。

施行細則：46

9.10　創作性

第122條（設計專利三要件）
… 設計雖無前項各款所列情事，但為其所屬技藝領域中具有通常知識者依申請前之先前技藝易於思及時，仍不得取得設計專利。 …

TRIPs第25條（工業設計保護要件）
1. 對獨創之工業設計具新穎性或原創性者，會員應規定予以保護。會員得規定工業設計與已知設計或已知設計特徵之結合無顯著差異時，為不具新穎性或原創性。會員得規定此種保護之範圍，不及於基於技術或功能性之需求所為之設計。 …

創作性綱要		
創作性	申請專利之設計的整體外觀係具有通常知識者依申請前之先前技藝及通常知識易於思及者，稱該設計不具創作性。	
判斷主體	法定為該設計所屬技藝領域中具有通常知識者。	
先前技藝	不限於相同或近似的物品領域。	
判斷步驟	步驟1	確定申請專利之設計的範圍。
	步驟2	確定相關先前技藝所揭露的內容。
	步驟3	確定申請專利之設計所屬技術領域中具有通常知識者之技藝水準。
	步驟4	確認申請專利之設計與相關先前技藝之間的差異。
	步驟5	判斷申請專利之設計與先前技藝之間的差異是否足以使該設計所屬技藝領域中具有通常知識者參酌先前技藝及申請時之通常知識而能易於思及申請專利之設計整體。
不具創作性	認定	申請專利之設計與主要引證之差異僅係參酌先前技藝與申請時之通常知識所為簡易手法之創作，例如組合、修飾、置換或轉用等簡易之設計手法，而無法使申請專利之設計整體外觀產生特異之視覺效果者，應認定該設計為易於思及，不具創作性。
	態樣	1.模仿自然界形態；2.利用自然物或自然條件；3.模仿著名著作；4.直接轉用；5.簡易的置換、組合；6.僅改變位置、比例、數目等；7.增加、刪減或修飾細部設計；8.運用習知設計

申請專利之設計與先前技藝不相同亦不近似，但該設計之整體外觀係該設計所屬技藝領域中具有通常知識者依申請前之先前技藝易於思及者，稱該設計不具創作性。創作性之審查對象為申請專利之設計的整體，設計並非技術思想之創作，其創作內容在於外觀而不在於物品本身，設計所施予之物品並無創作性可言。

專利制度係授予申請人專有排他之專利權，以鼓勵其公開設計，使公眾能利用該設計之制度。申請專利之設計對照先前技藝不相同且不近似而具新穎性，但該設計所屬技藝領域中具有通常知識者依先前技藝並參酌通常知識，依然能易於思及申請專利之設計者，該申請專利之設計對於先前技藝並無貢獻，則無授予專利之必要。

9.10.1 創作性概念

易於思及，指該設計所屬技藝領域中具有通常知識者依據一份或多份引證文件所揭露之先前技藝，並參酌申請時之通常知識，而能將該先前技藝以組合、修飾、置換或轉用等簡易之設計手法完成申請專利之設計，而該設計未產生特異之視覺效果者，該設計之整體即屬顯而易知，應認定為易於思及之設計。

創作性係取得設計專利的要件之一，申請專利之設計是否具創作性，應於其具新穎性（包括擬制喪失新穎性）之後始予審查，不具新穎性者邏輯上亦不具創作性。

9.10.2 先前技藝

得為新穎性審查之先前技藝必須限於相同或近似之物品領域；創作性審查的先前技藝不限於相同或近似的物品領域。創作性審查之先前技藝參照9.7.2。

9.10.3 審查原則

設計專利係保護透過視覺訴求之創作，雖然申請專利之設計的實質內容係由物品結合外觀所構成，惟其創作內容在於應用於物品之外觀，而非物品本身。創作性審查應以圖式所揭露之點、線、面所構成申請專利之設計的整體外觀為對象，判斷其是否易於思及，易於思及之設計即不具創作性。

創作性審查應以申請專利之設計整體外觀為對象。審查創作性時，不限於任何技藝領域，得以引證文件所揭露任何技藝領域之先前技藝的組合，判斷申請專利之設計整體設計是否易於思及；將先前技藝以組合、修飾、置換或轉用等簡易之設計手法完成申請專利之設計，而無法使申請專利之設計整體外觀產生特異之視覺效果者，應認定為易於思及之設計。

雖然不得將整體設計拆解為基本的幾何線條或平面等設計元素，再審究該設計元素是否已見於先前技藝，惟在審查過程中，得就整體設計在視覺上得以區隔的部位審究其是否已揭露於先前技藝或習知設計，並應就整體設計綜合判斷是否為易於思及。

9.10.4　判斷主體

新穎性審查之判斷主體為普通消費者；依專利法規定，創作性審查之判斷主體為該設計所屬技藝領域中具有通常知識者。

專利法第122條第2項及第126條第1項所稱「該設計所屬技藝領域中具有通常知識者」（a person skilled in the art / a person having ordinary skill in the art），施行細則第47條：（第1項）本法所稱所屬技藝領域中具有通常知識者，指具有申請時該設計所屬技藝領域之一般知識及普通技能之人。（第2項）前項所稱申請時，依本法第142條第1項準用第28條第1項規定主張優先權者，指該優先權日。

該設計所屬技藝領域中具有通常知識者，係一虛擬之人，指具有申請時該設計所屬技藝領域中之一般知識（general knowledge）及普通技能（ordinary skill）之人，且能理解、利用申請時的先前技藝。申請時，指申請日，主張優先權者，為優先權日。一般知識，指該設計所屬技藝領域中已知的知識，包括習知或普遍使用的資訊以及教科書或工具書內所載之資訊，或從經驗法則所瞭解的事項。普通技能，指執行設計工作之普通能力。申請時之一般知識及普通技能，合稱「申請時之通常知識」。

9.10.5　判斷基準

一、判斷步驟

申請專利之設計是否具創作性，通常得依下列步驟進行判斷：

- 步驟1：確定申請專利之設計的範圍；
- 步驟2：確定先前技藝所揭露的內容；
- 步驟3：確定申請專利之設計所屬技藝領域中具有通常知識者之技藝水準；
- 步驟4：確認申請專利之設計與先前技藝之間的差異；
- 步驟5：判斷申請專利之設計與先前技藝之間的差異是否足以使該設計所

屬技藝領域中具有通常知識者參酌先前技藝及申請時之通常知識而能易於思及申請專利之設計的整體。

(一)確定申請專利之設計的範圍

申請專利之設計的確定詳見9.2.2「申請專利之設計的認定」。

申請案圖式包含「不主張設計之部分」者，該「不主張設計之部分」：1.不屬於申請專利之設計的內容，但得作為認定申請專利之設計的參考；2.得作為認定該設計所應用之物品的依據；3.得審酌其所揭露之環境。詳見9.2.3「申請專利之設計與不主張設計之部分」。

(二)確定先前技藝所揭露的內容

先前技藝所揭露的內容包括所應用之物品及該物品之外觀，揭露之程度必須可據以實現該設計。

先前技藝為申請案者，先前技藝所揭露的內容詳見9.2.3「申請專利之設計與不主張設計之部分」；先前技藝圖式中「不主張設計之部分」為申請案申請時他人已完成之創作，其所揭露之1.外觀（包括「主張設計部分」及「不主張設計部分」）、2.應用之物品及3.環境，均得作為與申請案比對之對象。

(三)確定設計所屬技藝領域中具有通常知識者之技藝水準

經由檢索與比對先前技藝，藉此建構申請時之通常知識，以形成申請專利之設計所屬技藝領域中具有通常知識者之技藝水準。

(四)確認申請專利之設計與先前技藝之間的差異

經由檢索及比對先前技藝，依申請專利之設計與先前技藝之外觀，盡可能選擇一最接近之先前技藝做為主要引證，並確認該設計與主要引證之差異，包括該設計所呈現之外觀或其所應用物品之差異。

(五)判斷是否易於思及申請專利之設計的整體

確認申請專利之設計與先前技藝之間的差異後，最終步驟係判斷該差異是否足以促使該設計所屬技藝領域中具有通常知識者參酌申請時之通常知識，就能輕易引發聯想進而運用簡易之設計手法達成申請專利之設計，且該設計整體對照先前技藝是否可產生特異之視覺效果。

比對申請專利之設計與主要引證，若二者之差異僅係參酌申請時之通常知識運用簡易之設計手法即能達成申請專利之設計，且該設計整體對照先前技藝並未產生特異之視覺效果者，應認定該設計為易於思及，不具創作性。

二、不具創作性之態樣

申請專利之設計係運用簡易之設計手法所完成，而不具創作性的態樣例示如下：

1. 模仿自然界形態。
2. 利用自然物或自然條件。
3. 模仿著名著作。
4. 直接轉用不同技藝領域中既有之設計。
5. 簡易的置換、組合。
6. 僅改變位置、比例、數目等。
7. 增加、刪減或修飾細部設計。
8. 運用習知設計。

三、外觀內容

申請專利之設計對照先前技藝之視覺效果是否特異，得就二者下列之外觀內容比對：

1. 新穎特徵（即創新的設計內容）。
2. 主體輪廓型式（即外周基本構型）。
3. 設計構成（即設計元素之排列布局）。
4. 造形比例（如長寬比、造形元素大小比等）。
5. 設計意象（如剛柔、動靜、寒暖等）。
6. 主題型式（如三國演義、八仙過海、綠竹、寒櫻等）。
7. 表現形式（如反覆、均衡、對比、律動、統一、調和等）。

前述各項僅作為判斷申請專利之設計是否為易於思及的參考事項，目的在於使審查人員能就設計包羅萬象的外觀內容，客觀判斷其是否具創作性，以符合該設計所屬技藝領域中具有通常知識者之多元觀點。惟應注意者，審查時，並非就各項外觀內容審究其創作性，而係就各項比對結果綜合判斷整體設計是否為易於思及。

四、「不主張設計之部分」的判斷

創作性審查，「不主張設計之部分」僅係用於表現設計所應用之物品或其與環境間之位置、大小、分布關係，無須考量「不主張設計之部分」本身之創作性。申請案「主張設計之部分」與環境間之位置、大小、分布關係並非該類物品中所常見者，應認定申請專利之設計具新穎性，後續應判斷該位置、大小、分布關係之差異是否為參酌申請時通常知識所為之簡易手法，據以判斷該部分設計是否為易於思及。

圖9-50　唇印設於咖啡杯緣及杯面[32]

圖9-51　大、小唇印設於咖啡杯緣[33]

圖式中包含「不主張設計之部分」者，無論是申請案或先前技藝圖式中「不主張設計之部分」均應審酌之，據以認定所應用之物品及「主張設計之部分」對照「不主張設計之部分」所呈現之視覺效果。創作性審查，該設計所屬技藝領域中具有通常知識者依先前技藝中「主張設計之部分」及「不主張設計之部分」而能易於思及申請專利之設計者，應認定不具創作性。例如：申請案「主張設計之部分」為唇印，「不主張設計之部分」為杯子，如前述圖9-43。當先前技藝揭露杯面中段設唇印，如前述圖9-44，因申請案之唇印設於杯緣，二者趣味不同（申請案之唇印有如喝咖啡後遺留之印記，先前技藝之唇印僅為花紋單元之選擇），申請案具特異之視覺效果，應認定申請案具創作性。當先前技藝揭露杯緣設小唇印，如前述圖9-43，申請案之杯緣亦設小唇印，杯面另設大唇印，如圖9-50，因無特殊之趣味，而未產生特異之視覺效果，應認定申請案不具創作性。當先前技藝揭露杯緣設小唇印，

---

[32] 假設申請案圖式顯示唇印為「主張設計之部分」，杯及盤為「不主張設計之部分」。
[33] 假設申請案圖式顯示唇印為「主張設計之部分」，杯及盤為「不主張設計之部分」。

如前述圖9-43，申請案之杯緣亦設小唇印，另設大唇印覆蓋該小唇印，如圖9-51，因二者趣味不同（申請案大、小唇印顯示之趣味，除喝咖啡後遺留之印記外，再加上有心人心境之告白，而具有故事性），而具有特異之視覺效果，應認定申請案具創作性。

表9-3　專利要件比較表

新穎性	擬制喪失新穎性	先申請原則	創作性
申請日前已公開	申請日前已申請 申請日後始公開 （他人申請案）	申請日前已申請 申請日後始公開 （自己申請案）& 申請日為同一日（自己/他人申請案）	申請日前已公開
申請案圖式（含物品&主張設計之部分）vs.引證文件說明書等申請文件（含物品&主張設計之部分&不主張設計之部分）	申請案圖式（含物品&主張設計之部分）vs.引證文件說明書等申請文件（含物品&主張設計之部分&不主張設計之部分）	申請案圖式（含物品&主張設計之部分）vs. 引證文件圖式（含物品&主張設計之部分）	申請案圖式（含主張設計之部分）vs.引證文件說明書等申請文件（含主張設計之部分&不主張設計之部分）
單獨比對 比對物品&外觀	單獨比對 比對物品&外觀	單獨比對 比對物品&外觀	組合比對 比對整體設計
物品相同或近似 外觀相同或近似	物品相同或近似 外觀相同或近似	物品相同或近似 外觀相同或近似	易於思及： 1. 轉用、置換、組合、簡單修飾 2.輔助判斷因素

【相關法條】

專利法：28、126、136。

施行細則：46、47。

【考古題】

◎甲以「折疊床」，向經濟部智慧財產局申請設計專利。試問：本案應具備何種要件，始可能取得發明專利權？本案經經濟部智慧財產局審查後，認為「折疊床」之形狀，係兩床墊前後端各設有ㄇ字形護欄之床支架及提握柄所組構而成，其造形僅屬習知形狀稍作簡易修飾所成，未見明顯創新變化特徵，亦未能呈現出穎異之視覺效果，而不予專利。請詳述此係欠缺何種設計專利要件？（98年升等考「智慧財產法規」）

◎試述新式樣審查基準有關近似性判斷之要點。甲圖所示為申請新式樣專利之玩具機車外觀形態，乙圖所示為先前技術機車之外觀形態，請就此一資料說明甲圖之玩具機車是否具有新穎性、創作性？能否獲准新式樣專利及其理由？（100年專利師考試「專利審查基準」）

甲圖

乙圖

◎某甲有一「修指甲器」的設計提出新式樣專利申請，其立體圖如下圖左所示，這是一種呈四邊形管狀的構造，其中三邊為研磨邊。審查者審查其專利要件時，查到一件先前技藝，如下圖右所示，這是一種三角形管狀的修指甲器，三邊都是研磨邊。

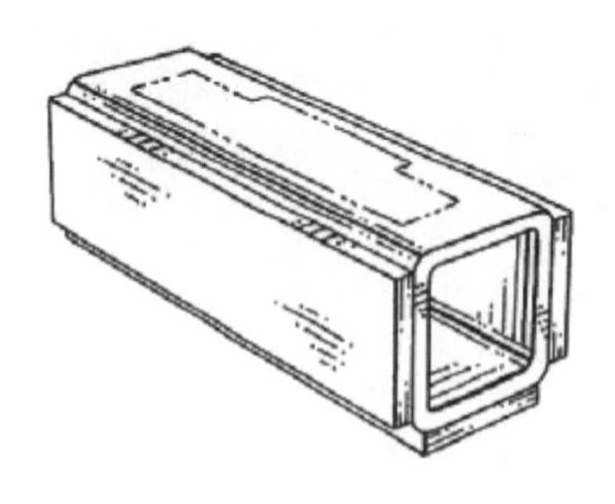

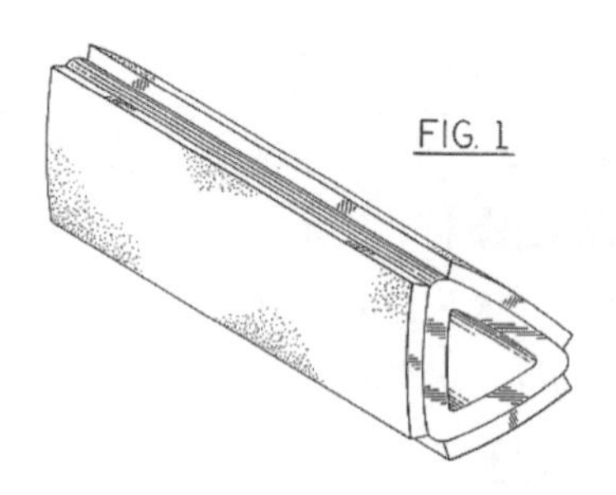

1. 請列出新式樣專利審查基準中有關申請專利之新式樣是否具創作性的判斷步驟。
2. 依審查基準之判斷步驟判斷甲之新式樣申請是否具創作性。

（101年智慧財產人員能力認證試題「專利審查基準及實務」）

9.11 修正、補正、訂正、更正、訂正之更正

第133條（設計說明書中文本之補正）
說明書及圖式，依第一百二十五條第三項規定，以外文本提出者，其外文本不得修正。 第一百二十五條第三項規定補正之中文本，不得超出申請時外文本所揭露之範圍。
第139條（設計說明書之更正）
設計專利權人申請更正專利說明書或圖式，僅得就下列事項為之： 一、誤記或誤譯之訂正。 二、不明瞭記載之釋明。 更正，除誤譯之訂正外，不得超出申請時說明書或圖式所揭露之範圍。 依第一百二十五條第三項規定，說明書及圖式以外文本提出者，其誤譯之訂正，不得超出申請時外文本所揭露之範圍。 更正，不得實質擴大或變更公告時之圖式。
第43條（發明說明書之修正）
… 修正，除誤譯之訂正外，不得超出申請時說明書、申請專利範圍或圖式所揭露之範圍。 …
第44條（發明中文本之補正及誤譯訂正）
… 前項之中文本，其誤譯之訂正，不得超出申請時外文本所揭露之範圍。

修正、補正、訂正、更正、更正時之訂正綱要		
中文本之補正（§125.III、IV、44.II）	以外文本提出申請，嗣後應補正中文譯本作為專利審查之基礎文本。	
	期間	專利專責機關指定之期間。
	比對對象	補正之說明書及圖式vs.外文本說明書或圖式。
	要件	不得超出申請時外文本所揭露之範圍，即不得增加新事項。違反補正之實體要件者，應不予專利。
	效果	指定期間內補正，以外文本提出之日為申請日。
	逾時效果	逾越指定期間，原則上申請案不受理；但於處分前補正者，以補正之日為申請日，外文本視為未提出。

修正、補正、訂正、更正、更正時之訂正綱要		
修正 （§43.I~III）	核准審定前增、刪或變更說明書或圖式中所記載之文字或圖式內容；廣義的修正，包括誤譯訂正。	
	期間	原則上，繫屬初審或再審查階段的任何時間內，申請人均得主動提出修正。 發出審查意見通知後，僅得於審查意見通知之期間內修正。
	效果	准予修正之事項取代修正申請前之補正本（有修正者為修正本）中對應記載之事項，該修正本作為後續審查之比對基礎。
	逾時效果	專利專責機關得逕予審定；即不接受該修正。
	比對對象	修正後之說明書及圖式vs.申請時之說明書或圖式。
	要件	不得超出申請時說明書或圖式所揭露之範圍，即不得增加新事項。 違反修正之實體要件者，應不予專利。
		判斷原則：變動之內容必須已見於申請時說明書或圖式，而為「相同設計內容」。
		判斷指標：是否變動中文本所揭露的設計內容。
誤譯訂正 （§44.III）	核准審定前，就補正之中文本或訂正本說明書及圖式，對應外文本增、刪或變更其譯文。	
	比對對象	訂正後說明書及圖式vs.外文本說明書或圖式。
	要件	不得超出申請時外文本所揭露之範圍，即不得增加新事項。 違反訂正之實體要件者，應不予專利。
		判斷原則：變動之內容必須已見於申請時外文本說明書或圖式，而為「相同設計內容」。 判斷指標：是否變動外文本所揭露的設計內容。
	效果	准予訂正之事項取代訂正申請前之中文本（有修正者為修正本）中對應記載之事項，該訂正本作為後續審查之比對基礎。
	準用	廣義的修正，包括誤譯訂正。準用修正之規定。

<table>
<tr><th colspan="3">修正、補正、訂正、更正、更正時之訂正綱要</th></tr>
<tr><td rowspan="9">更正
（§139）</td><td colspan="2">審定發證後之增、刪或變更說明書或圖式中所記載之文字或圖式內容。</td></tr>
<tr><td>期間</td><td>原則上無期間之限制，但對於舉發成立撤銷之專利權，於訴願或行政訴訟期間，不受理更正之申請。</td></tr>
<tr><td>得更正之事項</td><td>a.誤記或誤譯之訂正；及b.不明瞭記載之釋明。</td></tr>
<tr><td>比對對象</td><td>更正後之說明書及圖式vs.最後經公告之說明書或圖式。</td></tr>
<tr><td rowspan="2">要件</td><td>a.得更正之事項；
b.更正後之內容不得超出申請時說明書或圖式所揭露之範圍；
c.誤譯訂正之內容，不得超出申請時外文本所揭露之範圍；
d.更正後之內容，包括誤譯訂正，不得實質擴大或變更公告時之圖式。</td></tr>
<tr><td>違反前述b至d項者，構成舉發事由。</td></tr>
<tr><td>判斷指標</td><td>更正內容是否逾越公告之專利權範圍。</td></tr>
<tr><td>處理</td><td>同一舉發案審查期間有二件以上之更正案者，僅審查最後提出之更正案，其他申請在先之更正案，視為撤回。（§77.II）
有舉發案繫屬，應將更正案與舉發案合併審查及合併審定（§77.I）</td></tr>
<tr><td>效果</td><td>准予更正之內容溯自申請日生效</td></tr>
<tr><td rowspan="5">誤譯訂正之更正
（§139.I、III）</td><td colspan="2">審定發證後，增、刪或變更公告本說明書或圖式中之譯文。</td></tr>
<tr><td>比對對象</td><td>訂正後之說明書及圖式vs.外文本說明書或圖式。</td></tr>
<tr><td>要件</td><td>不得超出申請時外文本所揭露之範圍，即不得增加新事項。
違反更正之實體要件者，構成舉發事由。</td></tr>
<tr><td>效果</td><td>准予訂正之事項取代公告本對應記載之事項，該訂正本作為後續審查之比對基礎。</td></tr>
<tr><td>準用</td><td>廣義的更正，包括誤譯訂正之更正。準用更正之規定。</td></tr>
</table>

專利法第125條第2項規定以中文本取得申請日之方式：「申請設計專利，以申請書、說明書及圖式齊備之日為申請日。」第3項規定以外文本取得申請日之方式：「說明書及圖式未於申請時提出中文本，而以外文本提出，且於專利專責機關指定期間內補正中文本者，以外文本提出之日為申請

日。」

申請日攸關專利要件、優先權期間、優惠期及專利權期間等之計算。我國專利法制採先申請主義，為平衡申請人及公眾之利益，對於據以取得申請日之說明書或圖式內容之變更，專利法規定「不得超出申請時說明書或圖式所揭露之範圍」及「不得超出申請時外文本所揭露之範圍」，就設計專利而言，係分別規定在八個條文：分割申請（專§34.IV）、修正（專§43.II）、中文本之補正（專§133.II）、誤譯訂正（專§44.III）、更正（專§139.II）、誤譯訂正之更正（專§139.III）、同類專利之改請申請（專§131.III）及他類專利之改請申請（專§132.III）。另於專利法施行細則第61條第1項準用第37條規定專利專責機關得主動訂正之事項：「說明書、申請專利範圍或圖式之文字或符號有明顯錯誤者，專利專責機關得依職權訂正，並通知申請人。」

依專利法第125條第3項，於申請時提出外文本取得申請日者，補正之中文譯本不得超出申請時外文本所揭露之範圍，因該範圍為申請人於申請日所完成之創作。由於該譯本為第一份中文本，係專利審查之基礎文本，嗣後之修正、分割、改請及更正「不得超出申請時（中文本）說明書或圖式所揭露之範圍」。準此，外文本涵蓋的範圍最廣，補正之中文本次之，修正、分割、改請及更正之文本再次之。前述「不得超出……範圍」，於補正中文本、誤譯訂正、誤譯訂正之更正時，係以外文本為範圍，於修正、更正、分割、改請以補正之中文本為範圍，判斷標準並無不同，均為不得增加新事項（new matter）。

改請申請及分割申請見5.12及5.13，本小節僅就前述其餘六種申請之實體要件說明如下：

一、核准審定前之變更

(一) 中文本之補正，指依專利法第125條第3項規定以外文本提出申請，嗣後補正中文本說明書及圖式；補正之譯本為第一份中文本，係專利審查、核發專利權之基礎文本。

(二) 修正，指核准審定前增、刪或變更說明書或圖式（中文本、訂正本或修正本）中所記載之文字或圖式內容；廣義的修正，包括誤譯訂正，參專利法第43條第2項「修正，除誤譯之訂正外……」。為明確表達二者之規範，本書區分為修正及誤譯訂正二部分，分別說明之。

(三) 誤譯訂正，於核准審定前，對照外文本，增、刪或變更說明書或圖式（補正本或修正本）之譯文。准予訂正之事項取代申請時之補正本（有修正者為修正本）中對應記載之事項，該訂正本作為後續審查之比對基礎。

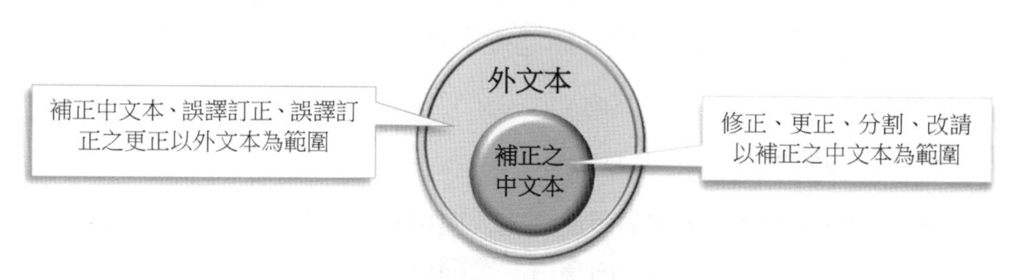

圖9-52　不得超出範圍之文本種類

二、審定發證後之變更

(一) 更正，於審定發證後，增、刪或變更說明書或圖式中所記載之文字或圖式內容（核准公告本或更正公告本）。廣義的更正，包括誤譯訂正之更正，參專利法第139條第2項「更正，除誤譯之訂正外……」。為明確表達二者之規範，本書區分為更正及誤譯訂正之更正二部分，分別說明之。

(二) 誤譯訂正之更正，於審定發證後，對照外文本，增、刪或變更說明書或圖式。（核准公告本或更正公告本）之譯文。准予訂正之事項取代公告本對應記載之事項，該訂正本作為後續審查之比對基礎。

9.11.1　中文本之補正

補正，指中文譯本之補正，即依專利法第125條第3項規定以外文本提出申請，嗣後補正中文本說明書及圖式。

一、補正期間

專利法第125條第3項規定申請人得「以外文本提出之日為申請日」，其前提是申請人先提出外文本之說明書及圖式，嗣於專利專責機關指定之期間內補正中文譯本。

二、補正之法律效果

補正中文本之法律效果：於專利專責機關指定之期間內補正中文本者，以外文本提出之日為申請日（專§125.III）。

三、違反指定期間之效果

逾越指定之期間始提出補正之中文本者，申請案不受理；但在處分前補正者，以補正之日為申請日（即延後申請日），外文本視為未提出（專§125.IV）。

四、補正之實體要件

申請專利得以外文本說明書及圖式（與優先權證明文件之功用不同，二者不得相互轉用、替代）取得申請日。我國專利法制採先申請主義，為平衡申請人及公眾之利益，補正之中文本內容是否有誤譯之情事，仍應以外文本為比對之對象，故專利法定有「不得超出申請時外文本所揭露之範圍」之實體要件（專§44.II）。補正中文本說明書及圖式之內容不得超出申請時外文本所揭露之範圍，亦即申請日提出之外文本所涵蓋的範圍最寬廣，補正內容只能翻譯該外文本，不得增加新事項（new matter），以免變動外文本範圍而與他人之後申請案範圍重疊，因而影響他人先申請之利益。前述實體要件之審查，係就中文本說明書及圖式與外文本說明書或圖式之整體內容比對，增、刪或變動圖式內容或文字等，以致變動申請專利之設計的內容者，均會被認定超出申請時外文本說明書或圖式所揭露之範圍，而不准予專利（專§134）。

9.11.2 修正

修正（amendment），指核准審定前增、刪或變更說明書或圖式中所記載之文字或圖式內容；廣義的修正，包括誤譯之訂正，參專利法第43條第2項「修正，除誤譯之訂正外……」。

由於外文本說明書及圖式係取得申請日之文本，自不得變動，且專利專責機關係依補正之中文本進行審查，並無修正外文本之必要，故即使外文本有瑕疵，申請人仍應修正中文本，不得就該外文本提出修正申請（專§133.I）。

專利法第43條第1項所稱「除本法另有規定」，包括修正期間及修正事項之限制，涉及第43條第2至3項及第44條第3項。

一、修正期間

說明書或圖式有錯誤、遺漏或表達上未臻完善，為使說明書及圖式能明確且充分揭露申請專利之設計，得允許申請人修正之。原則上，修正說明書，應於申請日起至審定書送達前之期間內，即專利申請案仍繫屬初審或再審查階段的任何時間內，申請人均得主動提出修正。惟為避免延宕審查時程，發出審查意見通知後，僅得於審查意見通知之期間內修正。

專利專責機關依專利法第46條第2項發出審查意見通知後，申請人僅得於通知之指定期間內修正，但不限次數；違反者，專利專責機關得於審定書敘明不接受修正之事由，逕為審定，但不單獨作成准駁之處分。惟若修正內容僅為形式上之小瑕疵，或係對應審查理由而不須重行檢索者，仍得受理逾限之修正。

二、違反指定期間之效果

違反修正期間之限制者，專利專責機關得逕予審定（專§43.V），違反限制並非核駁之理由，故應於審定書中敘明不接受修正之事由，但不單獨作成准駁之處分；如有不服，申請人得併同再審查審定結果提起救濟。限制修正期間之目的在於避免延宕審程序，逾限提出之修正係對應核駁理由且不須重行檢索，或僅為形式上之瑕疵者，得由審查人員依職權裁量是否受理。

三、修正之實體要件

我國專利法制採先申請主義，為平衡申請人及公眾之利益，說明書或圖式之修正不得超出申請時說明書或圖式所揭露之範圍，亦即不得增加新事項（new matter）。就申請案所涵蓋之範圍而言，於申請日提出之說明書及圖式所涵蓋的範圍應最寬廣，修正只能在該範圍內變動，以免先申請案經修正後之範圍與他人之後申請案範圍重疊，因而影響他人先申請之利益。

除誤譯訂正外，修正申請之實體要件為：「不得超出申請時說明書或圖式所揭露之範圍。」申請時說明書或圖式所揭露之範圍，指申請當日已明確揭露於申請時說明書或圖式（不包括優先權證明文件）中之全部內容，包含形式上所揭露之內容以及形式上未揭露而實質上有揭露之內容，並不侷限於形式上所揭露之各視圖或文字範圍。

「不得超出申請時說明書或圖式所揭露之範圍」之判斷原則：修正後說明書及圖式所揭露的內容不得增加新事項；亦即變動後之內容必須已見於申請時說明書或圖式，而為「相同設計內容」，包括物品相同及外觀相同。物品相同，指物品之用途、功能均相同。外觀相同，指該設計所屬技藝領域中具有通常知識者依申請時說明書或圖式中文字或圖形所揭露之內容，能直接得知修正後之外觀內容，而未增加新事項，則應認定未超出申請時說明書或圖式所揭露之範圍。變動後之內容是否超出中文本（或外文本）所揭露之範圍的判斷指標在於是否變動中文本（或外文本）所揭露的設計內容；此判斷指標適用於中文本之補正、修正、誤譯訂正、更正、誤譯訂正之更正、改請及分割等有關「不得超出……範圍」。

前述外觀相同之判斷，並非指二者之外觀必須完全一樣，若修正後之外觀僅為申請時所揭露之外觀予以細微變化而對於整體視覺效果並無顯著影響者，仍屬相同外觀，例如角隅之圓角變大或變小、散熱孔增加少數幾孔，應認定修正前、後所揭露之外觀相同。然而，「不得超出……範圍」之判斷不等同於新穎性的近似判斷。

設計專利相對要件之判斷，係以申請專利之設計為對象；「不得超出……範圍」之判斷，係以說明書及圖式為對象，例如修正後之說明書及圖式不得超出申請時之說明書或圖式所揭露之範圍。申請時之圖式中「主張設計之部分」及「不主張設計之部分」均為申請時已完成之創作，其所揭露之1.外觀、2.應用之物品及3.環境，均得作為與修正後之圖式比對之對象。修正後之說明書及圖式中「主張設計之部分」及「不主張設計之部分」已揭露於申請時之說明書或圖式，例如「主張設計之部分」修正成「不主張設計之部分」，或「不主張設計之部分」修正成「主張設計之部分」，均係該設計所屬技藝領域中具有通常知識者依申請時之說明書或圖式所揭露之內容，能直接得知「相同設計內容」，而未增加新事項，應認定未超出申請時說明書或圖式所揭露之範圍。

四、修正之法律效果

修正說明書或圖式，准予修正之事項取代修正申請前之中文本（有修正者為修正本）中對應記載之事項，該修正本作為後續審查之比對基礎。

9.11.3　誤譯訂正

誤譯訂正，於核准審定前，就專利法第125條第3項所補正中文本說明書及圖式或訂正本、修正本，對應外文本增、刪或變更其譯文。另尚有取得專利權後之誤譯訂正之更正，詳見後述。經誤譯訂正之文本取代補正之中文本（有修正者為修正本，經公告者為公告本）。

說明書等申請文件係以簡體字所撰寫者，因該文本與補正之正體字中文本之間僅屬文字轉換，並無翻譯問題，且非屬「專利以外文本申請實施辦法」所定之語文種類，故轉換過程中所生文義之不一致，僅能申請修正或更正，不得申請誤譯訂正。

一、目的及效果

誤譯訂正制度，係用以克服中文本說明書或圖式翻譯錯誤的問題。審查階段，准予訂正之效果：該訂正本中准予訂正之事項取代訂正申請前之中文本（有修正者為修正本）中對應記載之事項，而該訂正本應為後續審查之比對基礎（事實上修正申請的情況亦復如此）。核准專利權後之更正階段，准予訂正之效果：該訂正本中准予訂正之事項溯自申請日生效，取代申請時之中文本（經公告者為公告本）對應記載之事項，而該訂正本應為後續審查之比對基礎。

二、實體要件

申請人先以外文本提出申請，並補正中文本說明書或圖式，嗣後發現中文本有誤譯而須修正者，得提出誤譯訂正之申請，而非提出修正申請，亦非修正外文本，專利法規定外文本亦不得修正（專§133.I）。外文本係取得申請日之文本，申請案所揭露的最大範圍係由外文本所確定；然而，專利專責機關係依補正之中文本進行審查，該中文本內容是否有誤譯之情事，應以外文本為比對之對象，故專利法第44條第3項定有「不得超出申請時外文本所揭露之範圍」之實體要件；違反者，依專利法第134條，應不予專利。前述實體要件，係指中文本對照外文本不得增加新事項（new matter），亦即中文本中記載之事項必須是外文本已明確記載，或該發明所屬技術領域中具有通常知識者自外文本所載之事項能直接得知者。

尤其應注意者，因訂正事項取代補正中文本或修正本中所載之對應內容，不一定會變動修正本所修正之事項，訂正前業經修正者，須同時或接續申請修正，始能變動原修正本中之修正事項，作為爾後審查、核准公告之文本。申請誤譯訂正，須檢送訂正申請書，其內容應載明訂正事項，亦得一併載明訂正事項及修正事項，分別適用誤譯訂正及修正之實體要件。同時申請修正及訂正，或於訂正申請書一併載明訂正事項及修正事項者，應先審查誤譯訂正，再審查修正，以擴大得修正之範圍，因誤譯訂正係將原中文本範圍擴大至外文本範圍。

誤譯訂正中文本說明書及圖式之內容不得超出申請時外文本所揭露之範圍，亦即申請日提出之外文本所涵蓋的範圍最寬廣，誤譯訂正之內容只能在該範圍內變動，不得增加新事項（new matter），以免先申請案經訂正後之範圍與他人之後申請案範圍重疊，因而影響他人先申請之利益。因此，對於「不得超出申請時外文本所揭露之範圍」的理解，其與修正申請之「不得超出申請時說明書或圖式所揭露之範圍」並無不同，其判斷標準均為「不得增加新事項」，只是比對對象有差異而已。誤譯訂正之實體要件，係就中文本說明書及圖式與外文本說明書或圖式之整體內容比對，增、刪或變動圖式內容或文字等實質內容均會被認定超出申請時外文本說明書或圖式所揭露之範圍，而不予專利（專§134）。

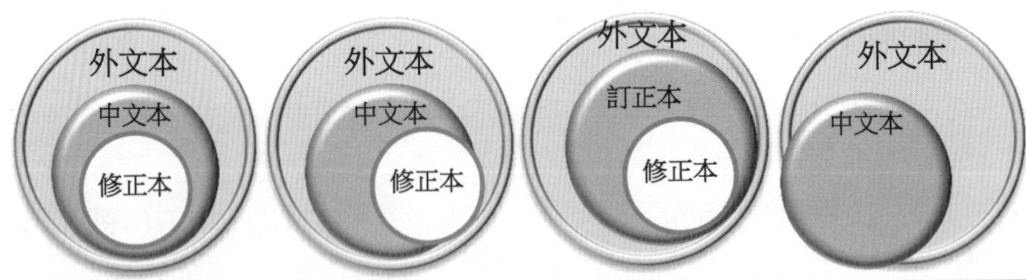

	符合規定？	理由
左一	Yes	中文本未超出外文本；修正本未超出中文本
左二	No	雖然中文本或訂正本未超出外文本；但修正本超出中文本或訂正本
右二	Yes	雖然訂正本超出中文本或修正本；但未超出外文本
右一	No	中文本、修正本或訂正本超出外文本

圖9-53　誤譯訂正與一般修正之審查

9.11.4　更正

經核准公告取得專利權之說明書或圖式有缺失、疏漏者，或申請專利之設計牴觸先前技藝者，專利權人得更正說明書或圖式，主要目的在於減縮專利權範圍，或使專利權範圍更清楚、明確，以避免專利權被撤銷。依專利法第149條第2項，102年1月1日專利法施行前，尚未審定之更正案，適用修正施行後之規定。

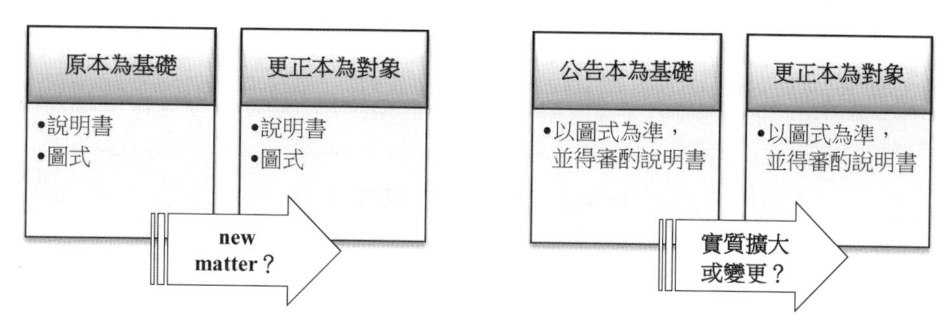

圖9-54　更正案判斷之基礎及對象

一、更正期間

專利權人得更正請准專利之說明書或圖式之期間為：1.設計申請案取得專利權後，專利權人主動申請更正。2.設計專利案經他人提起舉發時，專利權人提出答辯同時申請更正。

原則上，更正說明書或圖式並無期間之限制，惟若於不服舉發成立撤銷專利權之訴願或行政訴訟期間，不受理更正之申請，概因專利權人提出訴願或行政訴訟，係認為行政處分違法或不當，更正說明書或圖式內容會改變該行政處分之基礎。

二、得更正之事項

經核准更正之說明書或圖式公告於專利公報後，即產生公示之功能，而與公眾利益有關。依專利法第139條第1項，向專利專責機關申請更正說明書或圖式限於：a.誤記或誤譯之訂正；及b.不明瞭記載之釋明。

三、更正之程序事項

專利法第139條第1項所定二種更正事由：「誤記或誤譯之訂正」、「不明瞭記載之釋明」，因這二種更正均不會實質變更專利權範圍，故專利權人申請更正無須取得被授權人、質權人或共有人之同意。

更正申請書	•以誤譯訂正以外之事由申請更正應備具更正申請書，而申請誤譯之訂正則應備具誤譯訂正申請書。 •若同時申請訂正及更正，得分別提出二種申請書之方式為之，亦得以誤譯訂正申請書分別載明其訂正及更正事項為之。
指定舉發案號	•舉發後提出之更正案，如須依附在多件舉發案中，必須於其更正申請書載明所須依附之各舉發案號，並依各舉發案檢附相關附件（每件舉發附2份更正申請文件），但僅須繳交一筆更正規費。

圖9-55 更正申請之注意事項

四、更正之實體要件

(一) 實體要件

專利權人更正說明書或圖式，若擴大、變更其應享有之專利權範圍，勢必影響公眾利益，有違專利制度公平、公正之意旨。更正之實體要件如下，只要其中一要件不符合，得依專利法第68條第1項作成審定書不准更正；即使准予更正，依專利法第141條第1項，除下列「得更正之事項」外，亦得為舉發撤銷之事由：

1. 得更正之事項：誤記或誤譯之訂正及不明瞭記載之釋明。
2. 更正內容：除誤譯訂正外，不得超出申請時說明書或圖式所揭露之範圍。
3. 誤譯訂正之更正內容：不得超出申請時外文本所揭露之範圍。
4. 更正內容：包括誤譯訂正，不得實質擴大或變更公告時之圖式（指專利權範圍scope of claim）。

將前述1「得更正之事項」納入實體要件，係依專利審查基準之見解。惟筆者以為「得更正之事項」的規定僅係教示專利權人得主張更正之事項，而非更正審查之實體要件，亦即專利權人申請更正僅限於「得更正之事項」，但更正申請之准駁繫於其他實體要件，理由如下：

a. 依專利法第141條第1項，得舉發撤銷專利權之事由排除前述「得更正之事項」。

b. 依專利法第142條第2項，設計專利不準用第69條。換句話說，專利權人以「誤記或誤譯訂正」及「不明瞭記載之釋明」二款規定為由申請更正，不致於實質擴大或變更專利權範圍而損及關係人權益，故無須取得關係人之同意。證諸專利審查基準，不明瞭之記載係「……具有通常知識者依據申請時說明書或圖式中各圖及文字所揭露之內容，能明顯瞭解其實質內容，但若經專利權人訂正或釋明該部分，即能更清楚瞭解原來之設計而不生誤解者。」誤記係「……具有通常知識者依據其申請時的通常知識，……不須多加思考就知道應予訂正及如何訂正、回復原意，……不致影響原來實質內容者。」換句話說，以該二款規定為由申請更正，原則上不致於違反實體要件，即使「誤譯」有可能實質變更專利權範圍，該更正申請之准駁仍然取決於「不得實質擴大或變更公告時之圖式」之實體要件。

前述2.「不得超出申請時說明書或圖式所揭露之範圍」的判斷與前述修正之實體要件相同，惟適用範圍僅限於誤記之訂正及不明瞭記載之釋明，不含誤譯之訂正。

前述3.「不得超出申請時外文本所揭露之範圍」，係針對審定發證後之誤譯訂正，其判斷方式與前述核准審定前之誤譯訂正的實體要件相同。

前述4.「不得實質擴大或變更公告時之圖式」，係指說明書或圖式之更正內容只能在公告之圖式所涵蓋的專利權範圍內變動，不得擴大或變更，以免損及社會大眾之利益。由於經誤譯訂正之內容亦可能實質擴大或變更專利權範圍，故本項適用的範圍涵蓋前述得更正之事項全部，包括誤譯訂正。

前述所稱之公告係指專利法第52條第1項核准審定之公告或第68條第2項核准更正之公告，而以最近一次的公告為準。

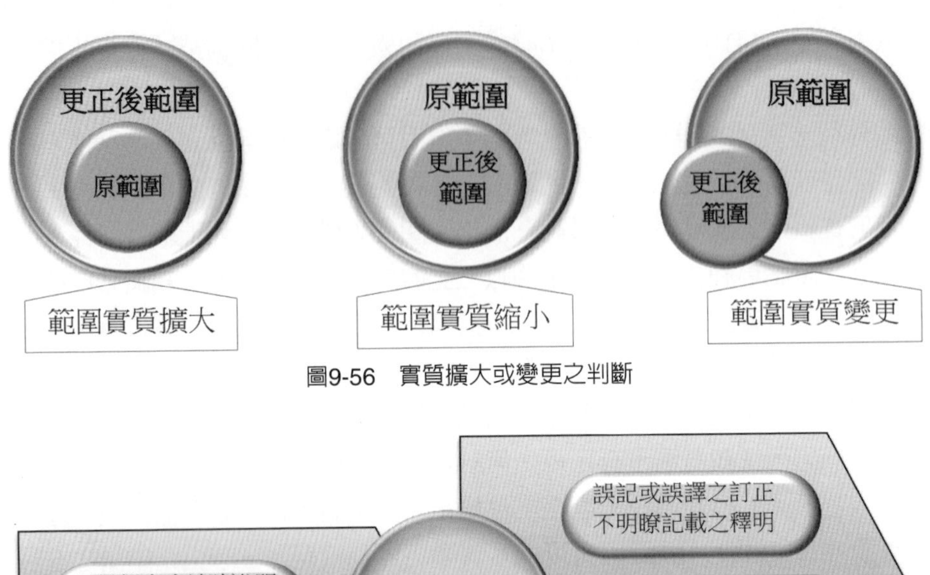

圖9-56　實質擴大或變更之判斷

圖9-57　修正與更正之實體要件

(二)是否准予更正之判斷指標

由於經公告之說明書及圖式對外發生公示作用，但經專利權人放棄而有貢獻原則之適用的專利權範圍，嗣後不得重新取回其原先已放棄之內容，故更正內容自不得實質擴大或變更其專利權範圍，其判斷之指標在於更正內容是否逾越最近一次公告之專利權範圍（更正後相對於更正前之申請專利範圍，修正等之超出係變動後相對於申請時之說明書等申請文件）。

依專利法第136條第2項，判斷時，係以圖式為準，並得審酌說明書作為解釋專利權範圍之基礎。實質擴大或變更申請專利範圍包括二種情況：1.更正圖式之揭露，而導致實質擴大或變更專利權範圍；及2.圖式未作任何更正，僅更正說明書之記載，而導致實質擴大或變更專利權範圍。

五、更正之處理

更正案之審查，專利專責機關應指定審查人員，並作成審定書送達申請人。然而，為平衡舉發人與專利權人之攻擊防禦及紛爭一次解決，無論係於舉發前或舉發後申請更正，亦不論單獨申請更正或於舉發答辯時申請更正，只要有舉發案繫屬專利專責機關，依專利法第77條第1項，均應將更正案與舉發案合併審查及合併審定。因此，舉發案審查期間有更正案者，應由舉發案之審查人員合併審查，並作成審定書，尚無另行指定審查人員之必要，故專利法第68條第1項審查人員之指定僅適用於無舉發案繫屬專利專責機關的更正案。

更正案與舉發案合併審查及合併審定

- 舉發前所提出之更正，應與最早提出之舉發案合併審查及合併審定。
- 先提出之新型更正為形式審查，併入舉發後採實質審查。

更正案之審查及通知

- 合併審查之更正案與舉發案，應先就更正案進行審查。
- 不准更正者，應通知專利權人申復，以一次為原則。
- 准予更正者，應通知舉發人，俾利補充舉發理由、證據。

更正案之視為撤回及整併

- 舉發案有多件更正案，申請在先之更正視為撤回。
- 不同舉發案有多件更正案，應通知整併所有更正案，作為各舉發案之審查基礎。

圖9-58　更正案與舉發案之合併審查

為使舉發案審理集中，若同一舉發案審查期間有二件以上之更正案者，依專利法第77條第2項，僅審查最後提出之更正案，其他申請在先之更正案，視為撤回；惟針對不同舉發案分別提出之更正案，並無前述規定之適用。雖然如此，但更正之審定係就專利案整體為之，不得就部分更正事項准予更正，若各舉發案之更正內容不同，仍應通知專利權人整併，將各案之更正內容調整為相同。經通知整併而不整併更正內容者，專利專責機關得運用合併審查舉發案之機制強制專利權人整併更正內容。

更正申請之目的通常係為迴避舉發理由及證據，准予更正，則會變動舉發之標的，影響舉發案審查範圍及審定結果，且准予更正之決定直接發生法律上之效果，依專利法第77條第1項，專利專責機關應將申請更正之說明書、申請專利範圍及圖式副本送達舉發人，並副知專利權人，以便舉發人陳述意見。另依專利法施行細則第74條第1項，合併審查更正案與舉發案，應先就更正案進行審查，經審查認應不准更正者，應通知被舉發人限期申復；屆期未申復或申復結果仍應不准更正者，專利專責機關得逕予審查。有關更正案與舉發案之合併審查、合併審定及舉發審定書中有關更正案之記載等，請參照7.3「專利權之撤銷及專利有效性抗辯」。

專利法第77條第1項：「舉發案件審查期間，有更正案者，應合併審查及合併審定……」，明定更正案與舉發案應合併審定。惟依舉發審查基準之例示，審定主文為「○年○月○日之更正事項准予更正。」故實務上係將更正內容視為不可分之整體，只要其中之一不符合要件，即全部不准更正。

六、更正之法律效果

專利專責機關於核准更正後，應公告其事由。說明書及圖式經更正公告者，應將其事由刊載專利公報；並溯自申請日生效（專§68.II、III）。

9.11.5 誤譯訂正之更正

誤譯訂正之更正，於審定發證後，對照外文本，增、刪或變更說明書及圖式（核准公告本或更正公告本）之譯文；屬於專利法第139條第1項第1款得更正之事項之一。准予訂正之事項取代公告本對應記載之事項，該訂正本作為後續審查之比對基礎。

因訂正之事項取代公告本對應記載之事項，申請誤譯訂正須一併提出訂正本及更正本，同時變動核准公告本或更正公告本內容，作為解釋專利權之文本。

誤譯訂正之更正準用前述有關誤譯訂正及更正之說明，其實體要件包括訂正內容「不得超出申請時外文本所揭露之範圍」且「不得實質擴大或變更公告時之圖式」；前者之判斷方式與前述核准審定前之誤譯訂正的實體要件相同，後者準用更正之判斷方式。

表9-4　補正、修正、訂正、更正說明書或圖式之比對文本一覽表

補正、修正、訂正、更正	申請時中文本說明書或圖式	申請時外文本說明書或圖式	公告本或更正本之專利權範圍
補正中文本不得超出		○	
修正不得超出	○		
誤譯訂正不得超出		○	
更正不得超出	○		
更正實質變更或擴大			○
更正之誤譯訂正不得超出		○	○
改請不得超出	○		
分割不得超出	○		

【相關法條】

專利法：34、46、52、68、77、125、131、132、134、136、141、149。

施行細則：37、74。

9.12　部分設計

第121條（設計之定義）
設計，指對物品之全部或部分之形狀、花紋、色彩或其結合，透過視覺訴求之創作。 應用於物品之電腦圖像及圖形化使用者介面，亦得依本法申請設計專利。

部分設計綱要		
部分設計	物品之部分之形狀、花紋、色彩或其結合之創作。 圖像設計及成組設計亦得申請部分設計。	
	物品之構件	保護物品中可分離之構件的外觀。
	物品之部分	保護物品整體的部分外觀。
申請類型	外觀之部分	單一物品之部分外觀，包括外觀之單一部分或複數個部分。
	圖像之部分	單一物品之部分圖像，包括圖像之單一部分或複數個部分。
	成組之部分	多個物品之部分外觀。

部分設計綱要		
申請文件	說明書	設計名稱應記載：「○○之部分」、「○○之△△」。
		設計說明應明確說明圖式揭露內容包含「不主張設計之部分」。
	圖式	主張設計之部分與不主張設計之部分，應以可明確區隔之表示方式呈現。
		以虛線表示「不主張設計之部分」；以一點鏈線表示邊界線。
申請專利之設計	名稱	設計名稱指定為「汽車之頭燈」者，「汽車」（物品）及「頭燈」（物品及外觀）均係認定申請專利之設計的依據。
	圖式	不主張設計之部分：1.不屬於申請專利之設計的內容，但得作為認定申請專利之設計的參考。2.得作為認定該設計所應用之物品的依據。3.得審酌其所揭露之環境。
先前技藝	圖式	為申請案申請時他人已完成之創作，下列內容得作為與申請案比對之對象：1.外觀（包括「主張設計之部分」及「不主張設計之部分」）、2.應用之物品及3.環境，均得作為與申請案比對之對象。
一設計一申請	一申請案應用於一特定物品之一特定外觀。	
	一特定外觀並不限於單一圖形，得為單一部分或複數部分之圖形。	
相同設計內容	物品相同且外觀相同。 外觀相同，指能直接得知的外觀內容，而未增加新事項者；但非指二者之外觀必須完全一樣或近似，而係指僅有細微變化而對於整體視覺效果並無顯著影響者。	
	判斷指標：不得變動說明書及圖式所揭露的設計內容。	
	適用於中文本之補正、修正、誤譯訂正、更正、誤譯訂正之更正、改請及分割等有關「不得超出……範圍」要件之判斷。	
	「主張設計之部分」及「不主張設計之部分」均為比對之基礎。	
近似判斷	物品	應用之物品必須相同或近似，且主張設計之部分本身之次用途、次功能亦必須相同或近似。
	外觀	主張設計之部分必須相同或近似，且主張設計之部分與環境間之位置、大小、分布關係仍須屬該技藝領域中常見者，始得認定為近似。

部分設計綱要	
易於思及	依先前技藝中「主張設計之部分」及「不主張設計之部分」而能易於思及申請專利之設計者，不具創作性。但無須考量「不主張設計之部分」本身之創作性。

102年1月1日施行前之舊法僅保護應用於單一物品之整體設計，102年1月1日施行之專利法就設計專利制度作整體配套修正，主要係從單一物品（整體設計，專§121.I），擴及單一或多數物品之部分（部分設計，專§121.I）及多數物品之組合（成組設計，專§129.I）；另從應用於物品之形狀、花紋、色彩（外觀），擴及電腦圖像及圖形化使用者介面（圖像設計，專§121.II）；又從聯合新式樣制度（近似認定採確認說）修正為衍生設計制度（專§127.I，近似認定採結果擴張說）。

設計專利保護之標的包括整體設計、部分設計、成組設計及圖像設計四種；申請部分設計得為一般外觀之部分設計、圖像之部分設計及成組物品之部分設計。

本章前述各節已說明部分設計之一般事項，本節僅說明部分設計的特有事項，並重申審查上的重點。

9.12.1　何謂部分設計

一、部分設計之定義

依專利法第121條第1項，部分設計，指對物品之部分之形狀、花紋、色彩或其結合之創作；亦即部分設計是應用於單一或多數物品之部分外觀。依前述定義「物品之部分之形狀、花紋、色彩或其結合」，部分設計保護物品中可分離之構件的外觀；如前述圖9-25，亦保護物品中不可分離的部分外觀，如前述圖9-26。部分設計得為以封閉區域界定範圍，如圖9-59；或以開放區域界定範圍，如圖9-60。

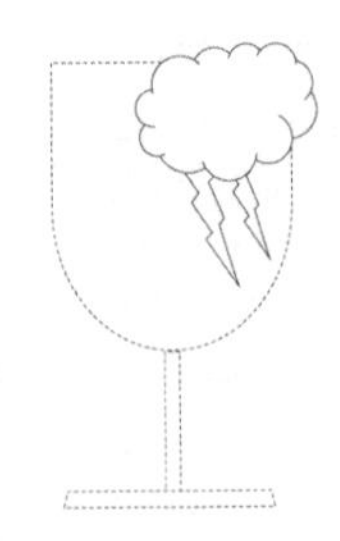
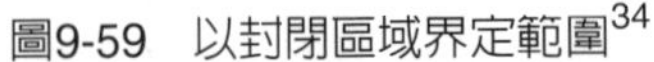

圖9-59　以封閉區域界定範圍[34]

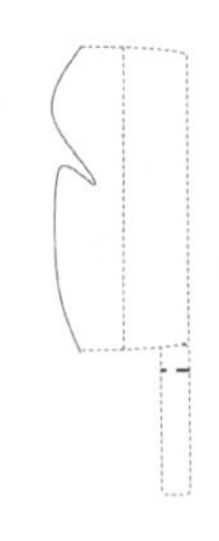

圖9-60　以開放區域界定範圍[35]

二、部分設計之類型

設計專利保護之標的包括整體設計、部分設計、成組設計及圖像設計四種；其中，整體設計、部分設計及成組設計係以創作所應用之物品為準予以區分。申請專利之設計係請求保護形狀、花紋、色彩等一般外觀者，得申請前述三種標的的設計專利，申請專利之設計係請求保護電腦圖像或圖形化使用者介面等圖像者，應申請圖像設計專利。對於圖像及成組物品，亦得申請圖像之部分設計或成組物品之部分設計。

申請專利之設計為物品之部分設計者，其類型得為下列：

1. 一般外觀之部分設計：單一物品之部分外觀，包括外觀之單一部分或複數個部分，如前述圖9-25及圖9-27；
2. 圖像之部分設計：單一物品之部分圖像，包括單一圖像或複數個圖像，如前述圖9-33及圖9-34；
3. 成組物品之部分設計：多數物品之部分外觀，如前述圖9-28。

9.12.2　申請

涉及說明書及圖式記載之一般事項者，見9.1「說明書及圖式之記載」。

一、說明書之記載

為區別設計專利之標的及檢索範圍，部分設計之設計名稱有特別規

[34] 圖片來源：摘自我國設計專利審查基準。
[35] 圖片來源：摘自我國設計專利審查基準。

定。以手機之按鍵為例，申請部分設計專利應記載為「手機之按鍵」或「手機之部分」；成組物品之部分設計名稱，如「餐具組之把手」；圖像之部分設計名稱，如「手機之圖像之部分」。對於創新物品或物品之組件，僅依設計名稱尚難明瞭其用途、使用方式或功能者，應記載物品之用途。

因部分設計包含「主張設計之部分」及「不主張設計之部分」，故設計說明應明確敘述圖式揭露內容包含「不主張設計之部分」，見（細§51.III.(1)）。例如：「圖式所揭露之虛線部分，為本案不主張設計之部分」；「圖式所揭露之半透明填色部分係表示汽車之局部，為本案不主張設計之部分」；或「圖式所揭露之一點鏈線所圍繞者，係界定本案所欲主張之範圍，該一點鏈線為本案不主張設計之部分」。

二、圖式之揭露

依細則第53條第1項，設計之圖式，應備具足夠之視圖，以充分揭露所主張設計之外觀。依第5項，圖式中主張設計之部分與不主張設計之部分，應以可明確區隔之表示方式呈現。

申請部分設計，只要能充分揭露申請專利之設計即足，故未揭露「主張設計之部分」的視圖，得省略之；但應於設計說明敘明省略之視圖名稱及省略之事由（細§51.III.(3)）。圖式包含「主張設計之部分」與「不主張設計之部分」者，應於圖式以可明確區隔之表示方式呈現該二部分（細§53.V）。圖式係以墨線圖繪製者，一般應以實線表示「主張設計之部分」，以虛線表示「不主張設計之部分」，以一點鏈線表示邊界線；若為具色階之電腦繪圖或照片者，則應以可明確區隔之方式表示，例如半透明填色、灰階填色或圈選方式分別表示「主張設計之部分」及「不主張設計之部分」。如前述圖9-9至圖9-15。

9.12.3　申請專利之部分設計的認定

專利法第136條第2項：「設計專利權範圍，以圖式為準，並得審酌說明書。」專利審查的對象為申請專利之設計（claimed design），係以圖式所揭露物品之外觀（形狀、花紋、色彩或其結合，包括圖像）為基礎，並得審酌說明書中所載有關物品及外觀之內容，包括設計名稱所指定之物品，據以認定申請標的（subject matter）。有關申請專利之設計的認定，詳見9.2.3「申請專利之設計與不主張設計之部分」。

部分設計之設計名稱為「汽車之頭燈」者，「汽車」及「頭燈」均具有限定作用，其申請專利之設計係應用於「汽車」之「頭燈」的創作，即認定其所應用之物品時，並非單指「汽車」，亦非單指「頭燈」。有謂部分設計的專利權範圍大於整體設計，筆者以為應視個案而定，以「握把」為例，圖式以實線顯示相同握把之外觀，另以虛線顯示握把之環境，例如刀片之形狀，見圖9-61。當部分設計之設計名稱為「菜刀之握把」及「雨傘之部分」，因「菜刀」與「雨傘」並非相同或近似物品，即使二設計「握把」之外觀相同，整體而言，仍非相同或近似之設計。因此，宜申請「握把」之整體設計，見圖9-62，使其專利權範圍及於「菜刀」、「雨傘」及其他物品之「握把」。總之，對於具共通性之零組件，例如「控制鍵」、「腳座」、「掛環」或前述之「握把」等，宜申請為整體設計或其部分設計，以擴大其專利權範圍，例如「控制鍵」或「控制鍵之部分」，不宜申請「手機之控制鍵」或「遙控器之部分」。

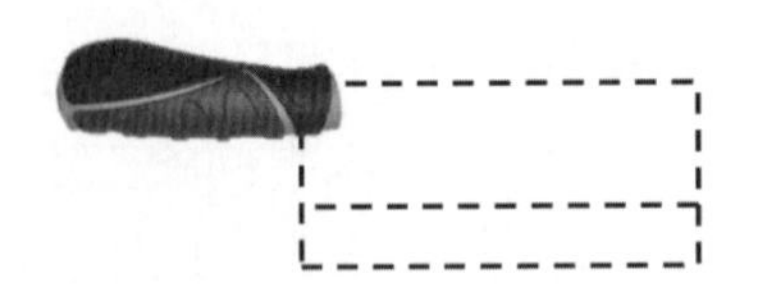

圖9-61　菜刀之握把

圖9-62　握把

就前述說明，部分設計較適用於物品中無法分離之部分的外觀，對於物品之構件，尤其是共用的零組件，仍應申請為整體設計，除非申請人認為該外觀可能被轉用至物品之其他部分，例如「按鍵」外觀轉用至「指示燈」，即使如此，其設計名稱仍應指定為「○○之部分」，切勿指定為「○○之按鍵」，否則「按鍵」與「指示燈」並非相同或近似之物品。

9.12.4　絕對要件之審查

絕對要件，指不經檢索先前技藝即可審查之專利要件，除相對要件（新穎性、創作性、擬制喪失新穎性及先申請原則）外，專利法第134條所定之其他實體要件即屬之。涉及相對要件之一般事項詳見9.2「記載要件」

至9.6「產業利用性」，涉及專利本質詳見5.12「改請申請」、5.13「分割申請」及9.11「修正、補正、訂正、更正、訂正之更正」，本小節僅說明部分設計的特有事項，並重申審查上的重點。

一、記載要件

一如前述，申請案之圖式中「不主張設計之部分」：1.不屬於申請專利之設計的內容，但得作為認定申請專利之設計的參考；2.得作為認定該設計所應用之物品的依據；3.得審酌其所揭露之環境。設計名稱為「頭燈」，但圖式中「不主張設計之部分」揭露周邊環境為汽車，且說明書之物品用途敘明該「頭燈」係設於汽車車頭之照明燈具者，則應認定申請專利之設計為「汽車之頭燈」。前述之例只是不符合專利審查基準有關設計名稱記載形式之教示，尚難稱不明確或不充分，而認定不符合「可據以實現要件」。惟若設計名稱為「燈罩」，但圖式中「主張設計之部分」為頭燈，「不主張設計之部分」為汽車，說明書之物品用途未敘明其係設於汽車頭燈之「燈罩」，因「燈罩」得適用於任何燈具，而與「頭燈」或「汽車之頭燈」不一致、不明確，則應認定不符合「可據以實現要件」。

設計名稱為「電腦機殼之部分」，圖式僅揭露該部分之實線及方形虛線外框，如圖9-63，因具有通常知識者無法明瞭「主張設計之部分」的次用途、次功能及周邊環境，應認定不符合「可據以實現要件」。

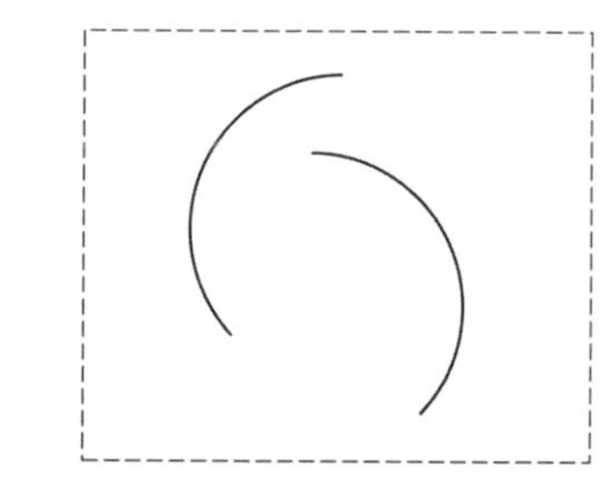

圖9-63　不符合可據以實現要件之例

二、一設計一申請

一設計一申請，指一申請案僅限應用於一特定物品之一特定外觀；有關一設計一申請之說明，詳見9.5「一設計一申請」。部分設計之設計名稱為

「汽車之頭燈」或「汽車之部分」者，「汽車」及「頭燈」係特定該物品，「頭燈」或「部分」係特定外觀施予之部位。

應說明者，前述所稱一特定外觀並不限於單一圖形，得為單一部分或複數部分之圖形，如前述圖9-27、圖9-34。二個以上物品之組合之部分，為成組物品之部分設計，如前述圖9-28、圖9-35。惟若複數部分之外觀分屬複數物品，且物品之間並無成組關係者，如前述圖9-25及圖9-26合併為一申請案，則不符一設計一申請之規定。

三、不得增加新事項

不得增加新事項，係專利法所定有關「不得超出……範圍」實體要件之判斷原則；亦即變動之內容必須已見於申請時說明書或圖式，而為「相同設計內容」，包括物品相同及外觀相同。「相同設計內容」並非指二者之外觀必須完全一樣，亦不等同於新穎性的近似判斷，若中文本之補正、修正、誤譯訂正、更正、誤譯訂正之更正、改請或分割（以下簡稱變動）後之外觀與申請時所揭露之外觀僅有細微變化，而對於整體視覺效果並無顯著影響者，仍屬「相同設計內容」。變動後之內容是否超出中文本（或外文本）所揭露之範圍的判斷指標在於是否變動中文本（或外文本）所揭露的設計內容；此判斷指標適用於中文本之補正（專§133.II）、修正（專§43.II）、誤譯訂正（專§44.III）、更正（專§139.II）、誤譯訂正之更正（專§139.III）、同類改請申請（專§131.III）、他類改請申請（專§132.III）及分割（專§34.IV）等有關「不得超出……範圍」。

部分設計之「相同設計內容」判斷，須審究「主張設計之部分」及「不主張設計之部分」。例如，設計名稱為「汽車之頭燈」，「汽車」及「頭燈」均具有限定作用，其申請專利之設計係應用於「汽車」之「頭燈」的創作，圖式中「主張設計之部分」應呈現「頭燈」之設計，「不主張設計之部分」應揭露「頭燈」之周邊環境為汽車。經變動，變動後之內容必須已見於申請時說明書或圖式，而為「相同設計內容」，亦即變動後之「主張設計之部分」及「不主張設計之部分」必須已見於申請時說明書或圖式中「主張設計之部分」或「不主張設計之部分」，始符合「不得超出……範圍」之規定。即使二者「主張設計之部分」完全相同，僅「不主張設計之部分」之位置、大小或分布關係不屬於「相同設計內容」，仍應認定違反「不得超出……範圍」之規定。例如，申請案「主張設計之部分」為唇印，「不主張設計之部分」為杯子；申請時之圖式揭露杯面中段設唇印，如前述圖9-44，因變動後之圖式的唇印設於杯緣，如前述圖9-43，並非「相同設計內容」，而增加新事項，故應認定該變動違反「不得超出……範圍」之規定。從另一角度觀之，變動前、後二者趣味不同，而有不同的視覺效果，可能產生前者不准專利後者准專利之情形，故違反「不得超出……範圍」之規定。

簡言之，於變動申請之審查，變動後之內容已見於申請時之說明書或圖式中「主張設計之部分」或「不主張設計之部分」，而為「相同設計內容」者，應認可其變動之申請，包括誤記、誤譯及不明瞭記載之釋明。例如，圖9-64「照相機之鏡頭」變動為圖9-65「照相機」，或圖9-65「照相機」變動為圖9-64「照相機之鏡頭」，變動後之圖式內容已揭露於申請時之圖式，二者屬於「相同設計內容」，而未增加新事項，應認定該變動未違反「不得超出……範圍」之規定。

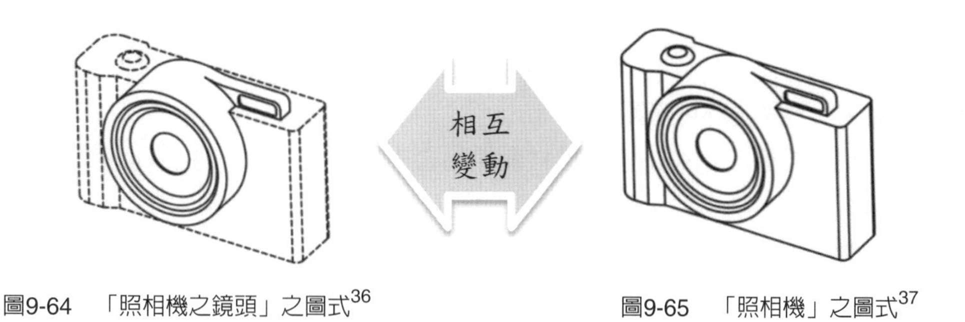

圖9-64　「照相機之鏡頭」之圖式[36]　　圖9-65　「照相機」之圖式[37]

四、優先權之認定

優先權只是專利法所定有利於申請人解決跨國申請以免違反實體要件的制度，優先權制度本身並非實體要件，而且設計專利僅適用國際優先權。依專利法第142條第1項準用第28條，於設計專利申請案中主張國際優先權者，須符合「相同設計」之規定。「相同設計」之判斷方式同前述之「相同設計內容」。申言之，優先權之審查，我國申請案之申請專利之設計已見於外國

[36] 圖片來源：摘自摘自我國設計專利審查基準。
[37] 圖片來源：摘自摘自我國設計專利審查基準。

申請案說明書及圖式中「主張設計之部分」或「不主張設計之部分」，而為「相同設計」者，始認可其優先權主張。例如，我國申請案為圖9-66「照相機之鏡頭」，以圖9-67「照相機」為基礎案主張優先權，或我國申請案為圖9-67「照相機」，以圖9-66「照相機之鏡頭」為基礎案主張優先權，由於我國申請案申請專利之設計已揭露於外國基礎案之圖式中，二者屬於「相同設計」，應認可其優先權主張。

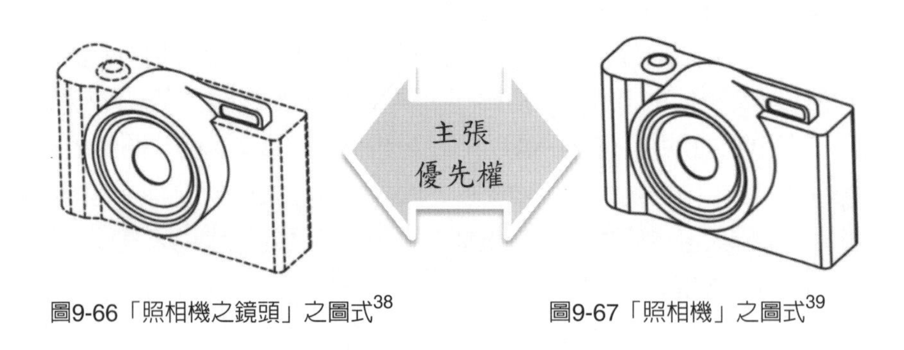

圖9-66「照相機之鏡頭」之圖式[38]　　圖9-67「照相機」之圖式[39]

9.12.5　相對要件之審查

相對要件，指經檢索先前技藝始可審查之專利要件，即專利法第134條所定新穎性、創作性、擬制喪失新穎性及先申請原則等要件。涉及相對要件之一般事項詳見9.7「新穎性」至9.10「創作性」，本小節僅說明部分設計的特有事項，並重申審查上的重點。

一、相同或近似

新穎性、擬制喪失新穎性及先申請原則均涉及相同或近似設計之概念。部分設計申請案圖式中必然包含「不主張設計之部分」，除9.7「新穎性」至9.9「先申請原則」有關相同或近似設計判斷之一般事項外，申請專利之設計對照引證文件尚須符合下列四項要件，始得認定為相同或近似之設計：

1. 應用之物品必須相同或近似；

38 圖片來源：摘自摘自我國設計專利審查基準。
39 圖片來源：摘自摘自我國設計專利審查基準。

2. 「主張設計之部分」的次用途、次功能必須相同或近似；
3. 「主張設計之部分」的外觀必須相同或近似；
4. 「主張設計之部分」與環境間（「主張設計之部分」對照「不主張設計之部分」）之位置、大小、分布關係為該技藝領域所常見者。

申請專利之設計所應用之物品，應以圖式所揭露該設計所施予之物品為主，並輔以設計名稱所指定之物品或物品用途之說明，予以認定。因申請案圖式中包含「不主張設計之部分」，除應審究「主張設計之部分」本身之次用途、次功能外，尚應審究其所應用之物品。例如，部分設計之設計名稱為「汽車之頭燈」，「汽車」及「頭燈」均具有限定作用，先前技藝之物品必須相同或近似於「汽車」，且先前技藝之次用途、次功能及外觀相同或近似於「頭燈」，始得認定申請專利之設計與先前技藝為相同或近似之設計。然而，若申請案之設計名稱為「汽車之頭燈」，先前技藝之設計名稱為「頭燈」，經審酌說明書，物品用途已敘明該「頭燈」係設於汽車車頭之照明燈具，且圖式所揭露「主張設計之部分」所應用之物品為汽車者，則應認定二者所指定之物品相同。

於新穎性或擬制喪失新穎性審查，先前技藝中「主張設計之部分」及「不主張設計之部分」已揭露申請專利之設計，而為相同或近似者，應認定不具新穎性或擬制喪失新穎性；於先申請原則審查，先申請案與申請案二個申請專利之設計相同或近似者，應認定不符合先申請原則。

申請案圖式中包含「不主張設計之部分」者，申請專利之設計的相同、近似判斷，除須考量「主張設計之部分」的外觀是否相同或近似外，尚須考量「主張設計之部分」與環境（即「不主張設計之部分」）間之位置、大小、分布關係是否為該技藝領域中常見者。若申請專利之設計「主張設計之部分」與先前技藝所揭露之外觀相同或近似，即使「主張設計之部分」與環境間之位置、大小、分布關係與先前技藝不同，但為該技藝領域中常見者，則應認定申請專利之設計與先前技藝之外觀近似。

圖式中包含「不主張設計之部分」者，無論是申請案或先前技藝圖式中「不主張設計之部分」均得審酌之，據以認定所應用之物品及「主張設計之部分」對照「不主張設計之部分」之位置、大小、分布關係是否為該技藝領域所常見。例如：申請案「主張設計之部分」為唇印，「不主張設計之部分」為杯子，如前述圖9-43。當先前技藝揭露杯面中段設唇印，如前述圖

9-44，因申請案之唇印設於杯緣，二者之位置、大小、分布關係並非該技藝領域所常見，應認定申請案具新穎性；由於二者趣味不同（申請案之唇印有如喝咖啡後遺留之印記，先前技藝之唇印僅為花紋單元之選擇），而有不同的視覺效果，應認定申請案具新穎性及創作性（參9.10「創作性」）。

當先前技藝揭露咖啡杯之杯緣設唇印，如前述圖9-43，申請案之杯緣亦設相同唇印，僅變更為不同形狀之玻璃杯，如前述圖9-45，二者之位置、大小、分布關係為該技藝領域所常見，應認定申請案不具新穎性、擬制喪失新穎性及先申請原則。當先前技藝揭露杯緣設小唇印，如前述圖9-43，申請案之杯緣設大唇印，如前述圖9-46，二者之位置、大小、分布關係為該技藝領域所常見，應認定申請案不具新穎性、擬制喪失新穎性及先申請原則。當先前技藝揭露咖啡杯面中段設唇印及口紅，如圖9-68，無論該唇印或口紅是「主張設計之部分」或「不主張設計之部分」，即使申請案「主張設計之部分」僅為咖啡杯面中段所設之唇印，如圖9-69，因先前技藝已揭露該「咖啡杯」、「唇印」及「唇印」對照「咖啡杯」之環境，仍應認定申請案不具新穎性及擬制喪失新穎性；惟若圖9-68之唇印及口紅為「主張設計之部分」，圖9-69之唇印為「主張設計之部分」，則二者之申請專利之設計不同，應認定符合先申請原則。再者，申請案圖9-68對照先前技藝圖9-69，若口紅對映唇印具趣味感，可以認定申請案具新穎性、創作性。

圖9-68　唇印及口紅設於咖啡杯面[40]

圖9-69　唇印設於咖啡杯面[41]

[40] 先前技藝為專利案者，唇印、杯或盤為「主張設計之部分」或「不主張設計之部分」均不論。

[41] 假設計申請案圖式顯示唇印為「主張設計之部分」，杯及盤為「不主張設計之部分」。

二、易於思及

設計專利係保護透過視覺訴求之創作，雖然申請專利之設計的實質內容係由物品結合外觀或由物品結合圖像所構成，惟其創作內容在於應用於物品之外觀或圖像，而非物品本身。創作性審查應以圖式所揭露之點、線、面所構成申請專利之設計的整體為對象，判斷其是否易於思及，易於思及之設計即不具創作性，詳見9.10.5「判斷基準」。

創作性審查，「不主張設計之部分」僅係用於表現設計所應用之物品及其與環境間之位置、大小、分布關係，無須考量「不主張設計之部分」本身之創作性。申請案「主張設計之部分」與環境間之位置、大小、分布關係並非該類物品中所常見者，應認定申請專利之設計具新穎性，後續應判斷該位置、大小、分布關係之差異是否為參酌申請時通常知識所為之簡易手法，據以判斷該部分設計是否為易於思及。

圖式中包含「不主張設計之部分」者，無論是申請案或先前技藝圖式中「不主張設計之部分」均應審酌之，據以認定所應用之物品及「主張設計之部分」對照「不主張設計之部分」所呈現之視覺效果。創作性審查，若申請專利之設計對照先前技藝中「主張設計之部分」及「不主張設計之部分」，不具特異之視覺效果，應認定不具創作性。例如：申請案「主張設計之部分」為唇印，「不主張設計之部分」為杯子，如前述圖9-43。當先前技藝揭露杯面中段設唇印，如前述圖9-44，因申請案之唇印設於杯緣，二者趣味不同（申請案之唇印有如喝咖啡後遺留之印記，先前技藝之唇印僅為花紋單元之選擇），申請案具特異之視覺效果，應認定申請案具創作性。當先前技藝揭露杯緣設小唇印，如前述圖9-43，申請案之杯緣亦設小唇印，杯面另設大唇印，如圖9-50，因無特殊之趣味，而未產生特異之視覺效果，應認定申請案不具創作性。當先前技藝揭露杯緣設小唇印，如前述圖9-43，申請案之杯緣亦設小唇印，另設大唇印覆蓋該小唇印，如圖9-51，因二者趣味不同（申請案大、小唇印顯示之趣味，除喝咖啡後遺留之印記外，再加上有心人心境之告白，而具有故事性），而具有特異之視覺效果，應認定申請案具創作性。

【相關法條】

專利法：28、34、43、44、127、129、131、132、133、134、136、139。

施行細則：51、53。

9.13　圖像設計

第121條（設計之定義）
設計，指對物品之全部或部分之形狀、花紋、色彩或其結合，透過視覺訴求之創作。 應用於物品之電腦圖像及圖形化使用者介面，亦得依本法申請設計專利。

圖像設計綱要		
圖像設計	專利法新增保護應用於物品之電腦圖像及圖形化使用者介面。 圖像設計可以是應用於單一物品或成組物品之圖像。	
	圖像	係指一種透過顯示裝置顯現而暫時存在之平面圖形；包含電腦圖像、圖形化使用者介面及二者之連續動態變化。
	電腦圖像	通常係指單一之圖像單元。
	圖形化使用者介面	可由數個圖像單元及其背景所構成之整體畫面。
	具變化外觀之圖像	具變化外觀之圖像設計，係指電腦圖像或圖形化使用者介面在使用過程中該設計之外觀能產生複數個之變化。
	圖像之性質	係暫時呈現於顯示裝置之平面圖形，其空間形式類似花紋或花紋與色彩之結合。
	外觀vs.圖像	一物品之創新設計包含外觀及圖像者，得分別申請，亦得作為一整體申請之。 因應用之物品之差異，圖像設計與外觀設計之間不生相同或近似之問題。惟圖像設計與外觀設計之間仍得互為創作性審查之依據。
申請類型	圖像之整體	單一物品之圖像，包括單一圖像及多數個圖像。
	圖像之部分	單一物品之部分圖像，包括圖像之單一部分或複數個部分。
	成組之圖像	二個以上物品之圖像：圖像設計只有成組物品之圖像設計，並無圖像之成組設計（圖像之成組設計即為圖形化使用者介面）。
申請	說明書	設計名稱應記載：「○○之圖像」、「顯示裝置之圖像」。
		設計說明應明確說明圖式揭露內容包含「不主張設計之部分」、外觀變化及連續動態變化之變化順序。
	圖式	以「不主張設計之部分」表示所應用之物品。
		必須呈現外觀變化及其變化順序。

<table>
<tr><th colspan="3">圖像設計綱要</th></tr>
<tr><td rowspan="2">申請專利之設計</td><td>名稱</td><td>設計名稱為「手機之圖像」者，「手機」及「圖像」均有限定作用。</td></tr>
<tr><td>圖式</td><td>不主張設計之部分：1.不屬於申請專利之設計的內容，但得作為認定申請專利之設計的參考；2.得作為認定該設計所應用之物品的依據；3.得審酌其所揭露之環境。</td></tr>
<tr><td>先前技藝</td><td>圖式</td><td>為申請案申請時他人已完成之創作，其所揭露之1.外觀（包括「主張設計之部分」及「不主張設計之部分」）、2.應用之物品及3.環境，均得作為與申請案比對之對象。</td></tr>
<tr><td rowspan="2">一設計
一申請</td><td colspan="2">一申請案僅限應用於一特定物品之一特定圖像。</td></tr>
<tr><td colspan="2">一特定圖像並不限於單一圖像，得為單一部分或複數部分之圖像。</td></tr>
<tr><td rowspan="4">相同設計內容</td><td colspan="2">物品相同且外觀相同。
外觀相同，指能直接得知的外觀內容，而未增加新事項者。但非指二者之外觀必須完全一樣或近似，而係指僅有細微變化而對於整體視覺效果並無顯著影響者。</td></tr>
<tr><td colspan="2">判斷指標：不得變動說明書及圖式所揭露的設計內容。</td></tr>
<tr><td colspan="2">適用於中文本之補正、修正、誤譯訂正、更正、誤譯訂正之更正、改請及分割等有關「不得超出……範圍」要件之判斷。</td></tr>
<tr><td colspan="2">「主張設計之部分」及「不主張設計之部分」均為比對之基礎。</td></tr>
<tr><td rowspan="2">近似判斷</td><td>物品</td><td>應用之物品必須相同或近似。</td></tr>
<tr><td>圖像</td><td>主張設計之部分必須相同或近似。
具變化之圖像設計，其外觀變化及變化順序亦屬審查對象。</td></tr>
<tr><td>易於思及</td><td colspan="2">將先前技藝以組合、修飾、置換或轉用等簡易之設計手法完成申請專利之設計，而未產生特異之視覺效果者，應認定為易於思及之設計。</td></tr>
</table>

設計專利保護之標的包括整體設計、部分設計、成組設計及圖像設計四種；申請圖像設計得為：圖像之整體設計、圖像之部分設計、成組物品之圖像設計及成組物品包括圖像之設計。

本章前述各節已說明圖像設計之一般事項，本節僅說明圖像設計的特有事項，並重申審查上的重點。

9.13.1 何謂圖像設計

一、圖像設計之定義

依專利法第121條：（第1項）設計，指對物品之全部或部分之形狀、花紋、色彩或其結合，透過視覺訴求之創作；（第2項）應用於物品之電腦圖像及圖形化使用者介面，亦得依本法申請設計專利。專利法第121條第1項規定設計專利保護物品外觀之形狀、花紋、色彩所構成之整體設計及部分設計；第2項新增保護應用於物品之電腦圖像及圖形化使用者介面；亦即圖像設計可以是應用於物品之圖像；另依第129條第2項，成組設計亦包含成組物品之圖像。

按呈現於顯示裝置之電腦圖像與圖形化使用者介面，係暫時呈現於顯示裝置之二度空間影像（two - dimensional image）的平面圖形，具有視覺屬性。雖然圖像之設計內容為花紋或花紋與色彩之結合，但囿於其無法如包裝紙或布匹上之圖形及花紋恆常顯現於所施予之物品，且該圖像本身不具備三度空間形態，依102年1月1日施行前之舊法規定，並非新式樣專利保護之標的。鑒於我國相關產業開發利用電子顯示之消費性電子產品、電腦與資訊、通訊產品之能力已趨成熟，又電腦圖像或圖形化使用者介面與前述產品之使用與操作有密不可分之關係，為強化產業之競爭力，爰導入電腦圖像及圖形化使用者介面為設計專利保護之標的，惟仍須應用於物品始符合設計之定義。

圖9-70　通話圖像[42]

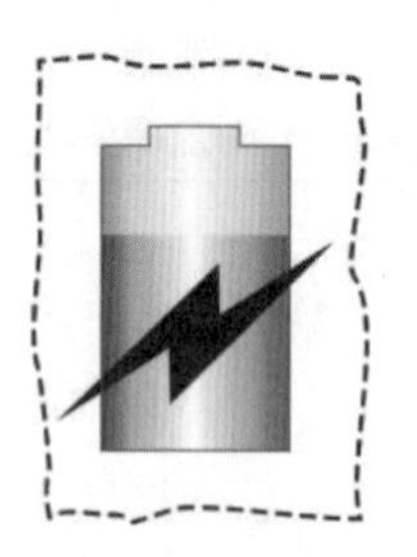

圖9-71　電量顯示圖像[43]

[42] 圖片來源：摘自摘自我國設計專利審查基準。
[43] 圖片來源：摘自摘自我國設計專利審查基準。

電腦圖像（Computer - Generated Icons，簡稱Icons）及圖形化使用者介面（Graphical User Interface, GUI）（以下合稱為圖像）係指一種透過顯示裝置（Display）顯現而暫時存在之平面圖形。

電腦圖像及圖形化使用者介面是指一種藉由電子、電腦或其他資訊產品產生，並透過該等產品之顯示裝置所顯現的虛擬圖形介面。電腦圖像通常係指單一之圖像單元（如圖9-70及圖9-71所示），圖形化使用者介面則可由數個圖像單元及其背景所構成之整體畫面（如圖9-72及圖9-73所示）。

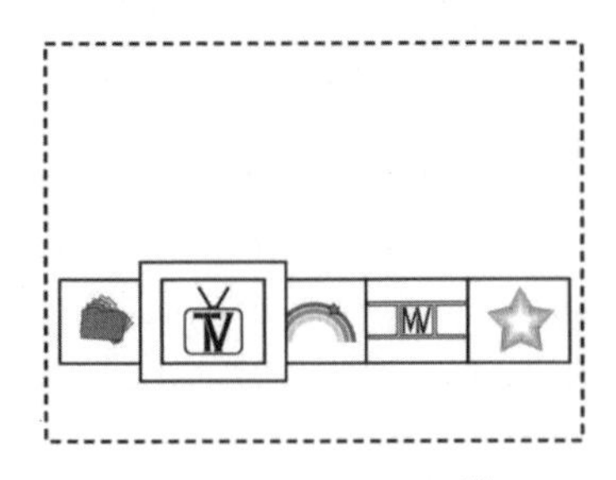

圖9-72　節目選單[44]

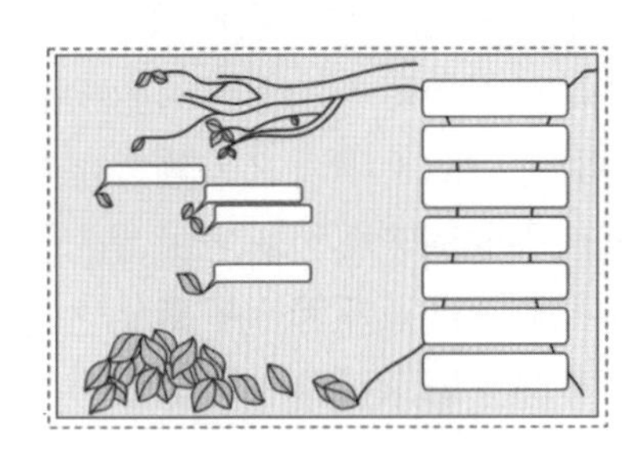

圖9-73遊戲畫面[45]

電腦圖像及圖形化使用者介面之態樣舉例如下：

1. 可提供點擊操作或指示狀態訊息之電腦圖像；例如通話鍵圖像或電量狀態圖像等。
2. 包含數個圖像單元及其背景所構成之圖形化使用者介面；例如功能選單、通知視窗、網頁畫面或遊戲畫面等。
3. 其他電腦圖像或圖形化使用者介面；例如電腦桌布、螢幕保護程式畫面、開機畫面或電玩角色等。

圖像之類型限於應用於物品之1.電腦圖像，如前述圖9-70及圖9-71；2.圖形化使用者介面，如前述圖9-72及圖9-73；及3.電腦圖像及圖形化使用者介面之連續動態變化，如前述圖9-21。

專利法保護電腦圖像或圖形化使用者介面之連續動態變化；惟依智慧財產局公布之設計專利實體審查基準，設計專利係保護物品外觀之視覺創作，而非保護其思想內涵或意思表示，圖像具連續動態變化者，例如微軟各種版

44 圖片來源：摘自摘自我國設計專利審查基準。
45 圖片來源：摘自摘自我國設計專利審查基準。

本視窗軟體之開機畫面中四色旗圖像的動態變化，得為設計專利的保護標的，但不包括以思想內涵或意思表示為主的動畫、影片或遊戲軟體等。

就設計專利而言，圖像係暫時呈現於顯示螢幕之二度空間影像，其空間形式類似花紋或花紋與色彩之結合，實質上為程式產品，但圖像設計並不保護程式產品之創作，僅保護該程式所呈現之視覺設計。呈現於顯示螢幕之圖像得為視覺所感知，故專利法第121條第2項特予開放保護電腦圖像及圖形化使用者介面，但必須是應用於物品，特別是應用於顯示螢幕。

依專利法第121條第1項及第2項之規定及架構，圖像之位階等同於形狀、花紋或色彩，均係應用於物品之創作內容，圖像本身並不能單獨構成申請專利之標的。申言之，圖像之內容係呈現於顯示裝置之平面構成（視同花紋）或平面構成與色彩之組合，但因圖像不能恆常呈現於物品，且圖像並不一定為資訊或通訊等電子產品之內建軟體產品，同一圖像得呈現於不同品牌電子產品之顯示螢幕，故圖像設計與一般形狀、花紋、色彩之外觀設計性質上尚有不同，且應用之物品亦不相同，無法相提並論。因此，對於圖像與一般形狀、花紋、色彩之外觀，得分別申請，亦得作為一整體申請之，而且圖像設計與外觀設計之間不生相同或近似之問題（專利審查基準係以所應用之物品不同為由），亦即不得以相同或近似為由互為核駁之依據、不得互為衍生設計、不得互為主張優先權之基礎、不得互為修正內容且不得互為改請內容等。惟因先前技藝為申請案申請時他人已完成之創作，圖像設計與外觀設計之間仍得互為創作性審查之依據。

二、圖像設計之類型

設計專利保護之標的包括整體設計、部分設計、成組設計及圖像設計四種；其中，整體設計、部分設計及成組設計係以創作所應用之物品為準予以區分。申請專利之設計為請求保護形狀、花紋、色彩等外觀者，得申請前述三種標的的設計專利，申請專利之設計為請求保護電腦圖像或圖形化使用者介面等圖像者，亦得申請前述三種標的的設計專利。

申請專利之設計為應用於物品之圖像設計者，其類型得為下列：

1. 圖像之整體設計：單一物品之圖像，包括單一圖像，如前述圖9-70、圖9-71，或複數個圖像，如前述圖9-72、圖9-73，或物品及其圖像，如圖9-74。

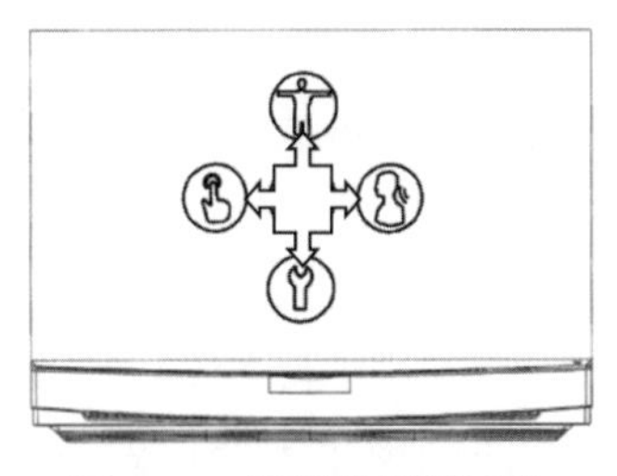

圖9-74　電視機與其圖像

2. 圖像之部分設計：單一物品之部分圖像，包括圖像之單一部分或複數個部分，如前述圖9-33、圖9-34；
3. 成組物品之圖像設計：二個以上圖像分屬不同物品，但該物品之外觀為不主張設計之部分，如圖9-75。

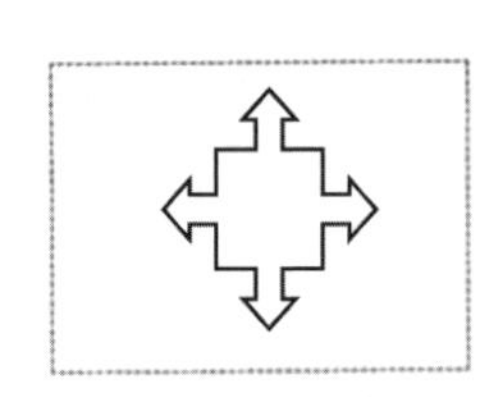

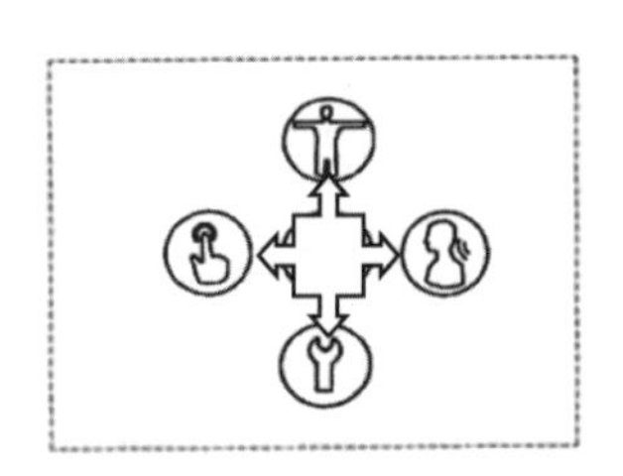

圖9-75　電視螢幕與電視機遙控器之圖像[46]

4. 成組物品包括圖像之設計：二個以上物品及其圖像，如圖9-76。

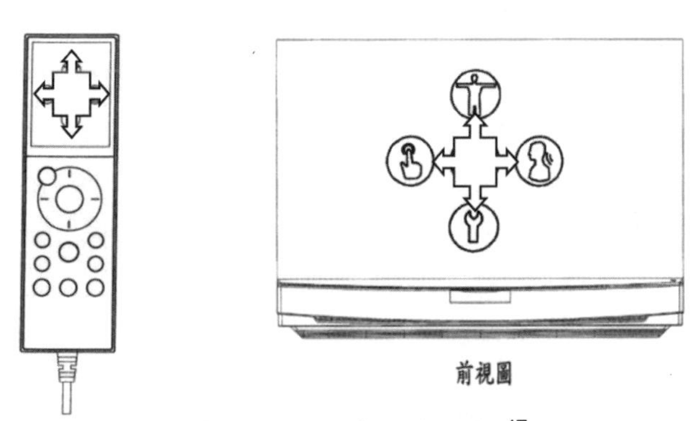

圖9-76　電視機與電視機遙控器[47]

[46] 左圖指定的遙控器與右圖指定的電視機螢幕屬同一物品類別者，得申請成組設計。
[47] 左圖的遙控器與右圖電視機屬同一物品類別者，得申請成組設計。

9.13.2 申請

涉及說明書及圖式記載之一般事項者，見9.1「說明書及圖式之記載」。

一、說明書之記載

圖像設計之設計名稱有特別規定，據以區別申請案係申請圖像設計專利。以手機之圖像為例，申請圖像設計專利應記載為「手機之電腦圖像」、「顯示裝置之圖形化使用者介面」、「手機之圖像之部分」或「電視機與遙控器組合之圖像」。對於新創作的物品，僅依設計名稱尚難明瞭其用途、使用方式或功能者，應記載物品之用途。

對於圖像設計，包括電腦圖像及圖形化使用者介面，「國際工業設計分類表」有特別的編號，前者之編號為14-04 I0022，後者之編號為14-04 G0172。以前述「手機之電腦圖像」或「顯示裝置之圖形化使用者介面」為例，前者之分類編號為14-03 P0404（行動電話）及14-04 I0022（電腦圖像），後者之分類編號為14-02 C0631（電腦顯示器）及14-04 G0172（圖形化使用者介面）。

圖像設計包含「主張設計之部分」及「不主張設計之部分」者，設計說明應明確說明圖式揭露內容包含「不主張設計之部分」（細§51.III.(1)）。例如「圖式所揭露之虛線部分，為本案不主張設計之部分」；「圖式所揭露之半透明填色部分係表示電腦螢幕，為本案不主張設計之部分」；或「圖式所揭露之一點鏈線所圍繞者，係界定本案所欲主張之範圍，該一點鏈線為本案不主張設計之部分」。圖像設計有因材料特性、機能調整或使用狀態之變化，而使圖像產生變化者，必要時應於設計說明簡要說明之（細§51.IV.(1)），或有連續動態變化者，應敘明變化順序（細§51.III.(2)）。如前述圖9-21：「動態變化圖1至動態變化圖5係電腦圖像依序產生變化外觀之設計」。

二、圖式之揭露

依細則第53條第1項，設計之圖式，應備具足夠之視圖，以充分揭露所主張設計之外觀。依第5項，圖式中主張設計之部分與不主張設計之部分，應以可明確區隔之表示方式呈現。

申請圖像設計，「主張設計之部分」僅為物品顯示裝置前方之二維圖像，故只要符合充分揭露規定，得僅以前視圖呈現，而省略其他視圖；但應於設計說明敘明省略之視圖及省略之事由（細§51.III.(3)）。

圖9-77　前視圖1至5顯示圖形化使用者介面之操作變化[48]

圖式包含「主張設計之部分」與「不主張設計之部分」者，應於圖式以可明確區隔之表示方式呈現該二部分（細§53.V）。圖式係以墨線圖繪製者，一般應以實線表示「主張設計之部分」，以虛線表示「不主張設計之部分」，如圖9-77，以一點鏈線表示邊界線，如前述圖9-33；若為具色階之電腦繪圖或照片者，則應以可明確區隔之方式表示，例如半透明填色、灰階填色或圈選方式分別表示「主張設計之部分」及「不主張設計之部分」，如前述圖9-30。前述之邊界線為虛擬圖線，用於表示所主張之設計的外周邊界，並非申請專利之外觀的一部分，故邊界線本身亦屬「不主張設計之部分」。

申請圖像設計，應用於物品之電腦圖像及圖形化使用者介面設計有連

---

[48] 圖片來源：摘自美國專利公告編號：D546337，Graphical user interface computer icon for a monitor display。

續動態變化者，如前述圖9-21，圖式應呈現其連續變化過程及順序。惟雖然圖像有變化，但非連續變化，而係因操作、調整而使圖像產生變化者，如圖9-77，圖式應呈現其各個變化狀態。

9.13.3 申請專利之圖像設計的認定

專利法第136條第2項：「設計專利權範圍，以圖式為準，並得審酌說明書。」專利審查的對象為申請專利之設計（claimed design），係以圖式所揭露物品之外觀（形狀、花紋、色彩或其結合，包括圖像）為基礎，並得審酌說明書中所載有關物品及外觀之內容，包括設計名稱所指定之物品，據以認定申請標的（subject matter）。有關申請專利之設計的認定，詳見9.2.3「申請專利之設計與不主張設計之部分」。

圖像設計之設計名稱為「手機之圖像」或「顯示螢幕之圖像」者，「手機」、「顯示螢幕」及「圖像」均具有限定作用，而不限於「手機」、「顯示螢幕」或「圖像」，該設計係應用於「手機」之「圖像」的創作，或「顯示螢幕」之「圖像」的創作。由於顯示螢幕係手機之一部分，「顯示螢幕之圖像」之專利權範圍比「手機之圖像」更為寬廣。

圖9-78　以邊界線界定多個圖像之集合為一設計[49]

圖式中標示邊界線者，認定申請專利之設計時，應以該邊界線所界定者為準，邊界線以內「主張設計之部分」包含複數個外觀，應視為係申請人主張之單一設計。至於邊界線外以「不主張設計之部分」所呈現的物品及環境，於認定申請專利之設計及解釋專利權範圍均得審酌之。以邊界線界定多個圖像之組合為單一設計，如圖9-78；以邊界線界定多個圖像及其構成之整體為單一設計，如圖9-79。

---

[49] 圖片來源：摘自美國專利公告編號：D546337，Graphical user interface computer icon for a monitor display。

圖9-79　以邊界線界定多個圖像及其構成[50]

圖像設計有連續動態變化，如前述圖9-21，或係因操作、調整而使圖像產生變化者，如前述圖9-77，該變化均為申請專利之設計的一部分，變化圖像不同或順序不同，均會影響申請專利之設計的認定。

9.13.4　絕對要件之審查

絕對要件，指不經檢索先前技藝即可審查之專利要件，除相對要件（新穎性、創作性、擬制喪失新穎性及先申請原則）外，專利法第134條所定之其他實體要件即屬之。涉及相對要件之一般事項詳見9.2「記載要件」至9.6「產業利用性」，涉及專利本質詳見5.12「改請申請」、5.13「分割申請」及9.11「修正、補正、訂正、更正、訂正之更改」，本小節僅說明圖像設計的特有事項，並重申審查上的重點。

圖像設計與一般形狀、花紋、色彩之外觀設計性質上尚有不同，且應用之物品亦不相同，無法相提並論。圖像與一般外觀之間不生相同或近似之問題，亦即不得互為主張優先權之基礎、不得互為變動申請之內容。

一、記載要件

一如前述，申請案之圖式中「不主張設計之部分」：1.不屬於申請專利之設計的內容，但得作為認定申請專利之設計的參考；2.得作為認定該設計所應用之物品的依據；3.得審酌其所揭露之環境。設計名稱為「圖像」，但

[50] 圖片來源：摘自美國專利公告編號：D611950，Set of icons for a portion of a display screen。

圖式中「不主張設計之部分」揭露周邊環境為手機，且說明書之物品用途敘明該「圖像」係設於手機之顯示螢幕者，則應認定申請專利之設計為「手機之圖像」。前述之例只是不符合專利審查基準有關設計名稱記載形式之教示，尚難稱不明確或不充分，而認定不符合「可據以實現要件」。

圖像有變化，係因操作、調整而使圖像產生變化者，如前述圖9-77，圖式應呈現其各個變化狀態，並應敘明之，若未呈現其變化，或說明書已敘明其有變化，但圖式未揭露其變化，致具有通常知識者無法瞭解其內容者，應認定不符合「可據以實現要件」。圖像具連續動態變化者，圖式應呈現其變化順序，如前述圖9-21，並應於設計說明敘明之。若說明書未敘明其變化順序，或圖式未揭露其變化或其變化順序者，具有通常知識者無法瞭解其內容，應認定不符合「可據以實現要件」。

二、一設計一申請

一設計一申請，指一申請案僅限應用於一特定物品之一特定圖像；有關一設計一申請之說明，詳見9.5「一設計一申請」。圖像設計之設計名稱為「手機之圖像」或「顯示裝置之圖像」者，「手機」或「顯示裝置」為該特定物品，「圖像」為該特定外觀。

應說明者，前述所稱一特定圖像並不限於單一圖像，得為單一圖像或多個圖像，如前述圖9-78、圖9-79。二個以上物品之組合的多個圖像，為成組物品之圖像設計，如前述圖9-75；多個圖像分屬於多個物品，且物品之間並無成組關係者，如前述圖9-75之多個圖像分屬於二個電視機，合併為一申請案，則不符一設計一申請之規定。

三、不得增加新事項

不得增加新事項，係專利法所定有關「不得超出……範圍」實體要件之判斷原則；亦即變動之內容必須已見於申請時說明書或圖式，而為「相同設計內容」，包括物品相同及外觀相同。「相同設計內容」並非指二者之圖像必須完全一樣，亦不等同於新穎性的近似判斷，若中文本之補正、修正、誤譯訂正、更正、誤譯訂正之更正、改請或分割（以下簡稱變動）後之圖像與申請時所揭露之圖像僅有細微變化，而對於整體視覺效果並無顯著影響者，仍屬「相同設計內容」。變動後之內容是否超出中文本（或外文本）所揭露之範圍的判斷指標在於是否變動中文本（或外文本）所揭露的設計內容；此判斷指標適用於中文本之補正（專§133.II）、修正（專§43.II）、誤譯訂正（專§44.III）、更正（專§139.II）、誤譯訂正之更正（專§139.III）、同類改請申請（專§131.III）、他類改請申請（專§132.III）及分割（專§34.IV）等有關「不得超出……範圍」。

圖像設計之「相同設計內容」判斷，須審究「主張設計之部分」及「不主張設計之部分」。例如，設計名稱為「手機之圖像」，「手機」及「圖像」均具有限定作用，其申請專利之設計係應用於「手機」之「圖像」的創作，圖式中「主張設計之部分」應呈現「圖像」之設計，「不主張設計之部分」應揭露「圖像」之周邊環境為手機或顯示螢幕，或以邊界線區隔。經變動，變動後之內容必須已見於申請時說明書或圖式，而為「相同設計內容」，亦即變動後之「主張設計之部分」及「不主張設計之部分」必須已見於申請時說明書或圖式中「主張設計之部分」或「不主張設計之部分」，始符合「不得超出……範圍」之規定。即使二者「主張設計之部分」完全相同，僅「不主張設計之部分」之位置、大小或分布關係不屬於「相同設計內容」，仍應認定違反「不得超出…範圍」之規定。例如，申請時之圖式僅為單一圖像，如前述圖9-77之前視圖1，經變動申請，增加前視圖2至5任一圖，即使申請時說明書已敘述該圖像有變化，但因未揭露其變化圖式，仍應認定違反「不得超出……範圍」之規定。又如，以邊界線界定多個圖像及其構成，如前述圖9-79，經變動申請，改變七個圖像之排列關係，應認定違反「不得……範圍」之規定。惟以邊界線界定多個圖像之組合為一設計，如前述圖9-78，因申請時申請專利之設計並未包含排列關係，經變動申請，改變五個圖像之排列關係，應認定未違反「不得超出……範圍」之規定。

簡言之，於變動申請之審查，變動後之內容已見於申請時之說明書或圖式中「主張設計之部分」或「不主張設計之部分」，而為「相同設計內容」者，應認可其變動之申請，包括誤記、誤譯及不明瞭記載之釋明。例如，圖9-80「電視機之圖像」變動為圖9-81電視機之「圖像」，變動後之圖式內容已揭露於申請時之圖式中，二者屬於「相同設計內容」，而未增加新事項，應認定該變動未違反「不得超出……範圍」之規定。反之，圖9-81電視機之「圖像」變動為圖9-80「電視機之圖像」，變動後之圖式內容並未完全揭露於申請時之圖式中，二者不屬於「相同設計內容」，而增加新事項，應認定該變動違反「不得超出……範圍」之規定。

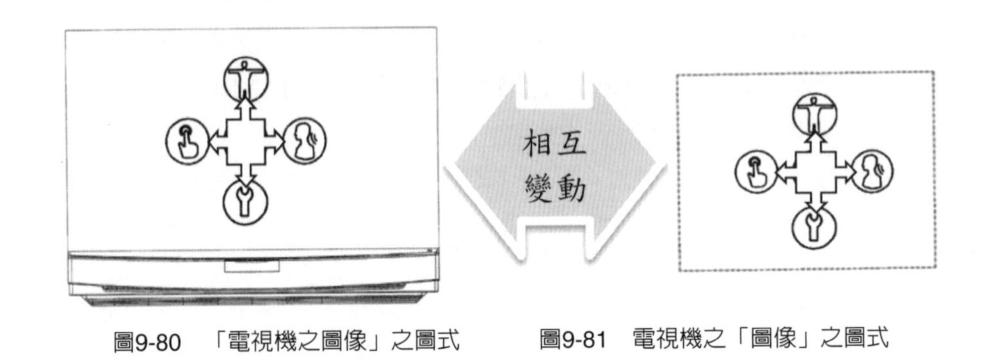

圖9-80　「電視機之圖像」之圖式　　圖9-81　電視機之「圖像」之圖式

四、優先權之認定

優先權只是專利法所定有利於申請人解決跨國申請以免違反實體要件的制度，優先權制度本身並非實體要件，而且設計專利僅適用國際優先權。依專利法第142條第1項準用第28條，於設計專利申請案中主張國際優先權者，須符合「相同設計」之規定。「相同設計」之判斷方式同前述之「相同設計內容」。申言之，優先權之審查，我國申請案之申請專利之設計已見於外國申請案說明書及圖式中「主張設計之部分」或「不主張設計之部分」，而為「相同設計」者，始認可其優先權主張。例如，我國申請案為圖9-82「電視機之圖像」，以圖9-83電視機之「圖像」為基礎案主張優先權，由於我國申請案申請專利之設計未完全揭露於外國基礎案之圖式中，二者並非「相同設計」，應否准其優先權主張。反之，我國申請案為圖9-83電視機之「圖像」，以圖9-82「電視機之圖像」為基礎案主張優先權，由於我國申請案申請專利之設計已揭露於外國基礎案之圖式中，二者屬於「相同設計」，應認可其優先權主張。

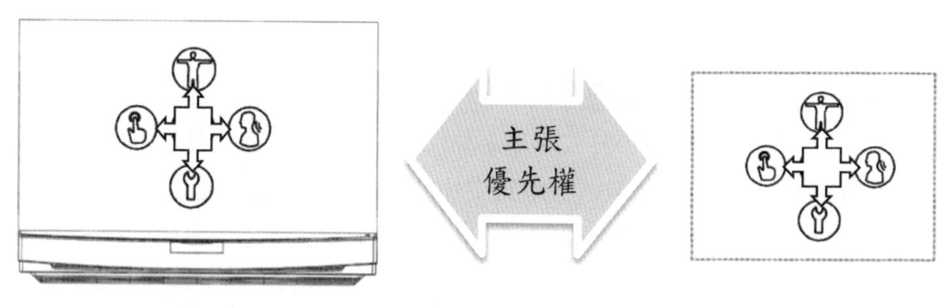

圖9-82　「電視機之圖像」之圖式　　　圖9-83　電視機之「圖像」之圖式

依專利法施行細則第89條：「依本法第121條第2項、第129條第2項規定提出之設計專利申請案，其主張之優先權日早於本法修正施行日者，以本法修正施行日為其優先權日。」專利法第151條明定102年1月1日專利法施行後，始能提出圖像設計與成組設計申請案。因此，該等設計專利申請案之申請日不得早於102年1月1日施行日；該等設計專利申請案如有主張優先權者，揆諸專利法規定之意旨，其優先權日自亦不得早於102年1月1日施行日，以期公允。

另依專利法第156條及第157條規定，於102年1月1日專利法施行後三個月內申請改為部分設計或衍生設計專利申請案，因法定例外容許，故無前述細則之適用；而102年1月1日專利法施行後所提出之部分設計及衍生設計專利申請案，亦無前述細則之適用。

9.13.5　相對要件之審查

相對要件，指經檢索先前技藝始可審查之專利要件，即專利法第134條所定新穎性、創作性、擬制喪失新穎性及先申請原則等要件。涉及相對要件之一般事項詳見9.7「新穎性」至9.10「創作性」，本小節僅說明圖像設計的特有事項，並重申審查上的重點。

圖像設計與一般形狀、花紋、色彩之外觀設計性質上尚有不同，且應用之物品亦不相同，無法相提並論。因此，圖像設計與外觀設計之間不生相同或近似之問題，亦即不得以相同或近似為由互為核駁之依據。物品之創新設計包含外觀及圖像者，得分別申請，亦得作為一整體申請之。

一、相同或近似

新穎性、擬制喪失新穎性及先申請原則均涉及相同或近似設計之概念。除9.7「新穎性」至9.9「先申請原則」有關相同或近似設計判斷之一般事項外，圖像之部分設計申請案圖式中包含「不主張設計之部分」者，申請專利之設計對照引證文件尚須符合下列三項要件，始得認定為相同或近似之設計：

1. 應用之物品必須相同或近似；
2. 「主張設計之部分」的外觀必須相同或近似；
3. 「主張設計之部分」與環境間（「主張設計之部分」對照「不主張設計之部分」）之位置、大小、分布關係為該技藝領域所常見者。

申請專利之設計所應用之物品，應以圖式所揭露該設計所施予之物品為主，並輔以設計名稱所指定之物品或物品用途之說明，予以認定。申請案圖式中包含「不主張設計之部分」者，除應審究「主張設計之部分」本身之次用途、次功能外，尚應審究其所應用之物品，惟設計專利並不保護圖像所能發揮之次用途或次功能，故無須考量之。再者，依現階段之科技，圖像必須顯現於顯示裝置，設計名稱為「顯示裝置之圖像」者，應認定為一般物品如「手機之圖像」的上位概念，下位概念之「手機」得使上位概念「顯示裝置」喪失新穎性。申言之，設計名稱為「手機之圖像」者，「手機」及「圖像」均具有限定作用，先前技藝之物品必須相同或近似於「手機」，且先前技藝之外觀相同或近似於「圖像」，始得認定申請專利之設計與先前技藝為相同或近似之設計。若申請案之設計名稱為「顯示裝置之圖像」，先前技藝之設計名稱為「手機之圖像」者，應認定二申請案所指定之物品相同，二者之圖像相同或近似時，應認定申請專利之設計不具新穎性。反之，申請案為「手機之圖像」，先前技藝為「顯示裝置之圖像」，應認定二者之物品不相同亦不近似，即使二者之圖像相同或近似，但因申請案申請時他人已完成該圖像，仍應認定申請專利之設計不具創作性。

圖式中標示邊界線者，認定申請專利之設計時，應以該邊界線所界定者為準，邊界線以內「主張設計之部分」包含複數個外觀，應視為係申請人主張之單一設計。至於邊界線外以「不主張設計之部分」所呈現的物品及環境，於認定申請專利之設計及解釋專利權範圍均得審酌之。以邊界線界定多個圖像之組合為單一設計，如前述圖9-78；以邊界線界定多個圖像及其構成之整體為單一設計，如前述圖9-79。

申請案係以邊界線界定多個圖像之組合為單一設計，如前述圖9-78，先前技藝已分別揭露其各個圖像，因申請案中多個圖像之構成並非其設計內容，故應認定申請案不具新穎性。相對地，申請案係以邊界線界定多個圖像及其構成之整體為單一設計，如前述圖9-79，若先前技藝已分別揭露其各個圖像，但未揭露申請案中多個圖像呈圓形排列之構成，故尚難認定申請案不具新穎性；但因申請案申請時他人已完成該多個圖像，故仍應認定申請案不具創作性。

申請案為應用於物品之電腦圖像或圖形式使用者介面而有連續動態變化者，應呈現於圖式，並敘明其變化順序（細§51.III.(2)），如圖9-84。若先前技藝已揭露其圖像，但因先前技藝未揭露其連續動態變化，或所揭露之動態變化與申請案不完全相同，如圖9-85，尚難認定申請案不具新穎性；但就圖9-84與圖9-85比對，仍可能認定申請案不具創作性。

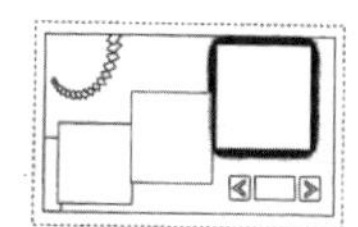
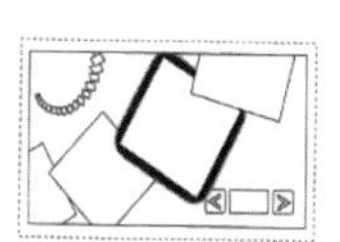
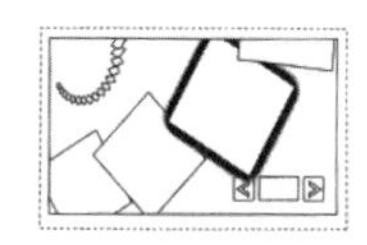
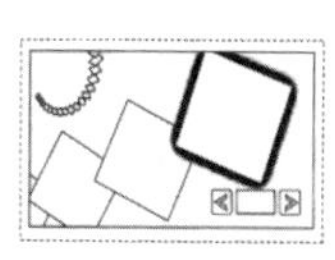
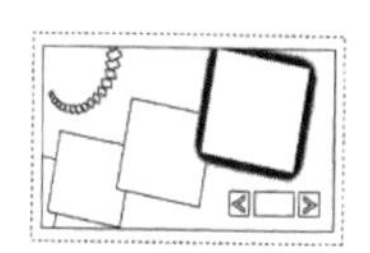

圖9-84　申請案之圖像連續變化過程之狀態圖式[51]

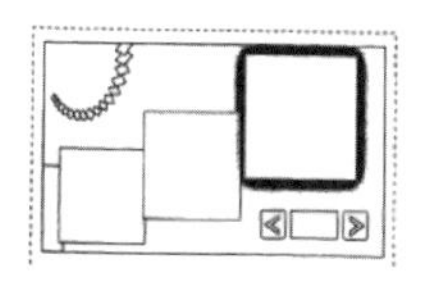
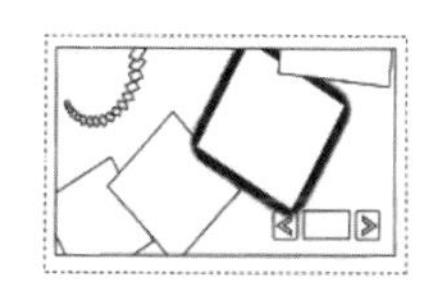
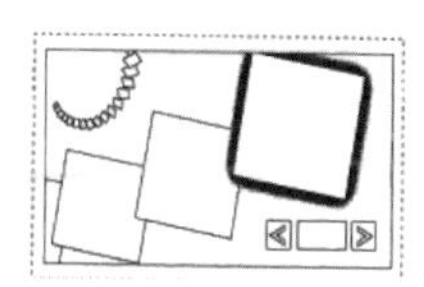

圖9-85　先前技藝之圖像連續變化過程之狀態圖式[52]

二、易於思及

設計專利係保護透過視覺訴求之創作，雖然申請專利之設計的實質內容

[51] 圖片來源：摘自美國專利公告編號：D605200，Video screen or portion thereof with a user interface image。

[52] 圖片來源：改自美國專利公告編號：D605200，Video screen or portion thereof with a user interface image。

係由物品結合外觀或由物品結合圖像所構成，惟其創作內容在於應用於物品之外觀或圖像，而非物品本身。創作性審查應以圖式所揭露之點、線、面所構成申請專利之設計的整體為對象，判斷其是否易於思及，易於思及之設計即不具創作性，詳見9.10.5「判斷基準」。

創作性審查，「不主張設計之部分」僅係用於表現設計所應用之物品及其與環境間之位置、大小、分布關係，無須考量「不主張設計之部分」本身之創作性。申請案「主張設計之部分」與環境間之位置、大小、分布關係並非該類物品中所常見者，應認定申請專利之設計具新穎性，後續應判斷該位置、大小、分布關係之差異是否為參酌申請時通常知識所為之簡易手法，據以判斷該部分設計是否為易於思及。

圖式中包含「不主張設計之部分」者，無論是申請案或先前技藝圖式中「不主張設計之部分」均得審酌之，據以認定所應用之物品及「主張設計之部分」對照「不主張設計之部分」所呈現之視覺效果。創作性審查，若申請專利之設計對照先前技藝中「主張設計之部分」及「不主張設計之部分」，不具特異之視覺效果，應認定不具創作性。前述圖9-78、圖9-79、圖9-84及圖9-85已說明圖像設計創作性判斷的特有事項。又如，申請案為「手機之圖像」，如圖9-86，先前技藝「貼紙」之花紋，如圖9-87，已揭露申請案之圖像者，因申請案申請時他人已完成該先前技藝之創作，應認定申請案不具創作性。

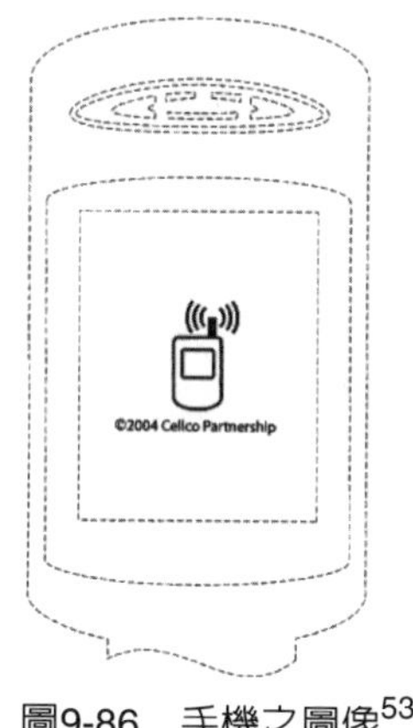

圖9-86　手機之圖像[53]

圖9-87　貼紙之花紋[54]

【相關法條】

專利法：28、34、43、44、127、129、131、132、133、134、136、139、151、156、157。

施行細則：51、53、89。

9.14　成組設計

第129條（一式樣一申請及成組設計）
申請設計專利，應就每一設計提出申請。 二個以上之物品，屬於同一類別，且習慣上以成組物品販賣或使用者，得以一設計提出申請。 申請設計專利，應指定所施予之物品。

[53] 圖片來源：摘自美國專利公告編號：D523020，Icon for the display screen of a cellulary communicative electronic device。

[54] 圖片來源：改自美國專利公告編號：D523020，Icon for the display screen of a cellulary communicative electronic device。

<table>
<tr><th colspan="3">成組設計綱要</th></tr>
<tr><td rowspan="4">成組設計</td><td colspan="2">二個以上之物品，屬於同一類別，且習慣上以成組物品販賣或使用者，得以一設計提出申請成組設計。</td></tr>
<tr><td colspan="2">成組設計將二個以上之物品合併申請視為一設計，而為法定「一設計一申請」之例外申請態樣。</td></tr>
<tr><td>要件</td><td>1.同一類別，習慣上以成組物品販賣或2.同一類別，習慣上以成組物品使用。</td></tr>
<tr><td>權利範圍</td><td>只能以物品之組合為一整體行使權利。</td></tr>
<tr><td rowspan="4">申請類型</td><td>成組之整體</td><td>二個以上物品之外觀。</td></tr>
<tr><td>成組之部分</td><td>二個以上物品之部分外觀。</td></tr>
<tr><td>成組之圖像</td><td>二個以上物品之圖像，但該物品為「不主張設計之部分」。</td></tr>
<tr><td>成組含圖像</td><td>二個以上物品及其圖像，該物品為「主張設計之部分」。</td></tr>
<tr><td rowspan="4">申請</td><td rowspan="2">說明書</td><td>設計名稱應記載：「○○組」、「一組○○」。</td></tr>
<tr><td>必要時應於設計說明簡要說明成組設計各構成物品之名稱。</td></tr>
<tr><td rowspan="2">圖式</td><td>1.將成組設計全部構成物品作為一整體呈現於各個視圖；或2.將各構成物品個別呈現於各個視圖。</td></tr>
<tr><td>必要時應另以視圖呈現構成物品之組合狀態。</td></tr>
<tr><td>申請專利之設計</td><td colspan="2">成組設計之創意在於物品之組合形態。
成組設計vs.其他設計：前者一定是應用於多個物品。</td></tr>
<tr><td rowspan="2">一設計一申請</td><td colspan="2">成組設計為「一設計一申請」之例外，係應用於多個物品；換句話說，成組設計各構成單元均為一物品，符合物品之定義。</td></tr>
<tr><td colspan="2">其他設計之物品本身係一個獨立的設計創作對象，為達特定用途而具備特定功能；換句話說，其構成單元本身不符合物品之定義，即不具特定功能，無法達成特定用途。</td></tr>
<tr><td rowspan="4">相同設計內容</td><td colspan="2">物品相同且外觀相同。
外觀相同，指能直接得知的外觀內容，而未增加新事項者；但非指二者之外觀必須完全一樣或近似，而係指僅有細微變化而對於整體視覺效果並無顯著影響者。</td></tr>
<tr><td colspan="2">判斷指標：不得變動說明書及圖式所揭露的設計內容。</td></tr>
<tr><td colspan="2">適用於中文本之補正、修正、誤譯訂正、更正、誤譯訂正之更正、改請及分割等有關「不得超出……範圍」要件之判斷。</td></tr>
<tr><td colspan="2">「主張設計之部分」及「不主張設計之部分」均為比對之基礎。</td></tr>
</table>

成組設計綱要		
近似判斷	物品	應用之物品之組合必須相同或近似。
	外觀	未揭露全部物品之設計者，仍不足以認定二者相同或近似。
		未揭露物品之組合形態者，仍不足以認定二者相同或近似。
易於思及	將先前技藝以組合、修飾、置換或轉用等簡易之設計手法完成申請專利之設計，而未產生特異之視覺效果者，應認定為易於思及之設計。	
	組合形態	1.外觀呈現近似之視覺效果者；2.外觀呈現連貫之視覺效果者；3.外觀呈現特定之關連印象者。

設計專利保護之標的包括整體設計、部分設計、成組設計及圖像設計四種；申請成組設計得為：成組物品之整體設計、成組物品之部分設計、成組物品之圖像設計及成組物品包括圖像之設計。

本章前述各節已說明成組設計之一般事項，本節僅說明成組設計的特有事項，並重申審查上的重點。

9.14.1　何謂成組設計

一、成組設計之定義

專利法第129條：（第1項）申請設計專利，應就每一設計提出申請。（第2項）二個以上之物品，屬於同一類別，且習慣上以成組物品販賣或使用者，得以一設計提出申請。申請設計專利，應以前述第1項所定「一設計一申請」為原則，而以前述第2項所定合併申請「成組設計」為例外。設計專利通常以單一物品為客體，惟若設計創意在於物品之組合形態而非單一物品之外觀者，產業界往往會針對習慣上同時販賣或同時使用之物品組合，運用設計手法使物品組合之整體外觀產生特異之視覺效果，如前述圖9-31。102年1月1日施行之專利法新增成組設計之標的，將二個以上物品之合併申請視為一設計，而為法定之例外申請態樣。

成組設計須符合之要件為「同一類別」及「成組販賣」，或「同一類別」及「成組使用」：

1. 同一類別，係指各構成物品應屬於國際工業設計分類表中第一階分類（共32大類）之物品（細§57），見1.7「國際工業設計分類」。

2. 習慣上以成組物品販賣者，指二個以上之物品各具不同用途，雖然單一物品可供交易，但因該等物品之用途相關，在消費市場上通常亦有將該等物品成組合併交易者。「習慣」的認定，應以申請專利之設計所屬技藝領域中商品實施的情況下一般公知或業界所認知者為準，而非依申請人主觀之認定。有爭執時，申請人應負舉證責任。「以成組物品販賣」涉及消費市場之習慣，例如茶具組、球具組、家具組、廚具組、食器組、寢具組、一組手錶及盒（盒具有展示及收藏手錶之用途）。但為促銷目的而搭配之複數個物品，例如書包及鉛筆盒，非屬習慣上以成組物品販賣，不符合成組設計之定義。
3. 習慣上以成組物品使用者，指二個以上之物品各具不同用途，雖然單一物品可供使用，但因該等物品之用途相關，在消費市場上通常亦有將該等物品成組合併使用者，例如咖啡杯、咖啡壺、糖罐及牛奶壺。「習慣」的認定，應以申請專利之設計所屬技藝領域中商品實施的情況下一般公知或業界所認知者為準，而非依申請人主觀之認定。有爭執時，申請人應負舉證責任。「以成組物品使用」涉及消費者之使用習慣，且物品之用途相關或功能具有搭配性，例如桌椅組、筆組、修容組、衣飾組（袖扣及領帶夾）、飾品組（戒指及項鏈）、成套服裝、皮件組（腰帶、皮夾及鑰匙夾）。

二、成組設計之類型

設計專利保護之標的包括整體設計、部分設計、成組設計及圖像設計四種；其中，整體設計、部分設計及成組設計係以創作所應用之物品為準予以區分。單一物品的保護（整體設計）、物品之部分的保護（部分設計）及二個以上物品的保護（成組設計）；惟成組設計之部分亦得申請部分設計。

成組設計之創意在於物品之組合形態，以成組設計取得專利權者，只能就物品之組合為一整體行使權利，不得就其中單個或多個物品分割行使權利；同理，對比文件僅揭露其中單個或多個物品之設計，仍不足以認定二者相同或近似。

申請專利之設計為應用於成組物品之外觀者，其類型得為下列：

1. 成組物品之整體設計：二個以上物品之外觀，如前述圖9-31；
2. 成組物品之部分設計：二個以上物品之部分外觀，如前述圖9-9、圖9-28；

3. 成組物品之圖像設計：二個以上圖像分屬不同物品，但該物品之外觀為不主張設計之部分，如前述圖9-75。
4. 成組物品包括圖像之設計：二個以上物品及其圖像，如前述圖9-76。

9.14.2　申請

涉及說明書及圖式記載之一般事項者，見9.1「說明書及圖式之記載」。

一、說明書之記載

成組設計之設計名稱有特別規定，據以區別其係申請成組設計專利。以平板電腦及其機座為例，成組設計應記載為「平板電腦與其機座組」或「一組平板電腦與其機座」。申請成組設計，對於新創作的物品，僅依設計名稱尚難明瞭其用途、使用方式或功能者，應記載物品之用途；必要時應於設計說明簡要說明成組設計各構成物品之名稱（細§51.IV.(3)）。申請成組物品之部分設計，圖式包括「主張設計之部分」及「不主張設計之部分」者，說明書之記載應遵照9.12「部分設計」之說明。

二、圖式之揭露

依細則第53條第1項，設計之圖式，應備具足夠之視圖，以充分揭露所主張設計之外觀。依第5項，圖式中主張設計之部分與不主張設計之部分，應以可明確區隔之表示方式呈現。

申請成組設計，應備具足夠之視圖，通常有二種表現方式：1.將成組設計全部構成物品作為一整體呈現於各個視圖，或2.將各構成物品個別呈現於各個視圖。以整體方式呈現者，為符合充分揭露之規定，必要時應另外以視圖單獨呈現其構成物品之設計；以個別方式呈現者，為符合充分揭露之規定，必要時應另外以視圖呈現全部構成物品之組合狀態，以表示成組物品販賣或使用之情況。

成組設計的創意在於其構成物品經排列組合而產生變化者，例如，沙發椅組經排列組合而產生的功能變化，或杯盤組經排列組合而產生的組合變化，應另外以視圖呈現之，並於設計說明敘明之。

成組物品之部分設計的圖式包含「主張設計之部分」與「不主張設計之

部分」者，應於圖式以可明確區隔之表示方式呈現該二部分（細§53.V）。圖式係以墨線圖繪製者，一般應以實線表示「主張設計之部分」，以虛線表示「不主張設計之部分」，如前述圖9-9、圖9-28。

9.14.3 申請專利之成組設計的認定

專利法第136條第2項：「設計專利權範圍，以圖式為準，並得審酌說明書。」專利審查的對象為申請專利之設計（claimed design），係以圖式所揭露物品之外觀（形狀、花紋、色彩或其結合，包括圖像）為基礎，並得審酌說明書中所載有關物品及外觀之內容，包括設計名稱所指定之物品，據以認定申請標的（subject matter）。有關申請專利之設計的認定，詳見9.2.3「申請專利之設計與不主張設計之部分」。

成組設計之創意在於物品之組合形態，其申請專利之設計包括其各構成物品及其組合形態，對比文件僅揭露其中單個或多個物品之設計，或僅揭露全部物品之設計但未揭露組合形態者，仍不足以認定二者相同或近似。

成組設計與其他設計之差異在於前者為應用於多個物品。申請專利之設計並非以多個物品為客體，而為應用於單一物品中多個外觀之組合者，應申請為整體設計或部分設計，如前述圖9-27，而非申請為成組設計；申請專利之設計為應用於單一物品中多個圖像之組合者，應申請為圖像設計或圖像之部分設計，如前述圖9-19、圖9-20及圖9-34，而非申請為成組設計。惟外觀係應用於二個以上物品之部分者，仍得申請為「成組物品之部分設計」，如前述圖9-9、圖9-28；因其並非應用於二個以上物品之全部，不符成組設計之規定，故無「部分物品之成組設計」概念。

9.14.4 絕對要件之審查

絕對要件，指不經檢索先前技藝即可審查之專利要件，除相對要件（新穎性、創作性、擬制喪失新穎性及先申請原則）外，專利法第134條所定之其他實體要件即屬之。涉及相對要件之一般事項詳見9.2「記載要件」至9.6「產業利用性」，涉及專利本質詳見5.12「改請申請」、5.13「分割申請」及9.11「修正、補正、訂正、更正、訂正之更正」，本小節僅說明成組設計的特有事項，並重申審查上的重點。

一、記載要件

成組設計之創意在於物品之組合形態，圖式及說明書必須揭露申請專利之設計之構成物品的組合，以符合記載要件。成組設計之構成物品經排列組合而產生變化者，例如餐具組經排列組合而產生的組合變化，如圖9-88，或沙發椅組經排列組合而產生的功能變化，如圖9-89，應另外以視圖呈現之，並於設計說明敘明之。圖式未揭露成組設計之組合形態，即使於說明書記載其組合，致具有通常知識者無法明瞭其組合形態所生之視覺效果者，應認定不符合「可據以實現要件」。

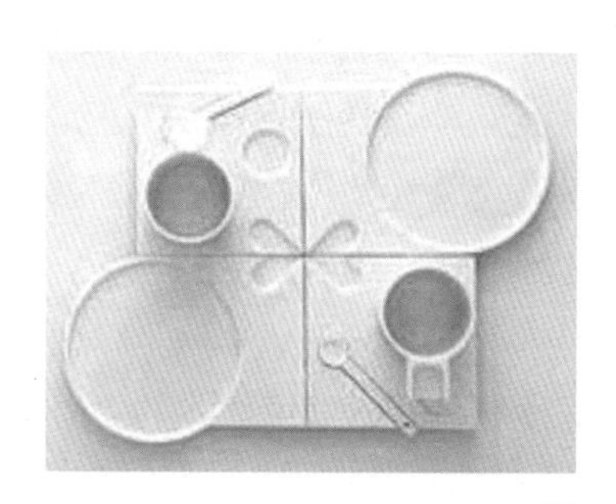

圖9-88　餐具組之組合形態[55]

圖9-89　沙發組之組合形態[56]

一如前述，申請案之圖式中「不主張設計之部分」：1.不屬於申請專利之設計的內容，但得作為認定申請專利之設計的參考；2.得作為認定該設計所應用之物品的依據；3.得審酌其所揭露之環境。設計名稱為「球桿」，圖式中「主張設計之部分」為桿部，「不主張設計之部分」揭露其周邊環境為桿頭部，如前述圖9-28，且說明書之物品用途敘明該「桿部」係其設於高爾夫球桿之桿部者，則應認定設計名稱所指定之「球桿」係屬「球桿組之桿部」。前述之例只是不符合專利審查基準有關設計名稱記載形式之教示，尚難稱不明確或不充分，而認定不符合「可據以實現要件」。

55 圖片來源：摘自網站home.cjn.cn。
56 圖片來源：摘自網站my7475.com。

二、一設計一申請

專利法第129條：（第1項）申請設計專利，應就每一設計提出申請。（第2項）二個以上之物品，屬於同一類別，且習慣上以成組物品販賣或使用者，得以一設計提出申請。申請設計專利，應以前述第1項所定「一設計一申請」為原則，而以前述第2項所定合併申請「成組設計」為例外。

成組設計與其他設計之差異在於：成組設計一定是應用於多個物品，亦即成組設計各構成單元均為一物品，符合物品之定義；其他設計之物品本身即為一物品，而為一個獨立的設計創作對象，為達特定用途而具備特定功能，其構成單元不符合物品之定義。下列物品之構成單元本身不具特定功能，無法達成特定用途，必須構成單元之組合始視為一物品：具匹配關係之物品，如筆帽與筆身、瓶蓋與瓶子、茶杯與杯蓋、衣服暗扣；具左右成雙關係之物品，如成雙之鞋、成雙之襪、成副之手套；具成套使用關係之物品，如象棋、紙牌。簡言之，雖然前述物品具多個構成單元，但構成單元本身不具任何用途，不得為一物品，故構成單元之組合亦非成組設計。

惟應說明者，前述所稱一設計一申請原則並不限於單一外觀，得為多個外觀，如前述圖9-27。成組物品或其部分亦有多個外觀，如前述圖9-28、圖9-31。

三、不得增加新事項

不得增加新事項，係專利法所定有關「不得超出……範圍」實體要件之判斷原則；亦即變動之內容必須已見於申請時說明書或圖式，而為「相同設計內容」，包括物品相同及外觀相同。「相同設計內容」並非指二者之外觀必須完全一樣，亦不等同於新穎性的近似判斷，若中文本之補正、修正、誤譯訂正、更正、誤譯訂正之更正、改請或分割（以下簡稱變動）後之外觀與申請時所揭露之外觀僅有細微變化，而對於整體視覺效果並無顯著影響者，仍屬「相同設計內容」。變動後之內容是否超出中文本（或外文本）所揭露之範圍的判斷指標在於是否變動中文本（或外文本）所揭露的設計內容；此判斷指標適用於中文本之補正（專§133.II）、修正（專§43.II）、誤譯訂正（專§44.III）、更正（專§139.II）、誤譯訂正之更正（專§139.III）、同類改請申請（專§131.III）、他類改請申請（專§132.III）及分割（專§34.IV）等有關「不得超出……範圍」。

成組物品之「相同設計內容」判斷，須審究「主張設計之部分」及「不主張設計之部分」。例如，設計名稱為「餐具組」，圖式呈現刀、叉及匙之成組設計，其申請專利之設計係刀、叉及匙之組合。經變動，「主張設計之部分」為刀、叉及匙之把手，「不主張設計之部分」為刀、叉及匙之作用部分，變動後之「主張設計之部分」及「不主張設計之部分」已見於申請時說明書或圖式，故符合「不得超出……範圍」之規定（本例之設計名稱須改為「餐具組之部分」）。又如，設計名稱為「餐具組」，圖式呈現刀、叉及匙之成組設計，經變動，「主張設計之部分」為刀，「不主張設計之部分」為叉及匙，變動後之「主張設計之部分」及「不主張設計之部分」已見於申請時說明書或圖式，故符合「不得超出……範圍」之規定（事實上本例已改為整體設計，改變之結果與刪除叉及匙無異，又本例之設計名稱須改為「餐刀」）。

「不得超出……範圍」之規定係審究變動後之內容是否已見於申請時說明書或圖式所揭露之內容。專利法第139條第4項：「更正，不得實質擴大或變更公告時之圖式。」係指更正後不得實質擴大或變更公告時之圖式所界定的專利權範圍，而非僅指圖式本身。就前段之二例而言，均已實質擴大或變更專利權範圍。

簡言之，於變動申請之審查，變動後之內容已見於申請時之說明書或圖式中「主張設計之部分」或「不主張設計之部分」，而為「相同設計內容」者，應認可其變動之申請，包括誤記、誤譯及不明瞭記載之釋明。例如，圖9-90「一組茶几」變動為圖9-91「茶几組」，變動後之圖式內容並未完全揭露於申請時之圖式中，二者不屬於「相同設計內容」，而增加新事項，應認定該變動違反「不得超出……範圍」之規定。反之，圖9-91電視機之「茶几組」變動為圖9-90「一組茶几」，變動後之圖式內容已揭露於申請時之圖式中，二者屬於「相同設計內容」，而未增加新事項，應認定該變動未違反「不得超出……範圍」之規定。

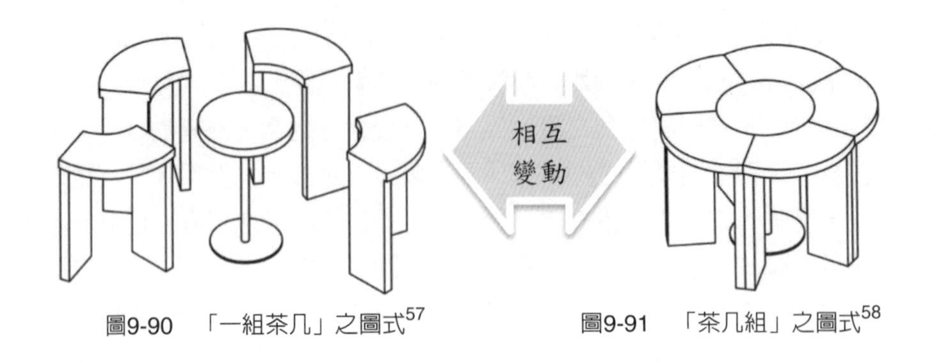

圖9-90　「一組茶几」之圖式[57]　　圖9-91　「茶几組」之圖式[58]

四、優先權之認定

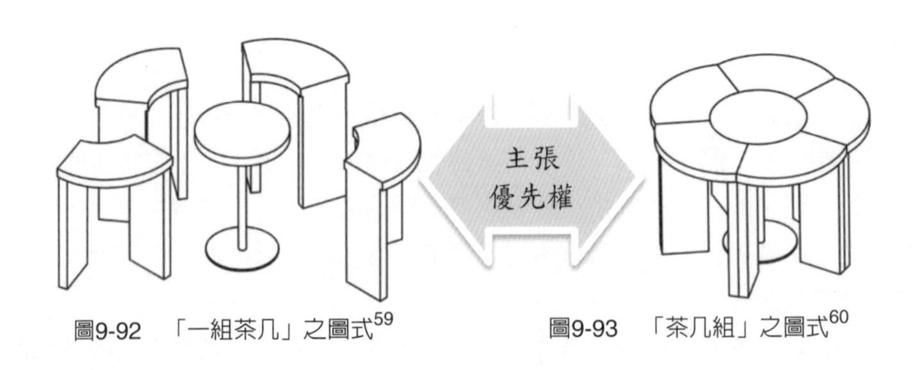

圖9-92　「一組茶几」之圖式[59]　　圖9-93　「茶几組」之圖式[60]

優先權只是專利法所定有利於申請人解決跨國申請以免違反實體要件的制度，優先權制度本身並非實體要件，而且設計專利僅適用國際優先權。依專利法第142條第1項準用第28條，於設計專利申請案中主張國際優先權者，須符合「相同設計」之規定。「相同設計」之判斷方式同前述之「相同設計內容」。申言之，優先權之審查，我國申請案之申請專利之設計已見於外國申請案說明書及圖式中「主張設計之部分」或「不主張設計之部分」，而為「相同設計」者，始認可其優先權主張。例如，我國申請案為圖9-92「一組茶几」，以圖9-93「茶几組」為基礎案主張優先權，由於我國申請案申請專

[57] 圖片來源：摘自摘自我國設計專利審查基準。
[58] 圖片來源：摘自摘自我國設計專利審查基準。
[59] 圖片來源：摘自摘自我國設計專利審查基準。
[60] 圖片來源：摘自摘自我國設計專利審查基準。

利之設計未完全揭露於外國基礎案之圖式中，二者並非「相同設計」，應否准其優先權主張。反之，我國申請案為圖9-93「茶几組」，以圖9-92「一組茶几」為基礎案主張優先權，由於我國申請案申請專利之設計已揭露於外國基礎案之圖式中，二者屬於「相同設計」，應認可其優先權主張。

依專利法施行細則第89條：「依本法第121條第2項、第129條第2項規定提出之設計專利申請案，其主張之優先權日早於本法修正施行日者，以本法修正施行日為其優先權日。」專利法第151條明定102年1月1日專利法施行後，始能提出圖像設計與成組設計申請案。因此，該等設計專利申請案之申請日不得早於102年1月1日專利法施行日；該等設計專利申請案如有主張優先權者，揆諸專利法規定之意旨，其優先權日自亦不得早於102年1月1日專利法施行日，以期公允。

另依專利法第156條及第157條規定，於102年1月1日專利法施行後三個月內申請改為部分設計或衍生設計專利申請案，因法定例外容許，故無前述細則之適用；而102年1月1日專利法施行後所提出之部分設計及衍生設計專利申請案，亦無前述細則之適用。

9.14.5　相對要件之審查

相對要件，指經檢索先前技藝始可審查之專利要件，即專利法第134條所定新穎性、創作性、擬制喪失新穎性及先申請原則等要件。涉及相對要件之一般事項詳見9.7「新穎性」至9.10「創作性」，本小節僅說明成組設計的特有事項，並重申審查上的重點。

一、相同或近似

成組設計之創意在於物品之組合形態，其申請專利之設計包括其各構成物品及其組合形態，先前技藝僅揭露其中單個或多個物品之設計，或僅揭露全部物品之設計但未揭露組合形態者，仍不足以認定二者相同或近似。例如，申請案為「球桿組」，先前技藝為單一或多支球桿而僅揭露申請案之一部分者，尚不足以認定二者相同或近似。例如申請案「茶几組」，如圖9-93；當先前技藝僅揭露中心圓桌及周邊四張角桌，如圖9-92，但未揭露第五張角桌及中心桌與角桌之組合形態，尚不得認定申請案不具新穎性，事實上，亦難以認定申請案不具創作性。

新穎性、擬制喪失新穎性及先申請原則均涉及相同或近似設計之概念。除9.7「新穎性」至9.9「先申請原則」有關相同或近似設計判斷之一般事項外，成組物品之部分設計申請案圖式中包含「不主張設計之部分」者，申請專利之設計對照引證文件尚須符合下列四項要件，始得認定為相同或近似之設計：

1. 應用之物品必須相同或近似；
2. 「主張設計之部分」的次用途、次功能必須相同或近似；
3. 「主張設計之部分」的外觀必須相同或近似；
4. 「主張設計之部分」與環境間（「主張設計之部分」對照「不主張設計之部分」）之位置、大小、分布關係為該技藝領域所常見者。

申請專利之設計所應用之物品，應以圖式所揭露該設計所施予之物品為主，並輔以設計名稱所指定之物品或物品用途之說明，予以認定。申請案圖式中包含「不主張設計之部分」者，除應審究「主張設計之部分」本身之次用途、次功能外，尚應審究其所應用之物品。例如，成組物品之部分設計的設計名稱為「球桿組之桿部」，「球桿組」及「桿部」均具有限定作用，先前技藝之物品必須相同或近似於「球桿組」，且先前技藝之次用途、次功能及外觀相同或近似於「桿部」，始得認定申請專利之設計與先前技藝為相同或近似之設計。然而，若申請案之設計名稱為「球桿組之桿部」，先前技藝之設計名稱為「球桿部」，經審酌說明書，物品用途已敘明該「球桿部」係設於高爾夫「球桿組」之桿部，且圖式所揭露「主張設計之部分」所應用之物品為高爾夫球桿者，則應認定二者所指定之物品相同。

圖式中包含「不主張設計之部分」者，無論是申請案或先前技藝圖式中「不主張設計之部分」均得審酌之，據以認定所應用之物品及「主張設計之部分」對照「不主張設計之部分」之位置、大小、分布關係是否為該技藝領域所常見。例如，申請案「主張設計之部分」為12支球桿組之桿部，「不主張設計之部分」為該球桿組之桿頭部，如圖9-94；當先前技藝僅揭露其中6支球桿之桿部及桿頭，如圖9-95，但未揭露申請案其他6支球桿，尚不得認定申請案不具新穎性。

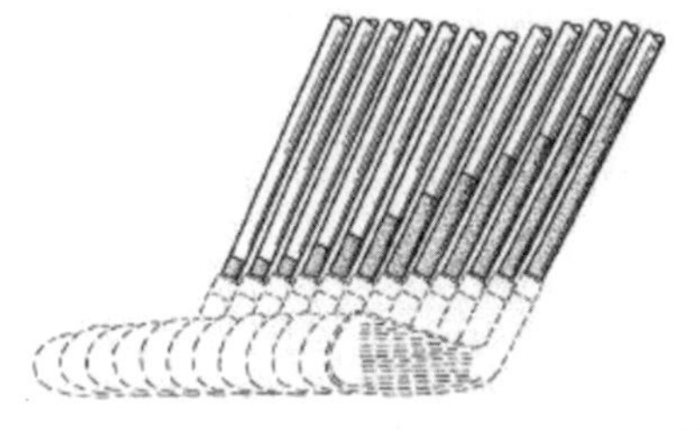

圖9-94　成組物品申請案之部分設計[61]

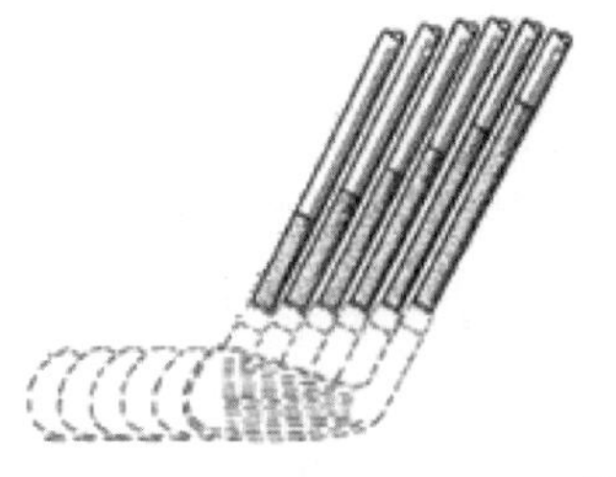

圖9-95　先前技藝之部分設計[62]

二、易於思及

設計專利係保護透過視覺訴求之創作，雖然申請專利之設計的實質內容係由物品結合外觀或由物品結合圖像所構成，惟其創作內容在於應用於物品之外觀或圖像，而非物品本身。創作性之審查應以圖式所揭露之點、線、面所構成申請專利之設計的整體為對象，判斷其是否易於思及，易於思及之設計即不具創作性，詳見9.10.5「判斷基準」。

成組設計之創意在於物品之組合形態，其申請專利之設計包括其各構成物品及其組合形態，申請專利之設計對照先前技藝，必須其構成物品及其組合形態具特異之視覺效果，始具創作性。例如，申請案「茶几組」如前述圖9-93，對照先前技藝「一組茶几」如前述圖9-92，申請案具組合形態之特異視覺效果，可認定申請案具創作性。

創作性審查，「不主張設計之部分」僅係用於表現設計所應用之物品或其與環境間之位置、大小、分布關係，無須考量「不主張設計之部分」本身之創作性。申請案「主張設計之部分」與環境間之位置、大小、分布關係並非該類物品中所常見者，應認定申請專利之設計具新穎性，後續應判斷該位置、大小、分布關係之差異是否為參酌申請時通常知識所為之簡易手法，據以判斷該部分設計是否為易於思及。

成組物品之部分設計圖式中包含「不主張設計之部分」者，無論是申請案或先前技藝圖式中「不主張設計之部分」均應審酌之，據以認定所應用之物品及「主張設計之部分」對照「不主張設計之部分」所呈現之視覺效果。

---

[61] 圖片來源：摘自美國專利公告編號：D444526，Set of golf club shafts。
[62] 圖片來源：改自美國專利公告編號：D444526，Set of golf club shafts。

創作性審查，若申請專利之設計對照先前技藝中「主張設計之部分」及「不主張設計之部分」，不具特異之視覺效果，應認定不具創作性。例如，申請案「球桿組」如前述圖9-94，先前技藝「球桿組」如前述圖9-95，雖然先前技藝未揭露申請案其他6支球桿，但申請案之組合形態不具特異視覺效果，可認定申請案不具創作性。

專利法第129條第2項並未規定成組設計之專利要件包括同一設計概念。同一設計概念，指各構成物品間具有共通設計形式（common design）或具有相同設計特徵（same general character）。成組設計之創意在於物品之組合，各構成物品間必須具備共通的設計形式或相同的設計特徵，使成組設計之組合形態所生之視覺效果非易於思及，始符合創作性，只是物品之簡易併湊仍不符合創作性。

成組設計之創作性必須考量物品之組合形態例示如下：

1.外觀呈現近似之視覺效果者，如圖9-96；

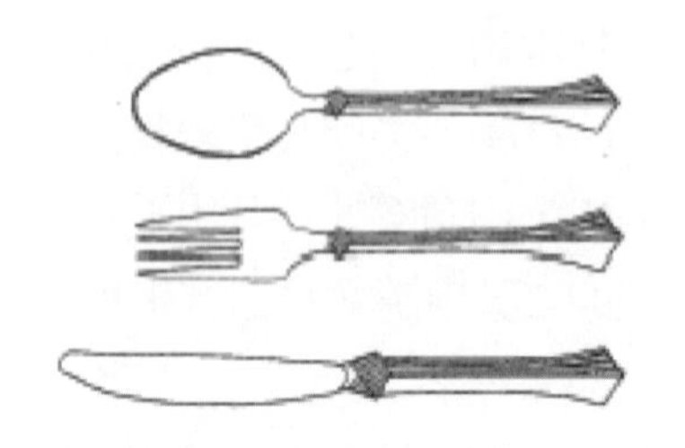

圖9-96　餐具組具有近似之視覺效果[63]

圖9-97　餐桌組具有連貫之視覺效果[64]

2. 外觀呈現連貫之視覺效果者，如圖9-97、前述圖9-9、圖9-93；
3. 外觀呈現特定之關連印象者，桃園三結義之劉邦、關公、張飛之卡通頭像花紋，而有強烈關連印象者。

【相關法條】

專利法：28、34、43、44、127、131、132、133、134、136、139、151、156、157。

施行細則：51、53、57、89。

---

[63] 圖片來源：摘自日本意匠審查基準。
[64] 圖片來源：摘自日本意匠審查基準。

9.15　衍生設計

第127條（衍生設計）
同一人有二個以上近似之設計，得申請設計專利及其衍生設計專利。 衍生設計之申請日，不得早於原設計之申請日。 申請衍生設計專利，於原設計專利公告後，不得為之。 同一人不得就與原設計不近似，僅與衍生設計近似之設計申請為衍生設計專利。
第135條（設計專利權之授予及期間）
設計專利權期限，自申請日起算十二年屆滿；衍生設計專利權期限與原設計專利權期限同時屆滿。
第137條（衍生設計專利權）
衍生設計專利權得單獨主張，且及於近似之範圍。
第138條（衍生設計專利權之處分限制）
衍生設計專利權，應與其原設計專利權一併讓與、信託、繼承、授權或設定質權。 原設計專利權依第一百四十二條第一項準用第七十條第一項第三款或第四款規定已當然消滅或撤銷確定，其衍生設計專利權有二以上仍存續者，不得單獨讓與、信託、繼承、授權或設定質權。

衍生設計綱要		
衍生設計	近似於同一人之設計創作，得申請為其原設計的衍生設計。	
	排除先申請原則之適用	衍生設計制度係屬設計專利的特殊申請類型，不適用先申請原則。
	適用標的	整體設計、部分設計、成組設計及圖像設計。
		整體設計、部分設計及成組設計vs.圖像設計不得互為衍生設計。
專利權	範圍	衍生設計之專利權範圍與一般設計專利權並無差異，均及於相同或近似設計。
	期間	衍生設計專利權期限與原設計專利權期限同時屆滿。
	消滅及撤銷	原設計專利權當然消滅或經撤銷確定者，其衍生設計專利權仍得存續。
	行使	專利權人得單獨行使衍生設計權利。
	處分	原設計與衍生設計專利權人須為同一人，不得分別處分之。
		衍生設計專利權有二以上仍存續者，亦不得分別處分之。

102年1月1日施行前之舊法僅保護應用於單一物品之整體設計，102年1月1日專利法就設計專利制度作整體配套修正，主要係從單一物品（整體設計，專§121.I），擴及單一或多數物品之部分（部分設計，專§121.I）及多數物品之組合（成組設計，專§129.I）；另從應用於物品之形狀、花紋、色彩（外觀），擴及電腦圖像及圖形化使用者介面（圖像設計，專§121.II）；又從聯合新式樣制度（近似認定採確認說）修正為衍生設計制度（專§127.I，近似認定採結果擴張說）。

設計專利保護之標的包括整體設計、部分設計、成組設計及圖像設計四種。衍生設計得為前四種標的；但整體設計、部分設計及成組設計等三種設計與圖像設計不得互為衍生設計。

本章前述各節已說明衍生設計之一般事項，本節僅說明衍生設計的特有事項，並重申審查上的重點。

9.15.1 何謂衍生設計

衍生設計，指同一人因襲其原設計之創作且構成近似者。同一人有二個以上近似之設計，申請設計專利時，應擇一申請為原設計專利，其餘近似之設計申請為衍生設計專利（專§127.I）。衍生設計須與原設計近似，僅與其他衍生設計近似而與原設計不近似者，即使是同一人，仍不得申請衍生設計專利（專§127.IV）；亦即原設計為「母案」，衍生設計為「子案」，不得有另一衍生設計為「孫案」，形成三代同堂之關係，以避免近似關係複雜化。

設計專利係保護工業產品外觀之創作。在消費市場上，產業界為追求利潤，必須迎合消費者之品味，隨時改變其已上市之產品的外觀，通常會以同一設計概念發展多個近似之設計，這些近似設計具有與原設計同等的專利價值，應給予同等之保護。為符合產業界前述多樣化選擇或局部改型之需求，102年1月1日施行之專利法制定衍生設計專利制度，對於近似於同一人之設計創作，得申請為其原設計的衍生設計，是為衍生設計制度。相對於舊法聯合新式樣制度，102年1月1日施行之專利法賦予衍生設計獨立的專利權利，致專利權範圍、期間及專利權之行使、處分等，甚至取得專利之實體要件均有變動。

表9-5　聯合新式樣與衍生設計之異同一覽表

	聯合新式樣	衍生設計
申請要件	必須與同一人申請之原設計近似	
申請期限	原新式樣專利申請後至原新式樣專利撤銷或消滅前	原設計專利申請後至原設計核准專利公告前
權利期間	與原專利權期間同時屆滿	
獨立存續	原新式樣專利權撤銷或消滅時，一併撤銷或消滅	原設計專利權撤銷或消滅時，衍生設計仍得存在
不可分性	不得單獨讓與、信託、授權、設定質權或繼承	
權利範圍	從屬原專利權，不得單獨主張權利，且不及於近似範圍	得單獨主張權利，且及於近似範圍
專利證書	與原專利權同一張專利證書（於原專利證書加註聯合新式樣專利權號數）	各有其專利證書
年費繳納	僅繳納原新式樣專利年費	原設計及衍生設計須繳納證書費及年費

受先申請原則之限制，相同或近似之設計有二件以上之專利申請案時，僅得就其最先申請者准予專利（專§128.I）；但同一人有與其原設計近似之設計，得申請衍生設計，不適用先申請原則（專§128.IV），故衍生設計制度係屬設計專利的特殊申請類型。

以專利法架構為準，設計專利保護的標的得區分為：整體設計、部分設計及圖像設計為設計專利的一般申請，均定於專利法第121條；衍生設計及成組設計為設計專利的特殊申請，分別定於專利法第127條及第129條。一般外觀之整體設計、部分設計及成組設計得互為原設計及衍生設計；圖像之整體設計、部分設計及成組設計亦得互為原設計及衍生設計；但一般外觀與圖像之申請案不得互為原設計及衍生設計。

二設計「近似」與否是以視覺判斷，權利範圍之認定主觀而不明確，故102年1月1日施行前之舊專利法所定之聯合新式樣制度係採日本意匠之確認說；申請人得申請聯合新式樣專利，先期確認所取得之原新式樣專利權所及之近似範圍，使設計之近似範圍更為明確。102年1月1日施行之專利法所定之衍生設計制度係採日本意匠之結果擴張說；重點在於專利權人得單獨主張衍生設計專利權，且其保護範圍及於相同及近似之設計。

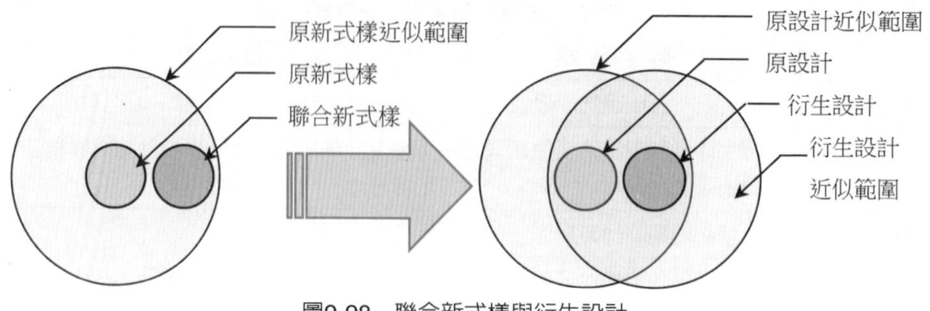

圖9-98　聯合新式樣與衍生設計

9.15.2　申請

申請衍生設計專利，衍生設計之申請日，不得早於原設計之申請日（專§127.II）。申請衍生設計專利，於原設計專利公告後，不得為之（專§127.III）。

專利制度涉及公益，雖然衍生設計制度係因應產業界之需求，惟尚不得因而損及公眾利益，故專利法規定衍生設計之申請日必須介於原設計之申請日及公告日之間，前者係基於申請案主從關係之考量，後者係基於專利案一經公告，即屬先前技藝，故縱為同一人所申請，亦不得再以近似之設計申請衍生設計專利。

申請衍生設計專利者，除記載一般規定事項外，並應於申請書載明原設計申請案號（細§49.III）。

現行專利法僅有設計專利權，而非新式樣專利權，雖然未審定之申請案皆依現行法審查及審定，惟聯合新式樣與衍生設計專利權範圍不同，專利法第157條規定，專利法102年1月1日施行前申請聯合新式樣者，得於三個月內改為衍生設計申請案。

102年1月1日施行後，尚未審定之聯合新式樣申請案

- 得於102年4月1日前申請改為衍生設計，經改為衍生設計者，核准審定公告時將發給衍生設計專利證書。
- 未改為衍生設計者，將依修正前專利法規定，續行聯合新式樣之審查，後續之審查意見通知函及審定書仍稱為聯合新式樣申請案。
- 經核准聯合新式樣專利者，將於母案之專利證書上加註，其母案如為依新法准予設計專利者，將於設計專利證書上加註。

聯合新式樣改為衍生設計

- 聯合新式樣，於新法施行後三個月內得一次改為衍生設計申請案，若附麗之原設計為部分設計者，該聯合新式樣無須二次申請改為衍生設計。
- 聯合新式樣改為衍生設計，依第157條規定之期間為三個月內。

一般改請申請

- 新法施行後所提出之改請，應依新法規定。
- 獨立新式樣改請為衍生設計，依第131條，不受新法施行後三個月期間之限制。
- 獨立新式樣僅得改請衍生設計，不得改請聯合新式樣。

圖9-99　聯合新式樣於過渡期之轉換機制

9.15.3　審查

依第134條所定實體要件，除衍生設計之定義、不得有「孫案」及先申請原則之審查有二款排除適用的規定外，衍生設計之實體要件與原設計並無差異，準用本章各節之說明。

依專利法第127條第1項，申請衍生設計專利，申請人必須與原設計為同一人，且申請專利之設計必須近似原設計，設計之近似包括三種態樣：1.相同物品之近似外觀；2.近似物品之相同外觀；及3.近似物品之近似外觀。前述所稱之外觀，包括形狀、花紋、色彩或其結合（一般外觀），及電腦圖像、圖形化使用者介面（圖像），但一般外觀與圖像不構成近似。申請人並非同一人，或申請專利之設計與原設計相同或不近似，均不符合衍生設計之定義。

衍生設計制度採日本意匠之結果擴張說，得單獨主張專利權，且其權利範圍及於近似之設計，致其實體要件與原設計幾無差異；聯合新式樣採日本意匠之確認說，不得單獨主張專利權，且其權利範圍不及於近似之設計，故其新穎性係以原設計之申請日為判斷基準日，且無創作性要件。

依專利法第128條第4項規定，衍生設計實體要件之審查不適用：1.原設計專利申請案與衍生設計專利申請案間。2.同一設計專利申請案有二以上衍生設計專利申請案者，該二以上衍生設計專利申請案間。

先申請原則，指相同或近似之設計有二以上之專利申請案時，僅得就其最先申請者，准予設計專利（專§128.I）。先申請原則為全球採行之專利制度，適用於發明、新型及設計專利，專利申請案必須符合此實體要件始得准予專利。為因應產業界之需求，設計專利特別制定衍生設計制度，而為設計專利於適用先申請原則時之例外規定，特別排除原設計與其衍生設計之間，或衍生設計與附麗於同一原設計之其他衍生設計之間的適用。

9.15.4 專利權

一、專利權範圍及期間

衍生設計之專利權範圍與一般設計專利權並無差異，依專利專136條第1項，衍生設計之專利權範圍為：「……專有排除他人未經其同意而實施該設計或近似該設計之權。」次依第142條第1項準用第58條第2項：「物之發明之實施，指製造、為販賣之要約、販賣、使用或為上述目的而進品該物之行為。」再依第121條第1項：「設計，指對物品……。」另依第136條第2項：「設計專利權範圍，以圖式為準，並得審酌說明書。」申言之，衍生設計專利權屬於「物品」之專有「排他權」，其技藝範圍包括「相同設計」及「近似設計」，專利權人得排除他人「製造」、「為販賣之要約」、「販賣」、「使用」或「進品」與專利相同或近似設計之物品，解釋該技藝範圍時，係以圖式為準，以說明書為輔。相對於衍生設計，聯合新式樣專利權範圍不及於近似設計。

設計專利權期限，自申請日起算十二年屆滿；衍生設計專利權期限與原設計專利權期限同時屆滿（專§135）。衍生設計得單獨行使權利，但衍生設計與原設計近似，二專利權範圍有部分重疊，為避免不當延長重疊部分之專利權期限，衍生設計與原設計專利權期限應同時屆滿。惟原設計專利權依第142條第1項準用第70條第1項第3款或第4款已當然消滅，或第82條第2項經撤銷確定者，其衍生設計專利權仍得存續（專§138.II）。

二、專利權之行使

衍生設計專利權得單獨主張，且及於近似之範圍（專§137）。102年1月1日施行之專利法賦予衍生設計獨立的專利權利，原設計專利權經撤銷或因未繳年費、專利權人主動拋棄致當然消滅者，衍生設計專利仍得存續（專§138.II），而單獨主張其專利權。從而，應分別頒發衍生設計專利權證書，而非於原設計專利權證書附註其專利權號數。

三、專利權之處分

依專利法第127條第1項，原設計與衍生設計專利權人須為同一人，其權利異動不得分別為之。因此，衍生設計專利權，應與其原設計專利權一併讓與、信託、繼承、授權或設定質權（專§138.I）。原設計專利權依第142條第1項準用第70條第1項第3款或第4款規定已當然消滅，或第82條第2項經撤銷確定者撤銷確定，其衍生設計專利權有二以上仍存續者，不得分別讓與、信託、繼承、授權或設定質權（專§138.II）。

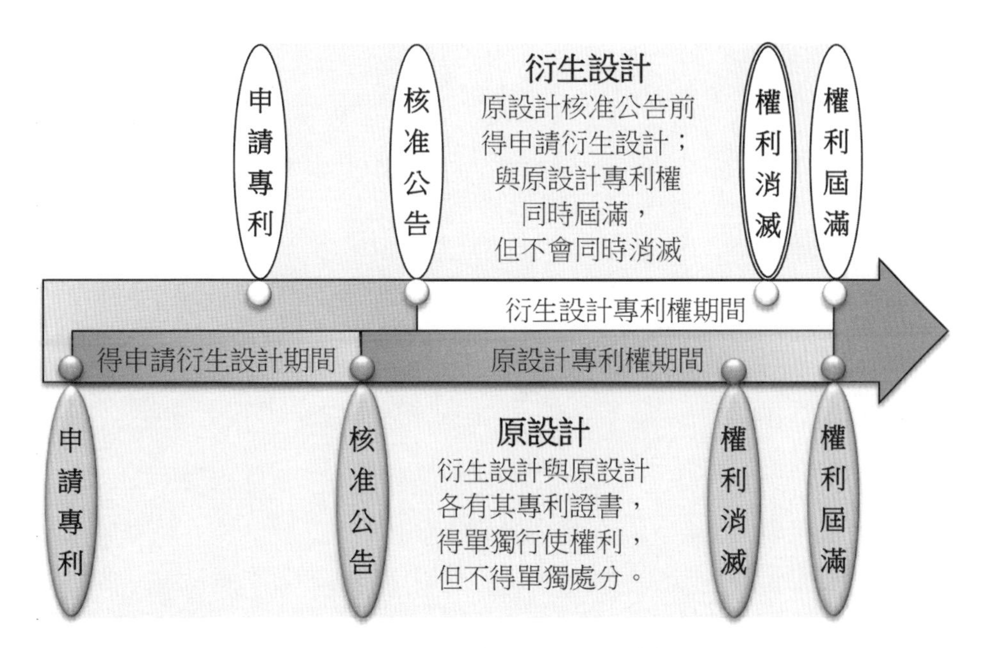

圖9-100　衍生設計之申請及專利權期間

【相關法條】

專利法：58、70、82、121、128、129、131、134、135、136、138、157。

施行細則：49。

【考古題】

◎試述聯合新式樣專利要件審查與一般新式樣專利要件審查有何差異？（第四梯次專利師訓練補考「專利實務」）

國家圖書館出版品預行編目資料

新專利法與審查實務／顏吉承著. ——初版.
——臺北市：五南, 2013.09
面； 公分
ISBN 978-957-11-7259-0（平裝）
1.專利法規
440.61 102015165

1UB7

新專利法與審查實務

作　　者— 顏吉承（407.4）
發 行 人— 楊榮川
總 編 輯— 王翠華
主　　編— 劉靜芬
責任編輯— 宋肇昌、游雅淳、黃麗玫
封面設計— 斐類設計工作室
出 版 者— 五南圖書出版股份有限公司
地　　址：106台北市大安區和平東路二段339號4樓
電　　話：(02)2705-5066　　傳　　真：(02)2706-6100
網　　址：http://www.wunan.com.tw
電子郵件：wunan@wunan.com.tw
劃撥帳號：01068953
戶　　名：五南圖書出版股份有限公司

台中市駐區辦公室/台中市中區中山路6號
電　　話：(04)2223-0891　　傳　　真：(04)2223-3549
高雄市駐區辦公室/高雄市新興區中山一路290號
電　　話：(07)2358-702　　傳　　真：(07)2350-236

法律顧問　林勝安律師事務所　林勝安律師

出版日期　2013年9月初版一刷
定　　價　新臺幣700元